Mast Cell
Fundamentals and Clinical Applications

肥大细胞
基础与临床

李　莉／主编

科学出版社

北京

内 容 简 介

　　本书共分十章，总结了肥大细胞基础研究与临床应用的相关内容。第一章至第三章以较大篇幅重点介绍了肥大细胞的基础知识：从肥大细胞的起源、分化、发育到自噬与凋亡的生命过程，肥大细胞的形态、结构与分类，胞内颗粒的生化性质，膜分子及肥大细胞胞外囊泡和肥大细胞与其他细胞之间的相互作用等生理学特性。概括了与肥大细胞活性相关的信号通路、激活剂和肥大细胞的功能，以及肥大细胞的研究方法、常用的细胞系和动物模型。第四章以肥大细胞相关的病理生理研究作为桥梁，衔接肥大细胞的基础与临床研究。第五章至第九章重点描述了肥大细胞相关疾病和肥大细胞的作用与机制，部分章节简单介绍了疾病的治疗方法和研究进展。第十章总结了针对肥大细胞相关疾病的治疗方法和药物的基础与临床研究进展。

　　本书旨在为国内读者呈现一部有关肥大细胞概貌和临床研究现状的专著，可供相关研究人员和检验科、血液科医生参考。

图书在版编目（CIP）数据

肥大细胞基础与临床 / 李莉主编 . —北京：科学出版社，2020.6
ISBN 978-7-03-065243-0

Ⅰ . ①肥⋯　Ⅱ . ①李⋯　Ⅲ . ①肥大细胞 - 研究　Ⅳ . ① Q24

中国版本图书馆CIP数据核字（2020）第088894号

责任编辑：沈红芬 / 责任校对：张小霞
责任印制：肖　兴 / 封面设计：黄华斌

科 学 出 版 社 出版
北京东黄城根北街16号
邮政编码：100717
http://www.sciencep.com

三河市春园印刷有限公司 印刷
科学出版社发行　各地新华书店经销
*
2020年6月第　一　版　　开本：787×1092　1/16
2020年6月第一次印刷　　印张：23
字数：520 000

定价：**228.00元**
（如有印装质量问题，我社负责调换）

编写人员

主　编　李　莉

副主编　孙劲旅　魏继福　李　铮

编　委　（按姓氏汉语拼音排序）

崔玉宝　戈伊芹　郭胤仕　洪建国　李　佳
李　巍　李延宁　梁玉婷　廖焕金　蔺丽慧
刘　斌　刘　健　彭　霞　王　娟　杨海伟
姚　煦　赵作涛

编　者　（按姓氏汉语拼音排序）

曹梦妲　崔泽林　丁　爽　房文通　郭　苗
韩　杰　黄　雯　季春梅　姜连生　孔令令
李　飞　林　堃　倪伟伟　钱嘉怡　史青林
司淑慧　孙善文　王敬梓　王晓朦　王宇杰
肖　辉　叶　熊　谢国钢　许　雯　许志强
薛云婧　尹　悦　袁文博　张晓磊　周艳君
朱　伟

序　一

　　作为一位临床检验工作者，李莉教授三十年如一日，始终围绕肥大细胞这堵"墙"，坚持不懈地冲击，取得不少成果。在这样一个赶"时髦"、追"热点"的时代，实属不易，令我赞叹。最近她告诉我，正在结合国内外进展，总结她的研究成果，组织编写《肥大细胞基础与临床》一书，并嘱我写"序"。不跨行说话，不越位做事，不写序评著，本是我至今一直坚守的原则。但是，这次我还是想主动写几句不敢为"序"的心里话。其一，肥大细胞也算是我曾经所从事的血液细胞研究的一部分，不算"越位做事"，尽管我对肥大细胞研究不多；其二，虽然我和与我同龄的李莉教授接触不多，但作为医学工作者，我一直敬佩低调、敬业的她。能够有机会为她"说"上几句话，也算是一点心理安慰。因此，这可以不算"跨行说话"。其三，她与她的团队及国内相关领域的基础和临床专家、学者共同编撰的这本著作是对国内外肥大细胞研究及其进展较为全面的总结，不失为我们认识肥大细胞的一本好书。好书值得推荐！当然，我随心随性写的几句话，与其说是"作序"，不如说是"感言"罢了。

　　我们对肥大细胞的认识最初源自它在过敏反应中的作用。其实，近二十年的研究发现，肥大细胞参与几乎全部的生理活动，如抗微生物和寄生虫感染、清除衰老突变和异己细胞、血栓形成与止血、神经营养、内分泌与代谢调节、组织损伤与修复、精子发生和妊娠等。与此同时，也在许多疾病如在感染性和非感染性炎症、动脉粥样斑块形成与破裂、组织器官重塑与纤维化、肿瘤发生与发展、自身免疫性损伤、器官移植排斥、神经内分泌及精神疾病等的病理生理过程中发挥作用。在最近发生的新型冠状病毒肺炎的发病机制中，肥大细胞也起重要作用，因为它不仅具有模式识别受体，还表达各种病毒受体如CD46、MDA5和RIG-1等，是病毒感染首应细胞，炎症介质、细胞因子、凝血因子和趋化因子共同作用，清除病毒和招募免疫细胞之后的级联免疫反应与新型冠状病毒肺炎的组织、器官的损伤不无关系。

　　作用如此广泛的细胞理应得到重视。然而，由于肥大细胞是以祖细胞形式定居于组织，生理状态下数量少，获取困难，而且不同外源性因素所致微环境不同，肥大细胞亚型又具有很大的异质性，导致对肥大细胞的研究困难。值得欣慰的是，随着科学技术的发展，肥大细胞的真实面貌逐渐被揭示，并将得到更多的了解。该书在帮助我们掌握肥大细胞已有知识的同时，更能为我们揭示未来的研究方向和解决相关疾病的发病机制与治疗提供诸多新的线索。

我期待，该书的出版能够推动我国更多的生命医学科技工作者进入这个领域。

2020 年 3 月

序　二

　　肥大细胞（mast cell）从字面上容易引起误解，其实并没有起初中文翻译的"肥大"的意思，它是机体可对免疫球蛋白E刺激产生过敏反应的一类固有免疫细胞。肥大细胞特殊的结构和胞内物质决定了它具有非常独特的功能，其最经典的功能是刺激活化后脱颗粒，释放一系列炎症介质、细胞因子、趋化因子等，参与抗寄生虫感染和过敏性疾病的发生发展。自1878年发现肥大细胞以来，人类逐步认识了它的形态、结构、胞内成分、膜结构和生物活性物质。借助于不断发展的实验技术方法，肥大细胞在过敏反应和其他免疫调节中的重要角色、与血液系统和神经内分泌等多系统的广泛联系，以及在止凝血、损伤修复、组织塑形中的作用，均得以不断揭示。近几年，随着肥大细胞与微环境、微生态之间研究的深入，其细胞外囊泡的结构和作用也开始被认识。关于肥大细胞的起源，除了骨髓造血干祖细胞外，其他来源（特别是胚胎起源）也是人们不断追溯的问题。2018年，Zhiqing Li等和Gentek等发表了他们对肥大细胞分化轨迹的研究成果，更新了人们对肥大细胞来源的认识。

　　本人于20世纪90年代初在第二军医大学长海医院做住院医生时从一例系统性肥大细胞增生症患者腹水中建立了一个人肥大细胞系，但此后并没有利用这一罕见模型研究下去。庆幸的是，李莉教授自1993年开始利用我建立的人肥大细胞系开展工作，并由此坚持不懈地进行了近30年的研究，成为我国研究肥大细胞屈指可数的知名专家。作为一个长期从事临床检验的管理者，在繁重的临床工作中始终没有放弃肥大细胞这类虽然很重要但有些"冷门"的研究领域，矢志不渝地探索，实为难能可贵！

　　该书是李莉教授和她的团队，以及国内从事肥大细胞相关研究的学者和临床医生对肥大细胞研究成果及其各自领域研究成果的系统总结，为读者呈现了肥大细胞的来龙去脉、病理生理和临床意义，是一本难得的专著，值得一读和经常查阅。在此也感谢李莉教授和其他编者的辛勤付出！

　　著作付梓之际，欣然提笔赋序。

2020年3月

前　　言

　　自德国柏林大学医学院附属医院 Paul Ehrlich 教授于 1878 年首次描述肥大细胞至今，已经过了 140 多年的研究，人类对肥大细胞的认识也越来越全面。我们认识了这个古老细胞的起源、分化过程和存在部位，较全面地揭示了肥大细胞的生理和生物学特性。借助于染色、电子显微镜等方法，较为深入地研究了肥大细胞的结构、胞内物质及其功能，利用多种蛋白质标记、分析和质谱技术逐一探讨了肥大细胞的膜分子、激活剂、活化条件和信号通路及其调控分子。为便于功能研究，很多学者也从结构、分布部位和胞内颗粒特性等方面对肥大细胞做了分类。系统发育学研究发现，5.5 亿年前的头足动物和脊椎动物的祖先尾索动物可能是与脊椎动物肥大细胞相对应的原始物种。这种原始的肥大细胞样细胞包含变色的电子致密颗粒，类似于结缔组织肥大细胞，并且还能够在激活后释放组胺和前列腺素。据此，Stevens 和 Adachi 认为，肥大细胞可能在适应性免疫应答发展之前就已经进化了。应该说，肥大细胞是生命有机体的最古老的守护者。近些年认识到肥大细胞是机体的固有免疫细胞，通过与局部上皮细胞、内皮细胞、神经元、内分泌细胞、树突状细胞、T 和 B 淋巴细胞、免疫调节细胞、单核巨噬细胞、固有淋巴样细胞及成纤维细胞等相互作用，参与免疫防御、免疫调节、血栓与止血等生理活动，在抗细菌、真菌和寄生虫感染，以及精子发生、妊娠、组织修复与重塑中发挥重要作用。

　　肥大细胞功能复杂、多样，与其作为防御屏障的分布、富含活性介质、表达数量众多的膜分子、胞外体作用多种多样和极大的可塑性等密切相关。肥大细胞相关研究日益深入、细致，但目前国内尚无系统介绍肥大细胞研究成果的书籍。为此，我们团队基于近 30 年肥大细胞研究积淀和对肥大细胞的特殊情感，与国内相关研究的专家学者共同编撰了本书。本书总结了肥大细胞的生命过程、各种生物学特性和生理功能、与其他细胞之间的关系、胞外囊泡，以及与肥大细胞相关的实验研究方法等基础研究，汇总了肥大细胞相关疾病及其作用机制和治疗手段等临床相关内容，旨在通过复习前人对肥大细胞的认识，为后续研究提供参考和启迪，促进对肥大细胞在生命科学和医学领域的深入探讨。相信在科学家们的不断努力下，这个古老细胞的真实密码终将被揭开。

　　感谢各位从事肥大细胞和过敏医学研究的专家，在本书编写过程中给予的无私帮助和大力支持！感谢编写团队每一位成员的辛勤付出！感谢上海交通大学陈国强院士和我从事肥大细胞研究的引领者、中国医学科学院血液病研究所程涛教授在百忙之中不吝赐序！新竹高于旧竹枝，全凭老干为扶持。是你们的关心和支持，本书才得以顺利付梓！

　　由于研究进展迅速，对许多问题的观点不一，加之作者的水平和能力有限，查阅的文献并不全面，理解也存在偏差，书中缺点和不足在所难免，恳请读者批评指正。

　　群英攻关多佳绩，独自行路有相知；若非君身伴我心，此生何事可追忆。

　　谨以此书献给从事肥大细胞基础与临床研究的同道！献给我毕生钟爱的肥大细胞！

2020 年 1 月

目　　录

第一章　肥大细胞的生理

自 1878 年发现肥大细胞以来的 100 多年间，人类对其功能的认识多集中在介导 I 型超敏反应即过敏反应和抗寄生虫感染。近 20 年来肥大细胞的研究成果呈指数级增长，肥大细胞的神秘面纱逐渐被揭开。人类对肥大细胞的起源、分化、发育过程及其调控，肥大细胞的结构、分类、膜表面分子、细胞质内颗粒、活化的信号通路、抗寄生虫感染和介导过敏反应的机制等有了较深入、全面的认识。肥大细胞作为区域免疫细胞的功能日益受到重视，人们发现了其抗原提呈、免疫调节和免疫效应的功能，参与抗感染、组织损伤修复、血栓与止血、神经营养、内分泌与代谢调节、妊娠与精子成熟等生理过程，以及参与动脉粥样斑块形成与破裂、组织器官重塑与纤维化、肿瘤发生与发展、自身免疫性损伤、器官移植排斥和神经内分泌疾病等的病理过程。

第一节　肥大细胞的起源与分化发育

Paul Ehrlich 在读博士期间从事生物体内不同组织、细胞与染料的亲和力的研究，发明了活体染色法。他根据白细胞所含颗粒对染料结合反应不同的特性，创立了白细胞分类法。利用碱性甲苯胺蓝染料在结缔组织中发现了一种富含被染成紫红色颗粒的细胞，他当时认为这种细胞的颗粒具有营养功能，是由于营养过剩发展而来的。德语单词 "mast" 表示 "育肥" 或 "哺乳"，颗粒是营养物质的沉积，故将此细胞命名为 "mastzellen"。之后的几十年，未分化的间充质干细胞、淋巴细胞、多能祖细胞，甚至是与之有相似形态及生理特征的嗜碱性粒细胞（basophil，Ba）都曾被当做是肥大细胞前体细胞（mast cell precursor，MCp）。一直到日本学者 Kitamura 等于 1977 年将 C57BL-Bg^J/Bg^J 米色小鼠的骨髓移植到经放射线损伤骨髓的野生型 C57BL 受体小鼠中，利用甲苯胺蓝染色在受体小鼠的组织中发现了供体小鼠骨髓来源的、具有异染颗粒的组织肥大细胞，才提出了肥大细胞起源于骨髓的观点，并一直占据着肥大细胞起源认识的主导地位。但是，骨髓移植却未能完全重建外周的肥大细胞，而且在胚胎期就存在 MCp，说明肥大细胞除了可以从骨髓分化而来外，还可能存在其他的分化路径。由于检测 MCp 技术的限制和缺乏 MCp 特异的鉴定抗体，肥大细胞在胚胎期的起源和分化问题迟迟未获得突破性进展。直到 2018 年 Zhiqing Li 等和 Gentek 等分别在 *Immunity* 上发表论文，揭示了小鼠皮肤肥大细胞来源于卵黄囊（yolk sac，YS），而黏膜肥大细胞（mucosal mast cell，MMC）来源于骨髓造血干细胞（hematopoietic stem cell，HSC），终于初步证明不同部位定居的肥大细胞的不同起源和发育途径，至此，肥大细胞起源的概貌才得以清晰展示。也有报道，不同的造血部位均发现有肥大细胞祖细胞，分化路径也是多种多样。更有学者提出了新的血细胞分化模式图，提示可能有更多的肥大细胞分化路线。总结近年来鼠肥大细胞胚胎、骨髓起源概况，以及鼠肥大细胞、人肥大细胞分化相关的新见解，将有助于更全面认识肥大细胞个体起源、发育及其调控本质。

一、鼠肥大细胞的造血起源

肥大细胞自被发现以来的一个多世纪备受关注。人类对哺乳动物肥大细胞的形态特征、生物学特性和病理生理功能获得了较深的认识，但肥大细胞起源的研究几十年来争议不断。

（一）鼠肥大细胞骨髓造血起源

把正常小鼠的骨髓移植给肥大细胞缺陷的小鼠，经过 3～4 个月后，在其皮肤、肠系膜等外周组织中可检测到肥大细胞。这是肥大细胞骨髓起源的有力证据，长期以来没有动摇过。虽然骨髓是成体血细胞起源的主要器官，但是由于骨髓移植只能部分重建外周组织中的肥大细胞，说明外周组织中那些不能被骨髓重建的肥大细胞，具有骨髓以外途径的来源。另外，有研究发现在胚胎后期就存在 MCp，而胚胎后期的胎肝是主要造血中心。因此，Kitamura 推测肥大细胞可能从胚胎后期的胎肝细胞分化而来。于是 1979 年 Kitamura 及其同事将 Beige 米色小鼠（Chediak-Higashi syndrome 小鼠）第 13 天胚胎（E13）的胎肝细胞分离出来，通过尾静脉注射移植到经 800rad 放射线照射损伤骨髓后的正常成年小鼠（C57BL$^{+/+}$），用甲苯胺蓝对处死小鼠的外周组织切片染色，结果发现 Beige 米色小鼠来源的 MCp 出现在受体小鼠的盲肠、肠系膜、腺胃和前胃等部位。2013 年，Guiraldelli 等通过 AA4 和 BGD6 单克隆抗体检测 MCp（AA4$^-$BGD6$^+$）是否存在于 E11.5 的大鼠胚胎的主动脉 - 性腺 - 中肾（aorta-gonado-mesonephros，AGM）区域，结果发现，大鼠胚胎 AGM 区域存在一群表达 BGD6$^+$CD34$^+$KIT$^+$CD13$^+$FcεRI$^-$AA4$^-$CD40$^-$Thy-1$^-$ 的 MCp，因此认为，MCp 可能起源于 AGM 区域。Sonoda 等利用有限稀释法在体评估了来自小鼠卵黄囊、胎肝和胚体（embryonic body）MCp 的数量后发现，E9.5 卵黄囊中的 MCp 的数量是胚体的 30 倍，由此更确定了 MCp 来源于卵黄囊的大胆设想。这些研究验证了肥大细胞胚胎起源的猜想，即肥大细胞不仅可以来源于骨髓，卵黄囊、AGM 区域和胎肝造血的整个过程也均可以分化产生 MCp，但是其分化路径与骨髓的分化路径和外周组织的定位尚不完全清楚。肥大细胞重建实验发现，如果大量破坏肥大细胞，就会伴随骨髓间充质细胞的分化增加，因此研究者误以为成熟肥大细胞是从未分化的间充质细胞分化而来的。另外，研究发现肥大细胞在体内分布于不同部位，不单存在于结缔组织中，在肝脾中也存在，又与淋巴细胞的分化有相似之处，故认为肥大细胞可能是从淋巴细胞分化而来。

（二）鼠肥大细胞胚胎造血起源

在胚胎发育的早期阶段，根据造血中心的迁移，胚胎造血可分为卵黄囊造血（中胚层造血）、肝脏造血和骨髓造血等。血细胞最早起源于卵黄囊，卵黄囊是胚胎造血产生原始红细胞的重要部位，然后进入胚内的主动脉旁淋巴结，也称为 AGM 区域，是建立最初的定向造血干细胞的部位。在胚胎发育的晚期阶段，造血中心转移至胎肝。出生后，骨髓成为终身造血的主要器官，造血细胞均起源于骨髓中的造血干细胞。当然关于胚胎造血的过程也存在不同观点，有研究者认为哺乳动物造血过程分为三个阶段：首先是初级或胚胎造血，在胚胎发育的第 7 天（E7）开始出现在胚外卵黄囊中的造血祖细胞；随后是 E8.25 的次级造血前期，在卵黄囊中发育形成的红系 - 髓系祖细胞，即早期红系 - 髓系祖细胞（erythro-myeloid progenitor，EMP）；最后是 E10.5 的次级造血第二个时期，在AGM 区域产生的造血干细胞。

命运图谱技术的诞生和发展，为人类追踪并深入揭示肥大细胞个体起源和发育轨迹提供了技术支持，使研究人员得以揭示生命更古老的细胞起源。Gentek 等利用 *Cdh5-CreERT2* 作为命运映射，也称为原基作图（fate mapping）分析工具，也证实了胚胎造血的这几个阶段。他们根据 *Cdh5-CreERT2* 激活时间的不同，精确地分离卵黄囊和 AGM 区域的造血输出，揭示胚胎期小鼠皮肤的 MCp 最初起源于胚胎卵黄囊。小鼠出生后，皮肤肥大细胞逐渐被 AGM 区域的定向祖细胞（definitive progenitor）来源的 MCp 所取代，而且骨髓分化来源的肥大细胞不能重建肥大细胞敲除小鼠皮肤中的肥大细胞，说明肥大细胞具有双重分化路径，可起源于卵黄囊或者骨髓造血干细胞。Gentek 等的研究表明结缔组织肥大细胞（connective tissue mast cell，CTMC）起初来源于卵黄囊，在发育后期才逐渐被造血干细胞源性的肥大细胞取代。Zhiqing Li 等的研究结果与 Gentek 等的研究结果相似，但是他们提出了在早期 EMP 和胚胎造血干细胞之间存在晚期 EMP 阶段（也位于卵黄囊），并且从胚胎晚期发育到成年。早期 EMP 来源的肥大细胞首先定植在胎肝，随后迁移到组织中发育成熟，最后逐渐被晚期 EMP 来源的肥大细胞取代。因此，晚期 EMP 源性的肥大细胞才是成熟 CTMC 的主要组成部分。Zhiqing Li 等利用 Runx1-icre 命运图谱分析证实，胚胎期卵黄囊造血产生的早期（E7.5）EMP 和晚期（E8.5）EMP 及 AGM 区域（E9.5）产生的造血干细胞相继分化为 MCp（integrin β7⁺，整合素 β7⁺），该 MCp 迁移定居于外周组织，在 E16.5 分化为富含颗粒的成熟肥大细胞（图 1-1）。提出了早期 EMP、晚期 EMP 和胚胎造血干细胞阶段都能连续产生胚胎肥大细胞祖细胞（fetal MCp）的观点，并揭示了三种不同来源的肥大细胞具有不同的组织定植偏好：早期 EMP 来源的肥大细胞主要定居于皮肤、胸膜腔和脂肪组织中，晚期 EMP 来源的肥大细胞则分布在除脂肪组织和黏膜外更多的组织类型中，而 MMC 的主要类型则来源于胚胎造血干细胞（fetal HSC）。成体 CTMC 起源于 EMP，并且具有自我更新和抗辐射的特性，而 MMC 则起源于骨髓造血干细胞。提示我们 CTMC 和 MMC 的起源与发育模式实质可能是不同的，但 MMC 的起源和分化轨迹尚有待揭示。

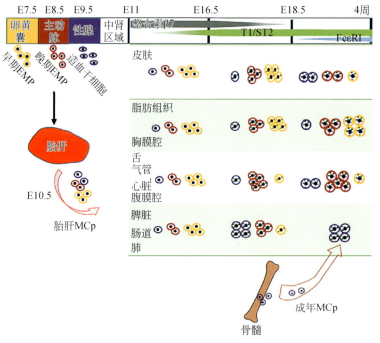

图 1-1　肥大细胞在胚胎期的发育和分化过程示意图

早期 EMP、晚期 EMP 和 HSC 都能分化为整合素 β7⁺ 的 MCp，然后迁移到外周组织分化为成熟的肥大细胞。从小鼠胚胎晚期造血到成年，除了脂肪组织和胸膜腔外，小鼠结缔组织中早期 EMP 分化的肥大细胞逐渐被晚期 EMP 分化的肥大细胞所取代。成年小鼠黏膜组织（如脾脏、肠道和肺）的肥大细胞起源于骨髓，而结缔组织（如皮肤、舌、气管等）的肥大细胞起源于晚期 EMP。因此，脂肪组织和胸膜腔肥大细胞起源于早期 EMP，大多数 CTMC 起源于晚期 EMP，MMC 起源于骨髓造血干细胞［引自：Li Z，Liu S，Xu J，et al. 2018. Adult connective tissue-resident mast cells originate from late erythro-myeloid progenitors［J］. Immunity，49（4）：640-653］

　　综上可知，小鼠胚胎发育期间，从卵黄囊产生 EMP 开始，到 AGM 区域产生造血干细胞，在这个阶段不同时期的造血波均有能力产生 MCp。随着个体发育进展，胚胎造血部位从卵黄囊转移至肝脏和骨髓，而胚胎造血干细胞也可进一步在骨髓中发育为成年造血干细胞（adult HSC），更有潜力分化为 MCp。不同来源的 MCp，迁移到外周组织后，在局部微环境和各种因子的调节下，MCp 发育成熟，根据颗粒的内容物不同分为不同类型的肥大细胞，主要是 MMC 和 CTMC。CTMC 和 MMC 起源不同，可能有不同的发育模式。相应地，人肥大细胞分为含有类胰蛋白酶的肥大细胞（MC_T）和含有类胰蛋白酶与糜蛋白酶的肥大细胞（MC_TC），提示人类 MC_T 和 MC_TC 也可能存在不同的个体发育过程。

　　借助于不同命运图谱分析模型等新的技术、新的模型，研究人员得以揭示生命更古老的起源，也使我们能够追踪并深入揭示肥大细胞个体起源和发育轨迹。肥大细胞缺陷型小鼠模型的构建也从经典的 *Wbb6f1-Kit*^W/W-v^、*C57bl/6-Kit*^W-sh/W-sh^ 慢慢发展到诸多新组成型和复杂的模型。例如，由胚胎肥大细胞表达的、肥大细胞特异性的基因 *Mcpt5*（*Mcpt5-Cre：R-DTA*）、白喉毒素处理后肥大细胞和嗜碱性粒细胞均枯竭的 Mas-TRECK 转基因小鼠及肥大细胞和嗜碱性粒细胞严重缺乏的 *C57bl/6-Cpa3-Cre*、*MCl-1*^fl/fl^ 小鼠，为肥大细胞功能和个体发育过程研究提供了更多选择。另外，新的遗传示踪剂的产生与应用，将会为我们更具体、更精确地追踪、阐述细胞的功能和发育过程提供帮助。

二、肥大细胞在骨髓中的分化轨迹

从造血干细胞到肥大细胞的具体分化轨迹是肥大细胞起源研究长期关注的问题，也一直存在争议。对肥大细胞分化轨迹的描述，较为全面的依然是其骨髓起源。造血干细胞能分化成所有类型的血细胞，也包括外周组织定居的肥大细胞。造血干细胞在骨髓中发生分化形成 MCp，随后进入循环并到达其靶器官发育成熟。肥大细胞发育的过程与其他骨髓来源细胞的分化发育过程不同，在骨髓中发育形成的是肥大细胞祖细胞，而不是循环终末期细胞。研究中通常将免疫球蛋白 E（IgE）的高亲和力受体（FcεRⅠ）和干细胞因子（stem cell factor，SCF）受体 KIT 的表达及形成嗜碱性颗粒的能力作为鉴定 MCp 成熟与否的分子和功能标志。

20 世纪 80 年代的实验证明，粒细胞、红细胞、巨噬细胞、巨核细胞的细胞群体中包含肥大细胞，并以此推断肥大细胞来自造血干细胞。Akashi 在 *Cell* 撰文，描述了 C57BL/6 小鼠中已经定义了从 KIT$^+$Sca1$^+$ 造血干细胞开始，分化到 KIT$^+$Sca1^{lo}FcγRⅡ^{lo}FcγRⅢ^{lo} 共同髓系祖细胞（common myeloid progenitor，CMP），紧接着是 KIT$^+$Sca1$^-$FcγRⅡ/Ⅲ^{hi} 的粒细胞 - 单核细胞祖细胞的髓系途径，GMP 进一步分化能够得到肥大细胞。Galli 及其同事在 C57BL/6 小鼠中发现了少许来源于 CMP 中表达 KIT$^+$FcεRⅠ$^-$integrinβ7$^-$Sca1$^-$ 的 MCp，证实部分 CMP 同样具有分化成为肥大细胞的潜力，佐证了肥大细胞的髓系分化途径。然而 Chen 等用流式细胞术在小鼠骨髓中鉴定和分离出一种只向肥大细胞分化的 Lin$^-$c-KIT$^+$Sca1$^-$Ly6c$^-$FcεRIα$^-$CD27$^-$β7$^+$T1/ST2$^+$ 细胞群，发现该细胞直接来源于髓系多能祖细胞（multipotent progenitor，MPP），而不是来源于粒细胞 - 巨噬细胞祖细胞（granulocyte/macrophage progenitor，GMP），如果将其移植到缺乏肥大细胞的 *C57bl/6-Kit^{W-sh}/Kit^{W-sh}* 小鼠中，就能重新构建小鼠体内的肥大细胞。他们课题组又通过体外细胞培养、体内移植和单细胞基因表达分析研究进一步发现，CMP 是一群表达 Sca1^{lo}lin$^-$c-KIT$^+$CD27$^+$Flk-2$^-$（SL-CMP；Sca1^{lo}CMP）的细胞，GMP 是一群表达 Sca1^{lo}lin$^-$c-KIT$^+$CD27$^+$Flk-2$^+$CD150$^{-/lo}$（SL-GMP；Sca1^{lo}GMP）的细胞；MCp 来源于 SL-CMP 这一群细胞，而不是来源于分化更为成熟的 SL-GMP 细胞，提示肥大细胞可能是由 MPP 或者 CMP 分化而来的，为肥大细胞能从多能干细胞直接分化而来提供了依据，由此提出了新的肥大细胞分化途径学说。Arinobu 等研究发现，C57BL/6 小鼠脾脏中表达 KIT$^+$FcεRⅠ$^-$integrin^{hi}β7 的细胞能够分化成嗜碱性粒细胞或肥大细胞，这类细胞可能是 GMP 和 MCp 之间的中间阶段，被称为嗜碱性粒细胞 - 肥大细胞双潜能前体细胞（basophil/mast cell progenitor，BMCP），从而提出了肥大细胞从脾 BMCP 分化的观点。肥大细胞重建实验发现，如果大量破坏肥大细胞，就会伴随骨髓间充质干细胞分化的增加，因此认为，成熟肥大细胞是从未分化的间充质细胞分化而来。另外，研究发现肥大细胞分布于不同部位，不单存在于结缔组织中，在肝脾中也存在，又与淋巴细胞的分化有相似之处，故推测肥大细胞可能是从淋巴细胞分化而来的。但是，也有研究发现通过流式细胞术分选出来的 β7$^{-/low}$GMP 在体外培养后，可以分化为肥大细胞和嗜碱性粒细胞，肥大细胞又具有与嗜碱性粒细胞相似的形态和生理功能。有研究用流式细胞术对体外培养的细胞分析，发现了一群粒细胞祖细胞（granulocyte progenitor，GP）可以分化为包括中性粒细胞、嗜酸性粒细胞、嗜碱性粒细胞和肥大细胞在内的所有髓系细胞。从骨髓细胞中分离出来的 $FcεRIα^+$ GMP 在体外与 IL-3 或 SCF 共培养后可以分化为嗜碱性粒细胞和肥大细胞。这些结果表明嗜碱性粒细胞和肥大细胞可能由共同前体细胞分化而来。所以，有人认为肥大细胞的起源和分化可能与嗜碱性粒细胞相关，肥大细胞也可能是由 GMP 分化而来的。但是也有人对此提出质疑，因为大部分的嗜碱性粒细胞是在骨髓中分化成熟后再释放到外周血，而肥大细胞是在组织中由 MCp 分化成熟。

因此，虽然已发现肥大细胞是从骨髓造血干细胞分化而来，但是其在骨髓中的具体分化路径尚有较大争议（图 1-2）。MCp 虽然是从髓系分化而来，但是关于 MCp 在髓系中下一步的分化路径尚待深入研究。

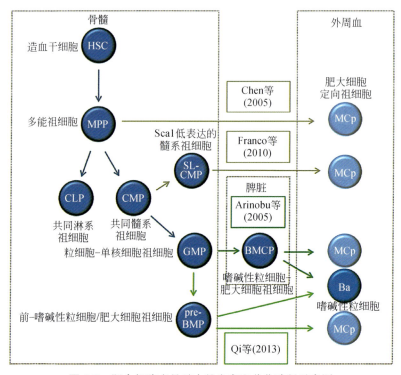

图 1-2　肥大细胞在骨髓内的发育和分化路径示意图

骨髓造血干细胞可分化为 MPP，MPP 进一步分化为 CLP 和 CMP；CMP 分化为 SL-CMP 和 GMP；研究报道 MPP、SL-CMP、GMP 和 Pre-BMP 均可以分化为 MCp。另外，GMP 迁移到脾脏后颗粒分化为肥大细胞祖细胞和嗜碱性粒细胞。MCp 在其他细胞和细胞因子的协助下迁移到外周组织中〔引自：Schmetzer O，Valentin P，Church M K，et al. 2016. Murine and human mast cell progenitors〔J〕. Eur J Pharmacol，778（5）：2-10〕

以上 C57BL/6 小鼠模型中的研究报道提示，MCp 分化为肥大细胞可能存在不同途径。除了祖细胞所在的部位不同以外，类别不同的小鼠肥大细胞的分化同样也存在差异。Gurish 分别分析和总结了 BALB/c 小鼠和 C57BL/6 小鼠中 MCp 的特性后指出，BALB/c 小鼠的骨髓具有 $KIT^+FcεRI^-$ 肥大细胞定向前体细胞（committed precursor）和 $KIT^+FcεRI^+$ MCp；而成年 C57BL/6 小鼠缺乏骨髓 $KIT^+FcεRI^+$ MCp，但存在 $KIT^+FcεRI^-$ 肥大细胞定向祖细胞和脾脏中的双潜能 BMCP。Dahlin 和 Hallgren 也曾报道过这两种小鼠骨髓和脾脏 MCp 的区别，还发现了两者膜分子表达的差异。他们的阐述为我们梳理了两种类型的小鼠中不同类型的 MCp，进一步表明了不同种类小鼠模型肥大细胞分化轨迹也存在差异，提示种内差异也会影响肥大细胞的分化。除了研究所用的小鼠模型不同以外，这些具有争议的、不同的肥大细胞分化途径的理论，很可能是囿于我们已经形成的血细胞分化模式的固有思维。经典的树状结构模式图表明，血细胞的分化路线从造血干细胞开始，分化为多能祖细胞（MPP），MPP随后分化为淋系多能祖细胞（lymphoid primed multipotent progenitor，LMPP）和共同髓系祖细胞（CMP），再一步步分化为具体的血细胞（图1-3）。有学者在此基础上提出了一种新的模式图，即景观模式图（图1-4），以此来描述肥大细胞分化和造血过程。血细胞分化景观模式图中的观点仍然与树状图描绘的相似，但是增加了对肥大细胞和嗜碱性细胞之间关系密切却非同类的观点。

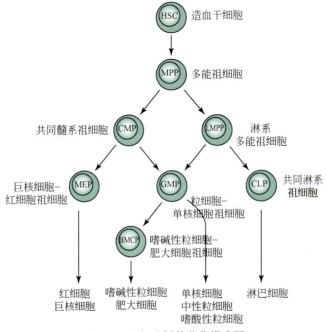

图1-3 血细胞树状分化模式图

树状图理论认为从造血干细胞开始沿此途径逐步分化为各种血细胞〔引自：Grootens J，Ungerstedt J，Nilsson G，et al. 2018. Deciphering the differentiation trajectory from hematopoietic stem cells to mast cells［J］. Blood Adv，2（17）：2273-2281〕

三、人肥大细胞的起源和分化

大部分关于人类MCp的探索都是在体外进行的，而人肥大细胞在体外难以增殖，增加了研究的难度。人类肥大细胞的发育模型大多是基于小鼠肥大细胞发育、分化研究结果而建立的理论假设，几乎没有得到人肥大细胞与鼠肥大细胞一样可能来自骨髓MCp，或者来源于共同的多能干细胞的直接证据。因此，人肥大细胞的来源是一个悬而未决的迷。1994年Fodinger分析了一例骨髓同种异体移植的白血病患者的骨髓，移植后198天从受体骨髓中分离出的肥大细胞显示出供体的基因型，由此为人肥大细胞起源于造血干细胞提供了依据。Kirshenbaum及其同事通过研究发现，肥大细胞可以从成人骨髓的CD34+细胞发育而来，并且在人类外周血中发现了少量CD34+/KIT+/CD13+的细胞，这些细胞具有发育成肥大细胞的潜能。该报道成为最早阐明可能有人肥大细胞定向祖细胞群体存在的研究。Shimizu及其同事同样分离了外周血CD34+祖细胞，检测了它们在SCF

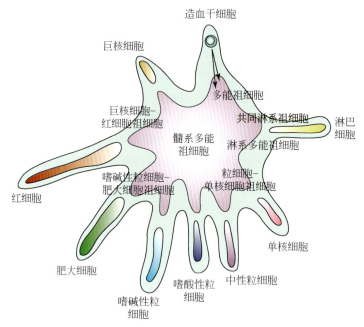

图 1-4　血细胞分化景观模式图

景观模式理论认为，造血干细胞来源的祖细胞有 1 个以上分化途径，每个分支代表分化成一类细胞的通道。不仅存在着肥大细胞、嗜碱性粒细胞和中性粒细胞三能祖细胞，而且红系祖细胞具有部分形成嗜碱性粒细胞和 / 或肥大细胞的能力［引自：Grootens J，Ungerstedt J，Nilsson G，et al. 2018. Deciphering the differentiation trajectory from hematopoietic stem cells to mast cells［J］. Blood Adv，2（17）：2273-2281］

和 IL-6 刺激下发育成肥大细胞的能力，并试图在骨髓中鉴定出人 MCp。目前研究所用原代培养的人肥大细胞主要是从外周血细胞体外培养获得的，表达 CD34$^+$KIT$^+$FcεRI$^+$ 的细胞被认定是 MCp，但实际上其他类型细胞同样也表达 CD34、KIT 和 FcεRI。因此，MCp 仍然缺少其特定的表面分子标记。日本学者 Motakis 团队利用基于单分子测序仪的基因表达谱分析技术（HeliScope CAGE），对美容患者手术切除的皮肤新鲜单个核细胞和体外培养 3 ～ 4 周的细胞，以 AER-37 使 FcεRI 交联激活与静息状态的细胞作为模型，获得肥大细胞 CAGE 数据，经过与 FANTOM5 数据库比较和生物信息学深度分析，获得了有史以来人类肥大细胞转录组最全面的数据。该研究报道，与肥大细胞的独特性一致，人成熟肥大细胞在造血网络中没有近亲，与嗜碱性粒细胞也仅是远亲。作者认为，他们提供的数据库表明目前对人肥大细胞的认识仍然有限，强调了肥大细胞的独特性，也支持了肥大细胞存在定向祖细胞的观点。

此外，有学者提出利用基因作为标记有希望追溯人体内的造血过程。肥大细胞增多症（mastocytosis）多是患者体细胞 *c-kit* 基因 D816V 位点突变（*c-kit* D816V）引起的肥大细胞克隆性增殖的疾病。有学者表示，除了肥大细胞以外，其他类型的细胞也存在 *c-kit* 突变。一项对 33 例系统性肥大细胞增多症（systemic mastocytosis）患者基因组的分析研究发现，12 例患者的肥大细胞有 *c-kit* D816V 突变，但是这 12 例中只有 1 例患者的嗜碱性粒细胞 *c-kit* D816V 突变。而另外 4 例嗜碱性粒细胞有 *c-kit* D816V 突变的患者，其单核细胞和 / 或中性粒细胞而非肥大细胞携带 *c-kit* D816V 突变，这些结果提示它们不是由共同前体细胞分化而来，而是由更早的多能祖细胞分化而来。因此，Grootens 等猜想，倘若一个个体不同种类的细胞中同时存在某基因突变，这就意味着该突变存在于更早期的 CD34$^+$ 的多能祖细胞中，据此设想，可以通过研究 *c-kit* 突变在不同类型细胞中的分布尝试模拟人类造血过程。此外，研究人员也在肥大细胞增多症患者的体细胞中发现了诸如 *JAK2*、*SRSF2* 等基因的突变，他们认为，这些突变可作为细胞固有标记研究造血分化。由于这种基因突变是天然存在的，有望成为肥大细胞独特的标记，通过研究其在细胞间的分布，帮助我们探索人体内造血过程，有助于进一步了解人肥大细胞的来源和分化轨迹。

四、肥大细胞的发育与成熟

其他造血细胞是在骨髓中分化并成熟后进入血流的，而肥大细胞则作为未成熟祖细胞通过血流迁移到周围组织定居并在其中完成成熟过程。卵黄囊、胎肝和骨髓中造血干细胞来源的 MCp 在外周组织中进一步分化成熟的过程受到微环境的调控。成纤维细胞、基质细胞、内皮细胞分泌的生长因子和细胞所处的微环境在维持 CD34$^+$ 祖细胞向肥大细胞分化和成熟中都具有重要作用。这些细胞分泌的 SCF、白细胞介素 -3（IL-3）等是肥大细胞增殖、分化和维持成熟肥大细胞存活的必需条件。外周组织中成熟肥大细胞的存活依赖于多种因素的互相调节，其中以 SCF 的受体 KIT（CD117）与微环境中 SCF 水平的调节占主导地位，很多证据表明 SCF-KIT 信号与肥大细胞的增殖分化相关。SCF 通过结合肥大细胞表面的 KIT 受体，与之形成二聚体并发生自体磷酸化，进而激活一系列下游信号，对肥大细胞的存活和体外发育起至关重要的作用。酪氨酸激酶抑制剂抑制 KIT 的活性，可导致人肥大细胞凋亡。

细胞因子在肥大细胞分化、增殖及存活方面扮演着不可或缺的角色。小鼠体内实验和体外细胞培养都证实 SCF-KIT 信号对肥大细胞的增殖分化具有重要作用。甲苯胺蓝染色检测 KIT 信号缺失的 *W/W^v* 和 *Sl/Sl^d* 小鼠模型中的肥大细胞，发现小鼠的皮肤、胃、盲肠等部位肥大细胞数量低于正常同源野生型小鼠。流式细胞仪分选骨髓、脾脏、外周血及肠道黏膜中的 MCp，在体外用 SCF 联合 IL-3 等细胞因子培养，可以诱导 MCp 分化为成熟肥大细胞。目前运用非常广泛的小鼠骨髓来源的肥大细胞就是在体外通过 SCF 和 IL-3 诱导分化而来的。

早在 20 世纪 80 年代，诸多研究报道就已指出，IL-3 是参与肥大细胞存活、发育、分化和成熟的主要因子之一。Ohmori 等的研究证实，IL-3 可诱导 GMP 向嗜碱性粒细胞、嗜酸性粒细胞和肥大细胞分化，同时 IL-3 复合物治疗能促进脾脏中 BMCP 的数量增加。尽管 IL-3 对小鼠 MMC 的体外发育至关重要，但 IL-3 对体内肥大细胞的发育并不是必不可少的。IL-3 缺陷小鼠并未表现出肥大细胞不足，只是抗线虫感染的肥大细胞的生长、发育受到损害。而 SCF 联合 IL-6、IL-9 和血小板生成素（thrombopoietin）等共同培养，也可以进一步辅助增强肥大细胞的增殖和分化能力。此外，免疫磁珠分选获得的人外周血 CD34$^+$ 祖细胞，在体外单独与 SCF 共培养就足以诱导分化出表达类胰蛋白酶、糜蛋白酶、羧肽酶 A3、组织蛋白酶 G 和颗粒酶 B 的肥大细胞。联合使用 SCF 和 IL-6 等生长因子培养，可以从人脐血获得肥大细胞。小鼠 KIT 受体基因（*Kit$^{W/W-v}$* 和 *Kit$^{W-sh/W-sh}$*）或其配体 SCF 基因（*Sl/Sl^d*）突变后，肥大细胞数量减少的实验证实了 SCF 在肥大细胞存活和发育中的重要作用。

近来，有学者发现 IL-18 具有诱导肥大细胞分化成熟的作用。IL-18 能诱导肥大细胞释放多种分子如 IL-14 和 IL-13，诱导 Th2 分化，同时 IL-18 水平与很多过敏性疾病正相关。Sandersa 等的研究表明，IL-3 有助于体外 MMC 表型发育，IL-18 能够不依赖 IL-3 独立诱导肥大细胞祖细胞分化为黏膜表型和结缔组织表型的肥大细胞，IL-18 可募集 MMC 在小肠中分化成熟。甚至 IL-18 有望作为治疗肥大细胞介导的过敏性疾病的新药理学靶点。

虽然大部分的研究认为 SCF 可以诱导肥大细胞的增殖和分化，但是也有人认为肥大细胞的增殖和分化不完全依赖于 SCF。在 SCF 基因敲除 W/W^v 小鼠模型中，给予 IL-3 能够逆转上述因缺失 SCF 而导致的肥大细胞缺失。也有研究发现，用具有 KIT 信号通路阻断作用的酪氨酸激酶抑制剂伊马替尼（imatinib）治疗后，慢性髓细胞白血病患者外周血的 MCp 数量与正常对照组无差异。免疫磁珠分选获得的人外周血 CD34[+] 祖细胞，在体外与不同的细胞因子共培养，单独添加 IL-3 就足以维持人外周血 MCp 的存活、增殖和成熟，说明人 MCp 分化不一定完全依赖于 SCF。这些研究提示，肥大细胞的增殖和分化不一定完全需要 SCF 的作用。脐血衍生的肥大细胞在所有发育阶段都表达 IL-3 受体，因此 IL-3 是脐带血祖细胞诱导人类肥大细胞生长的重要细胞因子。也有学者认为，尽管如此，在人体内肥大细胞发育过程中 IL-3 并不是必备条件，IL-3 也不影响骨髓 CD34[+] 肥大细胞祖细胞的分化。

五、肥大细胞分化、发育的调控转录因子

从 MCp 到肥大细胞成熟的过程受到多种因素的高度调控，复杂的转录因子网络在调节造血干细胞向肥大细胞分化的过程中发挥着重要作用。目前研究发现和证实的转录因子有 PU.1、STAT5、C/EBPα、MITF、GATA-3、GATA-2 和 Hes-1 等（图 1-5）。Walsh 等学者将 PU.1 缺陷胚胎的胎肝造血祖细胞在体外经 IL-3 和 SCF 培养，未能诱导出肥大

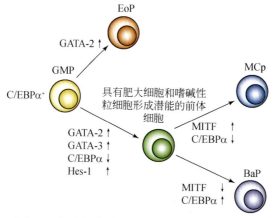

图 1-5　肥大细胞谱系发育相关转录因子示意图

表达 CCAAT/ 增强子结合蛋白 α（C/EBPα）的 GMP 上调 GATA-2 表达，使之成为嗜酸性粒细胞祖细胞（EoP）。GMP 的 C/EBPα 下调，同时 GATA-2、GATA-3 和 Hes-1 上调，促进具有分化为肥大细胞（MC）和嗜碱性粒细胞（Ba）潜能的祖细胞生成。当小眼畸形相关转录因子（MITF）上调时，C/EBPα 进一步下调，解除了 C/EBPα 对 MITF 的抑制，促进 MCp 增加。当 MITF 被下调，而 C/EBPα 上调时，促进向嗜碱性粒细胞祖细胞（BaP）分化〔引自：Joakim S D，Jenny H. 2015. Mast cell progenitors：origin，development and migration totissue〔J〕. Molecul Immunol，53：7-17〕

细胞。利用 *PU.1⁻/⁻* 小鼠对 PU.1 在胚胎谱系发育中的作用的研究发现，转录因子 PU.1 是肥大细胞体内和体外发育所必需的。Shelburne 等研究发现，*STAT5* 缺陷小鼠的腹膜、皮肤、胃和脾脏等组织肥大细胞缺失，由此说明，STAT5 在体内肥大细胞的形成中具有决定性作用。然而，他们还发现，在体外与 IL-3 和 SCF 一起培养时，*STAT5* 缺陷小鼠的骨髓可产生肥大细胞，仅含有 IL-3 的培养基支持野生型肥大细胞的生长，但不支持 *STAT5* 缺陷型小鼠骨髓的肥大细胞生长。由此表明，IL-3 不足以诱导 *STAT5* 缺陷祖细胞向肥大细胞发育，因为 STAT5 在 IL-3 受体信号转导途径的下游。

从 GMP 向肥大细胞分化受 CCAAT/ 增强子结合蛋白 α（CCAAT/enhancer binding protein，C/EBPα）、小眼畸形相关转录因子（microphthalmia-associateol transcription factor，MITF）和 GATA-2 调控。当从野生型骨髓中分离出 GMP 与髓系 - 红系混合生长因子共培养时，绝大多数细胞分化为嗜中性、嗜碱性和嗜酸性粒细胞及单核细胞，也有一些肥大细胞产生。破坏 GMP 的 C/EBPα 可使发育中的肥大细胞数量增加，为解释这一现象，Iwasaki 等比较了 *C/EBPα* 缺陷型胎肝 CMP 和野生型胎肝 CMP 的谱系潜力。培养 1 周后，缺乏 *C/EBPα* 的 CMP 中肥大细胞集落的数量比相应的野生型细胞高出 4 倍，BMCP 中 *C/EBPα* 基因的缺失引起纯肥大细胞的产生和嗜碱性粒细胞缺失。*C/EBPα* 通过结合 *MITF* 的启动子从而抑制 MITF 的表达。MITF 的表达对肠道、脾和皮肤中肥大细胞的发育是不可或缺的，MITF 也影响体外培养肥大细胞的发育。Qi 等通过突变骨髓细胞的 *MITF* 基因，下调 MITF 与肥大细胞特异性基因的结合能力，在体外经 IL-3 培养后，诱导出了肥大细胞和具有嗜碱性粒细胞特征的细胞。他们进一步研究揭示，MITF 以拮抗方式调节 C/EBPα 表达，从而阻止嗜碱性粒细胞分化。在体外，用逆转录病毒将 *C/EBPα* 转染至 MCp，可以使定植的 MCp 从肠道重编程为嗜碱性粒细胞，同样失活嗜碱性粒细胞的 *C/EBPα* 可以使嗜碱性粒细胞转化为肥大细胞。早在 1994 年 Tsai 就阐明了 GATA-2 在胚胎干细胞体外分化为肥大细胞中的作用。与野生型胚体相比，*GATA-2* 缺陷型胚体缺乏对 SCF 应答的 MCp。Iwasaki 及其同事的研究表明，GATA-2 诱导肥大细胞发育的前提是下调 C/EBPα 表达。Hes-1 是 Notch 信号转导的下游转录因子，能负调控 *C/EBPα* 的转录。但是，仅上调 Hes-1 表达不会诱导 CMP 和 GMP 分化发育为肥大细胞，而与 GATA-3 共同转导，CMP 和 GMP 体外形成肥大细胞的数量显著增加。上调 GATA-3 转导甚至可以将胚胎胸腺细胞重编程为肥大细胞。GATA-1 也参与肥大细胞的发育，其作用的发挥是在 MCp 到肥大细胞成熟阶段，而非早期分化阶段。

六、调控肥大细胞祖细胞迁移分化的分子

已有很多研究报道整合素、黏附分子、趋化因子及其受体辅助肥大细胞前体定向迁移到组织特定位置的重要性。整合素家族是由 α、β 两条链以非共价键连接组成的异源二聚体，参与多种细胞的黏附和归巢。目前发现 α4β7 整合素（CD49d）可以介导 MCp 向外周组织迁移和分化，而且具有组织特异性。用 γ 射线（500rad）清除小鼠 MCp 后，同系小鼠的骨髓移植可以恢复肥大细胞数量。但同时用抗 CD49d 和抗黏膜地址素细胞黏附分子 -1（mucosal addressin cell adhesion molecule-1，MAdCAM-1）单克隆抗体处理，则小肠 MCp 恢复受到抑制，但对 MCp 向肺、脾脏和结肠的迁移影响不大，说明 CD49d 对小鼠

MCp 定向迁移到小肠至关重要。同样，通过抗体阻断骨髓移植重建小鼠 MCp 的研究发现，小肠中 MCp 的建立和维持依赖于 α4β7 整合素和 CXCR2 的表达，当 α4β7 整合素和 CXCR2 表达缺失时均会导致小肠 MCp 水平的下降。血管内皮细胞黏附分子 -1（VCAM-1）和 β7 整合素基因缺陷小鼠 MCp 形成的克隆数量减少，迁移到小鼠肺的 MCp 减少。卵清蛋白（ovalbumin，OVA）诱导的过敏性炎症模型小鼠中，Mac-1/αMβ2 整合素和糖蛋白 IIb（GPIIb 或 CD41）缺失时，小鼠腹膜肥大细胞只有野生型小鼠的 30%，但对小肠和脾脏中的肥大细胞没有影响。Gurish 和 Boyce 指出，肥大细胞表达的 α4β7 整合素与其相应的 MAdCAM-1 或 VCAM-1 的结合，有助于肥大细胞归巢，维持肠道中肥大细胞的数量。这些研究表明，整合素参与了介导 MCp 向外周组织中迁移，不同的整合素诱导 MCp 向外周如小肠、肺和腹腔等迁移的部位与功能也不同。

趋化因子及其受体可以诱导外周血中的 MCp 向肺组织中迁移和分化。Collington 等利用 OVA 诱导野生型 *CCR2* 和 *CCL2* 缺陷的 BALB/c 小鼠肺部炎症模型，比较了从小鼠肺组织得到的单个核细胞的 MCp 克隆形成数，发现 *CCR2* 和 *CCL2* 缺陷小鼠 MCp 形成的克隆体积大小和数量低于野生型小鼠。研究还发现 CXCR2 缺陷小鼠肺部的 MCp 克隆形成也低于对照组，而 *CCR3* 或 *CCR5* 缺陷小鼠肺部的 MCp 水平没有改变。这些结果表明 CCR2、CCL2 和 CXCR2 在调节 MCp 向肺组织的迁移和分化中具有重要意义。此外，SCF 在促进肥大细胞的黏附、迁移中也有一定的作用。

黏附分子的重要成员 CD44 是透明质酸的主要配体，具有参与细胞黏附、迁移，辅助细胞因子合成和促进细胞增殖等功能。Takano 等将 *CD44* 缺陷小鼠的骨髓来源肥大细胞（bone marrow-derived mast cell，BMMC）与 Swiss3T3 成纤维细胞共培养，模拟皮肤组织中小鼠肥大细胞分化的过程，通过对肥大细胞基因表达谱的微阵列分析发现，CD44 表达上调，表明 CD44 在肥大细胞终末分化过程中具有重要的功能。他们进一步通过甲苯胺蓝染色观察到 CD44$^{-/-}$ 组织中肥大细胞数量在 10 周内没有显著变化，且与野生型小鼠肥大细胞持续生长相比，CD44$^{-/-}$ 肥大细胞生长明显受损，提示 CD44 在皮肤肥大细胞数量的调节中起着关键作用。

基质金属蛋白酶（matrix metalloproteinase，MMP）是 Ca^{2+}、Zn^{2+} 等金属离子依赖的辅因子酶家族成员，具有水解胶原蛋白、纤连蛋白和弹性蛋白，调节细胞因子和趋化因子等功能，与肥大细胞分化、迁移相关。Tanaka 等通过明胶酶谱法检测细胞培养基中的明胶酶活性，发现 IL-3 依赖性小鼠肥大细胞祖细胞（骨髓来源的鼠肥大细胞和 IC-2 鼠肥大细胞）能够产生和释放基质金属蛋白酶 -9（MMP-9），而在肥大细胞系 P815、RBL-2H3 和 HMC-1 中却未发现 MMP-9 的生成。作者还发现 SCF 可影响 MMP 的产生，降低 MMP 水平。由此提示，MMP-9 参与了肥大细胞分化及迁移到组织的过程。

调节性 T 细胞（regulatory T cell，Treg）、白介素、白三烯 B4（leukotriene B4，LTB4）和前列腺素 E_2（prostaglandin E_2，PGE_2）等在 MCp 迁移和分化中也有不同程度的作用。敲除 *TGFβRII* 基因、用抗体阻断 TGF-β1 或 IL-10 表达，C57BL/6 小鼠肺部的 MCp 水平分别下降 67.8%、56.3% 和 69.6%，间接说明 Treg 具有调节 MCp 向外周迁移和分化的能力。IL-9 缺陷小鼠和 CD1d 缺陷的小鼠肺炎模型中均检测到肺部 MCp 数量不同程度地下降，说明肺部 MCp 数量与 IL-9 和 CD1d 限制 NKT 细胞有关。PGE_2 能够促进骨髓来源肥大细胞的迁移和成熟。小鼠骨髓 MCp 表达白三烯高亲和力受体 BLT1，BLT1 与 LTB4 相互作用后可增加 MCp 向组织迁移分化的能力；但随着 MCp 分化成熟，其 BLT1 逐渐消失，LTB4 也失去了与成熟肥大细胞相互作用的能力。

综上所述，肥大细胞结构、生物学特性和功能的复杂性表明其起源、分化、发育和成熟同样也是复杂的过程。又因为与嗜碱性粒细胞的相似性、造血起源的证据等说明肥大细胞造血起源的存在并具备造血细胞的基本特性。作为区域防御和免疫细胞，肥大细胞不存在于血液，仅存在于组织，正常生理状态下数量很少，其分化、成熟和增殖多是受到病理条件的刺激，这些情况导致对肥大细胞起源、分化及其调控研究存在困难。期盼随着科学技术的发展，人类终将揭示肥大细胞的真实面目。

（廖焕金　戈伊芹　刘　健）

第二节　肥大细胞的自噬与凋亡

自噬（autophagy）和凋亡（apoptosis）在功能上的关系复杂而微妙。研究表明，自噬和凋亡总是处在细胞生命周期的动态平衡之中。自噬导致细胞内受损及多余、老化的蛋白质和细胞器被吞噬、降解或消化，利于细胞生存。而凋亡是细胞自杀的过程，所有细胞成分均被其他活细胞降解消化。正常情况下，自噬抑制凋亡，然而，当受到某些条件刺激时，细胞无法继续生存即会转变成凋亡。自噬与凋亡彼此紧密相关，研究二者及其之间的平衡是疾病治疗和药物研发的新方向。

一、肥大细胞自噬

2016 年日本科学家大隅良典因发现"细胞自噬机制"获得诺贝尔生理学或医学奖。自噬是细胞层面上的回收再利用，是一种进化保守的物质周转过程。细胞将胞内功能失常的代谢产物和不必要的细胞器等有序降解，从形成吞噬体开始级联反应，最终回收细胞成分，并为其他细胞提供新的原料和能量，在维持细胞内环境动态平衡中具有重要作用。自噬广泛存在于真核细胞内，是一种溶酶体介导的蛋白质降解途径。细胞中寿命较短的蛋白质如一些调控蛋白主要通过泛素 - 蛋白酶体系统降解，而细胞器和寿命较长的蛋白质等则可以通过细胞自噬途径降解。在饥饿、生长素缺乏等特定的微环境条件下，细胞中出现大的双层膜包裹的自噬泡，称为自噬小体（autophagosome），其与溶酶体融合后形成自噬溶酶体（autolysosome），可以捕获细胞内受损的细胞器（如线粒体、内质网）和变性的蛋白质等。自噬通路涉及众多的自噬基因和蛋白质，与细胞的自身稳态和多种疾病如癌症、骨关节炎、帕金森病、2 型糖尿病和过敏性疾病等密切相关。

根据自噬的形成过程，研究者已发现多种自噬形成标志物。例如，通常以 ATG16L1-ATG12-ATG5-ATG16L1 复合物鉴定早期自噬体的形成。微管相关蛋白轻链 3（microtubule-associated protein light chain 3，MAP1LC3，简称 LC3）是目前公认的自噬标志物。LC3 参与了自噬体膜的形成，包括相互转化的形式即微管相关蛋白 1- 轻链 3（microtubule-associated protein 1 light chain 3，LC3- I ）和 LC3- II 。细胞内新合成的 LC3 经过加工，成为细胞质可溶形式的 LC3- Ⅰ，后者经泛素化加工修饰，与自噬体膜表面的磷脂酰乙醇胺（phosphatidyl ethanolamine，PE）结合，成为膜结合形式的 LC3- Ⅱ。LC3- Ⅱ 定位于前自噬体和自噬体，是自噬体的标志分子，随自噬体膜的增多而增加。另外，p62 也被称为 SQSTM1，可作为一个信号分子参与多种信号转导过程。p62 可连接 LC3 和泛素化的底物，随后被整合到自噬体中，并在自噬溶酶体中被降解。当自噬被激活时自噬体与溶酶体融合，自噬囊泡中的 p62 等蛋白质或细胞器被溶酶体酶降解，p62 水平降低。当自噬被抑制时自噬体积累，p62 水平升高。p62 蛋白还可与线粒体上的泛素化蛋白相互作用，借助 p62 与 LC3 的相互作用引导线粒体被自噬体包裹。可见自噬通路涉及众多的自噬基因和蛋白质，因此可通过检测这些蛋白质的表达来评估细胞自噬的发生和自噬水平等。

有研究证实自噬与哮喘在遗传和功能上均有联系，自噬在肥大细胞脱颗粒及炎症反应中也有重要作用。哮喘和低水平第 1 秒用力呼气量（forced expiratory volume in one second，FEV_1）与自噬基因 5（autophagy gene 5，ATG5）的单核苷酸多态性高度相关，急性哮喘发作患者鼻黏膜上皮细胞中 ATG5 转录水平显著升高。Ushio 等研究发现，肥大细胞分泌的颗粒上含有自噬体标志物 LC3- Ⅱ；自噬基因 *ATG7* 敲除后 BMMC 在抗原刺激下，虽然细胞因子合成未受影响，但脱颗粒功能严重受损。通过向小鼠耳部注射 $Atg7^{+/+}$BMMC 或 $Atg7^{-/-}$BMMC，证实 *Atg7* 敲除致使小鼠被动皮肤过敏反应严重受损。骨髓衍生肥大细胞、腹膜肥大细胞和人肥大细胞系 LAD2 在营养充足的状态下，组成性地表达 LC3- Ⅰ 和 LC3- Ⅱ，并且 LC3- Ⅰ 可以转化为 LC3- Ⅱ，锚定在自噬小体膜或肥大细胞颗粒上，呈点状分布。在嗜酸性粒细胞慢性鼻窦炎小鼠模型中，骨髓细胞自噬相关基因 *Atg7* 的缺失，可引起巨噬细胞释放 IL-1β 增加，促进肥大细胞释放前列腺素 D_2（prostaglandin D_2，PGD_2），加剧嗜酸性粒细胞在炎症中的浸润。这些结果表明自噬在肥大细胞的脱颗粒过程及过敏性炎症中起着至关重要的作用。

肥大细胞自噬与颈动脉粥样硬化等有关，用 ATG16L1 作为自噬早期标志，用类胰蛋白、CD68 和 CD31 分别标记肥大细胞、M1 型巨噬细胞和内皮细胞，免疫荧光双标记显示，颈动脉粥样硬化斑块中的肥大细胞、M1 型巨噬细胞和内皮细胞大量表达自噬早期所必需的蛋白 ATG16L1。重组人糜蛋白酶处理，诱导了心脏成纤维细胞自噬空泡的形成、LC3- Ⅱ 的产生和自噬潮的形成，进而降解前胶原蛋白，说明糜蛋白酶可以促进自噬的发生。而糜蛋白酶是肥大细胞中重要的特异性蛋白酶，提示肥大细胞糜蛋白酶影响自身和周围细胞的自噬，但具体机制尚需阐明。

肥大细胞自噬是外界细菌、病毒等入侵细胞后产生的重要应答反应。当机体遭受感染，微环境改变后，肥大细胞可通过改变自噬水平应对入侵的细菌和病毒。铜绿假单胞菌感染骨髓来源肥大细胞后，检测发现细胞质中 LC3- Ⅱ 的水平明显高于基础水平，而 LC3- Ⅰ 的水平保持不变；在感染后 18h 左右达高峰。未经铜绿假单胞菌处理的人肥大细胞系 HMC-1 细胞中的 LC3 主要呈弥漫性分布在细胞质中，细菌刺激 18h 后，LC3 主要位于自噬体中，呈点状分布。这些结果说明铜绿假单胞菌感染可以诱导并增强肥大细胞自噬。登革热患者血清的亚中和抗体与登革热病毒结合后，抗体可通过其 Fc 段与 KU812 细胞和 HMC-1 细胞表面表达的 FcR 结合，从而增强病毒的感染性和靶细胞的自噬，使 KU812 细胞中的自噬小泡数、LC3 水平、LC3- Ⅱ 水平和 p62 降解率均高于单独登革热病毒感染的细胞，而 HMC-1 细胞的登革热病毒 E 蛋白和 LC3 增加。由此表明，肥大细胞遭遇细菌或病毒入侵后，可以改变自噬水平以应对这些病原微生物的入侵。

总之，自噬是将细胞内损坏、衰老的细胞器及蛋白质分解并回收利用的过程，而肥大细胞由于具有脱颗粒的特殊功能，与自噬的联系更加紧密。肥大细胞的自噬既影响其脱颗粒引发的过敏反应，又具有应对外界环境改变的保护功能。肥大细胞与自噬间的联系将为过敏性疾病及其他肥大细胞参与疾病的研究和探索干预治疗方法提供新的思路。

二、肥大细胞凋亡

细胞凋亡是一种程序性死亡，是机体正常发育、自身稳态维持的重要方式，有利于维持体内细胞数量动态平衡和机体的正常运行。在胚胎发育阶段通过细胞凋亡清除多余的和已完成使命的细胞，保证胚胎的正常发育，在生命后期阶段通过调节凋亡，清除损伤、衰老和病变的细胞，保证了细胞向正确的方向分化、生长和更新。

细胞凋亡是保证机体健康成长的重要过程，凋亡紊乱与许多疾病的发生有直接或间接的关系，如肿瘤、自身免疫性疾病和过敏性疾病等。因此，探索细胞凋亡的过程和机制，有利于加深对细胞分化、生长和相关疾病的认识。肥大细胞是过敏性疾病最主要的效应细胞，激活后可以引起过敏反应、过敏性休克，严重时会直接导致死亡，所以通过干预肥大细胞的凋亡是过敏性疾病潜在的有效治疗手段。

和机体的其他细胞一样，肥大细胞凋亡主要有外源性和内源性两条途径。外源性途径是细胞外界因素的信号激活肿瘤坏死因子（TNF）受体家族的死亡受体（如 Fas/CD95R 和 TRAIL-R），启动含半胱氨酸的天冬氨酸蛋白水解酶（cysteinyl aspartate specific proteinase，caspase）级联反应，最后诱导细胞凋亡的过程。内源性途径主要是在一些压力（如细胞因子缺失、DNA 损伤及其他刺激）的作用下，改变线粒体外膜通透性，促进凋亡因子细胞色素 c 释放，引起细胞凋亡。两条凋亡信号通路涉及众多的基因和蛋白质的调控，其中以对死亡受体家族、Bcl-2 蛋白家族和 caspase 家族等的研究最为广泛（图 1-6）。

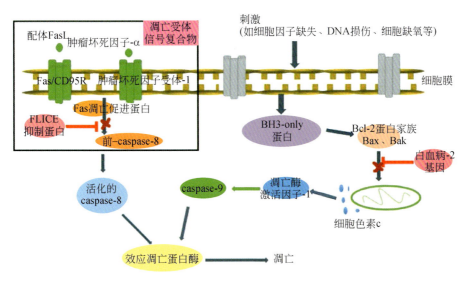

图 1-6　细胞凋亡模式图
（图片由笔者实验室戈伊芹提供）

（一）外源性途径诱导的肥大细胞凋亡

外源性途径是介导细胞凋亡的重要途径之一，死亡受体与相应配体结合后诱导目的细胞凋亡。肥大细胞膜表面组成性地表达死亡受体 Fas、TRAIL-R 等，表达水平受细胞周围环境及药物、生长因子和辐射等的影响。用 Fas 抗体或药物等激活肥大细胞 Fas 后，可以促进小鼠骨髓来源肥大细胞、腹腔肥大细胞（peritoneal mast cell，PMC）、脐血来源肥大细胞（cord blood-derived mast cell，CBMC），以及三株肥大细胞系 MC/9、C57 和 MCP-5 的凋亡。5- 氮胞苷和地西他滨处理后发现，肥大细胞白血病患者的肿瘤细胞和人肥大细胞白血病细胞系 HMC-1 的 Fas 去甲基化增加，caspase-8 和 caspase-3 激活，Fas 再表达和细胞凋亡加速。笔者也发现雷公藤红素呈剂量依赖性诱导 HMC-1 细胞高表达 Fas、低表达 FasL，促进肥大细胞向凋亡方向发展。这些结果表明，药物等可以通过激活肥大细胞死亡受体 Fas，引起肥大细胞凋亡。Fas 还与肥大细胞的生长和发育有关，Fas$^-$ BMMC 细胞质预先合成的颗粒内类胰蛋白酶和 β- 己糖胺酶等物质的含量下降，在 IgE 或抗原激活后释放的 β- 己糖胺酶、IL-13 和 TNF-α 的含量也显著下降，提示 Fas 参与调节小鼠肥大细胞颗粒的合成和成熟。另外，TRAIL-R 也是死亡受体的重要一员，激活后可介导细胞凋亡信号的转导。人肺来源的肥大细胞、CBMC 和 HMC-1 细胞膜上都表达 TRAIL-R，TRAIL-R 激活后可以进一步活化 caspase-3，最后诱导这些细胞凋亡。研究表明，死亡受体 Fas 和 TRAIL-R 可以调节肥大细胞成熟、存活和凋亡，以维持机体的稳态，如果死亡受体信号通路紊乱就会引起多种凋亡相关疾病的发生。

（二）内源性途径介导的肥大细胞凋亡

内源途径或称线粒体途径的凋亡是指细胞接受凋亡信号后，BH3 蛋白激活，凋亡因子 Bax 和 Bak 活化，活化的 Bax 和 Bak 从细胞质中转移到线粒体外膜上，然后与膜上的电压依赖性阴离子通道相互作用，调节线粒体外膜渗透作用（outer mitochondrial membrane permeabilization，MOMP），释放细胞色素 c 到细胞质中，激活凋亡蛋白酶活化因子 1（apoptotic protease activating factor 1，Apaf-1），启动 caspase-9 下游调控因子的级联反应，最后引起细胞凋亡。

Bcl-2 家族是原癌基因 *Bcl-2* 编码的产物，属膜整合蛋白，定位于线粒体、内质网和连续的核周膜，根据功能不同分为抗凋亡蛋白（anti-apoptotic protein）和促凋亡蛋白（pro-apoptotic protein），通过影响线粒体膜的通透性，调控凋亡信号，是内源途径凋亡信号转导过程中的关键调控因子。促凋亡蛋白成员根据 Bcl-2 同源结构域的不同，又分为只含 BH3 结构域的 BH3 蛋白和含多个 BH 结构域的 Bax/Bak 样蛋白两种。

1. 抗凋亡蛋白抑制肥大细胞凋亡

Bcl-2 家族抗凋亡蛋白是调节肥大细胞存活和凋亡平衡的关键因子，主要功能是维持机体肥大细胞数量的动态平衡，成员有 Bcl-2、Bcl-xL、Bcl-w、A1/Bfl-1 和 Mcf-1 等。肥大细胞正常状态下仅表达部分抗凋亡蛋白，其水平主要受抗凋亡基因和外界因素如药物、细胞因子等的调控，与细胞的生长发育密切相关。肥大细胞的增殖和分化需要 SCF 和 IL-3 等，缺乏这些生长必需的细胞因子肥大细胞会凋亡。SCF 和 IL-3 分别通过调节 Bcl-2 和 Bcl-xL 水平，以及增加抗凋亡蛋白 Bcl-2、Bcl-xL、MCL-1 的表达，维持肥大细胞的存活和生长。人外周血来源肥大细胞培养基中缺失 SCF 时，抗凋亡蛋白 Bcl-2 和 Bcl-xL 水平下降，肥大细胞逐渐凋亡。IL-15 可以通过活化 STAT 6、升高 Bcl-xL mRNA 和蛋白质的表达水平，抵抗细胞因子缺失或抵抗 Fas 抗体处理引起的 MC/9 和骨髓来源肥大细胞的凋亡。

当鼠胚胎干细胞缺失 *Bcl-2* 或 *Bcl-x* 基因时，在含有 IL-3 的培养基中不能发育为成熟肥大细胞，但在含有 IL-3 和 SCF 的培养基中，前 2 周细胞能正常发育，此后细胞数量急剧下降。小鼠皮肤或舌切片染色发现敲除 *A1/Bfl-1* 基因会引起皮肤肥大细胞数量减少，CTMC 存活受损，故可防止 IgE 介导的全身过敏反应和被动皮肤过敏反应的发生。

基于以上研究发现抗凋亡蛋白对肥大细胞的稳态必不可少，因此干预肥大细胞的抗凋亡蛋白水平可能是治疗肥大细胞相关疾病的一种方法。笔者课题组鲍一笑等前期研究发现用雷公藤红素处理 HMC-1 后，Bcl-2 蛋白表达受到抑制，Bax、c-Myc 蛋白表达增加，Bcl-2、Bax、Bcl-xL 的 mRNA 表达水平均下降（以 Bcl-2 下降最为明显），提示雷公藤红素通过上调促凋亡基因的表达和下调抗凋亡基因的表达诱导 HMC-1 细胞凋亡。Bcl-2 抑制剂 ABT-737 通过与抗凋亡蛋白 Bcl-2、Bcl-xL 和 Bcl-w 结合，抑制这些蛋白质的活性，促进肥大细胞凋亡。给小鼠腹腔注射 ABT-737 可以完全清除腹膜中的肥大细胞，而处理人皮肤组织后也可以增加肥大细胞的凋亡。Obatoclax 则通过结合 Mcl-1、Bcl-xL 和 Bcl-2，抑制细胞的抗凋亡作用，同时促进 Puma、Noxa 和 Bim mRNA 的表达，诱导肥大细胞瘤凋亡。但是，这些 Bcl-2 抑制剂或药物是细胞非特异性的，并不能特异性靶向作用于肥大细胞，因此靶向诱导肥大细胞凋亡药物的开发有待深入研究。

2. 促凋亡蛋白促进肥大细胞凋亡

只含有 BH3 结构域的 BH3 家族蛋白包括 Bcl-xS、Bad、Bim、Bmf、Bid、Puma 和 Noxa 等。它们被外界因素激活后，通过改变 BH3 蛋白表达水平和影响下游分子的表达调控凋亡信号的转导。例如，*BH3* 基因缺失或其蛋白质水平下降，可以增强细胞的存活能力，抵抗外界因素诱导的肥大细胞凋亡。如果缺失 *Puma* 和 *Bim* 基因，CTMC 可以抵抗细胞因子缺乏和电离辐射诱导的 DNA 损伤引起的细胞凋亡。*Bim* 基因缺失或 *Bcl-2* 基因过度表达均可以延迟甚至阻止细胞因子缺失诱导的肥大细胞凋亡。说明肥大细胞的凋亡与自身促凋亡基因的表达水平有关。

细胞生长环境中的细胞因子、辐射、药物和病原微生物等都可以通过改变 BH3 蛋白表达水平，调节肥大细胞生长状态。例如，停止培养基中 IL-3 补充可上调肥大细胞的 Bim 和 Puma 蛋白表达，诱导其凋亡。泛 Bcl-2 阻断剂 Obatoclax 处理肥大细胞白血病患者的肿瘤细胞的实验显示，Obatoclax 不仅能够直接阻断 Bcl-2 的抗凋亡作用，而且能够增强 Bcl-2 家族成员中促凋亡基因 *Puma*、*Noxa* 和 *Bim* mRNA 的表达，加速肿瘤肥大细胞凋亡。细胞因子缺失和 DNA 损伤剂依托泊苷处理黏膜样肥大细胞（mucosal-like mast cell，MLMC）和结缔组织样肥大细胞（connective tissue-like mast cell，CTLMC）后，可以通过增加细胞 Puma 表达，促进细胞凋亡。另外，铜绿假单胞菌感染 HMC-1 和人 CBMC 后，通过上调 Bcl-xS 和下调 Bcl-xL，诱导细胞凋亡。细菌脂多糖（lipopolysaccharide，LPS）联合 IgE 处理 BMMC 可以防止线粒体膜电位的丧失，增强抗凋亡蛋白 Bcl-xL 表达，以及降低促凋亡蛋白 Puma 和 Bim 的表达，抑制肥大细胞凋亡。这些结果表明，干扰肥大细胞的 BH3 蛋白表达，可以调节肥大细胞的存活和凋亡。

BH3 蛋白还能通过激活下游蛋白 Bak/Bax，改变线粒体膜的通透性，释放细胞色素 c，启动细胞凋亡。Bak/Bax 蛋白的缺失，会抑制凋亡信号的传递，使细胞凋亡受到抑制。在 $Bax^{-/-}$ 小鼠的胃黏膜组织发现肥大细胞数量是 $Bax^{+/+}$ 小鼠的 2 倍多，但背部皮肤上肥大细胞数量增加不明显，提示 Bax 调控肥大细胞数量可能与部位有关。在细胞因子缺失引起的凋亡中，虽然 $Bak^{-/-}$ 的 CTMC 死亡率与野生型相似，但是 $Bax^{-/-}$ 肥大细胞具有部分抵抗凋亡的能力，$Bax^{-/-}Bak^{-/-}$ 肥大细胞则完全可以抵抗细胞因子缺乏引起的凋亡，说明 Bax 和 Bak 都在肥大细胞凋亡过程中发挥了重要作用。用富马酸二甲酯（dimethylfumarate，DMF）处理人 HMC-1 细胞和 CBMC 后，Bax 和 Bak 的表达增加，caspase-9 和 caspase-6 被激活，有效地诱导了肥大细胞凋亡，说明 Bax 和 Bak 都具有介导细胞凋亡信号转导的作用。此外，敲除 *Bak/Bax* 下游的调控分子 *caspase-9* 或 *Apaf-1* 基因，小鼠胎肝来源肥大细胞在不添加 SCF 和 IL-3 的情况下，可以抵抗细胞的凋亡，而且还可以抵抗 DNA 损伤引起的凋亡，但细胞已经失去了增殖的能力。

3. caspase 家族在肥大细胞凋亡中的作用

caspase 家族是调控细胞外源性和内源性凋亡途径的关键物质，其活性受到其他因子的严格调控。例如，在外源性凋亡途径中，5- 氮胞苷和地西他宾处理肥大细胞瘤、人肥大细胞系 HMC-1，可以促进 Fas 去甲基化，激活 caspase-8 和 caspase-3，从而导致细胞凋亡。人肺来源的肥大细胞、CBMC 和 HMC-1 细胞也需要激活 caspase-3，才能转导凋亡信号，诱导凋亡。而在内源性途径介导的细胞凋亡中，释放到细胞质的细胞色素 c 与 Apaf-1 结合，使其形成多聚体，再与 caspase-9 结合形成凋亡小体，激活 caspase-9，再进一步激活 caspase-3 和 caspase-7 及其下游的 caspase 等，从而诱导细胞凋亡。由此可见，无论是外源性途径还是内源性途径都离不开 caspase 家族的参与，caspase 家族是介导肥大细胞凋亡的关键调控因子。

在微环境的作用下，如病原微生物感染、细胞因子缺失和 DNA 损伤等，肥大细胞受到众多凋亡因子的调节，通过调节细胞增殖与凋亡的平衡，共同维持着肥大细胞的发育和稳态。肥大细胞凋亡也与肿瘤、自身免疫性疾病和过敏性疾病等密切相关。因此，维持肥大细胞凋亡和增殖的平衡不失为治疗肥大细胞相关疾病的途径。

（廖焕金　刘　健　戈伊芹）

第三节　肥大细胞的结构与分类

细胞染色、显微镜下形态观察是细胞学研究的最基本和重要手段。受益于先驱者对微小生命体观察方法的探索，人类得以揭示机体最结构小组成单位——细胞的奥秘。在对各种组织细胞的研究中，前辈们创建了各种染色方法和标记手段，并不断加以完善。

这些技术也促进了对肥大细胞结构和生物学特性的认识，在此基础上助推了肥大细胞的分类及对其功能活性认识的不断加深。

一、肥大细胞的形态结构

肥大细胞胞质中含有大量的嗜碱性颗粒，广泛分布于血管、皮肤、黏膜和神经附近的上皮组织中，常散在、不成簇。由于肥大细胞主要分布于组织，外周血中数量极少，所以免疫组织化学染色和光学显微镜或者电子显微镜观察等方法成为识别及鉴定其形态、亚细胞结构和细胞质颗粒情况的主要手段。

光学显微镜或电子显微镜下，肥大细胞多呈圆形或椭圆形，直径 $5 \sim 25\mu m$，具有细胞膜、细胞质和细胞核等细胞的基本结构，细胞表面一般有长短不一的突起或丝状伪足。只有一个细胞核，偶见双核，核小，呈圆形或不规则形，核着色浅，呈空泡样，位于细胞中心或偏于一侧。细胞质中除了分布着线粒体、内质网、高尔基体、核糖体、溶酶体和中心体等各种亚细胞器外，还充满多而密集、由单位膜包裹、彼此分离、可溶于水、呈圆形、卷轴状或晶格状结构的嗜碱性颗粒。由于颗粒中含有大量的硫化蛋白聚糖，具有异染性，可以被甲苯胺蓝等碱性染料着色。所以组织化学染色是鉴别肥大细胞及其颗粒的主要方法，但这种方法不能识别颗粒的组成成分和亚细胞结构。而电子显微镜恰好可以弥补这一不足，是研究静息状态和活化后肥大细胞亚细胞结构的主要手段。本节分析和总结了组织化学染色和电子显微镜下静息、活化肥大细胞的形态结构。

（一）组织化学染色下肥大细胞的形态结构

Ehrlich 研究发现，组织肥大细胞颗粒内酸性的生物活性介质（如肝素和组胺）可以和碱性苯胺染料结合，使这些异染颗粒染成紫红色，细胞核呈现蓝色。随着对肥大细胞的深入研究发现其胞内或膜上一些特有的蛋白质可以作为识别和鉴定组织肥大细胞的标志。目前根据肥大细胞的这些结构特性衍生了多种染色方法，如苏木精和伊红（hematoxylin and eosin，H&E 或 HE）染色、吉姆萨（Giemusa）染色、May-Grünwald-Giemusa（MGG）染色、瑞氏染色（Wright staining）、改良的甲苯胺蓝染色、Leder 染色，或用肥大细胞特异细胞质或膜分子，如抗类胰蛋白酶抗体、抗糜蛋白酶抗体、抗干细胞因子受体 KIT（CD117）和抗 FcεR I 抗体标记鉴定。还可以将肥大细胞从组织中分离出来，或者对体外培养的肥大细胞染色，显微镜下观察其形态、结构，或免疫荧光标记后通过流式细胞仪分析、分选。

HE 是组织学中使用最广泛的染液。苏木精染液为碱性，可以使细胞核内的染色质与细胞质内的核酸着紫蓝色；伊红为酸性染料，能使细胞质和细胞外基质中的成分着红色。用 HE 染色的组织切片，肥大细胞呈圆形或椭圆形，细胞核呈蓝色，位于中间或一侧，细胞质呈粉红色和淡粉红色的颗粒（图 1-7A）。而瑞氏染液、吉姆萨染液、MGG 染液和利什曼染液（Leishman stain）对肥大细胞异染颗粒具有高度亲和力，均能使其细胞质颗粒染成紫红色，细胞核不着色或轻度着蓝色。但是这些组织染色方法影响因素较多，并不是观察和识别肥大细胞的可靠方法，不常用于识别和鉴定组织中的肥大细胞。

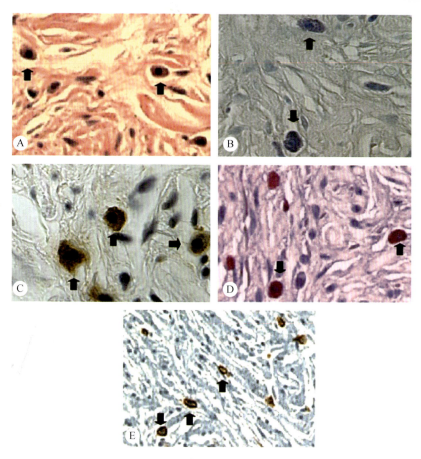

图 1-7　肥大细胞组织切片染色

A. HE 染色（400×），肥大细胞呈圆形或椭圆形，细胞核呈蓝色，细胞质呈粉红色，其内可见呈淡粉红色的颗粒，箭头所示；B. 甲苯胺蓝染色（1000×），细胞核和背景呈蓝色，细胞质颗粒呈紫红色，箭头所示；C. 过氧化物酶标记类胰蛋白酶和糜蛋白酶、哈里斯-苏木精（Harris hematoxylin）复染（1000×），肥大细胞的细胞质显褐色，箭头所示。D.Leder 染色（1000×），肥大细胞及其颗粒呈红色。E. 过氧化物酶标记 CD117（1000×），肥大细胞膜显示为褐色，箭头所示［引自: Shukla S A, Ranjitha V, Judy S W, et al. 2006. Mast cell ultrastructure and staining in tissue［J］. Methods Mol Biol，315：63-76］

　　碱性染料甲苯胺蓝可以和肥大细胞颗粒中的酸性介质结合，使这些颗粒染成紫红色，细胞核呈蓝色，是鉴定组织肥大细胞最常用的方法之一。经过多年的改良，甲苯胺蓝染色法已能很好地检测各组织器官和体外培养肥大细胞的形态结构。对组织切片中的肥大细胞染色后，肥大细胞的细胞核呈蓝色，细胞质颗粒呈紫红色（图 1-7B）。笔者团队对体外培养的 BMMC 分别在不同温度（4℃和 37℃）下固定不同时间（0.5h 和 1h）后用甲苯胺蓝染色，油镜下观察可见 BMMC 呈圆形、椭圆形或不规则形，细胞核呈圆形或椭圆形，位于细胞中心或偏于一侧，细胞质中充满大量清晰可见的紫红色颗粒，细胞膜完整（图 1-8D）。而肥大细胞脱颗粒后，细胞质中的紫红色颗粒减少，细胞外紫红色颗粒增加，细胞形态、大小发生改变（图 1-8，黑色箭头所示）。

　　除了常用的甲苯胺蓝染色法外，还有很多能识别和鉴定组织肥大细胞的染色方法。例如，依赖于细胞特异性的催化酶的细胞组织化学 Leder 染色法，是利用细胞中的氯乙酸酯酶，在重氮盐存在下水解萘酚 As-D 氯乙酸酯（naphthol As-D chloracetate）中的酯键生

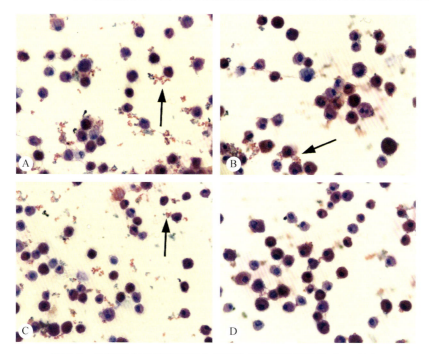

图 1-8 油镜观察骨髓来源肥大细胞涂片甲苯胺蓝染色（×100）

A. 4℃固定 0.5h，细胞质中充满大量清晰可见的紫红色颗粒，细胞核呈蓝色，细胞外出现较多紫红色颗粒；B. 4℃固定 1h，细胞外出现少量紫红色颗粒；C、D.37℃固定 0.5h 或 1h，细胞基本没有脱颗粒。箭头所指均为细胞脱出的异染颗粒［引自：梁玉婷，李莉 .2017.改良的肥大细胞甲苯胺蓝染色法［J］.现代生物医学进展，17（2）：4601-4605］

成游离萘酚化合物，游离萘酚化合物在酶活性部位与重氮盐结合形成红色的沉积物，从而使细胞质呈现较强的红色（图 1-7D）。其他如阿尔新蓝染色法虽然可以很好地识别和鉴定肥大细胞和软骨基质，但是对固定液比较敏感，而且对细胞内颗粒的分辨能力不及甲苯胺蓝，所以常常需要使用藏红花橙（safranin orange）或迈尔氏巴匝株染色（Mayer's brazalum）复染，才能很好地区分肥大细胞胞质中的颗粒。在对染色方法的改进中，有研究者使用硫酸小檗碱染色后，肥大细胞在荧光显微镜下发出中等强度的浅黄色荧光。由于细胞颗粒中含有大量的类胰蛋白酶、糜蛋白酶，膜上高表达 KIT（CD117）和 FcεR I，这些抗体成为识别、计数和定位组织中肥大细胞的常用标志。组织连续切片或免疫双色标记还能分析肥大细胞的组织分布、颗粒种类和含量、膜结合物及相关分子。辣根过氧化物酶标记抗糜蛋白酶抗体（图 1-7C）和抗 CD117 抗体（图 1-7E）染色后，组织中的肥大细胞的细胞质呈褐色，细胞核呈蓝色。

以上这些组织染色方法为识别和鉴定组织中肥大细胞的形态、结构、位置和数量提供了帮助，成为肥大细胞研究不可或缺的工具，推动了对肥大细胞的深入研究。

（二）电子显微镜下肥大细胞的形态结构

1. 静息状态下肥大细胞的形态结构

虽然组织化学染色是鉴别肥大细胞及其颗粒的主要方法，被广泛运用，但是鉴于普通光学显微镜的分辨能力有限，细胞颗粒的组成成分和亚细胞结构观察需要借助于高分辨率的电子显微镜。

　　静息肥大细胞在透射电镜下（图1-9A）的形态各异，呈圆形或椭圆形，细胞表面一般有长短不一的突起或绒毛状结构。细胞核较小，呈圆形、椭圆形或略微不规则形，细胞核位于中央或偏中央，核仁明显，异染色质贴附于核膜下，核中央有时可见块状异染色质，核质比大小不一。细胞质丰富，充满大量颗粒，颗粒呈深染、由单位膜包裹，电子致密的颗粒大小均一。细胞质内除了许多含有单位膜包裹的肥大细胞特征性颗粒之外，还有粗面内质网、高尔基体、游离核糖体、线粒体、溶酶体、微管、微丝和脂质体及空泡状结构。扫描电镜下（图1-9B）肥大细胞呈圆形或椭圆形，细胞膜表面有圆形突起，可能是膜下包含有大量颗粒导致，另外膜表面还有细胞膜向外延伸出的脊状褶皱，使细胞膜表面凹凸不平。

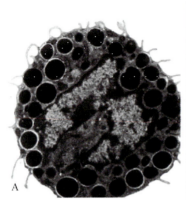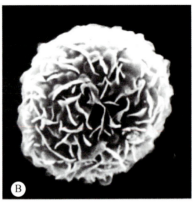

图1-9　静息肥大细胞的透射电镜图和扫描电镜图
A.透射电镜下肥大细胞形态呈圆形或椭圆形，表面有突起，单位膜包裹的电子致密颗粒大小均一，核居中呈不规则形；B.扫描电镜下肥大细胞呈球形，细胞表面有大量从细胞膜向外延伸出的脊状褶皱，细胞外观崎岖不平［引自：Poon K C，Liu P I，Spicer S S. 1981. Mast cell degranulation in beige mice with the Chédiak-Higashi defect［J］. Am J Pathol，104（2）：142-149］

　　颗粒是肥大细胞发挥功能的最重要物质基础，对颗粒的深入研究有利于揭示肥大细胞的生理功能与病理作用。借助于电子显微镜，观察到人黏膜型肥大细胞的细胞质颗粒以卷轴状为主，而结缔组织型肥大细胞则以晶格状为主，这种差异是早期人们对肥大细胞鉴定和分类的重要依据。含卷轴状颗粒的电子密度不同，许多电子密度低的卷轴状样物质围绕在中心电子致密物质周围（图1-10A、B）；缺乏卷轴样结构的肥大细胞，在其电子致密颗粒中可以看到具有晶格状外观的晶体结构，有规则地排列在颗粒中（图1-10C）。此外，肥大细胞中的某些颗粒是由更小的微颗粒状物组成的，直径为10～15nm，微颗粒之间有大量的电子透明空间，将电子致密微颗粒分隔开（图1-10D）。

2. 活化后肥大细胞的形态结构

　　预先合成的大量嗜碱性颗粒储存在肥大细胞胞质中，活化后这些颗粒被释放并合成新的介质，参与调节机体的生理和病理过程。由于活化后大量颗粒释放出来，导致胞内物质快速减少，使得肥大细胞的形态和结构发生很大改变。激活物的性质及其刺激强度的不同，甚至不同肥大细胞亚群对相同活化剂的反应不同，细胞活化释放颗粒的量也不完全一致，细胞和颗粒形态结构的改变也存在差别。

　　利用扫描电镜观察肥大细胞经IgE途径激活后短时间内细胞形态的改变时发现，IgE

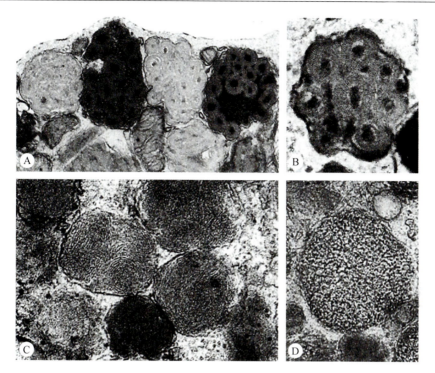

图 1-10 电子显微镜下肥大细胞胞质中的卷轴状颗粒、晶格状颗粒和颗粒状颗粒
A、B. 含卷轴状颗粒的电子密度不同,许多卷轴样物质围绕在中心电子致密物质周围;C. 晶状颗粒有规则地排列;
D. 颗粒状微颗粒表现出大量的电子透明空间,将电子致密粒子分离开来。A. 52 000×;B. 121 000×;C. 78 000×;
D. 63 500×[引自:Dvorak A M, et al. 1984. Differences in the behavior lipid bodies during human of cytoplasmic
granules and lung mast cell degranulation [J]. J Cell Biol,99(5):1678-1687]

致敏的人肥大细胞呈球形,整个细胞膜表面高低不平,分布着形态不规则的膜状脊和微
绒毛(图 1-11A、B)。用 10μg/ml 抗 IgE 激发 80s 后,细胞表面出现直径 0.6 ~ 0.8μm
的微孔,微孔附近有光滑的圆形体释放出来,这可能就是直径 0.6μm 左右的胞内颗粒
(图 1-11C、D)。激发 210s 后,肥大细胞分布大量不规则的膜状脊,并出现较大的孔隙,
可见很多颗粒释放出来(图 1-11E、F)。静息状态的肥大细胞表面有大量向外延伸出细
胞膜的脊状褶皱,细胞外观崎岖不平(图 1-12A)。当致敏肥大细胞暴露于特异性抗原后,
细胞经历了从胞吐到复原的阶段。加入激活剂 30min 后,细胞呈现从脱颗粒到恢复的不
同状态(图 1-12B ~ H)。刚开始脱颗粒的细胞呈现不规则形态,细胞膜上的脊状褶皱
脱落,几乎失去了所有的表面突起(图 1-12B)。这些突起可能包含细胞内颗粒,因为在
胞吐过程中观察到颗粒与细胞膜融合。脱颗粒的中间阶段细胞膨胀变大,细胞膜向外凸
起,释放大量颗粒物质(图 1-12C ~ G)。颗粒释放完后细胞开始变小,并恢复到圆形,
细胞膜上重新出现脊状褶皱结构(图 1-12F)。

　　除了经典的 IgE 途径活化肥大细胞外,还有众多的非 IgE 途径激活剂可以诱导肥大
细胞脱颗粒,但是这些激活剂诱导肥大细胞脱颗粒后的形态改变与 IgE 途径诱导的相似。
例如,化合物 48/80(Compound 48/80)、钙离子载体 A23187 和硫酸多黏菌素 B 是肥大
细胞活化研究常用的激活剂。静息肥大细胞在 Compound 48/80 刺激 10min 后,失去规则

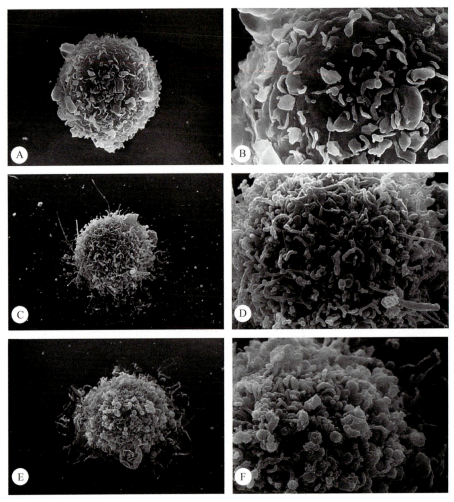

图1-11　抗IgE激发前后肥大细胞的扫描电镜图（左列3500×，右列10 000×）

A、B.IgE致敏的肥大细胞呈球形，整个细胞的膜表面高低不平，分布着形态不规则的膜状脊和微绒毛；C、D.IgE致敏后10μg/ml抗IgE抗体激发80s，细胞表面出现微孔，微孔附近有光滑的圆形体释放出来；E、F.激发210s，细胞表面分布大量不规则的膜状脊，出现较大的孔隙，可见很多颗粒释放出来〔引自：Kurosawa M，Inamura H，Kanbe N，et al. 1998. Phase-contrast microscopic studies using cinematographic techniques and scanning electron microscopy on IgE-mediated degranulation of cultured human mast cells〔J〕. Clin Exp Allergy，28（8）：1007-1012〕

的脊状结构，颗粒向外挤压，导致细胞膜出现开口，促使颗粒向外释放，释放出来的颗粒较大（图1-13B）。钙离子载体A23187处理10min后，腹膜肥大细胞中的颗粒外吐，颗粒较小，并且有大量的球形颗粒附着在细胞表面或散落在细胞周围，细胞质减少，细胞体积变小（图1-13A）。用较低浓度的红细胞生成素（erythropoietin，EPO）刺激，大鼠腹膜肥大细胞膨胀，可见电子密度较小的颗粒，颗粒向膜外膨出，其中一些颗粒向细胞外释放，细胞表面也有较少的绒毛突起。而较高浓度的EPO对肥大细胞有明显的毒性作用，加速细胞死亡。硫酸多黏菌素B（polymyxin B sulfate）活化后，肥大细胞的颗粒组成和结构随时间的变化也发生着快速改变，硫酸多黏菌素B处理5s后（图1-14A），细胞膜周边的颗粒即向细胞膜靠近，开始间断地向外释放，同时还可以看到细胞膜与颗粒膜的融合及孔隙的形成，但是只有少数最边缘的颗粒被释放出来。活化5min后（图1-14B），大多数

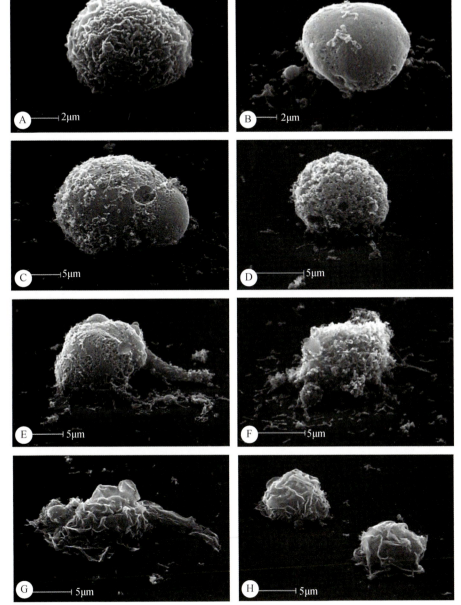

图 1-12　小鼠肥大细胞系 MCP 5/L 经 IgE-DNP 致敏和 DNP-BSA 激活 30min 后的扫描电镜图

A. 静息细胞，呈椭圆形，膜表面凹凸不平，有大量脊状褶皱结构；B ～ H. 不同活化阶段的细胞，细胞形态不规则，细胞膜上的脊状褶皱脱落，细胞膜向外凸起，释放大量颗粒物质，最后细胞开始恢复，呈圆形，重新出现脊状褶皱〔引自：Xiang Z，Block M，Löfman C，et al. 2001. IgE-mediated mast cell degranulation and recovery monitored by time-lapse photograph〔J〕. J Allergy Clin Immunol，108（1）：116-121〕

颗粒结构呈现出明显的改变，可以观察到大量的相邻颗粒膜相互融合形成更大的囊泡样结构，只有几个颗粒保持其均匀致密的外观，细胞边缘形成一个广泛的细胞质通道，但细胞质无退行性改变，线粒体、微管、小泡和中心粒不受分泌过程的影响。这些研究记录了肥大细胞活化后，为促进胞内颗粒的释放，细胞膜、细胞质、细胞质颗粒的形态结构发生改变的过程。肥大细胞是定居于组织的免疫细胞，以大量胞内颗粒为特征和作为功能物质基础，形态学特征是其生物学特性和功能发挥的基础。因此，组织化学染色普通显微镜观察和扫描或透射电镜观察为研究肥大细胞提供了便利，组织染色方法简便、经济，可以快速识别和鉴定肥大细胞的组织定位和数量，而电子显微镜则可以深入了解肥大细胞的亚细胞结构和细胞质颗粒结构。

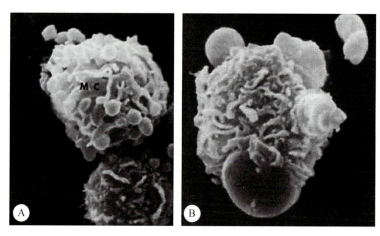

图 1-13　不同刺激物、作用时间电镜下肥大细胞的形态改变

A. 钙离子载体 A23187 处理 10min 后，肥大细胞在挤压胞内的颗粒向外释放，释放出来的颗粒较小，可散落或附着在腹膜肥大细胞的表面。B.Compound 48/80 处理 10min 后，可以明显地看到颗粒从肥大细胞中释放出来，颗粒大但量少［引自：Poon K C，Liu P I，Spicer S S. 1981. Mast cell degranulation in beige mice with the Chediak-Higashi defect［J］. Am J Pathol，104（2）：142-149］

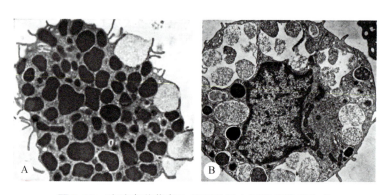

图 1-14　硫酸多黏菌素 B 处理后肥大细胞的形态改变

A. 0.5μg/ml 硫酸多黏菌素 B 处理 5s 后，只有少数最边缘的颗粒被挤压出来（4500×）；B. 处理 5min 后，相邻颗粒膜相互融合形成更大的囊泡，含有多个散乱的颗粒，细胞质无退行性改变，线粒体、微管、小泡和中心粒不受分泌过程的影响（15 000×）［引自：Lagunoff D. 1973. Membrane fusion during mast cell secretion［J］. J Cell Biol，57（1）：252-259］

二、肥大细胞的分类

肥大细胞作为区域免疫细胞分布在几乎所有的外周组织中，起着宿主防御和免疫调节作用。最初只是根据分泌颗粒内蛋白酶的表达和组织分布将人和啮齿动物的肥大细胞进行简单分类。肥大细胞进入外周组织后，在特定的微环境和细胞因子、趋化因子作用下分化、发育，并被局部微环境重塑。不同部位、不同生理和病理状态，肥大细胞的基因、蛋白质、表型和功能也随之改变，因此，肥大细胞的分类对于其功能的确定和认识变得日益重要。

（一）人与啮齿类动物肥大细胞的分类

早期在研究肥大细胞的形态结构时发现，人肥大细胞表达不同的蛋白酶，为了方便研究其功能特性，研究者根据蛋白酶的表达情况将人肥大细胞分为只含类胰蛋白酶的肥大细胞（tryptase positive mast cell，MC_T）和含有类胰蛋白酶及糜蛋白酶的肥大细胞（mast cell with double positive tryptase and chymotrypsin，MC_{TC}）。而在啮齿动物中，则根据肥大细胞在组织中的分布不同分为 CTMC 和 MMC。MMC 主要表达小鼠肥大细胞蛋白酶 -1（mouse mast cell protease，MMCP-1）和 MMCP-2，而 CTMC 则表达 MMCP-4、MMCP-5、MMCP-6 和羧肽酶 A（carboxypeptidase A，CPA）。本书以 MC_T 和 MC_{TC} 分别表示只含类胰蛋白酶和既含类胰蛋白酶又含糜蛋白酶的人肥大细胞，而小鼠结缔组织肥大细胞和黏膜肥大细胞分别以 CTMC 和 MMC 表示。人 MC_T 与鼠 MMC 具有相似的特性，如主要分布于肠道、呼吸道等黏膜组织。人类 MC_{TC} 与鼠 CTMC 也具有一定的共性，主要存在于结缔组织，如皮肤和腹腔。但是大多数人类组织肥大细胞亚群的分布并不像啮齿动物那样清晰，各个组织中都有混合的肥大细胞类型，说明在不同组织或同一组织的不同部位，甚至同一组织、相同部位的不同时间肥大细胞的亚群也不同，含有的蛋白酶和活性介质也不同，因此异质性成为肥大细胞的最大特性。

随着研究的深入，外周组织肥大细胞的高度异质性不断得到证实。在不同组织部位和局部微环境的作用下，肥大细胞可以分化为不同亚群，甚至同一亚群的肥大细胞之间也具有一定的差异。Pucillo 等研究了人皮肤、小肠、肺、肾和胰腺等部位的肥大细胞特性，结果发现皮肤肥大细胞主要表达组胺、类胰蛋白酶、糜蛋白酶、CPA 和 C5aR，肺组织的肥大细胞主要表达组胺、类胰蛋白酶、糜蛋白酶、肾素、P2X7 和 Toll 样受体（Toll-like receptor，TLR），肠组织中的肥大细胞主要表达组胺、类胰蛋白酶、糜蛋白酶、Cys-LT、α2β7、α2β1、P2X7 和 TLR（图 1-15）。可见不同组织部位肥大细胞的异质性比传统肥大细胞的分类更为多样，传统的分类已不足以解释这些组织器官中肥大细胞的差异，所以需要建立新的、更好的方法对肥大细胞重新分类。

（二）肥大细胞亚群的分布

肥大细胞广泛分布于全身的各个组织器官，主要存在于宿主和外部环境之间的界面，位于最先接触病原体、抗原及其他外源性物质的皮肤、消化道、呼吸道等部位，起着"哨兵"的作用。当肥大细胞接触抗原后，能通过快速地释放组胺、神经递质调节周围的血管和神经功能，从而使机体对入侵的抗原产生快速应答。胸腺、脾脏和淋巴结等免疫器官、神经元、内分泌腺和大脑中也有肥大细胞。肥大细胞在这些组织中定居，位于上皮下区域、血管、神经、平滑肌细胞、黏液腺和毛囊周围的结缔组织中，且常呈散在分布。肥大细胞群体的这种深远分布取决于组成性归巢、增强的募集、存活和肥大细胞祖细胞局部成熟的机制。

但是由于各个器官组织的结构、组成和功能不同，形成的局部微环境差异较大，在不同细胞和因子的作用下，肥大细胞发育为不同的亚群，从而发挥特殊的生理或病理功能。

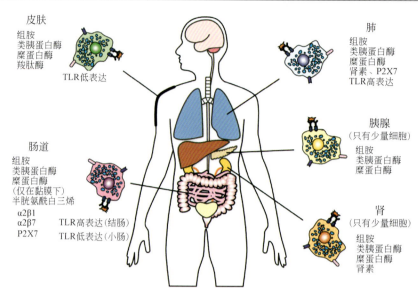

图 1-15　人不同组织肥大细胞的异质性

人皮肤、肠道、肺、肾和胰腺中的肥大细胞除了表达经典的类胰蛋白酶和糜蛋白酶外，与其组织特异性功能相一致，生理状态下不同器官的肥大细胞还表达一些特殊的分子［引自：Frossi B，Mion F，Sibilano R，et al. 2018. Is it time for a new classification of mast cells? What do we know about mast cell heterogeneity［J］. Immunol Rev，282（1）：35-46］

例如，MC_{TC} 和 MC_T 在皮肤、消化道和呼吸道、胸腺、脾脏及淋巴组织的分布和数量差异较大，与其在这些部位的功能密切相关。MC_T 是小肠黏膜和正常气道中的主要亚群，存在于肠黏膜和肺泡间隔，在季节性过敏发作时被选择性地招募到气道表面的上皮周围，防御宿主对外来抗原的损伤。MC_{TC} 是正常皮肤、血管周围、心脏和小肠黏膜下层主要的肥大细胞类型，通常与微血管和神经元网络紧密接触，以免疫调节为主。小鼠肥大细胞的分布和表型也与功能密切相关，正常小鼠肥大细胞主要位于真皮、舌和骨骼肌中，在心、肺、脾、肾、肝和肠黏膜中相对较少，如耳的真皮、舌的肌层、气管的黏膜下层和浆膜层、食管近幽门端的黏膜下层，在这些组织中肥大细胞的数量占 $CD45^+$ 细胞的 0.05%～10%，其中以皮肤中水平最高，约为 10%。这种不同组织中分布数量的差异与肥大细胞发挥免疫调节和宿主防御、维持细胞稳态和抵御病原体入侵的功能密切相关。小鼠 MMC 位于皮肤上皮层附近，与黏膜下层 CTMC 相比，其分泌组胺水平较低，半胱氨酰白三烯（cysteinyl leukotriene，cysLT）含量较高。这些研究提示肥大细胞的分布在不同的组织器官、同一组织不同的部位、不同亚群之间都存在很大的异质性。

肥大细胞的亚群分布和数量在肺、肠道、皮肤等组织器官中不尽相同。正常人肺肥大细胞主要分布于结缔组织，如胸膜、支气管、肺泡间隔，沿神经及小动脉、小静脉和整个呼吸上皮层分布，肺内肥大细胞的密度为 $1×10^6$～$10×10^6$ 个 /g 组织。根据经典的肥大细胞分类法，MC_T 是肺组织肥大细胞的主要类型，常见于肺泡、支气管或细支气管，而 MC_{TC} 通常位于上皮细胞下靠近黏膜下层的腺体及大支气管气道平滑肌层等。小鼠肺的肥大细胞主要位于较大的气道和血管之间或周围，在正常生理状态下其数量相对较少。人胃肠道管壁上肥大细胞的分布以固有层密度最高，MC_T 占胃肠道黏膜细胞总数的 2%～3%，而 MC_{TC} 约占 1%。在皮肤组织，肥大细胞主要集中在真皮层，尤其是真皮层中的血管、神经和皮下腺周围，在真皮与表皮交界处不常见，表皮中基本检测不到肥大细胞。但是，不同躯体部位的皮肤肥大细胞分布不尽相同，如前臂和小腿皮肤中的肥大细胞数量多于近端肢体或躯体中央皮肤部位，这可能是因为远端区域更容易受到外界病原体的入侵，当病原体入侵后可以快速招募局部肥大细胞或诱导其增殖。

（三）肥大细胞亚群的异质性

1. 基因表达的异质性

近年来，随着对肥大细胞亚群研究的深入，发现肥大细胞亚群之间基因表达存在很大的差异。Saito 等用基因组 U133A 探针微阵列芯片检测发现，人扁桃体和皮肤来源的肥大细胞高表达与 MC_{TC} 表型相关的基因 *CMA1*、*HEY1*、*C5R1*，而肺组织中由于以 MC_T 亚群为主，几乎不表达这几个基因。同样，用小鼠基因 1.0 ST 阵列分析 C57BL/6J 小鼠不同组织部位提取的肥大细胞 mRNA，结果发现 CTMC 的基因表达水平是免疫系统中变化最大的细胞类型之一，舌与气管或食管的肥大细胞高度同源，表达超过 2 倍的差异基因只有 110 个，而来自舌和腹膜肥大细胞差异表达的基因达 612 个，腹膜和皮肤肥大细胞差异基因表达高达 957 个，说明不同组织器官 CTMC 亚群之间的基因表达水平差异很大。

肥大细胞亚群在不同组织部位遇到的病原体不同，TLR 基因表达也不同，这有助于它们发挥宿主防御功能。反转录聚合酶链反应（RT-PCR）对骨髓培养成熟 MMC 和 CTMC 的 TLR1 ～ TLR13 的 mRNA 表达水平检测发现，MMC 主要表达 TLR4 和 TLR6，其他 TLR mRNA 的表达水平很低；CTMC 的 TLR 1、TLR 2、TLR 3、TLR 6、TLR 8 和 TLR 13 mRNA 表达水平明显高于 MMC。对 C57BL/6 小鼠胚胎皮肤培养的肥大细胞（fetal skin-derived cultured mast cell，FSMC）和 BMMC 的 TLR mRNA 表达谱分析，也发现与 CTMC 相类似的 FSMC 强表达 TLR1、TLR3 和 TLR7 mRNA，中度表达 TLR9 mRNA，而 BMMC 少量表达这几个 TLR mRNA；FSMC 和 BMMC 的 TLR2、TLR4 和 TLR6 的 mRNA 表达水平相当，但是两种细胞都未检测到 TLR 5 mRNA 的表达。

除了 TLR 受体外，不同起源皮肤肥大细胞的转录组测序分析发现，肥大细胞中与 DNA 复制、细胞周期、凋亡、吞噬体和免疫应答相关的基因表达水平差别很大。胚胎干细胞来源的皮肤肥大细胞主要表达与 DNA 复制、免疫应答相关的基因；晚期 EMP 来源的皮肤肥大细胞主要表达与吞噬体和免疫应答相关的基因。转录组分析发现，编码丝氨酸蛋白酶、金属蛋白酶、5- 脂氧合酶、氧化脂蛋白受体、细胞因子和黏附分子（如 CD59a 和整合素 β2）等的基因在肥大细胞亚群中的表达都存在较大差异。

2. 蛋白质表达的异质性

由于 MC_T 和 MC_{TC} 表达的 RNA 不同，所以最终翻译修饰后表达的蛋白质同样也存在很大的异质性。例如，肥大细胞亚群功能的实现主要依赖于其表达的特有蛋白酶、膜受体等，而不同肥大细胞亚群的蛋白酶含量和膜受体差别很大。如表 1-1 所示，不同部位肥大细胞蛋白表达不同，这是一个实验室的报道，更多实验室、对更多部位或不同疾病、环境条件、年龄等肥大细胞蛋白的研究差别更大。实际上肥大细胞分化之初就开始表达不同的蛋白酶、细胞因子和膜受体等。KIT 和 FcεRⅠ在 MMC 中的表达较快，培养 2 周后约 92% 的细胞开始表达这两个受体，而 CTMC 直到第 3 周才开始同时表达。培养 2 周后，MMC 和 CTMC 均表现出相似的蛋白酶谱，以 MMCP-6 和 CPA 为主。培养 4 周后，

MMC 开始表达 MMCP-2 和 MMCP-1，CTMC 表达 MMCP-5、MMCP-6、MMCP-7、CPA。成熟肥大细胞亚群表达的酶更加多样，用阿尔新蓝 / 番红 O（alcian blue/safranin O）对大鼠腹膜、肠系膜、肺和皮肤四个部位组织的肥大细胞进行染色和组胺标记发现，这些部位的肥大细胞数量、组胺含量和对番红 O 的着色能力差异很大。腹腔 CTMC 的数量和组胺含量最多，对番红 O 的着色能力最强；肺组织的 MMC 数量最少，对番红 O 的着色能力也最弱。这与肥大细胞不同亚群胞内表达蛋白酶的种类和数量有关。也有研究发现包皮中的肥大细胞含有更多的糜蛋白酶，而乳腺皮肤中的肥大细胞具有较高的类胰蛋白酶活性。肥大细胞表达不同水平的蛋白酶主要是与其发挥的生理病理功能相匹配，MC_{TC} 表达的糜蛋白酶具有激活血管紧张素原 / 血管紧张素 I 转化为血管紧张素 II（不依赖于血管紧张素转换酶）的能力，表明肥大细胞参与血压调节。

表 1-1　小鼠肥大细胞亚群的异质性

特征	MMC	CTMC
位置	黏膜	结缔组织
蛋白聚糖	硫酸软骨素 B、A、E	肝素、硫酸软骨素 E
蛋白酶	MMCP-1、MMCP-2	MMCP-3、MMCP-4、MMCP-5、MMCP-6、MMCP-7 和 CPA
生物胺	组胺（＜ 1pg/ 个细胞）、5- 羟色胺	组胺（≥ 15pg/ 个细胞）、5- 羟色胺
主要生长因子	SCF、IL-3	SCF、IL-4
TLR 受体	TLR4、TLR6	TLR1、TLR2、TLR3、TLR6、TLR8
活化剂	抗原	抗原、P 物质、Compound 48/80、黄蜂毒素

注：CTMC，结缔组织肥大细胞；MMC，黏膜肥大细胞；MMCP，小鼠肥大细胞蛋白酶。

肥大细胞膜 TLR 是肥大细胞抵御病原体入侵的重要受体，不同亚群的肥大细胞膜表达不同的 TLR。人皮肤肥大细胞表达 TLR9 和少量 TLR7、TLR10，而肺肥大细胞表现出较高水平的 TLR7 和 TLR10，但检测不到 TLR9。皮肤和肺肥大细胞均表达 TLR2、TLR3 和 TLR4。流式细胞术检测到小鼠腹腔来源肥大细胞和胚胎皮肤肥大细胞同时表达 TLR4 和 TLR9，而 BMMC 仅表达 TLR4，不表达 TLR9。

3. 应答能力的异质性

肥大细胞亚群在不同组织部位微环境的塑造下，表达不同的基因和蛋白质，所以具有不同的功能，如表 1-2 所示，当被不同条件激活时，产生的应答反应不同。

肥大细胞遇到抗原时，可通过交联膜表面 IgE 高亲和力受体 FcεR I、IgG 受体 FcγR 和 TLR 使之活化而脱颗粒。用 CD117 和 CD88 荧光抗体标记人皮肤和肺组织单细胞悬液，根据 CD88 的表达与否将肥大细胞分为 KIT^+CD88^+ 的 MC_{TC} 和 KIT^+CD88^- 的 MC_T，进一步经流式细胞术分选出来源于皮肤和肺组织的这两个细胞亚群。在体外用抗 FcεR I 抗体刺激，发现肺来源的 MC_{TC} 和 MC_T 活化脱颗粒，释放 LTC4，而皮肤来源的 MC_{TC} 活化后并未检测到 LTC4。小鼠不同肥大细胞亚群对抗原的刺激反应也不一致，从感染巴西日圆线虫即巴西钩虫（*Nippostrongylus brasiliensis*）的大鼠肠道中分选得到的 MMC 和

CTMC，经特异性抗 IgE 抗体活化后，MMC 释放少量组胺和大量半胱氨酰白三烯，而 CTMC 则释放高水平的组胺和前列腺素 D$_2$。不同细胞因子诱导的 MMC 和 CTMC 对抗原刺激产生的应答大不相同，分别用 SCF、IL-3、TGF-β、IL-9 和 SCF、IL-3、IL-4 体外诱导 BALB/c 小鼠骨髓分化为成熟的 MMC 和 CTMC，再用过敏原特异性 IgE 和过敏原激活。结果发现，MMC 和 CTMC 分泌的细胞因子种类和水平不尽相同，MMC 和 CTMC 中 IL-6、IL-13、IL-33、IFN-γ、TNF-α 和 TSLP 的 mRNA 表达升高，但 MMC 中 IL-13、IFN-γ、TNF-α 和 TSLP 的分泌水平高于 CTMC，而 CTMC 产生的 IL-33 水平高于 MMC 产生的。这些体内外研究结果说明肥大细胞亚群的生物学特性与其功能密切相关。

表 1-2　人肥大细胞亚群的异质性

特征	MC$_T$	MC$_{TC}$
蛋白酶	类胰蛋白酶	类胰蛋白酶、糜蛋白酶
蛋白聚糖	肝素	肝素
颗粒形状	Scroll	Lattice
生物胺	组胺、5- 羟色胺	组胺、5- 羟色胺
位置	上皮	结缔组织
功能	宿主防御	组织修复
活化剂	抗原、PAF	抗原、C5a、Compound 48/80

注：PAF，血小板活化因子。

除了 IgE 途径外，还有众多的激活剂可以通过非 IgE 途径激活肥大细胞。TLR 是肥大细胞抵御病因入侵的重要膜分子，但如前所述肥大细胞亚群之间 TLR mRNA 及其蛋白质表达的水平也不同。细胞因子是肥大细胞重要的激活剂，MMC 和 CTMC 表达高水平的 IL-33 受体 ST2，并表达 TSLPR 和 IL-7Rα 链 CD127。IL-33 单独或联合 IgE 交联可促进 MMC 和 CTMC 产生 IL-6、IL-13 和 TNF-α，TSLP 可促进 MMC 产生 IL-6、IL-13 和 TNF-α，但不能单独刺激 CTMC 产生 TNF-α。TLR4 配体 LPS 能刺激 CTMC 和 MMC 分泌 IL-6，而 TLR3 配体多聚肌苷酸多聚胞苷酸（Poly-IC）则不能。人皮肤和肺的成熟 MC$_{TC}$ 膜表面表达补体 C5a 受体 C5aR，而肺成熟的 MC$_T$ 却不表达 C5aR，故补体 C5a 可以激活皮肤和肺组织成熟的 MC$_{TC}$，使之释放 LTC4，但对肺成熟 MC$_T$ 却无此作用。Compound 48/80 和 P 物质也是肥大细胞活化的重要激活剂，均能刺激皮肤和肺组织成熟的 MC$_{TC}$ 活化释放 LTC4，而高达 1μg/ml 的 Compound 48/80 却不能刺激 MC$_T$ 活化释放 LTC4。也有研究报道，Compound 48/80 刺激 MMC 和 CTMC 脱颗粒与剂量有关，CTMC 对 Compound 48/80 比较敏感，10μg/ml 时就可以刺激肥大细胞脱颗粒，而 MMC 的应答阈值则高达 50μg/ml。多聚氨基酸、聚精氨酸、抗生素和多黏菌素 B 等能刺激腹膜肥大细胞和肠系膜肥大细胞释放大量的组胺，但刺激皮肤和肺肥大细胞释放组胺的能力明显低下。这些研究说明，肥大细胞亚群对不同激活剂的应答反应不同，与肥大细胞亚群的蛋白质种类、膜受体等不同有关，应该与其功能相匹配。

（四）肥大细胞亚群的转换

作为机体防御的第一道免疫屏障，肥大细胞具有很强的可塑性，由于所处局部微环境，如外界因素、细胞种类和数量、细胞因子种类和水平等时刻发生着变化，与之相适应肥大细胞的分化、成熟、表型和功能也不断发生变化。在某些特定微环境的作用下，肥大细胞亚群的表型甚至可以互相转换。所以肥大细胞是一种适应能力很强的区域免疫细胞，从而使其分布、结构、生物学特性与生理和病理作用相呼应。

早期肥大细胞亚群转换的研究是在小鼠体内和体外培养细胞中进行的。Nakano 等用 *Wbb6f1-W/W^v* 和 *C57bl/6-bg^J/bg^J* 小鼠杂交产生野生型 *Wbb6f1$^{+/+}$*，将 *Wbb6f1$^{+/+}$* 小鼠骨髓培养的 BMMC 过继回输给 *Wbb6f1-W/W^v* 小鼠腹腔，10 ～ 30 周后腹腔中的肥大细胞恢复到了正常水平，同时电子显微镜检测发现 *Wbb6f1-W/W^v* 小鼠腹腔中的肥大细胞由 BMMC 表型转变为 CTMC 样表型，分泌组胺的能力也增加了 20 倍。体外常用 IL-3 和 SCF 诱导小鼠骨髓细胞分化为与 MMC 表型相似的 BMMC，如果将培养液中的 IL-3 换成 IL-4，得到的成熟肥大细胞就具有典型的 CTMC 特征。表明不同的细胞因子，可以诱导肥大细胞向不同的亚群分化。BMMC 与白化病小鼠皮肤来源的成纤维细胞在体外共培养时，BMMC 可以获得 CTMC 样表型。CTMC 在特定的环境中也能向 MMC 转化，将 *Wbb6f1$^{+/+}$* 小鼠腹膜纯化的 CTMC 在含有 IL-3 和 IL-4 的甲基纤维素中培养，约 25% 的 CTMC 形成集落；而将 CTMC 置于悬浮培养液中使其生长，则其表型就转变为 MMC 样。这些结果表明，肥大细胞亚群表型之间的转换与肥大细胞生长的微环境密切相关。

最近有研究发现，寄生虫感染后，肥大细胞表型也会根据局部微环境的变化而发生改变。一般在正常小鼠中，大部分空肠肥大细胞位于黏膜下层，表达 MMCP-6 和 MMCP-7，而不表达 MMCP-9 或 MMCP-2。在旋毛虫感染后，空肠肥大细胞短暂表达 MMCP-9，停止表达 MMCP-6 和 MMCP-7，然后再表达 MMCP-2。在炎症恢复期，空肠肥大细胞停止表达 MMCP-2，而表达不同水平的 MMCP-6、MMCP-7 和 MMCP-9，并缓慢地恢复到初始蛋白酶表型，从空肠迁移到淋巴结，经血液循环最后迁移到脾脏，从而使空肠上皮肥大细胞的数量恢复到正常水平，提示寄生虫诱导的炎症中肥大细胞的亚群发生了从 CTMC 向 MMC 的转换。另有研究报道，在旋毛虫感染后，空肠 MMC 增加的数量高达 25 倍，而且可以改变其血清甘氨酸蛋白聚糖、同源颗粒糜蛋白酶、MMCP-1、MMCP-2 和 MMCP-5 的表达。小鼠感染鼠鞭虫后，大肠上皮中 MMC 和 MMCP-1 的水平大量增加，MMC 可能通过表达 MMCP-1 参与寄生虫感染的过程。

可见肥大细胞的表型与其周围的微环境关系密切，亚群可以相互转变，表达不同的特异性蛋白酶，发挥相应的作用。

总之，肥大细胞"老而不退"，高度异质又多变，即使同一组织或分类相同的亚群也存在很大的生物特性和功能差异。它们对不同刺激随机应变，应答迅速。因此，对肥大细胞分类和特性的研究，有助于揭示肥大细胞这一造血来源、局部定居、外周组织环境诱导分化、成熟，功能多样、形态和生理特征特殊的细胞群体的本质。肥大细胞的分类还存在很多问题，需要深入探索，有很长的路要走。

（廖焕金　王　娟）

第四节　肥大细胞的生化特性

肥大细胞颗粒是其实现功能的物质基础，这些颗粒成分在免疫调节、免疫防御、炎症反应、止凝血、损伤修复、组织重塑、妊娠和精子发生等过程中发挥重要作用。除了过敏和抗寄生虫感染外，近年来，肥大细胞在自身免疫病、代谢和神经系统疾病、肿瘤发生发展、器官纤维化等许多疾病的病理进程中的作用逐渐被认识，分子机制也得到了较为深入的发现。肥大细胞对机体作用的利弊很大程度上归因于其胞内所含的大量分泌性颗粒。肥大细胞的颗粒从分泌时相、结构和功能来讲，主要有激活后第一时间释放的，以生物胺和蛋白酶等炎症介质为主的预先形成的颗粒、新合成的脂类颗粒和细胞因子与趋化因子（表 1-3）。揭示这些颗粒成分及其分泌的调节机制、分泌途径和功能，是认识肥大细胞特性及其功能，制定靶向胞内颗粒或颗粒衍生物及其分泌调节机制或通路分子来预防、诊断或治疗肥大细胞相关疾病的基础。肥大细胞分泌的新组分，如外泌体是细胞和细胞间信息传递的有效载体，也是全面认识肥大细胞的基础。

表 1-3　肥大细胞颗粒及其成分

颗粒性质		颗粒内成分
预形成颗粒		
	溶酶体酶	β- 己糖苷酶，β- 葡糖醛酸酶，β-D- 半乳糖苷酶，芳基硫酸酯酶 A，组织蛋白酶 C、B、L、D 和 E
	蛋白酶	胸苷酶、类胰蛋白酶、羧肽酶 A、组织蛋白酶 G、粒酶 B、基质金属蛋白酶、肾素
	其他酶	激酶、肝素酶、血管生成素、活性 caspase-3
	蛋白聚糖	丝甘蛋白聚糖（肝素和硫酸软骨素）
	趋化因子	RANTES（CCL5）、eotaxin（CCL11）、IL-8（CXCL8），MCP-1（CCL2）、MCP-3（CCL7）、MCP-4
	生长因子	TGF-β、bFGF-2、VEGF、NGF、SCF
	肽类	促肾上腺皮质激素释放激素、内啡肽、内皮素、LL-37/ 抗菌肽、P 物质、舒血管肠肽
	其他	嗜酸性粒细胞主要碱性蛋白（MBP）
重新形成颗粒		
	磷脂代谢	前列腺素 D_2、E_2，白三烯 B4、C4，血小板激活因子
新合成颗粒		
	细胞因子	IL-33、IL-10、IL-12、IL-17、IL-5、IL-13、IL-1、IL-2、IL-3、IL-4、IL-6、IL-8、IL-9、IL-15、IL-16，Ⅰ、Ⅱ型干扰素，TNF-α，MIP-2β
	生长因子	SCF、GM-CSF、β-FGF、NGF、PDGF、TGF-β、VEGF
	活性氧	NO
	其他	补体 C3 和 C5

一、肥大细胞预形成的颗粒

（一）肥大细胞预形成颗粒的产生过程

皮肤和器官被膜富含肥大细胞，是重要的免疫细胞，不仅在过敏性疾病中起重要作用，还参与宿主防御、先天性和获得性免疫、免疫自稳和免疫调节。肥大细胞的重要特征是当其受外源性物质或内源性物质刺激时，可部分或完全脱颗粒，通过释放的颗粒内物质发挥相应的功能，在释放预形成颗粒的同时也会重新合成和释放新的介质。这些预形成颗粒内主要包含蛋白聚糖、蛋白酶、生物胺、溶酶体酶、细胞因子、生长因子等，参与先天性免疫应答和适应性免疫应答。研究这些预形成颗粒的形成、成熟、脱颗粒机制及其主要颗粒的成分，有助于揭示肥大细胞在健康和疾病中的作用。

1. 肥大细胞颗粒的产生

相对于人类对神经内分泌细胞介质形成过程的研究，肥大细胞分泌颗粒形成的机制报道不多。肥大细胞和神经内分泌细胞似乎具有相似的颗粒形成机制。分泌颗粒的形成起始于反式高尔基体，从反式高尔基体中以网格蛋白包被的囊泡出芽方式形成（图 1-16）。肥大细胞中的囊泡称为"颗粒"，大小较均一，直径 20 ～ 40μm。随后，颗粒间发生融合，使未成熟颗粒逐渐成熟。有证据表明，在颗粒融合的过程中成熟分泌颗粒的体积会变小，但并不是所有未成熟的分泌颗粒在发育为成熟分泌颗粒时体积均减小。例如，对大鼠骨髓、腹膜嗜酸性粒细胞和大脑垂体中叶的黑色素细胞的研究表明，未成熟颗粒融合与成熟颗粒体积减小无关。因此，在肥大细胞中观察到的分泌颗粒成熟期间的大小变化似乎主要

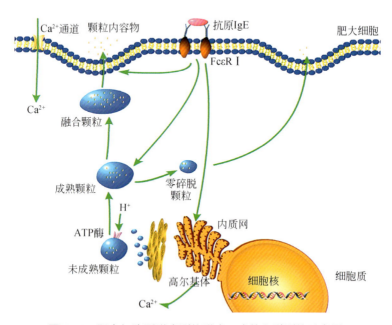

图 1-16　肥大细胞预形成颗粒形成、成熟和脱颗粒示意图
颗粒的形成起始于反式高尔基体，从反式高尔基体中以网格蛋白包被的囊泡出芽方式生成。随后颗粒内容物逐渐增加促使颗粒成熟，同时颗粒体积变大。过敏原、病原体、细胞因子、补体、趋化因子和 Ca^{2+} 载体等与膜表面效应受体结合或直接通道开放，触发肥大细胞活化而释放颗粒。这个过程需要细胞外或内质网 Ca^{2+} 流向细胞内［引自：梁玉婷，乔龙威，彭霞，等 . 2017. 肥大细胞预形成颗粒及其生物学意义［J］. 现代免疫学，37（5）：417-422］

反映了细胞质内颗粒体积的变化过程。

肥大细胞预形成颗粒的调控机制尚不清楚，但研究发现分泌粒蛋白Ⅲ（secretogranin Ⅲ）在肥大细胞预形成颗粒的形成过程中起核心作用。大鼠嗜碱性粒细胞白血病细胞系 RBL-2H3 具有肥大细胞的生物学特性，能模拟肥大细胞的多种功能，转染实验表明过表达粒蛋白Ⅲ时颗粒的形成增加。已证实小 GTP 酶蛋白 5（rabGTPase protein 5，RAB5；也称为 RAB5A）具有调节肥大细胞颗粒大小的作用。在颗粒形成过程中最重要的是颗粒腔的酸化，反式高尔基体内颗粒的起始及其后续成分的浓缩均需要微弱的酸性环境。颗粒成熟过程中，酸化过程持续进行，最终使成熟的颗粒 pH 接近 5.5。酸化机制涉及胞液从细胞质泵送到颗粒中的过程，此过程依赖于胞液中 ATP 酶（V-ATP 酶）的作用。

颗粒形成的另一个核心是把预先形成颗粒成分分选到颗粒内。目前认为这个过程主要有两种模式。一种是"分选 - 进入"模式，即颗粒中的每个成分在反式高尔基体上都有相应的受体。另一种是"分选 - 保留"模式，多种成分最初被包裹在未成熟的颗粒中，随后除去未被选择保留的成分，完成颗粒成熟。甘露糖 -6- 磷酸（mannose-6-phosphate，M6P）系统是经典的"分选 - 进入"模式的实例，蛋白质糖基化获得与高尔基体膜中相应的 M6P 受体相互作用的 M6P 基团，进而选择糖基化的蛋白质进入颗粒。该系统广泛用于溶酶体水解酶的分选，因此推测 M6P 系统也可能适用于肥大细胞颗粒内容物的形成。将 TNF 分选到肥大细胞颗粒中依赖于 *N*- 糖基化，这也提示 M6P 系统在肥大细胞颗粒内容物分选中起重要作用。

2. 肥大细胞颗粒的成熟

紧随颗粒的形成，颗粒成分逐渐增加使得颗粒成熟（图 1-16）。多项研究表明，随着颗粒成熟，颗粒体积也逐渐增加，表明预先存在的颗粒在形成过程中会发生融合，颗粒成分也不断增加。在肥大细胞成熟的早期阶段，细胞质内的蛋白酶和生物活性胺的水平较低或检测不到。随着肥大细胞不断成熟，组胺和血清素水平逐渐增加，肥大细胞特异性蛋白酶开始积累，同时，丝甘蛋白聚糖和与丝甘蛋白聚糖硫酸化相关的酶的表达也增加。大部分颗粒是内源性生物合成的，然而，不能排除肥大细胞从细胞外摄取某些组分的可能性。多项研究表明，嗜酸性粒细胞主要碱性蛋白（major basic protein，MBP）、组胺、多巴胺、嗜酸性粒细胞过氧化物酶和 TNF 等物质可被肥大细胞从胞外摄取。

此外，致密核的形成是分泌颗粒成熟的关键步骤，具有肝素或硫酸软骨素侧链的丝甘蛋白聚糖在致密颗粒的形成中起着至关重要的作用。在野生型小鼠骨髓来源肥大细胞的细胞质内，颗粒通常由分散的不同致密核心区域组成。相比之下，缺乏丝甘蛋白聚糖的骨髓来源肥大细胞的细胞质内颗粒几乎没有致密的核心区域，而是被均匀分布的无定形物质填充。除了促进致密核形成外，在促进多种颗粒，包括糜蛋白酶、类胰蛋白酶、羧肽酶 A3（carboxypeptidase A3，CPA3）、组胺和 5- 羟色胺等的储存中丝甘蛋白聚糖也起着关键作用。

肥大细胞颗粒成熟中的另外一个重要步骤是将无活性的蛋白酶前体加工成活性酶。组织蛋白酶 C 对类胰蛋白酶的加工是必需的，而原 - 羧肽酶 A3 的加工部分依赖于组织蛋白酶 E，组织蛋白酶 L 和 B 参与肽酶的加工修饰。肥大细胞胞质中的这些组织蛋白酶加工修饰功能的实现主要取决于最佳的酸性 pH，推测加工步骤可能发生在颗粒的隔室中，这一观点也被多项研究报道证实。

3. 肥大细胞颗粒的释放

在电子显微镜下可见与肥大细胞内电子致密溶酶体类似的分泌囊泡，这些囊泡充满着预先形成的化合物，如溶酶体蛋白、组胺、肝素和 β- 氨基己糖苷酶等。暴露于 IgE 及其抗原、配体、补体成分、肽和神经肽的肥大细胞在数分钟内脱颗粒释放出这些颗粒内容物。

肥大细胞的经典脱颗粒途径是 IgE 与肥大细胞膜表面的高亲和力受体 FcεR I 结合而致敏，当 IgE 的特异性抗原进入时，被膜结合的 IgE 识别并结合，从而使相邻的两个受体交联（图 1-16），受体聚集并诱导免疫酪氨酸活化基序（ITAM）磷酸化，激活蛋白酪氨酸激酶 FYN、LYN 和 SYK 信号转导。可溶性 *N*- 乙基马来酰亚胺敏感因子（NSF）附着型蛋白受体（SNARE），如突触相关蛋白 23（SNAP-23）、突触融合蛋白 4（STX4）、囊泡相关膜蛋白 7（VAMP7）和 VAMP8 参与颗粒从细胞质转运至溶酶体腔或细胞膜内表面的过程。在与细胞膜连接后，颗粒与其融合并将其内容物释放到细胞外环境。颗粒的外分泌需要 Ca^{2+} 动员、蛋白激酶 C 激活、腺苷三磷酸（ATP）的水解和鸟苷三磷酸（GTP）及细胞骨架肌动蛋白的参与。

除经典脱颗粒外，尚存在"零碎脱颗粒"（piecemeal degranulation，PMD），PMD 首先在嗜酸性粒细胞、肥大细胞和嗜碱性粒细胞中被认识，是这些细胞选择性释放一部分颗粒内容物的形式。在 PMD 期间，含有颗粒内容物的囊泡以出芽方式从颗粒膜分离，随后通过细胞质运送并融合到细胞膜上，最后从细胞膜释放，这一过程类似于脱颗粒。其分子机制尚不清楚，但在变态反应、克罗恩病、荨麻疹、慢性炎症或恶性肿瘤的病理过程中普遍存在着肥大细胞颗粒丢失现象。PMD 似乎也在肥大细胞与其他类型细胞的通信中发挥作用。在 PMD 过程中，肥大细胞释放的介质上调上皮细胞趋化因子受体 2（CCL2）表达，激活调节性 T 细胞及影响肿瘤细胞的生物学行为。

肥大细胞和其他细胞可以通过转移颗粒完成细胞之间的相互作用，当两个细胞之间的距离足够近时，可通过胞吐作用和随后快速摄取方式，将颗粒直接从一个细胞转移到另一个细胞。肥大细胞还将含颗粒的伪足和相邻细胞接触，通过伪足的断裂，将颗粒胞吐到细胞外间质和细胞之间，邻近的细胞会摄取这些内容物。已发现这种颗粒转移存在于肥大细胞与成纤维细胞、血管内皮细胞和神经元之间。

（二）肥大细胞预形成颗粒的组成成分

肥大细胞预形成颗粒包含蛋白聚糖、蛋白酶、生物胺、溶酶体酶、细胞因子、生长因子等（图 1-17），这些颗粒成分将会影响肥大细胞脱颗粒的生理功能和相关疾病的进程。

1. 蛋白聚糖

早在 1937 年，Holmgren 和 Wilander 等的研究就发现肥大细胞中含有一类肝素或硫酸软骨素型的糖胺聚糖（glycosaminoglycan，GAG）侧链的蛋白聚糖（proteoglycan，

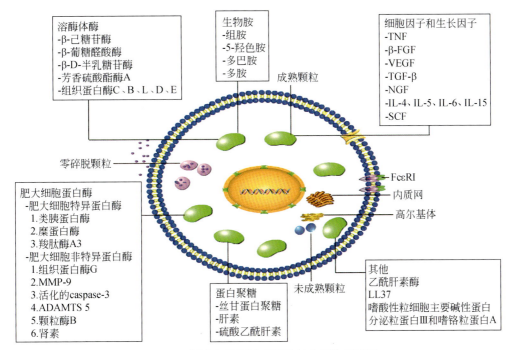

溶酶体酶
-β-己糖苷酶
-β-葡糖醛酸酶
-β-D-半乳糖苷酶
-芳香硫酸酯酶A
-组织蛋白酶C、B、L、D、E

生物胺
-组胺
-5-羟色胺
-多巴胺
-多胺

细胞因子和生长因子
-TNF
-β-FGF
-VEGF
-TGF-β
-NGF
-IL-4、IL-5、IL-6、IL-15
-SCF

成熟颗粒

零碎脱颗粒

FcεRI
内质网
高尔基体

肥大细胞蛋白酶
-肥大细胞特异蛋白酶
　1.类胰蛋白酶
　2.糜蛋白酶
　3.羧肽酶A3
-肥大细胞非特异蛋白酶
　1.组织蛋白酶G
　2.MMP-9
　3.活化的caspase-3
　4.ADAMTS 5
　5.颗粒酶B
　6.肾素

蛋白聚糖
-丝甘蛋白聚糖
-肝素
-硫酸乙酰肝素

未成熟颗粒

其他
乙酰肝素酶
LL37
嗜酸性粒细胞主要碱性蛋白
分泌粒蛋白Ⅲ和嗜铬粒蛋白A

图 1-17　肥大细胞预形成颗粒的内容物示意图

肥大细胞预形成颗粒包含蛋白聚糖、蛋白酶、生物所需的胺、溶酶体酶、细胞因子、生长因子［引自：梁玉婷，乔龙威，彭霞，等.2017.肥大细胞预形成颗粒及其生物学意义［J］.现代免疫学，37（5）：417-422］

PG）。随后的研究发现，小鼠腹腔来源的肥大细胞中以肝素型的 GAG 为主，尽管早期的研究仅限于鼠源肥大细胞，但推动了蛋白聚糖在肥大细胞胞质中研究的进展。直到1979年，Metcalfe 等才首次在人肺组织来源的肥大细胞中证实了肝素的存在。由于肥大细胞存在于不同组织中，具有较大的异质性，如在啮齿动物中，CTMC 主要以肝素型为主，而 MMC 则以硫酸软骨素型为主。随着对 PG 研究的加深，较一致认为肥大细胞蛋白聚糖主要包括肝素、硫酸乙酰肝素及丝甘蛋白聚糖（serglycin，SRGN）等类型。丝甘蛋白聚糖具有聚阴离子性质，极易被各种阳离子染料如甲苯胺蓝、阿尔辛蓝和吉姆萨等着色，利于对肥大细胞染色观察（图 1-18A）。Åbrink 等研究发现，肥大细胞缺乏丝甘蛋白聚糖时，不易

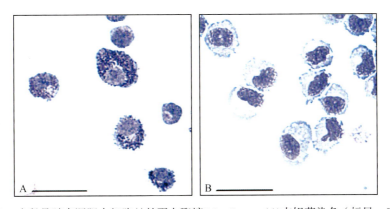

图 1-18　小鼠骨髓来源肥大细胞丝甘蛋白聚糖 MayGrünwald/ 吉姆萨染色（标尺：50μm）

A.野生型小鼠肥大细胞可见强着色的异染颗粒；B.丝甘蛋白聚糖基因敲除小鼠肥大细胞着色显著减弱［引自：Ronnberg E，Melo F R，Pejler G. 2012. Mast cell proteoglycans［J］. J Histochem Cytochem，60（12）：950-962］

被着色（图 1-18B），表明丝甘蛋白聚糖对肥大细胞的形态特征至关重要，这一特性为其形态学研究奠定了基础。

蛋白聚糖还可以调控肥大细胞胞质中其他颗粒成分的储存和释放。Åbrink 等通过分析丝甘蛋白聚糖基因敲除的肥大细胞，了解了丝甘蛋白聚糖和其他分泌颗粒之间的相互作用。研究发现肥大细胞中丝甘蛋白聚糖表达缺失可导致颗粒内蛋白酶，以及组胺、5-羟色胺、多巴胺等生物活性胺的严重缺乏。但丝甘蛋白聚糖对不同颗粒的储存作用并不完全相同，某些蛋白酶如 MMCP-4、MMCP-5、MMCP-6 和 CPA3 的储存强烈依赖于丝甘蛋白聚糖，而 MMCP-1 和 MMCP-7 等其他蛋白酶的储存则独立于丝甘蛋白聚糖。推测这些蛋白酶对丝甘蛋白聚糖依赖性的差异可能是由它们各自的表面电荷决定的。

蛋白聚糖除了影响肥大细胞胞质中颗粒蛋白酶的储存外，还对这些蛋白酶具有正负调控作用。肝素和肥大细胞的糜蛋白酶具有高度亲和力，这种结合可被高浓度的 NaCl 分离。无论有无具有阴离子活性的 GAG 存在，肥大细胞糜蛋白酶均具有酶活性，但是糜蛋白酶和蛋白聚糖的相互作用会显著影响底物消耗的动态平衡。例如，在肝素存在的情况下，糜蛋白酶能够使凝血酶的活性显著增强。故糜蛋白酶和 GAG 的相互作用在很大程度上影响肥大细胞糜蛋白酶的生物学功能。在肥大细胞颗粒中还发现类胰蛋白酶具有独特的四聚体结构，其活性位点面向狭窄的中心孔，这一特征限制了类胰蛋白酶活性位点和底物的接触。早期的研究观察到人 β- 类胰蛋白酶的稳定性依赖于肝素，肝素缺乏时，β- 类胰蛋白酶迅速降解为无酶活性的单体。随后的研究深入到 GAG 对类胰蛋白酶四聚体组装的影响。重组鼠 MMCP-6 和人 β- 类胰蛋白酶在缺乏 GAG 时，会很快降解为无活性的单体。然而，一旦加入肝素，类胰蛋白酶单体四聚体组装即刻启动，成为有活性的酶，并且只有在低 pH（＜ 6.5）条件下将肝素加入到无活性的单体中才能看到四聚体和酶的活化。其他研究也证实了类胰蛋白酶四聚体的最佳稳定性需要弱酸环境。导致这一结果最可能的原因是类胰蛋白酶与肝素的相关作用是由 His 残基介导的，在弱酸环境下 His 带正电荷，同时去质子化后，其在中性 pH 条件下不带电荷。这些发现均表明肥大细胞胞质中的类胰蛋白酶活性的获得和维持依赖于蛋白聚糖的存在。

尽管肥大细胞分泌颗粒中蛋白聚糖的主要功能是作为颗粒的存储载体，但蛋白聚糖还有多种细胞外功能。首先，肥大细胞含有的肝素是一种强而有效的抗凝血剂，在调节血液凝固中具有重要作用。其次，在炎症条件下，肥大细胞中的蛋白聚糖可以和细胞外的各种化合物，如多种趋化因子家族成员相互作用，产生不同的功能。例如，肥大细胞中的肝素可以与 CCL11 结合调节嗜酸性粒细胞聚集，从而保护趋化因子免于被蛋白酶水解。肥大细胞释放的蛋白聚糖还可以调节补体系统或激活缓激肽。再者，肥大细胞分泌颗粒的蛋白聚糖可以促进细胞凋亡。肥大细胞胞质中的颗粒的储存主要依赖于丝甘蛋白聚糖，若颗粒膜破损，大量的蛋白酶类会释放到细胞质，这些蛋白酶具有潜在的蛋白水解功能，可能会通过促进凋亡蛋白水解和降解抗凋亡蛋白而引起细胞凋亡。

2. 蛋白酶

肥大细胞预形成颗粒中蛋白酶的含量占肥大细胞蛋白总量的 1/4 以上，大多以活性酶形式储存，分为特异性蛋白酶和非特异性蛋白酶。特异性蛋白酶包括糜蛋白酶、类胰蛋白酶及羧肽酶 A3 等。根据表达这些特异蛋白酶的不同可以将人肥大细胞分为只表达类胰蛋白酶的 MC$_T$ 亚类，以及表达糜蛋白酶、类胰蛋白酶和羧肽酶 A3 的 MC$_{TC}$ 亚类。啮齿动物的 CTMC 与人 MC$_{TC}$ 一致，表达糜蛋白酶、类胰蛋白酶和羧肽酶 A3，而 MMC 与人 MC$_T$ 一样只表达糜蛋白酶。虽然以上分类比较常用，但过于简单。在哮喘患者的肺组织中发现了高表达类胰蛋白酶和羧肽酶 A3、低表达糜蛋白酶的肥大细胞。这些酶储存在肥大细胞颗粒中，在炎症和宿主防御中起重要作用。上皮细胞中的类胰蛋白酶可上调 IL-8 和细胞间黏附分子 -1（intercellular adhesion molecule 1，ICAM-1）的表达。类胰蛋白酶可舒张血管和激活感觉神经元，促进 P 物质分泌，进而诱导炎症，还可以激活肥大细胞释放更多其他蛋白酶。而糜蛋白酶可以调节肠道运输和胃肠平滑肌细胞的生理活性以维持肠道的稳态。此外，这些蛋白酶可在骨关节炎、过敏性气道炎症、腹主动脉瘤形成、肾小球性肾炎及抗细菌和寄生虫感染中起作用。因此，肥大细胞可能通过释放这些蛋白酶参与疾病的进程。

人肥大细胞表达 α 和 β 两种主要的类胰蛋白酶；鼠类胰蛋白酶主要为小鼠肥大细胞蛋白酶 -6 和 7（mouse mast cell protease-6 and 7，mMCP-6 和 mMCP-7），在肥大细胞脱粒过程中均以四聚体的形式存在。颗粒中 mMCP-6 含量丰富，当肥大细胞受到病原体攻击后被迅速释放到细胞外，在嗜酸性粒细胞及中性粒细胞募集中起主要作用。Thakurdas 团队曾报道缺乏 mMCP-6 的小鼠由于无法从其腹膜腔有效清除肺炎克雷伯菌从而表现出明显降低的存活率，且感染区域中性粒细胞募集也大大减少。此外，类胰蛋白酶 mMCP-6 还与关节炎的病理相关，缺乏 mMCP-6 的 K/BxN 小鼠与野生型相比，临床评分、关节炎症及骨 / 软骨侵蚀均显著降低或减轻，为肥大细胞参与关节炎的致病机制提供了依据。而鼠肥大细胞 mMCP-7 则可以补偿 mMCP-6 缺失带来的影响。此外，上皮细胞中的类胰蛋白酶可上调 IL-8 和细胞间黏附分子 -1 的表达。类胰蛋白酶还具有舒张血管和激活感觉神经元，促进 P 物质分泌，进而诱导炎症的作用，它还可以激活肥大细胞释放更多的其他蛋白酶。

鼠糜蛋白酶包括 mMCP-1、mMCP-4、mMCP-5 和 mMCP-2，而人仅表达一个肥大细胞糜蛋白酶基因，即 CMA1。鼠 mMCP-4 和人糜蛋白酶具有相似的组织分布及与丝甘蛋白聚糖结合的特性，因此被认为是与人糜蛋白酶最接近的功能同源物。Sun 等将 mMCP-4 缺乏小鼠和野生型小鼠进行主动脉弹性蛋白酶灌注形成实验性腹主动脉瘤，结果表明 mMCP-4 缺乏影响组织蛋白酶 G、弹性蛋白酶等其他蛋白酶的表达，并减少小鼠腹主动脉瘤的生成，以及炎症细胞和血管的生成。同时由 mMCP-4 缺乏引起的保护作用与肥大细胞缺陷 C57bl/6-Kit$^{W-sh/W-sh}$ 小鼠相似，提示糜蛋白酶 mMCP-4 是肥大细胞介导的促腹主动脉瘤形成的主要效应分子。

肥大细胞羧肽酶作为一种重要的变态反应炎性介质，占肥大细胞蛋白总量的 12%。常见的有 A、B、C 及 Y 四种羧肽酶，羧肽酶 A、B 来自动物胰腺，羧肽酶 C 来自柑橘叶片，羧肽酶 Y 则存在于酵母细胞中。目前应用和研究最为广泛的是羧肽酶 A 和 B。羧肽酶除了能作为肥大细胞成熟与否的标志以外，在维持正常的分泌颗粒稳态方面也有重要作用。在哮喘、药物过敏等变态反应疾病患者外周血中肥大细胞羧肽酶表达水平显著增高，提示它们在体外诊断方面有广泛应用前景。

肥大细胞非特异蛋白酶主要包括组织蛋白酶 G、MMP-9、活化的 caspase-3、软骨蛋白聚糖、去整合素和金属蛋白酶与血小板反应蛋白基序 5（ADAMTS5）、颗粒酶 B 及肾素。组织蛋白酶 G 是丝氨酸蛋白酶，在中性粒细胞中含量最丰富，可辅助机体抵抗细菌的入侵。MMP-9 是基质金属蛋白酶，被糜蛋白酶激活后可导致血管生长因子释放到细胞外，介导肥大细胞外基质的动态平衡。颗粒酶 B 也是丝氨酸蛋白酶，主要由细胞毒性淋巴细胞产生，肥大细胞也可释放，作用于靶细胞后，可调节细胞的凋亡。肾素可将血管紧张素原转化成血管紧张素 I，而肥大细胞中的糜蛋白酶可以把血管紧张素 I 转化成更有活性的血管紧张素 II。因此，肥大细胞能将血管紧张素原转化成有活性的产物，从而参与血压调控。

3. 生物胺

肥大细胞所含的生物胺包括组胺、5- 羟色胺和多巴胺等。

（1）组胺：组胺是人们最为熟知的生物胺，是肥大细胞预形成颗粒的重要组成部分，由肥大细胞胞内自身含有的 HDC 催化组氨酸脱羧基而来，也是最主要的致瘙痒介质。通过与其 G 蛋白偶联受体家族的四个受体 H1R、H2R、H3R 和 H4R 的结合而发挥相应的作用。H1R 表达于内皮细胞和支气管平滑肌细胞，在过敏性疾病中起主要作用。H2R 激活后可诱导胃壁细胞分泌盐酸，并调节 / 抑制多种免疫细胞的功能，如调节 / 抑制嗜碱性粒细胞、中性粒细胞、嗜酸性粒细胞、肥大细胞、树突状细胞、γδT 细胞、Th1 细胞和 Th2 细胞等的功能。H3R 在中枢神经系统水平调节机体行为和体温。H4R 调节包括肥大细胞、嗜碱性细胞、嗜酸性粒细胞、单核细胞、树突状细胞、NK 细胞、iNK T 细胞、γδT 细胞、Treg、Th2 细胞、CD8$^+$ T 细胞等免疫细胞的迁移和激活，并参与过敏和各种免疫性疾病的发生。

组胺可增强胆管细胞和肝星状细胞的增殖和活化，是肥大细胞参与硬化性胆管炎发病的重要病理基础。在变应性鼻炎小鼠模型中，IgE 途径介导的肥大细胞活化释放的组胺募集表达 H4R 的嗜碱性粒细胞到鼻腔中，共同参与变应性鼻炎的发病。IL-33 和免疫复合物激活的肥大细胞释放 IL-10 和组胺，进而抑制 LPS 介导的单核细胞激活；人皮肤肥大细胞来源的 TNF-α 和组胺的释放增加人黑素瘤细胞系中 CXCL8/IL-8 的表达。

（2）5- 羟色胺：5- 羟色胺是肥大细胞颗粒的另一重要组成部分，最早从血清中发现，又名血清素，具有 7 个与 G 蛋白偶联的细胞膜表面结合受体，在中枢神经系统及外周神经系统中起着重要作用，是介导神经元之间信号转导的关键介质之一，且与肥大细胞黏附及趋化相关。最初认为 5- 羟色胺主要存在于啮齿类动物的肥大细胞中，而后有研究表明 5- 羟色胺也同样存在于人类肥大细胞中，大脑皮质及神经突触内含量很高。在外周组织，5- 羟色胺是一种强血管收缩和平滑肌收缩刺激剂。Metcalfe 等的研究表明，人外周血诱导获得的肥大细胞含有 5- 羟色胺，肥大细胞增多症患者血浆中 5- 羟色胺水平升高。5- 羟色胺是色氨酸经过色氨酸羟化酶（tryptophan hydroxylase，TPH）羟基化合成的。TPH 以 TPH1 和 TPH2 两种形式存在，其中，TPH1 是肥大细胞中的主要类型，其表达水平与肥大细胞成熟程度呈正相关。

Francesco 的综述中提出，受神经退行性疾病影响的患者常伴随肠道菌群失调及有害细菌感染。有害细菌增殖，血液中细菌代谢产物的水平升高，使得定位于脑膜的肥大细胞被激活，释放组胺、肝素、5-羟色胺等介质进入中枢神经系统（CNS）微血管进而损伤血脑屏障，同时 CNS 中的其他免疫细胞被不断募集，肥大细胞积聚，触发 CNS 炎症的发生。由此肥大细胞来源的 5-羟色胺、肝素等介质在神经退行性疾病中的作用，为肥大细胞与神经系统疾病之间的紧密联系提供了桥梁。

与此同时，肥大细胞 5-羟色胺的产生及释放受到诸多细胞因子、趋化因子调节。促炎细胞因子 IL-1β 和 TNF 通过激活 p38 MAPK 增加 5-羟色胺活性；MCP-1（CC 亚家族的促炎趋化因子）则是肥大细胞组胺和 5-羟色胺释放因子，在大鼠腹腔肥大细胞培养液中加入 MCP-1 促进组胺和 5-羟色胺剂量依赖性增加。

此外，Hirota 等的研究表明 5-羟色胺具有诱导骨髓间充质干细胞（bone marrow mesenchymal stem cell，BMSC）向平滑肌细胞分化的能力。将 5-羟色胺与 BMSC 共培养 24h 后，通过 RT-PCR 及 Western blot 检测发现平滑肌特异性蛋白（Myh11、α-SMA、Acta2）的 mRNA 和蛋白质的表达水平均高于对照组，但溴脱氧尿苷（BrdU）掺入测量未见 BMSC 增殖，表明 5-羟色胺对 BMSC 的增殖没有影响。由此说明，肥大细胞来源的 5-羟色胺是否与组织再生相关及两者在疾病中的具体作用还需进一步的研究。

（3）多巴胺：部分研究发现多巴胺也存在于肥大细胞颗粒内。但在肥大细胞中并没有鉴定到编码催化酪氨酸形成多巴胺的酶，即酪氨酸羟化酶和多巴胺脱羧酶的 mRNA。肥大细胞颗粒还含有抗酶抑制剂 2（antienzymatic inhibitor 2，AZIN2）。由于 AZIN2 是鸟氨酸脱羧酶的活化剂，而鸟氨酸脱羧酶是多胺（腐胺、亚精胺、精胺）合成的关键酶，这表明多胺可能存在于肥大细胞颗粒内。多胺的消耗可抑制 IgE 介导的人肥大细胞 5-羟色胺的释放。然而，迄今为止尚未获得多胺存在于肥大细胞颗粒内的直接证据。

4. 溶酶体酶

肥大细胞分泌颗粒和溶酶体有许多相似的特征，如酸性 pH 和相似的膜组成成分囊泡相关蛋白 8（vesicle associated membrane protein-8，VAMP-8）。肥大细胞分泌颗粒中的成分在溶酶体中也存在，如组织蛋白酶 C、B、L、D、E，以及天冬氨酸蛋白酶等，故溶酶体和分泌颗粒之间并没有明确的区分。β-己糖苷酶是肥大细胞溶酶体中最为熟知的酶，通常被称为"分泌溶酶体"。由于各种属的各种亚型肥大细胞中均存在 β-己糖苷酶，随着肥大细胞的脱颗粒而被释放到细胞外，并且释放水平与肥大细胞的脱颗粒程度呈正相关。由于 β-己糖苷酶稳定性好、易于检测，成为体外实验中常用的肥大细胞脱颗粒检测标志物。研究表明，β-己糖苷酶可通过参与糖蛋白代谢维持细胞内稳态，也可以通过降解细菌细胞壁肽聚糖起到消除细菌感染的作用。当然，肥大细胞在脱颗粒的同时也释放 β-葡糖醛酸糖苷酶（GUSB）、β-D 半乳糖苷酶和芳基硫酸酯酶 A（arylsulfatase A，ARSA）等其他酶。GUSB 是一种重要的溶酶体酶，参与了含葡糖醛酸的糖胺聚糖的降解，GUSB 的缺乏会导致Ⅶ型黏多糖贮积症（MPSⅦ），导致脑中溶酶体蓄积。ARSA 是一种参与硫酸脂羟基化的溶酶体酶，除了在正常溶酶体降解过程中起重要作用外，还在家族性帕金森病、异色性白细胞萎缩症、高血压和慢性肾脏性疾病等中起重要作用。Antelmi 等回顾性研究了 3 例帕金森病病例及其亲属的病历发现，ARSA 缺陷或部分缺陷的个体，帕金森病的患病率要明显高于对照组；另外，ARSA 的缺乏还会导致进行性神经退行性溶酶体贮积病，称为异色性白细胞营养不良（MLD）。Tang 等的研究发现，澳大利亚原住民心血管疾病（CVD）和 / 或 2 型糖尿病（T2D）相关的慢性肾脏疾病（CRD）发病率较高，其原因之一就是因为 ARSA 假性缺陷所导致的。而肥大细胞释放出的这些溶酶体酶，一般认为与肥大细胞释放出的糜蛋白酶和类胰蛋白酶共同作用，蛋白酶起到激活炎症的作用，而溶酶体酶起到消化部分基质物质、增加血管通透性的作用，有利于各种炎症细胞的募集。IgE 介导的肥大细胞活化伴随一些半胱氨酸组织蛋白酶（如组织蛋白酶 B、C、D、E 和 L）和天冬氨酸蛋白酶的释放，由此推测它们也存在于肥大细胞的分泌颗粒中。值得注意的是，溶酶体酶具有较低的最适 pH，这些酶在溶酶体 / 颗粒的酸性环境中具有活性，而当暴露于细胞质或细胞外 pH 环境中时则迅速失活。这些酶一方面可能在细胞正常的运转中起作用，另一方面在肥大细胞脱颗粒后在细胞外可能仍具有功能。但是，学界对肥大细胞颗粒的溶酶体酶在释放到细胞外后的生物学功能及其在肥大细胞中的作用所知有限。

5. 细胞因子和生长因子

肥大细胞活化后释放多种细胞因子，如 IL-1、IL-3、IL-4、IL-6、IL-17、TNF、FGF-β、VEGF 及 TGF-β 等。这些细胞因子主要具有以下功能：①活化其他细胞；②介导炎症反应；③调控免疫应答；④参与过敏性疾病的病理进程；⑤参与自身免疫性疾病和肿瘤的发生、发展。这些细胞因子大多预先储存在肥大细胞的胞质中，随肥大细胞脱颗粒而释放。然而，肥大细胞激活后也可重新合成一些细胞因子和趋化因子，数小时或数天后释放到细胞外。

在细菌感染时，肥大细胞来源的 TNF-α 可促进淋巴结肿大，但有研究表明肥大细胞释放的 TNF-α 可能大部分是重新合成的。目前多是通过：①以 IgE 途径介导肥大细胞快速脱颗粒，检测 30min 内细胞因子水平的变化；②检测细胞因子 mRNA 水平的变化，通过上述两种途径确定肥大细胞释放的细胞因子是否是预存于颗粒内的。

6. 颗粒其他成分

在人鼻和回肠中的肥大细胞及肥大细胞增多症患者皮肤标本中发现了嗜酸性粒细胞主要碱性蛋白（MBP）的存在，而在正常皮肤肥大细胞中并未发现 MBP。已证实肥大细胞颗粒包含乙酰肝素酶（heparanase），释放后可与细胞外基质中的硫酸乙酰肝素链结合而降解肝素及其类似物乙酰肝素，但乙酰肝素酶在肥大细胞颗粒内的功能仍未可知。少量证据表明肥大细胞中含有导管家族抗菌肽成员之一组织蛋白酶抑制素 LL-37，故此推测肥大细胞脱颗粒释放的 LL-37 可能具有抗菌活性。

二、肥大细胞新合成的介质

肥大细胞被激活后 15 ～ 90s 内即可通过脱颗粒的方式将细胞内预先合成的成分快速释放到细胞外，随后进一步合成并释放大量介质，这些介质均为促炎因子或抗炎因子，主要包括类花生酸、细胞因子、趋化因子及其他多种生物活性物质。它们以自分泌、旁分泌、胞吐等方式影响组织细胞的结构和功能，参与哮喘、过敏性鼻炎、动脉硬化等多种病理生理过程。

能够激活肥大细胞的刺激物有多种，目前已有报道的刺激物有各种抗原、补体成分和 Compound 40/80 等。不同的刺激物通过与肥大细胞表面相应的受体结合，激活一系列的信号转导分子，启动肥大细胞产生不同的生物活性介质，不同类型的肥大细胞对同一刺激产生的生物活性分子不尽相同。例如，poly I:C、免疫应答调节剂 Resiquimod 848（R-848）和 CpG 寡核苷酸能够通过与相应的膜受体 TLR3、TLR7 和 TLR9 结合，刺激肥大细胞产生 IL-6 和 TNF，不分泌 IL-13；而脂多糖和肽聚糖等可刺激肥大细胞产生 IL-13。表 1-4 和表 1-5 列举了肥大细胞在部分刺激物作用下产生的生物活性介质。

表 1-4　肥大细胞的刺激物及其产生的相应介质

刺激物	表面受体	产生的介质	肥大细胞类型
抗原	FcεR I	组胺、cysLT、PGD$_2$、细胞因子、趋化因子、NOROS	BMMC、RBL-2H3、hPBDMC、LAD2、HMC-1、鼠 PMC
神经肽（P 物质、降钙素基因相关肽、辣椒素等）	NKR	β-己糖苷酶、细胞因子、趋化因子	LAD2、hPBDMC
		cysLT、PGD$_2$	BMMC
		5-HT	兔肥大细胞
Compound 40/80	MrgprX2	β-己糖苷酶、细胞因子、趋化因子、PGD$_2$	BMMC
抗菌肽	GPCR	组胺	鼠肥大细胞
		细胞因子、趋化因子、PGE$_2$、LTC4	LAD2、hPBDMC
防御素	GPCR	组胺	鼠 PMC
		细胞因子、趋化因子、PGD$_2$、LTC4	LAD2、hPBDMC
Pleurocidin	FPRL1（GPCR）	β-己糖苷酶、cysLT、PGD$_2$、细胞因子、趋化因子	LAD2、hPBDMC
钙离子载体（A23187）	Ca^{2+} 通道	组胺	LAD2、hPBDMC
		β-己糖苷酶	HMC-1
		细胞因子	FLMC
吗啡、可待因	阿片受体	β-己糖苷酶、细胞因子、趋化因子	LAD2、hPBDMC
IgE 单体	FcεR I	β-己糖苷酶	RBL-2H3、hPBDMC
		IL-1、IL-3、IL-4、IL-6、GM-CSF IFN-γ	BMMC
神经生长因子	Trk 受体	组胺、PGD$_2$、PGE$_2$、细胞因子	鼠 PMC、BMMC

表 1-5　肥大细胞新合成但不参与脱颗粒的分子

刺激物	表面受体	生物活性物质	肥大细胞类型
酵母聚糖、PGN、LTA	TLR2	GM-CSF、IL-1b、cysLT	huMC
	Dectin-1 受体	ROS	BMMC
poly I:C	TLR3	TNF IL-6	huMC、祖细胞、LAD2 HMC-1、hPBDMC BMMC、KU812
R-848	TLR7		
CpG 寡核苷酸	TLR9		
脂多糖	TLR4、CD14	细胞因子、趋化因子	BMMC
SCF	Factin、MAPK	细胞因子	hPBDMC、BMMC
外源凝集素（如半乳凝素等）	TIM-3	细胞因子	HMC-1

（一）类花生酸

类花生酸是由花生四烯酸（ arachidonic acid，AA ）代谢产生的一大类物质，主要在核膜、内质网、吞噬体及胞质脂质小体等部位合成。目前已知的体内存在的类花生酸有 100 余种，随着研究的不断深入，陆续发现了更多新的代谢产物。肥大细胞激活后新合成的类花生酸主要有前列腺素（prostaglandin，PG ）、白三烯（leukotriene，LTC ）、血小板活化因子（platelet activating factor，PAF ）等，这些物质可以与特定的 G- 蛋白偶联受体结合，不仅具有支气管收缩活性和扩血管活性，而且参与效应细胞转运、抗原提呈、免疫调节、纤维化等过程，在机体防御反应、炎症反应和过敏性疾病中发挥重要作用。

当 IgE 与肥大细胞表面的高亲和力受体 FcεR I 结合后，细胞质内的钙离子浓度迅速升高，磷脂酶 A2（phospholipase A2，PLA2 ）从细胞质转移到核膜周围，被丝裂原活化蛋白激酶（mitogen-activated protein kinase，MAPK ）磷酸化而激活，催化核膜磷脂生成花生四烯酸。生理条件下，花生四烯酸经环氧化物酶 -1（cyclooxygenase-1，COX-1 ）和造血前列腺素 D 合酶（hematopoietic prostaglandin D synthase，H-PGDS ）进一步代谢生成 PGD_2，或由 5- 脂氧合酶（lipoxygenase，LOX ）代谢生成白三烯 A4（leukotriene A4，LTA4 ）和 LTC4 等，LTC4 生成后转运到细胞外进一步转化生成 LTD4 和 LTE4，该过程在肥大细胞被激活后立即发生，随后 COX-2 也被激活，可持续数小时之久（图 1-19 和图 1-20 ）。之后的数天内肥大细胞仍能不断合成某些细胞因子，如 IL-3、IL-4、IL-9、IL-10 等。除上述代谢过程外，核膜磷脂还能分解生成溶血卵磷脂，经血小板活化因子乙酰转移酶代谢生成血小板活化因子。

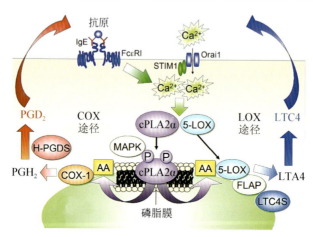

图 1-19　磷脂酶 A2 依赖的类花生酸合成过程模式图

MAPK. 丝裂原活化蛋白激酶；AA. 花生四烯酸；COX-1. 环氧化物酶 -1；H-PGDS. 造血前列腺素 D 合酶；5-LOX. 5- 脂氧合酶［引自：Murakami M，Taketomi Y. 2015. Secreted phospholipase A2 and mast cells［J］. Allergol Int，64（1）：4-10］

1. 前列腺素 D_2（ PGD_2 ）

前列腺素是花生四烯酸沿环氧化酶（cyclooxygenase，COX ）途径合成的生物活性脂质介质，COX 催化花生四烯酸合成前列腺素 H_2（PGH_2），肥大细胞含有大量脂质运载蛋白型前列腺素 D 合酶，催化 PGH_2 转化为 PGD_2。PGD_2 的生物学作用由三种受体介导，D- 前列腺素（D-prostanoid 1，DP1 ）、Th2 细胞化学诱导物受体 - 同源分子（CRTH2，也称为 DP2 ）和血栓素前列腺素（thromboxane prostanoid，TP ）。PGD_2 能够直接引起平

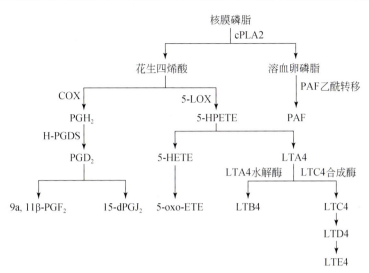

图 1-20 肥大细胞类花生酸代谢通路

滑肌收缩、血管舒张，增加血管渗透脆性，在过敏和哮喘炎症的早期和晚期起关键作用，仅需组胺浓度的 1/10 即可引起支气管收缩，并能增强组胺等其他介质的生物活性。小鼠哮喘模型的支气管肺泡灌洗液中 PGD_2 升高，急性过敏原激发期间人体呼吸道和严重哮喘患者中 PGD_2 水平升高。

动物实验发现，给予外源性 PGD_2 或过表达 H-PGDS，在过敏原激发后 Th2 型细胞因子产生增加，嗜酸性粒细胞聚积至气道，嗜酸性肺部炎症介质 LTC4 和细胞因子释放也增加。有人提出 PGE_2 和 PGD_2 比例失衡在阿司匹林过敏综合征的哮喘和鼻息肉的发展中有重要作用。PGD_2 受体 DP2 的选择性激动剂 13，14- 二氢 -15- 酮 -PGD_2（13, 14-dihydro-15-keto-PGD_2，DK-PGD_2）能够诱导嗜酸性粒细胞脱颗粒，而 DP1 受体选择性激动剂 BW245C 不能使嗜酸性粒细胞脱颗粒，但能够促进嗜酸性粒细胞存活。PGD_2 和 BW245C 能够抑制趋化因子 CCL5 和 CCL9 引起的树突状细胞迁移，有助于树突状细胞募集到局部淋巴结。PGD_2 在过敏性哮喘反应中具有双向作用，PGD_2 与树突状细胞表面受体 DP1 或 CRTH2（DP2）结合能够抑制气道炎症反应，而与支气管上皮细胞的受体 DP1 或 CRTH2 结合却促进气道炎症反应。CRTH2 参与 Th2 细胞、嗜酸性粒细胞和嗜碱性粒细胞的迁移和活化、上调黏附分子表达及 2 型细胞因子（IL-4、IL-5、IL-13）的分泌。而 DP1 则与平滑肌松弛、血管扩张、细胞迁移的抑制和嗜酸性粒细胞凋亡有关。前列腺素和其他类花生酸一样，在体内代谢迅速，与生物活性的显著降低有关。PGD_2 可进一步代谢生成尿四烷代谢物 PGDM（11, 15- 二氧基 -9- 羟基 -2, 3, 4, 5- 四诺前列腺素 -1, 20- 二甲酸）、15-DPGJ$_2$ 和 9a, 11b-PGF$_2$。15-DPGJ$_2$ 是过氧化物酶体增殖物激活受体 -γ（peroxisome proliferators-activated receptors-γ，PPAR-γ）的配体，尿液或血浆中 9a，11b-PGF$_2$ 的浓度常被作为肥大细胞激活的指标用于临床研究。与类花生酸相关的制剂研究是近几年过敏性疾病治疗的热点。已证实 CRTH2/PGD_2 拮抗剂、CRTH2 和 DP1 双重受体拮抗剂雷马曲班（ramatroban）可有效减少嗜酸性粒细胞数量，减轻鼻黏膜肿胀和过敏性鼻炎的临床症状，雷马曲班已于 20 世纪初用于过敏性疾病的治疗。树突状细胞、巨噬细胞、嗜酸性粒细胞、Th2 细胞和内皮细胞也可大量释放 PGD_2。

2. 白三烯

白三烯（leukotriene, LT）是人体必需脂肪酸，含有 20 个碳原子和 4 个双键，即 5,8, 11, 14- 二十碳四烯酸，是由花生四烯酸经 5- 脂氧合酶（5-LOX）途径代谢产生的一组炎性介质。花生四烯酸在 5-LOX 的催化下形成不稳定的中间产物过氧化氢甘碳四烯酸（hydroperoxy-eicosatetrae-noic acid, 5-HPETE）。5-HPETE 或还原成羟甘碳四烯酸（hydroxy-eicosatetrae-noic acid, 5-HETE）或在 5-LOX 的作用下转化成环氧化白三烯 A4（epoxidized leukotriene A4, ELTA4）。ELTA4 通过两个可选择的酶途径进一步代谢，即在 LTA4 氧化水解酶的作用下形成二羟酸白三烯 B4（dihydroxy leukotriene B4, LTB4），或在 LTC4 合成酶作用下形成白三烯 C4（LTC4），LTC4 在 γ- 谷氨酰胺转肽酶的作用下转化为白三烯 D4（LTD4）。LTD4 又在二酯酶的作用下进一步代谢为白三烯 E4（LTE4）。LTC4、LTD4、LTE4 的分子中都包含一个半胱氨酸，故统称为半胱氨酰白三烯（cysteinyl leukotriene, cysLT）。LTE4 又可转化为白三烯 F4（LTF4）。这一代谢过程主要在参与过敏反应中产生并在释放白三烯的细胞中进行，如肥大细胞、中性粒细胞、单核细胞和巨噬细胞等。肥大细胞和嗜碱性细胞产生白三烯主要发生于过敏反应的早期阶段，产生白三烯所必需的酶已预先存在于炎症细胞中，细胞激活后可以快速释放，而细胞因子释放前则需经历转录、翻译等过程。肥大细胞等释放的白三烯在局部和全身的聚集可快速促进其他炎症细胞的趋化、聚集、活化，以及黏附分子表达的上调，以募集局部炎症组织周围或外周血中的炎症细胞。LTC4、LTD4 和 LTE4 均能剂量依赖性地引起嗜酸性粒细胞等炎症细胞的趋化。作为一种化学诱导剂，白三烯能够促进附着于血管内皮的炎症细胞向局部炎症组织迁移。体外研究发现，白三烯均可明显上调正常人和过敏性患者嗜酸性粒细胞 CD11b 和 CD18 等表面黏附分子的表达，使附着于细胞培养皿的嗜酸性粒细胞数量明显增多。另外，白三烯可以刺激骨髓中炎症细胞祖细胞的发育；加入 LTD4 可以明显增加嗜酸性粒细胞 - 嗜碱性粒细胞集落单位；过敏患者外周血单个核细胞培养也检测到嗜酸性粒细胞 - 嗜碱性细胞集落形成单位数量增加。当嗜酸性粒细胞、单核细胞和巨噬细胞等到达局部炎症部位并且被活化后，也可产生大量的白三烯，维持晚期阶段的过敏反应。可见，肥大细胞释放的白三烯在过敏反应的启动和持续阶段都是必不可少的，也是募集其他细胞到炎症部位的信使。

3. 血小板活化因子

血小板活化因子（platelet-activating factor, PAF）最先由法国免疫学家 Benveniste 在嗜碱性粒细胞中发现，之后发现肥大细胞、中性粒细胞、嗜酸性粒细胞、成纤维细胞及心肌细胞等也可产生 PAF。PAF 在体内存留时间很短，半衰期仅为 3 ～ 13min，通过对白细胞的趋化作用、刺激脱颗粒、释放氧化自由基等促进炎症反应。另外，PAF 还能促进血小板聚集，诱导风团 - 潮红反应，引起支气管收缩，增加通气阻力，增加血管通透性，导致系统性低血压和全身性过敏反应综合征。研究发现，超敏反应疾病患者血清 PAF 浓度显著高于正常人，且升高程度与疾病严重程度相关。Vadas 等发现，正常人血清 PAF 的浓度约为 23.8pg/ml，而轻、中、重度超敏反应性疾病患者 PAF 浓度分别升高 2.5 倍、5 倍、10 倍。

肥大细胞能够产生 PAF，而 PAF 也能够激活肥大细胞并引起肥大细胞脱颗粒。Kajiwara 团队的研究发现，通过与血小板活化因子受体（platelet-activating factor receptor,

PAFR）结合，PAF 可以直接激活肺组织来源的肥大细胞。他们还发现肺组织肥大细胞释放组胺是 PAF 依赖性的，即肥大细胞周围环境中 PAF 浓度越高，其释放的组胺越多。

（二）细胞因子

细胞因子是体液免疫系统的重要成分，是高活性、多功能的小分子蛋白质，可分为干扰素（interferon，IFN）、白介素（interleukin，IL）、集落刺激因子（colony stimulating factor，CSF）、肿瘤坏死因子（tumor necrosis factor，TNF）和转化生长因子（transforming growth factor，TGF）五类。

肥大细胞几乎存在于所有血管化组织中，激活后会产生广泛的细胞因子（包括许多趋化因子和生长因子），通过自分泌、旁分泌使细胞因子浓度升高，发挥局部和全身作用。除各种刺激能引起肥大细胞激活，脱颗粒释放大量细胞因子和趋化因子外，不同的 TLR 也能刺激肥大细胞产生大量不同的细胞因子。例如，TLR3 配体 poly I:C 刺激人肥大细胞能够引起 IFN-α 释放，而几种 TLR2 的激活剂可使人肥大细胞释放大量 IL-1β 和 GM-CSF。用 TLR-9 激动剂［含 GpC 基的寡核苷酸（GpC-ODN）］处理骨髓来源的肥大细胞能引起 TNF 的释放，而不引起 GM-CSF、IFN-γ、IL-4 及 IL-12 释放。目前发现的肥大细胞激活后新合成的细胞因子主要有 IL-1 ～ IL-6、IL-8 ～ IL-10、IL-12、IL-13、IL-16、IL-33、IFN-γ 和 TNF 等。肥大细胞来源的具有生长作用的细胞因子主要有表皮生长因子（EGF）、GM-CSF、神经生长因子（NGF）、血小板源性生长因子（PDGF）、转化生长因子 -β（TGF-β）、血管内皮生长因子（VEGF）、血管通透因子（VPF）等。表 1-6 总结了肥大细胞合成的细胞因子的功能。

表 1-6　肥大细胞来源的细胞因子及其功能

细胞因子	靶细胞	生物学作用
IL-3	嗜酸性粒细胞	细胞生长、黏附、跨内皮迁移、趋化、激活，促进存活
	造血干细胞	造血祖细胞增殖和分化
IL-4	B 细胞	促进 IgE、MHC-Ⅱ、CD40、CD25 和 IL-6 表达，促细胞增殖
	T 细胞	激活 CD4$^+$T 细胞，促进 Th2 亚型分化，促细胞增殖
	血管内皮细胞	促进 VCAM-1 表达，抑制 ICAM 表达，促细胞增殖
	单核 - 巨噬细胞	抑制 H_2O_2、O_2 产生，抑制 IL-1、IL-6、IL-8 及 TNF-α 产生，促进 MHC-Ⅱ、CD23、15-LO 产生，促进单核细胞向巨噬细胞转化，抑制抗寄生虫感染和抗肿瘤作用
	嗜酸性粒细胞	促进跨内皮迁移
	成纤维细胞	促进细胞增殖和趋化、基质蛋白分泌、ICAM 表达
	肥大细胞	促进 FcεRⅠ、ICAM-1 表达
IL-5	嗜酸性粒细胞	参与细胞生长、黏附、跨内皮迁移、趋化、激活，促进存活
	肥大细胞	趋化
IL-6	B 细胞	促进 IgE 等免疫球蛋白分泌
	T 细胞	参与细胞生长、分化、激活，参与 Th17 免疫反应
	肥大细胞	促进细胞存活
	肝细胞	促进急性时相蛋白产生
	气道腺细胞	促进黏液分泌

续表

细胞因子	靶细胞	生物学作用
IL-8	中性粒细胞	趋化
	嗜酸性粒细胞	IL-3、IL-5、GM-CSF 启动趋化
IL-9	肥大细胞	诱导 TGF-β 产生，促进 VEGF 分泌，参与细胞增殖、成熟、活化
	肺上皮细胞	产生 CCL20
	树突状细胞	趋化、促进细胞存活、抗原提呈和抗肿瘤
IL-10	肥大细胞 T 细胞 单核 - 巨噬细胞	抑制各细胞激活及其功能，抑制炎症反应
IL-13	B 细胞	IgE 合成
	单核 - 巨噬细胞	抑制 H_2O_2、O_2 产生，抑制 IL-1、IL-6、IL-8 及 TNF-α 产生，促进 MHC-Ⅱ、CD23、15-LO 产生，促进单核细胞向巨噬细胞转化，抑制抗寄生虫感染、抗肿瘤作用
	嗜酸性粒细胞	激活、存活
	内皮细胞	促进 VCAM-1 表达
GS-CSF	嗜酸性粒细胞	参与细胞生长、黏附、跨内皮迁移、趋化、激活，促进细胞存活
TGF-β	平滑肌细胞	促进分化、激活
	T 细胞	趋化
	上皮细胞	抑制增殖
	内皮细胞	促进血管生成
IFN-γ	T 细胞	促进 Th1 分化，抗原特异性增殖
	巨噬细胞	活化
	NK 细胞	增强吞噬、抗原提呈及 TLR 表达
TNF-α	T 细胞	促进 MHC-Ⅱ 和 IL-2R 表达，促增殖；参与 Th17 免疫反应，诱导 Th1 极化
	单核 - 巨噬细胞	促进 H_2O_2、O_2、NO_2 产生，增强抗菌作用，增加细胞毒性，趋化，促细胞存活
	中性粒细胞	增加细胞毒性，吞噬作用，脱颗粒，促进过氧化物产生，增强抗菌活性
	嗜酸性粒细胞	增强细胞毒性及氧化产物生成
	肥大细胞	分泌组胺和类胰蛋白酶
	血管内皮细胞	促进 E- 选择素、ICAM-1、VCAM-1 表达，促进多种白细胞的黏附及跨内皮迁移
	成纤维细胞	促进生长和趋化，减少胶原合成，增加胶原酶，促进 IL-6 和 IL-8 合成

1. IL-1 β

IL-1β 是一种重要的促炎细胞因子，参与多种炎性疾病。IL-1 家族是治疗炎性和自身免疫性疾病的靶分子，肥大细胞 FcεRI 信号通路被激活时产生 IL-1β。小鼠体内实验表明，肥大细胞产生的 IL-1β 可以促进关节炎及皮肤炎症的发展。

2. IL-2

IL-2 可以对许多免疫细胞产生影响，在 Treg 发育和体内免疫稳态中的作用尤为重要。目前，皮肤中 IL-2 的主要来源尚不清楚，但最新研究发现，肥大细胞也是皮肤中 IL-2 的来源之一。IgE 和抗原激活小鼠腹膜或骨髓来源的肥大细胞后可产生 IL-2。在噁唑酮诱导的接触性超敏反应（contact hypersensitivity，CHS）模型中，皮肤病变部位和脾脏的肥大细胞数量增多，脾脏肥大细胞分泌的 IL-2 增加，而将野生型（WT）小鼠的肥大细胞移植到 $Kit^{W-sh/W-sh}$

小鼠的皮肤中，可抑制噁唑酮诱导的 CHS 部位的反应。在缺乏肥大细胞分泌 IL-2 的情况下，皮肤病变部位活化的免疫细胞与 Treg 的比例明显增加，表明肥大细胞分泌的 IL-2 有助于噁唑酮诱导的 CHS 的免疫抑制。肥大细胞产生的 IL-2 有助于 Treg 扩增，而 Treg 有助于 IL-33 诱导的小鼠气道炎症免疫负调控。Moretti 等最近证实存在肥大细胞正反馈回路，ILC2 可激活 Th9，IL-9 可以诱导肺肥大细胞和其他细胞增强 IL-2 和 TGF-β 分泌，促进小鼠囊性纤维化发生和发展。

3. IL-3

IL-3 是支持肥大细胞和嗜碱性粒细胞分化、存活和增殖必不可少的细胞因子。IL-3 对于某些寄生虫感染期间嗜碱性粒细胞的增殖及肠道和脾脏肥大细胞亚群数量的增长至关重要。某些肥大细胞亚群又可以在 IgE 介导的刺激下产生 IL-3。因此，IL-3 可能构成促进体内肥大细胞存活和生长的自分泌信号，并且肥大细胞衍生的 IL-3，与肥大细胞衍生的其他细胞因子具有相似或协同作用，也可能促进肥大细胞募集、发育及其他骨髓来源细胞的存活。

4. IL-4

IL-4 是参与 2 型免疫反应的典型细胞因子，在 Th2 的发育和随后的过敏反应中起着关键作用。免疫组织化学标记发现，在过敏性鼻炎、哮喘和特应性皮炎患者的活检组织中 IL-4 阳性的肥大细胞数量明显增加。特应性皮炎患者和抗 IgE 刺激后分离的人皮肤中 IL-4 阳性的肥大细胞增加，而健康对照受试者的皮肤中未检测到 IL-4 阳性肥大细胞。

5. IL-5

IL-5 是公认的对嗜酸性粒细胞有重要作用的 2 型细胞因子，类似于其他 2 型细胞因子，IL-5 也可以激活肥大细胞。小鼠和人的肥大细胞在 IgE 介导的刺激下都可产生 IL-5，IL-5 阳性的肥大细胞一般分布在十二指肠、支气管和鼻腔。

6. IL-6

IL-6 是在各种炎症反应期间都会产生的多效细胞因子，并且被认为是一些自身免疫和炎性疾病的治疗靶点。许多免疫细胞都可以产生 IL-6，在 IgE 介导的抗原刺激、LPS、P 物质、IL-1 和 IL-33 的作用下肥大细胞均可以产生 IL-6。免疫组织化学显示，人呼吸道的肥大细胞为 IL-6 阳性，表明肥大细胞产生的 IL-6 参与了哮喘或过敏性鼻炎的发生和发展。肥大细胞分泌的 IL-6 和 IFN-γ 在促进动脉粥样硬化及饮食诱导的肥胖和葡萄糖耐量异常中也起着重要作用。IL-6 在新冠肺炎的细胞因子风暴中起关键作用，与肥大细胞共同作用可能与患者气道黏液高分泌相关。

7. TNF

TNF 是第一个被发现存在于肥大细胞中的细胞因子，肥大细胞被激活后释放的 TNF 一小部分来源于肥大细胞脱颗粒，另外一部分由肥大细胞重新合成。肥大细胞来源的 TNF 具有 TNF 的全部生物学功能，除能激活内皮细胞，引起细胞黏附分子表达增加，促进炎症细胞向效应组织迁移，增强炎症反应外，还能使白细胞向区域淋巴结迁移，发挥抗感染作用。目前对肥大细胞衍生的 TNF 的研究主要集中在各种炎症反应的作用上，如促进白细胞募集到肥大细胞介导的被动皮肤过敏反应部位、与趋化因子巨噬细胞炎症蛋白 2（macrophage inflammatory protein-2，MIP-2）共同促进中性粒细胞的募集。在卵白蛋白（OVA）诱导的中性粒细胞浸润的表达抗原OVA的特异性TCR的OTII小鼠的气道中，发现肥大细胞分泌的TNF通过Th17细胞依赖性方式促进中性粒细胞的募集。肥大细胞产生的TNF可以促进炎症的发生和发展，特别是在早期阶段，有助于某些适应性免疫反应。研究者认为，肥大细胞的TNF可能是一把双刃剑，在某些情况下，对疾病的促进作用大于对机体的防御作用。早期研究认为，肥大细胞分泌的TNF介导的细胞毒性可能在肿瘤消退中起作用，但是后期研究报道，各种类型的肿瘤中肥大细胞的数量都是增加的。因此，学界认为肥大细胞在肿瘤组织中的作用需要综合考虑。当然，肥大细胞分泌多种多样的细胞因子，其中生长因子和其他介质对肿瘤及其微环境的作用是复杂多样的。

8. IL-9

IL-9是一种多效性细胞因子，由多种免疫细胞产生并可以影响多种免疫细胞。除了众所周知的IL-9来源于Th9以外，肥大细胞也可以在IgE介导的抗原刺激下，或者在IL-1、IL-10、IL-33、SCF的作用下产生IL-9。未成熟阶段的MMC亚群可产生大量IL-9，而IL-9又可促进IgE介导的食物过敏反应，也参与寄生虫感染的宿主防御及过敏性疾病的发病。

9. IL-10

IL-10是抗炎和调节性细胞因子，分泌IL-10的细胞很多，如Th1、Th2、Th17、Treg和CD8$^+$T细胞、B细胞、树突状细胞、巨噬细胞、NK细胞、嗜酸性粒细胞、嗜碱性粒细胞、中性粒细胞、肥大细胞，以及非免疫细胞如角质形成细胞等。在LPS或脂质A刺激下肥大细胞可分泌IL-10，并且可被IgE受体交联协同增强。小鼠BMMC也可以通过FcγRⅢ的活化分泌IL-10。Treg的许多免疫应答调节是通过其分泌的IL-10实现的，肥大细胞来源的IL-10可以限制皮肤接触CHS反应的严重程度。就激活肥大细胞产生IL-10而言，IgG1和FcγRⅢ途径比IgE途径更重要。

10. IL-11

IL-11是IL-6细胞因子家族成员，功能多样，二者结构上相似，功能也密切相关，它们共享gp130作为受体。IL-11可由白细胞、上皮细胞和成纤维细胞等多种细胞产生，有报道，人脐带血来源的肥大细胞可响应IgE介导的刺激产生IL-11。IL-11与哮喘、气道高反应性和肺部炎症的发病有关。IL-11可促进血小板生成，可用于防止化疗诱发的血小板减少。

11. IL-12

IL-12对于诱导Th1反应、刺激Th1和NK产生IFN-γ十分重要。IL-12对防御病原体的细胞免疫反应非常重要，缺乏IL-12的小鼠易受细菌和病毒感染。IL-12来源于活化的树突状细胞和巨噬细胞，在LPS的刺激下肥大细胞也可产生IL-12。

12. IL-13

IL-13是2型免疫反应中的重要细胞因子，其功能与IL-4的部分功能重叠。人和小鼠的肥大细胞受PMA、离子霉素、LPS、IL-33、IgE和抗原的刺激可产生IL-13。IL-13也可以由T细胞、嗜碱性粒细胞、嗜酸性粒细胞、上皮细胞等产生。新近发现ILC2来源的IL-13在机体防御寄生虫感染、2型免疫反应中起关键作用。

13. IL-16

IL-16 是促炎性细胞因子，具有趋化 T 细胞、嗜酸性粒细胞、单核细胞、树突状细胞和肥大细胞的作用。与 SCF 一起作用时，IL-16 除了通过与 CD9 结合诱导肥大细胞趋化外，还可以促进人脐带血来源的肥大细胞的成熟和分化。Qi 等还发现，IL-16 处理的被称为"肥大细胞/嗜碱性粒细胞"的人脐带血 CD3$^-$/CD4$^+$/CD117$^+$ 细胞，对人类免疫缺陷病毒（human immunodeficiency virus，HIV）感染不敏感。

14. IL-33

IL-33 被认为是由受损或坏死细胞，尤其是血管内皮细胞和上皮细胞分泌的重要警报素。在感染和过敏性疾病中，IL-33 与 ILC2 的激活有关。肥大细胞表面存在 IL-33 的受体 ST2，对 IL-33 产生应答。肥大细胞受到 IL-33 的刺激可产生多种细胞因子和趋化因子，包括 TNF、IL-2、IL-4、IL-5、IL-6、IL-10、IL-8、IL-13、GM-CSF、CXCL8、CCL1、CCL2、CCL17 和 CCL22。体外研究表明，无论是在正常生理条件下还是在慢性髓细胞白血病中，IL-33 都可以作用于 CD34$^+$ 细胞，促进肥大细胞前体成熟和分化。肥大细胞分泌的蛋白酶 MMCP-4 或人糜蛋白酶可以降解 IL-33，因此肥大细胞不仅可以通过 IL-33 激活免疫应答，还可以灭活 IL-33。IL-33 对细胞 ILC2 具有重要作用。

15. EGF

EGF 可促进包括成纤维细胞、内皮细胞和上皮细胞在内的各种细胞的增殖和分化。免疫组织化学分析发现甲状腺中的人肥大细胞 EGF 呈阳性，RT-PCR 检测发现，新鲜分离的人皮肤肥大细胞肝素结合性 EGF 样生长因子（HB-EGF）mRNA 呈阳性。

16. GM-CSF

GM-CSF 主要是促进骨髓中的幼稚粒细胞和单核-巨噬细胞的发育。肥大细胞在 IgE 介导的抗原刺激下可产生 GM-CSF，LPS、酵母多糖、TLR1/TLR2 激动剂 Pam3Cys，也可刺激肥大细胞产生 GM-CSF。哮喘患者气道中 MMC 的 GM-CSF 分泌增加，推测可能通过促进嗜酸性粒细胞存活参与过敏性疾病的发病。肥大细胞产生的 GM-CSF 与 TNF 共同促进肥大细胞的存活，促进树突状细胞向淋巴结迁移，促进外周免疫耐受。

17. NGF

NGF 是具有调节中枢和外周神经元发育、生长、存活和功能的嗜神经多肽类神经生长因子。肥大细胞与神经元解剖定位十分相近，NGF 是连接这两种类型细胞的关键桥梁，NGF 也是第一个被鉴定为能够直接或间接促进体内肥大细胞发育的有丝分裂原。肥大细胞可能是神经营养蛋白的潜在来源。

18. PDGF

PDGF 是促进血管生长和血管发生的重要丝裂原。免疫组织化学分析发现，PDGF 阳性的肥大细胞在亚急性甲状腺炎患者的甲状腺组织再生区域及 Graves 眼病组织中明显增加，推测 PDGF 阳性的肥大细胞可能参与了这些疾病的组织损伤修复。与心肌细胞或成纤维细胞共培养后，小鼠肥大细胞也可以产生 PDGF，有人认为，肥大细胞产生的 PDGF 可以促进心房颤动的发生。

19. TGF-β

TGF-β 具有许多生物学活性，被认为是纤维化、血管生成和组织修复的特别重要的参与者。TGF-β 可以影响 Th17 和 Treg 等 T 细胞、B 细胞、树突状细胞、NK 细胞、中性粒细胞、嗜酸性粒细胞和肥大细胞。TGF-β 能够抑制多种免疫细胞包括肥大细胞的功能。肥大细胞是组织中 TGF-β 的重要来源，肥大细胞来源的 TGF-β 以自分泌或旁分泌的方式作用于肥大细胞抑制自身功能。例如，抑制由 IgE 介导的组胺、IL-6 和 TNF 等多种活性介质的产生和释放。TGF-β 可通过降低肥大细胞表面 FcεRI 的表达水平抑制一些肥大细胞亚群的 IgE 依赖的激活。肥大细胞产生的 TGF-β 可以与肥大细胞产生的 TNF 共同增强成纤维细胞产生 I 型胶原的能力。

20. VEGF/VPF

血管生成是正常发育及组织稳态和修复极为重要的细胞因子，在肿瘤发展和转移、银屑病、类风湿关节炎和湿性黄斑变性等疾病中也有十分重要的作用。观察性研究表明，肥大细胞在各种情况下均参与血管生成，其中最重要的因子之一就是 VEGF。许多正常细胞和肿瘤细胞都可以分泌 VEGF，有证据表明，肥大细胞预形成颗粒内包含 VEGF、肝素，在 IgE 和抗原刺激、PMA、A23187、SCF、P 物质、IL-1 与 IL-33 共同作用时、促肾上腺皮质激素释放激素、IL-17A 等不同物质的刺激下 VEGF 和肝素从肥大细胞颗粒中释放。VEGF 在体外和体内可作为某些肥大细胞亚群的趋化因子，提示 VEGF 对该亚群具有自分泌或旁分泌的作用。有报道发现，喉鳞状细胞癌、恶性黑色素瘤和非霍奇金淋巴瘤等肿瘤中的肥大细胞 VEGF 阳性，表明肥大细胞可能通过分泌 VEGF 参与肿瘤血管生成。

（三）趋化因子

趋化因子（chemokine 或 chemotactic factor）是指能够吸引白细胞移行到感染部位的一些低分子量（多为 8 ~ 10kDa）的蛋白质，其本质是一类细胞因子。目前发现肥大细胞激活后新合成的趋化因子包括 CCL1 ~ 5、CCL7、CCL18、CXCL1、CXCL2 等，这些因子参与免疫功能调节、炎症反应过程。表 1-7 总结了肥大细胞来源的趋化因子的功能。

表 1-7　肥大细胞来源的趋化因子及其功能

趋化因子	靶细胞	生物学作用
CCL1	T 细胞	T 细胞募集
CCL2	肥大细胞	趋化
	上皮细胞	增殖、趋化
	纤维细胞	趋化
	T 细胞	Th2 亚型，促进 T 细胞迁移
	嗜酸性粒细胞	趋化
	单核细胞	趋化
	嗜碱性粒细胞	活化、释放介质

续表

趋化因子	靶细胞	生物学作用
CCL3	肥大细胞	活化、释放介质
	T 细胞	Th1 极化、趋化
	巨噬细胞	分化
	中性粒细胞	趋化
	嗜酸性粒细胞	细胞毒
	单核细胞	趋化
	嗜碱性粒细胞	趋化、活化、介质释放
CCL4	T 细胞	Th1 极化与及趋化
	嗜酸性粒细胞	趋化
	中性粒细胞	趋化
CCL5	肥大细胞	趋化
	T 细胞	Th1 极化与趋化
	嗜酸性粒细胞	趋化
	单核细胞	趋化
CCL7	嗜酸性粒细胞	趋化
	单核细胞	趋化
	嗜碱性粒细胞	活化、释放介质
CCL18	T 细胞	趋化诱导幼稚 CD4[+]、CD8[+] T 细胞、皮肤归巢记忆 T 细胞
	B 细胞	趋化
	树突状细胞	趋化未成熟树突状细胞
CXCL1	中性粒细胞	趋化
CXCL2	造血干细胞	趋化

　　肥大细胞通过产生上述细胞因子及趋化因子与树突状细胞、T 细胞、B 细胞等相互作用，影响这些细胞的功能，如诱导免疫细胞向损伤部位迁移，调节这些细胞的增殖、分化、活性物质的表达，进而调节炎症反应。随着研究的不断深入，越来越多的细胞因子和趋化因子被发现与肥大细胞相关，各种细胞因子及趋化因子的作用也不断完善，极大地丰富了对肥大细胞的认识，为进一步揭示肥大细胞与疾病的关系奠定了基础。

（梁玉婷　姜连生）

第五节　肥大细胞膜分子

　　肥大细胞是过敏反应的主要参与者，也在自身免疫病、炎症反应、肿瘤、血管生成、组织重塑和伤口愈合中发挥作用。膜分子是肥大细胞发挥自身功能以及与其他细胞相互作用的物质基础，这些膜分子主要有表面抗原、受体、MHC- I / II、共刺激分子等（图 1-21）。受体包括：①活化型受体（activating receptor，AR），如 IgGFc 类受体、细胞因子受体、趋化因子受体、TLR、补体受体等；②抑制型受体（inhibitory receptor，IR），如 FcγR II B、CD300a、CD72、Siglec 分子等。活化型受体与抑制型受体共表达于细胞表面，二者相互作用调节免疫应答。虽然大多数关于肥大细胞膜分子的研究是在实验室培养条件下进行的，受染色技术、细胞培养、处理方式及检测敏感度对膜分子测定结果的影响，但是它们已为肥大细胞膜分子的研究提供了大量信息。

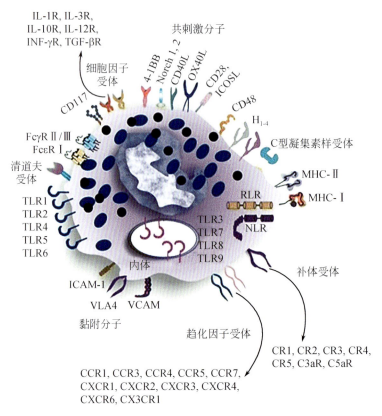

图 1-21　肥大细胞主要膜分子示意图

〔引自：Daniel E，Ali K，Korneel G. 2018. Role of mast cells in regulation of T cell responses in experimental and clinical settings〔J〕. Clinic Rev Allergy Immunol，4：432-445〕

一、肥大细胞膜分子特性

膜分子是细胞与细胞、细胞与其他分子相互作用进而激活信号通路或导致膜分子结构改变、膜流动性改变和通道（如钙通道）变化的桥梁。Zhiqing Li 等研究发现，胚胎起源不同的肥大细胞表现出组织定位偏好，受组织微环境的影响造成肥大细胞异质性。此外，细胞成熟阶段、活化状态、疾病因素等均可造成肥大细胞膜分子表达及其对配体反应的不均一。例如，人皮肤肥大细胞高表达 C5a 受体（CD88），但人肺肥大细胞却无此受体；从各种组织来源活化状态的肥大细胞上可检测到大量 β2 整合素和 ICAM-1 分子，而静息状态的肥大细胞 β2 整合素表达量很低甚至不表达。系统性肥大细胞增多症（systemic mastocytosis，SM）患者高表达 CD30，而正常肥大细胞检测不到 CD30。肥大细胞膜分子众多，下文将概括描述已有研究的肥大细胞膜分子。

二、肥大细胞膜分子

（一）表面抗原

肥大细胞是在造血系统内形成的独特细胞系，使用细胞表面抗原可以很容易地将肥大细胞与嗜碱性粒细胞、单核细胞和其他骨髓造血细胞加以区分（表 1-8）。与所有白细胞一样，肥大细胞表达"泛白细胞"抗原 CD43、CD44 和 CD45，而与嗜碱性粒细胞和其他成熟造血细胞相比，肥大细胞表达大量的 CD117/KIT 和黏附分子受体，以及若干病毒结合位点，包括鼻病毒受体 CD54/ICAM-1 和麻疹病毒受体 CD46，但 CD123 的表达量低，也缺乏其他集落生长因子受体，如粒细胞集落刺激因子受体（granulocyte colony-stimulating factor receptor，G-CSFR）和粒细胞 - 巨噬细胞集落刺激因子受体（granulocyte-macrophage colony stimulating factor receptor，GM-CSFR）等。

表 1-8 肥大细胞、嗜碱性粒细胞与单核细胞表达的抗原

标志物	肥大细胞来源			嗜碱性粒细胞	单核细胞
	肺	皮肤	骨髓		
CD117/KIT	+	+	+	-（+/-*）	-
类胰蛋白酶	+	+	+	-/+（+/-*）	-
糜蛋白酶	+/-	+	+/-	-	-
BB1	-	-	-	+	-
2D7	-	-	-	+	-
CD123/IL-3Ra	-	-	-	+	+
CD9	+	+	+	+	+
CD25	-	-	-	+	+/-
CD34/HPCA1					
CD45/LCA	+	+	+	+	+
CD46/MCP	+	+	+	+	+
CD55/DAF1	+	+	+	+	+
CD59/MACIF	+	+	+	+	+
CD63/LAMP3	+	+	+	+	+
CD88/C5aR	-	+/-	-	+	+
CD203c/ENPP3	-/+	-/+	-/+	+	+

* 未成熟的嗜碱性粒细胞（如慢性髓细胞性白血病中的嗜碱性粒细胞）低表达 KIT 和类胰蛋白酶。

注：HPCA1. 造血祖细胞抗原 1（hematopoietic progenitor cell antigen 1）。

（二）活化型受体

AR 与相应配体结合后，可通过依赖或不依赖细胞质区免疫受体酪氨酸活化基序（ITAM）的方式激活肥大细胞，促进细胞释放颗粒介质而出现显著的临床症状。肥大细胞活化一般可归纳为 IgE 介导的应答和非 IgE 介导的应答。前者多指肥大细胞因结合抗原的 IgE 交联 FcεR I 而活化；后者涉及组织微环境的调节、细胞间相互作用、防御反应、分泌新合成的促炎介质及抗炎产物以清除多种病原体等过程，膜表面的各种受体是肥大细胞通过非 IgE 介导的应答活化的重要桥梁。

1. IgE 受体

IgE 受体的不同亚型在小鼠和人细胞的分布不尽相同，并且介导不同的免疫反应，总结见表 1-9。IgE 受体主要分为 IgE 高亲和力受体 FcεR I 和 IgE 低亲和力受体 FcεR II / CD23，二者均存在可溶性亚型，即 sFcεR I 和 sFcεR II 或 soluble CD23。

表 1-9　IgE 结合受体的表达及主要功能

受体	细胞类型[①]	主要功能
FcεR I（αβγγ 或 αγγ）	**肥大细胞、嗜碱性粒细胞**、朗格汉斯细胞、**树突状细胞**、单核细胞、**嗜酸性粒细胞**、中性粒细胞、血小板、哮喘患者支气管上皮细胞和平滑肌细胞 小鼠：仙台病毒感染后的树突状细胞、疟原虫感染后及颈上神经节和肌间神经丛神经元的中性粒细胞及嗜酸性粒细胞 大鼠：松果体细胞	αβγγ：介导超敏反应、寄生虫免疫，促进肥大细胞存活及细胞因子产生，招募 MCp 至气道 αγγ：抗原提呈
FcεR II（CD23）	**B 细胞、T 细胞、NK 细胞、单核 - 巨噬细胞、滤泡树突状细胞**、朗格汉斯细胞、骨髓基质细胞、**中性粒细胞**、嗜酸性粒细胞、血小板、**气道和肠上皮细胞**	调节 IgE 产生，杀灭细胞内病原体（利什曼原虫和弓形虫）或肿瘤细胞，促进抗原提呈、抗原跨越上皮细胞的运输
FcγR II 和 Fcγ III（小鼠[②]）	**肥大细胞和巨噬细胞**	细胞活化
FcγR IV（仅在小鼠中）	单核细胞、中性粒细胞、巨噬细胞	吞噬功能，产生细胞因子，巨噬细胞抗原提呈
Gelactin-3	**肥大细胞、嗜碱性粒细胞、中性粒细胞、单核 - 巨噬细胞**，嗜酸性粒细胞、**朗格汉斯细胞**、T 细胞、B 细胞和树突状细胞	增强 FcεR I 活化

注：（1）粗体表示的细胞类型在人和小鼠中均有表达。
（2）人 FcγR III 对 IgE 无亲和力。然而，人肥大细胞和嗜碱性粒细胞表达的含有免疫受体酪氨酸抑制基序的受体 FcγR II 与 FcεR I 连接时，可降低这些效应细胞的活化。

CD23 属 II 型整合膜蛋白，是一种 Ca^{2+} 依赖的凝集素，由一个大的胞外带有结合 IgE 的凝集素头的结构域、一个单一的跨膜结构域和一个短的细胞质尾组成（图 1-22）。单一 CD23 分子对 IgE 的亲和力比 FcεR I 低，为其 1/（100 ～ 1000），但实际上 CD23 常以同源三聚体形式存在，可达到与 FcεR I 接近的亲和力。此外，膜表面的 CD23 经内源性蛋白酶（备解素和金属肽酶 10）和外源性蛋白酶（尘螨主要过敏原 Der p1）酶切可从膜释放形成可溶性 CD23，因此 CD23 存在膜结合形式和在茎区通过酶切而释放的可溶性片段两种形式。CD23 主要与 IgE 的 Fcε3 ～ 4 区域结合，结合过程需要 Ca^{2+} 的参与，但不需要糖分子，去糖基化的 IgE 不影响二者的结合。FcεRII 分布较为广泛，主要表达于 B 细胞、T 细胞、树突状细胞、朗格汉斯细胞和嗜碱性粒细胞，表达受 IL-4、IL-5、IL-9、IL-13 和 GM-CSF 等多种细胞因子及 IgE 的调节。过敏性疾病患者可观察到 B 细胞上的 CD23 表达增加，且可溶性 CD23 表达也增加。单核-巨噬细胞、嗜酸性粒细胞、血小板、NK 细胞、T 细胞等是否表达 CD23 仍有争议。CD23 活化参与 IgE 的调节、B 细胞的分化、单核细胞的激活和抗原的提呈，主要介导 IgE 依赖的细胞介导的细胞毒作用，调节 IgE 的产生和转运，促进抗原处理和提呈。上皮细胞等其他细胞也表达 FcεRII，介导 IgE 抗原复合物的摄取，在食物过敏、风湿性关节炎及 1 型糖尿病中也有重要作用。

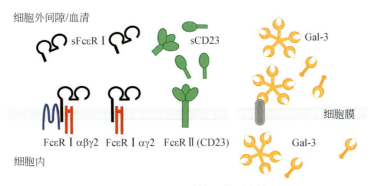

图 1-22　人 IgE Fc 受体及其可溶性亚型

高亲和力 IgE Fc 受体 FcεRI 具有两个跨膜同种型：FcεRIαβγ2 和 FcεRIαγ2。可溶性同种型 sFcεRI 是由结合 IgE 的 FcεRIα 亚基的截短形式组成的单链受体。半乳糖凝集素-3（galectin-3，Gal-3）是一种分泌型 IgE Fc 受体。Gal-3 主要由巨噬细胞分泌，通过与细胞表面蛋白的碳水化合物结构相互作用而黏附于细胞表面，细胞内 Gal-3 也可与细胞质、细胞核蛋白结合。Gal-3 因其杂乱的结合模式而参与多种免疫反应［引自：Platzer B，Ruiter F，van der Mee J，et al. 2011. Soluble IgE receptors-elements of the IgE network［J］. Immunol Letters，141（1）：36-44］

　　FcεRI 为肥大细胞特有的、介导肥大细胞活化的膜分子之一，由结合 IgE 两个免疫球蛋白样胞外结构域的 α 链、具有信号放大功能的四次跨膜 β 链及与信号转导相关的 γ 链构成（图 1-22）。α 亚基包括胞外区和跨膜区，胞外区含有两个免疫球蛋白样结构区，其中近膜端结构区（α2）是与 IgE Fc 段相结合的区域，另一个远膜端结构区（α1）主要辅助 α2 与 IgE 结合。α 亚基含有 7 个 N 链的糖基化位点，这些糖基化位点对 α 链的正确折叠影响不大，且与 IgE 的结合无关，主要维持受体的稳定性。β 亚基分为跨膜区和胞内区，它是四次跨膜的蛋白质，其 N 端和 C 端均在细胞质内，N 端含有特征性的脯氨酸，其功能尚未知；C 端含有 ITAM，具有放大信号的作用。γ 亚基以硫化物同型二聚体的形式存在，胞外由二硫键连接两个 γ 亚基，各有一个跨膜区，胞内区各含有一个 ITAM 基序。γ 亚基在 FcεRI 发生交联后可被激活，是细胞外向细胞内传递信号必不可少的分子。FcεRI 在不同的种属中以不同的形式存在，鼠中仅有 αβγ2 异四聚体复合物形式，而人肥大细胞表面存在 αγ2 和 αβγ2 两种形式，并受 IL-4 影响上调。FcεRI 除了在肥大细胞和嗜碱性粒细胞表达外，还分布于其他类型细胞如朗格汉斯细胞、树突状细胞、单核细胞、嗜酸性粒细胞、中性粒细胞、血小板、哮喘患者支气管上皮细胞和平滑肌细胞等（表 1-9）。抗原提呈细胞如树突状细胞、朗格汉斯细胞等细胞表面的 FcεRI 则不表达 β 链，以 αγ2 三聚体形式存在。FcεRI 与抗原特异性 IgE 抗原多价复合物结合引起受体聚集，通过 β 链及 γ 链的 ITAM 将活化信号传递至细胞内，经磷脂酰肌醇途径和丝裂原激活的蛋白激酶途径，

引起 Ca^{2+} 内流，导致肥大细胞内炎症介质的基因转录、蛋白质合成和脱颗粒。

FcεRⅠ与 IgE 结合形成的配受体复合物限制了受体内化，维持 FcεRⅠ在细胞表面表达。虽然 IgE 的 Fc 段是对称性结构，但 IgE 与 FcεRⅠ是以 1：1 的比例结合的，FcεRⅠ与其中一个 CH3 结合的同时，阻断了另一个 CH3 与 FcεRⅠ结合的位点，这样就保证了只有在抗原存在的情况下受体才能产生交联，转导活化信号。抗原浓度、与抗体反应的亲和力及 IgE 识别的抗原表位间的距离均能影响 FcεRⅠ受体活化触发的应答结果，提示 IgE 介导的肥大细胞活化存在个体差异。单体 IgE 分子虽然不能激活细胞信号通路而促使细胞脱颗粒，但仍能在一定程度上维持肥大细胞的活性，使之呈致敏状态，且保持对抗原的高度敏感，并能够向炎症部位迁移，也能产生细胞因子。此外，体外研究显示，表达 FcεRⅠ三聚体型的非专职抗原提呈细胞系 MelJoso 经 FcεRⅠ交联活化后可能通过翻译后修饰机制（如蛋白酶切割）释放可溶性 FcεRⅠ，由此推测，可溶性 FcεRⅠα 可能是 FcεRⅠ阳性细胞活化的新标志。有研究者尝试检测 IgE 活化后 RBL-2H3 细胞上清液的可溶性 FcεRⅠ，但最终未能检测到。目前尚不清楚可溶性 FcεRⅠ是如何在体内被诱导产生的。

2. IgG 受体

肥大细胞表达的 IgG 受体包括 FcγRⅠ、FcγRⅡb 和 FcγRⅢ（图 1-23），研究显示啮齿动物和人肥大细胞 IgG 受体具有促进或抑制肥大细胞活化的功能。人肥大细胞 IgG 受体的表达受周围环境和细胞因子等条件影响，静息状态下不表达 FcγRⅠ，而当外周血 $CD34^+$ 细胞衍生的人肥大细胞暴露于 IFN-γ 时，FcγRⅠ mRNA 和蛋白质表达上调。肥大细胞表面的 FcγRⅠ交联后，通过与 FcεRⅠ相似的方式引起肥大细胞脱颗粒和细胞因子分泌，其中释放的 TNF-α 是 FcεRⅠ交联所不能产生的。抗原 -IgG 免疫复合物也可通过 FcγRⅠ或鼠 FcγRⅢA 激活人肥大细胞。SCF 可诱导 mBMMC 表达 FcγRⅢ，但不能诱导人 BMMC 表达 FcγRⅢ。与 FcγRⅠ相比，FcγRⅢ以相对低的亲和力结合 IgG，其交联也导致细胞脱颗粒并产生脂质介质。人肥大细胞存在三种 FcγRⅡ亚型，即受体 FcγRⅡA、FcγRⅡC 和 FcγRⅡB，而小鼠只有 FcγRⅡB 这一种亚型。与 FcγRⅠ和 FcγRⅢ不同，FcγRⅡβ 是单链受体，缺乏具有信号转导功能的 γ 链二聚体，因此不具备活化肥大细胞的能力，是一种抑制性受体，后文将详细描述。

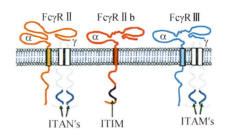

图 1-23　肥大细胞 IgG 受体示意图

〔引自：Tkaczyk C，Okayama Y，Metcalfe D D，et al. 2004. Fcgamma receptors on mast cells：activatory and inhibitory regulation of mediator release〔J〕. Int Arch Allergy Immunol，133（3）：305-315〕

3. 细胞因子受体

干细胞生长因子（SCF）受体 KIT/CD117 属酪氨酸激酶受体家族，含有 5 个细胞外免疫球蛋白样结构域的单链受体和细胞质尾部中的裂解酪氨酸激酶催化结构域，细胞质尾中还有一些酪氨酸残基。SCF 与 KIT 胞外段结合后，相邻的 KIT 形成二聚体并发生自体磷酸化，进而产生一系列下游信号。虽然肥大细胞存在异质性，但 KIT 在所有类型的肥大细胞（包括肥大细胞－定向祖细胞）上均有表达，与疾病、成熟和活化状态无关。KIT 活化是肥大细胞生长、分化和存活所必需的，SCF-KIT 信号通路单独活化虽不足以引发肥大细胞脱颗粒，但可进一步诱导肥大细胞迁移与归巢，诱导细胞因子产生，并能协同增强抗原介导的肥大细胞活化效应。此外，肥大细胞的数量、稳态和功能在很大程度上取决于 SCF 在组织的局部浓度。目前体外培养的 mBMMC 和 hCBMC 就是通过 SCF 和 IL-3 等生长因子诱导分化而来的。多年前也是以敲除 *c-kit* 基因作为肥大细胞缺陷模型。推测 KIT 在肥大细胞中高而持续表达并作为肥大细胞的标志，应该是肥大细胞长寿的主要原因。

肥大细胞表达众多白介素受体。IL-4、IL-13 在促进及维持过敏反应中起主导作用：经 IgE、IL-33、凝集素刺激后，肥大细胞分泌 IL-4，进而促使肥大细胞产生 IL-13，推进 Th2 型免疫应答。IL-4 与 IL-13 基因密切相关，因而 IL-4R 是它们的共同受体亚基。IL-4Rα 与 IL-13Rα1 配对时可被 IL-13 或 IL-4 激活，而其与 γ 链配对时仅可被 IL-4 激活。IL-4 是人肥大细胞表型，以及生长、分化、功能的有效调节因子。例如，IL-4 可诱导人脐血来源肥大细胞发育，可增强肥大细胞抗寄生虫感染能力。IL-33R（ST2）属 IL-1R 家族成员，有膜结合型和可溶型两种形式，主要表达于 Th2 细胞、肥大细胞和成纤维细胞，参与多种炎症过程并发挥免疫调节功能。其配体 IL-33 通过与 ST2 和 IL-1 受体辅助蛋白（IL-1 receptor accessory protein，IL-1RAcP）结合，募集髓样分化因子复合物（myeloid differentiation factor 88，MyD88），进而激活下游信号通路，即 SPHK 通路和 MAPK 通路。既往研究证实，mBMMC、MC/9 及人皮肤肥大细胞表达高水平的 ST2，可被 IL-33 直接激活，促进肥大细胞存活、增殖，促炎细胞因子及趋化因子的产生，进而引发中性粒细胞募集、树突状细胞活化与迁移、Th0 分化等。与炎症反应，冠心病、心力衰竭等心血管疾病，哮喘等过敏性疾病，特应性皮炎、关节炎等自身免疫病的发生发展有关。此外，mBMMC 还表达 IL-15R，剂量依赖性地诱导细胞迁移。肥大细胞表达的 IL-18R 被激活后诱导肥大细胞产生 IFN-γ、GM-CSF、TNF-α、IL-1、IL-13、IL-4，可提高天然免疫和 Th1 或 Th2 介导的免疫反应或参与哮喘发病。

4. 趋化因子受体

肥大细胞祖细胞移居至不同组织、肥大细胞在组织内的迁移均受到大量不同趋化因子及其受体的影响。趋化因子受体（chemokine receptor，CCR）属 G 蛋白偶联受体，不同来源的人肥大细胞至少表达 9 种趋化因子受体，包括 CXCR1、CXCR2、CXCR3、CXCR4、CX3CR1、CCR1、CCR3、CCR4 和 CCR5。CXCL1、CXCL5、CXCL8、CXCL14、CX3CL1、CCL5 和 CCL11 等 7 种趋化因子作用于这些受体并诱导肥大细胞迁移。肥大细胞趋化因子受体与配体结合后虽然不能直接引起细胞脱颗粒，但可通过其他方式增强脱颗粒过程，如 CCL3 与 CCR1 结合后可促进 IgE 受体介导的肥大细胞脱颗粒。趋化因子受体还与 HIV 感染有关。HIV 包膜上的糖蛋白 gp120 在感染 CD4$^+$ T 细胞中起关键作用，而 gp120 和 CD4 TCR 结合时，必须同时与辅助受体 CCR3、CCR5 及 CXCR4 结合方能进入细胞。这些受体也是 HIV 共受体，均表达于体外培养的肥大细胞祖细胞和外周血肥大细胞／嗜碱性粒细胞的细胞膜，使这些细胞对 HIV 的易感性增加，表明艾滋病中肥大细胞可能是分布广泛而作用持久的 HIV 储存库。

5. Toll 样受体

Toll 样受体（Toll-like receptor，TLR）为结构上高度保守的病原体模式识别受体，在宿主防御中发挥关键作用。据报道，鼠肥大细胞系 P815、人肥大细胞系 HMC-1 在 mRNA 水平和蛋白质水平均能表达 TLR1 ～ 9，hCBMC 和鼻息肉肥大细胞表达 TLR2，鼠肠肥大细胞、小鼠和大鼠腹膜肥大细胞表达 TLR2 和 TLR4。TLR2 可被细菌胞壁成分如脂多糖（lipopolysaccharide，LPS）和肽聚糖（peptidoglycan，PGN）激活，引起多种细胞因子的重新合成和释放。TLR 激活也可促进 IgE 介导的肥大细胞应答，但其间的主要反应是产生炎性细胞因子而不是脱颗粒，说明 TLR 参与过敏反应的迟发相反应。细胞因子暴露也可以影响 TLR 的表达。例如，TNF-α、IL-6 能够上调 P815 表面 TLR4 的表达。

6. 补体受体

补体受体（complement receptor，CR）也是肥大细胞抵御病原菌侵入的重要膜分子。据报道，啮齿动物肥大细胞表达的补体受体有：CR1 即 C3b/C4bR（CD35）；CR2 即 C3dR（CD21，SCR1 ～ 2）；CR3、C5aR（CD88）、C3aR。不同组织中，肥大细胞上补体受体的表达谱并不一致：C5a 受体 CD88 在人肺肥大细胞上不表达，而在炎症发生的皮肤肥大细胞上丰富地表达；小鼠皮肤肥大细胞可被 C5a 激活，而 C5a 不能激活腹腔肥大细胞。

7. 肥大细胞相关 G 蛋白偶联受体

肥大细胞除了表达高亲和力 IgE 等受体外，还表达大量的 G 蛋白偶联受体（G protein coupled receptor，GPCR）。Mas 相关 G 蛋白偶联受体（Mas related G protein coupled receptor，Mrgpr）是 G 蛋白偶联受体超家族成员，人类该受体家族仅 4 个成员，即 MrgprX1 ～ 4，而小鼠 Mrgpr 家族高达 32 个成员。MrgprX2 大量表达于神经系统的背根神经节和肥大细胞，并且肥大细胞主要是 MC_{TC}，是除背根神经节外唯一表达 MrgprX2 的细胞，不仅细胞膜和细胞内都表达，而且仅表达 MrgprX2，提示 MrgprX2 对肥大细胞功能发挥可能起着重要作用。

MrgprX2 是引起药物不良反应的重要受体，多种药物可以通过激活肥大细胞的 MrgprX2，诱导肥大细胞活化脱颗粒，产生与过敏反应类似的临床症状，由于这类免疫应答不依赖于 IgE，因此称为假过敏反应。研究发现，几乎所有的阳离子型肽类药物都是通过 MrgprX2 活化肥大细胞引起的局部假过敏反应。例如，治疗血管性水肿的缓激肽受体拮抗剂艾替班特、铜箭毒碱、阿曲库铵等均能与 MrgprX2 结合引起组胺释放、局部炎症反应和气道收缩等与过敏类似的临床症状。在人肥大细胞系 *LAD2* 和 *MrgprB2* 基因敲除小鼠模型中发现多种抗菌剂，如抗真菌药及氨基糖苷类、磺胺类、氟喹诺酮类等药物也可通过该受体引起剂量依赖性假过敏反应。药物、细菌及其代谢物等配体结合 MrgprB2/MrgprX2 后，诱导 Gαq 构象改变，活化下游 PLC，产生 IP3 及 DAG。DAG 通过激活下游 PKC，经 Ras/Raf/MEK/MAPK 信号通路调控目的基因的表达和转录；IP3 则活化内质网 IP3R，引起 Ca^{2+} 释放，使细胞内 Ca^{2+} 升高，最终导致肥大细胞迅速发生脱颗粒，释放组胺、β- 氨基己糖苷酶等介质，并合成释放 PGD_2 和 TNF-α 等。另外，MrgprX2 受体还可激活、诱导瞬变感受器电位蛋白 V4（transient receptor potential V4，TRPV4）通道开放，引起阳离子内流，从而使肥大细胞连续脱颗粒。但是，在小鼠实验中发现 TRPV4 通道不参与 MrgprB2 受体介导的 Ca^{2+} 内流及脱颗粒过程，其具体原因尚不清楚。

董欣中等发现，与正常对照组比较，*MrgprB2*（人类同源的 *MrgprX2*）基因敲除小鼠的肥大细胞数目变化不大，当用激动剂 Compound 48/80 刺激后，*MrgprB2* 基因敲除小鼠 IgE 信号通路正常，但组胺释放、炎症及支气管痉挛等症状未再出现。除了与药物配体结合产生假过敏反应外，MrgprX2 还可参与慢性荨麻疹等过敏反应的发生、发展。慢性荨麻疹患者肥大细胞膜 MrgprX2 的表达量显著高于正常对照，嗜酸性粒细胞产物和 P 物质等可通过活化皮肤肥大细胞的 MrgprX2，促进干细胞因子和神经细胞生长因子释放，维持肥大细胞的存活和活化，进一步诱导嗜酸性粒细胞聚集和释放胞内颗粒，从而维持慢性荨麻疹的晚期相反应。如果敲除肥大细胞的 *MrgprX2* 基因，则肥大细胞对 P 物质的应答降低，颗粒释放减少。因此，MrgprX2 被认为是最有潜力的药物过敏治疗靶点。

除表达以上提及的多种活化型受体以外，肥大细胞还表达胸腺基质淋巴细胞生成素受体（thymic stromal lymphopoietin receptor，TSLPR），嗜酸性粒细胞和肥大细胞膜受体 CD48、CD203c 及 CD63，生物胺受体，蛋白激活化受体（PAR），前列腺素 E_2 受体（PGE_2R），鞘氨醇 -1- 磷酸受体（sphingosine 1-phosphate receptor，S1PR），抗菌肽受体，神经肽受体 NK-1R，嘌呤能受体，促肾上腺皮质激素释放激素受体等。

（三）抑制型受体

多数抑制型受体（IR）包含免疫受体酪氨酸抑制基序（immunoreceptor tyrosine-based inhibitory motif，ITIM），序列中的酪氨酸残基磷酸化后影响 FcεR I 和 KIT 介导的免疫反应，抑制酪氨酸激酶及其他信号转导蛋白，下调来源于激活受体的刺激信号而起到负反馈作用。此外，一些不包含 ITIM 的 IR，如 β_2 肾上腺素能受体、ATP 或腺苷受体、嘌呤能受体，以及抗炎性细胞因子受体 IL-10、TGF-β 等同样能拮抗肥大细胞的活化和介质的释放。

1. FcγR II B

1990 年发现并在以后的研究中不断证实 IgG 低亲和力受体 FcγR II B 由两个结合 IgG Fc 段的免疫球蛋白样胞外结构域、一个跨膜结构域和一个包含 ITIM 的细胞质尾区构成。当 FcγR II B 与含有 ITAM 的 AR 交联时，通过 ITIM 参与信号转导，维持外周免疫耐受的平衡。脱敏治疗正是利用了此 IR，一方面，变应原多次刺激后产生的过敏原特异性 IgE 和过敏特异性 IgG 使 FcεR I 与 FcγR II B 交联，启动负反馈信号；另一方面，过敏原特异性 IgG 与 FcγR II B 相互作用后可促进 IgE 内化并抑制肥大细胞激活。FcγR II B 也可通过不依赖 ITIM 的方式转导抑制信号，参与调节细胞增殖、抗体分泌、淋巴因子释放等多种生物学效应。此外，FcγR II B 与自身交联可引起 B 细胞、浆细胞、肥大细胞凋亡。因此，FcγR II B 表达低下或表达过度都会对机体免疫反应产生不利影响，导致自身抗体产生，增加过敏的易感性，引发系统性红斑狼疮和胶原诱导性关节炎、重症肌无力、过敏性哮喘及肿瘤等疾病。

2. 唾液酸结合性免疫球蛋白样凝集素

唾液酸结合性免疫球蛋白样凝集素（sialic acid binding Ig-like lectin，Siglec）属免疫球蛋白超家族成员，是膜受体，基本结构包括细胞表面的 I 型跨膜受体，分为含 2 ～ 17 个免疫球蛋白样结构域的胞外段、跨膜区和胞内段，通过胞外区特异性识别糖蛋白与糖脂糖基侧链上的唾液酸介导蛋白质与碳水化合物间的相互作用，识别聚糖结构，参与固有免疫和适应性免疫平衡的双向调节，在脓毒症、自身免疫和肿瘤等中发挥重要作用。啮齿动物 Siglec 基因缺失，故人的 Siglec 表达显著高于啮齿动物。根据序列可变性，Siglec 家族分为保守的 Siglec 和 CD33 相关的 Siglec。前者包括唾液酸黏附素、CD22、Siglec-4 和 Siglec-15。后者胞外段含有唾液酸识别位点的 N 端 V 区结构域，胞内区含有 ITIM，通过募集酪氨酸磷酸酶，如 SH2 结构域蛋白酪氨酸磷酸酶 SHP1 和 SHP2，调节免疫细胞功能。研究证实，人肥大细胞及肥大细胞系 LAD2、LUVA 和 HMC-1 均表达 Siglec-8。Siglec-8 与特异性免疫球蛋白的交联反应并不引起由 CD34$^+$ 祖细胞诱导的人肥大细胞凋亡，主要抑制 FcεR I 介导的组胺、PGD$_2$ 的释放和钙离子外流。2014 年，Mizrahi 报道了一种表达于人肥大细胞系 HMC-1、LAD-2 及脐血来源肥大细胞表面的新抑制型受体 Siglec-7。研究结果显示，hCBMC 经活化型抗 Siglec-7 单抗、抗人 IgE 单抗与 IgE 致敏后再加入抗 IgG 抗体共交联并活化 Siglec-7 和 FcεR I，可抑制 FcεR I 依赖的肥大细胞脱颗粒，抑制类胰蛋白酶、β- 己糖苷酶、PGD$_2$ 和 GM-CSF 释放。

3. 大麻素受体

大麻素受体（cannabinoid receptor，CB）属 G 蛋白偶联受体超家族，分为两个亚型 CB1 和 CB2。CB1 在人皮肤肥大细胞表达，并由花生四烯酸乙醇胺（anandamide，AEA）和 2- 花生四烯酸甘油酯（2-arachidonic acid glyceride，2-AG）等内源性大麻素激活。体外实验表明，人鼻黏膜、毛囊 CTMC 均表达 CB1。阻断该受体可增加肥大细胞脱颗粒和细胞数量，但不影响肥大细胞增殖。CB1、CB2 在肥大细胞系 RBL-2H3 上表达，并通过不同途径发挥作用。虽然动物实验结果存在争议，但多数实验结果表明大麻碱受体激活可抑制肥大细胞功能及相关炎症反应。这也是大麻碱类物质平缓哮喘、改善患者焦虑情绪的物质基础。

4. 抑制型受体的研究

（1）GE2：1995 年 Daeron 等首次报道，一旦 FcγR II B 与 FcεR I 交联即产生抑制肥大细胞 FcεR I 信号转导，进而抑制肥大细胞释放炎性介质的作用。这种负调节是通过 FcγR II B 上 ITIM 抑制肥大细胞内的 SHIP-Grb2-Dok 途径的激活信号而实现的。据此美国学者 Andrew Saxon 和祝道成教授等设计构建了具有 FcγR II -FcεR I 双重结合活性的融合蛋白（Fcγ-Fcε）GE2，此融合蛋白嵌合了人 FcγR II 结合部位 IgG1 重链 Fc 铰链区（γ hinge-CHγ2-CHγ3）和人 FcεR I 结合部位 IgE 重链 Fc（CHε2-CHε3-CHε4），并由 15 个氨基酸组成的肽链（Gly4ser）连接。此连接肽的最佳长度设计，既保证了两个功能蛋白质的最佳空间构型，防止两个蛋白质自发聚合，又保证了它们同时与两个受体结合以发挥抑制 FcεR I 活化的作用。体外试验和转基因鼠及恒河猴体内研究证实，GE2 能有效抑制嗜碱性粒细胞和肥大细胞活化、显著减轻过敏性哮喘和皮肤被动过敏反应（passive cutaneous anaphylaxis，PCA）。他们发现 GE2 能够封闭 FcεR I 和结合靶细胞后产生的一系列抑制信号，阻止靶细胞 SYK、ERK 途径的磷酸化；抑制 IL-16、TNF-α 等炎性介质和前过敏原细胞因子的产生；抑制 B 细胞从 IgE 转录、Ig 型别转换开关直至 IgE 合成的整个过程。

（2）GFD：在利用肥大细胞抑制型受体取得非特异性抑制小鼠过敏性哮喘和皮肤过敏反应实验成功的鼓舞下，Andrew Saxon 和祝道成教授团队根据美国猫过敏高发的特点，又构建了 Fcγ1 与猫过敏原 Fel d1 融合蛋白 GFD。研究表明 GFD 能显著抑制猫过敏性哮喘，为过敏性疾病的特异性治疗进行了开拓性探索。研究成果获多项专利，在该领域获得高度评价，并得到美国国立卫生研究院（NIH）多项基金资助。

免疫接种预防和治疗某些传染性疾病是迄今为止人类免疫治疗最成功的手段。我国宋代"种痘"的成功激励着一代又一代医生和免疫学者致力于疫苗的研究和开发。人类也进行过大量的以过敏原为疫苗的脱敏治疗，但多以其耗时多年、程序复杂、副作用严重而处于近乎停滞阶段。

（3）Fcγ1-DerP1 融合蛋白疫苗：国内致病率最高的过敏原为尘螨，以 GFD 为启发，笔者课题组针对国内尘螨为主要过敏原的特点，设计了 Fcγ1 与尘螨抗原主要成分 Der P1 融合表达蛋白，并制成"疫苗"进行免疫接种，研究证实，融合蛋白可以通过显著降低小鼠血清抗原特异性 IgE 水平、减少支气管肺泡灌洗液（bronchoalveolar lavage fluid，BALF）中各种炎性细胞因子的分泌而减轻过敏反应，Th2 型细胞因子增加的同时 Th1 型细胞因子也有增加；组胺释放、肺部嗜酸性粒细胞浸润等过敏性炎症反应得到明显抑制。

从作用机制上讲，以上生物制剂的效果都是暂时的和不完全的。因为 IgE 的产生、受体的表达是动态变化的，生物制剂进入体内都将被代谢，生物半衰期直接影响其疗效，并且这些生物制剂并没有改变任何导致过敏反应的物质基础。因此，既需要反复应用，又只能缓解症状不能根除疾病，治疗效果是暂时的和不完全的。

迄今，很多 IR 的天然配体是未知的。新近研究表明，IR 的配体广泛分布于血液及组织，如 FcγR II B 的配体 IgG 型免疫复合物，以及 PIR-B 的配体 MHC-1。这是机体通过 IR 有效调节肥大细胞功能、防止其不恰当活化的基础。此外，IR 在肥大细胞迁移过程中保持未活化状态、到达合适组织发挥免疫防御功能中起到至关重要的作用。

（四）其他膜分子

1. 共刺激分子与黏附分子

多种共刺激分子的表达是肥大细胞作为抗原提呈细胞的基础。Nakae 等研究表明，mBMMC 表达 B7 家族（ICOS 配体 ICOSL、PD-L1 和 PD-L2）和 TNF/TNFR 家族（OX40 配体 OX40L、CD153、Fas、4-1BB 和糖皮质激素诱导的 TNFR）分子。肥大细胞通过共刺激分子与外周淋巴器官适应性免疫细胞相互作用，通过增强或抑制 T、B 细胞发挥免疫调节作用。肥大细胞表面有多种黏附分子，其中以整合素为主。通过整合素介导的细胞 - 细胞和细胞 - 细胞基质间相互作用介导肥大细胞由血液进入组织定植、向炎症部位迁移。过敏反应发生时，MCp 被招募至炎症区域，导致局部肥大细胞数量增加，此过程依赖 MCp 表达的整合素 α4β1 和 α4β7，它们与血管内皮细胞表达的整合素配体结合，促使 MCp 跨越血管内皮迁移至外周组织。Mierke 等报道，人肠肥大细胞表达的非常晚期抗原 4（very late antigen 4，VLA-4）可能介导肥大细胞与内皮细胞的相互作用。Numata 等研究发现，IL-33 可通过 NF-κB 上调 mBMMC 的细胞间黏附分子 -1（ICAM-1）表达。在肥大细胞前体从血液进入小鼠小肠的过程中需要 CXCR2 及整合素 α4β7 与 MAdCAM-1 相互作用。肠黏膜组织来源的肥大细胞表达的 C- 型凝集素分子树突状细胞特异性细胞间黏附分子 -3 结合非整合素因子（DC-SIGN，即 CD209）、硫酸肝素和整合素 α4β7 等可作为 HIV 吸附分子，在细胞表面捕获 HIV-1，然后把 HIV-1 颗粒传递给 CD4$^+$T 细胞，从而使其感染播散。

2. 四跨膜蛋白

四跨膜蛋白是一组进化保守的低分子量细胞膜蛋白（图 1-24）。科学家使用单克隆抗体、基因敲除小鼠或细胞系发现，肥大细胞表达 4 种四跨膜蛋白，即 CD9、CD81、CD63 和 CD151。有研究者使用 CD81 抗体阻滞了抗原介导的脱颗粒，但不抑制酪氨酸磷酸化和钙离子流动。CD63 抗体不仅具有相似的效果，还可削弱 PI3K 信号通路转导的脱颗粒，表明 CD63、CD81 对肥大细胞脱颗粒的正向调节作用。CD151 敲除的 mBMMC 不影响抗原诱导的脱颗粒反应，而促炎细胞因子 TNF-α、IL-4 和 IL-13 分泌增加，CD151 缺陷的小鼠被动皮肤过敏反应增强，提示 CD151 是肥大细胞 FcεRI 介导的信号转导过程中的负调节分子。总之，这些四跨膜蛋白通过不同途径正向或负向调节肥大细胞功能。

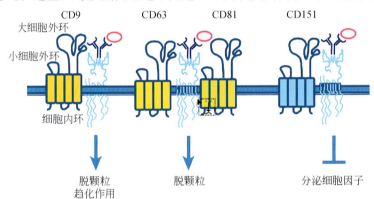

图 1-24　四跨膜蛋白 CD9、CD63、CD81 和 CD151 在 FcεRI 介导的肥大细胞信号转导中的正或负调节作用

［引自：Bulfone-Pau S，Nilsson G，Draber P，et al. 2017. The tetraspanins CD9，CD63，CD81，and CD151 display positive or negative regulatory roles in FcεRI-mediated mast cell signaling ［J］. Trends Immunol，38（9）：657-667］

3. 配对受体

配对受体 CD300 包含至少一对 AR 和 IR，它们具有高度同源的胞外结构域，常与相同的配体结合（图 1-25）。通常情况下，IR 对配体的亲和力高于 AR，因此产生以抑制作用为主的效应。目前已发现 3 种人 CD300（CD300a、CD300c、CD300f）和 4 种鼠 CD300（CD300a、CD300lf、CD3001b、CD300lh）成员在肥大细胞上表达。人与鼠 CD300a 及 CD300c 是唯一明确的配对受体，具有 80% 的同源性。人 CD300a 与其配体磷脂酰丝氨酸（phosphatidyl serine or phosphatidylserine，PS）和磷脂酰乙醇胺（phosphatidyl-ethnolamine，PE）结合后可抑制 FcεRI 介导的肥大细胞活化。CD300 分子样家族成员 f（CD300 molecule like family member f，CD300lf）与其配体神经酰胺和 PS 作用后同样产生抑制性调节作用。因为 CD300lf 的胞内段同时含有 ITIM 和 ITAM，在某些条件下可放大免疫反应，如 CD300lf 缺陷的小鼠过敏反应增强。人肥大细胞高表

达 CD300c，使用 CD300c 特异性单抗产生的受体交联可导致肥大细胞分泌细胞因子。CD300lb 经 T 细胞免疫球蛋白和黏蛋白域 1（T cell immunoglobulin and mucin domain 1，TIM1）刺激后介导肥大细胞活化。此外，研究证明 CD300lh 在 mBMMC 上高表达，它的活化同样诱导细胞因子的分泌。

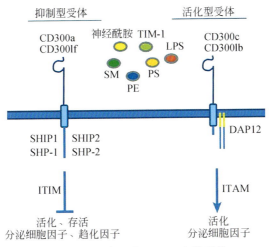

图 1-25 肥大细胞 CD300 家族受体

［引自：Bulfone-Paus S，Nilsson G，Draber P，et al. 2017. Positive and negative signals in mast cell activation［J］. Trends Immunol，38（9）：657-667］

三、肥大细胞膜分子的相关应用

某些特征性肥大细胞膜分子是肥大细胞区别于其他细胞的标志。例如，研究者常运用流式细胞术根据 CD45$^+$CD117$^+$FcεRIα$^+$ 鉴定体外培养肥大细胞纯度，根据抗 CD117 抗体包被的磁珠纯化肥大细胞。

可溶性肥大细胞膜分子或异常表达的肥大细胞膜分子具有成为疾病生物标志物的潜能。可溶性 CD23 升高与肿瘤、自身免疫病、过敏性疾病相关。笔者课题组发现慢性荨麻疹、系统性红斑狼疮、自身免疫性肝病患者血清可溶性 FcεRIα 升高，冠心病患者血清可溶性 ST2 升高。此外，因疾病因素低表达、过表达甚至新出现的肥大细胞膜分子有助于疾病诊断。正常人肥大细胞不表达 CD2、CD25，但 SM 患者肥大细胞高表达这些分子，因此 CD2、CD25 已被 WHO 列为 SM 次要诊断标准。

肥大细胞膜分子及其相关信号通路分子可作为疾病免疫治疗的靶点，如活化型受体拮抗剂或其相关信号通路分子抑制剂、抑制性受体激动剂、肥大细胞凋亡诱导等（图 1-26）。抗 IgE 药物奥马珠单抗可通过中和血清游离 IgE、降低 FcεRI 表达，达到治疗效果，已经美国 FDA 批准治疗中至重度哮喘。利用 Fcε-Fcγ 融合蛋白（GE2）直接交联 FcγRⅡB 和 FcεRI 可显著抑制肥大细胞活性，动物实验结果显示对过敏性疾病有显著治疗作用。化学合成的抗 -KIT/CD300a 双特异性抗体可阻止 IgE 介导的肥大细胞活化及 SCF 依赖的生存效应。抗 Siglec-8 抗 -KIT/CD300a 糖链配体能阻止肥大细胞脱颗粒、诱导嗜酸性粒细胞凋亡，显示出在肥大细胞相关疾病治疗中的价值。SYK、PI3K、SHIP-1、BTK 等肥大细胞活化信号分子抑制剂，可显著抑制肥大细胞脱颗粒，部分已进入临床试验。虽然靶向肥大细胞膜分子或相关信号通路的大多数方法尚处于研究阶段，但寻找安全、有效的治疗方案始终是科学家们努力的方向。

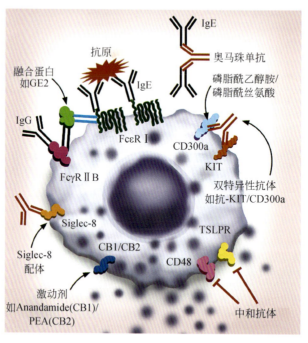

图 1-26　肥大细胞受体为靶点的免疫治疗方案

［引自：Harvima I T, Levi-Schaffer F, Draber P, et al. 2014. Molecular targets on mast cells and basophils for novel therapies［J］. J Allergy Clin Immunol，134（3）：530-544］

肥大细胞是造血细胞家族中的独特谱系，通过表达的活化型受体、抑制型受体等多种膜分子发挥功能。肥大细胞膜分子具异质性，细胞成熟期、组织定位、疾病等因素均可影响其表达。在过去 20 年中，不同的肥大细胞膜分子的报道越来越多，随着更多膜分子的发现，新型肥大细胞标志物或靶向膜分子的药物用于肥大细胞相关疾病的诊断和治疗可期可待。

（尹　悦　廖焕金）

第六节　肥大细胞外囊泡

细胞外囊泡（extracellular vesicle，EV）的概念于 1940 年首次提出，在经过 31 000g 离心的无血小板血清中被发现。20 年以后，人们才对这些细胞外囊泡的形态及结构有了深入认识，它是直径在 20 ～ 1000nm，包含脂质的膜结构，并被首次命名为血小板微尘（platelet dust）。近年来，根据提取过程不同、囊泡的大小、生物结构和功能特性将其分为三大类：第一类是外泌体（exosome），来源于胞吐，密度梯度离心或差速离心、离心速度达到 100 000g 时获得的直径在 100nm 以下的片状物（图 1-27）；第二类是微泡或微囊泡（microvesicle，MV），来源于脱落的细胞质膜，10 000～20 000g 速度离心获得的直径在 100～1000nm 的膜状物；第三类是凋亡小体（apoptosis body，AB），来源于程序性死亡的细胞，体外离心速度在 2000～10 000g 获得的直径在 50nm～5μm 的小体，自噬体（autophage body）和微粒（micropaticle）也属于此类。在这三类细胞外囊泡中，相对于微囊泡和凋亡小体或自噬体和微粒，外泌体体积最小、包含的成分相对单纯、功能较为清晰，研究中影响因素较少，方法和标准较易统一，是研究和应用的主要囊泡成分。细胞外囊泡研究的最大成果是 Rothman、Schekman 和 Shekma 三位学者对细胞外囊泡转运功能的发现，并因此分享了 2013 年诺贝尔生理学或医学奖，从而将细胞外囊泡的研究推向一个新的高峰。

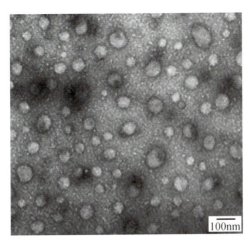

图 1-27　血液中外泌体的电子显微镜表现
外泌体电子显微镜下观察形状呈直径为 30～100nm 的双凹圆盘状或杯口状的膜性微囊泡结构

一、外泌体的概念

（一）外泌体简介

外泌体最早发现于 1981 年，Trams 等在体外培养的绵羊红细胞上清液中发现了有膜结构的小囊泡，说明细胞膜会脱落膜碎片到外周体液中。根据这一现象，2 年后 Harding 等发现网织红细胞在成熟过程中分泌的小囊泡可以传递转铁蛋白，并且在同一年，Johnstone 等通过电子显微镜观察到绵羊红细胞分泌的直径约为 50nm 的小体，并描述了由细胞内体（endosome）产生多囊泡体分泌纳米囊泡的过程。1987 年 Johnstone 正式将这些细胞外囊泡命名为"exosome"。随后发现树突状细胞、肥大细胞、T 和 B 淋巴细胞、上皮细胞、血管内皮细胞和神经细胞等多种细胞均能分泌外泌体，并且存在于包括血浆、尿液、唾液、乳汁、胸腔积液、支气管肺泡灌洗液、羊水及腹水等几乎所有体液中，每微升血清中外泌体数量即可达 3×10^6 个。

对于外泌体的作用，当时的研究者认为外泌体是网织红细胞在成熟过程中为调节膜功能而被细胞释放的多余膜蛋白，是细胞排泄废物的一种方式。直至 1996 年，Raposo 等用免疫电镜发现并证实了 B 细胞来源的囊泡上携带有 MHC-Ⅱ分子，且具有抗原提呈作用，在体外可以刺激 T 细胞增殖，诱导机体免疫反应，说明细胞外囊泡具有免疫调节的作用。由此细胞外囊泡的免疫调节作用得到认识和认同，并作为一种拥有巨大潜力的免疫疫苗而备受关注。2007 年，瑞典哥德堡大学的 Jan Lötvall 教授等发现肥大细胞系 MC/9、HMC-1 和 BMMC 来源的外泌体均含有 RNA，外泌体携带的 RNA 可以在肥大细胞中相互转移。当鼠 MC/9 来源外泌体 RNA 转移到人 HMC-1 后，在人 HMC-1 中发现了鼠 CDC6（O89033）和鼠 CX7A2（P48771）等蛋白质的表达，表明转移的外泌体 mRNA 具有指导靶细胞蛋白质翻译的功能，进入另一个细胞后可以合成新的蛋白质。这一研究发现使人们对外泌体的组成和功能有了更进一步的认识。细胞外囊泡不仅可以保护其内部活性物质在血液或组织液的远距离运输过程中不被降解，而且其膜上特异性配体还能与靶细胞上的受体高效结合，参与细胞间的物质和信息交换，因此外泌体在生物体的生理学和病理学中扮演着重要角色。近年来，外泌体逐渐成为医学研究的热点，在多种疾病如自身免疫病、感染、过敏性疾病、器官排斥等的预防、诊断、治疗和预后判断中具有良好的应用前景。

（二）外泌体的研究方法

外泌体与其他细胞外囊泡的研究通常包括提取、鉴定和后续分析三个过程。鉴于近年来与细胞外囊泡相关的研究呈井喷式增加，国际细胞外囊泡协会（International Society for Extracellular Vesicles，ISEV；网址：https://www.isev.org）先后发布了"囊泡研究所需的最基本实验要求"（Minimal Information for Studies of EV，MISEV）2014 版和 2018 版，用于规范细胞外囊泡获取、分离和鉴定方法，提高可重复性。大致的研究流程为：从细胞培养上清或血液、体液中分离获得囊泡；鉴定分离效果；提取其内的核酸和蛋白质等物质进行生物信息分析，或通过细胞、动物实验等研究囊泡的生物功能，探讨作用机制，或用于诊断、疫苗和治疗药物的载体，以及直接作为药物研究其在疾病预防、诊断和治疗中的价值。细胞外囊泡提取主要是根据其粒径、密度、溶解度等理化性质或免疫学性质将其从来源液体中分离出来，不同提取方法获得细胞外囊泡的回收率、纯度和颗粒完整性差异较大，目前使用最广的是经典的超高速差速离心法，但过程比较费时，回收率低且不稳定。其他还有密度梯度离心、磁珠免疫法、试剂盒提取法等。细胞外囊泡的鉴定包括形态学表征、标志物鉴定两个方面，常用的鉴定方法包括透射电镜、纳米颗粒跟踪分析、动态光散射技术和免疫印迹法等。后续分析，可利用基因芯片、qPCR 和高通量测序技术检测分析核酸；利用液相色谱－质谱（LC/MS-MS）、流式细胞仪、蛋白质芯片、微型磁共振系统、nPLEX 等分析蛋白质成分；构建细胞共培养体系，观察外泌体对靶细胞功能及相关信号通路的影响；荧光染料标记后，利用显微成像流式细胞仪观察细胞外囊泡（外泌体）在体内的转运和摄取过程等。

（三）外泌体的生成

脉冲追踪与电子显微镜鉴定发现，细胞外囊泡是通过内体途径生成的，分泌过程复杂而有序。首先转运必需内体分拣转运复合体 0（endosomal sorting complex required for transport 0，ESCRT-0）与早期核内体膜表面的特异性受体通过泛素化结合位点结合，界膜多处凹陷，以"逆出芽"方式向内形成管腔状囊泡，并选择性地将部分细胞质包裹形成管腔内小体，在 ESCRT-Ⅰ、Ⅱ 的作用下形成出芽小泡，并在 ESCRT-Ⅲ 的剪切作用下与核内体质膜分离，形成具有动态亚细胞结构的晚期核内体，即多泡体（multi-vesicle body，MVB）。基于不同的生化特性，一部分 MVB 与溶酶体融合后，其内的管腔状囊泡发生降解；而另一部分 MVB 被转运到细胞膜后与细胞膜融合，其内的管腔状囊泡再次凹陷以内出芽方式形成颗粒状小囊泡，释放到细胞外微环境，即外泌体（图 1-28）。细胞外囊泡的生成是一个连续的过程，受多种分子调节。研究发现，MVB 生物膜与细胞膜融合依赖 Ca^{2+} 的活化，Stoorvogel 等证明了 K562 细胞释放外泌体是 Ca^{2+} 依赖性的。Clayton 等分别用 Ca^{2+} 载体 A23187 和佛波醇处理 Burkit 淋巴瘤细胞株，结果发现细胞外囊泡释放显著增多；而渥曼青霉素则可阻断囊泡（外泌体）的生成。近年来，细胞外囊泡分泌至胞外的过程已被逐渐阐明，即主要依靠 Rab 家族和 SNARE 家族的辅助作用。Rab 家族是一种小 GTP 酶蛋白，控制着细胞内囊泡的运输过程，如囊泡通过细胞骨架的移动将囊泡定位于细胞膜上。Rab 和 Ra1 系列，如 Rab5、Rab27、Rab35、Ra1A 和 Ra1B 等蛋白质也参与介导细胞外囊泡的释放。其中 Rab27 能促进多囊泡核内体靶向细胞膜与它的效应蛋白——突触结合蛋白 4 家族（synapotagmin-like protein 4，Slp4）蛋白结合，影响细胞外囊泡的分泌；Rab35 则能与具有 TBCI 结构域的 GTP 酶活性蛋白相互作用调节细胞外囊泡的分泌。可溶性 N- 甲基马来酰胺敏感因子附着蛋白受体（soluble N-methyl maleamide sensitive factor-attachment protein receptor，SNARE）是由多种蛋白质组成的蛋白质复合体，可以使相互接触的细胞膜融合，是促进囊泡膜与细胞膜融合的"发动机"。VAMP7 是 SNARE 家族的成员，主要功能是调节细胞内囊泡运输中的囊泡融合。对 K562 细胞的研究发现，VAMP7 是包含乙酰胆碱酯酶的细胞外囊泡分泌至细胞外过程的必需组分。在 MDCK 细胞中抑制 VAMP7 的表达，可阻止分泌型溶酶体的释放，并抑制细胞外囊泡分泌至细胞外。

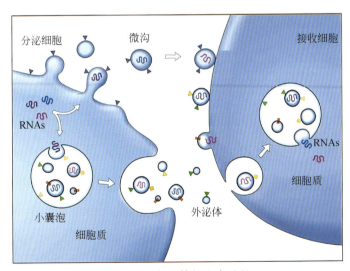

图 1-28 外泌体的生成过程

细胞通过内吞作用在细胞质内产生小囊泡（MVE），小囊泡融合形成早期核内体，并逐渐变为晚期核内体。随着细胞质内 miRNA、酶分子、热休克蛋白等的进入，晚期核内体会产生很多小囊泡，并逐渐演变成多泡体（MVB）；随后，这些小囊泡被释放到细胞外，形成外泌体。在被细胞释放后，外泌体进入体液，随着循环系统到达其他细胞，通过内吞作用进入受体细胞（引自：biology. stackexchange. com）

明确细胞外囊泡的生成与分泌机制，并对其中的关键靶点加以调控，可以调节其生成、达到治疗疾病的目的。目前对细胞外囊泡生成机制有了一定程度的了解，但对其包装、定位及如何分选囊泡与细胞膜或溶酶体融合的机制仍不清楚。

（四）外泌体的结构与功能

和细胞外囊泡一样，外泌体是由双层磷脂膜和其内包裹的包含蛋白质、脂类及核酸（主要是 RNA）等生物活性物质组成的囊泡，这些物质经过来源细胞的选择和特殊包装而进入囊泡，是发挥信号转导作用的关键结构和载体，在机体很多生理病理过程中发挥重要的作用，如免疫调节、炎症感染、肿瘤发生发展与耐药等。

截至目前，在外泌体中已经发现了 9769 种蛋白质（ExoCarta：http://www.exocarta. org/）。这些蛋白质主要分为两大类：一类是外泌体中普遍存在的非特异性蛋白，如细胞骨架蛋白、膜转运融合蛋白、热休克蛋白（heat shock protein，HSP）、磷脂酶、信号转导蛋白、CD55 和 CD59 等。细胞骨架蛋白，特别是微管蛋白和肌动蛋白在外泌体形成过程中扮演着重要角色；膜转运融合蛋白鸟苷三磷酸酶（GTPases）可通过抑制 MVB 形成影响外泌体的生成；四跨膜蛋白 CD63 可影响外泌体内容物的细胞内分选；磷脂酶 D2（phospholipase D2，PLD2）与外泌体的释放有关；HSP70 有助于外泌体适应诸如缺氧、感染、细胞因子刺激和代谢饥饿等细胞外环境；CD55 及 CD59 可以保护外泌体不受机体免疫攻击。另一类是不同来源外泌体的特异性蛋白质，质谱研究分析发现的血液、体液中各类细胞来源的外泌体特异性蛋白质已有 4400 多种，这些蛋白质成分依据来源细胞及组织的不同而各不相同，并决定外泌体不同的生物学功能。例如，T 细胞来源的外泌体表面含有 T 细胞受体、颗粒酶和穿孔素，用于激活机体的免疫反应；树突状细胞产生的外泌体则包含几乎所有的抗原提呈分子，能够诱发或放大获得性免疫反应；而抗原提呈细胞分泌的外泌体通常表达共刺激分子如 CD54、CD48；来源于神经元的外泌体含有谷氨酸受体；来源于肠上皮细胞的外泌体则含有各种代谢酶。体液中的外泌体蛋白性质稳定（提取之后在 4℃可保存 1 周），与传统的可溶性分子相比更具诊断和治疗前景。

外泌体中还包裹了一定数量的核酸，对血浆中的外泌体深度测序分析发现了大量不同种类的核酸，包括 miRNA（约占 76.2%）、rRNA（占 9.16%）、DNA（占 5.63%）、lncRNA（占 3.36%）和 tRNA（占 1.24%）等，对其中含量最高的 miRNA 的生物信息学分析发现，这些 RNA 可能与蛋白磷酸化、RNA 拼接和染色体异常等相关。由于外泌体体积较小，其中运载的核酸多为 200nt 以下的核酸碎片，这些核酸可能参与受体细胞的信息交流，并调控靶细胞功能。自 Valad 报道外泌体中含有 miRNA 以来，人们首次认识到细胞间存在基因水平的信息交流。随着研究的不断深入，研究者发现这种细胞间信息交流广泛存在于机体的各个系统的各种类型的细胞中，如心肌细胞、神经细胞、内皮细胞及各种肿瘤细胞等。由于受到外泌体膜保护，内含物 miRNA 免受降解，可在体液中远距离运输并被稳定地检出，这就使得体液外泌体 miRNA 序列分析和功能研究、用于疾病诊断和治疗被寄予更多希望。需要强调的是，外泌体中核酸的种类和含量不一定与来源细胞相同。例如，Gezer 等报道，HeLa 细胞和人乳腺瘤细胞系 MCF-7 细胞的外泌体中 lncRNA 表达水平与亲代细胞不同，差异表达的 lncRNA 可能与细胞对 DNA 损伤的应答反应有关，这些差异表达的核酸说明 RNA 进入外泌体涉及特异的胞内分选机制，而并非随机包裹进入。因此，囊泡内 RNA 具有一定的病理、生理作用并可能作为疾病的生物标志物。

与 RNA 相比，外泌体中 DNA 的存在至今仍未得到充分证实。在外泌体中检测到线粒体 DNA（mtDNA）、单链 DNA、双链 DNA（dsDNA）和癌基因（*c-Myc*）扩增序列。mtDNA 的迁移可以通过外泌体实现，因此外泌体可以作为一种替代途径，通过该途径，变异的 mtDNA 得以进入其他细胞，有利于病理扩散。肿瘤外泌体携带反映肿瘤遗传状态的 DNA，包括癌基因 *c-Myc*。外泌体携带的 DNA 可用于鉴定亲本肿瘤细胞中存在的突变，这表明其具有生物标志物的潜力。此外，通过外泌体将 DNA 转移到成纤维细胞，可以在成纤维细胞胞质甚至细胞核中观察到针对 DNA 染色示踪的外泌体。但是，外泌体中 DNA 载体的生理学意义迄今不得而知。

除了蛋白质和核酸外，外泌体中还富含脂类成分，如胆固醇、神经酰胺、鞘脂类、磷酸甘油等，这些脂类成分参与维持受体细胞稳态，同时也与外泌体的生成与释放机制有关，如神经酰胺与外泌体选择性包裹 miRNA 有关。外泌体还可携带一些具有生物活性的脂类如前列腺素、白三烯等，直接进入靶细胞发挥相应的功能。

外泌体由来源细胞释放入外环境后，距离较近的可由近分泌途径直接被受体细胞吸收，距离稍远的可由旁分泌途径被吸收，还有部分外泌体进入血液循环作用于全身，由内分泌途径被吸收。目前认为，外泌体主要通过 4 种方式在细胞间发挥信息传递作用：①外泌体作为信号复合物，通过细胞表面配体直接刺激受体细胞；②外泌体在细胞间转移受体；③外泌体向受体细胞运送功能蛋白或传染性颗粒；④外泌体通过 mRNA、miRNA 或转录因子向受体细胞传递遗传信息。一旦外泌体被受体细胞吸收，其内载有的蛋白质、脂质、mRNA、miRNA 等成分就会通过改变转录和翻译程序影响蛋白质的合成和合成后修饰，调节信号级联通路、关键酶反应及细胞自身调节等方式影响受体细胞的表型和功能。

外泌体广泛分布于体液中并携带来源细胞的生物信息分子，同时还体现来源细胞的生理和病理状态，是具有较高诊断价值的生物标志物。与细胞因子、激素等传统的生物标志物相比，外泌体可在体液中稳定存在且半衰期长，加之脂质双分子层的保护作用，外泌体能运送 RNA 和蛋白质等生物信息物质至靶器官。与细针穿刺和组织病理检查相比，体液标本取材方便、创伤小，患者更易接受，便于多次取材，具有临床实时动态个体化诊疗的前景。

二、肥大细胞来源的外泌体

肥大细胞是过敏反应的主要效应细胞，过敏原活化后肥大细胞脱颗粒并释放大量生物活性介质，调节局部和远处的免疫细胞功能。不过，这些可扩散的活性介质在体内缺乏长期稳定性，而肥大细胞功能的发挥，特别是迟发相超敏反应、免疫调节功能和与其他细胞之间、与细胞外基质之间的作用是延迟的或持续的，甚至是远距离作用的。这些功能的实现途径一直是肥大细胞研究领域的谜，直到 20 世纪初肥大细胞外泌体的发现，肥大细胞作用机制的谜底才渐渐揭开。

（一）肥大细胞来源外泌体的一般生物学特性

2001 年，Skokos 等首次报道了 BMMC、小鼠肥大细胞系 P815 和 MC/9 在静息和活化状态下具有持续释放外泌体的能力。他们利用差速离心法从肥大细胞培养上清液中得到致密沉淀，通过电子显微镜发现了直径 60～100nm 的小囊泡（即外泌体）。进一步利用 ELISA 明确了外泌体含有在免疫调节网络中发挥相应功能的各种免疫相关分子，如 MHC-Ⅱ、CD86、LFA-1 及 ICAM-1 等。此外，将纯化的外泌体与脾细胞共培养发现外泌体具有诱导脾细胞增殖及产生 IL-2 和 IFN-γ 的功能，且与肥大细胞系相比，BMMC 需要 IL-4 预处理才能分泌活性外泌体。至此，人们对肥大细胞源性外泌体（MC-exosome）的结构、成分和功能有了初步的认识和了解。此后，肥大细胞细胞外囊泡和外泌体的研究不断被报道。

肥大细胞外囊泡同样是通过内体途径生成的，其外泌体直径 60～100nm，在静息状态和活化状态时均可以胞吐方式释放到细胞外。这些小囊泡在血液及其他细胞外液中能稳定地穿梭于细胞周围或远处，是肥大细胞与其他细胞之间物质交流和信号传递的重要载体。Raposo 等描述了 BMMC 中三种类型的内体 / 溶酶体区室：与甘露糖 -6- 磷酸受体共定位的Ⅰ型区室，与 5- 羟色胺共定位并具有电子致密核心的Ⅱ型区室，具有电子密度的Ⅲ型区室。Ⅰ型和Ⅱ型区室都是含有外泌体的 MVB，不同区室内的外泌体具有不同的蛋白质谱。尽管 IL-4 预处理的肥大细胞系 MC/9、P815、RBL-2H3、HMC-1 及 BMMC 都可以稳定地分泌外泌体，来自分泌型内体 / 溶酶体的、与 5- 羟色胺共定位的外泌体则需要经 FcεRⅠ交联或用 Ca²⁺ 处理活化后才能被肥大细胞释放。肥大细胞外泌体之间的差异可以作为肥大细胞在不同活化状态调节免疫应答能力的标志。

（二）肥大细胞来源外泌体的结构与成分

不同细胞来源的囊泡（包括外泌体），或者处于不同状态的相同细胞来源的囊泡（包括外泌体）含有不同的结构和组分。与其他细胞一样，肥大细胞囊泡也具有磷脂双分子层膜，其内含有蛋白质、脂类及核酸等生物活性物质。Skokos 等对肥大细胞源外泌体携带的免疫调节相关分子的鉴定结果发现，肥大细胞外泌体含有 MHC-Ⅱ、CD86、LFA-1 及 ICAM-1，提示这与抗原提呈功能或转移这些蛋白质到其他抗原提呈细胞的功能有关。十二烷基硫酸钠 - 聚丙烯酰胺凝胶电泳（SDS-PAGE）证实肥大细胞来源的外泌体含有 CD13、核糖体蛋白 S6 激酶、膜联蛋白Ⅵ、CDC25、γ 肌动蛋白、HSP60 及 HSP70 等。到目前为止，已有报道的肥大细胞外泌体含有 271 种蛋白质，包括非特异性蛋白如四跨膜蛋白、细胞骨架蛋白及共刺激分子等，特异性蛋白如 MHC-Ⅱ、FcεRⅠ、KIT、TNF-α、凝血酶原和纤溶酶原激活因子抑制剂Ⅰ型等。

肥大细胞外泌体上的 MHC-Ⅱ分子的功能备受关注。Raposo 等描述了 BMMC 中产生外泌体的内体 / 溶酶体区室中的 MHC-Ⅱ分子的聚集。MHC-Ⅱ分子几乎完全存在于外泌体膜上，只有少量出现在细胞膜或 MVB 膜上。在 BMMC 及转染表达 MHC-Ⅱ 的 RBL-2H3 细胞中，MHC-Ⅱ成熟比较缓慢。但 Skokos 等认为，即使 MHC-Ⅱ - 抗原肽低水平表达，抗原仍然可以与其分子伴侣如 HSP70 结合到外泌体的 MHC-Ⅱ复合物上，从而负载到靶细胞的 MHC-Ⅱ复合物上。对 RBL-2H3 细胞系的研究发现，肥大细胞通过基础分泌和调节的胞吐作用释放囊泡，由这两条途径释放的囊泡具有不同的蛋白质谱。FcεRⅠα亚基的免疫沉淀和FcεRⅠβ与γ亚基的免疫印迹检测进一步证明，两条途径释放的外泌体都含有完整的FcεRⅠ。更为重要的是，电子显微镜显示外泌体能被肥大细胞定向分泌，用于多价抗原交联时介导抗原的再摄取。对于肥大细胞来说，这代表潜在的扩增机制，其中抗原被再循环用于持续交联（图1-29）。由于外泌体可以被树突状细胞、B细胞及其他抗原提呈细胞所摄取，因此负载IgE和抗原的肥大细胞来源的外泌体具有增强向T细胞提呈过敏原多肽的能力。

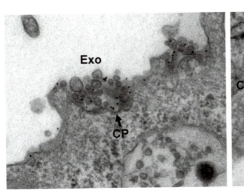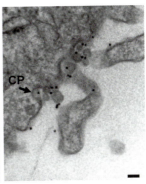

图 1-29　肥大细胞来源的外泌体介导抗原的再摄取

电子显微镜显示：DNP-IgE致敏、胶体金标记的DNP-BSA抗原活化RBL-2H3细胞后发现，胶体金标记于细胞膜及外泌体相关的FcεRⅠ上。在细胞膜内陷小窝（coated pits，CP；箭头标记）处存在富集的外泌体，这一现象表明肥大细胞分泌的具有交联受体的外泌体能被细胞再摄取［引自：Carroll-Portillo A，Surviladze Z，Cambi A，et al. 2012. Mast cell synapses and exosomes：membrane contacts for information［J］. Exchange FrontImmun，3（46）：1-9］

　　Karin等分析发现，大鼠肥大细胞系RBL-2H3的外泌体为脂质双层结构，这些脂质成分包括卵磷脂（phosphatidyl choline，PC）、磷脂酰丝氨酸-磷脂酰肌醇（phosphatidylserine-phosphatidylinositol，PS-PI）、磷脂酰乙醇胺（phosphatidyl ethanolamine，PE）、神经鞘磷脂（sphingomyelin，SM）、胆固醇、溶血磷脂胆碱（lysophosphatidylcholine，LPC）、甘油磷脂、甘油二酯（diglyceride，DAG）和二酰基甘油磷酸盐（diacylglycerophosphate，BMP）等。肥大细胞源性外泌体中的磷脂组分比例约为PC∶PE∶PS-PI∶SM=33∶27∶18∶14，而这些磷脂组分在细胞中的比例为50∶25∶15∶5。由此可见，外泌体中SM和PC与其来源细胞有明显差异，外泌体中SM的含量比例是细胞内比例的2倍多，而PC的比例则明显少于细胞内比例，PE、PS-PI的比例则变化不大。DAG的含量比约为细胞内含量比的50%，而胆固醇在总磷脂中的比例在外泌体和肥大细胞中无明显变化。脂质成分中SM、胆固醇、甘油磷脂的比例为1∶1∶4，而在细胞膜脂筏中的比例则为1∶2.2∶1.3。由于SM酰基链饱和度较高，且比甘油磷脂要长，SM含量高提示外泌体的膜流动性较小，而硬度较大。通过荧光疏水探针（1, 6-diphenyl-1, 3, 5-hexatriene，DPH）标记检测脂质成分在外泌体磷脂膜上分布的各相异性时发现，当pH从5变到7时，外泌体膜的流动性减弱，而硬度增加。这种现象提示，外泌体从酸性多泡体释放到细胞外液的过程中，外泌体膜发生了重组。进一步的研究表明，在不同的pH环境中，脂质膜流动性的变化与脂质膜表面的蛋白质成分有很大关系。这些发现说明，当外泌体分泌到细胞外时，需要通过膜的重组增加其稳定性来保证外泌体的完整性，保证其不会在细胞外液中被破坏。PE 在细胞膜表面呈非对称性分布，而在外泌体中则呈均匀分布，外泌体的这种磷脂动力学和蛋白质的区域分布可能在蛋白质免疫功能构象维持中起关键作用。

2007 年，Valadi 等利用芯片研究人和小鼠的肥大细胞系 HMC-1 和 MC/9 外泌体时首次发现，这些外泌体中存在 1300 多种 mRNA 和 100 多种 miRNA 分子（affymetrix mouse DNA microarray，http://www.swegene.org/），并随外泌体分泌到细胞外微环境中。

笔者实验室首次全面剖析了 BMMC 外泌体从蛋白质组到转录组的数据，探索了肥大细胞活化前后外泌体之间差异表达的蛋白质、miRNA 和 lncRNA。从量上来讲，肥大细胞脱颗粒后释放的外泌体量显著多于静息状态分泌的外泌体量。再者通过标记质谱技术在肥大细胞外泌体中共鉴定得到了 1988 个蛋白质，经与 Exocarta（http://www.exocarta.org）在线数据库比对，其中 526 个蛋白质与已鉴定的数据一致，剩余 1462 个蛋白质分子在 Exocarta 数据库中无记载。这些蛋白质包含外泌体共有标志分子如 CD63、CD9、CD81 及 TSG101 等，以及肥大细胞特异性蛋白分子如 FcεRⅠ、KIT 和 Tryptase 等。肥大细胞脱颗粒前后差异表达蛋白质（differentially expressed protein，DEP）415 个，包括上调蛋白质 286 个、下调蛋白质 128 个（表 1-10）。通过生物信息学分析，我们从 415 个 DEP 中挑选了 4 个（PLA2G7、CCR1、ST2 和类胰蛋白酶）经 Western blot 验证了质谱检测数据。结果显示，这 4 种蛋白质在肥大细胞脱颗粒后释放的外泌体中高表达，与蛋白质组学的结果一致（图 1-30）。此外，我们利用在线生信工具 Genemania（http://genemania.org/）对 PLA2G7、CCR1、ST2、KIT 和 FcεRⅠ等 5 个分子进行了功能富集分析。通过聚类分析进一步从蛋白质富集区分出了可能具有相似功能或参与相同的生物学途径，或在通路中调控位置相邻的蛋白质集合。主要富集的通路包括溶酶体、内质网蛋白质加工、蛋白质吸收转运功能，以及阿尔茨海默病、帕金森病等神经系统病变进程等。富集到的前 5 个最有意义的通路包括趋化因子调节、肥大细胞脱颗粒和细胞因子分泌相关信号通路，以及免疫反应 - 细胞表面受体信号通路调节和细胞迁移正调节。

除了蛋白质外，肥大细胞外泌体还含有大量 RNA 成分，包括 mRNA、miRNA 等。Valadi 等将鼠肥大细胞 MC/9 获得的外泌体与人肥大细胞 HMC-1 共培养，结果 HMC-1 细胞表达出 MC/9 细胞特有的蛋白质，表明 MC/9 外泌体携带的 RNA 可以在外泌体和细胞间穿梭，而将其外泌体携带的 RNA 转移给 HMC-1 细胞，并指导 HMC-1 细胞转录合成新的蛋白质，因为在外泌体中仅有这些蛋白质的 mRNA，由此证明外泌体中的 RNA 具有翻译功能。Valadi 等将这种 RNA 命名为外泌体穿梭 RNA（exosomal shuttle RNA，esRNA）。这种独特的包装机制可以启动最初在肥大细胞中合成的 mRNA 在靶细胞中的蛋白质翻译，肥大细胞可能利用这种机制将局部环境信号传递到外周。此外，肥大细胞之间包装和转移 esRNA 也可能用于保护其免受氧化或紫外线等有害环境的损伤。外泌体中的 mRNA 含量受细胞的生理状态和应激条件的调节，这可能与维持组织稳态和细胞功能状态同步化有关。有研究发现，氧化应激和正常条件下生长的肥大细胞外泌体之间 mRNA 含量差异显著，在氧化应激下释放的外泌体能增强未经处理的肥大细胞应对 H_2O_2 诱导的氧化应激的能力，而暴露于紫外线后则丧失了这种保护作用。

表 1-10　小鼠骨髓来源肥大细胞脱颗粒前后外泌体差异表达蛋白质

分类	蛋白质名称
上调	Ighe, Dcn, Tdrd1, Atp5i, Ndufb11, Ndufs2, Cma1, Aga, Krt76, Cpa3, Pla2g7, Cox5b, Ndfip1, Slc39a1, Cox4i1, Ghitm, Srsf1, Grik5, Ccr1, Cox7a2, Itpr2, Ank, Pld3, Lrp12, Slc18a2, Plgrkt, Naglu, Atp6v0a2, Gzmb, Hbbt1, Il4r, Rnf13, Gns, Sppl2a, Gpd2, Epdr1, Arl8b, Fam49a, Tsta3, Tpsab1, Tpsb2, Atp5h, Nsdhl, Siae, haemaglobin alpha 2, Glb1, Slc30a7, Sfxn3, Rnf128, Dhcr7, Sgsh, Tax1bp1, Uqcrc1, Uqcrc2, Slc35f6, Atp5f1, Uqcrb, Ncoa4, Pts, Enpp4, Pttg1ip, Tmem104, BC017643, Phb2, Maob, Mcu, Phb, Vipas39, Galnt7, Jup, Muc13, Rpn1, Ncln, Gusb, Slc25a4, Scarb2, Mknk1, Tspo, Fcer1a, P2rx4, Tgfbr1, Ccz1, Naga, Lamc1, Rraga, Cisd2, Man2b1, Psmd7, Stim1, Slc25a5, Psap, Pon2, Tm9sf3, Cerk, Itm2b, Plaur, Tgfbr2, Hacd3, Tmem9b, Gm2a, Sts, Tmem59, Atp5a1, Emc8, Tmem192, Ssr1, Mfsd1, Tmem9, Cmtm3, Clcn7, Lrmp, Lamp1, Sec11a, Itm2c, Atp8a1, Serinc1, Yipf6, Tecr, Grpel1, Hadha, Lpcat3, Sf3a3, Pdha1, Leprot, Lat, Cd93, Ttyh3, Glud1, Tm9sf2, Sppl2b, Spcs3, Ptger3, M6pr, Lpcat2, Plbd2, Atp6v0d1, Hsd17b11, Iap, Tmem106b, Slc38a2, Fth1, Scamp1, Aldh3a2, Dsp, Leprotl1, Stap1, Try4, Cblb, Csf2rb2, Fkbp15, Npc2, Vdac1, Try10, Prdx4, Slc2a3, Ncstn, Lnpep, Slc25a3, Il1rl1, Atl3, Eef2k, Rhoh, Lbr, Tspan4, Atraid, Emd, Hmgb1, Mlec, Mob1b, Tram1, Sec11c, Tmem55a, Slc15a4, Npc1, H2-T23, Sqstm1, Sec61a1, Pgrmc1, Mlst8, Nomo1, Fcer1g, Snrpf, Kiaa0196, Evi2a, Tmx1, Aifm1, Pde3b, Zdhhc20, Vps13c, Spg21, Tmed9, Lman2, Lgals3bp, Lamp2, Abcb6, Vta1, Cd99, Hspa1b, Banf1, Srsf7, Vdac2, Grb2, Man2a1, Ubr4, Ccl6, Lxn, Copz1, Tmed5, Kiaa1033, Canx, Arl8a, Stx8, Atp5b, Fam63b, Laptm5, Adgre5, Slc25a11, Tfrc, Man2c1, Slc2a6, B2m, Ccdc50, Stard3nl, Tecpr1, Ech1, Snx3, Tmed7, Tapbp, Tmed10, Plxdc2, Rpl14, Aph1a, Havcr2, Reep5, Stx2, Tbc1d10a, Manf, Pcyox1, Uggt1, Uevld, Tbc1d9b, Asph, Dad1, Vps18, Rgs13, Dhrs1, Sec22b, Cst7, Arpc3, Atp2a3, Syngr1, Mitd1, Mtor, Atg9a, Zmpste24, Pld1, Scamp3, Kdelr2, Rpn2, Alox5, Slc7a8, Vps16, Ppp1r9b, Hsd17b12, Hspa5, Prnp, Clec2d, Hspd1, Sec31a, Pnpo, Rasa1, Stat5a, Pianp, Vamp8, Osbpl8, Acp2, Ppib, Bmpr2, Brox, Tlr4, Vapa, Wdfy1, Serinc3, Bcap31, Sh3kbp1
下调	Me2, Gstm2, Serpinb2, Efnb2, Rab10, Pfdn2, Pgam1, Cndp2, Pak2, Nans, 4930523C07Rik, Rpl17, C1qtnf3, Ptgfrn, Edil3, C1s2, Ubxn6, Hmgb2, Cd200r11, Lair1, Gnb2l1, Rras2, C1ra, Pls3, Smc1a, Htra1, Kcnab2, Ehd1, Acot13, Hnrnpa2b1, Sfpq, Sfn, Thbs1, Pycr1, Vim, Tns1, Emb, Lmna, Loxl2, Cd37, Rabggtb, Myh13, Ran, Slit2, Slc20a2, Pitpna, Hnrnpul2, Sae1, Aldoa, GAPDH, Pgk1, Gsto1, Emilin1, Sash3, Aldoc, C1qa, Hnrnpa1, Tagln2, Serpina3n, Ranbp1, F13a1, Loxl3, Lilra6, Ddt, Serpine2, Prpsap2, Hdac1, Cul1, Has2, Ruvbl1, Topbp1, Esd, Tm4sf1, Csrp1, Ldhb, Mfge8, Rpia, Taldo1, H2afv, Gstp2, Fkbp5, Apoe, Dfna5, Pcolce, Dstn, Bpnt1, Prkaca, Ppme1, Cbx3, Col1a1, Arf3, Pafah1b1, Dhx15, Tgfbr3, Ptbp1, Hnrnpd, Apom, Vcan, Gja1, Sh3bgrl3, Farp1, Ghsr, Col5a1, Dcps, Fbln2, Mif, Rps28, Adamts5, Adprhl2, Emilin2, Ugdh, Col1a2, Ak1, Marcksl1, Aqp1, Dbi, Col5a2, Mmp2, Tnfaip6, Tinagl1, Papola, Thy1, Prelp, Slc38a5, Col3a1, Grem1, Prg4, Dlc1

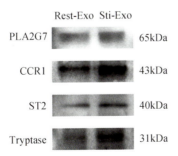

图 1-30　Western blot 验证脱颗粒前后外泌体主要差异表达蛋白质

Rest-Exo 为来源于静息状态肥大细胞的外泌体，Sti-Exo 为来源于激活的肥大细胞外泌体［引自：梁玉婷 .2018. 肥大细胞脱颗粒前后外泌体蛋白、lncRNA 及 miRNA 的表达谱分析［D］. 上海：上海交通大学］

　　笔者课题组分析比较了静息和激活状态 BMMC 外泌体的 miRNA 和 lncRNA 成分差异。基于 small RNA 分类统计表明，miRNA 是肥大细胞外泌体中 small RNA 的主要成分，用 miRDeep 软件完成序列 clip、序列 mapping 及 miRNA reads 统计，对所有 miRNA 进行 reads 统计，共计 2241 个 miRNA，去除重复的 miRNA，经 Bioconductor（http://bioconductor.org/）中 RUVSeq 软件包进行 miRNA reads 的标准化和差异分析，同时手工去除重复项，共得到 272 个 miRNA。用 RUVSeq 中的 RUV 算法对 272 个 miRNA 的差异表达加以分析，共获得 47 个显著差异表达的 miRNA，其中 11 个 miRNA 在活化的肥大细胞外泌体组中表达显著上调（表 1-11），如 mmu-miR-5106、mmu-miR-3964 及 mmu-miR-6240，36 个 miRNA 在活化的肥大细胞外泌体组中低表达。对差异表达 miRNA 的聚类分析发现，肥大细胞脱颗粒前后释放的外泌体内含有的 miRNA 存在明显不同的表达模式（图 1-31）。通过 GEO 数据库，在 HMC-1 细胞及外泌体中共鉴定出 2121 个 miRNA，发现其中有 843 个表达上调，生物信息学分析发现这些 miRNA 主要参与纤溶、化学突触传递、氧化还原酶活性和氧结合活性；表达下调的有 1278 个，主要为参与抗原提呈和细胞周期调控的 RNA。从小鼠 BMMC 脱颗粒前后外泌体的 272 个 miRNA 中筛选出 47 个差异表达的 miRNA，其中 11 个表达上调、36 个表达下调，qRT-PCR 验证与测序的结果一致。进一步利用 RNA-seq 测序鉴定了肥大细胞脱颗粒前后外泌体的 lncRNA。共鉴定到 397 个 lncRNA（其中包括 99 个 antisense lncRNA、181 个 lincRNA、97 个 processed transcript lncRNA、19 个 sense intronic lncRNA 和 1 个 sense overlapping lncRNA）及 61 个差异表达的 lncRNA（表 1-12）。这些研究为全面理解肥大细胞及其外泌体的生物学特性和功能活性提供了重要参考依据。

表 1-11　脱颗粒前后外泌体差异表达的 miRNA

miRNA	log2CPM Rest-Exo	log2CPM Sti-Exo	logFC	P 值	FDR	前体
mmu-miR-5106	2.8	11.4	8.6	2.49×10^{-51}	1.45×10^{-48}	mmu-mir-5106
mmu-miR-3964	5	7.1	2.5	3.41×10^{-11}	1.42×10^{-9}	mmu-mir-3964
mmu-miR-2137	5.8	7.8	2.2	4.66×10^{-12}	2.26×10^{-10}	mmu-mir-2137
mmu-miR-700-3p	5.3	6.8	2	5.62×10^{-8}	1.36×10^{-6}	mmu-mir-700
mmu-miR-5100	4.6	6.3	2	1.50×10^{-7}	2.90×10^{-6}	mmu-mir-5100
mmu-miR-29a-5p	8	9.6	1.8	6.11×10^{-14}	5.08×10^{-12}	mmu-mir-29a
mmu-miR-3968	6.3	7.7	1.8	2.44×10^{-9}	7.09×10^{-8}	mmu-mir-3968
mmu-miR-6240	8.4	10	1.7	2.11×10^{-13}	1.37×10^{-11}	mmu-mir-6240
mmu-miR-142a-5p	14.6	15.7	1.5	9.34×10^{-9}	2.47×10^{-7}	mmu-mir-142a
mmu-miR-33-3p	5.4	6.4	1.4	3.23×10^{-6}	2.57×10^{-5}	mmu-mir-33
mmu-miR-350-5p	5.2	6.3	1.4	1.91×10^{-6}	1.66×10^{-5}	mmu-mir-350
mmu-miR-324-3p	6.7	5.4	−1.1	3.556×10^{-3}	9.761×10^{-3}	mmu-mir-324
mmu-miR-142a-3p	15.2	14.2	−1.1	6.14×10^{-7}	5.86×10^{-6}	mmu-mir-142a
mmu-miR-411-5p	6	4.2	−1.1	7.42×10^{-4}	2.541×10^{-3}	mmu-mir-411
mmu-miR-25-3p	11.2	9.9	−1.1	3.91×10^{-6}	3.07×10^{-5}	mmu-mir-25

续表

miRNA	log2CPM Rest-Exo	log2CPM Sti-Exo	logFC	P 值	FDR	前体
mmu-miR-328-3p	9	7.5	−1.1	3.01×10^{-4}	1.185×10^{-3}	mmu-mir-328
mmu-miR-34a-5p	10.3	9	−1.2	1.27×10^{-7}	2.64×10^{-6}	mmu-mir-34a
mmu-miR-301b-3p	6	4.9	−1.2	2.417×10^{-3}	7.14×10^{-3}	mmu-mir-301b
mmu-miR-19a-3p	9.4	8.3	−1.2	4.24×10^{-5}	2.37×10^{-4}	mmu-mir-19a
mmu-let-7i-3p	9.4	7.8	−1.2	2.74×10^{-4}	1.106×10^{-3}	mmu-let-7i
mmu-miR-1249-3p	7.5	6.1	−1.3	3.644×10^{-3}	9.956×10^{-3}	mmu-mir-1249
mmu-miR-669a-3p	6.3	4.8	−1.3	1.48×10^{-4}	6.13×10^{-4}	mmu-mir-669a-1
mmu-miR-144-3p	11.3	9.5	−1.4	3.80×10^{-11}	1.48×10^{-9}	mmu-mir-144
mmu-miR-143-3p	10.3	8.4	−1.5	2.27×10^{-5}	1.35×10^{-4}	mmu-mir-143
mmu-miR-3473e	9	7.2	−1.5	7.81×10^{-4}	2.659×10^{-3}	mmu-mir-3473e
mmu-miR-148a-3p	9.4	7.4	−1.6	2.80×10^{-8}	7.07×10^{-7}	mmu-mir-148a
mmu-miR-451a	14.7	13	−1.6	5.02×10^{-10}	1.54×10^{-8}	mmu-mir-451a
mmu-miR-1983	5.7	3.6	−1.7	7.01×10^{-5}	3.78×10^{-4}	mmu-mir-1983
mmu-miR-144-5p	7.3	5.2	−1.7	2.43×10^{-6}	1.99×10^{-5}	mmu-mir-144
mmu-miR-126a-5p	8.7	6.6	−1.8	1.33×10^{-12}	7.72×10^{-11}	mmu-mir-126a
mmu-miR-21a-3p	7.1	5.1	−1.8	9.41×10^{-8}	2.03×10^{-6}	mmu-mir-21a
mmu-miR-423-3p	9.2	7.2	−1.9	1.12×10^{-10}	4.08×10^{-9}	mmu-mir-423
mmu-miR-467a-5p	5.7	3.7	−1.9	2.69×10^{-7}	2.90×10^{-6}	mmu-mir-467a-1
mmu-miR-365-2-5p	6	3.3	−1.9	4.05×10^{-6}	3.10×10^{-5}	mmu-mir-365-2
mmu-miR-210-3p	11.7	9.5	−1.9	1.36×10^{-16}	1.58×10^{-14}	mmu-mir-210
mmu-miR-127-3p	6.8	4.7	−2	2.63×10^{-4}	1.07×10^{-3}	mmu-mir-127
mmu-miR-486b-5p	10.4	8.1	−2.1	2.9×10^{-4}	1.157×10^{-3}	mmu-mir-486a
mmu-miR-486a-5p	10.4	8.1	−2.1	3.07×10^{-4}	1.188×10^{-3}	mmu-mir-486b
mmu-miR-150-5p	11.1	8.7	−2.1	1.38×10^{-18}	2.68×10^{-16}	mmu-mir-150
mmu-miR-342-3p	9.7	7.4	−2.2	1.94×10^{-13}	1.37×10^{-11}	mmu-mir-342
mmu-miR-326-3p	9.2	6.6	−2.2	2.08×10^{-12}	1.10×10^{-10}	mmu-mir-326
mmu-miR-126a-3p	10.1	7.5	−2.2	6.61×10^{-23}	1.92×10^{-20}	mmu-mir-126a
mmu-miR-92a-3p	11.5	8.8	−2.4	2.53×10^{-15}	2.45×10^{-13}	mmu-mir-92a-1
mmu-miR-466i-5p	8.8	6.3	−2.4	7.97×10^{-9}	2.21×10^{-7}	mmu-mir-466q
mmu-miR-329-5p	5.8	3.1	−2.5	3.46×10^{-7}	3.66×10^{-6}	mmu-mir-329
mmu-miR-369-3p	5.8	2.8	−2.9	4.22×10^{-10}	1.37×10^{-8}	mmu-mir-369
mmu-miR-3470a	6.1	2.9	−3.3	4.04×10^{-17}	5.88×10^{-15}	mmu-mir-3470a

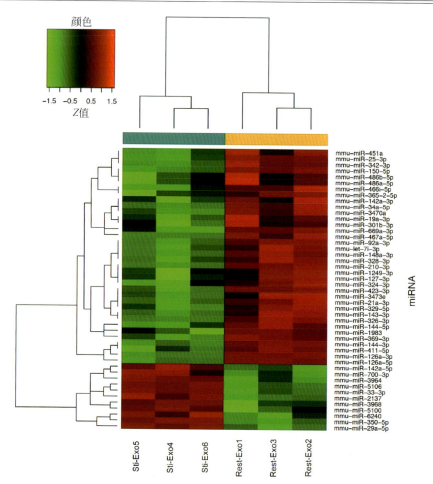

图 1-31　脱颗粒前后肥大细胞外泌体所含差异表达 miRNA 的分析热图

聚类分析差异表达的 miRNA，表现为脱颗粒前后肥大细胞外泌体内含有的 miRNA 存在明显不同的表达模式［引自：梁玉婷 . 2018. 肥大细胞脱颗粒前后外泌体蛋白、lncRNA 及 miRNA 的表达谱分析［D］. 上海：交通大学附属第一人民医院］

表 1-12　小鼠骨髓肥大细胞脱颗粒前后外泌体差异表达的 lncRNA

基因名称	基因类型	P 值	染色体	调节
Gm26870	lincRNA	5.07×10^{-33}	9	上调
Gm17300	lincRNA	4.94×10^{-22}	4	下调
Snhg4	processed_transcript	1.57×10^{-21}	18	下调
Gm44686	antisense	6.49×10^{-20}	7	下调
Gm26917	lincRNA	6.80×10^{-20}	17	下调
Mir142hg	lincRNA	2.15×10^{-17}	11	下调
B930036N10Rik	antisense	3.59×10^{-16}	1	下调
4732440D04Rik	antisense	4.06×10^{-16}	1	下调
Gm44659	lincRNA	2.72×10^{-15}	7	下调
Snhg20	lincRNA	6.15×10^{-15}	11	下调

续表

基因名称	基因类型	P 值	染色体	调节
Gdap10	lincRNA	9.09×10^{-15}	12	下调
4930426I24Rik	lincRNA	1.55×10^{-14}	12	下调
Gm20342	lincRNA	1.83×10^{-14}	1	下调
D330041H03Rik	processed_transcript	2.02×10^{-14}	17	下调
D830025C05Rik	antisense	3.47×10^{-14}	8	上调
9230112E08Rik	sense_overlapping	5.93×10^{-14}	2	下调
Gm11655	antisense	6.25×10^{-13}	11	下调
Gm15987	antisense	1.70×10^{-12}	6	下调
Gm15261	antisense	7.45×10^{-12}	X	下调
Gm15991	antisense	2.77×10^{-11}	8	下调
9930104L06Rik	processed_transcript	6.63×10^{-11}	4	下调
Gm10138	antisense	7.78×10^{-11}	1	下调
Ptprv	processed_transcript	7.81×10^{-11}	1	下调
Gm15564	antisense	7.84×10^{-11}	16	下调
Gm16754	antisense	2.35×10^{-10}	9	下调
Gm13842	lincRNA	5.46×10^{-10}	5	下调
H19	lincRNA	6.19×10^{-10}	7	上调
4933431K23Rik	processed_transcript	1.08×10^{-9}	8	上调
Gm28187	lincRNA	1.19×10^{-9}	1	下调
Gm12796	lincRNA	1.40×10^{-9}	4	下调
Mypopos	antisense	2.08×10^{-9}	7	下调
4933404O12Rik	lincRNA	2.14×10^{-8}	5	下调
Jpx	lincRNA	2.78×10^{-8}	X	下调
Gm11944	processed_transcript	4.32×10^{-8}	11	下调
Lncpint	lincRNA	8.21×10^{-8}	6	下调
Gm26809	lincRNA	1.09×10^{-7}	6	下调
Gm12002	antisense	2.41×10^{-7}	11	下调
Malat1	lincRNA	4.04×10^{-7}	19	下调
8430429K09Rik	processed_transcript	1.46×10^{-6}	11	下调
Gm45086	lincRNA	3.27×10^{-6}	7	下调
Ino80dos	lincRNA	3.88×10^{-6}	1	下调
AC112265.1	antisense	4.12×10^{-6}	10	上调
C330006A16Rik	lincRNA	6.83×10^{-6}	2	下调
AC118476.2	lincRNA	8.00×10^{-6}	9	下调

基因名称	基因类型	P 值	染色体	调节
Gm28875	lincRNA	9.55×10^{-6}	12	下调
Neat1	lincRNA	1.01×10^{-5}	19	下调
AL591582.1	processed_transcript	1.08×10^{-5}	12	下调
Gm16194	lincRNA	1.14×10^{-5}	17	下调
C430002N11Rik	processed_transcript	1.47×10^{-5}	9	下调
4930520O04Rik	processed_transcript	1.77×10^{-5}	9	上调
2900076A07Rik	lincRNA	1.78×10^{-5}	7	下调
Zfas1	processed_transcript	1.98×10^{-5}	2	下调
Gm42418	lincRNA	2.16×10^{-5}	17	下调
AU020206	lincRNA	2.39×10^{-5}	7	下调
AL513022.1	lincRNA	3.71×10^{-5}	13	上调
AC122390.1	lincRNA	5.25×10^{-5}	10	下调
5530601H04Rik	processed_transcript	$1.866\,58\times10^{-4}$	X	上调
Gm45836	lincRNA	$3.885\,43\times10^{-4}$	8	下调
2010001A14Rik	processed_transcript	$5.238\,14\times10^{-4}$	11	下调
0610040B10Rik	antisense	$8.275\,92\times10^{-4}$	5	下调
5031425E22Rik	lincRNA	$8.414\,92\times10^{-4}$	5	下调

　　鉴于肥大细胞的高度异质性,小鼠 BMMC 虽然不能反映肥大细胞各种类型如 MMC 和 CTMC,鼠与人的差别也很大,活化的不同形式导致的脱颗粒成分和外泌体成分也千差万别,但是我们的研究至少可以说明活化前后肥大细胞外泌体含量、蛋白质和转录组成分差异较大,由此推测,肥大细胞功能的实现不仅与其颗粒成分有关,与其外泌体也密不可分。

(三)肥大细胞来源外泌体的功能与作用

1. 肥大细胞外泌体的生理功能

　　肥大细胞外泌体携带的蛋白质和 RNA 是其功能实现的重要载体(图 1-32)。Skokos 等通过研究首先证实,小鼠 BMMC 通过外泌体诱导 B 和 T 细胞的活化与分化。在体内实验中,肥大细胞来源的外泌体能诱导小鼠的抗原特异性抗体应答,促进 B 细胞增殖和分泌细胞因子。此外,肥大细胞和 B 细胞之间的作用可能是双向的,因为 B 细胞来源的外泌体也改变了肥大细胞的功能。因此,他们认为,作为过敏性疾病的效应细胞,肥大细胞通过释放免疫活性外泌体实现其在变态反应中的中心性调控作用。笔者课题组将小鼠脾脏 naïve CD4$^+$ T 细胞与 BMMC 外泌体共孵育后,通过检测分析发现,BMMC 外泌体表面表达的 OX40L 配体能够与 T 细胞表面的 OX40 结合,以这种受体 – 配体接触方式传递激活信号,增强并诱导 naïve CD4$^+$T 的增殖和向 Th2 分化,而且肥大细胞外泌体促进 Th0 向 Th2 分化的作用可以被抗 OX40L 单抗抑制。这一结果表明,肥大细胞外泌体可通过接触或释放腔内的可溶性物质影响 naïve CD4$^+$ T 细胞的增殖和定向分化,间接表明肥大细胞外泌体的免疫调节作用。健康小鼠的淋巴结中有肥大细胞分布,其中一些肥大细胞和 CD4$^+$T 细胞紧密相邻。

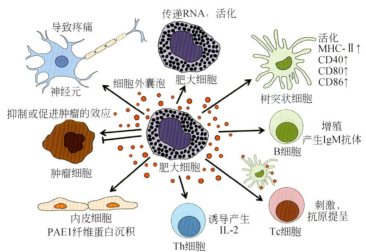

图 1-32　肥大细胞来源的外泌体在细胞之间的作用

肥大细胞外泌体携带功能性 RNA（mRNA 和 miRNA）并将其转移到其他细胞，诱导树突状细胞成熟、B 细胞增殖，刺激细胞毒性 T 细胞（Tc）分化，诱导内皮细胞的纤溶酶原激活物抑制 1 型（PAI-1）表达。它们通过影响血管生成和巨噬细胞的摄取在肿瘤生长中发挥作用，还参与疼痛信号转导并调节神经元的突触功能〔引自：Vukman K V，Försönits A，Oszvald Á，et al. 2017. Mast cell secretome：soluble and vesicular components〔J〕. Semin Cell Dev Biol，67：65-73〕

　　肥大细胞外泌体可以促进树突状细胞高表达 MHC-Ⅱ、CD80、CD86 和 CD40 分子，增强树突状细胞向 T 细胞提呈抗原的能力。还有研究报道，肥大细胞外泌体所携带的 HSP 在该过程中发挥作用。由于肥大细胞外泌体含有完整的 FcεRⅠ 和 FcεRⅠ-IgE 复合物，这些物质能介导外泌体被抗原提呈细胞摄取，将过敏性抗原肽提呈给 T 细胞，促进过敏反应的发生。同时，肥大细胞外泌体因表面表达 FcεRⅠ 而具有结合游离 IgE 的能力。笔者课题组将肥大细胞外泌体与 IgE 共孵育后检测 IgE 含量和肥大细胞活化状态，发现肥大细胞释放的外泌体上负载有 FcεRⅠ 蛋白，并且能够与细胞外游离的 IgE 结合而减少 IgE 与肥大细胞的结合，进而抑制肥大细胞活化通路中 PLCγ1、PKC 蛋白的磷酸化水平，减少肥大细胞的活化，抑制过敏反应的发生。进一步将肥大细胞外泌体经尾静脉注入 OVA 过敏哮喘小鼠体内，结果哮喘小鼠的气道高反应性得到有效改善，血清中过敏原特异性 IgE 水平，BALF 中组胺、炎症细胞因子 IL-10 和 IFN-γ 水平都显著降低，而 IL-4、IL-5 和 IL-13 显著增加，肺组织中炎症细胞浸润减少，气道重建程度减轻，从而获得缓解和减轻过敏性哮喘的效果。这一结果为肥大细胞外泌体作为新型的 IgE 靶向载体治疗过敏和 IgE 相关疾病带来了希望。

2. 肥大细胞外泌体的病理作用

　　研究发现，肥大细胞释放的外泌体在纤维蛋白沉积于炎症部位的过程中具有关键作用，这些外泌体携带反应所需的所有蛋白质与内皮细胞附着。人肥大细胞系 HMC-1 产生的外泌体能促进血管内皮细胞分泌纤溶酶原活化因子抑制物（PAI-1），从而促进凝血。利用双向 PAGE 和液相色谱串联质谱技术鉴定 HMC-1 外泌体的蛋白质组，检测到参与内皮细胞活化的凝血酶原酶复合物、TNF-α 和血管紧张素原前体，进而推测肥大细胞外泌体的这种作用可能与其囊泡内携带的 TNF-α、促凝血酶、Ⅴ 因子、凝血酶复合物及血管紧张素有关。

肥大细胞外泌体也参与神经免疫调节。它们被证明可以调节肥大细胞和感觉神经末梢之间的信息交换，并导致神经元分泌 P 物质，这将进一步激活肥大细胞。肥大细胞外泌体通过直接接触或随脑脊液到达神经元，并可能对神经突触有影响，从而参与疼痛信号的转导。

早产儿呼吸道中也检测到肥大细胞外泌体的存在。在高氧诱导的新生儿肺病患儿呼吸道中发现的肥大细胞外泌体富含蛋白酶，可能导致与早产儿肺结构和功能相关的组织重塑和破坏，同时也提示了将肥大细胞分泌颗粒转移至邻近细胞的新方式。

外泌体在肿瘤诊断和治疗中的作用一直是研究的热点。越来越多的证据表明，肥大细胞外泌体在肿瘤的发生、发展过程中发挥多种作用。它们可以通过诱导血管生成和募集巨噬细胞、成纤维细胞、树突状细胞等在肿瘤形成的早期阶段产生抗肿瘤免疫反应，也可能参与促进肿瘤生长。笔者课题组利用溴脱氧脲嘧啶核苷（BrdU）检测细胞增殖时发现，肥大细胞外泌体在早期显著加速非小细胞肺癌细胞系 A549 的增殖。Western blot 分析比较肺癌细胞获得外泌体及无外泌体情况下蛋白质的表达，发现肥大细胞外泌体可将其携带的 KIT 蛋白直接转移给 A549 细胞，获得了 KIT 的肿瘤细胞通过自分泌和旁分泌途径获得 SCF，进而启动 SCF-KIT 信号通路活化，磷酸化胞内 PI3K/Akt 信号通路，上调细胞周期蛋白表达、加速肿瘤细胞周期循环，促进肿瘤细胞的增殖。因此，肥大细胞外泌体可能成为肺癌或肿瘤治疗的潜在靶点。

除了树突状细胞和巨噬细胞外，肥大细胞在 Th2 反应中具有 APC 作用，可通过外泌体上有特有的膜受体蛋白 FcεRⅠ 摄取过敏原产生类似具有抗原提呈功能的外泌体。而这种新型的外泌体抗原提呈过程可用于过敏原脱敏的新模式——从使用天然过敏原减少到仅用 APC 来源的外泌体。

综上所述，我们对于肥大细胞外泌体的研究认识揭开了冰山一角，其大部分成分和功能还未明确。随着对外泌体研究的不断加深，其生理生化特征、分子生物学功能及其分子之间相互作用的机制将会逐渐明确。这将为我们筛选疾病早期诊断标志、研制抗过敏和抗肿瘤药物及制备疫苗和载体提供新的方法与手段。

（谢国钢　梁玉婷　李　莉）

第七节　肥大细胞与其他细胞的关系

肥大细胞是免疫系统中独一无二能够负载大量化学性质不同、多功能活性复合物的细胞，近年来其免疫作用越来越受到关注，被誉为是免疫系统中"装满子弹的手枪"。不但在寄生虫感染和过敏中发挥重要作用，而且在局部炎症、血压调节、血管通透性、组织重塑、生殖和代谢等方面也发挥着不可替代的作用。这些作用的实现依赖于肥大细胞与局部各种细胞的相互作用，通过众多膜分子、颗粒内各种活性介质和外泌体与邻近细胞、细胞间质和远处组织细胞以直接接触、突触连接、配受体结合、胞吞和胞吐、囊泡融合、离子通道等方式，传递信息、激活信号通路、指导蛋白质转录，起着招募、趋化、黏附、调节功能和影响存活的作用。已知肥大细胞与树突状细胞、T 细胞、B 细胞、巨噬细胞、单核细胞、嗜酸性粒细胞、中性粒细胞、神经元和神经末梢、内皮细胞、上皮细胞、成纤维细胞、血小板和肿瘤细胞均有相互作用。这些细胞间的相互作用，可调节效应细胞的功能，导致细胞分化、增殖、趋化、聚集和迁移，细胞激活后通过分泌细胞因子、趋化因子、炎症介质、细胞外基质，以及合成免疫球蛋白和表达各种调节分子实现免疫调节、修复损伤、诱导凋亡，并清除异己、外来抗原及变异的自身组织成分（图 1-33）。本节主要介绍肥大细胞与树突状细胞、白细胞、单核 - 巨噬细胞、内皮细胞、肿瘤细胞和神经细胞等细胞之间的作用及部分作用机制。

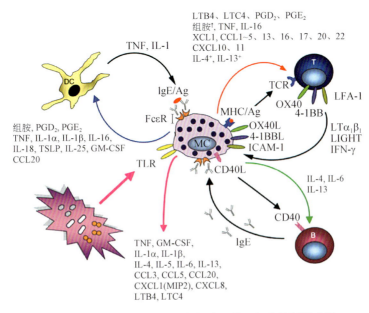

图 1-33　肥大细胞影响树突状细胞和淋巴细胞机制模式图

肥大细胞（MC）表面结构和分泌产物可以影响树突状细胞（DC）、T 细胞和 B 细胞的各种生物活性。IgE 和特异性抗原活化的肥大细胞分泌多种生物活性介质。TLR 或表面受体途径活化的特定的肥大细胞群释放的活性介质能够与特定的细胞因子、活化的补体或内源性肽等相互作用。肥大细胞表面 FcεR I 受体被 IgE 占据后能够诱导介质释放和 / 或促进对树突状细胞或淋巴细胞生物功能有影响的 mRNA 合成的增加。这些机制使肥大细胞能够促进从先天免疫到后天免疫的转变。反之，树突状细胞和淋巴细胞可以影响肥大细胞的功能，如 T 细胞来源的细胞因子 IFN-γ、LTα₁β₂ 和 LIGHT 能够调节肥大细胞 MHC 分子表达和细胞因子分泌 [Galli S J，Nakae S，Tsai M. 2005. Mast cells in the development of adaptive immune responses [J]. Nat Immunol，6（2）：135-142]

一、肥大细胞与树突状细胞

　　肥大细胞和树突状细胞是广泛存在于组织中的免疫细胞，在应对环境变化的免疫调节中成为潜在的"合作伙伴"。树突状细胞作为免疫系统的"哨兵"定居在组织中呈未成熟状态，在非己抗原、损伤和炎症信号刺激时，接受淋巴结中淋巴细胞亚群产生的细胞因子等的调节，由组织到达淋巴结，并在其中成熟和增殖。其主要职能是提呈抗原，参与免疫调节。随着树突状细胞的逐渐成熟，越来越多的标志蛋白表达而发挥功能。树突状细胞的存在部位、活化条件不同，其成熟标志差异很大，目前比较公认的标志物主要是 CD83，MHC-Ⅱ、CD40、CD80、CD86 和 CD11a 等分子也高表达于成熟的树突状细胞，CD2、CD5、CD13、CD15s、CD31、CD33、CD36、CD38、CD39、CD40、CD43、CD48、CD55、CD78、CD63 和 CCR7 等的表达也有报道，但观点不尽相同。树突状细胞和肥大细胞都是区域免疫细胞，来源、分类、特性及功能也都多种多样。例如，树突状细胞有骨髓树突状细胞、类浆细胞树突状细胞、朗格汉斯细胞、皮肤树突状细胞等，肥大细胞也有黏膜型和结缔组织型之分，不同的组织微环境、受体表达的不同和活化方式不同，导致二者的生物学特性和功能不尽相同，细胞之间的作用也相当复杂，即表现出极大的组织特异性。定居在皮肤的树突状细胞与肠道和血液中的树突状细胞相比表型更加复杂。树突状细胞具有与周围环境广泛交流的特性，所以其亚群同样具有可塑性。

肥大细胞通过分泌的可溶性分子（包括组胺、白三烯、前列腺素类、细胞因子和趋化因子或外泌体成分）诱导树突状细胞的成熟和抗原提呈。例如，肥大细胞产生的CCL21 能够趋化树突状细胞到达淋巴结并使之成熟，进而辅助 Th0 细胞向 Th2 细胞分化。TNF-α 通过促进微环境局部 E- 钙黏蛋白（E-cadherin，E-CAD）表达，联合其他炎症细胞因子，募集树突状细胞到达感染部位的淋巴结，TNF-α 诱导淋巴结微环境，增强 CCL21 表达，进而上调树突状细胞的趋化能力。炎症时 LPS 和 IFN-γ 激活的肥大细胞释放的组胺可以促进树突状细胞成熟，募集树突状细胞到达淋巴结，诱导 Th0 细胞向 Th2 细胞极化并分泌相关细胞因子，增加树突状细胞刺激记忆性 T 细胞亚群增生。组胺和 PGD_2 能够刺激成熟的树突状细胞增加 IL-10 和降低 IL-12 的产生。在非炎症同种异体移植免疫反应过程中，肥大细胞分泌的 TNF-α 促进未成熟树突状细胞到达淋巴结，在缺乏 T 细胞的情况下，诱导同种异体移植免疫耐受。相反，在器官移植的患者中树突状细胞可以引起移植物区域肥大细胞脱颗粒，产生 GM-CSF，反作用于未成熟树突状细胞，延长其寿命。树突状细胞在移植物抗宿主反应和抗肿瘤免疫中依赖 SCF 的作用，肥大细胞产生的 GM-CSF 可以抑制骨髓来源的树突状细胞表达 KIT 和分泌 SCF。也有文献报道，抑制树突状细胞介导的 IgE/FcεR I 信号通路可以引起细胞因子水平下降，进而减少肥大细胞前体细胞的募集。当肥大细胞与树突状细胞共孵育时，肥大细胞可以降低树突状细胞 CCR7、PGE_2、CCL19 和 CCL21 的表达，相应的树突状细胞的迁移能力也明显受损。

肥大细胞和树突状细胞具有共同表达的分子，如两种细胞表面均表达 CD117，因此二者在 LPS 作用下均可激活 RasGRP4 信号蛋白，诱导自然杀伤细胞产生更多的 IFN-γ。同时，敲除肥大细胞和树突状细胞的 CD300a 可以募集更多的中性粒细胞到达脓毒血症感染部位，增加抗感染作用。在骨肿瘤中，长期慢性炎症可以诱导肥大细胞、树突状细胞、T 细胞和 B 细胞浸润，在肿瘤的边缘主要以肥大细胞浸润为主，肥大细胞是导致骨破损和肿瘤细胞转移的主要细胞。肥大细胞来源的 TNF-α 增强 $CD8^+$ 树突状细胞的功能，肥大细胞膜稳定剂血红素加氧酶 -1（heme oxygenase-1，HO-1）在抑制肥大细胞脱颗粒的同时也使树突状细胞的成熟受到影响。

肥大细胞可以通过直接接触调节树突状细胞的类型，也可以通过囊泡形成调节树突状细胞的抗原提呈，这种肥大细胞和树突状细胞相互作用的囊泡可以激活 T 细胞。如肥大细胞外泌体可以增强未成熟树突状细胞 MHC-II 类分子，以及 CD80、CD86 和 CD40 分子表达，并提呈给 T 细胞使之活化，说明肥大细胞和树突状细胞之间通过多种方式相互作用。

二、肥大细胞与白细胞和淋巴细胞

（一）肥大细胞与 T 细胞和 B 细胞

肥大细胞是 IgE 介导免疫反应的关键因子，也是固有免疫的重要调节细胞，可以通过直接接触、释放外泌体和可溶性分子调节免疫细胞如 B 细胞、树突状细胞、T 细胞的表型和功能。

肥大细胞可以调节 T 细胞迁移，也可以分泌趋化因子如 MIP-1β、RANTES 和 IL-16 诱导 T 细胞到达炎症部位。在细菌感染过程中，肥大细胞分泌的 TNF-α 可以趋化 T 细胞达到淋巴结。FcεR I 介导的肥大细胞脱颗粒可以通过分泌 LTB4 趋化 CD8$^+$T 细胞，也可以通过 TLR3 的活化诱导 CD8$^+$T 细胞的募集。肥大细胞与 T 细胞的相互作用还体现在形成突触囊泡的过程中，肥大细胞作为抗原提呈细胞以突触囊泡的形式提供 MHC-Ⅱ类分子和共刺激分子激活 T 细胞，活化的 T 细胞引起肥大细胞脱颗粒、产生细胞因子，这一过程依赖于接触细胞之间的整联蛋白 LFA-1 和 ICAM 的相互作用。因此，肥大细胞和 T 细胞之间可以通过双向信号转导，形成可能的反馈信号机制驱动组织的炎症反应。

1. 肥大细胞与 CD4$^+$T 细胞

肥大细胞通过 MHC-Ⅱ分子诱导 CD4$^+$T 细胞增生。有学者证实在与 CD4$^+$T 细胞的相互作用中，肥大细胞可以通过 CD28、OX40L、ICOSL 或 LIGHT 共刺激 CD4$^+$T 细胞诱导其增殖，但抑制 CD28 和 B7 分子不能抑制肥大细胞介导的 T 细胞活化。肥大细胞也可以利用分泌的外泌体经 OX40-OX40L 信号通路促进 CD4$^+$T 细胞增殖，促进初始 CD4$^+$T 细胞分化为 Th2 细胞。同时，肥大细胞负载 OVA/IgG 也可以刺激 T 细胞的活化和增生。

调节性 T 细胞的另一亚群——滤泡辅助性 T 细胞（follicular regulatory T cell，Tfh）属于胸腺来源的 Treg（tTreg），定位于淋巴滤泡，表型特征为 CXCR5$^+$CD40L^{hi}ICOS^{hi}，同时表达 Foxp3 和 B 细胞淋巴瘤 6（B cell lymphoma 6，Bcl-6）等转录因子，合成并分泌 IL-21、CTL 相关抗原 4（CTLA-4）、糖皮质激素诱导的 TNFR 相关蛋白（GITR）、CD25 和 IL-10，但几乎不产生 CD40L、IL-21 和 IL-4。Tfh 的功能与 Treg 类似，主要是辅助 B 细胞增殖和产生抗体，参与体液免疫，与自身免疫病和肿瘤等的发生、发展相关。Tfh 产生的 IL-21 对 Tfh 细胞自身发生和发育至关重要，IL-21 可诱导 Tfh 分化并促进其表面 CXCR5 表达，还具有调节 T 细胞、B 细胞、树突状细胞等免疫细胞的活化、增殖和分化的功能，对 IgE 介导的皮肤速发型超敏反应也有调节作用。Tamagawa-Mineoka 等在致敏期间给小鼠腹腔注射重组鼠 IL-21，发现特异性 IgE 产生减少，皮肤速发型超敏反应减轻，而在致敏后注射 IL-21 能显著抑制皮肤肥大细胞脱颗粒，该机制同样在过敏及过敏性鼻炎的小鼠模型中得到了验证。Chacón-Salinas 等将野生型小鼠与 IL-10 缺陷小鼠的 BMMC 注射到肥大细胞缺陷小鼠背部皮肤，紫外照射后分离小鼠的淋巴结细胞，分析发现肥大细胞来源的 IL-10 是抑制 Tfh 细胞生成、生发中心形成和抗体产生的关键免疫抑制因子。Tfr 细胞及其调控因子参与儿童过敏性紫癜等疾病的发生、发展。Tfh 细胞与肥大细胞之间能够通过释放的介质与细胞因子相互作用，肥大细胞与 Tfr 细胞之间的作用和机制有待深入研究。

2. 肥大细胞与 CD8$^+$T 细胞

肥大细胞诱导 CD8$^+$T 细胞的活化和增生及细胞因子分泌也主要是通过细胞之间直接接触和肥大细胞 MHC-Ⅰ类分子介导的抗原提呈。通过肥大细胞颗粒酶 B 表达增加和

CD8$^+$T 细胞促进肥大细胞脱颗粒而调节 CD8$^+$T 细胞的细胞毒作用。CD8$^+$T 细胞也可以通过分泌 IL-2、IFN-γ 和巨噬细胞炎症蛋白 1a（macrophage inflammatory protein 1a，MIP-1a）调节肥大细胞的活性。肥大细胞在与 CD8$^+$T 细胞直接接触过程中上调共刺激分子 4-1BB 的表达并释放骨桥蛋白。

3. 肥大细胞与调节性 T 细胞

肥大细胞同时还具有体外诱生 CD4$^+$ CD25$^+$ Foxp3$^+$ 的能力，而 Treg 作为一类能够抑制自身免疫反应、特异性表达 Foxp3、分泌 IL-10 和 TGF-β 等细胞内因子的 CD4$^+$T 细胞亚群，主要通过调控效应性 T 细胞、肥大细胞、树突状细胞及 B 细胞的活性和免疫反应，在预防自身免疫反应、肿瘤免疫和免疫耐受方面发挥关键作用。在过敏性气道炎症中，Treg 具有抑制过敏原诱导的 Th2 反应、气道嗜酸性粒细胞浸润和黏液分泌等功能，高表达 TGF-β1 和 IL-10 的 Treg 可完全抑制抗原诱导的气道高反应。此外，胸腺产生的天然 Treg（nature regulatory T cell，nTreg）通过抑制树突状细胞、效应性 T 细胞、肥大细胞、嗜碱性粒细胞和嗜酸性粒细胞的功能，减少过敏原特异性 IgE 产生和诱导 IgG4 分泌，在过敏中发挥作用。以上证据提示肥大细胞与 Treg 之间的联系密切。

4. 肥大细胞与 B 细胞

肥大细胞主要通过可溶性的介质促进 B 细胞的增殖和分化，并协助 B 细胞合成抗体。Gauchat 等证实在 IL-4 存在下，HMC-1 和新鲜纯化的人肺肥大细胞可以与 B 细胞相互作用诱导 IgE 产生。Mécheri 等也曾报道，BMMC 和小鼠肥大细胞系与 B 细胞共培养后均可激活 B 细胞，促进 B 细胞增殖和 IgM 产生。此外，肥大细胞还有助于 B 细胞分化为分泌 IgA 的浆细胞。Sonia Merluzzi 的研究表明，当活化的 B 细胞与 IgE/Ag 刺激的肥大细胞共培养时，能检测到膜结合型和分泌型 IgA。

肥大细胞分泌的糜蛋白酶在炎症和组织重塑中有重要的作用。Yoshikawa 等的实验发现，LPS 和 IL-4 刺激后的小鼠脾 B 细胞培养中加入纯化的大鼠肥大细胞糜蛋白酶后 IgE 和 IgG1 的合成水平显著升高，提示肥大细胞分泌的糜蛋白酶具有增强 B 细胞合成抗体的能力，也有学者提出糜蛋白酶有望成为 Ig 合成的增强剂。

肥大细胞还可以通过外泌体所含的 MHC-Ⅱ类分子，共刺激分子 CD86、CD40、CD40L 及黏附相关分子 LFA-1、ICAM-1 与 B 细胞相互联系，促进 T 细胞非依赖性 B 细胞增殖、存活，以及合成细胞因子 IL-2、IL-12、IFN-γ、IgG1 和 IgG2 等。由于 B 细胞同样能够分泌外泌体，因此外泌体在 B 细胞与肥大细胞之间存在双向作用，具体机制尚未明确。

在寄生虫感染中，肝吸虫感染可以诱导 Th2 和 Treg 介导较强的免疫反应，抑制 Th1 细胞活性，部分机制是由于肝吸虫抑制肥大细胞 TNF-α、IL-6、IFN-γ、IL-10 和 ICAM-1 表达，进而抑制 Th1 细胞驱动的免疫反应。肥大细胞可以表达 CD40 的配体 CD154，在 IL-4 或 IL-13 和细胞表面分子 CD154 信号的作用下增强 B 细胞产生 IgE。慢性肾脏疾病中肾小管间质纤维化，其中浸润的炎症细胞增多，可见 T 细胞、单核细胞、肥大细胞和树突状细胞浸润，B 细胞通过调节单核 - 巨噬细胞 CCL2/CCR2 信号通路，增加单核细胞的浸润和活性，促进肾小管间质纤维化。

（二）肥大细胞与粒细胞

在过敏反应中肥大细胞和嗜酸性粒细胞是主要的效应细胞，ILC2、自然杀伤 T 细胞

（natural killer T cell，NKT）、嗜碱性粒细胞、B 细胞和巨噬细胞等则在过敏反应的诱发和进展中发挥相应的作用。

诸多文献报道肥大细胞经抗原刺激活化后释放的炎症介质在过敏早期具有招募中性粒细胞的作用。Malaviya 等将等量的肺炎克雷伯菌注射到肥大细胞 *Wbb6f1-W/WV*（*W/WV*）缺陷小鼠、*Wbb6f1$^{+/+}$* 野生型小鼠及肥大细胞 *W/WV+MC* 重塑小鼠的腹腔中，有 80% 的 *W/WV* 小鼠死亡，证实了肥大细胞在宿主防御细菌感染中的作用。经鼻滴（或）吸入大肠杆菌后检测肺组织的细菌载量与肺泡灌洗液中炎症细胞及细胞因子水平，结果表明 *W/WV* 小鼠清除细菌的能力、中性粒细胞及 TNF-α 的水平显著低于其余两组，提示肥大细胞经病原体激活后，释放细胞质内预合成的 TNF-α 诱导中性粒细胞在感染早期募集到炎症区域，是细菌感染期间宿主防御的潜在机制。Filippo 也在其研究中指出，肥大细胞受到病原体刺激后 15min 内可通过释放预先合成的趋化因子 CXCL1 和 CXCL2，促使中性粒细胞在炎症的早期阶段募集至炎症组织中，发挥吞噬作用，抵抗病原体入侵。除了抗感染和应激作用以外，中性粒细胞来源的活性氧（reactive oxygen species，ROS）同样参与剪切压力诱导的肥大细胞活化过程。

当过敏由急性转变为慢性时，通常出现的炎症细胞为嗜酸性粒细胞。一直以来嗜酸性粒细胞被称为过敏标志性细胞，它与肥大细胞在许多方面具有相似之处，肥大细胞和嗜酸性粒细胞均可以通过释放预先存储的介质协助其他炎症细胞的募集，都能释放 SCF、IL-4、IL-5、IL-6 和 TNF-α 等介质，且共享几种相同的受体，因此它们可通过释放介质或配受体方式相互作用。例如，在特应性皮炎中，肥大细胞可通过刺激角质形成细胞和成纤维细胞产生趋化因子和 IL-4、IL-13，促进嗜酸性粒细胞募集到皮损部位，并激活嗜酸性粒细胞释放几种具有细胞毒性的颗粒蛋白如嗜酸性粒细胞阳离子蛋白（eosinophil cationic protein，ECP）、嗜酸性粒细胞来源的神经毒素（eosinophil-derived neurotoxin，EDN）和主要碱性蛋白（major basic protein，MBP），对组织造成损伤，加剧特异性皮炎的皮损。由肥大细胞产生的 IL-5 是嗜酸性粒细胞分化成熟及存活的关键细胞因子，与嗜酸性粒细胞表达的 IL-5R 结合，实现肥大细胞对嗜酸性粒细胞的调节，介导嗜酸性粒细胞的分化成熟、黏附及存活。同样嗜酸性粒细胞来源的 IL-4 与干细胞因子协同增强肥大细胞增殖，促进细胞因子 IL-3、IL-5 和 IL-13 释放增加，实现嗜酸性粒细胞对肥大细胞的调节。

在哮喘中，肥大细胞释放的组胺增加黏附分子的表达和嗜酸性粒细胞、中性粒细胞的趋化，募集粒细胞到达相应炎症部位发挥作用。而嗜酸性粒细胞产生的 MBP、EPO 和趋化因子等介质同样可作用于肥大细胞发挥相应的功能。Fujisawa 等在研究慢性荨麻疹患者皮肤肥大细胞 MrgprX2 的表达时发现，嗜酸性粒细胞来源的 MBP 和 EPO 可通过 MrgprX2 刺激人皮肤肥大细胞释放组胺引起过敏症状，由此提示选择性阻断 MrgprX2 可作为减轻过敏反应的潜在靶标。此外，Gela 等将 CCL11、CCL24 和 CCL26 与金黄色葡萄球菌和肺炎链球菌等革兰氏阳性菌、铜绿假单胞菌等革兰氏阴性菌共孵育 1h 进行计数测定，与经典抗菌肽 LL-37 相似，三种嗜酸性粒细胞趋化因子均表现出不同的杀菌活性，且其活性受肥大细胞蛋白酶的调节。同时经扫描电镜显示，嗜酸性粒细胞趋化因子诱导细菌出现细胞内容物空泡化、突出及渗漏，使细胞膜完整性丧失从而发挥其抗菌活性，也为肥大细胞与嗜酸性粒细胞间的相互作用提供了证据。

（三）肥大细胞与单核 - 巨噬细胞

肥大细胞与单核 - 巨噬细胞在多种疾病中发挥作用。在类风湿关节炎中，经过对滑膜组织的免疫荧光染色可以观察到肥大细胞与 $CD14^+$ 的单核 - 巨噬细胞频繁地相互作用。进一步研究表明，IL-33 通过激活肥大细胞释放组胺和 IL-10，进而抑制单核细胞的活性，减少 TNF 等促炎因子的产生，起到调节体内稳态的作用，故肥大细胞介导的抑制途径与类风湿关节炎的病理进程相关。肥大细胞来源的组胺、TNF-α 和 TGF-β₁ 共同作用诱导人单核细胞来源的巨噬细胞上调 LOX-1 受体，参与动脉粥样硬化天然免疫的调节。氧化低密度脂蛋白导致动脉内皮细胞功能障碍和泡沫细胞形成，是动脉粥样硬化的主要致病因子，它可以通过激活巨噬细胞分泌 TNF-α 和肥大细胞分泌组胺共同作用导致动脉粥样硬化的形成。高脂肪饮食是心血管疾病患者的高危因素，因为在动脉血管壁中含有较高水平的低密度脂蛋白和组胺，肥大细胞和巨噬细胞在动脉粥样硬化早期形成过程中发挥重要的协同作用。用免疫组织化学法比较分析心房颤动患者和窦性心律患者心房心肌的免疫细胞亚群时发现，肥大细胞和 $CD20^+$B 细胞的数量两组间没有差异，单核 - 巨噬细胞数量占主要地位，这些细胞产生的细胞因子在心肌重塑和心房持久性颤动中发挥重要作用。肥大细胞通过分泌 TNF-α 及单核细胞趋化因子 MCP-1、IL-1β、TGF-β 和胶原 -1 参与高血糖诱导的心房颤动的炎症并加速心肌纤维化进程。

肥大细胞在过敏性疾病中的作用已得到充分阐述，但是在支气管哮喘患者中肥大细胞与单核 - 巨噬细胞的作用尚未完全阐明。有学者证实，支气管哮喘患者血清腺苷水平显著升高，高浓度腺苷可以促进肥大细胞脱颗粒和支气管收缩，腺苷也可以调节单核细胞分化为成熟的髓样细胞的天然免疫过程，这些成熟的髓样细胞共同表达单核 - 巨噬细胞和树突状细胞的分子标志，如 CD40 和 CD209，产生高水平的促炎细胞因子，参与支气管哮喘和慢性阻塞性肺疾病的病理生理过程。单核细胞特异性表达腺苷 A2 受体在人单核细胞促炎症反应过程中发挥重要作用，参与支气管哮喘的发生、发展。

在感染性疾病中，肥大细胞在脓毒症感染的早期可以抑制单核细胞的吞噬作用，细菌入侵的 15min 内，肥大细胞通过释放预先存储在细胞内的 IL-4 抑制单核细胞的功能。肥大细胞缺陷的脓毒症感染小鼠的生存率远远高于肥大细胞正常小鼠。因此，肥大细胞与单核 - 巨噬细胞相互作用的复杂性仍需深入研究。

三、肥大细胞与 2 型固有淋巴样细胞

新近发现固有淋巴样细胞（innate lymphoid cell，ILC）家族的新成员 ILC1、ILC2 和 ILC3。ILC 是黏膜屏障的先天免疫细胞，其中 ILC2 是 2 型免疫细胞，表达 GATA-3 和 ROR2，分泌 2 型细胞因子 IL-5 和 IL-13，具有与 Th2 相似的功能，表面特征是含有 T 辅助细胞表达的趋化因子受体同源分子（chemoathraotant receptor-homologous expressed on T helper typer 2，CRTH2）。肥大细胞通过细胞因子、炎症介质与 2 型固有淋巴样细胞（ILC2）相互影响，介导非 T 细胞依赖的过敏性炎症（图 1-34）。肥大细胞释放的 IL-9 诱导肺肥大细胞产生 IL-2，IL-2 反馈性促进 ILC2 增殖并活化 Th9，颗粒内炎症介质导致应激的屏障如皮肤、肠、呼吸道的上皮损伤，产生 IL-33、IL-25 和 TSLP，而类胰蛋白酶可降解活性 IL-33。ILC2 作为中继站，将传入的这些警示信号传递给固有效应细胞肥大细胞、嗜

酸性粒细胞、树突状细胞和 Th2。IL-2 存在的情况下，ILC2 产生的 IL-9 可以进一步促进肥大细胞、气道的嗜酸性粒细胞及气道黏液的产生。肥大细胞对 IL-33 的应答是由其表面 IL-33 受体 ST2/IL-1RAP 介导的。有学者报道，炎症过程中，肥大细胞来源的类胰蛋白酶可以剪切 IL-33 使其成为成熟的 IL-33 而发挥作用。也有学者报道，IL-33 中的 66～111 氨基酸片段是最主要的功能区域，通过肥大细胞分泌的类胰蛋白酶剪切 IL-33，可以抑制 IL-33 介导的信号通路引起的哮喘炎症反应；当与肺支气管上皮细胞共培养时，IL-33 活化的肥大细胞和 ILC2 主要驱动 IL-13 调节的基因表达，进而引发转录程序，其随后可加剧气道病理并促进纤维化、嗜酸性粒细胞增多和杯状细胞化生和黏液高分泌。尽管肥大细胞和 ILC2 产生多种细胞因子和响应 IL-33 的细胞间通信的其他介质，但在体外共培养系统中肥大细胞对气道上皮的主要作用是由 IL-13 介导的。IL-33 通过与 ILC2 表面受体 ST2 结合使之激活，激活的 ILC2 分泌 IL-4、IL-9、IL-13、表皮生长因子样分子双调蛋白和大量调控嗜酸性粒细胞存活和迁移的细胞因子 IL-5 等，介导 Th2 型免疫应答。IL-4 主要是促进 B 细胞产生 IgE，IL-9 主要是诱导肥大细胞增生。IL-13 也能诱导肥大细胞分化与成熟，促进气道平滑肌收缩及气道上皮杯状细胞黏液分泌，放大 IgE 介导过敏反应的强度，也与气道高反应性和气道重塑有关，还可阻止肥大细胞在稳态下活化，也可触发树突状细胞向淋巴结迁移、诱导 Th0 分化为 Th2 细胞。双调蛋白能够促进上皮细胞生长，保护和修复气道上皮。以 IgE 依赖的方式致敏后，局部 ILC2 增加，相关细胞因子分泌增加。因此，有学者推测 IgE 和肥大细胞可以直接促进 ILC2 的聚集、增殖和相关细胞因子产生。

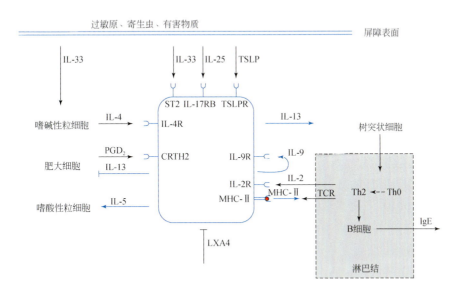

图 1-34　ILC2 的信号传递过程

ILC2 作为中继站，将自屏障表面（如皮肤、肠和肺）接收到的警报信号（IL-33、IL-25 和 TSLP）传送给肥大细胞、嗜酸粒细胞、树突状细胞和 Th2 细胞。IL-33、IL-25 和 TSLP 分别与各自的受体 ST2、IL-17RB 和 TSLPR 结合，激活 ILC2。IL-33 也可以促进嗜碱性粒细胞上调 IL-4 表达，IL-4 再激活 ILC2。ILC2 活化后，释放 IL-5、IL-9 和 IL-13。IL-5 可以募集嗜酸性粒细胞；IL-13 可以抑制肥大细胞活化，或促进树突状细胞迁移到淋巴结，促进 Th0 分化为 Th2。Th2 迁移至组织后，被提呈抗原的 ILC2 激活后产生 IL-2，IL-2 活化 ILC2 使之释放 IL-9，IL-9 反馈性增强 ILC2 活性和增殖，从而提供 2 型免疫细胞生存、增殖的微环境。TSLP. 胸腺基质淋巴细胞生产素［引自：Bernink J H，Germar K，Spits H, et al. 2014. The role of ILC2 in pathology of type 2 inflammatory diseases［J］. Curr Opin Immunol. 31：115-120］

四、肥大细胞与内皮细胞和上皮细胞

肥大细胞主要定居在结缔组织基质中，是血管壁的组成成分，激活肥大细胞可以释放炎性介质，包括组胺、蛋白酶、肝素、前列腺素类、白三烯和多种细胞因子等，其中很多介质具有调节血管内皮细胞的功能，并参与动脉粥样硬化的形成。肥大细胞分泌的血管调节介质，尤其是丝氨酸蛋白酶来源的肥大细胞颗粒内蛋白酶和组胺诱导的炎症反应对血管内皮细胞的影响较大。例如，类胰蛋白酶以剂量依赖的方式诱导内皮细胞释放血管生成因子刺激血管生成。超微结构分析表明，肥大细胞和内皮细胞可以形成间隙连接，在血管生成过程中通过此连接在肥大细胞和内皮细胞之间进行直接的细胞间通信，血管功能的调控也依赖于间隙连接。肥大细胞和内皮细胞的物理结合及通过间隙连接的直接细胞间通信提供了另外一种肥大细胞可能影响血管生成的方式。促炎症介质合成和细胞黏附分子的表达是活化血管内皮细胞免疫监视的关键。然而，失控并持续存在的炎症反应会引发动脉粥样硬化形成。

哺乳类动物细胞至少表达 10 种 Toll 样受体，其中，TLR4 介导革兰氏阴性菌的脂多糖反应，TLR2 被认为是革兰氏阳性菌的组成成分。人内皮细胞表达低水平的 TLR4 和 TLR2，可以被革兰氏阳性菌和阴性菌激活。动脉粥样硬化患者内皮损害部位 TLR4 和 TLR2 表达升高，另外还发现 TLR4 的多形性可以降低动脉粥样硬化的发病率。同时，革兰氏阴性菌细胞壁脂多糖成分 LPS 和革兰氏阳性菌细胞壁成分脂磷壁酸（lipoteichoic acid，LTA）及肽聚糖可以刺激血管内皮细胞产生 IL-6 和 IL-8。组胺存在时，IL-6 和 IL-8 显著升高，组胺也可以通过增加 TLR4 和 TLR2 的表达放大内皮细胞对细菌成分的反应，这些也都表明组胺和细菌成分可共同作用放大血管内皮炎症反应，进而导致动脉粥样硬化斑块的形成和加剧动脉粥样斑块的不稳定。

肥大细胞除了与血管内皮细胞相互作用外，还与肠上皮细胞有密切的联系。在稳定状态下，肥大细胞在大肠中含量极少，但是在寄生虫感染后，肥大细胞会在大肠上皮中大量积累，并且会长久存在。Sorobetea 等的研究表明，在鼠鞭虫感染的初期，肥大细胞在大肠上皮大量聚积，并且在寄生虫被清除之后持续存在几个月的时间，可能与大肠上皮 MMC 寿命较长，通过局部 MCp 的成熟维持其数量的稳定有关。另外，肥大细胞可以调节大肠上皮的通透性，同样在该研究中发现，在鼠鞭毛虫感染之后，循环中的肥大细胞衍生的蛋白酶 MCP_t-1 水平升高，而 MCP_t-1 已经被证实可以调节上皮的通透性，并且已证明在鼠鞭毛虫感染之后循环中的 MCP_t-1 主要是由大肠上皮中的肥大细胞释放的。肥大细胞对大肠上皮的影响主要体现在鼠鞭毛虫感染之后，被感染过的小鼠更易发生食物过敏、哮喘等过敏反应，这主要是由于上皮细胞的功能和通透性改变所导致。该研究推测上皮通透性的改变是感染后积聚的肥大细胞释放的 MCP_t-1 攻击大肠上皮，以及进入循环的 MCP_t-1 攻击其他上皮所致。除了可以改变上皮的通透性外，肥大细胞还可以与肠上皮细胞中的杯状细胞相互作用来达到抗寄生虫的目的。Shimokawa 等的研究发现，在蠕虫感染中，由于寄生虫的攻击，肠上皮细胞被破坏，破坏后的细胞释放出 ATP，之后 ATP 作用于肥大细胞表面的 P2X7 嘌呤受体，激活肥大细胞释放 IL-33，而组织损伤释放的 IL-33 被认为是人体对寄生虫做出反应并且引发 2 型免疫反应的主要手段之一。之后

IL-33 与 ILC2 表面的受体 ST2 结合，激活 ILC2 使其释放 IL-13，而 IL-13 可以直接作用于肠上皮产黏液的杯状细胞，促进其增殖，从而达到清除寄生虫的目的。

作为一种在哮喘中起重要作用的细胞，肥大细胞与肺气道上皮细胞之间的作用也十分引人注目。在哮喘患者的气道黏膜表面可以发现肥大细胞数量的增加，由于人气道上皮细胞（human airway epithelial cell，HAEC）积极参与气道炎症反应并与黏膜中的肥大细胞直接接触，因此可以假设 HAEC 与肥大细胞相互作用可能有助于气道黏膜中肥大细胞的分化和存活。Hsieh 等的研究已证明，HAEC 产生的 SCF 可以支持肥大细胞在无其他任何外源性细胞因子的共培养条件下存活至少 4 天。另外，HAEC 还可以对肥大细胞的蛋白酶表型产生影响，在共培养之前，提取的肥大细胞几乎全部是 MC_{TC}，而在与 HAEC 共培养之后，经过免疫组织化学的鉴定，共培养后的肥大细胞主要是 MC_T。除此之外，HAEC 衍生的介质，如一氧化氮、细胞因子和黏附分子可以影响肥大细胞的功能。上述结果都表明，肥大细胞与人气道上皮细胞之间的相互作用对肥大细胞的分化与存活是十分重要的。

五、肥大细胞与肿瘤细胞

肥大细胞与肿瘤的关系非常复杂，作为机体的免疫屏障细胞，肥大细胞监控细胞的衰老和变异，局限化并处理突变细胞。在肿瘤形成早期的慢性炎症阶段，肥大细胞通过颗粒内的蛋白酶降解异常分子；分泌的细胞因子、趋化因子诱导免疫细胞的迁移、聚集、杀伤和处理恶变细胞；通过产生的细胞外基质阻止突变细胞穿透基底膜，阻止异常细胞进入循环。慢性炎症诱导定居组织的肥大细胞增生，肿瘤旁组织中可见肥大细胞数量增加，同时募集来自循环中的肥大细胞及其前体、巨噬细胞、中性粒细胞等到达肿瘤周围。胰腺癌中，肥大细胞是肿瘤细胞早期生长边缘唯一升高的炎症细胞，在肿瘤血管生长的早期，巨噬细胞及中性粒细胞也被募集在肿瘤周围。后期，随着肿瘤生长，生物学行为恶性增加，肥大细胞的介质反而在血管生成、基底膜破坏和肿瘤生长中起到促进作用。因此，对于肿瘤而言，肥大细胞是把双刃剑。作为近期肿瘤辅助治疗的新靶点，选择性抑制肿瘤血管新生、组织重塑和肿瘤促进的分子，通过促进细胞毒性细胞因子分泌和预防肥大细胞介导的免疫抑制而发挥治疗作用。

单体 IgE 分子虽然不能激活肥大细胞，但仍能在一定程度上维持肥大细胞的活性，使之呈致敏状态，且保持对抗原的高度敏感。恶性肿瘤发展的同时，除了表现出炎症反应以外，也会伴有氧化应激的缺血、缺氧、间质性水肿和淋巴管生成等。其中组织缺氧是炎症组织如肿瘤、梗死心肌、动脉粥样硬化斑块、愈合伤口和细菌感染部位等的显著特征。Gulliksson 团队探究了肥大细胞在缺氧条件下存活、脱颗粒及细胞因子分泌的情况，发现虽然缺氧本身不会诱导肥大细胞脱颗粒，但会上调 HIF-1α 的表达并释放 IL-6，有助于肥大细胞的增殖及存活，并且肥大细胞在缺氧的情况下处于稳定状态，保持对外部刺激的反应性。因此，肥大细胞即使在低氧的组织中也可以在宿主防御中发挥重要作用，甚至在肿瘤生长中起重要作用。进一步了解缺氧对肥大细胞功能的影响对于了解肥大细胞在疾病（如受缺氧影响的癌症和哮喘）中的作用至关重要。

目前认为肥大细胞与肿瘤相关的主要原因是其合成和释放的血管生成复合物，通过促进血管和淋巴管的形成进而促进肿瘤的发生和发展。肥大细胞的浸润及其分泌的基质金属蛋白酶如 MMP-9 的激活共同启动癌前病变的血管生成开关。肥大细胞募集在肿瘤周围的毛细血管和上皮细胞基底膜，脱颗粒引起胞内特殊蛋白质如类胰蛋白酶和糜蛋白酶释放。糜蛋白酶可以单独引起血管表型改变，类胰蛋白酶在组织重塑中则发挥更重要的作用。肿瘤细胞的生长产生大量的 SCF，肿瘤来源的 SCF 趋化肥大细胞向肿瘤部位募集，一方面 SCF 与肥大细胞表面 KIT 结合，激活 SCF-KIT 信号通路，促进肥大细胞增生，同时激活肥大细胞脱颗粒，导致肿瘤微环境的重塑和肿瘤生长。另一方面因为肥大细胞的聚集，也可以将 KIT 通过外泌体携带至肿瘤部位，使肿瘤部位 KIT 表达增加。而局部高浓度的 SCF 促进募集在肿瘤细胞周围的肥大细胞活化，释放细胞因子 IL-6、TNF-α、VEGF、COX-2、i-NOS 和 CCL2，促进肿瘤微环境重塑和肿瘤生长。肥大细胞表达的 KIT 蛋白与肺癌的预后明显相关，KIT 蛋白阳性肺癌患者的预后较差，也与肺癌的分期、胸膜浸润、血管神经浸润和吸烟史等有关。

血管生成是肿瘤生长的条件之一，肥大细胞通过释放一系列促血管生成的分子，特别是类胰蛋白酶在肿瘤生长过程中的血管生成转换中发挥作用。Devandir 等通过化学诱导 BALB/c 小鼠肿瘤模型，经免疫组织化学检测证实在肿瘤进展过程中类胰蛋白酶 mMCP-6、mMCP-7 和糜蛋白酶表达及活性增加，同时检测血管性血友病因子 vWF 发现，在肿瘤第一阶段新生血管的数量显著增加，而在第二阶段和第三阶段，已有血管增大。体外实验也表明 mMCP-6、mMCP-7 具有诱导血管形成的功能。由此可知，肥大细胞在肿瘤发展的早期参与诱导血管新生，并在肿瘤发展的后期参与血管的生长调节。研究发现，IL-1β 与人肥大细胞共培养可诱导血管生成因子 IL-8 的合成，从而促进血管生成。因此，肥大细胞来源的 IL-1β 不仅在炎症中起关键作用，也是调节血管生成因子合成的重要血管生成介质，在肿瘤发生、发展中发挥一定作用。肥大细胞分泌的多肽类生长因子 FGF2、VEGF、TNF-α、TGF-β 和 IL-8 等均参与肿瘤相关的血管新生。FGF-2 抗体或 VEGF 抗体分别减少肥大细胞及其分泌颗粒，引起血管生长分别减少 50% 和 30%，表明肥大细胞引起血管新生主要是由于 FGF-2 和 VEGF 协同发挥促进血管增生的作用。肥大细胞产生的血管源细胞因子如血管生成素、VEGF 和 FGF-2 在巨球蛋白血症和未定型单克隆 γ 球蛋白血症患者的血清中也升高。对鸡胚胎绒尿囊膜的研究发现，是单独的肥大细胞和肥大细胞分泌的颗粒起血管生成作用，而不是脱颗粒的肥大细胞起血管生成作用。

肥大细胞的激活还导致多种其他细胞因子 / 趋化因子，如 TNF-α、MIP-1 和单核细胞趋化蛋白 -1（monocyte chemoattractant protein-1，MCP-1）、TGF-β 等释放。在小鼠乳腺癌、胰腺癌、结肠癌和头颈部鳞状细胞癌模型中，TGF-β 信号的遗传缺失或下调会导致更恶性的肿瘤表型，提示 TGF-β 是重要的肿瘤抑制因子。也有报道指出，结肠癌辅助化疗后，TGF-β 受体 2 基因（TGFBR2）突变与良好预后相关，而在侵袭性、高度增殖性神经胶质瘤中高 TGF-β-SMAD 活性则预后较差。因此，TGF-β 在肿瘤的发生和发展中体现双重作用，由肿瘤发生前的肿瘤抑制因子转变为疾病晚期的肿瘤促进因子，可能导致肿瘤转移。潜在的机制可能是在肿瘤的早期发展中通过抑制细胞周期进程、诱导细胞凋亡，以及抑制生长因子、细胞因子和趋化因子表达进而抑制肿瘤的发生和发展；而在随后肿瘤进展中 TGF-β 可能参与细胞骨架结构的改变，蛋白酶和细胞外基质合成增加，免疫监视减弱及血管生成增加，从而促进肿瘤形成。

肥大细胞在肿瘤发展的早期作为炎症细胞通过浸润促进肿瘤细胞生长，单核－巨噬细胞、中性粒细胞和嗜酸性粒细胞也被募集到肿瘤部位启动血管生成。肥大细胞膜稳定剂色甘酸二钠可以迅速诱发肿瘤细胞和内皮细胞缺氧及程序性死亡。近年发现作为免疫调节细胞，肥大细胞促进树突状细胞的迁移、成熟和功能发挥，并与 T 细胞和 B 细胞相互作用，尤其是与 Treg 的相互作用，改变或逆转 Treg 的抑制特性，参与肿瘤微环境中免疫监视的负调控。肥大细胞不仅可以产生抑制性因子 IL-10，还可以作为 Treg 的增强细胞，促进 Treg 调节的免疫耐受，下调免疫系统对皮肤同种异体移植物的反应，降低肿瘤免疫应答。越来越多的实验证实，肥大细胞与 Treg 相互作用抑制免疫反应，促进肿瘤生长。Blatner 等将健康小鼠中新鲜分离的 Treg 与离体分化的肥大细胞在含有 SCF 和 IL-2 的培养基中共培养，在 5 天内 Treg 下调 IL-10 的表达并上调 IL-17 的表达，实现了逆转 Treg 抑制特性。根据息肉中肥大细胞数量比胃肠道肿瘤多的现象，研究者推测，肿瘤细胞可能通过招募肥大细胞改变 Treg 的功能而扭转已有的抗癌相关炎症反应转向有利于肿瘤的方向发展。Khashayarsha 指出，当 Treg 的 OX40 与肥大细胞膜的 OX40L 结合后即激活 Treg 的胞内磷脂酶 C，提高细胞内 cAMP 的水平，从而阻止了 Ca^{2+} 内流并下调 Treg IL-10 表达。长期的相互作用，肥大细胞释放组胺和促炎细胞因子如 IL-6、IL-23，促使 Treg 向 Th17 谱系或促炎性 Treg（ΔTreg）转换，逐渐消除了 Treg 的抑制功能。而利用肥大细胞抑制剂或阻断 Treg 中 RORγT 的表达则有助于维持保护性抗炎状态，不利于肿瘤生长。以上两种细胞的相互作用决定了与肿瘤相关的炎症的程度，起到增强或抑制肿瘤生长的作用。在体内肥大细胞可导致各种靶细胞的凋亡和诱导肿瘤相关炎症细胞的募集。应用 TNF-α 抑制剂可以减少肠息肉的发生，减缓息肉的生长，减少肥大细胞的浸润。肥大细胞是组胺的主要来源，组胺通过 H1 受体诱导肿瘤细胞增殖，通过 H2 受体抑制免疫系统，H1 和 H2 受体促进血管生成并增加微血管的通透性，使血浆蛋白渗漏和纤维蛋白沉积。

在肿瘤转移过程中，细胞外基质降解对肿瘤的生长和转移起重要作用，肥大细胞颗粒内蛋白酶可以导致细胞外基质的溶解和断裂，也可以调节成纤维细胞、肿瘤细胞和巨噬细胞的胶原活性。肥大细胞类胰蛋白酶激活 MMP，降解细胞外基质，肥大细胞合成和储存的大量 MMP2 和 MMP9 可以降解 Ⅳ、Ⅴ、Ⅶ和 Ⅹ 型胶原及纤维连接蛋白，破坏基底膜的完整性，导致实体瘤的原位侵入和转移。

黏膜型肥大细胞主要出现在肿瘤的早期阶段，而结缔组织型肥大细胞主要存在于肿瘤发展后期的间质中。也有文献报道，在胰腺导管 β 细胞中，Myc 的激活可以诱导包括 CCL2、MCP1 和 CCL5 等多种细胞因子的激活，这些趋化因子募集肥大细胞聚集在肿瘤部位，这种募集导致肿瘤的快速增长。肥大细胞介质肝素作为 FGF2 的低亲和力受体的可溶性形式，代替 FGF2 的生物学活性形式，促进 FGF2 迅速和内皮细胞相互作用。在手术切除的非小细胞肺癌组织中，肥大细胞浸润肿瘤间质，并发现巨噬细胞和肥大细胞在肿瘤中浸润与 5 年生存率的升高显著相关。有报道，肥大细胞浸润的数量与临床肿瘤分期和预后相关：癌旁肥大细胞数量增加与肝癌不良预后相关，而 Treg 的数量与肥大细胞数量呈负相关，Treg 数量越多，肝癌预后越好；肥大细胞数量联合 Treg 数量作为判断肝癌的预后指标比单独应用肥大细胞数量预测效果更好；在黑素瘤、口腔鳞状细胞癌、结节硬化性霍奇金淋巴瘤等肿瘤中肥大细胞数量与不良预后正相关；肥大细胞数量在胃癌癌前病变较多，但与胃癌患者的生存期无明显相关性。肥大细胞的浸润在结肠癌肝转移手术切缘也预示着肿瘤患者的生存期和治疗效果不良；血管密度和肥大细胞密度低的肿瘤患者比高的患者生存期要长。

六、肥大细胞与神经细胞

肥大细胞在体内无处不在，尤其在机体易暴露于外界的部位，如皮肤基底层、胃肠道黏膜、中枢神经系统的脑膜和肺与气道等。这种与外部环境的紧密接近使它们能够对环境过敏原和病原体等刺激做出快速反应。除了对环境刺激的防御之外，肥大细胞对内源性微环境也很敏感，参与许多生理和病理过程，包括血管舒缩、通透性改变、疼痛、瘙痒，甚至癌变。

肥大细胞与支配四肢、内脏器官和脑膜的传入神经定位相邻，多与表皮和脑膜中的神经末梢共存。在银屑病、表皮增生和慢性炎症中都检测到表皮肥大细胞。SCID 小鼠在髓神经束附近及真皮深层中均有肥大细胞。通过释放颗粒内物质，肥大细胞可与 CNS 中的感觉末梢直接作用。而在外周，肥大细胞位于表达瘙痒感受器和伤害感受器的初级传入神经末梢附近，分别涉及瘙痒和疼痛的传递。肥大细胞通过快速脱颗粒，从头合成和囊泡释放组胺、P 物质，直接和 / 或间接触发神经源性炎症和神经炎症时的疼痛和瘙痒。

神经源性炎症与皮肤和内脏器官中神经血管相互作用的多细胞系统有关，从致敏的外周神经末梢释放血管活性和促炎性神经肽物质及降钙素基因相关肽（calcitonin gene related peptide，CGRP）等，导致血管扩张、血浆外渗、白细胞浸润和肥大细胞活化。肥大细胞激活后进一步释放神经肽、组胺和其他致敏介质，刺激神经末梢释放更多的神经肽，从而导致肥大细胞活化后级联的恶性循环和周围神经致敏，进一步扩大血管渗漏和神经源性炎症。这个过程导致风疹和红晕，表现为发红和发热、瘙痒和水肿，并且使感觉神经末梢变得更加敏感。此外，从肥大细胞释放的 P 物质、组胺及类胰蛋白酶，可维持对有害刺激的持续反应，白细胞迁移、黏附和运输，这些物质同时又具有直接的血管活性。另外，神经肽可以从致敏的神经末梢释放并且在轴突反射之后继续释放。这些反馈机制加重肥大细胞活化和周围神经致敏的循环，并可能参与从急性疼痛向慢性疼痛转变，增加了疼痛治疗的困难。总的来说，肥大细胞激活后释放致痛和致痒介质，这些介质与感觉神经纤维上的特定伤害感受器互通信息。

（戈伊芹　李延宁　肖　辉）

参 考 文 献

鲍一笑，张玲珍，李莉，等 .1999.Fas 可能是雷公藤红素诱导 HMC-1 细胞凋亡的途径之一［J］.中国免疫学杂志，（2）：16-18.

鲍一笑，张璐定，李莉，等 .2001.雷公藤红素对 HMC-1 细胞凋亡相关基因表达的影响［J］.第二军医大学学报，（9）：833-835.

董文珠，李兆申，邹多武，等 .2003. 肠易激综合征患者肠黏膜肥大细胞的光镜和电镜观察［J］.中华消化内镜杂志，（8）：244-248.

梁玉婷，李莉 . 2017，改良的肥大细胞甲苯胺蓝染色法［J］. 现代生物医学进展，17（2）：4601-4605.

梁玉婷，乔龙威，彭霞，等 . 2017，肥大细胞预形成颗粒及其生物学意义［J］. 现代免疫学，37（5）：417-422.

廖焕金，李莉 . 2019. 肥大细胞分化与成熟［J］. 现代免疫学，39（2）：150-154.

Alfredsson J，Puthalakath H，Martin H，et al. 2005. Proapoptotic Bcl-2 family member Bim is involved in the control of mast cell survival and is induced together with Bcl-xL upon IgE-receptor activation［J］. Cell Death Differ，12（2）：136-144.

Aller M A，Arias A，Arias J I A，et al. 2019. Carcinogenesis：the cancer cell-mast cell connection［J］. Inflamm Res，68（2）：103-116.

Ashkenazi A，Fairbrother W J，Leverson J D，et al. 2017. From basic apoptosis discoveries to advanced selective BCL-2 family inhibitors［J］. Nat Rev Drug Discov，16（4）：273-284.

Berent-Maoz B，Gur C，Vita F，et al. 2011. Influence of FAS on murine mast cell maturation［J］. Ann Allergy Asthma Immunol，106（3）：239-244.

Berent-Maoz B，Piliponsky A M，Daigle I，et al. 2006. Human mast cells undergo TRAIL-induced apoptosis［J］. J Immunol，176（4）：2272-2278.

Borriello F，Iannone R，Marone G. 2017. Histamine release from mast cells and basophils［B］. Handb Exp Pharmacol，241：121-139.

Bulfone-Paus S，Nilsson G，Draber P，et al. 2017. Positive and negative signals in mast cell activation［J］. Trends Immunol，38（9）：657-667.

Chi E Y，Henderson W R. 1984. Ultrastructure of mast cell degranulation induced by eosinophil peroxidase：Use of diaminobenzidine cytochemistry by scanning electron microscopy［J］. J Histochem Cytochem，32（3）：337-341.

Conti P，Shaik-Dasthagirisaheb Y B. 2015. Mast cell serotonin immunoregulatory effects impacting on neuronal function：implications for neurodegenerative and psychiatric disorders［J］. Neurotox Res，28（2）：147-153.

Delgado M，Singh S，De Haro S，et al. 2009. Autophagy and pattern recognition receptors in innate immunity［J］. Immunol Rev，227（1）：189-202.

Dvorak A M，et al. 1984. Differences in the behavior lipid bodies during human of çytoplasmic granules and lung mast cell degranulation［J］. J Cell Biol，99（5）：1678-1687.

Ekoff M，Kaufmann T，Engstrom M，et al. 2007. The BH3-only protein Puma plays an essential role in cytokine deprivation induced apoptosis of mast cells［J］. Blood，110（9）：3209-3217.

Ekoff M，Nilsson G. 2011. Mast cell apoptosis and survival［J］. Adv Exp Med Biol，716：47-60.

Elieh Ali Komi D，Grauwet K. 2018. Role of mast cells in regulation of T cell responses in experimental and clinical settings［J］. Clin Rev Allergy Immunol，54（3）：432-445.

Fonzi L，Puttini M，Belli M，et al. 1996. Ultrastructural aspects of two different mast cell populations in human healthy gingival tissue［J］. Bull Group Int Rech Sci Stomatol Odontol，39（1-2）：39-48.

Forster A，Preussner L M，Seeger J M，et al. 2013. Dimethylfumarate induces apoptosis in human mast cells［J］. Exp Dermatol，22（11）：719-724.

Frossi B，Mion F，Sibilano R，et al. 2018. Is it time for a new classification of mast cells? What do we know about mast cell heterogeneity［J］. Immunol Rev，282（1）：35-46.

Garrison S P，Phillips D C，Jeffers J R，et al. 2012. Genetically defining the mechanism of Puma-and Bim-induced apoptosis［J］. Cell Death Differ，19（4）：642-649.

Ghanim V，Herrmann H，Heller G，et al. 2012. 5-azacytidine and decitabine exert proapoptotic effects on neoplastic mast cells：role of FAS-demethylation and FAS re-expression，and synergism with FAS-ligand［J］. Blood，119（18）：4242-4252.

Grootens J，Ungerstedt J，Nilsson G，et al. 2018. Deciphering the differentiation trajectory from hematopoietic stem cells to mast cells［J］. Blood Adv，2（17）：2273-2281.

Hartmann K，Wagelie-Steffen A L，von Stebut E，et al. 1997. Fas（CD95，APO-1）antigen expression and function in murine mast cells［J］. J Immunol，159（8）：4006-4014.

Harvima I T，Levi-Schaffer F，Draber P，et al. 2014. Molecular targets on mast cells and basophils for novel therapies［J］. J Allergy Clin Immunol，134（3）：530-544.

Hui X，Lässer C，Shelke G，et al. 2014. Mast cell exosomes promote lung adenocarcinoma cell proliferation role of KIT-stem cell factor signaling［J］. Cell commun signal，12（1）：64-68.

Jayawardana S T，Ushio H，Niyonsaba F，et al. 2008. Monomeric IgE and lipopolysaccharide synergistically prevent mast-cell apoptosis［J］. Biochem Biophys Res Commun，365（1）：137-142.

Jenkins C E，Swiatoniowski A，Power M R，et al. 2006. Pseudomonas aeruginosa-induced human mast cell apoptosis is associated with up-regulation of endogenous Bcl-xS and down-regulation of Bcl-xL［J］. J Immunol，177（11）：8000-8007.

Joakim S D，Jenny H. 2015. Mast cell progenitors：origin，development and migration totissue［J］. Molecul Immunol，53：7-17.

Karlberg M，Ekoff M，Huang D C，et al. 2010. The BH3-mimetic ABT-737 induces mast cell apoptosis *in vitro* and *in vivo*：potential for therapeutics［J］. J Immunol，185（4）：2555-2562.

Karlberg M，Ekoff M，Labi V，et al. 2010. Pro-apoptotic Bax is the major and Bak an auxiliary effector in cytokine deprivation-induced mast cell apoptosis［J］. Cell Death Dis，1：e43.

Kurosawa M，Inamura H，Kanbe N，et al. 1998. Phase-contrast microscopic studies using cinematographic techniques and scanning electron microscopy on IgE-mediated degranulation of cultured human mast cells［J］. Clin Exp Allergy，28（8）：1007-1012.

Lagunoff D. 1973. Membrane fusion during mast cell secretion［J］. J Cell Biol，57（1）：252-259.

Leclere M，Desnoyers M，Beauchamp G，et al. 2006. Comparison of four staining methods for detection of mast cells in equine bronchoalveolar lavage fluid［J］. J Vet Intern Med，20（2）：377-381.

Leverson J D，Sampath D，Souers A J，et al. 2017. Found in translation：how preclinical research is guiding the clinical development of the Bcl2-Selective inhibitor venetoclax［J］. Cancer Discov，7（12）：1376-1393.

Li F，Wang Y，Lin L，et al. 2016. Mast cell-derived exosomes promote Th2 cell differentiation via OX40L-OX40 ligation［J］. J Immunol Res，（19）：1-10.

Li Z，Liu S，Xu J，et al. 2018. Adult connective tissue-resident mast cells originate from late erythro-myeloid progenitors［J］. Immunity，49（4）：640-653. e5.

Liang Y，Huang S，Qiao L，et al. 2019. Characterization of protein，long noncoding RNA and microRNA signatures in extracellular vesicles derived from resting and degranulated mast cells［J］. J Extracell

Vesicles，9（1）：1697583.

Liang Y，Qiao L，Peng X，et al. 2018. The chemokine receptor CCR1 is identified in mast cell-derived exosomes［J］. Am J Transl Res，10（2）：352-367.

Marsden V S，Kaufmann T，O'Reilly L A，et al. 2006. Apaf-1 and caspase-9 are required for cytokine withdrawal-induced apoptosis of mast cells but dispensable for their functional and clonogenic death［J］. Blood，107（5）：1872-1877.

Masuda A，Matsuguchi T，Yamaki K，et al. 2001. Interleukin-15 prevents mouse mast cell apoptosis through STAT6-mediated Bcl-xL expression［J］. J Biol Chem，276（28）：26107-26113.

Maurer M，Tsai M，Metz M，et al. 2000. A role for Bax in the regulation of apoptosis in mouse mast cells［J］. J Invest Dermatol，114（6）：1205-1206.

McBrien C N，Menzies-Gow A. 2017. The biology of eosinophils and their role in asthma［J］. Front Med，4：93-106.

Mekori Y A，Gilfillan A M，Akin C，et al. 2001. Human mast cell apoptosis is regulated through Bcl-2 and Bcl-xL［J］. J Clin Immunol，21（3）：171-174.

Mizushima N. 2018. A brief history of autophagy from cell biology to physiology and disease［J］. Nat Cell Biol，20（5）：521-527.

Moller C，Karlberg M，Abrink M，et al. 2007. Bcl-2 and Bcl-xL are indispensable for the late phase of mast cell development from mouse embryonic stem cells［J］. Exp Hematol，35（3）：385-393.

Moon T C，St Laurent C D，Morris K E，et al. 2010. Advances in mast cell biology：new understanding of heterogeneity and function［J］. Mucosal Immunol，3（2）：111-128.

Murakami M，Taketomi Y. 2015. Secreted phospholipase A2 and mast cells［J］. Allergol Int，64（1）：4-10.

Nagata S，Tanaka M. 2017. Programmed cell death and the immune system［J］. Nat Rev Immunol，17（5）：333-340.

Ottina E，Lyberg K，Sochalska M，et al. 2015. Knockdown of the antiapoptotic Bcl-2 family member A1/Bfl-1 protects mice from anaphylaxis［J］. J Immunol，194（3）：1316-1322.

Pejler G. 2010. Mast cell proteases：multifaceted regulators of inflammatory disease［J］. Blood，115（24）：4981-4990.

Peng X，Wang J，Li X，et al. 2015. Targeting mast cells and basophils with anti-Fcepsilon RI alpha Fab-conjugated celastrol-loaded micelles suppresses allergic inflammation［J］. J Biomed Nanotechnol，11（12）：2286-2299.

Peter B，Cerny-Reiterer S，Hadzijusufovic E，et al. 2014. The pan-Bcl-2 blocker obatoclax promotes the expression of Puma，Noxa，and Bim mRNA and induces apoptosis in neoplastic mast cells［J］. J Leukoc Biol，95（1）：95-104.

Platzer B，Ruiter F，Van Der Mee J，et al. 2011. Soluble IgE receptors—elements of the IgE network［J］. Immunol Lett，141（1）：36-44.

Poon K C，Liu P I，Spicer S S. 1981. Mast cell degranulation in beige mice with the Chédiak-Higashi defect［J］. Am J Pathol，104（2）：142-149.

Reinhart R，Rohner L，Wicki S，et al. 2018. BH3 mimetics efficiently induce apoptosis in mouse basophils and mast cells［J］. Cell Death Differ，25（1）：204-216.

Ribatti D. 2016. The development of human mast cells ［J］. Exp Cell Res，342（2）：210-215.

Ronnberg E，Melo F R，Pejler G. 2012. Mast cell proteoglycans ［J］. J Histochem Cytochem，60（12）：950-962.

Schmetzer O，Valentin P，Church M K，et al. 2016. Murine and human mast cell progenitors ［J］. Eur J Pharmacol，778（5）：2-10.

Shukla S A，Ranjitha V，Judy S W，et al. 2006. Mast cell ultrastructure and staining in tissue ［J］. Methods Mol Biol，315：63-76.

Smith D E. 1963. Electron microscopy of normal mast cells under various experimental conditions ［J］. Ann N Y Acad Sci，103：40-52.

Stephen J G，Susumu N，Mindy T. 2005. Mast cells in the development of adaptive immune responses ［J］. Nat Immunol，6（2）：135-142.

Tamma R，Guidolin D，Annese T，et al. 2017. Spatial distribution of mast cells and macrophages around tumor glands in human breast ductal carcinoma ［J］. Exp Cell Res，359（1）：179-184.

Tikoo S，Barki N，Jain R，et al. 2018. Imaging of mast cells ［J］. Immunol Rev，282（1）：58-72.

Tkaczyk C，Okayama Y，Metcalfe D D，et al. 2004. Fcgamma receptors on mast cells：activatory and inhibitory regulation of mediator release ［J］. Int Arch Allergy Immunol，133（3）：305-315.

Ushio H，Ueno T，Kojima Y，et al. 2011. Crucial role for autophagy in degranulation of mast cells ［J］. J Allergy Clin Immunol，127（5）：1267-1276.

Valent P，Cerny-Reiterer S，Herrmann H，et al. 2010. Phenotypic heterogeneity，novel diagnostic markers，and target expression profiles in normal and neoplastic human mast cells ［J］. Best Pract Res Clin Haematol，23（3）：369-378.

Vukman K V，Försönits A，Oszvald Á，et al. 2017. Mast cell secretome：soluble and vesicular components［J］. Semin Cell Dev Biol，67：65-73.

Xiang Z，Block M，Löfman C，et al. 2001. IgE-mediated mast cell degranulation and recovery monitored by time-lapse photograph ［J］. J Allergy Clin Immunol，108（1）：116-121.

Xie G，Yang H，Li L，et al. 2018. Mast cell exosomes can suppress allergic reactions by binding to IgE ［J］. J Allergy Clin Immunol，141（2）：788-791.

Xie G，Wang F，Peng X，et al. 2018. Modulation of mast cell Toll-like receptor 3 expression and cytokines release by histamine ［J］. Cell Physiol Biochem，46：2401-2411.

Yang L，Pang Y，Moses H L. 2010. TGF-β and immune cells：an important regulatory axis in the tumor microenvironment and progression ［J］. Trends Immunol，31：220-227.

Yoshikawa H，Nakajima Y，Tasaka K. 2000. Enhanced expression of Fas-associated death domain-like IL-1-converting enzyme（FLICE）-inhibitory protein induces resistance to Fas-mediated apoptosis in activated mast cells ［J］. J Immunol，165（11）：6262-6269.

第二章　肥大细胞活化与肥大细胞的信号通路

作为一种多功能的细胞，肥大细胞在不同的生理和病理条件下，能够对多种刺激产生应答，在免疫防御、过敏及多种疾病中发挥着非常重要的作用。使肥大细胞活化脱颗粒的激活剂有很多，可以归纳为免疫途径和非免疫途径两大类，前者又包括 IgE 依赖途径和非 IgE 依赖途径，而非免疫途径的活化与环境、情绪、药物、化学物质等相关，但激活肥大细胞的机制目前尚未明确，可能产生与 IgE 途径活化类似的作用。通过不同途径激活的肥大细胞，其激活后细胞内信号通路也不完全相同，产生的生物活性也不一致。

第一节　免疫途径依赖的肥大细胞激活剂

使肥大细胞脱颗粒的激活剂有很多，免疫学途径激活肥大细胞的激活剂主要有两大类：IgE 依赖和非 IgE 依赖。IgE 依赖的肥大细胞活化主要经由过敏原与过敏原特异性 IgE 结合而导致肥大细胞表面的 IgE 高亲和力受体发生交联，触发细胞内信号转导，使肥大细胞脱颗粒并释放大量炎性介质，主要导致过敏反应。而非 IgE 依赖的免疫途径的肥大细胞活化则主要由一些外源性分子与其抗体或配体结合介导，如 IgG、补体成分、TLR、神经肽、细胞因子、趋化因子和其他炎症分子，这些成分既可以通过与结合在肥大细胞膜上的受体或配体作用，也可以直接激活肥大细胞，导致介质的选择性释放，或刺激细胞增殖、分化和 / 或迁移。本节主要介绍这两大类激活剂。

一、IgE 依赖的肥大细胞激活剂

诱发过敏反应的抗原称为过敏原或变应原，自 1902 年发现并提出过敏反应或超敏反应的概念并建立超敏反应学理论迄今，人类对过敏的研究走过了 100 多年的历程。20 世纪初，应对传染病的肆虐，诞生了以疫苗为开端的免疫学。1902 ～ 1903 年奥地利儿科医师 Clemens von Pirquet 在注射破伤风抗毒血清预防破伤风时观察到，破伤风抗毒血清在避免外伤患者发生破伤风的同时，也有不少人在再次接受这种血清注射时发生了严重反应，甚至死亡。Clemens von Pirquet 将这种反应称为变态反应或超敏反应或过敏反应（allergy），并指出，变态反应与免疫接种对机体的保护作用不同，它导致的是对机体损伤的病理生理反应。1906 年 *Allergie* 出版，变态反应学（allergology）的提出创立了变态反应学的里程碑，Clemens von Pirquet 教授也因此被视为变态反应学的始祖，1906 年也被视为变态反应学元年。同期，法国生理学家 Charles Robert Richet 为了制备针对具有"恐怖之星"之称的一种海葵僧帽水母（*Physalia physalis*）的疫苗，将僧帽水母的提取物注入犬体内，

经过一段时间，为加强免疫再次注射僧帽水母后犬却出现了呼吸急促、烦躁不安、虚弱、腹泻、呕血等严重反应，继而昏迷、死亡。在对这一现象深入研究之后，他认识到这是一种"失保护"状态，即机体还存在着一种与免疫保护反应不同的相反作用，因此他提出了严重过敏反应（anaphylaxis）的概念，这种导致变态反应或过敏反应的物质被定义为变应原或过敏原。Richet 也因此获得 1913 年诺贝尔生理学或医学奖。从此，各种不同抗原物质在多种动物如犬、兔、豚鼠和大鼠等体内的类似试验广泛开展，相似的结果证实了变态反应或过敏反应和过敏性休克。经过 100 多年的研究，迄今医学文献记载的过敏原接近 2 万种，常见的有 2000～3000 种，它们通过吸入、食入、注射或接触等方式导致过敏反应。

1. 吸入式过敏原

吸入式过敏原是春季最常见的过敏原，多引起呼吸道过敏性疾病，如过敏性鼻炎、过敏性鼻息肉、过敏性哮喘和喘息性支气管炎。吸入式过敏原主要有花粉类（如蒿属花粉、葎草花粉、豚草花粉、苍耳花粉、白腊花粉、柏树花粉、桦树花粉、梧桐花粉）和北美乔柏粉尘中的大侧柏酸及异氰酸酯等。早在 1964 年，荷兰大气生物学家 Spieksma 和 Voorhorst 共同证实屋尘螨是室内最重要的过敏原。我国最常见的过敏原为螨虫（包括户尘螨和粉尘螨），其次是柳絮、粉尘、动物皮屑和皮毛、德国小蠊、美洲大蠊、油烟、油漆、煤气和香烟等。室外污染物的微小颗粒（particulate matter，PM）、臭氧、汽车尾气、二氧化氮（NO_2）和二氧化硫（SO_2），细菌如金黄色葡萄球菌、流感嗜血杆菌、肺炎球菌、肺炎支原体和衣原体，真菌的菌丝或孢子如链格孢、多主枝孢、烟曲霉，病毒如呼吸道合胞病毒、鼻病毒（rhinovirus 16，RV16），以及寄生虫等也可导致呼吸道过敏，病原体感染也可以引起过敏。

2. 食入式过敏原

所有的食物，包括食材及其烹饪加工后的半成品、成品，都可以导致过敏。过敏症状通常局限于消化道，出现腹痛、腹泻，也可以出现恶心、呕吐并伴有头晕、乏力等症状。食入式过敏原也可导致呼吸道、皮肤和其他系统的过敏反应。常见的食物过敏原：乳类如牛乳、羊乳及含乳饮料、冷饮等；蛋类如鸡蛋、蛋黄、蛋清和蛋类制品（如蛋糕）；海鲜如各种鱼、虾和蟹；肉类如牛肉、羊肉及含肉的食品，动物脂肪，异种蛋白质；调味蔬菜如葱、姜、蒜、茴香苗、韭菜、韭黄、薄荷草等；水果和水果制品如苹果、苹果皮、香蕉、菠萝；菌类包括香菇、木耳；各种豆类和豆制品如蚕豆、大豆、黄豆等；花生、芝麻、花生酱、芝麻酱及其添加的食品等，粮食如小麦、燕麦、小米、高粱、青稞、荞麦及其制成品等；杂草类如豚草、艾蒿、雏菊、蒲公英、一枝黄花等；坚果类如杏仁、开心果、榛子、腰果、松子等，以及含坚果的食品。

3. 接触式过敏原

接触式过敏原有紫外线、辐射、化妆品、洗发水、洗洁精、染发剂、肥皂、化纤用品、塑料和橡胶及其制品、金属饰品（手表、项链、戒指、耳环）等。引起的过敏反应与皮肤直接或间接接触的物质有关，大多引起接触部位皮肤红斑、丘疹或斑丘疹，划痕征，多伴有瘙痒和抓痕。

4. 药物与毒物

药物有抗生素（如头孢菌素）、抗痛风药（如别嘌呤醇）、解热镇痛类消炎药、阿司匹林、镇静抗惊厥药、磺胺类（最常见的是甲氧苄啶和磺胺甲噁唑）、呋喃唑酮、甾体或非甾体抗炎药（non-steroidal anti-inflammatory drug，NSAID）、噻嗪类、普鲁卡因、免疫抑制剂和血清生物制品、中草药制剂等。蛇毒、蜂毒、蝎毒、香油、香精、酒精、毒品均是常见过敏原。可通过食入、吸入或接触，引起呼吸道、消化道或皮肤过敏反应，伴有或不伴有药物或毒物的全身毒副反应。

5. 注射式过敏原

注射式过敏原如青霉素、头孢类抗生素、链霉素、异种血清等，多引起全身反应，重者可致过敏性休克。药物引起的过敏反应大多数与药物的化学成分相关，但是药物添加剂、赋形剂或成分不纯也是药物过敏反应常见的原因，可导致多种药物或剂型的过敏，干扰临床诊断和治疗。例如，不同种类的药物会使用相同的添加剂、赋形剂等辅助成分，对此辅助成分过敏的患者可能被误诊为对使用过的药物过敏，回避了该类药物，但并未回避该类辅助成分，再使用新的含有该类辅助成分的药物时依然有发生过敏反应的风险。药物成分不纯与药物的出厂质量管理和批次等相关，难以预防、诊断困难，引起过敏反应的风险更大。

6. 自身组织抗原

在精神紧张、微生物感染、电离辐射、烧伤等生物和理化因素影响下，自身组织抗原的结构或组成发生改变，可成为过敏原。此外，由于外伤或感染因素，自身隐蔽抗原释放后也可成为过敏原。

二、非 IgE 依赖的免疫途径激活剂

（一）免疫球蛋白及其受体

IgG 受体有 FcγR Ⅰ、Ⅱ 和 Ⅲ 三大类，各类又有不同亚型，均为高亲和力受体。当 IgG 与肥大细胞膜 FcγR 结合时可使相邻受体交联，而产生肥大细胞激活和抑制（如 FcγⅡb）信号，肥大细胞在激活信号作用下活化而诱发过敏反应。据报道，人 CD34[+] 造血祖细胞来源的肥大细胞（human peripheral blood CD34[+]-derived mast cell，hPDMC）在 IFN-γ 刺激下膜表面 FcγR Ⅰ 表达上调，这种肥大细胞在 IgG1 作用下可导致 β- 氨基己糖苷酶（β-hex）释放率达 40%，而 IgG2、IgG3、IgG4 引起的 β-hex 释放率仅为 3% ～ 8%。FcεR Ⅰ 介导的肥大细胞 β-hex 释放可在 1min 内达到峰值，而 FcγR Ⅰ 介导的 β-hex 释放则要在 15min 以上才能达到最大值。FcγR Ⅰ 可与 FcεR Ⅰ 协同作用介导肥大细胞脱颗粒，这说明过敏原进入人体后除了与 IgE 结合外，也可与 IgG 结合，IgG 通过诱导 FcγR Ⅰ 或 FcγRⅢ 交联而激活肥大细胞。肥大细胞特异性 IgG 受体是 Ⅰ 型超敏反应新近发现的活化分子，为研究硬皮病、炎症性肠病、血管炎等炎症性疾病提供了方向。

（二）补体成分

补体活化产物过敏毒素 C3a 和 C5a 可通过膜 C3aR 和 C5aR 引起人肥大细胞脱颗粒和趋化作用。C3a 和 C5a 除了诱导 MC_T 活化外，还能诱导皮肤 MC_{TC} 活化。C3a 能够与 IgG 协同促进 hPDMC 脱颗粒，还能诱导肥大细胞系 LAD2 释放趋化因子 MCP-1/CCL2 和 RANTES/CCL5 等。C5a 能够诱导人皮肤和心脏肥大细胞脱颗粒、诱导人皮肤肥大细胞和

肥大细胞系 HMC-1 产生纤溶酶原激活物抑制剂 -1（PAI-1），参与蛋白酶和蛋白酶抑制剂的平衡调节。

（三）Toll 样受体

Toll 样受体（Toll-like receptor，TLR）是一类模式识别受体，在天然免疫防御中起重要作用，广泛表达于肥大细胞。外来抗原、异种蛋白、自身抗体、病原微生物等通过结合肥大细胞膜上的 TLR 而活化信号通路，激活肥大细胞发挥调理吞噬、启动炎症反应等作用。TLR1、TLR2、TLR3、TLR4、TLR6、TLR7 和 TLR9 在胎儿皮肤肥大细胞（fetal skin-derived mast cells，FSMC）的表达高于骨髓来源肥大细胞（BMMC）。TLR3、TLR7 和 TLR9 的激活剂能刺激 FSMC 释放 TNF-α、IL-6 等细胞因子及 MIP-2、MIP-1α、RANTES 等趋化因子的合成与分泌。肽聚糖（PGN）可激活人肥大细胞的 TLR2，促进 IL-4 和 IL-5 分泌，调节肥大细胞对革兰氏阳性菌感染的防御反应，也可导致过敏性疾病。总之，TLR 激活会导致肥大细胞脱颗粒和释放细胞因子。不同来源的肥大细胞上 TLR 的表达和功能也存在较大差异。

（四）病原微生物及其组分

病原体可以直接或间接激活肥大细胞，直接作用主要是通过模式识别受体（pattern recognition receptor，PRR）介导，包括 TLR（如 TLR4）、C 型凝集素样受体（如 Dectin-1）、维甲酸诱导基因 I 受体（retinoic acid induces gene I receptor，RIG-I）和糖基磷脂酰肌醇锚蛋白因子。Dectin-1 识别病原体后可以诱导人腹腔肥大细胞（human peritoneal mast cell，hPBMC）释放白三烯，后者可作用于真菌多糖。小鼠骨髓和腹腔来源肥大细胞、大鼠 RBL-2H3 细胞和人脐血来源肥大细胞均表达 CD48。CD48 能够识别大肠杆菌、结核分枝杆菌和金黄色葡萄球菌从而激活肥大细胞。间接机制包括诱导 Fc 受体和补体相互作用，肥大细胞表面 Fc 受体与金黄色葡萄球菌 A 蛋白和大颗粒蛋白 L 抗体的 Fc 段结合，可导致人心脏肥大细胞脱颗粒并生成新的介质。许多形式的感染可激活补体系统，产生 C3a 和 C5a，经由 C3aR、C5aR 导致肥大细胞的活化。此外，有报道称细菌产生的毒素，如艰难梭菌毒素 A、霍乱毒素和金黄色葡萄球菌肠毒素 B 也可直接诱导小鼠肥大细胞活化。

（五）细胞因子

1. 干细胞因子

干细胞因子（stem cell factor，SCF）是肥大细胞增殖、分化、生存和凋亡的重要因子，也是一种非 IgE 依赖介导途径激活肥大细胞的活化因子。SCF 与其表面受体 KIT（CD117）结合，传递活化信号，激活肥大细胞并释放多种介质，如组胺、白三烯、蛋白激酶、前列腺素等，且这些介质的产生与 SCF 的剂量相关。局部组织长时间表达 SCF 可导致肥大细胞大量释放活性介质，从而引起局部微循环功能障碍和组织损伤。肥大细胞在生理剂量的 SCF 刺激下，则这些介质仅有基础量的合成与释放，这对维持正常的生理活动有重要意义。

2. IL-3

IL-3 是小鼠肥大细胞的主要生长因子和分化因子。尽管 IL-3 作为从血液前体来源人肥大细胞体外培养必需的生长因子，但 IL-3R（IL3Rα、CD123）在这些肥大细胞群的表达尚存争议。研究报道 IL-3 具有调节人体肠道肥大细胞生长的作用，可以选择性地经非 IgE 依赖途径激活人体肠道肥大细胞，增加组胺和白三烯 C4 的释放。

3. IL-4

IL-4 是 Th2 型免疫反应的关键细胞因子，作为人类和啮齿动物中 B 细胞产生 IgE 的重要因素，可引起过敏性炎症。IL-4 启动成熟的人肥大细胞非 IgE 依赖性细胞因子的分泌，增加 Th2 型细胞因子 IL-3、IL-5 和 IL-13 等的产生。IL-4 通过增强 FcεR I 的表达和糜蛋白酶的合成诱导胚胎源性肥大细胞和 hCBMC 的成熟。此外，IL-4 可协同腺苷或溶血磷脂酸增加 hCBMC 活化。IL-4 对肥大细胞生长的作用并不完全一致，如 IL-4 与 SCF 协同促进干细胞来源的人肠道和肺部成熟肥大细胞的增殖，但却使未成熟肥大细胞数量下降。

4. 其他细胞因子

除了 SCF、IL-3、IL-4 外，多种细胞因子如 IL-5、IL-6 和 GM-CSF 等被证实可与 SCF 协同增强人脐血源肥大细胞的增殖与功能，当 SCF 缺乏时，IL-6 可明显降低来自胎儿肝脏肥大细胞的凋亡，IL-10 与 SCF 和 IL-6 合用可促进人肥大细胞的增殖。

（崔玉宝　李　莉）

第二节　非免疫途径依赖的肥大细胞激活剂

肥大细胞表面富含的生物分子受体使其极易活化，除 IgE 依赖的和非 IgE 依赖的免疫因素之外，很多生物活性物质，包括激素、神经介质和神经毒素，各种细菌膜蛋白和抗原成分，各种病毒抗原及蛋白质，寄生虫及其肽类抗原，真菌及其孢子和菌丝等抗原成分，衣原体、支原体等感染性病原体，非感染性炎症介质如蜂、蛇、蝎等的毒素，温度、冷空气、运动和情绪变化等都是肥大细胞激活剂。这些物质作用的途径不同，肥大细胞活化的信号通路不同，产生的细胞脱颗粒反应速度和强度也不一致。临床表现不仅与之相关，更与肥大细胞存在的部位、微环境细胞和分子相互作用密切相关。

一、神经肽

（一）促肾上腺皮质激素释放激素

促肾上腺皮质激素释放激素（corticotropin-releasing hormone，CRH）通常由下丘脑分泌，也可从神经末梢局部分泌，发挥促炎作用。人肥大细胞表达 CRH 受体（CRH-R），通过 CRH 促使人脐血来源肥大细胞 hCBMC 和肥大细胞系 HMC-1 选择性分泌内皮细胞生长因子（VEGF），该过程可被 CRH-R1 拮抗剂安塔拉明（antalarmin）阻断。CRH 还可以诱导人肥大细胞系 LAD2 和 hCBMC 表达 FcεR I，增加 IgE 诱导的 VEGF 释放。CRH 诱导的肥大细胞活化可加重多发性硬化、特应性皮炎、银屑病和冠状动脉硬化等疾病的炎症反应。

（二）神经降压素

神经降压素（neurotensin）是机体局部在压力作用下分泌的一种神经肽。它可以触发 hCBMC 和 LAD2 脱颗粒及 VEGF 释放，该过程可以被 CRH 增强，也可以被神经递质受体（neurotransmitter receptor，NTR）拮抗剂 SR48692 阻断。神经降压素能够诱导 LAD2 细胞 CRH-1 受体表达上调，反之亦然，CRH 能够促进肥大细胞上的 NTR 表达。神经降压素和肥大细胞中 CRH 之间的相互作用可能会导致压力相关精神系统疾病恶化并伴发过敏，如孤独症谱系障碍（autism spectrum disorder，ASD）的发病和孤独症患儿过敏的易感性增加。

（三）神经营养素

神经营养素（neurotrophin，NT）包括神经生长因子（nerve growth factor，NGF）、脑源性神经营养因子（brain-derived neurotrophic factor，BDNF）、神经营养素 -3（NT-3）和神经营养素 -4 或神经营养素 -5，是神经细胞存活和发挥生理功能的重要调控分子。它们通过 p75 和酪氨酸激酶受体（tyrosine kinase receptor，Trk）家族两种类型的受体发挥生物学作用。Trk 是所有成熟神经营养素的高亲和力受体，TrkA 结合 NGF、TrkB 结合 BDNF、TrkC 结合 NT-3、TrkA/TrkB 结合 NT-3 和 NT-4/5。研究表明，小鼠与人肠道肥大细胞、hCBMC 和 HMC-1 也表达 Trk 蛋白，但不表达 p75。NGF 已被证明能促进小鼠和人肥大细胞的体外生长和分化，并且是大鼠腹膜肥大细胞的趋化剂。此外，磷脂酰丝氨酸（phosphatidylserine，PS）能够引起胎盘肥大细胞释放组胺。NT-3 能够促进胎儿皮肤肥大细胞和人肠道肥大细胞的成熟。然而，与 NGF 不同的是 NT-3 不能诱导肥大细胞脱颗粒。总之，神经营养素在肥大细胞的发育和存活中起着重要作用。

（四）P 物质

P 物质是一种神经肽，属于速激肽家族，由神经细胞和炎症细胞分泌。P 物质能够刺激肥大细胞脱颗粒，产生趋化因子，与银屑病和多种神经炎症疾病的发生有关。P 物质通过抑制肥大细胞系 LAD2 的 TLR2 表达，增强对细菌感染的先天免疫反应。

二、炎性介质

（一）ADP/ATP

细胞在受刺激时被动释放或细胞在受损伤后主动释放腺苷三磷酸（adenosine triphosphate，ATP）和其他核苷酸。ATP 通过激活 P2 嘌呤受体发挥其生物学效性。P2 嘌呤受体由 P2X 和 P2Y 家族构成，P2X 家族成员 P2X1 ～ 7 是 ATP 门控离子通道，而 P2Y 受体 P2Y1、2、4、6 和 11 ～ 14 是 G 蛋白偶联受体。肥大细胞上有各种 P2 嘌呤受体，这些受体激活后均可引发肥大细胞不同程度脱颗粒、释放介质、趋化和凋亡。ATP 还能够诱导 mBMMC 释放肽酰基精氨酸脱亚胺酶（peptidyl arginine deaminase 2，PAD2）和瓜氨酸化蛋白。PAD2 和瓜氨酸化蛋白在类风湿关节炎患者的关节滑液中表达增加，与类风湿关节炎的炎症密切相关。另外，ATP-P2X7 介导的 mBMMC 活化与结肠炎和克罗恩病密切相关。

（二）内皮素 -1

内皮素（endothelin，ET）最初被鉴定为一种从内皮细胞中提取的强效血管收缩肽。内皮素可以被许多类型的细胞合成和结合，并可以作为肥大细胞的激活剂。ET 有 ET-1、ET-2 和 ET-3 三种类型，而受体只有 ETA 和 ETB 两种。ET-1 可诱导小鼠皮肤肥大细胞脱颗粒和释放细胞因子。在小鼠模型中 ET-1 能够通过激活的肥大细胞发挥抗心律失常的作用。

（三）组胺

组胺是肥大细胞最重要、最具代表性的活性介质，肥大细胞产生的组胺又可以通过肥大细胞膜 H1R、H2R 和 H4R 反馈性调节自身功能。经典的生理学实验 Schultz-Dale 反应，是在 Ringer 缓冲液中加入过敏原以引起离体子宫收缩，对这一现象的研究，促成了组胺的发现。1937 年瑞典生理学家 Daniel Bovet 首次用化学方法合成了抗组胺药物，并证实该药在体内外均具抗过敏活性。他也因此获得 1957 年的诺贝尔生理学或医学奖。这也是过敏医学领域获得的第二个诺贝尔奖。组胺可在体外和体内介导肥大细胞向感染或过敏原区域趋化，该过程可以被 H4R 拮抗剂 JNJ7777120 选择性阻断。研究发现 H4R 在人类肥大细胞上的表达量很高，组胺通过 H4R 增强人类肥大细胞前体的 CXCL12 趋化活性。组胺和 hCBMC 选择性激动剂 4- 甲基组胺（4-MH）都能诱导人肥大细胞系 LAD2、HMC-1 和 hCBMC 脱颗粒，CysLTs 和 LTB4 的产生及各种促炎细胞因子和趋化因子的释放。

（四）溶血磷脂酸

溶血磷脂酸（lysophosphatidic acid，LPA）是血脂的重要成分之一，对细胞发育、心血管疾病和癌症的发生具有多重作用。hCBMC 表达 LPA 受体，包括 LPAR1、LPAR2、LPAR3、LPAR4（GPR23）和 LPAR5（GPR92）等。LPA 能通过肥大细胞膜 LPAR1、LPAR3 受体和过氧化物酶增殖剂激活受体（peroxisome proliferator-activated receptor γ，PPAR-γ）有效地促进 hCBMC 体外增殖和分化。这可能是血小板活化后肥大细胞增殖的机制之一。LPA 能够刺激 hCBMC 产生趋化因子如 MIP-1β、IL-8 和 MCP-1，LPAR5 是 LAD2 和 hCBMC 中最丰富的 LPA 受体，负责 LPA 诱导的人巨噬细胞炎性蛋白 1β（human macrophage inflammatory protein 1β，MIP-1β）聚集。LPA 也是低密度脂蛋白（LDL）的重要组成部分。据报道，局部高浓度 LPA 能够介导动脉粥样硬化患者局部斑块中的肥大细胞活化，参与斑块破裂。

（五）1- 磷酸鞘氨醇

1- 磷酸鞘氨醇（sphingosine-1-phosphate，S1P）是一种具有生物活性的质膜鞘脂代谢产物，为免疫细胞运载功能所必需。S1P 能够引起哮喘和自身免疫病等多种炎症性疾病。肥大细胞表达 S1P 受体 S1P1 和 S1P2，S1P 与肥大细胞膜上的相应受体结合，影响其功能。S1P 对小鼠肥大细胞脱颗粒的影响很弱，但是能够有效诱导人 LAD2、皮肤肥大细胞和 hCBMC 脱颗粒，增加细胞因子和趋化因子分泌。S1P1 受体以百日咳毒素敏感的方式调节肥大细胞趋化，而 S1P2 受体以百日咳毒素不敏感的方式调节肥大细胞介质释放。致肥大细胞脱颗粒所需的 S1P 浓度高于引起肥大细胞趋化所需的 S1P 浓度，高浓度 S1P 也可以抑制肥大细胞趋化，S1P2 的作用可以被拮抗剂 JTE-013 减弱。鞘氨醇激酶 1 和 2（sphingosine kinase 1 and 2，SphK-1 和 SphK-2）是从鞘氨醇中产生 S1P 的催化酶。研究发现，SphK-1 参与 IgE 诱导的小鼠过敏模型和人类肥大细胞 LAD2、hCBMC 脱颗粒，这些效应可以被 SphK-1 特异性抑制剂 SK1-I 阻断。

三、外源性分子和药物

Compound 48/80 是一种典型的促分泌素，是最强的肥大细胞化学激活剂，它能够通过 G 蛋白偶联受体（G protein-coupled receptor，GCR）激活肥大细胞 Mrgpr B2/Mrgpr X2 信号通路。研究表明，大多数肥大细胞可被小分子肽药物四氢异喹啉（1, 2, 3, 4-tetrahydroisoquinoline，THIQ）直接激活。汞广泛存在于药物中，并被用作疫苗中的防腐剂。研究发现，氯化汞（$HgCl_2$）可以刺激 LAD2 和 hCBMC 释放 VEGF 和 IL-6，表明 $HgCl_2$ 诱导的肥大细胞激活具有破坏血脑屏障和引起大脑炎症的作用。此外，雌激素也能诱导 HMC-1 脱颗粒，增强 IgE 介导的 2 型免疫反应。高浓度雌二醇（estrogen 2，E_2）可直接触发肥大细胞脱颗粒，导致具有生物活性的 NGF 释放，NGF 具有促进神经生长的作用，NGF 表达上调可致神经纤维致敏性增加。

四、其他

工业生产使用的甲苯二异氰酸酯、高分子量酶与人体蛋白结合或作为半抗原的低分子量的化合物（如乙酸、酸酐和复杂的卤代铂盐）等都是过敏原，具有激活肥大细胞引起过敏反应的作用。

一些作用机制或作用途径不明的条件，如冷空气或热空气、冷水、精神因素（如情绪和精神紧张、工作压力）、运动及阿片类药物等均可激活肥大细胞，导致过敏反应。

（崔玉宝　李　莉）

第三节　肥大细胞活化的信号通路

IgE 是特异性介导速发型过敏反应的抗体，当过敏原首次接触机体时，被同样存在于机体防御屏障部位的树突状细胞摄取、处理后将抗原提呈给 T 细胞，在微环境和细胞因子的作用下，诱导 Th0 向 Th2 方向分化。Th2 在 IL-4 等细胞因子和微环境作用下诱导 B 细胞增殖，B 细胞在其他细胞和细胞因子的辅助下分化为浆细胞，并产生抗原特异性 IgE。IgE 经由血液进入组织，其 Fc 段与肥大细胞膜表面 IgE 高亲和力受体 FcεR I 结合，使肥大细胞致敏。当过敏原再次入侵机体，多价抗原可被致敏肥大细胞表面的 IgE 特异性识别并与之结合，进而使相邻的 FcεR I 交联，将活化信号传递至细胞内，触发肥大细胞活化、脱颗粒并释放大量炎性介质。

FcεR I 交联聚集后胞内活化信号转导是一个受多因素影响和调节的过程，参与信号转导的主要分子及其功能见表 2-1，它们形成信号调控网络、精确调控细胞内颗粒物质的释放及炎症介质的进一步合成过程。

表 2-1 参与肥大细胞信号转导的主要蛋白质及其功能、相关分子缺失对细胞生理功能的影响

信号分子	功能	缺失分子后的肥大细胞功能改变
Lyn	Src 家族蛋白酪氨酸激酶（PTK）	肥大细胞脱颗粒增多，Fyn 活性增强
Syk	PTK	脱颗粒及释放细胞因子效应完全消失
LAT	衔接蛋白	钙离子流动及脱颗粒效应受阻
SLP-76	衔接蛋白	组胺及 IL-6 释放受阻
SOS	衔接蛋白 / 鸟嘌呤核苷酸交换因子	MAPK 激活受损，细胞因子产生受阻
VAV	衔接蛋白 / 鸟嘌呤核苷酸交换因子	钙离子动员、细胞因子产生及释放和肥大细胞脱颗粒受阻
GRB2	衔接蛋白	MAPK 激活受阻，脱颗粒作用消失
Fyn	Src-PTK	Syk 活化受阻，脱颗粒效应受损
GAB2	衔接蛋白	MAPK 激活受阻，肥大细胞增殖及脱颗粒受阻
BTK	PTK	对抗原刺激的脱颗粒反应能力下降，KIT 介导的脱颗粒作用消失
NTAL	衔接蛋白	细胞内异常的微管聚集导致脱颗粒效应受阻
SHP-2	磷酸酶	通过 KIT 分子减少 IgE/Ag 介导的 TNF-α 产生
PTP-α	磷酸酶	抑制 Lyn、Fyn、Hck 分子激活
Hck	Src-PTK	GAB2 分子激活受损，细胞脱颗粒及细胞因子产生减少

一、经典的肥大细胞激活途径

肥大细胞的活化信号始于其表面 FcεR I 受体交联聚集至脂筏部位，受体胞内段 β 及 γ 亚基上免疫受体酪氨酸激活基序（ITAM）的酪氨酸残基磷酸化，激活 Src 家族激酶。在肥大细胞中参与信号活化的 Src 激酶家族成员主要是定植于脂筏部位的 Lyn 分子。ITAM 磷酸化后暴露出高亲和力结合位点供含 SH2 结构域的 Lyn 分子、ZAP70 分子及酪氨酸激酶 Syk 结合。Lyn 及 Syk 等分子结合至受体 ITAM 部位介导跨膜衔接蛋白分子 LAT 的酪氨酸磷酸化，对调节肥大细胞胞内下游信号通路促进前炎症介质释放起关键作用。LAT 作为衔接蛋白本身并没有酶的催化活性，而是为蛋白质、脂质或酶类等的相互作用提供支架结构的分子。LAT 磷酸化后招募各种分子，包括胞内衔接蛋白分子，如生长因子受体结合蛋白 2（growth-factor-receptor-bound protein 2，GRB2）、GRB2 相关衔接蛋白（GRB2-related adaptor protein，GADS）、含 SH2 结构域的转化蛋白 C（SH2-domain-containing transforming protein C，SHC）及含 SH2 结构域的 76kDa 白细胞蛋白（SH2-domain-containing leukocyte protein of 76 kDa，SLP76）；鸟嘌呤核苷互换因子，如 SOS（son of sevenless homologue）和 VAV；信号转导蛋白，如磷脂酶 Cγ1（phospholipase Cγ1，PLCγ1）。这些分子直接或间接与 LAT 蛋白相互作用后形成大分子复合物及信号网络，该复合物使 LAT 分子胞内段 Y132、Y171、Y191、Y226 四个酪氨酸残基磷酸化后，激活肥大细胞内主要的信号酶类 PLCγ，PLCγ 进一步水解磷脂酰肌醇 -4, 5- 二磷酸（PIP2），生成二酰甘油（DAG）和 1, 4, 5- 三磷酸肌醇（IP3）。DAG 激活蛋白激酶 C（PKC），促进人突触相关蛋白 -23（SNAP-23）分子 Ser95 和 Ser120 磷酸化，使肥大细胞颗粒向质膜移动；IP3 通过与内质网膜上的受体结合引起胞内钙离子释放。IP3 受体是一种跨膜的钙离子通道，使内质网储

存的钙离子释放至细胞质，形成短暂、微弱的钙离子流。定位于内质网膜上的基质相互作用分子 1（stromal interaction molecule 1，STIM1）是钙离子感受器，内质网钙离子消耗可以引起 STIM1 聚集并移动至近浆膜处，STIM1 直接作用于浆膜上的钙释放激活钙通道（calcium release-activated calcium channel，CRAC）上的 ORAI1 亚基，诱发胞外钙离子内流，产生细胞微管重组、肥大细胞颗粒与细胞膜融合、肌动蛋白细胞骨架重组等肥大细胞活化脱颗粒改变。

　　LAT 活化不仅引起肥大细胞内颗粒物质释放，同时也促进炎症因子的合成及细胞因子基因的转录和翻译：VAV 及 SOS 分子使 RAS 由静止状态（GDP 结合形式）转变为激活状态（GTP 结合形式），RAS 通过磷酸化上调 RAF，磷酸化 MAPK 家族激酶，激活 ERK1、ERK2、JNK、p38 等调节蛋白。在上述分子作用下 PLA2 水解花生四烯酸生成白三烯及前列腺素等炎症介质；同时，激活蛋白 1（activator protein 1，AP1）成分、FOS 和 JUN、活化的 T 细胞核因子（nuclear factor of activated T cell，NFAT）、NF-κB 等调节蛋白和转录因子被激活，进一步促进细胞因子（包括 IL-6、TNF-α 和 IL-13 等）基因转录（图 2-1）。由于 FOS 和 JUN 的活化受 PKC 调控，NF-κB、NFAT 的活化依赖于钙离子，

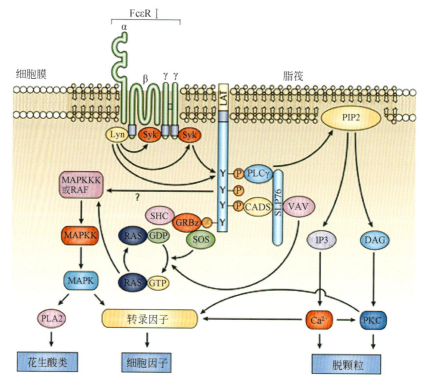

图 2-1　FcεR I 介导的肥大细胞信号通路

抗原介导已致敏肥大细胞表面 FcεR I 交联聚集，受体 β、γ 亚基胞内段 ITAM 在 Lyn 激酶的作用下发生酪氨酸磷酸化。随后，Syk 分子与受体 γ 亚基结合，促进 Syk 分子的磷酸化及活化。Lyn 和 Syk 激酶磷酸化跨膜衔接蛋白 LAT，为下游含有 SH2 结构域的蛋白质分子提供结合位点。进而 PLCγ、RAS 等通路的关键酶及信号分子被磷酸化而活化。PLCγ 水解 PIP2 产生 DAG 和 IP3 促进钙离子流动和肥大细胞脱颗粒效应；GADS 与 GRB2 及其他调控分子结合促进 RAS、MAPK 活化，下游转录因子促进炎症介质及细胞因子的基因转录；PLA2 分解花生四烯酸促进炎症介质进一步合成［引自：Gilfillan A M，Tkaczyk C. 2006. Integrated signalling pathways for mast-cell activation ［J］. Nat Rev Immunol, 6（3）：218-230］

PLCγ 是激活 PKC 的关键分子，因此 PLCγ 同样参与了抗原诱导肥大细胞胞内细胞因子基因表达的调控。

二、Fyn-GAB2-PI3K 介导的肥大细胞补充激活途径

肥大细胞胞膜上含有另一种介导其活化脱颗粒的衔接蛋白分子非 T 细胞活化衔接子（non-T-cell activation linker，NTAL），NTAL 细胞质内段同样含有可供磷酸化作用的酪氨酸残基位点。FcεRⅠ受体交联后，在 Lyn、Syk 等分子作用下 NTAL 快速磷酸化，磷酸化的 NTAL 可以与 GRB2 结合。同时，FcεRⅠ聚集促进胞内 Src 激酶家族成员酪氨酸蛋白激酶 Fyn 活化，其磷酸化胞内衔接蛋白分子 GAB2，后者与 GRB2 形成复合物激活磷脂酰肌醇 -3- 激酶（PI3K）。PI3K 磷酸化细胞膜相关的磷酸肌醇 3′ 端，为血小板、白细胞 C 激酶底物同源结构域相关蛋白提供结合位点，其中包括 PLCγ1、PLCγ2、VAV 和 BTK（Bruton 酪氨酸激酶）。FcεRⅠ依赖性脱颗粒受到两条互补信号通路的调节，其中一条通路是通过特定的跨膜和细胞质衔接子分子激活磷脂酶 Cγ，另一条通路激活磷脂酰肌醇 3- 激酶，该途径也称为互补途径或扩增途径。当 PLCγ1 介导的肥大细胞内短暂钙离子流活化信号作用开始减弱（刺激后 1min）时，出现 PI3K 的活化，这对于维持肥大细胞内钙离子活化信号，进一步促进脱颗粒起到了重要作用。PI3K 招募 BTK 及 PLCγ 至细胞膜处，BTK 激活磷酸化的 PLCγ。PLCγ 进一步水解 PIP2 生成 IP3 促进钙离子流动。此外，PI3K 可通过活化磷脂酶 D（PLD）激活鞘氨醇激酶（sphingosine kinase，SK），在 Lyn、Fyn 等分子作用下脂筏附近的鞘氨醇磷酸化形成 S1P。S1P 与受体结合后可引起内质网钙离子释放、细胞骨架重组、细胞黏附、细胞增殖和新生血管形成等一系列的细胞活化效应（图 2-2）。

PI3K 激活招募丝氨酸 / 苏氨酸激酶 1（3-phosphoinositidedependent protein kinase 1，PDK1）至细胞膜，PDK1 磷酸化并活化另一个丝氨酸 / 苏氨酸激酶 Akt。Akt 磷酸化 NF-κB 抑制因子 IκB 从而上调 NF-κB 水平，促进细胞因子基因表达。

三、SCF-KIT 通路作用

SCF 不能单独引起肥大细胞脱颗粒，但可以协同增强过敏原 -IgE-FcεRⅠ活化肥大细胞脱颗粒效应。SCF 可以显著增加抗原诱导的肥大细胞内细胞因子 mRNA 和蛋白质的表达水平。KIT 分子是肥大细胞表面与 SCF 结合的单链跨膜受体，受体胞内段具有天然的蛋白酪氨酸激酶活性，活化后通过 NTAL 和 BTK 的信号途径，增强 FcεRⅠ依赖的肥大细胞脱颗粒效应。SCF 与 KIT 分子胞外段结合后，相邻的 KIT 分子发生二聚化，同时 KIT 分子胞内段酪氨酸残基发生磷酸基团转移和自身磷酸化而活化，磷酸化的酪氨酸残基招募含有 SH2 结构域的蛋白质分子，包括细胞质衔接蛋白 SHC、GRB2、SFK（Lyn 和 Fyn）、PLCγ、PI3K 等进一步激活下游信号分子。激活的 GRB2 招募 GEF、SOS、VOV 分子共同作用活化 MAPK、ERK、JNK 及 p38。通过 JAK-STAT 和 RAS-RAF-MAPK 通路促进肥大细胞增殖、分化和成熟，发挥黏附和趋化等生理功能（图 2-3）。

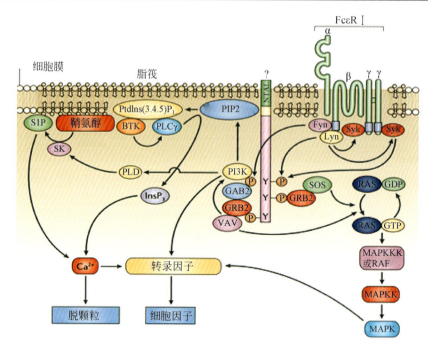

图 2-2　FcεRⅠ介导的肥大细胞补充激活途径及信号放大途径

FcεRⅠ分子交联聚集后 Fyn 激酶活化并激活 GAB2，Lyn 和 Syk 活化激活 GRB2，GAB2-GRB2 及其他衔接蛋白分子复合物磷酸化活化 PI3K，BTK 分子活化激活 PLCγ 水解 PIP2，促进钙离子动员。此外，PI3K 可通过活化 PLD 激活 SK 促进鞘氨醇水解生成 S1P，S1P 作用于内质网促进钙离子释放〔引自：Gilfillan A M，Tkaczyk C. 2006. Integrated signalling pathways for mast-cell activation〔J〕. Nat Rev Immunol，6（3）：218-230〕

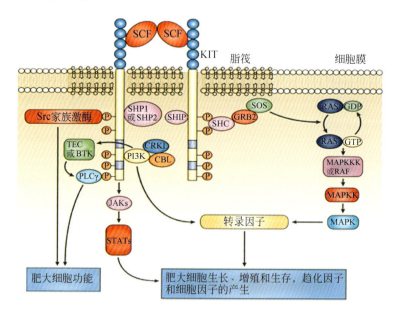

图 2-3　KIT 分子介导的信号途径

SCF 与 KIT 结合后 KIT 分子发生二聚化而活化，胞内段多个酪氨酸残基自身磷酸化并招募多种信号调节分子，活化 JAK-STAT 通路及 RAS-RAF-MAPK 通路，促进肥大细胞生长、分化和成熟，以及趋化因子和各种细胞因子的合成〔引自：Gilfillan A M，Tkaczyk C. 2006. Integrated signalling pathways for mast-cell activation〔J〕. Nat Rev Immunol，6（3）：218-230〕

四、信号通路激活剂

Src 家族酪氨酸激酶（Src-family tyrosine kinase，SFK）是一类非受体型酪氨酸激酶，主要家族成员有 Lyn、Hck、Blk、Fyn、Fgr、Syk 及 Lck 等。这些都是具有酪氨酸激酶活性的蛋白质，它们构型相似，从 N 端到 C 端具有类似的结构域。Src 家族激酶对调节细胞信号转导有着重要意义，参与调节细胞的生长、分化、凋亡和免疫反应等。在肥大细胞中，调控脱颗粒过程是这些酪氨酸激酶重要的功能，然而，它们参与 Fc 酪氨酸激酶介导的肥大细胞活化是非常复杂的。由此提示，SFK 抑制剂可作为一个潜在的抗过敏药物，其开发和应用将具有良好的前景。

1. Lyn 激酶

Lyn 激酶是 Src 家族中的一种非受体型酪氨酸蛋白激酶，参与多种信号途径，与肥大细胞脱颗粒的过程有关，具有启动活化和抑制脱颗粒的双向信号传递作用。Alvarez-Errco 等的最新研究发现，IgE 与 FcεRⅠ 结合导致 Lyn 激酶的磷酸化，磷酸化的 Lyn 与 LAT 形成复合物，传递活化信号，导致肥大细胞脱颗粒。Okayama 等研究发现，沉默 FcεRⅠβ 可抑制 Lyn 的再分配，而沉默 Lyn 破坏了 Syk 介导的 Fc 的近端信号，干扰 FcεRⅠβ 中 ITAM 的磷酸化，降低肥大细胞的致敏效应，从而抑制组胺的释放，说明 Lyn 与 FcεεRⅠβ 相互作用，且这种作用在 FcεRⅠ 介导的肥大细胞脱颗粒中是必不可少的。另外，Lyn 激酶对肥大细胞脱颗粒的负向调节作用是通过疏基肌醇磷酸酶 -1（SH2-containing inositol phosphatase-1，SHIP-1）及其结构域实现的。Lyn 激酶具有 LynA 和 LynB 两个亚型，LynB 单独表达导致磷脂酶 Cγ-1 和 Cγ-2 磷酸化减少，也减弱磷脂酶 Cγ-1 与接头蛋白 LAT 间的相互作用，并增加与负性调控脂质磷酸酶 SHIP-1 的结合。相反，LynA 和 LynB 均能够引起相似的细胞内酪氨酸磷酸化，二者均不能单独使肥大细胞脱颗粒，也不能单独阻断由于缺乏 Lyn 所形成的细胞因子 IL-6 的大量产生。由此可见，Lyn 具有启动活化和抑制脱颗粒的双向信号作用。

2. Fyn

Fyn 激酶是 FcεRⅠ 介导的肥大细胞脱颗粒的正向调节分子。Gomez 等研究发现，Fyn 缺失的肥大细胞 JNK 和 p38-MAPK 的活化受到抑制，不能分泌 LTB4、LTB5、IL-6、TNF、CCL2 和 CCL4。也有研究结果显示，Fyn 激酶调控瞬时受体电位钙通道（TRPC）的钙内流及其所控制的脱颗粒过程。免疫共沉淀实验表明，IgE 抗原刺激后，Fyn 激酶与 3 型、6 型和 7 型 TRPC 通道形成复合物，但未发生 Fyn 激酶磷酸化，并且仍可脱颗粒。Lu 等研究发现，从三白草（*Saururus chinensis* Lour.）根茎分离获得的倍半木脂素，可通过抑制 Fyn 介导的途径减少 MAPK 磷酸化和 JNK，降低 mBMMC 的脱颗粒。大量相关实验数据表明，Fyn 处于激活肥大细胞脱颗粒的上游，与 FcεRⅠ 介导的人肥大细胞脱颗粒密切相关。

3. Syk 激酶

脾酪氨酸激酶（spleen tyrosine kinase，Syk）是 FcεRⅠ 介导的人肥大细胞脱颗粒过程中非常关键的调节因子。Lee 等研究发现，小分子化合物链霉素具有抗过敏作用，可抑制 RBL-2H3 细胞中 Akt、p38、ERK、JNK 的磷酸化，并抑制 Syk、Lyn 和 Fyn 的磷酸化，从而减少 TNF-α、IL-6 等活性介质的释放。由此推断，Syk 与肥大细胞脱颗粒密切相关，并且参与 Lyn 与 Fyn 信号通路。Sanderson 等研究发现，药理学上抑制 Syk 激酶活性可以完全阻断大鼠嗜碱性粒细胞系 RBL-2H3 或骨髓来源的嗜碱性粒细胞脱颗粒。沉默 Lyn 破坏了 Syk 介导的 Fc 的来源近端信号，可干扰 Fc 信号，干扰粒细胞的磷酸化，进一步降低肥大细胞脱颗粒的致敏效应。

4. 其他激酶

Lee 等认为，蛋白酪氨酸激酶 Src 家族的细胞质蛋白酪氨酸激酶 Fgr 在 FcεR I 介导的人肥大细胞脱颗粒中的作用与 Fyn 相似，同样具有正向调节作用。他们研究发现，IgE 刺激后 Fgr 介导 Syr 及下游信号的磷酸化增加。Fgr 与 Fyn 作用几乎一致，当过表达 Fgr 时，引起的 Syk 磷酸化和脱颗粒现象可被 Fyn 的过表达进一步增强，却被 Lyn 的过表达所抑制，说明 Fgr 通过增加 Syk 磷酸化来促进肥大细胞脱颗粒过程。而 Hong 等进行的 Hck 与肥大细胞脱颗粒关系的研究则发现，缺乏 Hck 激酶的肥大细胞脱颗粒和细胞因子分泌明显减少，Lyn 的负调节作用增加。他们认为 Lyn、Fyn、Hck 在肥大细胞脱颗粒过程中存在反馈调节关系，Hck 激酶通过抑制 Lyn 激酶调节肥大细胞活化。由此可见，Src 家族激酶在肥大细胞脱颗粒中作用明显，且存在微妙的内部联系，对微调肥大细胞活化似乎有着至关重要的作用。早期的研究表明，Src 家族激酶信号级联反应起于 FcεR I 受体 β 亚基的酪氨酸磷酸化。为此学者们分别提出了受体自身的转磷酸化、脂筏、蛋白酪氨酸激酶 - 酪氨酸磷酸酶相互作用 3 个模型。如上所述，蛋白酪氨酸激酶 - 酪氨酸磷酸酶相互作用模型，很好地阐述了蛋白酪氨酸激酶在脱颗粒中的作用和相互关系（图 2-4）。

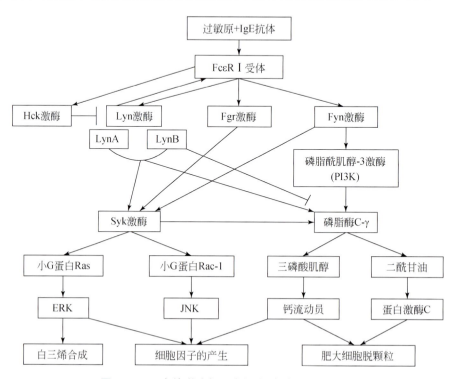

图 2-4　Src 家族激酶与肥大细胞脱颗粒之间的关系

五、其他分子对肥大细胞活化的影响

肥大细胞膜表面 CD9 分子聚集可以增加 LAT 和 NTAL 分子酪氨酸磷酸化，增加 ERK、p38 和 MAPK 的酪氨酸磷酸化，从而增加钙离子动员和脱颗粒反应。CD63 分子参与 GAB2-PI3K 活化通路，调节肥大细胞脱颗粒和黏附。CD63 分子可以招募钙离子感受器突触结合蛋白至溶酶体。

IL-33 及其受体 ST2 与过敏及特应性炎症反应、动脉粥样硬化及其斑块破裂等病变密切相关。IL-33 活化肥大细胞需要共受体分子 IL-1RAcP，招募 TRAF6、MyD88 活化 MAPK 信号通路，对抗原诱导的 FcεRⅠ下游活化信号起协同促进作用。将抗原和 IL-33 共同加入肥大细胞培养体系中，激活的 IL-33 受体包含 ST2 和 IL-1RAcP 两个亚基，这两个亚基招募 MyD88 结合至受体胞内段。MyD88 磷酸化胞内转化生长因子 β 活化的激酶 1（TAK1）分子，进一步上调转录因子 NF-κB、NFAT 和 AP-1 的表达水平，从而增加细胞因子和脂质介质的转录水平，增强抗原诱导的脱颗粒效应。TGF-β 可以下调肥大细胞来源的 IL-33 水平，从而减少 IL-33 诱导的 Akt 和 ERK 分子的磷酸化，降低 NF-κB、AP-1 等转录因子活性，进一步减少 IL-6 和 TNF-α 等细胞因子的产生。

近年来的研究证实活性氧自由基（ROS）可以刺激一些促炎细胞因子的产生，参与调节天然免疫反应。ROS 可逆地翻译后修饰细胞内信号转导途径的蛋白质，诱导肥大细胞的快速脱颗粒反应，在 FcεRⅠ 依赖的信号传递中起重要作用。细胞内氧化反应形成的超氧化物转化为过氧化氢和羟自由基为 ROS 反应提供物质基础。有研究认为，肥大细胞内 ROS 主要来源于 NADPH 氧化酶 2（NADP oxidase 2，NOX2）的作用，抑制 NOX2 活性会减弱 Lyn 的磷酸化水平及下游信号传递。在人和鼠的 BMMC 中 ROS 主要来源于脂氧合酶 5 及环氧化酶 1，然而实验发现，通过抑制该酶的活性来减少 ROS 相关物质的产生，对肥大细胞脱颗粒及细胞因子的分泌水平并无显著影响。应用各种抑制剂阻断肥大细胞信号通路的研究结果表明，ROS 的产生依赖于 Src 家族激酶成员 Lyn、Syk 及 PI3K。PI3K 的活化可以促进 BTK 异位至脂筏，并被 Src 激酶家族成员磷酸化，这个过程中伴随 ROS 的产生，即 Syk 和 / 或 BTK 激活的过程中在 NOX2 的作用下产生 ROS。肥大细胞内产生的 ROS 分子主要参与 Ca^{2+} 动员调控过程中大分子信号复合体的形成和维持。该信号复合体包含 Syk、LAT、BTK、Itk、SLP-76、Vav1 及 PLCγ1 等分子，这些分子的聚集装配依赖酪氨酸磷酸化，而 ROS 可以促进 PLCγ1/2 和 LAT 的酪氨酸磷酸化作用，从而调节 Ca^{2+} 动员。ROS 调节细胞信号的主要机制是通过对酪氨酸蛋白磷酸酯酶（tyrosine protein phosphatase，PTP）活化部位的半胱氨酸的可逆氧化反应实现的。

六、糖皮质激素受体

糖皮质激素是应激时释放的类固醇激素，具有多种抗炎作用，包括免疫抑制、精神神经元效应、对脂肪和蛋白质代谢的影响等。多年来人们知道肥大细胞对糖皮质激素有反应。近来有研究报道，在肥大细胞系 RBL-2H3 中有糖皮质激素受体（glucocorticoid receptor，GR）表达，糖皮质激素作用于肥大细胞的许多功能性效应也被报道，包括下调大量信号分子，如 FcεR I 信号效应因子（PLCγ1、Syk、Erk 1/Erk 2、p38）和适配器分子（LAT、Dok 1、SLAP）等。Oppong 等报道，在 IgE/Ag 介导的激活下，GR 被迅速招募到肥大细胞膜上并与膜结合因子相互作用。Zhou 等在 *Allergy* 中报道，在糖皮质激素作用 5min 后肥大细胞脱颗粒即被抑制，与膜电容和钙信号的降低有关。

（蔺丽慧）

第四节　肥大细胞的抑制性信号通路

抑制性信号通路是免疫调节功能的重要基础，肥大细胞作为免疫细胞也具有负向免疫调节功能。抑制信号由各种负性作用分子、环境或物理因素直接抑制，或通过免疫受体酪氨酸激酶负性或抑制通路实现，是维持激活和抑制肥大细胞平衡、避免其高反应性的重要机制，还与其免疫调节密切相关，也是针对肥大细胞活化相关治疗的方向。

一、免疫受体酪氨酸抑制基序

免疫受体酪氨酸抑制基序（ITIM）主要存在于某些抑制性受体分子胞内段，基本结构为 I/VxYxxL；当抑制性受体与配体特异性结合时，细胞质区 ITIM 中的酪氨酸发生磷酸化，招募并激活具有 SH2 结构域的蛋白酪氨酸磷酸酶（Src homology-2 containing phosphatase，SHP）1、SHP-2 及 SH2 肌醇磷酸酶（SH2 domain containing inositol phosphatase，SHIP）等蛋白酪氨酸磷酸酶（protein tyrosine phosphatase，PTP），使下游分子蛋白酪氨酸激酶（protein tyrosine kinase，PTK）的酪氨酸去磷酸化，而介导免疫抑制。

二、肥大细胞相关的抑制性受体

含 ITIM 的抑制性受体根据结构特征将其分为两类：一类属于免疫球蛋白超家族（immunoglobulin superfamily，IgSF）的 I 型跨膜糖蛋白，其特征是胞外段有一个 V 型 Ig 样结构域，主要包括 FcRγII β、KIR、PD-1、PIR-B、BTLA、CTLA、CD200R、ILT、SIRP 等。另一类属于 C 型凝集素超家族（钙离子依赖性）的 II 型跨膜糖蛋白，主要包括 Ly49 家族、NKG2 家族、CD94、CD72 和 DCIR 等。这些抑制性受体的表达水平、配体及其抑制途径的详细信息见表 2-2。

表 2-2 人类和鼠类肥大细胞表面表达的抑制性受体

亚家族	人类受体	鼠类相应的受体	配体	招募的磷酸酶	抑制性基序	表达该受体的其他细胞
免疫球蛋白超家族	FcγRⅡβ	FcγRⅡβ	免疫复合物 IgG 抗体	SHIP	1 ITIM	B 细胞
	Siglec-8	—	6sulfo-sLex	SHP-1	1 ITIM、1 ITIM-like	嗜酸性粒细胞
	CD300a	Lmir-1	未知	SHIP、SHP	4 ITIM	嗜酸性粒细胞
	SIPR-α	—	CD47	SHP-1，2	2 ITIM	骨髓细胞、造血细胞
	（LILRB4）*	Gp49B1	αvβ3	SHP-1，2	4 ITIM	中性粒细胞、NK 细胞、巨噬细胞
	ILT/CD85	PIR-B	MHC-Ⅰ	SHP-1（SHP-2）	4 ITIM	B 细胞、树突状细胞、单核细胞、巨噬细胞
	LAIR-1	LAIR-1	胶原	SHP	2 ITIM	绝大多数免疫细胞
	PECAM-1	PECAM-1	CD38、αvβ3	SHP-2、SHP-1	2 ITIM	内皮细胞、中性粒细胞、NK 细胞、单核细胞、血小板
	CD200R	CD200R	CD200	SHIP	NPXY 基序	嗜碱性粒细胞
C 型凝集素超家族	MAFA	—	E-cadherin	SHIP、SHP-2	1 ITIM	NK 细胞、嗜碱性粒细胞、U937（人）、CD8⁻ T 细胞（鼠）
	CD72	—	CD100	SHP-1	2 ITIM	B 细胞、嗜碱性粒细胞

* 该受体蛋白水平未在人类成熟肥大细胞表面检测到。

引自：Laila K，Francesca L S. 2011. Mast Cell Biology［M］. New York：Landes Bioscience and Springer Science& Business Media，143-159。

以下主要介绍几个肥大细胞表达的抑制性受体。

（一）免疫球蛋白超家族型抑制性受体

1. FcγRⅡβ

FcγRⅡ是一种抑制性 IgG 受体，表达于包括肥大细胞在内的多种免疫细胞表面，对细胞的活化发挥负性调节作用。FcγRⅡ介导的肥大细胞活化抑制作用主要通过 FcγRⅡβ-SHIP1-PIP3 信号通路实现。FcγRⅡβ 分子胞内段包含 ITIM 分子，该受体分子活化招募细胞质内 SHIP1，后者的活化可以水解 PIP3，终止 PI3K 介导的活化信号，抑制 Ca^{2+} 动员，从而抑制肥大细胞活化和脱颗粒。

2. CD300a

肥大细胞表面 CD300 家族受体，既包含激活性受体，也包含抑制性受体，它们的胞外段是高度相似的，所以与同一配体结合。一般情况下，抑制性受体与配体的亲和力高于激活性受体与配体的亲和力，抑制肥大细胞活化的作用占主导地位。目前已知的人肥大细胞表面 CD300 家族受体有 CD300a、CD300c、CD300f 三种。其中 CD300a 和 CD300f 是抑制性受体，CD300c 是激活性受体。CD300a 的配体主要有磷脂酰丝氨酸（phosphatidylserine，PS）和磷脂酰乙醇胺（phosphatidylethanolamin，PE），PS 和 PE

可能通过 CD300a 胞内段 ITIM 与磷酸化的磷酸酶 SHP-1、SHIP-2 相互作用导致胞内信号分子及衔接蛋白 Syk、LAT、KIT 等的去磷酸化效应，从而减弱 FcεRⅠ 介导的肥大细胞激活效应。CD300c 为激活性受体，与配体结合后显著上调肥大细胞内细胞因子的产生；CD300f 为抑制性受体，与其配体鞘磷脂及神经酰胺结合后抑制 FcεRⅠ 介导的细胞活化。

3. 信号调节蛋白 α

信号调节蛋白 α（signal regulatory protein α，SIRP-α）胞内段含 4 个酪氨酸残基，形成 2 个 ITIM 区域，它们与 FcεRⅠ 共结合，磷酸化后通过招募 SHP-2 和 SHP-1 降低 FcεRⅠ ITAM 磷酸化，从而抑制肥大细胞脱颗粒；SIRP-α 还可抑制肥大细胞内 Ca^{2+} 流动和细胞外 Ca^{2+} 内流，激活 MAP 激酶 Erk1 和 Erk2，从而抑制肥大细胞介质的释放；SIRP-α 通过 PI3Kp85 及 IKKβ 竞争结合 SHP-2，抑制 IgE 诱导的肥大细胞活化过程中 PI3K-Akt 与 NF-κB 通路激活，调节肥大细胞功能。

4. Sigles

Sigles 家族受体含有一个 ITIM 和一个 ITIM 样结构域，表达于多种细胞表面。肥大细胞表达 Sigles-2、Sigles-3、Sigles-5、Sigles-6、Sigles-8、Sigles-10，其中 Sigles-5、Sigles-6、Sigles-8 表达较高。Sigles-8 研究较多，当 Sigles-8 和其配体结合后招募 SHP-1，从而激发抑制作用。研究发现，肥大细胞表面与配体结合的 Sigles-8 激活后可明显抑制肥大细胞释放组胺和前列腺素 D_2，但对细胞因子的释放无抑制作用。

5. 配对免疫球蛋白样受体 B

配对免疫球蛋白样受体 B（paired Ig-like receptor B，PIR-B）含有 4 个 ITIM 基序，当肥大细胞表面的 PIR-B 与配体 CD85 结合后其酪氨酸磷酸化并招募 SHP-1、SHP-2，与 FcεRⅠ 共聚集后抑制 IgE 介导的肥大细胞激活和 5- 羟色胺释放。

（二）C 型凝集素超家族型抑制性受体

1. 肥大细胞功能相关性抗原

肥大细胞功能相关性抗原（mast cell function-associated antigen，MAFA）表达于肥大细胞、嗜碱性粒细胞、NK 细胞、单核细胞系 U937 表面，胞内含有一个 ITIM，MAFA 单独聚集时即可抑制肥大细胞脱颗粒。当 MAFA 与 FcεRⅠ 共聚集时，酪氨酸磷酸化的 ITIM 可招募 SHIP 和 SHP-2，SHIP 招募多分子复合物（Shc-ship-Dok-RasGAP）至细胞膜的胞内段，从而下调 Ras 诱导的 Raf-1/MEK/ERK 信号通路，最终导致 Erk-1/2 调节的细胞因子合成减少。另外，MAFA 并不干扰 FcεRⅠ -Fyn-Gab2-PI3K 信号通路。

2. CD72

CD72 即 Lyb-2，是含有 2 个 ITIM 的 45kDa 的 Ⅱ 型跨膜糖蛋白，主要表达于人和鼠的 B 系细胞，其天然配体为 CD100。CD72 也表达于人的肥大细胞系 LAD2、HMC-1.1、HMC-1.2 和 $CD34^+$ 外周血来源肥大细胞。CD72 激活后胞内 ITIM 酪氨酸磷酸化，其中一个 ITIM 招募 SHP-1，另一个 ITIM 结合 GRB2，引起 KIT 介导肥大细胞活化的关键酶 Src 家族激酶和 ERK 去磷酸化，导致 KIT 介导的肥大细胞效应减弱，包括 HMC-1.2 生长受抑制、SCF 诱导的趋化因子 MCP-1（CCL2）产生减少、SCF 协同肥大细胞脱颗粒效应减弱，而 CD72 与 FcεRⅠ 单独交联则不能抑制肥大细胞脱颗粒。

三、其他抑制性分子

脂蛋白1（lipin 1）是一种磷脂酸磷酸酶，定位于肥大细胞的细胞核内，作用是影响肥大细胞内磷脂酸即二酰甘油（phosphatidic acid，PA 或 diglyceride）和 DAG 生成，为肥大细胞信号的负性调节分子。SNAP-23 是肥大细胞内调节颗粒物质与细胞膜融合的重要分子，PKC 抑制剂可以显著减少下游 SNAP-23 分子的磷酸化，脂蛋白通过下调 PKC、SNAP-23 等信号分子抑制肥大细胞脱颗粒。CD151 抑制 ERK1/2-PI3K-Akt 信号通路，但并不影响 PLCγ1 激活和钙离子依赖的活化。有些研究认为，TLR2 可以通过调控肥大细胞表面 FcεRⅠ 分子的表达而抑制肥大细胞活化和脱颗粒。Hogan 研究发现，TLR4 也有这种作用。LPS 结合至肥大细胞时，表面 TLR4 可以下调肥大细胞表面 FcεRⅠ 分子的表达，降低 IgE 活化细胞的敏感性，进而短暂地抑制 IgE 介导的肥大细胞诱导的过敏反应。LPS 介导的肥大细胞表面 FcεRⅠ 分子表达下调是 IL-10 依赖性的。Kim 等学者在 B 细胞与肥大细胞相互作用的研究中发现，CD5⁺B 细胞表面的 CD40 与肥大细胞表面的 CD40L 结合，可以诱导 CD5⁺B 细胞分泌 IL-10，IL-10 结合至肥大细胞表面受体后通过 JAK-STAT3 通路发挥活化的负性调节作用。IL-10 的作用使肥大细胞胞质内 Fyn、Fgr、Syk 等信号分子水平降低，抑制 Ag-IgE-FcεRⅠ 介导的活化信号，从而抑制肥大细胞脱颗粒和炎性细胞因子的释放（图 2-5）。而长期的抗原刺激，可以通过 TLR 促进 IgE 介导的肥大细胞活化，刺激细胞因子释放，但对脱颗粒及胞内炎症介质的合成并无影响。

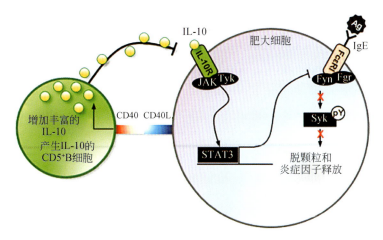

图 2-5 CD5⁺ B 细胞通过 IL-10 抑制肥大细胞的活化

CD5⁺ B 细胞与肥大细胞间的直接接触抑制作用是通过 CD40 和 CD40L 的配对结合，诱导 B 细胞分泌 IL-10 至细胞外实现的。IL-10 结合至肥大细胞表面受体，启动抑制信号通路，通过 JAK-STAT3 通路减少 Fyn 等分子及 Syk 的磷酸化，从而抑制肥大细胞的脱颗粒等活化效应［引自：Akyol G Y，Manaenko A，Akyol O，et al. 2017. VIG activates FcγRⅡB-SHIP1-PIP3 pathway to stabilize mast cells and suppress inflammation after ICH in mice ［J］. Sci Rep，7（1）：15583］

成熟红细胞细胞膜骨架蛋白分子 4.1R 是连接红细胞跨膜蛋白和血影蛋白 - 肌动蛋白蛋白骨架网络的桥梁，参与红细胞形状、黏附、脆性的维持和生理功能。康巧珍课题组发现，蛋白质 4.1R 通过抑制 T 细胞受体介导的信号转导负调控 T 细胞的活化和增殖。在自身抗原 MOG 诱导的小鼠实验性过敏性脑脊髓炎（experimental allergic encephalomy elitis，EAE）模型中发现，*4.1R* 基因敲除小鼠对致敏原反应更敏感。*4.1R* 基因敲除小鼠 BMMC 脱颗粒程度，IL-6、IL-4、IL-13、FcεRⅠα、FcεRⅠβ、FcεRⅠγ 的 mRNA 表达和转录水平显著高于野生型小鼠来源的 BMMC，但是两种基因型 BMMC 膜表面 FcεRⅠα 的表达并没有差异。耳郭被动皮肤过敏反应实验结果显示，*4.1R⁻/⁻C57bl/6J* 小鼠局部伊文思蓝渗出、血管通透性、组胺导致的肿胀程度均显著高于 *4.1R⁺/⁺* 小鼠。迟发相皮肤过敏实验显示，*4.1R⁻/⁻C57bl/6J* 小鼠耳厚、耳重显著增加，局部肥大细胞介导的炎性细胞浸润程度显著增强，IL-6 转录水平也显著增高，但是耳部肥大细胞的脱颗粒率没有显著性差异。研究证实，细胞膜骨架蛋白 4.1R 能够抑制 IgE 介导的肥大细胞脱颗粒和细胞因子的分泌，并且对过敏反应性疾病发挥负调控作用。

（蔺丽慧　魏继福　王　娟）

参 考 文 献

何韶衡，李萍 . 2002. 肥大细胞激活及组胺水平测定［J］. 四川大学学报医学版，33（4）：586-588.

贺学荣，何川，龚建平 . 2014. 肥大细胞激活机制与变态反应性疾病关系的研究进展［J］. 重庆医学，43（9）：1139-1141.

刘诗梦 . 2017. *4.1R* 基因缺失对 IgE 介导的肥大细胞活化的影响［D］. 郑州：郑州大学，4

彭霞，梁玉婷，林堃，等 . 2018. 血清 IgE 水平与冠心病的相关性分析［J］. 现代生物医学进展，18（1）：61-64.

张仲林，钟玲，郑砾，等 . 2014. 肥大细胞激活的分子机制研究进展［J］. 武警医学，25（7）：743-746.

尹悦，李莉 . 2018. IgE 与自身免疫性疾病关系的研究进展［J］. 中华检验医学，41（3）：242-245.

Akyol G Y，Manaenko A，Akyol O，et al. 2017. VIG activates FcγRⅡB-SHIP1-PIP3 pathway to stabilize mast cells and suppress inflammation after ICH in mice［J］. Sci Rep，7（1）：15583.

Bulfone-Paus S，Nilsson G，Draber P，et. al 2017. Positive and negative signals in mast cell activation［J］. Trends Immunol，38（9）：657-667.

Gilfillan A M，Tkaczyk C. 2006. . Integrated signalling pathways for mast-cell activation［J］. Nat Rev Immunol，6（3），218-230.

Kim H S，Kim A R，Kim D K，et al. 2015. Interleukin-10-producing CD5⁺ B cells inhibit mast cells during immunoglobulin E-mediated allergic responses. Sci Signal［J］，8（368）：ra28.

Li Z Y，Jiang W Y，Cui Z J. 2015. An essential role of NAD（P）H oxidase 2 in UVA-induced calcium oscillations in mast cells［J］. Photochem Photobiol Sci，14（2）：414-428.

Shin J，Zhang P，Wang S，et al. 2013. Negative control of mast cell degranulation and the anaphylactic response by the phosphatase lipin1［J］. Eur J Immunol，43（1）：240-248.

Sibilano R，Frossi B，Pucillo C E. 2014. Mast cell activation：a complex interplay of positive and negative signaling pathways［J］. Eur J of Immunol，44（9）：2558-2566.

Sibilano R，Frossi B，Pucillo C E. 2014. Mast cell activation：a complex interplay of positive and negative signaling pathways［J］. Eur J Immunol，44（9）：2558-2566.

Swindle E J，Coleman J W，DeLeo F R，et al. 2007. FcεRⅠ and Fcγ receptor mediated production of reactive oxygen species by mast cells is lipoxygenase and cyclooxygenase dependent and NADPH oxidase independent［J］，J Immunol，179：7059-7071.

Wang H C，Zhou Y，Huang S K. 2017. SHP-2 phosphatase controls aryl hydrocarbon receptor-mediated ER stress response in mast cells［J］. Arch Toxicol，1（4）：1739-1748.

Wang N，Kell M，Dang A，et al. 2017. Lipopolysaccharide suppresses IgE-mast cell-mediated reactions［J］. Clin Exp Allergy，47（12）：1574-1585.

Yu Y，Blokhuis B R.，Garssen J，et al 2016. Non-IgE mediated mast cell activation［J］. Eur J Pharmacol，778，33-43.

第三章　肥大细胞的研究方法与实验技术

肥大细胞体外及体内研究方法的建立，是了解肥大细胞基本特性和功能及其在疾病中作用的前提。随着对肥大细胞研究的不断深入，肥大细胞的体外研究逐渐从细胞系向原代细胞展开，肥大细胞缺陷的动物模型和相关疾病模型也在逐步建立并完善，极大地促进了体内肥大细胞生物学功能的研究。体内的肥大细胞具有明显的异质性，肥大细胞膜分子的检测是识别肥大细胞及其亚型、了解其病理生理特性和功能的重要手段。随着生命科学技术的发展，已有多种免疫学、组织化学等手段可用于肥大细胞膜分子的检测。肥大细胞信号通路及基因表达研究也是肥大细胞研究的重要方面，近年来相关的检测技术突飞猛进。本章将介绍肥大细胞的基本研究方法与实验技术，包括体外原代肥大细胞和肥大细胞系的培养、鉴定方法，常见的肥大细胞系和动物模型、肥大细胞膜分子和信号通路的检测方法等。

第一节　体外肥大细胞的培养

体外肥大细胞可以通过细胞因子诱导胚胎干细胞或 CD34$^+$ 造血干细胞产生或直接从组织中分离获得。目前常用的肥大细胞根据其来源分为小鼠骨髓来源肥大细胞、小鼠胚胎来源肥大细胞、小鼠腹腔来源肥大细胞，人骨髓、脐血、外周血 CD34$^+$ 干细胞来源的肥大细胞等。此外，也有部分已经建立的肥大细胞系用于实验研究，如 P815、HMC-1、LAD2 等。本节主要介绍常见的原代肥大细胞及肥大细胞系的培养方法。

一、小鼠来源肥大细胞的培养

（一）小鼠骨髓来源肥大细胞的培养

小鼠骨髓来源肥大细胞（bone marrow-derived mast cell in mice，BMMC）是利用 SCF 和 IL-3 在体外诱导 CD34$^+$ 的小鼠骨髓造血干细胞产生，培养 4～6 周达到成熟状态，通常采用流式细胞术检测细胞表面的 IgE 高亲和力受体（FcεRI）、干细胞因子受体 KIT（也称 CD117），用甲苯胺蓝染色观察胞内颗粒等方法监测其成熟过程和纯度。

1. 实验材料

一般认为雄性小鼠骨骼较雌性小鼠更大，可以获得更多的前体细胞，因此一般从雄性小鼠分离骨髓细胞。4～6 周龄雄性 BABL/c 小鼠或 C57BL/6J 小鼠，重组小鼠 IL-3（recombinant mouse IL-3，rmIL-3）、重组小鼠 SCF（recombinant mouse SCF，rmSCF）、RPMI 1640 培养基、胎牛血清（fetal bovine serum，FBS）、10mmol/L 非必需氨基酸（100×）、

100mmol/L 丙酮酸钠、青霉素 - 链霉素混合液（100×）、200mmol/L L- 谷氨酰胺、6孔板、6cm 培养皿、175cm² 培养瓶、2ml 注射器、100μm 滤器。

2. 实验方法

无菌条件下取小鼠股骨和胫骨，剔除肌肉组织，用 2ml 注射器抽取冲洗液（RPMI 1640 培养基 +10% FBS），将骨髓细胞冲出，直至骨髓腔变白，将未冲干净的股骨两端剪碎，放入冲洗液中。收集冲洗液至 15ml 离心管，用力吹打多次。收集冲洗液，以 1000r/min 离心 10min，收集细胞沉淀，用完全培养基（RPMI 1640 培养基、10% FBS、青霉素 100U/ml、链霉素 100μg/ml、0.1mmol/L 非必需氨基酸、2mmol/L L- 谷氨酰胺）重悬细胞沉淀，采用 0.4% 台盼蓝染色，细胞活性大于 90% 方可继续使用。计数并调整细胞浓度为 $1×10^6$/ml，加入 10ng/ml rmIL-3、20ng/ml rmSCF，细胞悬液转移至 6孔板中，置于 37℃、5% CO_2 中培养（图 3-1）。第 7 天更换培养基，调整细胞浓度至 $1×10^6$/ml，转移至 175cm² 培养瓶继续培养。随后每 7 天更换一次培养基，培养 4 周，悬浮细胞即为成熟肥大细胞。

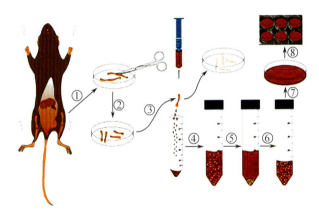

图 3-1　骨髓细胞分离实验的示意图

固定小鼠后腿，去除腿部的皮肤至脚踝，剔除肌肉组织，暴露小鼠腿部的长骨骼①。从髋关节和踝关节分离腿部，胫骨和股骨在膝关节处分开②，切除骨头末端，注射器抽取 BMMC 培养基冲洗骨髓③，用离心管收集冲洗液④。离心⑤，最终在 BMMC 培养基中溶解⑥，加入装有 BMMC 培养基的培养皿/6孔板中⑦、⑧［引自：Meurer S K，Neß M，Weiskirchen S，et al. 2016. Isolation of mature（peritoneum-derived）mast cells and immature（bone marrow-derived）mast cell precursors from mice［J］. PLoS One，11（6）：e0158104］

（二）小鼠胚胎来源肥大细胞的培养

胚胎干细胞（embryonic stem cell，ESC）具有造血全能性和无限增殖的能力，可在细胞因子诱导下分化为肥大细胞。分离 ESC，并培养形成胚胎小体（embryoid body，EB），后者在 SCF 和 IL-3 的作用下可诱导形成肥大细胞。通常 2000 个胚胎干细胞可获得 10^8 个肥大细胞。

1. 实验材料

4～6 周龄雄性 BABL/c 小鼠或 C57BL/6J 小鼠，rmIL-3、rmSCF、DMEM 培养基、IMDM 培养基、FBS、10mmol/L 非必需氨基酸（100×）、100mmol/L 丙酮酸钠、青链霉素（100×）、200mmol/L L- 谷氨酰胺、硫代甘油（MTG）、胰蛋白酶、转铁蛋白、抗坏

血酸、无血清杂交瘤培养基、明胶、孕马血清绒毛膜促性腺激素、人绒毛膜促性激素、β- 巯基乙醇、重组小鼠白血病抑制因子（recombinant mouse leukemia inhibitory factor，rmLIF）、50ml 离心管、6 孔板、培养皿、注射器、毛细玻璃针。

ESC 分化培养基：含有 15% FBS、2mmol/L L- 谷氨酰胺、300μg/ml 转铁蛋白、0.4mmol/L MTG、50μg/ml 抗坏血酸、5% 无血清杂交瘤培养基（PFHM-Ⅱ）的 IMDM 培养基。肥大细胞培养基：含有 10% FBS、0.15mmol/L MTG、1ng/ml IL-3、100ng/ml SCF 的 IMDM 培养基。

2. 实验方法

（1）胚胎干细胞的获取。雌鼠于中午 12 点腹腔注射孕马血清绒毛膜促性腺激素 8IU/ 只，48h 后腹腔注射人绒毛膜促性激素 8IU/ 只，雌雄鼠 1 ∶ 1 同笼交配，次日晨见阴栓记为受孕 0.5 天。

小鼠胚胎成纤维细胞饲养层的制备：麻醉后无菌取妊娠 12.5 ～ 14.5 天的小鼠胚胎，去头、胸腹腔脏器及四肢后，用眼科剪剪成约 1mm³ 的组织块，胰蛋白酶 -EDTA 37℃ 水浴消化 3 ～ 5min，收集上层细胞悬液，1200r/min 离心 10min，以含 10% FBS 的 DMEM 培养基重悬，调整细胞密度为 10⁵/ml，转移至 100ml 培养瓶中培养。取二、三代生长状态良好的小鼠胚胎成纤维细胞，在含 10mg/L 丝裂霉素 C 的饲养层细胞培养液中培养 2 ～ 3h，PBS 充分洗涤 10 次，加入含 10%FBS 的 DMEM 培养基培养（抑制滋养细胞 DNA 合成，终止细胞增殖，仅为肥大细胞生长提供条件），1 周内使用。

胚胎的获取与培养：麻醉后分别无菌取怀孕 3.5 天和 4 天的小鼠子宫，用含 5% FBS 的 DMEM 培养基从子宫角冲洗胚胎，收集胚胎并转移至丝裂霉素 C 处理过的饲养层的培养皿中，以含 15%FBS、0.1mmol/L β- 巯基乙醇、10g/L 非必需氨基酸、2mmol/L L- 谷氨酰胺的 DMEM 培养基培养。

内细胞团的分离：胚胎培养 3 ～ 5 天，内细胞团迅速增殖，呈现卵圆柱状或鸟巢状，此时可分离内细胞团。用毛细玻璃针剥离内细胞团表面覆盖的饲养层，将内细胞团挑出，PBS 洗涤 1 次，胰蛋白酶 -EDTA 消化 5min，并用另一支比内细胞团直径小的毛细玻璃管吹打内细胞团，将其离散成 10 ～ 20 个细胞连在一起的小细胞团，接种至新的饲养层上，新的类胚胎干细胞集落在接种 3 ～ 5 天后可形成，在未分化之前传代。

（2）胚胎干细胞的培养。未分化的 ESC 首先用含有 15% FBS、0.15mmol/L MTG、10ng/ml rmLIF 的 DMEM 培养基重悬，置于明胶包被的培养皿。

分化前 24 ～ 48h，ESC 置于含有 15% FBS、0.15mmol/L MTG、10ng/ml LIF 的 IMDM 培养基中。用胰蛋白酶消化细胞，并用含 15% FBS 的 DMEM 培养基洗涤。用分化培养基重悬细胞，调整细胞密度为 7.5×10³/ml ～ 12.5×10³/ml，体积为 5ml。

5 ～ 6 天后 EB 小体形成。将 EB 转移至 50ml 离心管，静置 10min。去除上清，加入 3ml 胰蛋白酶 -EDTA，37℃孵育 5min，加入 1ml FBS 终止消化，将消化的细胞通过带有 20 号针头的注射器，以去除细胞团块，重复一次。分散的细胞 1200r/min 离心 10min，收集细胞沉淀，用肥大细胞培养基重悬，调整细胞密度为 1×10⁶/ml ～ 2×10⁶/ml。

非贴壁细胞转移至新的培养板，加入新鲜肥大细胞培养基，48 ～ 72h 后重复上述操作以去除所有贴壁细胞。后续 2 ～ 3 天半量换液，培养 4 ～ 12 周获得肥大细胞。

（三）小鼠腹腔来源肥大细胞的培养

肥大细胞存在于全身各个器官组织中，正常的腹腔和胸腔也有肥大细胞。与其他组织相比，腹腔肥大细胞（peritoneal mast cell，PMC）的分离简便易行。小鼠腹腔细胞中仅含有 1%～3% 的肥大细胞。由于肥大细胞密度（1.09～1.17g/ml）高于淋巴细胞、单核细胞等有核细胞，可采用 Percoll 分离液，根据细胞密度梯度原理分离。体外可收集腹腔冲洗液，低速离心、富集细胞，再采用 Percoll 密度梯度离心法即可获得腹腔来源肥大细胞。

1. 实验材料

4～6 周龄雄性 BABL/c 小鼠或 C57BL/6J 小鼠、RPMI 1640 培养基、FBS、Gey 红细胞裂解液、注射器、15ml 离心管。

2. 实验方法

（1）收集小鼠腹腔细胞。小鼠颈椎脱臼法处死，剔除胸腹部毛，75% 乙醇中浸泡消毒 2～3min。10ml 注射器抽取 3ml 磷酸盐缓冲液（PBS）或培养基（RPMI 1640+10% FBS）和 2ml 的空气（图 3-2）。用镊子提起胸骨，将注射器中的液体和气体缓慢注射到腹膜腔中，以防止血管破裂导致血液泄漏到腹腔内。注入气体和液体后，皮下组织和内脏器官即分离，腹腔充满 PBS 或培养基。将小鼠放在手中，小心摇动数次，使细胞从组织中分离并转移到培养基中。用镊子提起胸骨，用注射器抽去空气。胸骨下方切口，将细胞悬浮液从腹腔吸出（图 3-3），用离心管收集，置于冰上待用。

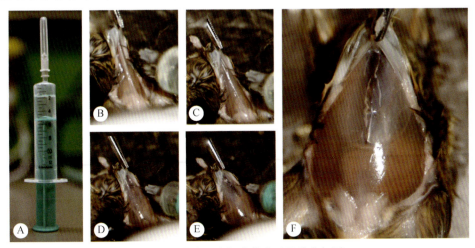

图 3-2　腹腔肥大细胞获取时腹腔充气图

注射器抽取 3ml PBS/ 培养基和 2ml 空气（A）注射至小鼠腹腔（B～E），小鼠腹腔充气（F）［引自：Meurer S K，Neß M，Weiskirchen S，et al. 2016. Isolation of mature（peritoneum-derived）mast cells and immature（bone marrow-derived）mast cell precursors from mice［J］. PLoS One，11（6）：e0158104］

（2）腹腔细胞培养。若细胞悬液中混有红细胞呈红色，则需用 Gey 红细胞裂解液洗涤；若细胞悬液为无色，则不需要洗涤。

Gey 红细胞裂解液洗涤步骤如下：3ml 细胞悬液 4℃、1500r/min 离心 5min，收集细胞沉淀，以 2.5ml Gey 红细胞裂解液重悬，冰上静置 5min，将 2ml FBS 缓缓地加入细胞溶液底层。4℃、1000r/min 离心 10min。收集细胞沉淀，以 3ml 培养基重悬 PMC，转移

图 3-3　腹腔来源肥大细胞的提取

将小鼠小心放在手掌摇晃，再用注射器取出腹腔内的空气，然后在腹白线部分切口（未展示）。A. 用吸管吸取含有腹腔来源肥大细胞的液体；B. 放入无菌离心管中［引自：Meurer S K，Neß M，Weiskirchen S，et al. 2016. Isolation of mature（peritoneum-derived）mast cells and immature（bone marrow-derived）mast cell precursors from mice［J］. PLoS One，（116）：e0158104］

至 6 孔板，37℃、5% CO_2 条件下培养。每 3 天更换一次新鲜培养基。PMC 的富集和培养应在 2～3 周内完成。

（3）腹腔细胞分离。细胞悬液缓慢加入 30%：80% Percoll 梯度分离液上层，4℃、2500r/min 离心 15min，收集界面处细胞，置于无菌离心管中，用培养基洗涤 2 次，4℃、1000r/min 离心 10min，弃上清，加培养基重悬。显微镜下计数，调整细胞浓度备用。

二、人原代肥大细胞的培养

（一）骨髓、脐血或外周血干细胞来源肥大细胞的培养

人骨髓、脐血和外周血是 CD34⁺ 造血干细胞的主要来源，但含量较低，其中骨髓和脐血中 CD34⁺ 干细胞的比例仅占 1%～2%，外周血中 CD34⁺ 干细胞的比例仅为 0.01%～0.1%。CD34⁺ 多能造血干细胞可被诱导成肥大细胞。多能造血干细胞表达 KIT、CD13，不表达 FcεRⅠ，缺乏各系特异性的表面分子。体外利用抗 CD34 抗体包被的磁珠分离柱可分离和富集造血干细胞，后者经 rhSCF、rhIL-6 和 rhIL-6 诱导 8～10 周，可诱导获得成熟肥大细胞。

1. 实验材料

抗体包被磁珠和 MACS 细胞分选缓冲液、淋巴细胞分离液，StemPro™-34 SFM 培养基、M199 培养基、二甲基亚砜（dimethyl sulfoxide，DMSO）、FBS、2- 巯基乙醇（2-mercaptoethanol，2-ME）、青霉素 - 链霉素混合液（100×）、重组人干细胞因子（rhSCF）、重组人白介素 6（rhIL-6）、重组人白介素 3（rhIL-3）、100mmol/L 非必需氨基酸、100mmol/L 丙酮酸钠、200mmol/L L- 谷氨酰胺（100×）、175cm² 培养瓶、氯化铵溶液、磷酸盐缓冲液（PBS）、30μm 尼龙网过滤器、冻存管、15ml 和 50ml 离心管。

（1）骨髓标本采集所需实验材料。10ml 注射器、500U/ml 肝素。

（2）脐血标本采集所需实验材料。内含肝素的无菌采血袋或无菌采血瓶。

（3）外周血标本采集所需实验材料。扎脉带、静脉采血针、肝素真空抗凝采血管和50ml 离心管，内含肝素锂浓度为 25IU/ml 血。

2. 实验方法

（1）标本采集。所有样本采集和使用均需经过伦理委员会批准并由供者或其家属签署知情同意书。①骨髓标本的采集。按临床骨髓穿刺要求消毒抽血部位，用真空采血管采集至 5ml 刻度处，轻轻颠倒混匀。②脐血标本的采集。根据临床采集脐血流程操作：在胎儿分娩出后，胎盘未娩出前，利用胎盘的收缩力使脐带／胎盘血自然滴入采血管，或者直接从脐静脉穿刺采血，与抗凝剂充分混匀。③外周血标本的采集。根据临床采集静脉血流程操作：采集静脉穿刺的外周血，置于抗凝管中，轻轻颠倒混匀。

（2）分离单个核细胞。每 10ml 抗凝的骨髓、脐血（PBS1：1 稀释后）或外周血加至50ml 离心管中，加入 25ml StemPro 无血清添加营养补充液培养基（2mmol/L L-谷氨酰胺、100IU/ml 青霉素和 50μg/ml 链霉素，也称完全培养基）。轻轻混匀细胞，将淋巴细胞分离液缓慢加入装有骨髓或外周血细胞的离心管底。室温、675g 离心 20min，吸取单个核细胞层，加入 25ml 培养基，300g 离心 10min 去除细胞碎片。洗涤 2 次。单个核细胞以5ml 无菌封闭缓冲液（含 0.5% BSA 和 2mmol/L EDTA 的 PBS 缓冲液）重悬。采用 30μm孔径的滤器过滤，去除团块、聚集体或颗粒。

（3）富集 CD34$^+$ 细胞。CD34$^+$ 纯度对于肥大细胞的培养十分重要。免疫磁珠细胞分选方法可在短时间内从复杂的细胞混合物中分离出高纯度 CD34$^+$ 细胞。单个核细胞经一次磁珠分选能获得 65% ～ 75% 的 CD34$^+$ 细胞，经第二次磁珠分选能够获得的 CD34$^+$ 细胞的比例达到 90% ～ 95%。因此，常采用磁珠两次分选法富集 CD34$^+$ 细胞。

每 10^7 单个核细胞溶解于 100μl 无菌封闭液中，加入 100μl FITC 标记抗人 CD34 抗体，37℃孵育 30min。再加入 2ml 无菌封闭液，1000r/min 离心 10min。收集细胞沉淀，用 80μl无菌封闭液重悬，每 10^7 个细胞中加入 20μl MACS 抗 FITC 微球，6 ～ 12℃孵育 15min。

孵育完毕后加入 2ml 无菌封闭液，1000r/min 离心 10min。细胞沉淀以无菌封闭液重悬，调整细胞浓度至 2×10^8/ml。将 MACS LS 柱放入磁场架，先加入 3ml 去除气体的无菌封闭液使分离柱湿润，吸取细胞悬液至分离柱，收集流出液作为阴性部分；加入 1ml 封闭液通过 LS 分离柱，反复 3 次；将柱子从磁场移开，再加入 5ml 缓冲液至 LS 分离柱，收集具有磁性的标记细胞。以上孵育步骤均在冰浴操作。

（4）CD34$^+$ 细胞的保存及复苏。细胞保存：推荐将细胞保存在冷沉淀剂混合物中，细胞浓度至少为 5×10^6/ml。

冷沉淀剂混合物由两部分组成：第一部分，M199 培养基与 DMSO 以 1：4 的体积比混合，-20℃保存待用；第二部分，含 3000U/ml 无防腐剂肝素的 FBS，-20℃保存待用。

冷冻保存细胞：准备 2 支分别含有 0.5ml 预冷的 M199 培养基 /DMSO 或 FBS/ 肝素的离心管，每管加入 2.5×10^6 ～ 5.0×10^6 个细胞，置于冰上数分钟，将细胞合并为 1ml，转移至 1.8ml 冷冻管。细胞在 4℃平衡 30min，-70℃冷冻箱中过夜，最后转移至液氮保存。

复苏：37℃快速解冻细胞，用 10ml 完全培养基重悬细胞，1000r/min 离心 10min，弃上清去除 DMSO，再用 5 ～ 10ml 完全培养基重悬细胞。

（5）CD34$^+$ 细胞及人肥大细胞的培养。理想状态下，5×10^6 个 CD34$^+$ 细胞培养 8 ～ 10周后，能获得 10×10^6 ～ 20×10^6 个人肥大细胞，且纯度＞ 95%。

第一周，将 CD34⁺ 细胞置于含有 100ng/ml rhSCF、100ng/ml rhIL-6 和 30ng/ml rhIL-3 的完全培养基培养，调整 CD34⁺ 细胞浓度为 $2.5×10^4$/ml ～ $5.0×10^4$/ml。

每周更换一次培养基，第二周将培养基更换为含有 rhSCF 和 rhIL-6 的新鲜培养基。由于培养初期单核细胞和其他细胞会增殖，并在悬浮液中竞争生长因子，导致死亡的细胞或细胞碎片出现，从而抑制人肥大细胞的生长。因此，更换培养基时，将细胞上清液转移到 50ml 离心管中，并低速（150g）离心 15min。细胞重悬后，转移到新培养瓶中继续培养。

（二）组织来源肥大细胞的培养

除了通过诱导 CD34⁺ 细胞产生肥大细胞外，也能直接从组织（如皮肤、鼻息肉或鼻黏膜组织）提取肥大细胞。通常是先切取组织，剪切成小块，加入胶原酶使组织块消化，获取单细胞悬液。

1. 实验材料

RPMI 1640 培养基、1mol/L HEPES 缓冲液、青链霉素（100×）、FBS、EMEM 培养基、不含钙和镁的 Hanks 平衡缓冲液（CMF-HBSS）、胶原酶、透明质酸酶、脱氧核糖核酸酶（DNAse）、Percoll 分离液、哌嗪 -1,4- 二乙磺酸（PIPES）、氯化钠（NaCl）、氯化钾（KCl）、葡萄糖、人血清白蛋白（human serum albumin，HSA）、手术剪、研磨器、100μm 无菌过滤器、25cm² 培养瓶。

2. 实验方法

（1）标本采集。所有组织样本采集和使用均需经过伦理委员会批准并由供者或其家属知情同意。根据临床操作规范，分离新鲜组织（如皮肤、鼻息肉等）。

（2）制备单细胞悬液。组织标本置于 EMEM 培养基中，4℃保存，于 12h 内处理完毕。将组织剪切成 1 ～ 2mm 块，用 CMF-HBSS 洗涤 2 次。用 CMF-HBSS 重悬组织块，加入 4mg/ml 胶原酶、1mg/ml 透明质酸酶和 1000U/ml DNAse，每克组织加入的 CMF-HBSS 量为 1ml，室温孵育 3h。消化后的组织块用 100μm 的过滤器过滤，收集细胞悬液，用 CMF-HBSS 洗涤 3 次。采用甲苯胺蓝染色检测其中的肥大细胞数。

（3）分离肥大细胞。PAG 缓冲液为含有 25mmol/L PIPES、110mmol/L NaCl、6mmol/L KCl、0.1% 葡萄糖和 0.003% HSA 的溶液。

Percoll 分离液的配制：先将 9 份 Percoll 和 1 份 25mmol/L PIPES 混合达到生理渗透压，即 100% Percoll。100% Percoll 以 25mmol/L PIPES 稀释成 80% 和 50% Percoll 分离液。

将 10ml 50% Percoll 分离液和 80% Percoll 分离液依次加入 50ml 离心管，形成密度梯度。单细胞悬液用 PAG 洗涤 1 次，以 PAG 重悬，调整细胞密度为 $2×10^6$/ml。将细胞悬液缓慢加至 50% Percoll 分离液上层，室温 300g 离心 15min。收集 80% Percoll 分离液层细胞，PAG 洗涤 2 次。

（4）肥大细胞培养。组织肥大细胞培养液为：含有 25mmol/L HEPES、100IU/ml 青霉素、50μg/ml 链霉素、5% FBS 的 RPMI 1640 培养基。PAG 最后一次洗涤后，以组织肥大细胞培养液重悬。调整细胞密度，转移至 25cm² 培养瓶继续培养。

三、肥大细胞系的培养

尽管原代肥大细胞具备成熟肥大细胞的表面标志和颗粒物质，是研究肥大细胞及其相关疾病的良好细胞模型。但其培养也存在一些不足之处，如耗时长、培养成本高、得率较低等。因此，永生化肥大细胞系在实验研究的应用也较为广泛。目前应用较多的肥大细胞系有小鼠肥大细胞瘤 P815 细胞、小鼠肥大细胞系 MC/9、人肥大细胞白血病细胞 HMC-1 和人肥大细胞系 LAD2。半贴壁 P815 细胞和悬浮 HMC-1 皆采用含有 10% FBS 的 RPMI 1640 培养基，MC/9 细胞的培养需采用含有细胞因子的 DMEM 培养基，LAD2 细胞的培养需采用含有细胞因子的 StemPro^{TM}-34 SFM 培养基。

1. 实验材料

RPMI 1640 培养基、DMEM 培养基、StemPro^{TM}-34 SFM 培养基、FBS、rhSCF、rmSCF、rmIL-3、200mmol/L L- 谷氨酰胺（100×）、青链霉素（100×）、15ml 离心管、25cm^2 培养瓶、一次性吸管。

2. HMC-1、P815、KU812 和 MC/9 细胞的培养方法

（1）细胞复苏。从液氮罐中取出细胞冻存管，迅速置于 37℃恒温水浴锅中，快速解冻。将细胞逐滴加入完全培养基中（HMC-1 细胞采用 RPMI 1640+10%FBS，P815 和 MC/9 细胞采用 DMEM+10%FBS），室温 1000r/min 离心 10min，弃去上清，用新鲜培养基重悬细胞沉淀，轻轻吹打，制备单细胞悬液（MC/9 细胞悬液中添加 10ng/ml rmSCF 和 10ng/ml rmIL-3）。将细胞转移至 25cm^2 培养瓶中，将瓶盖旋松 1/4 圈，置于 37℃、5% CO$_2$ 饱和湿度条件下培养。

（2）更换培养基。每 48h 更换培养基一次。反复吹打细胞使贴壁细胞脱落、细胞团块松散，收集细胞悬液，室温 1000r/min 离心 10min，收集沉淀细胞，用完全培养基重悬。将细胞转移至 25cm^2 培养瓶中，置于 37℃、5% CO$_2$ 饱和湿度条件下培养。

（3）传代培养：当培养瓶中细胞铺满度为 80% 或达到 2×10^6/ml 培养瓶时，需传代。培养瓶中加入等量新鲜培养液，吹打分散，获得单细胞悬液，以 1 : 1 的比例转移至新培养瓶培养。

3. LAD2 细胞株的培养方法

配制 LAD2 细胞培养基：Stem Pro 34 营养补充剂、100IU/ml 青霉素、100μg/ml 链霉素、2mmol/L 谷氨酰胺、100ng/ml rhSCF。以完全培养液重悬 LAD2 细胞，调整细胞浓度为 0.5×10^6/ml ～ 1×10^6/ml。每周半量更换新鲜培养液。

四、小结

目前实验所用的肥大细胞主要来源于三条途径，一是从骨髓、胚胎、脐血、外周血等 CD34$^+$ 干细胞诱导获得，二是从皮肤、鼻息肉等组织中直接分离获取，三是采用永生化的肥大细胞系。三种来源的肥大细胞各有优缺点，诱导产生的肥大细胞纯度高、数量多，但培养周期长达 4 ～ 8 周、成本高；组织中分离的肥大细胞获取速度快，但取材较难，且细胞数量特别是正常组织来源的细胞数量较少；永生化的肥大细胞系具有培养方法简单、生长速度快的优点，但大多来源于血液病，部分并不是真正的肥大细胞，并不能全面代表肥大细胞。有的细胞系如 HMC-1 细胞甚至缺乏成熟肥大细胞的表面特征性分子 FcεRⅠ，因此不能用于 IgE-FcεRⅠ途径的活化研究。LAD2 细胞虽然是正常人肥大细胞系，但体外培养条件要求高，给实验带来困难，且必须有细胞因子维持生长，外源性细胞因子对研究有影响。因此，各实验室可根据实验需求及各肥大细胞特点选择不同来源的肥大细胞系用于研究。

（彭　霞）

第二节　肥大细胞的鉴定方法

肥大细胞呈椭圆形或不规则形，表面有伪足，细胞内含有丰富的细胞器和大量颗粒，脱颗粒后的肥大细胞胞质内形成空泡，因此可通过形态鉴定肥大细胞。肥大细胞胞质中的颗粒容易着色，因此肥大细胞颗粒染色成为肥大细胞鉴定的另一个重要方法。另外，肥大细胞具有脱颗粒、趋化和迁移的特性，这是肥大细胞发挥功能的重要方式，黏附实验、Transwell 和划痕实验也常用于肥大细胞功能研究。

本节主要介绍鉴定肥大细胞的化学染色鉴定方法、形态学鉴定方法及基本功能鉴定方法，包括肥大细胞的脱颗粒、趋化和迁移功能鉴定等。

一、化学染色鉴定方法

成熟肥大细胞最显著的形态特征是其细胞质中含有大量的溶酶体样分泌颗粒，也称为分泌溶酶体。早在 19 世纪后期德国科学家 Paul Ehrlich 就观察到结缔组织细胞胞质中存在分泌颗粒。从那时起，细胞质中分泌颗粒的检测就成为鉴定肥大细胞的主要方法之一。这些颗粒易被各种阳离子染料，包括甲苯胺蓝、阿尔新蓝、硫酸小檗碱等着色，其中甲苯胺蓝染色法是观察肥大细胞形态学的最常用方法之一。

体外培养的肥大细胞甲苯胺蓝染色方法：

（1）培养的肥大细胞染色。收集培养的肥大细胞，PBS 洗涤 1 次，细胞沉淀以 200μl PBS 重悬，滴至载玻片上，用细胞涂片离心机离心，或待自然干燥后，用 1% pH3.5 的甲苯胺蓝染液染色 20s，流水冲洗，再以 95% 乙醇分色，中性树胶封片，显微镜观察。显微镜下可见肥大细胞多呈圆形，细胞核呈圆形或椭圆形，细胞质中充满大量紫红色颗粒，细胞膜较完整，核仁与核内染色质明显（图 3-4）。

（2）组织中肥大细胞的甲苯胺蓝染色。组织切片染色：标本若为石蜡切片，先以二甲苯脱蜡，乙醇清洗脱水，冷冻切片无此步骤。切片浸润在 1% pH3.5 的甲苯胺蓝染液染色 5min，流水冲洗，再以 95% 乙醇分色至不掉色，水洗；以 0.5% 伊红染液复染 2s，水洗后，以二甲苯透明，中性树胶封片，在显微镜下观察肥大细胞形态。

在显微镜下可见，蓝色背景清晰，肥大细胞胞质内紫红色颗粒鲜明，与背景蓝色对比度高（图 3-5）。

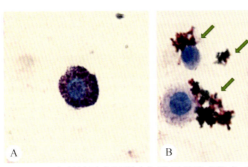

图 3-4　小鼠骨髓来源肥大细胞甲苯胺蓝染色（100×）

A.静息状态肥大细胞，细胞质内充满紫红色异染颗粒；B.脱颗粒后的肥大细胞，细胞质淡染，箭头所指为脱出的颗粒

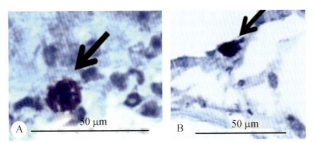

图 3-5　颅内动脉瘤周围血管区的肥大细胞甲苯胺蓝染色

A. 活化的肥大细胞；B. 静息肥大细胞［引自：Liu J，Kuwabara A，Kamio Y，et al. 2016. Human mesenchymal stem cell-derived microvesicles prevent the rupture of intracranial aneurysm in part by suppression of mast cell activation via a PGE$_2$-dependent mechanism［J］. Stem Cells，34（12）：2943-2955］

二、形态学鉴定方法

　　由于制片容易、染色方便、仅需借助显微镜便可观察形态，因而形态学鉴定是细胞学研究和临床血液学检测最常用的方法。组织切片染色形态学观察也同样是病理学研究和临床病理诊断的基本手段。细胞悬液或组织标本可通过涂片或切片、化学染色，在普通光学显微镜下观察到肥大细胞的大小、形态和颗粒。光学显微镜的分辨率为 0.2μm，而电子显微镜的分辨率为 0.2nm。因此，电子显微镜技术可以更加清晰地观察肥大细胞的表面形态和细胞内异染颗粒。电子显微镜细胞形态研究的原理是利用重金属（如铅、铀等）与细胞中的成分结合，提高细胞成分对电子的散射能力，增进超薄切片中不同组织成分对电子散射的差异，使细胞的超微结构得到充分呈现，形成与细胞结构相应的图像，并提高图像反差。该方法以电子束作为照明源，电磁透镜聚焦，电子信号成像，具有高分辨率和高放大倍数的优点。根据结构和用途不同，又可分为透射式电子显微镜、扫描式电子显微镜等，其中透射式电子显微镜常用于观察细胞内部超微结构，扫描式电子显微镜主要用于观察细胞表面的立体形貌。

（一）透射电子显微镜标本制备和观察

1.悬浮细胞

用 4℃预冷的 3% 戊二醛固定细胞 2～4h，1% 锇酸后固定，系列乙醇-丙酮脱水，环氧树脂包埋，常规制作切片，电子染色，60kV 下观察。

2.组织切片

新鲜组织标本置于 2.5% 戊二醛中，4℃固定 2h；0.1mol/L pH7.4 二甲砷酸钠缓冲液洗 3 次，4℃条件下 1% 锇酸中固定 2h；双蒸水清洗已固定的组织标本，系列乙醇－丙酮脱水；标本由 100% 丙酮中移入装有混匀包埋剂的小瓶中，在 30℃下振荡 4h（可用红外线灯加温促进浸透）置换出标本中的丙酮；按照常规方法进行树脂包埋；超薄切片，厚度为 50 ～ 70nm；用醋酸双氧铀和柠檬酸铅染色，透射电子显微镜下观察。

（二）扫描电子显微镜标本制备及观察

1. 悬浮细胞

4℃预冷的 3% 戊二醛固定载片，1% 锇酸后固定，系列乙醇－丙酮脱水，临界点干燥，喷碳、喷金后，20kV 下观察。

2. 组织切片

固定方法与透射电子显微镜标本相同。标本固定先后放入 2% 单宁 10min 和 1% 锇酸 30min 中进行导电处理；标本置于系列乙醇中脱水（各 10min），再将标本移入乙酸异戊酯中，置换出乙醇。标本置入临界点干燥器的密闭标本室中，充入液体 CO_2（＞ 2/3 体积），升温使达到临界状态（31.4℃，72.8kPa）进行临界点干燥。标本固定在离子镀膜机阳极载物台上，低真空下（0.1 Torr）加高电压（1000 ～ 1200V）镀膜，在扫描电子显微镜下 20kV 观察细胞形态。

（三）电子显微镜下的肥大细胞形态

透射电子显微镜下，可见肥大细胞胞质内充满大量高电子密度颗粒，肥大细胞呈现活跃的脱颗粒状态，有些细胞胞质内含有脱颗粒后的空泡（图 3-6）。

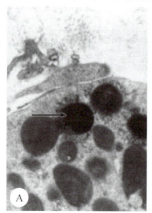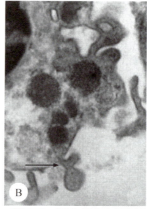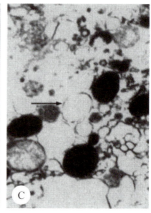

图 3-6　肥大细胞电镜图

A. 肥大细胞高密度颗粒（×15 000）；B. 肥大细胞脱颗粒状态（×20 000）；C. 肥大细胞空泡状态（×20 000）［引自：董文珠、李兆申、邹多武，等 .2003. 肠易激综合征患者肠黏膜肥大细胞的光镜和电镜观察［J］.中华消化内镜杂志，（8）：244-248］

扫描电子显微镜下可见静息的肥大细胞膜的突起，活化后的肥大细胞扫描电子显微镜图见图 1-12B ～ H。肥大细胞表面突起消失，这些突起可能含有细胞内颗粒，颗粒通过与细胞膜融合发生胞吐作用。

三、功能鉴定方法

肥大细胞具有多种生物学功能，包括经 IgE 途径或非 IgE 途径刺激后的活化作用、迁移和趋化功能。检测肥大细胞的生物学功能有利于了解肥大细胞的功能和病理生理作用。

本节主要介绍肥大细胞活化、迁移和趋化作用的检测方法。

（一）脱颗粒鉴定

肥大细胞活化是其发挥功能的重要前提，检测肥大细胞活化是评估肥大细胞作用的重要部分。根据肥大细胞活化时形态和颗粒成分的变化，常采用甲苯胺蓝染色观察细胞质颗粒变化、颗粒物质释放水平检测以评估肥大细胞的活化状态。

甲苯胺蓝染色：该方法参考第四章第二节化学染色鉴定。结果见图 3-4。

（二）肥大细胞释放介质的检测

肥大细胞活化后能释放多种炎症介质，包括预形成颗粒物质（如组胺和蛋白酶类）、新合成的脂类介质（白三烯和前列腺素）、细胞因子和趋化因子等，检测这些物质的浓度或释放率可以评估肥大细胞的活化水平。

1. 样本收集

（1）体外细胞上清液标本。下面以小鼠骨髓来源肥大细胞经 IgE 经典途径激活后的标本收集为例，介绍体外肥大细胞活化标本的收集方法。

收集肥大细胞，用培养基调整细胞浓度为 6×10^5/ml，接种在 24 孔板上，每孔 0.5ml。加入 0.5μg/ml IgE-DNP 致敏，37℃、5% CO_2 培养过夜。用台式缓冲液洗涤细胞 2 次，以 0.2ml 台式缓冲液重悬细胞，再加 0.5μg/ml DNP-HSA 激发 30min，3000r/min 离心 5min，收集上清液（标记为 A 液，待测），于 4℃保存。细胞沉淀中加 200μl 含有 0.5% Triton X-100 的裂解液，37℃中裂解 30min，9000r/min 离心 10min，收集上清液（标记为 B 液，待测），于 4℃保存。对照组以 PBS 致敏和激发。收集的标本尽快检测。

（2）体内标本收集。收集血清、肺泡灌洗液等体液标本，4℃保存，尽快检测。

2. 肥大细胞蛋白酶类检测

肥大细胞蛋白酶是肥大细胞发挥作用的重要组分，也是肥大细胞活化或脱颗粒的标志物。类胰蛋白酶是常用的评估肥大细胞活化的蛋白酶，该酶是一种 30 ~ 35kDa 的中性丝氨酸糖蛋白，主要存在于肥大细胞中，是肥大细胞内预先合成的中性蛋白酶，也是肥大细胞中含量最多的介质，经肥大细胞脱颗粒释放到细胞外。血清中的类胰蛋白酶主要有三类：α- 类胰蛋白酶、β- 类胰蛋白酶和 γ- 类胰蛋白酶。β- 类胰蛋白酶是其中的主要酶，酶活性测定是检测 β- 类胰蛋白酶水平的有效方法。

（1）酶免疫分析法。目前，细胞培养上清液、肺泡灌洗液中肥大细胞颗粒内活性物质的研究常用 ELISA 方法，借助酶标板、抗体、底物，并制备标准曲线，设立阳性、阴性对照。采用不同种属的单克隆抗体和类胰蛋白酶抗原抗体反应对类胰蛋白酶进行免疫分析。具体步骤参照酶免疫分析技术。

（2）荧光酶联免疫分析。收集血清、肺泡灌洗液、细胞上清液等，采用荧光免疫分析仪 ImmunoCAP 全自动过敏原检测仪检测。抗类胰蛋白酶抗体预先结合在 ImmunoCAP 固相载体中，与血液样本中的类胰蛋白反应，形成类胰蛋白酶 - 抗类胰蛋白酶复合物，加入荧光酶标二抗，形成荧光酶标二抗、抗类胰蛋白酶抗体与待测类胰蛋白酶的复合物，加入底物产生酶催化荧光产物，根据荧光值计算血清类胰蛋白酶含量。

（3）类胰蛋白酶活力测定法。蛋白激酶可以裂解苄硫酯，其产物苯硫醇可以与 5, 5′-

二硫二硝基苯甲酸（DTNB）发生反应，生成黄色产物（NBS，2-硝基-5-硫代苯甲酸阴离子），其摩尔消光系数为13 600/cm，在405nm或410nm检测其吸光度。

配制：① 20mmol/L N-苄氧羰基-赖氨酸-苄硫酯（Z-Lys-SBzl），17mg Z-Lys-SBzl 溶解于异丙醇；②类胰蛋白酶检测缓冲液，0.1mol/L HEPES，10% 甘油（V/V），0.1mg/ml 肝素，0.01% Triton X-100（V/V），0.02% NaN$_3$（m/V），pH 7.5；③ 10mmol/L DTNB，将40mg DTNB溶于10ml类胰蛋白酶测定缓冲液中，4℃下储存约1周，若呈明显黄色，则应丢弃；④类胰蛋白酶底物测定溶液，0.87ml 类胰蛋白酶测定缓冲液、0.1ml DTNB 溶液和30μl 20mmol/L Z-Lys-SBzl 储备液混合，同时加1μl 辛醇混合，防止气泡形成。

将含有类胰蛋白酶的样品吸移至微孔板孔中，并用类胰蛋白酶测定缓冲液稀释至50μl，空白孔中吸取50μl 缓冲液代替样品。将酶标仪软件设置成动力学模式，参数为：第一次读数之前高速混匀10s，每间隔20s 在405nm或410nm波长处读取所需的酶标板吸光度，时长10min。加入50μl 底物测定溶液，立即开始测定，初始速率与酶量应为线性关系，如图3-7所示。

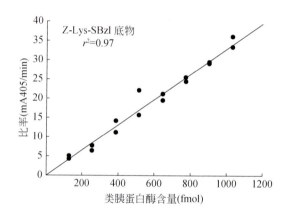

图 3-7 类胰蛋白酶标准曲线

［引自：Guha K，David SC. 2006. Mast Cells Methods and Protocols［M］. Toeowa，New Jersey：Humana Press Inc，197］

（4）β-己糖苷酶释放率检测。β-己糖苷酶是肥大细胞颗粒中预先合成的一种酶类，是肥大细胞脱颗粒的重要标志之一，因此检测肥大细胞β-己糖苷酶释放率是评估肥大细胞活化的常用方法。

样本与底物（对硝基苯-N-乙酰-β-D 葡糖酰胺溶液）以1∶1的比例混合，加入96孔板中，37℃反应1.5h，再加0.4mol/L 甘氨酸终止反应，于405nm/630nm双波长处检测吸光度。

（5）组胺检测。组胺是肥大细胞活化后释放到细胞外的另一颗粒内物质。组胺是自体活性物质之一，主要由肥大细胞、嗜碱性粒细胞合成，并以无活性的结合型存在于肥大细胞和嗜碱性粒细胞的颗粒中。正常人的血组胺含量为100～500ng/L。虽然组胺是重要的炎症介质，但因在症状出现后15～60min 血浆组胺水平升高，故作为诊断指标存在一定的困难。目前常采用酶联免疫法检测组胺的水平，从而判断肥大细胞的活化程度。目前已经有较多市售的组胺检测试剂盒可以选择，可按照试剂盒提供的实验步骤进行检测。

（6）结果判读。可根据标准曲线计算标本中炎症介质浓度；也可采用释放率表示检测结果，计算公式如下：

$$释放率 = A 液 OD 值 / （A 液 OD 值 + B 液 OD 值）\times 100\%$$

通过与对照组比较，结果是否有差异，判断肥大细胞是否活化。

（三）趋化和迁移功能检测

肥大细胞是区域免疫细胞，趋化和迁移是其发挥功能的基本步骤。目前有较多方法检测肥大细胞针对各种趋化因子的迁移和趋化作用。大部分体外趋化和迁移研究采用 Boyden 小室模型。在该小室内，细胞通过 5μm 或 8μm 聚碳酸酯膜毛孔迁移至含有更高趋化因子浓度的区域，以定量评价趋化功能。然而，该方法不能显示单个细胞的运动轨迹。目前利用实时成像技术发展了趋化作用分析新方法，利用图像处理软件可获得各个轨迹的坐标，计算细胞运动参数（如方向性、达到的距离和速度），以评价细胞的运动能力。由于体外培养的肥大细胞为非贴壁细胞，细胞的二维或三维运动示踪难以实现。需要使用天然黏附化合物如纤连蛋白将肥大细胞黏附在表面，以实现非贴壁的肥大细胞迁移和趋化分析。下文将描述优化的实时分析非贴壁肥大细胞运动或定向趋化的几个实验设置。这些技术需利用商用的迁移腔室或简单的自制设备。

1. 实验材料

牛血浆纤维连接蛋白、rmIL-3、rmSCF、琼脂糖、胶原蛋白 I（3.1mg/ml）、PGE_2（溶解于二甲基亚砜，浓度为 1mmol/L PGE_2 储备液）。1mol/L HEPES 缓冲液、RPMI 1640 培养基、非必需氨基酸、10×H-MEM、迁移介质［MM：RPMI-1640，0.1% BSA（m/V），20mmol/L HEPES，pH=7.4］、StemPro-34™ 无血清培养液。

细胞来源：本研究将以小鼠骨髓来源肥大细胞为例进行介绍。

其他材料：1.5ml EP 管、96 孔黑色光学底板、μ-Slide 上填充端口的斜枪头、用于插头处理的倾斜镊子、细胞培养皿 40mm×11mm、玻璃珠（直径 2mm）、μ-Slide³ᴰ 趋化室。

仪器：层流流体箱，CO_2 培养箱，配备 10× 物镜的倒置显微镜，具有延时录像功能的摄像机、载物台、CO_2 和温度调节室，配备 10× 和 20× 物镜的自动显微镜系统，具有延时录像功能的摄像机，96 孔板平台，Mill-Q 超纯水制备系统。

2. 实验方法

下文将介绍三种通过显微镜定量检测肥大细胞迁移和趋化活性的方法：简单运动试验，在 μ-Slide³ᴰ 趋化室中测量趋化性，以及在琼脂糖锥体中包被了趋化剂的自制腔室检测趋化性。

（1）简单运动试验。该技术用于确定肥大细胞运动的一般能力，适用于研究不同性质的细胞对药物的趋化性。细胞接种在表面包被纤维连接蛋白的 96 孔板上，肥大细胞通过纤连蛋白附着在孔底，用活化剂如 PGE_2 处理细胞，连接计算机的显微镜自动记录细胞运动的速度和 / 或离开起始点的距离（图 3-8），但是该技术无法显示其运动方法。

所有用于处理活细胞和显微镜加热室的溶液预先加热至 37℃；每孔加入 50μl 含有 50μg/ml 纤维连接蛋白的 PBS，4℃孵育 14 ～ 16h，制备附有纤维连接蛋白的 96 孔底板；实验前，密度为 2×10^6/ml 的 BMMC 以无 SCF 和 IL-3 培养基培养 12 ～ 16h；用 MM 洗涤细胞两次，沉淀细胞用 MM 重悬，调整浓度为 5×10^5/ml；PBS 洗涤附有纤维连接蛋白的表面，并将 100μl 细胞悬浮液移到每个孔中；细胞在 37℃下附着 30min，用 37℃预热

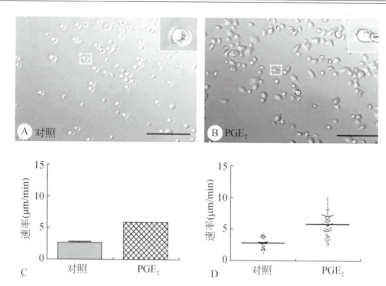

图 3-8　PGE₂ 活化后 BMMC 运动增加

A. 未活化的 BMMC（对照）；B. PGE₂ 活化的 BMMC，细胞附着在含有纤维连接蛋白的表面，用显微镜在 20× 目镜下观察肥大细胞；以 1. 27min/ 帧的频率拍摄延时图像 60min，具有代表性的细胞被放大并显示在右上角的插图中；C. 处理 30 ～ 50 个细胞的个体轨迹，计算平均速度 ± 标准差；D. 单个细胞的速度分布呈垂直散点图。A 和 B 的标尺值是 100μm［引自：Gibbs B F，Falcone F H. 2014. Basophils and Mast Cells Methods and Protocols［M］. New York：Humana Press］

的 MM 轻轻清洗培养孔一次；小心添加 100μl MM 或用 MM 稀释的活化剂（如 PGE₂）到每个孔中；自动显微镜系统在 10× 或 20× 物镜下监测细胞运动，确定每孔检查位点的数量及其 X、Y、Z 坐标。每分钟拍摄一次，监测 1 ～ 2h。

（2）在 μ-Slide³ᴰ 趋化室中检测肥大细胞趋化性。μ-Slide³ᴰ 趋化室可用于研究非贴壁细胞向趋化因子的定向迁移。每个 μ-Slide³ᴰ 包含三个相同的腔室，用于平行监测样品。使用 3D 胶原蛋白 I 凝胶将细胞固定在腔室中。在 μ-Slide³ᴰ 趋化室中可设置趋化因子梯度，通过时差显微镜监测肥大细胞运动，随后进行数据分析。

μ-Slide³ᴰ 趋化室中趋化性检测的所有步骤都在层流盒中进行，以保持无菌操作。BMMC 培养基、无菌水（H₂O）和 μ-Slide³ᴰ 置于培养箱中进行气体平衡 24h（图 3-9A）。μ-Slide³ᴰ 保持无菌状态；调整细胞浓度为 9×10⁶/ml；无菌 EP 管加入 6μl 10×H-MEM、21.9μl 无菌 H₂O、2.1μl 7.5%（m/V）NaHCO₃ 和 15μl 培养液的预混物，总体积 45μl，30μl I 型胶原蛋白加入另一个 EP 管中；用镊子夹住 μ-Slide³ᴰ 中的插头将填充端口 c、d、e 和 f（图 3-9B）关闭；吸取 45μl 预混物到含有 30μl I 型胶原的 EP 管中，并立即加入 15μl 细胞悬浮液；将 6μl 混合物加到填充端口 a 的顶部。立即从端口 b 吸入空气，使混合物均匀地流入通道（图 3-9B 中 1）。在三个腔室中重复此步骤；用塞子封闭填充端口 a 和 b，将载玻片插入潮湿腔室，置于 CO₂ 培养箱中 30 ～ 40min，使胶原聚合；用培养液稀释趋化因子，SCF 为 200ng/ml，或 PGE₂ 为 0.2μmol/L，每个腔室中加入 40μl 趋化因子；胶原聚合后，填充储存器（图 3-9B 中 2 和 3）。首先，用活塞关闭 2 储存器（关闭端口 c 和 d），直接吸取 65μl 培养液加入开放的填充端口（e 或 f）。打开端口 c 和 d，关闭填充端口 e 和 f。加入 65μl 培养基至 2 储存器。在所有三个腔室中均按照以上步骤操作；将 15μl 2× 浓缩趋化因子（如 SCF 或 PGE₂）置于填充端口 c 的顶部，并立即从填充端口 d

吸出 15μl 培养基。重复此步骤，使得 30μl 的 2× 浓缩趋化因子填充到储存器中。关闭所有填充端口。1 ~ 2h 内即可产生趋化因子的浓度梯度；加入趋化因子后立即用倒置显微镜监测细胞的趋化性，每 2min 拍摄一次，拍摄 7 ~ 10h，拍摄时曝光强度为 71，时间为 6ms。

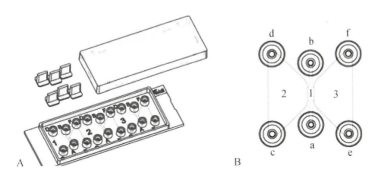

图 3-9　μ-Slide³ᴰ 趋化室的组成，配置了一个用于评估细胞运动的小室

A. μ-Slide³ᴰ 趋化室带有许多小室，可同时监测 3 个样本。B. 小室装置；1. 观察管道；2. 左侧储液器；3. 右侧储液器；a ~ f. 填充端口〔引自：Gibbs B F，Falcone F H. 2014. Basophils and Mast Cells Methods and Protocols〔M〕. New York：Humana Press〕

（3）在自制腔室检测趋化性。使用自制的腔室能够检测细胞向琼脂糖中趋化因子的定向趋化作用。将细胞连接到附有纤连蛋白的表面后，加入含有趋化因子的琼脂糖锥，细胞在 15min 后开始向趋化因子方向运动。相比商用的趋化检测系统，该方法相对简单、经济，可用于观察细胞趋化行为和形态变化。但不能建立趋化因子梯度，也不能定量。

制备含有 50μg/ml 纤连蛋白的 PBS 溶液，加入培养皿中，4℃孵育 12 ~ 16h，制备附有纤连蛋白的培养皿；细胞以无 SCF 和 IL-3 培养液稀释，调整细胞浓度为 $2×10^6$/ml，培养 12 ~ 16h。

将 1%（m/V）琼脂糖溶解在 PBS 中，加热至 80℃，缓慢冷却至约 40℃，制备包被趋化因子的琼脂糖锥。并在琼脂糖溶液中添加 PGE_2，使其终浓度为 1μmol/L，15μl 琼脂糖溶液加入到预热至 40℃ 的 1.5ml EP 管底部。立即将玻璃珠插入每个 EP 管的琼脂糖溶液中（图 3-10A）。玻璃珠作为重物，在测试期间可帮助稳定锥在培养皿的位置。制备无趋化因子的锥作为对照。琼脂糖 4℃下固化 15min 及以上待用；用 MM 洗涤细胞，调整

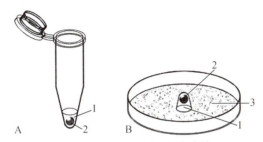

图 3-10　包被趋化因子的琼脂糖锥

A. EP 管中包被趋化因子和玻璃球的琼脂糖锥；B. 琼脂糖锥在培养皿中的位置。1. 含有趋化因子的 1% 的琼脂糖锥；2. 玻璃球；3. 细胞层〔引自 Gibbs B F，Falcone F H. 2014. Basophils and Mast Cells Methods and Protocols〔M〕. New York：Human a Press〕

细胞浓度至 $5×10^5$/ml；在黏附细胞前，用 1ml PBS 洗涤附有纤连蛋白的培养皿；将 2ml 含 $1×10^6$ 个细胞的细胞悬液加入培养皿中，37℃孵育 30min，使细胞黏附；用 1ml MM 轻轻清洗培养皿，加入 5ml MM；将培养皿固定在显微镜下，用镊子小心地从 EP 管中取出含有玻璃珠的琼脂糖锥，并将其缓慢放置在培养皿中心位置，锥底面与细胞层接触（图 3-10B），盖上培养皿；倒置显微镜视野中找到琼脂糖锥的边缘，检测细胞的趋化，每分钟拍摄一次，拍摄 2～3h。

（4）细胞示踪。获得的细胞趋化图片和视频可采用 MetaMorph 显微自动化及图像分析软件分析，也可用微速摄影分析。

（彭　霞）

第三节　肥大细胞研究的模型

肥大细胞相关的细胞系和动物模型是肥大细胞研究的重要工具。目前已从小鼠或白血病患者提取肿瘤细胞建立了多种肥大细胞系，为肥大细胞的研究奠定了良好的基础。本节将介绍常见的肥大细胞系并对其优缺点做简单阐述。肥大细胞相关动物模型是体内肥大细胞功能学研究的重要工具，本节还将介绍传统的及新建立的肥大细胞缺陷小鼠、经典的评估肥大细胞活化的被动皮肤过敏模型和用于肥大细胞研究的斑马鱼模型。

一、肥大细胞研究的相关细胞系

原代肥大细胞培养取材不易、耗时长、成本高，因此肥大细胞系成为进行肥大细胞相关研究工作的基础。常用的肥大细胞系包括人未成熟肥大细胞系（HMC-1）、人肥大细胞系（LAD1 和 LAD2）、大鼠嗜碱性粒细胞白血病细胞系（RBL-2H3）、小鼠肥大细胞系（MC/9、P815）等。以下对各细胞系的特征进行介绍。

1. 人未成熟肥大细胞系

人未成熟肥大细胞系（HMC-1）细胞来源于肥大细胞白血病患者，是最早建立的肥大细胞系，该细胞与肥大细胞的特征较为相似。HMC-1 细胞表面表达大量的 SCF 受体 KIT，但不表达 IgE 高亲和力受体 FcεR I 的 α 链和 β 链，仅表达其 γ 链，因此不适合于 IgE-FcεR I 途径活化的研究。HMC-1 细胞甲苯胺蓝染色和阿尔新蓝染色均阳性。细胞质含有 β- 类胰蛋白酶、肝素和硫酸软骨素，不含 α- 类胰蛋白酶。

HMC-1 细胞表面受体表达情况及与肥大细胞表面分子的比较如表 3-1 所示。

表 3-1　采用流式细胞术检测 HMC-1 细胞表面的抗原、与肥大细胞的比较

分化簇（CD）	结构	HMC-1	人组织肥大细胞
CD2	LFA-2	+	-
CD9	血小板 P24	+	+
CD10	CALLA	-	-

续表

分化簇（CD）	结构	HMC-1	人组织肥大细胞
CD11a	LFA-1	+	-
CD11b	C3biR	-	-
CD11c	p150/95	+	+
CD13	氨基肽酶	+	-
CD16	FcγRⅢ	-	-
CDw17	酰基鞘氨醇	+	-
CD18	CD11β 链，β2	+	+
CD23	FcεRⅡ	-	-
CD25	IL-2R	-	+
CD29	VLA-β，β1	+	+
CD31	gpl40	-	-
CDw32	FcγRⅡ	+	+
CD33	gp67	-	+
CD35	CR1	-	-
CD37	gpl40-52	+	-
CD38	T10	-	-
CD39	gp80	-	-
CD40	NGFR 同源蛋白	+	-
CD43	增白细胞蛋白	+	+
CD44	Pgp-1	+	+
CD45	LCA	-	+
CD49a	VLA-1		nk
CD49b	VLA-2	-	-
CD49c	VLA-3		nk
CD49d	VLA-4	+	+
CD49e	VLA-5	+	+
CD49f	VLA-6	-	-
CD54	ICAM	+	+
CD61	VNR-β，β3	+	+
CD63	gp53	+	nk
CD65	Fucogangleoside		

注：LFA. 淋巴细胞功能相关分子；gp. 糖蛋白；R. 受体；VLA. 非常晚期抗原；CALLA. 急性成淋巴细胞性白血病共同抗原；LCA. 白细胞共同抗原；VNR. 玻黏蛋白受体；NGFR. 神经生长因子受体；Pgp-1. P- 糖蛋白；ICAM. 细胞间黏附分子；+. 部分表达或在特定环境下表达；nk. 未知。

引自：Nilsson G，Blom T，Kusche-Gullberg M，et al. 1994. Phenotypic characterization of the human mast-cell line HMC-1 [J]. Scand J Immunol，39（5）：489-498。

HMC-1 细胞也是异质性细胞群体，用常规细胞化学染色和一组单抗染色的结果见表 3-2。大部分细胞经类胰蛋白酶单抗染色及其特异性底物 Z-Gly-Pro-Arg-MNA 显色均为阳性，所有细胞糜蛋白酶染色均为阴性，2% ～ 5% 的细胞出现组织蛋白酶 G 染色阳性。大部分 HMC-1 细胞表达单核 - 巨噬细胞常见细胞质抗原 CD68，不表达粒 - 单核细胞标志物如髓过氧化物酶 MPO、嗜酸性粒细胞阳离子蛋白 ECP、溶菌酶、弹性蛋白酶、巨噬细胞标志物 HAM56 和 Mac387。HMC-1 含有 AS-D 氯乙酸酯酶（NASDCAE- 酯酶）活性，但不具备萘酚（AS-D）乙酸酯酶（NASDAE- 酯酶）和过氧化物酶活性。

表 3-2　HMC-1 的化学特性

标志物	HMC-1
类胰蛋白酶	+++
糜蛋白酶	−
组织蛋白酶	+
MPO	−
ECP	−
溶菌酶	−
Ab HAM 56	−
CD68	+++
Ab Mac 387	−
甲苯胺蓝	+
阿尔辛蓝	+
过氧化物酶	−
NASDCAE	++
NAS-DAE	−

注：MPO. 髓过氧化物酶；ECP. 嗜酸细胞阳离子蛋白；Ab HAM 56. 吞噬细胞标志物抗体；NASDCAE. 奈酚 AS-D 氯乙酸酯酶；NAS-DAE. 萘酚 AS-D 乙酸酯酶；+ ～ +++. 染色阳性；−. 未着色；+. 部分着色。

引自：Nilsson G，Blom T，Kusche-Gullberg M，et al. 1994. Phenotypic characterization of the human mast-cell line HMC-1［J］. Scand J Immunol，39（5）：489-498。

2. 人肥大细胞系 LAD1 和 LAD2

LAD2 细胞来源于肥大细胞肉瘤 / 白血病患者的骨髓。研究者将患者的骨髓细胞置于含 SCF 的无血清培养基中培养时，发现了一群具有功能活性的表达 FcεR I 和 FcγR I 受体的肥大细胞，它们还具有增殖能力，这些细胞被命名为 LAD1 和 LAD2。LAD1 和 LAD2 细胞能够被冷冻保存及复苏，与 CD34⁺ 细胞来源的人肥大细胞十分相似。与 HMC-1 细胞相比，LAD1 和 LAD2 细胞都不存在 KIT 突变。

LAD1 和 LAD2 直径为 8 ～ 15μm，98% 以上的 LAD1 和 LAD2 细胞的类胰蛋白酶阳性，37% 的 LAD1 和 LAD2 细胞类胰蛋白酶和糜蛋白酶双阳性。LAD1 和 LAD2 细胞表面表达 FcεR I、CD4、CD9、CD13、CD22、CD45、CD64、CD71、CD103、CD117、CD132、CD184 和 CD195，弱表达 CD14、CD31 和 CD32。甲苯胺蓝、类胰蛋白酶染色和电子显微镜检查可见 LAD1 和 LAD2 细胞质含有大量颗粒（图 3-11）。

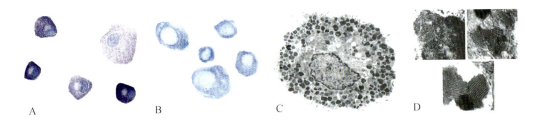

图 3-11 人肥大细胞系 LAD1 的光学显微镜和电子显微镜检测结果

A. 甲苯胺蓝染色（630×）；B. 类胰蛋白酶染色（630×）；C. 电子显微镜检测结果显示细胞质含有许多致密颗粒（8000×）；D. 超微结构检查显示颗粒呈旋涡状、晶格状和均质状（150 000×）〔引自：Kirshenbaum A S，Akin C，Wu Y，et.，al. 2003. Characterization of novel stem cell factor responsive human mast cell lines LAD 1 and 2 established from a patient with mast cell sarcoma/leukemia；activation following aggregation of FcepsilonRI or FcgammaRI〔J〕. Leuk Res，27（8）：677-682〕

LAD1 和 LAD2 被认为是目前最接近人肥大细胞的细胞系，但由于其培养成本较高、培养难度大、生长缓慢，在肥大细胞相关研究中的应用仍受到一定限制。

3. 大鼠嗜碱性粒细胞白血病细胞系 RBL-2H3 细胞（ATCC® CRL-2256 ™）

RBL-2H3 细胞系来源于 Wistar 大鼠〔褐家鼠（*Rattus norvegicus*）〕嗜碱性粒细胞白血病，最初是在 1973 年由 Eccleston 及其同事采用强效致癌物 2-（α- 氯 -β- 异丙胺）乙基萘诱导形成的。RBL-2H3 细胞显示黏膜肥大细胞和嗜碱性粒细胞共有的许多特征。细胞质含有丰富的颗粒物质，颗粒中含有组胺、血清素、β- 己糖苷酶和趋化因子等。RBL-2H3 细胞在 EMEM 培养基中呈贴壁生长。

RBL-2H3 细胞具有容易培养等优点，已广泛应用于脱颗粒及其信号通路、肥大细胞稳定剂、FcεR 的理化特性及其与细胞骨架相互作用等研究。然而，RBL-2H3 细胞也存在一些缺陷：作为一种肿瘤细胞，RBL-2H3 存在异常特征；其表型和功能受培养条件影响较大。

4. 小鼠肥大细胞系 P815 细胞（ATCC® TIB-64 ™）

1957 年 Dunn 等首次用化学致癌剂甲基胆蒽在 DBA/2 系小鼠体内诱发得到 P815 系，在发现早期，P815 主要用于肿瘤免疫学研究，成为肿瘤免疫学领域常用的模型之一。由于具有肥大细胞的特殊性质，P815 细胞被逐渐用于过敏反应的体外研究。

P815 细胞呈半贴壁生长。P815 细胞不表达 FcεRI 的 α 链和 β 链的 mRNA，但表达 γ 链的 mRNA，γ 链可与 FcγRⅢ 和 FcγRⅡ 共表达；表达 CD117，且处于持续活化状态。P815 细胞胞质含有丰富的颗粒，常用作体外肥大细胞脱颗粒模型。研究表明，P815 细胞与大鼠嗜碱性粒细胞系（RBL-2H3）和人嗜碱性粒细胞系（KU812）比较，颗粒物质释放数量更多、速度更快。

5. 小鼠肥大细胞系 MC/9 细胞（ATCC® CRL-8306 ™）

MC/9 是来源于 C57BL/6 和 A/J 小鼠 F_1 代杂交小鼠胚胎肝脏的肥大细胞系，为悬浮状态，依赖于 IL-3 生长。MC/9 大小和形态与小鼠骨髓来源肥大细胞相似，表达 FcεRI 和 CD117，且与小鼠 IgE 的结合能力和小鼠腹腔来源肥大细胞与 IgE 的结合能力无差别。细胞质含有大量嗜碱性颗粒，但颗粒内物质与成熟肥大细胞相比仍有些差异，如组胺含量（0.1 ～ 0.4pg/ 细胞）明显低于小鼠腹腔来源肥大细胞（5.2 ～ 10.6pg/ 细胞）。

6. 人嗜碱性粒细胞白血病细胞系 KU812

KU812 细胞系（ATCC® CRL-2099™）来源于慢性髓系白血病急变（嗜碱性粒细胞）患者外周血，悬浮生长，以 RPMI 1640 培养基培养。细胞质内含有甲苯胺蓝和阿斯特拉蓝（Astra blue，AB）蓝染颗粒。费城染色体（Philadelphia chromosome，Ph）阳性，表达 IgE 高亲和力受体 FcεR I 的 α 链和 γ 链，细胞内含有肥大细胞类胰蛋白酶、羧肽酶 A 等。

7. 转染人 FcεR I 的细胞系 CH03D10

嵌合表达人 FcεR I 的中国仓鼠卵巢细胞，贴壁生长，以含 10% FBS 的 DMEM 培养液培养。主要用于肥大细胞 FcεR I 受体的相关研究。

二、肥大细胞研究的相关动物模型

众所周知，除了参与过敏反应外，肥大细胞在固有免疫和适应性免疫中也发挥重要作用，肥大细胞相关的动物模型是肥大细胞生物学和功能研究的重要工具。由于成熟组织肥大细胞在体内的生存依赖于 SCF 与其受体 KIT 的结合，*c-kit* 或 *SCF* 基因突变的小鼠品系可出现明显的肥大细胞缺陷，是常用的肥大细胞研究模型。由于 *SCF/c-kit* 在其他细胞系的发展中也至关重要，使得 *SCF/Kit* 突变小鼠还出现红细胞、中性粒细胞、T细胞、生殖细胞、黑色素细胞等减少或缺失。近年来，研究者还构建了 KIT 非依赖性小鼠，如 MCpt5-Cre 小鼠、Mas-TRECK 转基因小鼠、MCl-1$^{fl/fl}$ 小鼠等，这些缺陷小鼠模型仅出现肥大细胞的缺乏和轻微的嗜碱性粒细胞减少。以下简单介绍这些小鼠模型，此外，还介绍经典的评估肥大细胞活化的被动反应模型，以及用于肥大细胞研究的斑马鱼模型。

（一）转基因动物模型

1. KIT 或 SCF 缺陷型小鼠

KIT 或 SCF 缺陷小鼠（*Wbb6f1-Kit*$^{W/W-v}$、*C57bl/6-Kit*$^{W-sh/W-sh}$ 和 *Sl/Sl*^{d}）是研究肥大细胞常用的动物模型。*Wbb6f1-Kit*$^{W/W-v}$ 小鼠的两个 *c-kit* 等位基因位点发生点突变，引起小鼠肥大细胞缺失，皮肤肥大细胞数目 < 1%，其他组织检查不到肥大细胞，同时该动物模型还出现生精细胞和黑素细胞的缺乏及严重大细胞性贫血。通过静脉输入培养的野生型小鼠骨髓来源的肥大细胞可以选择性重建 *Wbb6f1-Kit*$^{W/W-v}$ 小鼠肥大细胞，在输入正常肥大细胞后，小鼠的皮肤、胃、盲肠和肠系膜等组织部位的肥大细胞数目可增加至野生型小鼠的水平。此外，另一种 *c-kit* 突变小鼠 *C57bl/6-Kit*$^{W-sh/W-sh}$ 也几乎完全缺乏肥大细胞，可以通过过继转移体外来源肥大细胞的方式恢复肥大细胞数目。与 *Wbb6f1-Kit*$^{W/W-v}$ 小鼠相比，*C57bl/6-Kit*$^{W-sh/W-sh}$ 小鼠出现的异常表型较少，因此应用更广泛。

SCF 由 10 号染色体的 steel（Sl）位点编码，该编码序列缺失的成年（出生后 20 天）*Sl/Sl*^{d} 小鼠 SCF 合成严重受损，导致肥大细胞数目明显减少，低于正常水平的 1%。且该小鼠模型不能通过过继转移体外来源肥大细胞的方式恢复肥大细胞数目。*Sl/Sl*^{d} 小鼠通常还表现出严重贫血且发生白血病风险明显增加，作为肥大细胞动物模型的研究受到限制。

2. KIT 或 SCF 不依赖的转基因小鼠

近年来，有研究陆续报道了不依赖于 *SCF/c-kit* 突变的肥大细胞缺陷小鼠模型。Feyerabend 等意外地发现，*Cpa3* 杂合小鼠肥大细胞减少甚至消失，这些小鼠腹腔和皮肤都无法检测到肥大细胞的表面分子（如 FcεRⅠ、KIT）和颗粒物质（如蛋白酶等）。*Cpa3*^{Cre/+} 小鼠除了腹腔嗜碱性粒细胞减少外，未出现血液和脾脏白细胞的改变。*Cpa3*^{Cre/+} 小鼠存在谱系前体细胞缺陷，而 *Kit*^{W/W-v} 小鼠不存在。*Cpa3*^{Cre/+} 小鼠缺乏 CTMC（如腹腔和皮肤）及适应性诱导的肥大细胞。

髓系白血病细胞分化蛋白 -1（myeloid leukemia cell differentiation protein-1，MCl-1）参与了多种细胞系的凋亡、分化和细胞周期的调控，对细胞的生存与生长至关重要。该分子也是参与肥大细胞生存的重要分子。研究表明，调控 MCl-1 的基因表达能够去除某种特异的造血细胞系。Cpa3 片段可驱动 Cre 重组酶的表达，Lilla 等首先构建了插入 *Cpa3* 启动子片段的小鼠，将其与含有 MCl-1 等位基因的小鼠杂交，获得 *C57bl/6-Cpa3-Cre MCl-1*^{fl/fl} 小鼠。该小鼠肥大细胞数目显著减少（92%～100%），嗜碱性粒细胞数目也减少（减少 58%～78%），但其他造血细胞系不受影响。

此外，还有 *MCpt5-Cre* 转基因小鼠模型，该模型能够通过诱导或组成性地产生肥大细胞缺失，而不影响其他免疫细胞。2011 年 Dudeck 等通过将编码 Cre 的 cDNA 替代 MCpt5 基因编码区的第一个外显子，构建了 *MCpt5-Cre* 转基因小鼠。*MCpt5-Cre* 转基因小鼠与经 Cre 酶控制的白喉毒素受体（iDTR）转基因小鼠杂交，可诱导肥大细胞缺失。MCpt5-Cre 品系也可与 R-DTA 品系杂交，后者 Cre⁺ 细胞表达白喉毒素，能够引起持续性肥大细胞缺陷。*MCpt5-Cre*⁺*iDTR*⁺ 小鼠暴露于白喉菌素后，腹膜肥大细胞减少 98%，皮肤肥大细胞减少 89%～97%。这两种肥大细胞缺陷小鼠的优势就是对其他的细胞系无影响。

研究表明，肥大细胞和嗜碱性粒细胞采用特异的增强序列，内部增强子和 1 个 3～4kb 片段（39 非翻译区和 HS4 元件），调节 *Il4* 基因表达。因此，构建了由内部增强子控制的含有人白喉毒素受体的小鼠，这种肥大细胞特异性增强子控制的白喉毒素受体介导的条件性细胞敲除小鼠被命名为 *Mas-TRECK* 转基因小鼠。该转基因小鼠可通过应用白喉毒素去除肥大细胞和嗜碱性粒细胞。

（二）过敏反应动物模型

1. 被动皮肤过敏反应模型

被动皮肤过敏反应（passive cutaneous anaphylaxis，PCA）是 IgE 介导和肥大细胞依赖的局部变态反应，是评估肥大细胞活化水平的重要模型。其方法为将抗原特异性 IgE 注入小鼠皮内，此时，皮肤肥大细胞与 IgE 结合，被动致敏；然后将抗原液混入等体积的伊文思蓝，注入小鼠尾静脉内，当抗原与已致敏的肥大细胞结合，会激活肥大细胞，引起组胺等过敏介质释放，导致局部血管通透性增加，故含有伊文思蓝的血浆渗漏到组织，使皮肤出现蓝斑。PCA 制作周期短，结果直观。

以下以小鼠为动物模型，介绍 PCA 的具体操作步骤。将 1mg/ml 的抗 DNP IgE 单抗（IgE-DNP）用生理盐水稀释成 5μg/ml，小鼠左耳耳郭皮内注射 20μl 已稀释的 IgE-DNP，使小鼠被动致敏，右耳耳郭皮内注射 20μl 生理盐水作为自身对照。将 5mg/ml DNP-HSA（偶联人血清白蛋白的 DNP）与 2% 伊文思蓝以 1：1 的比例混合，小鼠尾静脉注射 150μl 上述混合液进行激发。激发后 30min，观察蓝斑大小，测量蓝斑直径；或颈椎脱臼法处死小鼠，将蓝斑皮肤剪碎，加入丙酮 -0.5% 硫酸钠（体积比为 7：3）混合液 2ml，浸泡 24h，室温 5000r/min 离心 5min，收集上清，在 610nm 波长处测定吸光度。

2. 过敏性哮喘

由于过敏性哮喘模型不是肥大细胞特异性的，构建方法相关的文献报道也较多，此处不再赘述。

（三）模式生物——斑马鱼模型

1. 概述

斑马鱼（*Danio rerio*，*D. rerio*）原产于南亚，又名蓝条鱼、花条鱼、印度鱼等，属于鲤形目、鲤科（Cyprinidae）的"热带鱼"。体色为银色或金色，覆盖着蓝色或紫色的横纹，是一种流行的观赏淡水鱼。斑马鱼长成时间仅 3 个月，雌性斑马鱼能够以 2 ～ 3 天的间隔产卵，每次产下数百个卵。排卵后，若受精则开始胚胎发育，若未受精，卵则在最初的几次细胞分裂后生长停止。受精后，受精卵几乎立即变得透明，这一特征使斑马鱼成为一种便于研究的模式生物，已被研究人员通过转基因的方式产生了许多转基因品种。斑马鱼的研究涉及众多领域，包括发育生物学、肿瘤学、毒理学、优生优育、遗传学、神经生物学、环境科学、干细胞、再生医学、肌肉营养不良和进化理论等，在建模和理论研究、药物开发特别是临床前研究中应用也十分广泛。由于斑马鱼强大和快速的再生与繁殖能力、透明形体结构及相对简单的几何形状，目前已成为生命科学研究中重要且广泛使用的脊椎动物模型。斑马鱼胚胎发育迅速，所有主要器官的前体在受精后 36h 内出现。胚胎发育从卵黄囊开始，顶部有一个巨大的细胞，分成两个并继续分裂，直到有数千个小细胞。然后，细胞沿着卵黄囊的侧面向下迁移，并开始形成头部和尾部。随后，尾巴生长并与身体分离。随着时间的推移卵黄囊逐渐缩小，并在最初斑马鱼发育成熟的几天里作为自身食物被处理掉。几个月后，成年斑马鱼达到生殖成熟状态（图 3-12）。由于受精是在体外进行的，因此活胚胎易于人工操作，可以在解剖显微镜下监测所有发育阶段。斑马鱼往往选择在早晨产卵，为了促进养殖的斑马鱼产卵，人工繁殖斑马鱼往往采用底部带有滑动插件的鱼缸，模拟河流的岸边，从而促进其产卵，如此能够在 10min 内收集约 10 000 个胚胎。斑马鱼主要以浮游动物、浮游植物、昆虫和昆虫幼虫为食，也食用蠕虫和小型甲壳类动物等食物。在实验研究中，常常用盐水虾或草履虫喂食成年斑马鱼。

2. 斑马鱼模型的应用

如今斑马鱼已成为脊椎动物发育和基因功能研究的常用模式生物，其应用应归功于美国分子生物学家 Streisinger 及其同事于 20 世纪 70 年代和 80 年代在俄勒冈大学首创的斑马鱼作为实验动物的探索。Streisinger 等通过简单的物理处理，成功从个体纯合子中产生纯合鱼的克隆，并大规模生产纯合二倍体斑马鱼，促进了斑马鱼遗传分析的同时使斑马鱼克隆模型成为最早成功创建的脊椎动物克隆之一。斑马鱼的有关信息资料可从以下几个数据库检索：斑马鱼信息网络（zebrafish information network，ZFIN），该网站是提供斑马鱼遗传、基因组和发育信息等的在线数据库；成功的大规模前向遗传筛选（通常称为蒂宾根 / 波士顿 Tübingen/Boston 筛选），巩固了斑马鱼的重要性；斑马鱼国际资源中心（zebrafish international resource center，ZIRC）是一个遗传资源库，提供 29 250 个等位基因信息供使用。

在众多模式生物中，线虫、果蝇（drosophila）和斑马鱼（胚胎）都可以在多孔板

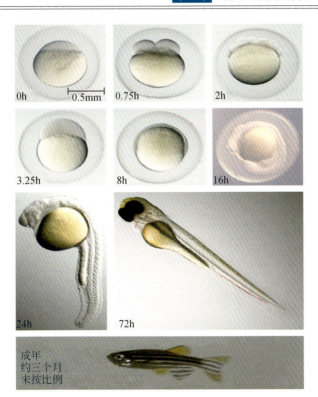

图 3-12　斑马鱼胚胎发育成熟图

依次为斑马鱼卵黄囊顶部巨大细胞（0h）、分裂为 2 个细胞（0.75h）、分裂为数千小细胞（3h）、细胞迁移（8h）、头尾部形成（16h）、尾巴生长且头尾分离（24h）、发育完成的斑马鱼自食卵黄囊（72h）、成熟斑马鱼（身长约 2.5cm）

〔引自：http://wikipedia.moesalih.com/Zebrafish〕

中培养，而作为一个足够小的能生长在多孔板里的动物模型，斑马鱼具有易于理解、易于观察和可测试的发育行为，同时还可以获得有显著表征的突变品种。斑马鱼胚胎发育非常迅速，胎体相对较大（受精时直径 0.7mm）且健壮透明，能够在母体外发育，加之生活在水中，加药方便，非常适合药物筛选。此外，它的基因组已经完全测序。自动化技术的普及使得斑马鱼模型可实现自动化高通量筛选。

作为一种与人类具有 70% 遗传同源的脊椎动物，斑马鱼可以预测人类健康和疾病，而其较小的体积和快速生长周期提供了比传统的体内研究更大规模和更快速度的实验条件。此外，在药物筛选研究中还表现出以下优势：①作为整体动物模型，可以针对某一生物学事件但不指定靶标的筛选，以发现那些意料之外的活性化合物和药物靶点；②全面评估某化合物的活性和副作用，明确化合物的毒副作用，缩短药物研发周期；③在早期发育阶段大小几乎恒定，能够使用简单的染色技术，其双细胞胚胎可以融合到单个细胞中以产生纯合胚胎；④斑马鱼在毒性测试中也与哺乳动物模型和人类相似，表现出与哺乳动物睡眠行为相似的昼夜睡眠周期。然而，斑马鱼并不是一个普遍理想的研究模型，其科学用途还存在一些不足：①进入药物筛选领域的时间短，积累的数据尚少，与传统哺乳动物模型还未建立起完备的对应关系；②斑马鱼模型要求大量形态学观察，而这方面的自动化技术还不成熟，导致其筛选通量不如体外细胞模型；③其他方面，如缺乏标准饮食及斑马鱼和哺乳动物之间存在的虽小但很重要的差异，这些差异涉及一些与人类疾病有关的基因。

3. 肥大细胞斑马鱼模型

1）斑马鱼肥大细胞的结构和功能

斑马鱼肥大细胞与哺乳动物肥大细胞的功能相似。Da'as 等发现斑马鱼肥大细胞拥有与人类类似的高亲和力 IgE 受体 FcεRⅠ，刺激后可重现经典被动系统性过敏反应（PSA），同时斑马鱼肥大细胞可通过保守的 TLR 途径参与对病原体的先天免疫应答。此外，斑马鱼的肥大细胞和人的肥大细胞无论在结构上还是在功能上都表现出在以下几个方面的相似性。

（1）CPA5 表达。羧基肽酶 A5（CPA5）是一种蛋白酶，也是肥大细胞特异性酶，受精后 24h 开始在斑马鱼血细胞表达。斑马鱼 CPA5 与胰腺外分泌部表达的人 CPA1 具有 64% 的同源性，与人肥大细胞中发现的 CPA3 具有 38% 的同源性。Dobson 等创新建立了优化的整胚原位杂交（whole mount *in situ* hybridization，WISH）方法与荧光激活细胞分选（fluorescence activated cell sorter，FACS）相结合，鉴定了斑马鱼胚胎并证明了斑马鱼 fcer1a、fcer1g 和 fcer1gl 与 CPA5 的共定位，并确定了 CPA5 是斑马鱼肥大细胞胚胎发育过程的一种特异性标志物。Veinotte 将该标志物与其他分析技术结合，通过 WISH 共定位、磷酸二酰胺吗啉代寡核苷酸（phosphorodiamidate morpholino oligomer，PMO）基因下调和化学抑制测定，发现 GATA2 和 PU.1 是早期肥大细胞发育所必需的关键转录因子。

（2）受体。有研究报道在斑马鱼肥大细胞中已经鉴定了 10 种人类 TLR 中 8 种的先天性直系同源物，这些受体是先天免疫信号转导的关键调节因子，下游衔接分子包括 Toll/ 白介素 -1 受体（TIR）和髓样分化初级应答基因 88（MyD88）。在斑马鱼和其他硬骨鱼类中也已经阐述了适应性免疫应答所需的保守元件，如 FcRγ 和 FcRγ 样受体，此类受体与定位在 1q23 的人高亲和力 IgE 受体的 γ 亚基同源。此外，有证据表明在斑马鱼血细胞发育部位表达 KIT 同源物 KITa 和 KITb，但研究发现它们在斑马鱼造血过程中 kit 并不起作用。

（3）抗体。尽管目前并不知道斑马鱼中是否具有 IgE 或其基因的直接同源物，但在蛋白质印迹和免疫组织化学实验中，抗人 FcεRⅠγ 抗体目前已被用做鉴定斑马鱼肥大细胞中 FcεRⅠ样受体的标志。有研究表明，在 7 日龄斑马鱼幼鱼中通过蛋白质印迹发现了明确的 IgE 免疫反应信号。这种 IgE 免疫反应可能来自斑马鱼免疫球蛋白 IgM、IgD 或 IgZ，但其中哪一种与哺乳动物 IgE 最密切相关尚不清楚。由于斑马鱼中缺乏真正的 IgE，这阻碍了内源性 IgE 介导肥大细胞活化的研究，但并不影响对肥大细胞活化和效应机制的研究。另外，通过对已鉴定的 FcεRⅠ同源物和不同种类的免疫球蛋白的相互作用研究，可以确定斑马鱼中 IgE 分子功能等效物的存在。这样的研究将有助于在斑马鱼中识别出一种与 IgE 功能相同的分子，从而进一步拓展对斑马鱼肥大细胞的认识和了解。

（4）颗粒成分。肥大细胞的功能特性很大程度上取决于其颗粒成分。目前研究表明，许多重要的肥大细胞介质包括组胺和血清素等血管活性介质都存在于鱼类肥大细胞中，其中血清素被认为具有比组胺更广泛的系统发育分布。此外，鱼类肥大细胞中含有大量的酶，如碱性和酸性磷酸酶、蛋白水解酶（类胰蛋白酶、亮氨酸氨肽酶、羧肽酶）、芳基硫酸酯酶、5- 核苷酸酶、过氧化物酶、酯酶、β- 半乳糖苷酶、硫酸酯酶 B 和溶菌酶等，这些酶的功能被认为与哺乳动物中的肥大细胞蛋白酶功能相似。

斑马鱼肥大细胞功能的研究往往是将检测类胰蛋白酶的含量作为鉴定肥大细胞脱颗粒的标志。共有两种检测斑马鱼中肥大细胞功能的方法，一种是检测成年斑马鱼血清中类胰蛋白酶的含量，Da'as 等以 N- 苯甲酰 -DL- 精氨酸对硝基苯胺（BAPNA）为底物检测成年斑马鱼血清中类胰蛋白酶水平，缺点是检测血清费时费力，检测到的量也很低。另一种是检测斑马鱼胚胎中类胰蛋白酶的含量。鉴于斑马鱼肥大细胞在受精后 7 天就已经成熟并有完整的功能，Yang 等开创了新的基于微板的实验方法，利用活的、完整的斑马鱼幼鱼来评估过敏反应，该方法的优点在于可实现高通量试验，且简便快速。

2）斑马鱼肥大细胞模型的应用

（1）肥大细胞个体发育过程的应用。胚胎斑马鱼是研究造血细胞命运的有效模型。斑马鱼模型为整合发育胚胎学、转基因和功能测定研究及阐明造血功能的分子途径和模拟人类血液病提供了很好的工具。这些模型近来已应用于斑马鱼肥大细胞谱系研究，并使人们更好地了解脊椎动物肥大细胞生物学。在受精后第一天，斑马鱼胚胎发育出两个局部的造血祖细胞（HPC）池：前血岛表达 PU.1，并将产生骨髓细胞；后血岛表达 GATA1，并将分化为红细胞。这些同步的 HPC 库可用于研究构成或影响造血细胞命运的信号转导途径。Veinotte 等利用 CPA5 标志物和其他分析技术发现 GATA2 和 PU.1 是早期肥大细胞发育所必需的关键转录因子，此外还发现最终的肥大细胞来自短暂的红系 - 髓系祖细胞（EMP）群体。以上结果将斑马鱼模型进一步表征脊椎动物肥大细胞谱系发育研究奠定了基础。

细胞的个体发育过程为标记和监测个体细胞群在整个生命周期中的特定活动提供了帮助。基于 FACS 的方法分选这些细胞，将分选获得的细胞系与其他报告细胞系杂交，可用作研究细胞个体发育、迁移和相互作用。另外，斑马鱼与基因操作的联合应用，可提供快速的表型体内数据，这些数据极大地促进了对肥大细胞发育的理解，以及对决定肥大细胞命运潜在因素的探索。例如，细菌人工染色体（bacterial artificial chromosome，BAC）转基因技术应用于具有荧光蛋白报道分子的光学透明斑马鱼中，可以对生物体内的基因表达进行无与伦比的视觉分析；CRISPR-Cas9 技术的使用促进了荧光标记在基因组中特定位置的插入，为生成肥大细胞造血谱系提供了一种新的方法。

未来，期望有更多新的技术与斑马鱼模型联合，帮助我们研究肥大细胞的发育过程，为分离、培养和克隆分析斑马鱼肥大细胞提供依据，为探索肥大细胞生物学提供新的见解和认识。

（2）肥大细胞疾病诊断应用。斑马鱼模型具有巨大的应用前景，可作为高通量化学筛选的高效体内工具，帮助了解肥大细胞相关疾病基因的致病机制及鉴定肥大细胞相关疾病新疗法的效果。

Yeh 等利用斑马鱼胚胎来研究白血病致癌基因 *AML1-ETO* 对造血细胞命运的影响，发现 AML1-ETO 可诱导斑马鱼胚胎血岛发生快速、有效的细胞谱系转换，促使红系细胞向髓系细胞转变，通过改变造血祖细胞命运促进白血病发生。作者还利用斑马鱼胚胎筛选出几类 AML1-ETO 化学抑制剂，这些抑制剂可能通过影响多能造血祖细胞分化改变白血病干细胞的特性。

肥大细胞增多症是一种以肥大细胞过量产生为特征的血液疾病，分为肥大细胞瘤、色素性荨麻疹和系统性肥大细胞增多症（SM）等亚型。在某些情况下，SM 可发展为急性髓系白血病（肥大细胞白血病）。SM 是最严重的肥大细胞增多症亚型，肥大细胞在多个器官中积聚，并且其颗粒内容物的释放可引起疼痛、肠道症状、皮肤瘙痒甚至头痛，目前尚无根治方法。SM 最常见的遗传原因之一是编码 c-kit 基因的天冬氨酸 816（D816V/H/Y）的突变，导致产生能够激活 PI3K、JAK-STAT 和 MAPK 信号通路的组成型活性蛋白。Balci 等创建了表达人 KIT-D816V 的转基因 SM 斑马鱼模型，与肥大细胞增多症的小鼠模型相比，斑马鱼模型中 KIT-D816V 的病理组成可以诱导成年斑马鱼的肥大细胞积累。Balci 等还观察到 KIT-D816V 转基因斑马鱼成年肾中的肥大细胞数量远高于野生型，肥大细胞蛋白酶基因上调且表达 KIT-D816V 的斑马鱼的疾病发病率和肿瘤发病率显著增加。与此同时，KIT-D816V 在胚胎中的表达导致许多基因的差异表达，包括一些细胞周期调节因子，这些基因是否能作为 KIT-D816V 活性的标志物尚待研究。

综上，斑马鱼是一个用来了解肥大细胞生物学与进化过程的重要的模型系统，是肥大细胞体内生物学研究的比较合适的模式生物。该物种与哺乳动物肥大细胞一致的功能证据可以直接用作进化研究。目前，斑马鱼已经成功地用于建立基于 KIT-D816V 的肥大细胞增多症模型，相关的研究提示 Notch 激活与肥大细胞增多症的表型有关。未来，研究人员可通过开发在斑马鱼肥大细胞中表达的特异性标志物，更好地帮助人类研究评估肥大细胞的体内功能。

（彭　霞　戈伊芹）

第四节　肥大细胞膜分子检测

体内的肥大细胞具有明显的异质性，因此膜分子的检测是识别肥大细胞及其亚型、了解肥大细胞病理生理特性和功能并对肥大细胞分类的重要手段。随着生命科学技术的发展，已有多种免疫学、组织化学手段用于肥大细胞膜分子的检测。总的来说，首先需分离获得组织内单细胞悬液，或在原位利用特异性分子标记，荧光、酶－底物示踪，通过普通光学显微镜、荧光显微镜或共聚焦显微镜观察和流式细胞仪分析加以识别。常用的胞内分子有类胰蛋白酶、糜蛋白酶等，特征膜分子有 KIT（CD117）、FcεRⅠ等。活化分子有 CD63 等。根据研究目的的不同还可以选择组织的特异性标记结合 HE 染色、甲苯胺蓝染色，细胞因子 IL-3、IL-4、IL-17、IL-35 等胞内分子与细胞因子受体、趋化因子受体、免疫球蛋白 Fc 受体（FcR）、TLR、黏附分子等膜分子的特异性抗体进行双标记或多色标记。

根据报告标签的不同，膜分子检测可分为免疫化学和免疫荧光两类，而根据样品类型不同，可以分为组织检测技术和细胞检测技术（图 3-13）。采用二抗的间接标记法或生物素－亲和素放大系统可获得更高的信噪比。实验中，可选用与肥大细胞无关抗原的特异性抗体作为阴性对照，或选用特异性抗体作为同型对照。肥大细胞含有多种 FcR，标记时建议使用一抗同源血清、FcR 饱和试剂或者 BSA。

培养的肥大细胞系纯度高，获取细胞简便，后续的膜分子检测步骤也与体内肥大细

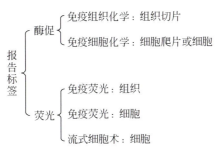

图 3-13　膜分子常用免疫检测技术

胞一致。无论检测何种标本，所用试剂和方法都需要摸索，可参照文献，但切忌以文献为金标准，不加预实验，直接照搬。

一、蛋白质水平检测

（一）免疫组织化学染色

免疫组织化学染色是检测组织中肥大细胞膜分子的重要方法。应用酶标记的类胰蛋白酶单克隆抗体的免疫组织化学法是识别肥大细胞的"金标准"。此蛋白酶在单个肥大细胞中的含量多达 30pg，虽然已证实嗜碱性粒细胞也表达类胰蛋白酶，但含量不足肥大细胞的 1%，因此可以认为类胰蛋白酶为肥大细胞所特有。

检测的一般步骤：

（1）烤片：石蜡包埋组织切片置于 56～60℃恒温箱中彻底融化。

（2）脱蜡和水化：切片置入二甲苯Ⅰ、Ⅱ中脱蜡。依次放入 100%、75% 乙醇中浸泡水化，双蒸水（ddH$_2$O）冲洗。

（3）高温、高压抗原修复：用柠檬酸缓冲液高温、高压修复抗原，切片完全冷却后，用 PBS 冲洗 3 次。

（4）灭活内源性酶并封闭内源性生物素：切片浸于 0.3% 的 H$_2$O$_2$ 溶液中 20min，PBS 冲洗。

（5）封闭：用 2%～5% 牛血清白蛋白（BSA）在室温下封闭 10～30min。

（6）标记：直接标记——切片上滴加酶标特异性抗体，4℃孵育过夜，PBS 冲洗。间接标记——一抗孵育，滴加膜分子特异性抗体于切片上，4℃孵育过夜，PBS 冲洗；二抗孵育，滴加辣根过氧化物酶（HRP）标记二抗于切片上，室温孵育 30min，PBS 冲洗。

注意：可进行双色或多色标记，如将组织连续切片后，用辣根过氧化氢酶（HRP）和碱性磷酸酶（AP）双色标记抗体。

（7）显色：选用二氨基联苯胺（DAB）显色，必须在镜下严格控制；DAB 现配现用，不能超过 30min；镜下控制，满意后充分水洗。

（8）封片：切片经过梯度乙醇脱水（80% 乙醇 2min，95% 乙醇 2min）；二甲苯Ⅰ、Ⅱ分别透明 5min，最后中性树脂封片。

封片前可使用苏木精复染细胞核：切片复染 10min，镜下控制着色程度，1% 盐酸乙醇分化，碳酸锂返蓝，充分水洗。

（9）结果观察与分析：人鼻息肉黏膜下层和黏膜间质中的肥大细胞呈棕色，类胰蛋白酶阳性（图 3-14A）。肥大细胞着色不均匀，细胞膜不完整，有脱出的颗粒，有的细胞质中出现空泡。抗 FcεRⅠα 标记肥大细胞膜 FcεRⅠα 阳性呈棕褐色（图 3-14B）。值得注意的是，在某些情况下，肥大细胞因活化而脱颗粒，胞内的类胰蛋白酶减少，但肥大细胞脱颗粒不完全，仅释放部分类胰蛋白酶，使肥大细胞着色效果减弱，也造成一些肥大细胞可能无法被类胰蛋白酶特异性抗体识别。肥大细胞膜 KIT（CD117）可作为识别肥大细胞的特异性标志物，抗体 CD117 阳性与颗粒释放无关。研究表明，抗 CD117 单克隆抗体不适合用于石蜡包埋组织。此外，抗组胺抗体也被成功运用在肥大细胞的免疫组织化学试验中，但嗜碱性粒细胞、神经元、中性粒细胞、单核 - 巨噬细胞、树突状细胞和血小板也产生组胺，因此不能作为肥大细胞的特异性标志物。

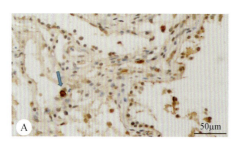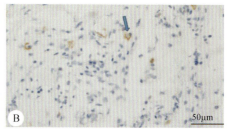

图 3-14　人鼻息肉黏膜中浸润的肥大细胞

A. 类胰蛋白酶染色，HE×400；B. FcεRⅠα 染色，HE×400［引自：丁爽 .2019. 肥大细胞活化分子及其抗体在变应性鼻炎及鼻息肉中的表达及机制探讨［D］. 南京：南京医科大学］

（二）免疫荧光技术

免疫荧光技术是在免疫学、生物化学和显微镜技术基础上建立起来的一项免疫标记技术，可确定抗原或抗体的表达、性质和定位。免疫荧光实验的主要步骤包括：细胞片制备、固定及透膜、封闭、荧光抗体标记及荧光检测等。大致步骤如下：

（1）样品准备：对于贴壁细胞，采用细胞爬片；对于悬浮细胞可用细胞涂片离心机离心获取，固定后 PBS 重悬，将细胞滴加在载玻片上，干燥；对于冷冻切片，切片放置在载片上；对于石蜡切片，使用较少，需先进行脱蜡和抗原修复处理。

（2）固定：加入 2% 低聚甲醛重悬，固定 30min，PBS 洗涤 2 次。

（3）封闭：2% 牛血清白蛋白（BSA）封闭 10～30min。

（4）抗体孵育：避光室温 1h 或 4℃过夜孵育，荧光素标记膜分子特异性抗体（直接标记法），或使用膜分子特异性抗体及荧光素标记二抗（间接标记法）。PBST 洗涤 3 次。

（5）封片及荧光观察：用含抗荧光猝灭剂的封片液封片。激光共聚焦显微镜下观察肥大细胞膜分子的表达。

（6）结果：如图 3-15 所示。

封片前，可复染细胞核，此为定位的关键，即在玻片滴加 4′, 6- 二脒基 -2- 苯基吲哚（DAPI），避光孵育 5min，PBST 洗涤 3 次。有研究者将健康志愿者、溃疡性结肠炎和克罗恩病患者的结肠组织切片用 DAPI（蓝色）、肥大细胞类胰蛋白酶（红色）、ATP 受体 P2X7（绿色）染色，结果如图 3-16 所示。

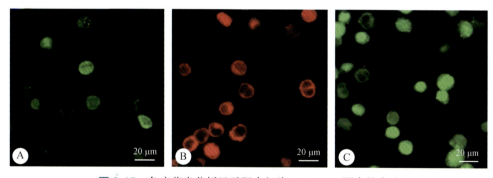

图 3-15 免疫荧光分析显示肥大细胞 P815 TLR 蛋白的表达

A. TLR7-FITC；B. TLR8-PE；C. TLR9-FITC。TLR. Toll 样受体［引自：杨海伟，宋为娟，魏韡，等 . 2010. Toll 样受体在肥大细胞的表达［J］. 中华临床免疫和变态反应杂志，4（1）：17-21］

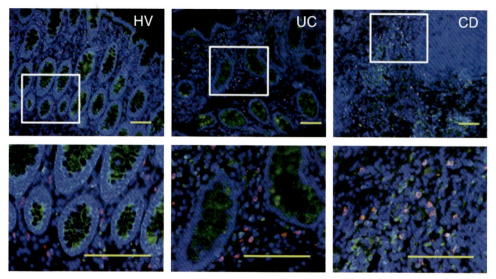

图 3-16 P2X7 蛋白在健康志愿者（HV）、溃疡性结肠炎（UC）和克罗恩病（CD）患者结肠组织肥大细胞中的表达（比例尺：100μm）

［引自 Kurashima Y，Amiya T，Nochi T，et al. 2012. Extracellular ATP mediates mast cell-dependent intestinal inflammation through P2X7 purinoceptors［J］. Nat Commun，3：1046］

（三）（多色）流式细胞术检测

流式细胞术（flowcytometry，FCM）是一种在功能水平上对单细胞或其他生物粒子进行定量分析和分选的检测手段，它可以每秒分析上万个细胞，并能同时从一个细胞中测得多个参数，与传统的荧光显微镜检查相比，具有速度快、精度高、准确性好等优点，成为当代最先进的细胞分析技术之一。FCM 可用于细胞群体异质性检测、单细胞水平的多指标分析、细胞分选。使用 FCM 检测肥大细胞膜分子的基本操作流程如下：

（1）单细胞悬液的制备：对于培养的肥大细胞系或通过 SCF、IL-3、IL-6 诱导得到人原代肥大细胞或鼠原代肥大细胞，直接消化或离心分离、重悬即可；对于组织标本，采用酶消化法、机械法和化学试剂处理法分散细胞，Percoll 密度梯度离心富集细胞，采用抗 CD117 抗体包被的磁珠纯化肥大细胞或根据流式设门圈选找到肥大细胞细胞群。

（2）抗体选择与孵育：通常采用针对肥大细胞表面特征性分子 CD117、FcεRI 的抗体鉴定肥大细胞的成熟度及纯度，寻找肥大细胞群。有文献报道 CD63 可作为肥大细胞活化标志物。选择直接标记法或间接标记法，将待测膜分子抗体、同型对照抗体、阴性对照抗体（1μg 抗体适用于约 $1×10^6$ 个细胞）4℃ 1h 或室温 30min 避光孵育。

（3）洗涤与重悬：PBS 洗涤细胞 2～3 次，2500r/min 离心 8min。含 1% BSA 的 PBS 充分重悬细胞沉淀。

（4）流式细胞仪检测与结果分析：设定检测程序，如根据 FSC（前向散射光）和 SSC（侧向散射光）选择主细胞群。根据 FS 面积和 FS 强度散点图，去除聚集细胞。圈选目的细胞后，根据抗体及荧光素建立散点图或直方图（图 3-17）。采用流式分析软件，如 FlowJo、Kaluza 及相应对照抗体的检测结果，分析待测膜分子的表达情况。

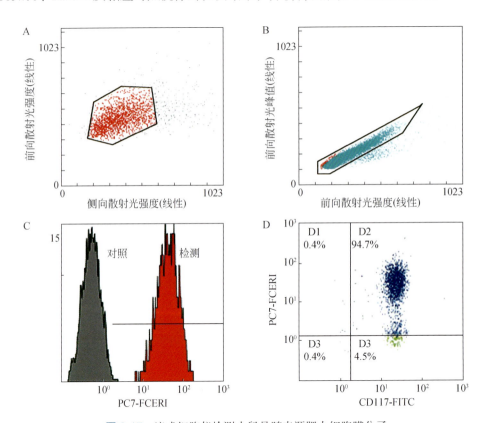

图 3-17　流式细胞仪检测小鼠骨髓来源肥大细胞膜分子
A. 前向散射和侧向散射，选择主细胞群；B. 根据前向散射面积及强度去除粘连细胞；C. FcεRI 表达及其同型对照的直方图；D. CD117 及 FcεRI 表达的散点图

二、mRNA 水平

肥大细胞膜分子的 mRNA 表达水平检测多采用反转录聚合酶链反应（reverse transcription polymerase chain reaction，RT-PCR），具有特异、敏感、快速、简便、重复性好、易自动化等突出优点。

（一）半定量 RT-PCR

半定量 RT-PCR 的步骤如下：

（1）提取总 RNA：收集培养的肥大细胞，使用 Trizol 法提取总 RNA。

（2）反转录：以总 RNA 为模板，以随机引物、Oligo dT 或基因特异反向引物为反转录引物，dNTP 为原料，在反转录酶作用下进行反转录，合成 cDNA。

（3）设计并合成待测分子的特异性引物。

（4）PCR 扩增：以 cDNA 为模板，加入目标分子特异性上下游引物，dNTP 为原料，在 *Taq* DNA 聚合酶的作用下，在 PCR 仪上经变性—退火—延伸，完成扩增。

（5）电泳与成像：PCR 产物经 SYBR Green I 核酸凝胶染料染色、琼脂糖凝胶电泳，在凝胶成像分析系统紫外线下进行拍照和图像分析（图 3-18）。

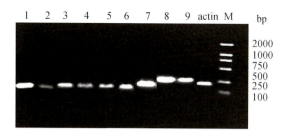

图 3-18 Toll 样受体 mRNA 在肥大细胞细胞系 P815 的表达

1 ～ 9. TLR1 ～ TLR9；actin. 肌动蛋白 β；M. 标准品［引自：杨海伟，宋为娟，魏韡，等 . 2010. Toll 样受体在肥大细胞的表达［J］. 中华临床免疫和变态反应杂志，4（1）：17-21］

（二）实时荧光 PCR

实时荧光 PCR（real-time PCR）是在 PCR 反应体系中加入荧光基团，利用荧光信号积累实时监测整个 PCR 进程，最后通过 C_t 值、标准曲线对未知模板进行定量分析的方法，采用较多的是 TaqMan 法、SYBR Green I 法、分子信标法。具体操作步骤与上述 RT-PCR 相似，此处不再赘述。实时荧光 PCR 结果一般采用与荧光定量 PCR 仪配套的分析软件分析，根据标准品的已知浓度与其 C_t 值的反比关系建立标准曲线，结合未知样本 C_t 值完成定量。

三、高通量膜分子检测技术

（一）通过转录的高通量免疫表型分析技术

Utz 等在 *Nature Medcine* 报道了一种应用多重蛋白质组学技术分析人肥大细胞静止和激发状态下表面抗原的检测技术，这种技术称为"通过转录的高通量免疫表型分析技术"（high-throughput immunophenotyping using transcription，HIT）。检测的具体原理见图 3-19。首先，选用一组目的单克隆抗体，每一个单克隆抗体 Fab 片段共价结合一个独特寡核苷酸序列，该独特寡核苷酸序列起着"分子条形码"的作用。将标记上分子条形码的一组抗体混合物加入微量离心管或 96 孔板中，加入细胞，混合抗体分别与细胞表面的待测抗原特异性结合，洗去多余抗体混合物，然后加入 T7 RNA 聚合酶，扩增、放大结合的标记信号，产物经纯化后与 DNA 微阵列杂交，经过扫描得到相应标记信号的荧光强度，间接反映待测样本中膜抗原的量。

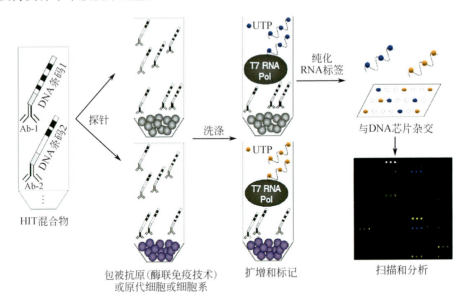

图 3-19　通过转录的高通量免疫表型分析技术（HIT）原理图

UTP. 三磷酸尿苷；T7 RNA Pol. T7 RNA 多聚酶［引自：Kurashima Y，Amiya T，Nochi T，et al. 2012. Extracellular ATP mediates mast cell-dependent intestinal inflammation through P2X7 purinoceptors［J］. Nat Commun，3：1034-1046］

HIT 技术可在单次试验中分析多达 100 个靶抗原，包括表面抗原和细胞内磷酸化蛋白、转录因子与细胞因子。与多色流式细胞术分析比较具有以下优势：寡核苷酸标记有极小的交叉杂交，这就避免了荧光补偿和将繁杂数据简化分析的要求。另外，HIT 试剂设计更简单，同时可与多色抗体结合，但是 HIT 检测方法对抗体特异性及细胞纯度要求较高。

（二）蛋白质芯片

蛋白质芯片将蛋白质结合到固相基质上，然后与待检测的细胞或组织"杂交"，从而分离和鉴定未知蛋白质。蛋白质芯片的基本原理是利用蛋白质间及蛋白质与其他小分子间的相互作用的关系，达到测定蛋白质的目的。蛋白质芯片具有高通量、高特异性和高灵敏度的优点，适用于蛋白质表达谱分析。

（三）基因芯片

基因芯片的检测原理是杂交测序方法，即通过与一组已知序列的核酸探针杂交测定核酸序列的方法。在一块基片表面固定了序列已知的靶核苷酸的探针，当溶液中带有荧光标记的核酸序列 TATGCAATCTAG，与基因芯片上对应位置的核酸探针产生互补匹配时，通过确定荧光强度最强的探针位置，获得一组序列完全互补的探针序列，据此可重组出靶核酸的序列。具体方法在本章第五节一并介绍。

（四）转录组测序技术 RNA-seq

样品提取总 RNA 后，用带有 Oligo dT 的磁珠富集 mRNA，向得到的 mRNA 中加入破碎缓冲液使其片段化，再以片段 mRNA 为模板，用六碱基随机引物合成 cDNA 第一链，并加入缓冲液、dNTP、核糖核酸酶 H（RNase H）和 DNA 聚合酶 I，合成 cDNA 第二链，经过 QIAquick PCR 试剂盒纯化并加 EB 缓冲液洗脱，经末端修复、加碱基 A，加测序接头，再经琼脂糖凝胶电泳回收目的大小片段，并进行 PCR 扩增，从而完成整个文库制备工作，构建好的文库用测序仪进行测序。

免疫组织化学技术、免疫荧光技术均可实现肥大细胞膜分子蛋白质水平的原位检测，流式细胞术可实现肥大细胞多个膜蛋白的同时定量检测，而 RT-PCR 技术可简便、快速地分析肥大细胞膜分子 mRNA 水平的表达，先进的高通量技术可辅助研究者发现新的肥大细胞膜分子，但此技术费用高昂，且破坏了肥大细胞的细胞结构，因此不能确定蛋白质的表达位置。总之，先进的技术为肥大细胞膜分子的检测提供了更多应用方法，各种技术各有其优势和不足，应根据实际情况选择相应的技术方法。

（许　雯　李　莉）

第五节　肥大细胞的信号传递和基因表达检测

肥大细胞承担组织微环境的强大免疫调节功能，越来越多的证据表明，肥大细胞受体、特定信号通路和适配蛋白形成的复杂网络控制着肥大细胞对刺激的反应。在激活的几秒钟内，肥大细胞释放出各种预形成的生物活性物质，接着合成并分泌一系列炎症介质。在研究这一复杂的信号控制网络时，需要结合具体情况选择适用的分析技术，本节着重介绍在肥大细胞信号通路及基因表达研究中的常用技术和新技术的进展及应用。

一、肥大细胞信号传递检测

肥大细胞的生物学功能受多种蛋白激酶调控，如酪氨酸激酶 Fyn、Lyn、Syk，局部黏着斑激酶（focal adhesion kinase，FAK），以及丝氨酸 / 酪氨酸激酶 Akt、PKC α/β。其中，胞外信号调控激酶丝裂原激活蛋白激酶（mitogen-activated protein kinase，MAPK）、JNK 和 p38 MAPK 等在肥大细胞功能中发挥重要作用，本节就以 MAPK 为例，阐述肥大细胞信号通路的检测方法。

（一）放射分析法

蛋白质磷酸化是信号通路启动和信号传递的重要环节。直接测定蛋白质磷酸化的一种经典方法是将整个细胞与放射性标记的 ^{32}P- 磷酸盐共同孵育；^{32}P 同位素放射性标记磷酸盐作为磷酸基团供体，经过磷酸化酶促反应，带有 ^{32}P 同位素放射性标记的磷酸基团则转移到相应的反应蛋白上；获得细胞提取物；通过凝胶电泳分离；用放射自显影或磷储屏检测磷酸化蛋白质。该检测方法烦琐，且使用放射性同位素，存在放射性危害。

近年来，随着分子生物学的迅速发展，磷酸化的抗体已具有较高的特异性，因此激酶的分析也从传统的放射性分析方法进展到非放射性分析方法。

（二）蛋白质印迹技术

蛋白质印迹技术（Western blot）是评估蛋白质磷酸化状态的最常用方法。该技术可以从蛋白质混合物中检出目标蛋白质，定量或定性确定细胞或组织中蛋白质的表达情况，用于蛋白质－蛋白质、蛋白质-DNA、蛋白质-RNA 相互作用后续分析。实验过程包括：SDS-PAGE、印迹、杂交、显影和结果判断。蛋白质经 SDS-PAGE 分离后转移至膜性支持物上，与溶液中的特异抗体相互结合，再通过与酶或同位素标记的第二抗体起反应，经过底物显色或放射自显影以检测电泳分离的特异性目的蛋白成分。但一次检测多种蛋白质或标本多时，无法满足高通量的需求。

（三）蛋白质磷酸化流式细胞分析技术

由美国 BD 公司与斯坦福大学联手，将流式细胞分析技术与抗体免疫识别功能相结合，创造性的开发出了 BD PhosFlow 试剂用于蛋白质磷酸化流式细胞分析。该技术极大地拓展了细胞信号转导的研究手段，其过程简要概括如下：第一步，获取活的单细胞悬液，并用适当刺激剂在适宜的条件下刺激细胞，从而激活胞内信号级联反应；第二步，刺激后，迅速用低聚甲醛固定细胞，然后用破膜溶剂或醇类溶剂使细胞破膜；第三步，用针对细胞表面标记和 / 或胞内磷酸化信号蛋白的双色荧光标记的抗体标记细胞；第四步，应用流式细胞仪分析样本并获取数据。该技术可在数小时内完成，也可在细胞固定后将样本妥善保存，待后续标记分析。

蛋白磷酸化流式细胞分析技术的最主要优势在于单细胞水平多参数分析。其多参数的特点是通过对单个细胞同时进行多荧光参数的测量来实现的，这些参数可以包括细胞表面标志及磷酸化蛋白，可以同时在不同的细胞亚群分析几种信号通路组成元件。因此，大大提高了工作通量，也使同时分析多种参数之间的相互关系成为可能。

其次，流式技术可以分析异质的细胞群体（如血液），使研究者可以在模拟各种生理状态的条件下进行信号通路的研究。再者，流式分析对样本量需求小，使深入研究那些数量少但重要的稀有细胞群体成为可能。传统的免疫技术（如免疫印迹）仅反映细胞群体的平均磷酸化水平，不能对其中的各亚类逐一分析，流式分析通过标记细胞表面标志性分子，使得研究人员可以根据需要分别检测各细胞亚群的磷酸化水平，从单细胞、细胞亚群、细胞群体各层次获得多方面信息以探索信号转导机制。

作为一种新兴的强大的蛋白质组学技术，随着新的蛋白磷酸化试剂的不断出现，蛋白磷酸化流式细胞分析技术将被越来越广泛地应用于疾病机制研究、药物筛选、药效鉴定等诸多基础与临床研究领域。

（四）基于细胞的酶联免疫吸附（ELISA）测定

研究信号通路，特别是对样本进行高通量检测时，传统的蛋白质印迹技术非常费时、费力。为了解决这个问题，科学家不断探索新的方法，希望获得更高效、简单、安全的技术突破。基于细胞的酶联免疫吸附测定提供了一种理想、高效、直接的检测大量样本细胞信号通路蛋白的方法。其步骤包括：接种细胞至细胞培养板孔；根据预设方案刺激细胞；细胞固定破膜猝灭封闭；一抗孵育、洗涤、二抗孵育；显色，用常规的酶标仪读取数值；最后得到 P38 MAPK、JNK 等蛋白质变化的检测数据。

该技术无需裂解细胞，能测定完整的、经过固定的细胞中磷酸化蛋白及总蛋白质水平，作为一种全新的 ELISA 技术，它有两个最突出的优点：①不需要抽提蛋白质，细胞直接包被微孔板。细胞直接在微孔板里培养，待检测时将细胞固定在微孔板上并做透膜处理即可。这样可以避免抽提蛋白质时主观因素引起的样品损失而导致实验结果的误差。同时，不需要包被微孔板，简化了实验流程，有助于提高效率。②可同时检测两种不同的蛋白质。封闭后加入两种抗不同的蛋白质且不同种属来源的一抗（如小鼠和大鼠、羊或兔），然后再加入不同酶标记的二抗，加入两种荧光酶对应的底物，检测两个波长。同时检测两种蛋白质的优点是显而易见的，可以减少工作量，此外还可以满足一些特殊的实验需要。例如，需要测定某个蛋白质的磷酸化比例，就需要测定磷酸化蛋白和总蛋白质的量，这两个测定在同一次实验中进行，有助于消除实验误差，得到更为精确的实验结果。

二、肥大细胞基因表达检测

肥大细胞在携带抗原的 IgE 刺激下，分泌多种炎症介质和细胞因子，在机体固有免疫和炎症反应中发挥关键作用。尽管在肥大细胞的细胞生物学研究中已有多种成熟的研究技术，但近年来随着分子生物技术的快速发展，肥大细胞研究的技术工具得到了突飞猛进的发展，如 DNA 微阵列、DNA 芯片技术，使得在全基因组水平同步监测细胞活化时基因表达的差异成为可能，可检测到全局的病理生理改变。以下就肥大细胞研究中常用的基因表达检测方法作简要介绍。

检测基因表达水平，即定性或定量检测该基因的表达产物；基因的表达产物可以是核酸，即 mRNA 和由 mRNA 得到的 cDNA，也可以是蛋白质。检测核酸常用的方法有 RT-PCR、实时荧光 PCR、Northern blot，检测蛋白质的方法有 Western blot、免疫组织化学、融合报告基因等。以下着重介绍核酸检测方法。

（一）RT-PCR

RT-PCR 的步骤：提取组织或细胞中的总 RNA，以其中的 mRNA 作为模板，利用反转录酶反转录为 cDNA，再以 cDNA 为模板进行 PCR 扩增，而获得目的基因或检测基因的表达水平。该方法操作相对简单，缺点就是受干扰因素影响比较大，一般用来粗筛，需要多次重复，结果最好用 Northern blot 验证。

（二）实时荧光 PCR

实时荧光 PCR（real-time PCR）指在 PCR 反应体系中加入荧光基团，利用荧光信号的变化对 PCR 过程进行实时监控，以此实现对初始模板的定量分析。常用的荧光检测方法包括探针法和 SYBR Green Ⅰ 嵌合荧光法。探针法特异性强，可进行多重 PCR；但是需要设计特异性探针，成本较高。嵌合荧光法简单易行、成本较低、无需合成特异性探针，但是其对扩增的特异性要求高，不能进行多重 PCR。

（三）Northern blot

Northern blot 为 RNA 定量测定的一种检测方法，主要利用碱基配对原则，利用特异性的 DNA 探针与其杂交，经过显影技术分析 RNA 的量和大小。其基本步骤包括：

（1）完整 mRNA 的分离；

（2）根据 RNA 的大小不同，采用琼脂糖凝胶电泳分离 RNA；

（3）将 RNA 转移到固相支持物上，在转移的过程中要保持 RNA 在凝胶中的相对分布；

（4）将 RNA 固定到支持物上；

（5）固相 RNA 与探针分子杂交；

（6）除去非特异结合到固相支持物上的探针分子；

（7）对特异结合的探针分子的图像进行检测、捕获和分析。

Northern blot 是传统、经典的方法，直接反映 mRNA 丰度。该方法操作较为复杂，需要较熟练的技术；且需要用到同位素，安全性较低。

（四）基因芯片技术

基因芯片技术原理类似于计算机芯片，只是在固体基质上不是集成的各种半导体管，而是成千上万的基因探针。待分析的样品通过和芯片中已知序列的 DNA 片段碱基互补杂交，经过计算机的分析，从而确定待测核酸的序列和性质，表现出基因表达量和一些序列本身的特性。该技术主要包括 4 个环节：芯片微列阵制备、样品制备、生物分子反应和信号的检测分析。目前的制备主要是采用表面化学的方法或组合化学的方法来处理固相基质，如玻璃片或硅片。在固体材料中刻出微滤栅、微通道，并加上微泵、微阀来控制流体。然后将探针以预先设计的顺序固定在固体基质上。

（五）GenomeLab GeXP 多重基因表达定量分析系统

GenomeLab GeXP 多重基因表达定量分析系统（简称 GeXP）将 RT-PCR 技术与毛细管电泳技术相结合，针对多个待测基因设计嵌合引物，嵌合引物包含特异序列与待测基因配对，同时包含通用序列在多个待测基因上引入序列相同的通用片段，然后通过荧光标记与通用序列配对的引物同时扩增多个待测基因，最后用毛细管电泳法检测待测基因表达量。

该方法最大的优势是高通量，可以在一例样本中同时检测 20 ～ 30 个基因，但也有一定的局限性：它是一种终点定量方法，利用扩增曲线的指数增长期来定量初始的基因表达量。然而，在实际的反应体系中，由于模板、试剂的限制，焦磷酸产物的聚集，不同基因间的扩增效率并不一致，这也是终点定量方法结果不稳定的重要原因。同时，这一产品需要昂贵的专用仪器及相应的优化分析软件，也极大地限制了其广泛应用。

（六）使用荧光通用引物的多重竞争性 RT-PCR 表达谱分析平台

鉴于 GeXP 多重基因表达分析平台的上述局限性，笔者实验室在进行肥大细胞功能研究中构建了一种新的多重基因表达谱分析平台，即使用荧光通用引物的多重竞争性 RT-PCR（multiplex competitive RT-PCR using fluorescent universal primers，MCF-PCR）表达谱分析平台。该平台结合了荧光通用引物、多重竞争 RT-PCR 技术及毛细管电泳技术，技术原理见图 3-20。首先，为每个目的基因设计其竞争模板，该竞争模板序列是在目的基因序列基础上插入 3bp 碱基，从而保证两者扩增效率一致，同时又利于通过毛细管电泳将目的基因峰与竞争模板峰区分开来；然后，提取样本总 RNA 并通过 Oligo dT 引物合成单链 cDNA；目的基因及竞争模板均在嵌合引物（包含 18 ～ 22nt 特异序列和 18nt 通用序列）作用下扩增 15 个循环，使序列两端均加上通用序列；在接下来的 16 ～ 25 个循环里，上述扩增产物在荧光标记的通用引物作用下进行扩增，获得带有荧光的扩增产物；最终产物通过毛细管电泳进行分析，目的基因峰值与其竞争模板峰值的比值反映了其表达量的高低。

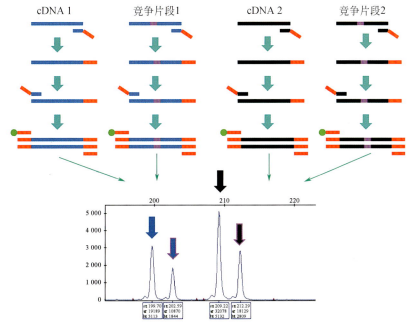

图 3-20　使用荧光通用引物的多重竞争性 RT-PCR（MCF-PCR）表达谱分析平台检测多基因表达水平原理示意图

　　与 GeXP 多重基因表达分析平台相比，MCF-PCR 表达谱分析平台针对每个待测基因设计一个竞争模板，该竞争模板在反应体系中与目的基因同时扩增，因此任何可预知及不可预知的影响因素对两者的影响都是一致的，这就保证了该平台在表达定量分析中的精确度。同时，该技术平台不需要特定的仪器和试剂，是一个开放的分析平台，根据多重待测基因特征可优化设计流程。因此，MCF-PCR 表达谱分析平台真正实现了高通量、高准确度、低成本检测基因表达差异。笔者实验室在儿童哮喘发病机制研究过程中，利用该技术平台检测了 500 例哮喘患儿肥大细胞 IL-4/IL-13 信号通路基因表达，所测基因包括 *IL-4*、*IL-13*、*IL-4RA*、*STAT6*、*FCERIA* 和 *GAPDH*，通过荧光定量 PCR 方法验证检测结果一致。

（李　佳）

参 考 文 献

丁爽 . 2019. 肥大细胞活化分子及其抗体在变应性鼻炎及鼻息肉中的表达及机制探讨［D］. 南京：南京医科大学 .

窦肇华 . 2004. 免疫细胞学与疾病［M］. 北京：中国中医药科技出版社，665-667.

李卫东，张晓刚，常静，等 . 2008. 昆明小鼠胚胎干细胞的分离培养方法［J］. 中国组织工程研究与临床康复，12（21）：4060-4064.

刘奇，尹磊淼，魏颖，等 . 2017. 蛋白质磷酸化检测方法及原理［J］. 中国医药生物技术，8（2）：134.

彭霞，梁玉婷，林堃，等 . 2017. 小鼠骨髓来源肥大细胞的培养及鉴定［J］. 现代生物医学进展，17（30）：5807-5811.

王春锋，李济宇 . 2011. 一种简单经济的小鼠骨髓源性肥大细胞的培养与鉴定［J］. 中国免疫学杂志，（10）：910-912，921.

杨海伟，宋为娟，魏韡，等 . 2010，Toll 样受体在肥大细胞的表达［J］. 中华临床免疫和变态反应杂志，4（1）：17-21.

Balci T B，Prykhozhij S V，The E M，et al. 2014. A transgenic zebrafish model expressing KIT-D816V recapitulates features of aggressive systemic mastocytosis［J］. Br J Haematol，167（1）：48-61.

Berman J N，Kanki J P，Look A T. 2005. Zebrafish as a model for myelopoiesis during embryogenesis［J］. Exp Hematol，33：997-1006.

Bowman T V，Zon L I. 2010. Swimming into the future of drug discovery：*in vivo* chemical screens in zebrafish［J］. ACS Chem Biol，5：159-161.

Carradice D，Lieschke G J. 2008. Zebrafish in hematology：sushi or science［J］. Blood，111：3331-3342.

Crivellato E，Travan L，Ribatti D. 2015. The phylogenetic profile of mast cells［J］. Methods Mol Biol，1220：11-27.

Da'as S I，Coombs A J，Balcil T B，et al. 2012. The zebrafish reveals dependence of the mast cell lineage on notch signaling *in vivo*［J］. Blood，119：3585-3594.

Da'as S，Teh E M，Dobson J T，et al. 2011. Zebrafish mast cells possess an FcεRI-like receptor and participate in innate and adaptive immune responses［J］. Dev Comp Immunol，35：125-134.

Da'as S I，Balci T B，Berman J N. 2015. Mast cell development and function in the zebrafish［J］. Methods Mol Biol，1220：29-57.

Dobson J T，Da'as S，McBride E R，et al. 2009. Fluorescence-activated cell sorting（FACS）of whole mount *in situ* hybridization（WISH）labelled haematopoietic cell populations in the zebrafish［J］. Br J Haematol，144：732-735.

Dobson J T，Seibert J，TehE M，et al. 2008. Carboxypeptidase A5 identifies a novel mast cell lineage in the zebrafish providing new insight into mast cell fate deter-mination［J］. Blood，112（7）：2969-2972.

Garrington T P，Ishizuka T，Papst P J，et al. 2000. MEKK2 gene disruption causes loss of cytokine production in response to IgE and c-Kit ligand stimulation of ES cell-derived mast cells［J］. EMBO J，19（20）：5387-5395.

Gibbs B F，Falcone F H. 2014. Basophils and Mast Cells Methods and Protocols［M］. New York：Humana Press.

Guha K，David S Chi. 2006. Mast Cells Methods and Protocols［M］. Totowa，New Jersey：Humana Press，197.

Guhl S，Babina M，Neou A，et al. 2010，Mast cell lines HMC-1 and LAD2 in comparison with mature human skin mast cells--drastically reduced levels of tryptase and chymase in mast cell lines［J］. Exp Dermatol，19（9）：845-847.

Hall C，Flores M V，Chien A. 2009. Transgenic zebrafish reporter lines reveal conserved Toll-like receptor signaling potential in embryonic myeloid leukocytes and adult immune cell lineages［J］. J Leukoc Biol，85：751-765.

Hsu C L，Neilsen C V，Bryce P J. 2010. IL-33 is produced by mast cells and regulates IgE-dependent inflammation［J］. PLoS One，5（8）：e11944.

Kattah M G，Coller J，Cheung R K，et al. 2008. HIT：a versatile proteomics platform for multianalyte phenotyping of cytokines，intracellular proteins and surface molecules［J］. Nat Commun，14（11）：1284-1289.

Katz H R，Austen K F. 2011. Mast cell deficiency，a game of kit and mouse［J］. Immunity，35（5）：668-670.

Kawakami T，Galli S J. 2002. Regulation of mast-cell and basophil function and survival by IgE［J］. Nat Rev Immunol，2（10）：773-786.

Kirshenbaum A S，Akin C，Wu Y，et，al. 2003，Characterization of novel stem cell factor responsive human mast cell lines LAD 1 and 2 established from a patient with mast cell sarcoma/leukemia；activation following aggregation of FcepsilonRI or FcgammaRI［J］. Leuk Res，27（8）：677-682.

Kurashima Y，Amiya T，Nochi T，et al. 2012. Extracellular ATP mediates mast cell-dependent intestinal inflammation through P2X7 purinoceptors［J］. Nat Commun，3：1034-1046.

Laale H W. 1977. The biology and use of zebrafish，Brachydanio rerio in fisheries research-a literature review［J］. J Fish Biol，10（2）：121-173.

Lilla J N，Chen C C，Mukai K，et al. 2011. Reduced mast cell and basophil numbers and function in Cpa3-Cre，Mcl-1fl/fl mice［J］. Blood，118（26）：6930-6938.

Liu J，Kuwabara A，Kamio Y，et al. 2016. Human mesenchymal stem cell-derived microvesicles prevent the rupture of intracranial aneurysm in part by suppression of mast cell activation via a PGE_2-dependent mechanism［J］. Stem Cells，34（12）：2943-2955.

Meurer S K，Neß M，Weiskirchen S，et al. 2016. Isolation of mature（peritoneum-derived）mast cells and immature（bone marrow-derived）mast cell precursors from mice［J］. PLoS One，11（6）：e0158104.

Nilsson G，Blom T，Kusche-Gullberg M，et al. 1994. Phenotypic characterization of the human mast-cell line HMC-1［J］. Scand J Immunol，39（5）：489-498.

Passante E，Frankish N. 2009. The RBL-2H3 cell line：its provenance and suitability as a model for the mast cell［J］. Inflamm Res，58（11）：737-745.

Schmetzer O，Valentin P，Smorodchenko A，et al. 2014. A novel method to generate and culture human mast cells：Peripheral $CD34^+$ stem cell-derived mast cells（PSCMC）［J］. J Immunol Methods，413：62-68.

Shim J K，et al. 2019. Searching for tryptase in the RBL-2H3 mast cell model：Preparation for comparative mast cell toxicology studies with zebrafish［J］. J Appl Toxicol，39（3）：473-484.

Veinotte C J，Dellaire G，Berman J N. 2014. Hooking the big one：the potential of zebrafish xenotransplantation to reform cancer drug screening in the genomic era［J］. Dis Model Mech，7（7）：745-754.

Walczak-Drzewiecka A，Ratajewski M，Wagner W，et al. 2008. HIF-1 alpha is up-regulated in activated mast cells by a process that involves calcineurin and NFAT［J］. J Immunol，181（3）：1665-1672.

Xiang Y，Eyers F，Young I G，et al. 2014. Identification of microRNAs regulating the developmental pathways of bone marrow derived mast cells［J］. PLoS One，9（5）：e98139

Xiang Z，Block M，Löfman C，et al. 2001. IgE-mediated mast cell degranulation and recovery monitored by time-lapse photography［J］. J Allergy Clin Immunol，108（1）：116-121.

Yang H，Wei J，Zhang H，et al. 2009. Upregulation of Toll-like receptor（TLR）expression and release of cytokines from P815 mast cells by GM-CSF［J］. BMC Cell Biol，10：37-46.

Yang R，Lao Q C，Yu H P，et al. 2015. Tween-80 and impurity induce anaphylactoid reaction in zebrafish［J］. J Appl Toxicol，35（3）：295-301.

Yeh J R，Munson K M，Elagib K E，et al. 2009. Discovering chemical modifiers of oncogene-regulated hematopoietic differentiation［J］. Nat Chem Biol，5：236-243.

Yoshida K，Ito M，Matsuoka I. 2017. Divergent regulatory roles of extracellular ATP in the degranulation response of mouse bone marrow-derived mast cells［J］. Int Immunopharmacol，43：99-107.

Yoshikubo T，Inoue T，Noguchi M，et al. 2006. Differentiation and maintenance of mast cells from CD34（+）human cord blood cells［J］. Exp Hematol，34（3）：320-329.

第四章　肥大细胞的病理生理

　　肥大细胞主要分布于机体与外界环境相通的部位，如皮肤、呼吸道和消化道等的黏膜组织和结缔组织，是免疫系统中最早与抗原、毒素和病原体等异己接触与相互作用的细胞。与区域固有免疫细胞和适应性免疫细胞及组织细胞紧密联系，通过突触、胞吐或胞吞、直接接触，或释放炎症介质、细胞因子、趋化因子及外泌体相互作用，发挥免疫识别、免疫调节和免疫清理作用。清除外来抗原、有害物质、过敏原、非己成分，或突变、衰老、死亡的细胞及其碎片，维持正常代谢和内环境的稳态。肥大细胞表达具有监测和识别潜在有害信号功能的多种受体，一旦与异己抗原结合便传递信号至胞内，激活肥大细胞释放预先存储的和新合成的炎症介质、细胞因子、趋化因子，且发生迅速和适当的反应，这是肥大细胞最基本的功能。因此，肥大细胞在免疫防御、止凝血稳态、损伤修复和重塑、精子发生和妊娠、维持血压稳定等生理过程中发挥重要作用。由于其定居于防御屏障一线，表达各种功能性受体、共刺激分子和黏附分子，特别是颗粒内丰富的介质，在接受刺激后可产生强烈的应答。对过敏原的应答可发生超敏反应，导致一系列过敏症状或引起过敏性疾病，这是肥大细胞最经典也是被最广泛认知的功能。近年来，更多研究发现肥大细胞参与血栓形成、动脉粥样硬化及其斑块破裂、肿瘤发生和发展、自身免疫损伤、移植排斥、器官纤维化和硬化等疾病的发生或进展。

第一节　肥大细胞与宿主防御

　　肥大细胞是肩负即时监视病原体入侵并迅速启动免疫应答的"关键哨兵"。其防御作用主要体现在以下三个方面：①迅速且有选择性地产生恰当的介质引发保护性先天免疫反应。②长期位于血管和淋巴管周围，因此能加强效应细胞的募集。③通过抗体依赖性激活获得性免疫应答，平衡感染引起的反应。深入阐明肥大细胞在宿主防御中的作用和机制，不仅为天然免疫的研究开辟新领域，而且对感染性疾病的防治也有重要意义。

一、抗寄生虫感染

1. 肥大细胞与肠道线虫感染

　　宿主对肠道线虫感染的反应通常表现为 Th2 型免疫应答，寄生虫抗原诱导特异性和非特异性 IgE 水平升高，黏膜肥大细胞增多，组织和血液嗜酸性粒细胞或嗜碱性粒细胞增多。寄生虫感染最初的特征是产生大量的非特异性 IgE，初次感染后期或多重感染后才产生寄生虫特异性 IgE。流行病学数据表明寄生虫特异性 IgE 水平与机体对感染的抵抗力呈正相关。寄生虫特异性 IgE 与肥大细胞膜受体 FcεR I 结合而激活肥大细胞，促使其脱颗粒，释放白三烯、组胺、蛋白酶等一系列炎症因子，显著增加局部血管通透性，改变肠道 pH，促进肠道平滑肌收缩而加速寄生虫排出，同时有助于血清抗体及补体进入肠腔，增强抗体依赖的细胞介导的细胞毒效应（antibody dependent cell mediated cytotoxicity，ADCC）。此外，肥大细胞释放的趋化因子、细胞因子可招募其他固有免疫细胞，使宿主 - 病原体相互作用。例如，肥大细胞活化释放 mMCP6，促进嗜酸性粒细胞趋化和聚集，并在旋毛虫（*Trichinella spiralis*）感染早期产生 IL-10，促进骨骼肌内幼虫的生长和存活。白三烯特别是 LTB4，可通过募集某些炎症细胞促进委内瑞拉类圆线虫（*Strongyloides venezuelensis*）排出。但是，大多数寄生虫非特异性 IgE 仅限于封闭肥大细胞的膜 IgE 受体，却不激活肥大细胞，这反而有助于虫体逃避免疫监视。蛋白酶、TLR 配体等蠕虫衍生产物、入侵的共生细菌的 LPS 及其引起的组织损伤产物 IL-33、热休克蛋白等可被肥大细胞表面多种受体识别，诱导细胞脱颗粒和 / 或产生细胞因子 IL-25、IL-33、TSLP 等，反馈性激活肥大细胞，或作用于局部其他免疫细胞，产生免疫应答和炎症介质共同影响机体抗寄生虫反应。

　　感染部位肥大细胞的数量和分布也影响机体的抗寄生虫反应。黏膜肥大细胞的增多可增强机体防御某些寄生虫的作用。例如，小鼠感染 *T.spiralis*、鼠类圆线虫 *S. ratti*、*S. venezuelensis* 后，反复注射 IL-3 或 IL-18+IL-2 可增加黏膜肥大细胞数量，加速肠道中寄生虫的排出，而使用 SCF 或 KIT 抗体则阻止黏膜肥大细胞增殖，延缓旋毛虫的排出。IL-3 缺陷型小鼠肠道无黏膜肥大细胞增生，对 *S. venezuelensis* 的易感性增加。黏膜肥大细胞需迁移至肠道黏膜的上皮层发挥抗寄生虫感染的作用。在感染 *S.venezuelensis* 的小鼠中，Notch 2 信号具有调节肠黏膜 MMC 迁移和分布的作用。

2. 抗疟原虫感染

　　疟原虫是由蚊子传播的病原体，由其引起的疟疾是人类最致命的寄生虫感染性疾病，其中恶性疟原虫引起的严重贫血和 / 或脑型疟是重症患者死亡的主要原因。肥大细胞在疟原虫感染免疫中的作用尚不明确，有限的研究结果有相悖之处。一方面，按蚊的唾液可激活真皮肥大细胞，分泌 MIP2 和 IL-10，下调抗原特异性免疫反应。肥大细胞基因缺陷鼠和正常鼠疟原虫感染实验发现，肥大细胞产生的 TNF 具有抗疟原虫感染作用。也有报道，在疟疾传播的初始阶段，按蚊叮咬释放的唾液可引发皮肤肥大细胞脱颗粒、局部募集粒细胞、诱导淋巴结增生、促进炎症反应。另一方面，疟原虫抗原可诱导人类肥大细胞系分泌 VEGF，导致血管扩张而介导脑型疟发生。小鼠模型中，伯氏疟原虫 ANKA 株感染红细胞后，机体产生的尿酸晶体可触发肥大细胞释放 Flt3，诱导 DC 独特亚型成熟，进而激活 CD8$^+$T 细胞对寄生虫的反应。疟疾和非伤寒沙门菌共同感染的患者可发生危及生命的菌血症。恶性疟原虫感染时，肠道肥大细胞增多并释放组胺，增强肠壁通透性而增加细菌感染机会，抗组胺药物治疗或可改善感染程度。

3. 抗蜱虫感染

　　蜱虫是一种可传播细菌、病毒、立克次体等多种病原体的节肢动物，可导致严重的传染病，如莱姆病等 5 类 220 多种疾病。在单次或多次蜱感染后，一些动物可对蜱摄食产生抗性，病原体传播的风险也随之降低。肥大细胞在获得性蜱虫抗性（acquired tick resistance，ATR）中起关键作用，这种免疫防御反应与蜱的种类和宿主的种类有关。动物实验证实肥大细胞可增加小鼠对变异革蜱幼虫二次感染的抵抗力，肥大细胞缺陷小鼠对长角血蜱幼虫的 ATR 缺失。研究显示抗组胺治疗小鼠 ATR 皮肤表层浸润的嗜碱性粒细胞释放的组胺而不是真皮中驻留的肥大细胞释放的组胺是小鼠 ATR 的关键，组胺可能通过促进表皮增生来抑制蜱虫摄食。

α- 半乳糖综合征是由半乳糖 -α-1, 3- 半乳糖特异的 IgE 介导的对哺乳动物肌肉的超敏反应。研究发现，蜱虫在生长过程中长期、反复吸取宿主的血液，从而使蜱虫的胃肠道及唾液中含有 α- 半乳糖，其叮咬人体后将 α- 半乳糖注入，可诱发人体产生大量 α- 半乳糖 IgE 抗体，并与肥大细胞和嗜碱性粒细胞上高亲和力 IgE 受体结合，引发过敏反应。

4. 抗细菌感染

肥大细胞作为参与机体固有免疫的效应细胞，在多种细菌感染中通过不同机制发挥作用。在霍乱、急性志贺菌痢疾、胃幽门螺杆菌感染等患者的胃肠道黏膜屏障中发现肥大细胞聚集，肥大细胞来源的蛋白酶和生物活性脂质水平也升高。

肥大细胞既能通过不同的机制识别病原体及其成分，也可作为先天性免疫的"哨兵"，直接吞噬病原体。肥大细胞表面的模式识别受体可直接结合病原体或其抗原成分，抗体或补体结合的细菌与细胞膜 IgE 或 IgG 受体或补体受体结合，可直接结合或在补体参与下吞噬沙门菌等病原菌，或分泌炎性介质杀伤病原菌。多数肥大细胞表达 TLR1 ～ 7 和 TLR-9、核苷酸寡聚化结构域（NOD）样受体（NOD-like receptor，NLR）、维甲酸诱导基因 I 样受体（RIG-I like receptor，RLR）和补体受体，参与先天性免疫应答，病原体可激活这些受体导致肥大细胞释放炎症介质，有助于控制、清除病原体，防止感染。TLR 引起的肥大细胞激活机制和效应不尽相同。例如，TLR2 识别革兰氏阳性菌、革兰氏阴性菌和分枝杆菌中的肽聚糖成分，并随后促进细胞因子的产生和胞内颗粒的释放。TLR4 识别革兰氏阴性菌、脂质 A、纤维蛋白原和结核分枝杆菌中的脂多糖成分，并产生相应的细胞因子，而不诱导脱颗粒。肥大细胞表面的 CD48 是大肠杆菌菌毛黏附分子 FimH 的特异性受体。一旦 I 型菌毛和 CD48 结合，可引起肥大细胞强有力的胞吞和胞吐反应。肥大细胞与结核分枝杆菌相互作用可释放组胺、IL-6 等促炎介质，CD48 也参与肥大细胞的活化并促进肥大细胞对结核分枝杆菌的摄取。肥大细胞在抵御细菌感染中的作用主要与 TNF-α 有关。早在 1996 年就有研究发现，在肥大细胞抵御细菌侵入时，可被快速激活并释放 TNF-α，进而促进补体和中性粒细胞等效应细胞向炎症部位募集，以增强机体对细菌的清除能力。抗体阻断 TNF-α 后，肥大细胞的保护作用明显减弱。在不同病原体感染中，肥大细胞发挥不同的作用。例如，弗朗西斯菌感染机体后，肥大细胞通过分泌 IL-4 抑制其在巨噬细胞中的繁殖；A 族链球菌感染皮肤后，肥大细胞分泌的抗菌肽可杀灭细菌从而减轻皮肤损伤；肥大细胞分泌的 IL-6 能够促进中性粒细胞募集从而加速对肺炎克雷伯菌的清除，肥大细胞通过以上作用促进对细菌的清除，从而防御外来抗原对机体的入侵和损伤。但是在腹膜炎引起的败血症中，肥大细胞分泌的 IL-4 会抑制巨噬细胞的功能，导致败血症加重；在肺炎衣原体感染后，肥大细胞分泌的糜蛋白酶增多，使得血管通透性增加，免疫细胞募集增多，由于肺炎衣原体是胞内寄生菌，募集的细胞越多，越有利于肺炎衣原体的扩散和繁殖。

二、抗病毒感染

当病毒侵入人体后，肥大细胞作为效应细胞被激活参与宿主免疫应答，在不同病毒的感染中表现出不同的效应，扮演着多重角色。肥大细胞作为固有免疫的第一道防线，募集其他免疫细胞至感染部位，共同清除病毒，抵御病毒感染；释放多种炎症因子、增加血管通透性，引起严重的免疫病理损伤；提供病毒复制、转录及逃避免疫应答的微环境，并可通过细胞外囊泡携带病毒，促进病毒扩散。

　　研究表明，肥大细胞在 HIV 的持续感染中发挥重要作用。HIV 感染者的淋巴结中有大量肥大细胞聚集，HIV 的衣壳蛋白 gp120 一旦被肥大细胞膜上与 FcεRI 结合的 IgE 重链可变区识别并结合，就会产生类似于病毒蛋白超抗原的作用，使肥大细胞表面的 IgE 受体交联，继而激活信号通路，使肥大细胞活化进而发生一系列生化反应，合成白三烯等生物活性物质，并促使细胞脱颗粒，释放组胺、IL-4 等调理性介质。IL-4 可促进体液中 IgE、IgG1、IgG2b 和 IgG3 的合成与分泌，从而增强抗病毒感染免疫应答，控制病毒感染。

　　肥大细胞及其前体细胞可以被巨细胞病毒、腺病毒、骨痛热病毒、甲型流感病毒等病毒感染。在被呼吸道合胞病毒和副流感病毒 1 型感染的牛河鼠齿类动物模型中，肥大细胞的数量和功能发生了改变，表明该病毒能够刺激肥大细胞活化。仙台病毒感染后肥大细胞数量也显著增加，并释放组胺等活性物质，但其机制尚不清楚。

　　单纯疱疹病毒感染机体后，肥大细胞通过生成 TNF-α 和 IL-6 参与宿主的防御反应；登革病毒感染导致的血管通透性增加与疾病的严重性和肥大细胞的活性有明显的相关性；呼吸道合胞病毒感染引起的急性呼吸道疾病综合征与上皮－内皮细胞失能和巨噬细胞、中性粒细胞、肥大细胞过度活化密切相关。

（尹　悦　李　莉）

第二节　肥大细胞与血栓和止血

　　正常情况下，小血管受损引起的出血在几分钟内会自行停止，这种现象称为生理性止血。血管收缩、血小板血栓形成和血液凝固是生理性止血的三个重要环节。它们相继发生且相互重叠，使出血停止，避免过度失血。与此同时，抗凝系统及纤维蛋白溶解系统的激活可保持血液的流动状态，打破该稳态将导致血栓形成或出血倾向。血栓栓塞性疾病在全球均有较高发病率，血栓形成的三个要素：①血管因素；②血液的物理和化学性质；③血流状态。近年来，科学研究开始关注第四个要素，即修复细胞的局部聚集。研究发现，血栓形成时，血管周围聚集有肥大细胞和巨噬细胞，肥大细胞通过释放众多重要修复分子，包括肝素、β- 类胰蛋白酶和组织型纤溶酶原激活物（tissue plasminogen activator，tPA）等，参与调节血栓形成和止血过程。此外，哮喘、慢性荨麻疹、全身过敏患者的血浆血管性血友病因子（von Willebrand factor，vWF）、凝血因子Ⅷ（coagulation factor Ⅷ，FⅧ）及 D- 二聚体水平显著高于健康人，补体和其他凝血因子水平也会发生改变。本节将从肥大细胞的颗粒特性着手，探讨肥大细胞在凝血、纤溶过程及相关疾病中的作用及其机制。

一、肥大细胞与生理性止血过程

生理状态下，血管内皮细胞具有抗血栓形成的作用。内皮屏障功能的破坏通常与血管周围细胞可溶性成分的释放有关。肥大细胞沿毛细血管和毛细血管后小静脉分布，其活化所释放的颗粒内介质多数具有血管活性，可影响内皮功能，导致血管扩张、通透性增加和组织水肿。据研究报道，肥大细胞的组胺可直接作用于内皮细胞，增加微血管通透性，影响内皮素、血管活性肠肽和心房利钠肽（atrialnatriureticpeptide，ANP）的合成与降解，导致内皮屏障作用减弱。但是组胺也可增加内皮细胞血栓调节蛋白的活性，增强内皮抗凝作用。当血管内皮损伤后，内膜下成分将激活血小板，使之发生黏附、聚集，并形成血小板血栓。组胺可以刺激内皮细胞释放 vWF，与血小板膜 GP I b 和内皮下胶原结合，介导血小板在血管损伤部位的黏附。肥大细胞产生的血小板活化因子 PAF 是具有广泛生物活性的内源性脂类介质，可促使血小板活化、聚集，释放组胺和 5- 羟色胺。而肥大细胞来源的 PGD_2 可通过激活血小板腺苷酸环化酶而抑制血小板聚集。肝素也可抑制血小板聚集，但不影响血小板的黏附功能，肥大细胞释放的凝血酶水解纤维蛋白原形成纤维蛋白是血液凝固的重要步骤，类胰蛋白酶可迅速增加血管通透性，促使微血管渗漏增加，纤维蛋白原渗出，促进血液凝固。肥大细胞还可以通过释放神经生长因子（NGF）、血小板源生长因子（PDGF）、血管内皮生长因子（VEGF）和成纤维细胞生长因子 -2（FGF-2），促进上皮细胞和成纤维细胞增殖以及 I 型胶原积累，促进伤口愈合与组织修复。

二、肥大细胞与抗凝系统

众所周知，肥大细胞是组织中肝素的重要来源，肝素在凝血中的作用主要有：①协同增强抗凝血酶（antithrombin，AT）对活化的凝血因子 IIa、VIIa、Xa、IXa 和 XIIa 的抑制作用和灭活作用，大大增加 AT 的抗凝活性；②作为 tPA 的辅因子发挥促纤溶的作用，从而增强对凝血的抑制和纤维蛋白的溶解；③可为 FXII 活化提供接触表面，激活因子 XII 和激肽释放酶原（FXII/PK）途径使高分子量激肽原（high molecular weight kininogen，HMWK）增加，后者参与 FXII 的激活，与内源性血液凝固的启动有关。临床研究报道，部分过敏患者和肥大细胞增多症患者有凝血异常的临床表现。肥大细胞增多症的特征是肥大细胞克隆性增殖、器官浸润和不受控制的脱颗粒，患者 β- 类胰蛋白酶阳性的肥大细胞显著增加，皮肤和结缔组织中有过多的肥大细胞聚集，这些成熟的肥大细胞活化和脱颗粒可以释放大量的 β- 类胰蛋白酶和肝素，干扰正常一期、二期止血的凝血过程，使 APTT 延长，它们的抗凝作用从其他方面解释了这些患者具有皮肤和消化道出血倾向的原因。最近，Shubin 研究团队利用质谱技术分析了小鼠骨髓来源肥大细胞（BMMC）和腹膜来源肥大细胞（PCMC）活化释放的生物活性物质的蛋白质组，以期更好地了解肥大细胞在疾病中的作用。FXIIIa 是纤维蛋白稳定因子，研究发现肥大细胞是血液中 FXIIIa 的来源之一，是 BMMC 通过 IgE 活化时释放的含量最丰富的蛋白质之一，但在 MC_{TC} 活化时，其富含的糜蛋白酶则会通过水解降解 FXIIIa，导致纤维蛋白分子之间形成 γ- 谷氨酰基 -β- 赖氨酰胺而抑制其交联，进而显著影响纤维蛋白单体的聚集过程，降低 FXIIIa 的活性。

肥大细胞缺陷小鼠血浆 FXⅢa 水平升高、活性增强、出血时间缩短。此研究与鼻息肉患者肥大细胞分泌 FXⅢa 增加，导致过量纤维蛋白沉积在黏膜下层，引起组织重构的发现一致。

三、肥大细胞与纤溶系统

由 tPA 和尿激酶型纤溶酶原激活物（urokinase plasminogen activator，uPA）活化纤溶酶原形成的纤溶酶是降解纤维蛋白原和纤维蛋白的关键酶。研究证实 *tPA* 基因缺陷可导致广泛的纤维蛋白沉积和血管血栓形成，破坏小鼠体内 *uPA* 基因可导致血栓溶解受阻和自发的纤维蛋白沉积。在体外实验中，静息状态的肥大细胞具有合成与分泌 tPA 的能力，tPA 也可活化肥大细胞使之脱颗粒。有研究通过免疫亲和柱获得培养 24h 肥大细胞上清中的 tPA，发现其活化纤溶酶原和溶解纤维蛋白凝块的能力与重组 tPA 相似，可见肥大细胞具有强烈的促纤溶作用，防止纤维蛋白沉积形成危及生命的血栓。肥大细胞来源的 tPA 或重组 tPA 并不能直接激活纤溶酶原，需要添加肝素作为辅因子或添加纤维蛋白方可发挥作用。在脑组织中，位于脑血管周围的肥大细胞活化能快速诱导血脑屏障开放，加速局部炎症反应。2007 年 *Circulation* 报道，稳定肥大细胞可以减少 tPA 溶栓治疗后出血事件的发生率和死亡率。在此研究中，大鼠局灶性脑缺血 - 再灌注模型给予 tPA 后出血增加，用色甘酸盐稳定肥大细胞后，tPA 介导的出血显著降低。此外，与野生型同窝小鼠相比，遗传修饰的肥大细胞缺陷鼠显示出 tPA 介导的出血显著减少。人组织中肥大细胞虽不表达 uPA，但表达 uPA 的受体 CD87，通过 uPA CD87 对肥大细胞产生强烈的趋化作用。肥大细胞类胰蛋白酶是 tPA 和尿激酶前体的激活剂，也能使高分子量激肽原失活。另外，β- 类胰蛋白酶是肥大细胞颗粒中含量最丰富的蛋白酶，可以水解纤维蛋白原，防止纤维蛋白原形成致命的纤维蛋白凝块。类胰蛋白酶优先在纤维蛋白原 α 链的 Lys575 和 β 链的 Lys21 位置上将其裂解，干扰凝血过程，延缓血栓形成，在防止纤维蛋白沉积和白色血栓形成中起重要作用。生理条件下，tPA 和 uPA 的纤溶活性受纤溶酶原激活抑制剂（plasminogen activator inhibitor，PAI）的调控。mRNA、蛋白质分析、原位染色标记及功能实验证实人类组织肥大细胞和肥大细胞系 HMC-1 均表达 tPA mRNA 和 tPA 蛋白质，但不表达 tPA 受体 PAI-1、PAI-2 和 PAI-3tPA，且所表达的 tPA 蛋白还具有正常 tPA 活性和凝块溶解活性。但是在组织肥大细胞或肥大细胞系 HMC-1 中检测不到 uPA。KIT 配体 SCF 是人类肥大细胞的重要调控分子，肥大细胞由重组 SCF 激活后，tPA 的释放增加，但不能产生 PAI，肥大细胞依旧表现出纤溶活性。rhSCF 孵育 2h 可诱导肺肥大细胞释放 tPA，但细胞中 tPA mRNA 表达减少。这种不同步可能是机体为防止 tPA 在组织中过度积累而存在的自身反馈机制。肥大细胞与从微血管系统或血液中分离的内皮细胞等细胞不同，可以在体外诱导纤维蛋白溶解，人肥大细胞参与内源性纤维蛋白溶解过程。

PMA 活化的肥大细胞可以释放更多的 PAI-1 而发挥纤溶作用。图 4-1 所示为肥大细胞介质参与凝血、纤溶的过程。表 4-1 为部分肥大细胞介质在血栓和止血中的作用。

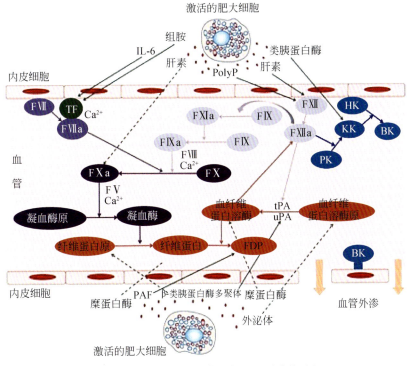

图 4-1　肥大细胞介质参与凝血、纤溶的过程

实线代表激活途径，虚线代表抑制途径。激肽形成相关因素用蓝色表示；纤溶系统用红色表示；深紫色为共同凝血途径；中紫色为外源凝血途径；浅紫色为内源凝血途径。PolyP. 聚磷酸盐；TF. 组织因子；PK. 激肽释放酶原；KK. 激肽释放酶；BK. 缓激肽；HK. 高分子量激肽原；tPA. 组织型纤溶酶原激活物；uPA. 尿激酶型纤溶酶原激活物；FDP. 纤维蛋白降解产物；PAF. 血小板活化因子〔引自：Prieto-García A，Zheng D，Adachi R，et al. 2012. Mast cell restricted mouse and human tryptase·heparin complexes hinder thrombin-induced coagulation of plasma and the generation of fibrin by proteolytically destroying fibrinogen〔J〕. J Biol Chem，287（11）：7834-7844〕

表 4-1　部分肥大细胞介质在血栓和止血中的作用	
肥大细胞介质	主要病理生理作用
肝素	结合 vWF，抑制血小板黏附
	活化 FⅫ，产生缓激肽，启动内源性凝血途径
	抗血栓形成（AT Ⅲ辅助因子活性）
	促进血栓溶解（tPA 辅助因子活性）
	促纤维蛋白原溶解（类胰蛋白酶辅助因子）
类胰蛋白酶	促纤维蛋白原溶解
	活化 tPA 和尿激酶前体（uPA 通路）
	促血管新生（内皮细胞丝裂原）
	促纤维化（成纤维细胞丝裂原）
糜蛋白酶	抗血栓形成（使凝血酶失活）
	调节内皮素
	血管紧张素转化酶作用

续表

肥大细胞介质	主要病理生理作用
mMCP-4	调节凝血酶
	调节纤维连接蛋白
mMCP-7	溶解纤维蛋白原
组胺	诱发毛细血管渗漏
	促血小板聚集（促内皮细胞释放 vWF）
	活化内皮细胞（增强血栓调节蛋白活性）
	促内皮细胞释放 tPA、TF
tPA	促血栓/纤维蛋白溶解（激活纤溶酶原）
PGD$_2$	促平滑肌细胞收缩
	抑制血小板聚集

四、肥大细胞参与血栓栓塞的病理学依据

近年来，肥大细胞作为纤维蛋白溶解细胞的众多发现促使人们开始研究肥大细胞在多种血栓栓塞性疾病中的地位。SCF 是肥大细胞成熟、分化的调控因子，与肥大细胞表面 KIT 分子结合不仅能够促进肥大细胞生长、分化、增殖和成熟，还可活化肥大细胞，导致介质释放。SCF 也是肥大细胞的趋化因子，研究发现凝血酶可以刺激人类大动脉内皮细胞分泌 SCF，介导肥大细胞趋化和黏附，刺激肥大细胞介质分泌。这可能是血凝块形成的血管周围有肥大细胞异常聚集的主要原因。此外，SCF 还能促进肥大细胞肝素和 tPA 释放，诱导肥大细胞表面 uPAR 表达增加，如图 4-2A 所示。肥大细胞来源的外泌体可以上调内皮细胞 PAI-1 的表达，反馈调节内皮细胞的促凝作用，可见肥大细胞的聚集与活化在预防血栓和局部溶栓中起重要作用。组织病理学染色发现，静脉血栓形成部位肥大细胞数量明显增加。在深静脉血栓中，肥大细胞聚集在血栓周围，紧邻滋养血管分布，如图 4-2B 所示。在血栓形成间期及后期，滋养血管作为最重要的营养血管一直保持通畅。在心房血栓形成时，肥大细胞发生趋化并聚集在心内膜和心肌膜上。前列腺静脉血栓形成、肝静脉血栓形成、肺栓塞时肥大细胞数量均增加。同样，在小鼠模型中，与正常小鼠相比，肥大细胞 $Kit^{W/W-v}$ 缺陷小鼠更容易形成致命的血栓，而注射肝素可以抵抗这种血栓形成。此外，通过移植正常小鼠骨髓细胞使 $Kit^{W/W-v}$ 小鼠重建肥大细胞后也可以对抗血栓形成。这些数据提示肥大细胞在血栓形成过程中可以作为修复细胞治疗血栓栓塞疾病。

五、肥大细胞与疾病过程中的血栓和止血

肥大细胞通过胞内各种与止凝血和纤溶相关的酶、凝血因子以及细胞膜上丰富的黏附分子参与止凝血反应，维持机体血流稳态和损伤后的及时止血。肥大细胞还参与正常子宫内膜的周期脱落、分娩时胎盘剥离后的止血、外伤后的止血等生理过程。肥大细胞自身和各种原因导致的异常状态，激活肥大细胞或破坏肥大细胞的止凝血平衡，会引起

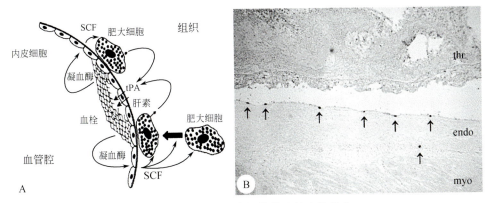

图 4-2　肥大细胞在深静脉血栓中的分布

A. 肥大细胞与内皮细胞相互作用调节溶栓；B. 在深静脉血栓形成的血管内膜中发现肥大细胞明显增多（免疫组织化学用抗类胰蛋白酶抗体）。thr. 血栓；endo. 内皮细胞；myo. 肌红蛋白［引自：Bankl H C，Valent P. 2002. Mast cells, thrombosis, and fibrinolysis：the emerging concept［J］. Thromb Res，105（4）：359-365］

一系列血栓的临床症状和体征。

（一）肥大细胞增多症的凝血异常

肥大细胞增多症的特征是不受控的肥大细胞克隆性增殖，伴有肥大细胞器官浸润和异常脱颗粒，患者异常的出血现象是肥大细胞与止凝血密切相关的证明。部分患者特别是肥大细胞白血病患者，经常发生不明原因的凝血异常，出现严重的抗凝状态，如消化道出血、纤溶亢进等，甚至引发危及生命的出血。这种凝血异常通常与剧烈的肥大细胞脱颗粒和肿瘤细胞负荷有关，如伴发全身性过敏反应和／或肥大细胞器官浸润。Carvalhosa回顾性调查了 880 例肥大细胞增多症病例中 14 例有原发性和继发性出血的病例，症状从单纯瘀斑倾向、皮肤黏膜出血到危及生命的出血（如硬膜外血肿、颅内出血、消化道出血、术后大出血等），也有影响通气功能的胸腔内出血。28.5%（4/14）的患者为原发性出血，实验室检查有 PAF 的持续存在，vWF Ag 和 FⅧ水平等比例下降，有一例最后确诊合并 vWF 血友病。大多数患者属于继发性凝血障碍，这些患者的中位生存期为 2.5 年。继发性凝血障碍患者的出血严重程度与肥大细胞脱颗粒程度和肥大细胞器官浸润程度呈正相关。多数患者 PT、APTT 延长，预后与类胰蛋白酶水平显著相关。临床使用维生素 K、输注血小板和新鲜冰冻血浆都不能控制出血，通常有效治疗措施是稳定肥大细胞、抑制其脱颗粒，如使用抗组胺药和大剂量激素。如果不能控制肥大细胞过度活化和侵袭性增殖，将导致凝血功能持续恶化和患者死亡，这可能与肥大细胞脱颗粒释放的大量介质密切相关。例如，类胰蛋白酶激活纤维蛋白并使之溶解；肝素上调血栓调节蛋白水平，激活蛋白 C 和蛋白 S 通路的抗凝作用；肝素与 vWF 结合，通过结合 GPⅠb 阻止血小板黏附，通过 GPⅠb 和 GPⅡbⅢa 抑制血小板聚集，从而干扰原发性（主要是通过抑制 vWF）和继发性凝血过程，引起肥大细胞活化症状或综合征（mast cell activation symptoms/syndrome，MCAS）。因此，在肥大细胞增多症发生出血时，使用传统的血小板输注、新鲜冷冻血浆或维生素 K 输注的止血治疗并不如使用抑制肥大细胞活性的药物（如类固醇激素）有效，应用肥大细胞介质阻滞剂和肥大细胞稳定剂也至关重要。

（二）肥大细胞凝血功能与动脉粥样硬化

前面章节介绍了肥大细胞促进动脉粥样硬化发生、发展和斑块破裂等一系列病理过程。急性冠状动脉综合征（acute coronary syndrome，ACS），如不稳定型心绞痛和心肌梗死，常常由粥样斑块破裂而引发。作为区域炎症细胞，肥大细胞与 ACS 的关系早在 20 世纪初就引起了科学家的关注。在人的主动脉和冠状动脉粥样硬化病变部位均发现了肥大细胞集聚及脱颗粒现象，推测颗粒可能携带低密度脂蛋白（low density liporotein，LDL）进入腹腔巨噬细胞，从而诱导其转化为泡沫细胞，肥大细胞可能通过这种"颗粒载体通路"在动脉内膜斑块形成和破裂中起作用。20 世纪 80 年代意识到炎症细胞在斑块破裂的发病机制中起着关键作用。1994 年 Kaartinen 在 *Circulation* 上报道了他们对 32 例正常和动脉粥样硬化患者冠状动脉内膜标本的研究结果，肥大细胞占有核细胞的比值、在脂肪条纹中比正常冠状动脉内膜中高 9 倍，而这一比值在粥样斑块的帽状区、核心区和肩区分别是正常冠状动脉内膜的 5 倍、5 倍和 10 倍。含类胰蛋白酶，而糜蛋白酶的含量不等，且富含 TNF-α 是 ACS 中肥大细胞的特征。电子显微镜显示，脱颗粒的肥大细胞在炎症最严重且最容易破裂的斑块肩部分布最多，这种活化的肥大细胞占肩区细胞的 85%，远高于正常内膜中活化肥大细胞 18% 的比例。因此提出以下假说：冠状动脉粥样硬化肩区的破裂是局部细胞外基质降解的结果，充满中性蛋白酶的肥大细胞作为一种能够引发基质降解的细胞，参与了冠状动脉粥样硬化的失稳和随后的破裂，从而引发急性冠状动脉事件。早在 1997 年，人类冠状动脉标本破裂处就发现了类胰蛋白酶、糜蛋白酶及 TNF-α 富集的肥大细胞，这可能是持续的炎症反应加重并最终导致斑块破裂的原因。肥大细胞参与动脉粥样硬化的直接证据首次报道于 2007 年，两项独立实验证明了两者的因果关系。第一项实验表明在 *ApoE*$^{-/-}$ 动脉硬化小鼠模型中，斑块进展期肥大细胞活化导致斑块扩展，在晚期斑块中刺激血管周围肥大细胞，使之活化，就能显著增加斑块内出血、巨噬细胞凋亡、血管渗漏和 CXCR2/VLA-4 介导的白细胞向斑块募集。更能说明问题的是，肥大细胞稳定剂色甘酸钠可以有效抑制肥大细胞活化引起的上述现象。据此，研究者认为肥大细胞稳定剂有可能成为新的预防和治疗 ACS 的药物。第二项实验是在肥大细胞缺陷的低密度脂蛋白受体（low density lipoprotein receptor，LDLR）敲除复合突变体小鼠 *ldl*$^{-/-}$*Kit*$^{W-sh/W-sh}$ 构建的动脉粥样硬化模型中进行的，与野生型小鼠比较，*ldl*$^{-/-}$*Kit*$^{W-sh/W-sh}$ 小鼠粥样斑块灶缩小，脂质沉积、炎症细胞（T 细胞和巨噬细胞）浸润也减少，胶原含量和纤维帽增加。当过继输入同源野生小鼠或肿瘤 TNF-α 缺陷型小鼠来源的肥大细胞后，动脉粥样硬化斑块的形成又恢复至 *Ldlr*$^{-/-}$*Kit*$^{W-sh/W-sh}$ 小鼠同等水平。研究还发现，肥大细胞分泌的 IL-6 和 IFN-γ 可以通过增加基质降解蛋白酶、半胱氨酸蛋白酶、组织蛋白酶和基质金属蛋白酶的表达，促进动脉粥样硬化形成。有研究报道，肥大细胞组织蛋白酶可以降解 LDL 中的 ApoB-100、诱导 LDL 融合，颗粒内糜蛋白酶可以增加基质降解酶的表达，降解细胞外基质胶原蛋白和纤连蛋白，引起内皮细胞、平滑肌细胞凋亡，使斑块纤维帽变薄，斑块破裂，引起富血小板血栓形成。

（三）肥大细胞凝血功能与妊娠

对于女性，卵泡发育、排卵、月经、妊娠与分娩都有肥大细胞参与。正常子宫内膜中肥大细胞数量很少，主要位于基底层，在经前期肥大细胞脱颗粒，降解胞外基质；子宫肌层肥大细胞数量较多，MC_{TC} 和 MC_T 比例相似。妊娠带来的内分泌改变使子宫内膜肥大细胞数量增加、功能改变，由等比例的类胰蛋白酶和糜蛋白酶阳性的 MC_{TC} 转化为类胰蛋白酶单阳性的 MC_T。生理数量的肥大细胞对妊娠是有积极作用的，如肥大细胞介质组胺参与受精卵着床、滋养层细胞生长和胎盘发育。但是肥大细胞数量异常增加或异常活化可导致妊娠并发症，如孕期发生严重过敏会引起产妇纤溶亢进。因此，患有荨麻疹、肥大细胞增多症或哮喘等肥大细胞相关疾病的孕妇需要临床特殊护理以确保安全。妊娠和分娩本身引起非感染性炎症（炎细胞浸润）并使机体处于高凝状态。肥大细胞通过表面黏附分子使其定植于子宫和宫颈，释放组胺、5- 羟色胺、肝素、蛋白酶、前列腺素及 IL-1β、IL-3、IL-5、IL-6 和 TNF-α，发挥促炎作用，参与分娩和产后修复过程。有研究报道，羊水栓塞患者血清类胰蛋白酶水平升高，类胰蛋白酶可以活化 MMP 降解胞外基质，高水平的类胰蛋白酶也与流产、早产的发生相关。妊娠晚期，趋化因子和 SCF 吸引肥大细胞集中至子宫肌层，邻近平滑肌细胞分布，释放组胺、PGD_2、PGE_2 和 $PGF_2\alpha$ 等介质，刺激宫颈收缩，直接或间接调节分娩过程。

（四）肥大细胞凝血功能与炎症

肥大细胞具有复杂的可塑性，根据细胞类型和定居的微环境不同，发挥促炎或抗炎作用。系统性炎症往往触发异常的凝血及纤溶活化，而凝血、纤溶异常又进一步放大炎症反应，形成恶性循环。已知 FXII、组织因子和纤维蛋白原等许多凝血因子与免疫炎症相关。例如，血清 PAF 水平与哮喘反应的程度正相关，并可影响患者预后，血小板活化与支气管炎症之间的关系已获证实。肥大细胞活化与慢性荨麻疹的发病机制也与凝血因子活化有关，升高的血浆 D- 二聚体水平是慢性荨麻疹严重程度的标志物。活化的肥大细胞中许多炎症相关基因表达水平上调，肥大细胞通过释放促炎因子，招募单核细胞、淋巴细胞和中性粒细胞聚集。肥大细胞释放的细胞因子和趋化因子可以协同触发急性时相反应，使与炎症和凝血相关的蛋白质上调，从而加重炎症及高凝状态。例如，HSP90 在细胞因子信号转导中起重要作用，而 HSP90 在活化的肥大细胞中高表达，加重由 IL-17 介导的炎症，同时 HSP90 也会促进激肽释放酶对高分子量激肽原的裂解而诱导 FXII 快速活化为 FXII a，加重炎症并导致高凝状态。肥大细胞脱颗粒释放的肝素可活化 FXII，FXII 是进一步启动接触系统介导的凝血与炎症的丝氨酸蛋白酶，接触系统包含一系列参与补体系统、凝血系统、纤溶系统和激肽系统激活信号通路的蛋白酶及抑制物。因此，过敏患者炎症反应的严重程度与肥大细胞活化程度、接触系统激活强度和激肽形成有关。Wojta 报道，补体活化途径中产生的 C3a 和 C5a 是炎症反应与过敏反应的强烈介质，它们可以诱导肥大细胞脱颗粒，促进白细胞合成 IL-6、IL-1β 和 TNF-α 以增强炎症反应。IL-1β 和 TNF-α 可以减少内皮细胞血栓调节蛋白的表达，从而导致无效的抗凝反应，促进血栓形成，这一机制可能与新型冠状病毒肺炎（COVID-19）患者的凝血功能异常和血栓栓塞相关。而 C5a 可促进肥大细胞活化合成 PAI-1，使肥大细胞由促纤溶转变为抑制纤溶。而肥大细胞糜蛋白酶具有蛋白质水解作用，可裂解 TNF、热休克蛋白、IL-33 等炎症因子，进而限制炎症反应，在脓毒血症中扮演保护角色。

综上所述，凝血反应是一种高度调节的生理反应。肥大细胞在血栓形成中广泛的病理生理学作用，特别是组织修复和溶解内源性纤维蛋白的作用是由其颗粒介质参与的，但是肥大细胞释放的颗粒种类与活化途径相关，不同受体活化触发不同的介质释放，过敏原 -IgE、炎症介质、损伤的组织、衰老死亡的细胞及其碎片、异种抗原、缺氧、神经递质、来自其他细胞的生物递质，甚至物理刺激导致肥大细胞脱颗粒释放的介质均不相同。再者凝血与纤溶是一个动态平衡过程，这种平衡的维持需要多种细胞和机制的精细调节，肥大细胞可能是调节这一精细平衡的重要细胞。由于以上的复杂因素导致肥大细胞在止凝血中的作用及其机制研究还有很长的路要走。

（李延宁　林　堃　李　莉）

第三节　肥大细胞与神经系统

神经系统和免疫系统在维持机体生理稳态、应激和宿主防御中发挥重要作用。通常认为这两套适应性系统在功能上是独立的，而事实上，两者相互作用是维持内环境稳态的重要条件。最早关于神经系统与免疫系统关系的描述就是外周神经元和肥大细胞之间的作用。这种作用分别在解剖学及功能上得到证实，如肥大细胞 - 神经元相互作用被认为是神经性炎症的主要原因。在过去的几十年间，肥大细胞 - 神经（外周和 / 或中枢神经系统）相互作用机制的研究被不断报道。目前，肥大细胞已被认为是典型的神经免疫细胞，通过神经肽、细胞因子和激素等在神经 - 免疫 - 内分泌系统间相互通信。肥大细胞可以被一些神经递质激活发生脱颗粒，并释放胞内介质如组胺、5- 羟色胺等影响神经功能。而肥大细胞来源的细胞因子如肿瘤坏死因子和生长因子特别是神经生长因子，能够降低局部神经元活化的阈值，促进神经纤维生长。尽管研究者已意识到肥大细胞 - 神经间的密切关系，但是这种相互作用如何在生理和病理间平衡或有无治疗潜力仍需深入探索。本节主要讨论肥大细胞与神经系统的相互作用，重点介绍其机制、生理和病理功能。

一、肥大细胞与神经系统的解剖关系

1. 肥大细胞与神经元的解剖关系

1961 年 Gamble 和 Goldby 发表 在 *Nature* 的文章 "Mast cells in peripheral nerve trunks" 中描述，在大鼠腓肠神经的神经束中发现具有异染颗粒的肥大细胞。在随后的 30 多年间，肥大细胞与外周有髓鞘和无髓鞘神经的空间关系不仅在组织中得到鉴定，还在传输痛觉的细感觉 A-δ 和 C- 纤维神经组织中发现了丰富的肥大细胞。有意义的是肥大细胞 - 神经的这种解剖关系在炎症部位更明显。许多外周神经元位于肥大细胞的旁分泌信号转导距离内，这种解剖关系不仅显示肥大细胞与神经元在距离上的接近，而且显示细胞间形成了物理神经免疫突触。肥大细胞 - 神经突触主要依赖整合素的相互表达，如 *N*- 钙黏着蛋白（*N*-cadherin）、连接素 -3（nectin-3）和细胞黏附分子 1（cell adhesion molecule 1，

CADM1），其中 CADM1 对肥大细胞 - 神经免疫突触尤为重要。CADM1 作为神经系统突触间的嗜同性黏附分子，高度定位于肥大细胞和神经突触的接触部位。共培养实验表明肥大细胞和颈上交感神经节（sympathetic superior cervical ganglion，SCG）细胞间的神经免疫突触取决于 CADM1 嗜异性结合，而嗜异性 CADM1-nectin-3 黏附对于背根神经节细胞的突触形成是必需的。CADM1 缺陷或用 CADM1 抗体阻断实验发现神经元激活肥大细胞的能力显著降低。因此，不仅是 CADM1 参与肥大细胞和神经间的突触形成，整合素也起一定的作用，为增强肥大细胞对神经元信号敏感性提供微环境。在过敏性皮炎的病变皮肤中，肥大细胞过表达 CADM1 可增强感觉及交感神经与肥大细胞间的通信。肥大细胞和神经的这种解剖结构还允许肥大细胞将胞内颗粒直接转运到神经细胞内，这种胞内物质转移至少通过两种不同的机制：其一，肥大细胞颗粒与神经元的质膜直接融合；其二，涉及肥大细胞零碎脱颗粒，这种现象最常见于靠近肥大细胞和神经元间（图 4-3）。通过这些物质转移过程，肥大细胞可以改变神经细胞的内部微环境，影响其功能。

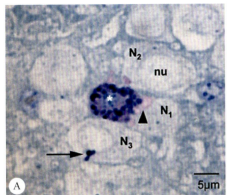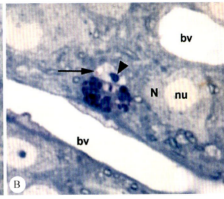

图 4-3　内部缰核中的肥大细胞和神经元间的可视化（甲苯胺蓝染色）

A. 肥大细胞的细胞质中充满了大量的异染颗粒，包括大的蓝紫色颗粒和粉红色的块状颗粒；在邻近的神经元（N₁ 和 N₂）中，细胞质存在粉红色斑块（三角箭头）；在 N₃ 神经元中存在一小簇蓝紫色颗粒（长箭头）。B. 神经元核明显包含粉红色物质（箭头）。肥大细胞通过其大的分泌颗粒和异染色核（A 图的白色星号）与神经元区分。nu. 神经元核；bv. 血管［引自：Wilhelm M，Silver R，Silverman A J. 2005. Central nervous system neurons acquire mast cell products via transgranulation［J］. Eur J Neurosci，22：2238-2248］

2. 肥大细胞与迷走神经的解剖关系

胃肠道的肥大细胞与迷走神经末梢分布的位置邻近，所以迷走神经和肥大细胞之间可能存在某种联系。为了探索其间的内在联系，Stead 等将碳菁染料（DiI）注射到大鼠肠道的肥大细胞和神经节内，通过检测组织中的鼠肥大细胞蛋白酶Ⅱ（RMCPⅡ）和迷走神经的分布，发现迷走神经的分支遍布整个空肠黏膜，并且与 RMCPⅡ 阳性的肠黏膜肥大细胞（intestinal mucosal mast cell，IMMC）相接触。据测定，10% ～ 15% 的 IMMC 接触迷走神经传入纤维，但这可能忽略了 DiI 注射至神经节低效率的影响。该研究表明迷走神经可以投射到空肠黏膜，与 RMCPⅡ 阳性的 IMMC 相互作用。

为进一步探究迷走神经和肥大细胞的相关性，Gottwald 等切断小鼠的迷走神经 3 周后，通过阿尔新蓝染色组织切片发现，空肠黏膜的肥大细胞数量比正常组减少 25%，说明肠黏膜迷走神经具有肥大细胞营养作用。此外，该课题组还研究了肠道迷走神经对肥大细胞潜在的功能。他们用戊巴比妥麻醉小鼠，暴露迷走神经，并结扎近端两侧的神经，用 0.02mA 或 1.0mA、5Hz，双极电刺激两侧颈迷走神经 5ms 至 12min，用阿尔新蓝染色发现肠黏膜肥大细胞数量和大小没有变化，与此相一致，RMCPⅡ的表达与正常对照相比也没有显著差异。但空肠壁肥大细胞内组胺含量显著升高，尤其是在接受 1.0mA 电流刺激的小鼠，随后用免疫组织化学染色发现黏膜肥大细胞内的组胺表达量也增加。刺激迷走神经后，肥大细胞数及其内的组胺量均增加。电刺激迷走神经切断的动物发现，与未受刺激的动物相比，组胺的水平没有变化；而正常小鼠迷走神经刺激明显增加肥大细胞内组胺的含量。迷走神经刺激后肠黏膜肥大细胞组胺免疫反应性的增加，可能使组胺的合成增加或释放减少。

3. 肥大细胞与副交感神经的解剖关系

副交感神经系统是控制气道平滑肌张力的主要神经系统。在人类和一些动物中，下呼吸道副交感节后神经元投射到气道平滑肌的轴突是胆碱能或非肾上腺素能－非胆碱能（non-adrenergic non-cholinergic，NANC）神经，后者合成血管活性肠肽（vasoactive intestinal peptide，VIP）和一氧化氮（NO），而不是乙酰胆碱（ACh）。肥大细胞位于整个气道，包括气管、支气管和肺支气管实质（较少），肺中的自主神经系统和肥大细胞相互作用并通过肥大细胞与气道神经紧密相连。如前所述抑制副交感神经、NANC 神经的 VIP 和 NO，可强力松弛收缩的气道支气管。虽然哮喘时发现 NANC 神经功能被抑制，但是抑制 NANC 的气道反应在哮喘患者和健康受试者之间没有差异。速激肽和降钙素基因相关肽（calcitonin gene related peptide，CGRP）是气道兴奋的主要神经肽。大鼠气道释放 P 物质的神经与肥大细胞相互作用会导致抗原依赖的特异性肺溶质清除和改变上皮细胞氯离子分泌状态。P 物质、神经激肽 A（NKA）可诱导人气道肥大细胞释放组胺。然而，在成人或新生小鼠用辣椒素消除感觉神经 C- 纤维并不能改变已致敏小鼠抗原激发后的气道功能，表明对辣椒素敏感的 C- 纤维在过敏性气道狭窄中不起主要作用。

副交感神经调控肥大细胞的进一步研究为我们深入了解神经是如何参与宿主防御、伤口修复、炎症及相关的疼痛反应奠定了基础，从而进一步促进新的治疗策略的发展。

二、肥大细胞与神经系统的相互调节

肥大细胞表达多种神经递质受体，是其发挥免疫调节功能的基础。这些神经递质包括经典神经递质如 ACh，神经肽如 P 物质、CGRP、VIP 和神经降压素，气态神经递质 NO 和氢硫化物等（图 4-4）。不同的神经递质对肥大细胞功能有不同的影响，如可直接激活、增强或抑制肥大细胞对其他刺激的反应等。副交感神经系统对肥大细胞的调控机制可能是复杂的。迷走神经传入纤维的效应可能取决于肥大细胞表达的乙酰胆碱受体亚型，不同频率刺激副交感神经可能有不同的共递质分泌谱。经典神经递质，如在较低的发射频率 ACh 释放量更多，而在高频率时神经肽释放增加。Moffat 等对豚鼠气道的研究表明，仅在 4Hz 以上的频率刺激节前迷走神经才能引起 NANC 松弛气管平滑肌。因此，抑制性 NANC 神经递质对肥大细胞的潜在影响值得深入研究。

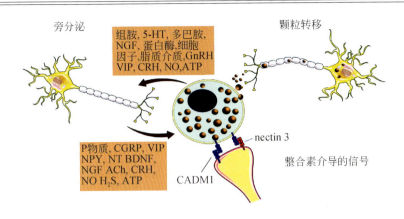

图 4-4 肥大细胞 - 神经间的通信

肥大细胞和神经间的大部分通信通过细胞旁分泌发生（左）。两者相互接触时（右上），肥大细胞通过脱颗粒或分泌胞外囊泡的形式直接递送到神经元胞体。此外，肥大细胞和神经元也可形成物理突触（右下），其通过整联蛋白的嗜同性和嗜异性相结合，调节细胞表型和功能。5-HT. 5- 羟色胺；NGF. 神经生长因子；GnRH. 促性腺激素释放激素；VIP. 血管活性肠肽；CRH. 促肾上腺皮质激素释放激素；NO. 一氧化氮；ATP. 三磷酸腺苷；CGRP. 降钙素基因相关肽；NPY. 神经肽 Y；NT. 神经降压素；BDNF. 脑源性神经营养因子；NGF. 神经生长因子；ACh. 乙酰胆碱；H$_2$S. 硫化氢；CDMA1. 细胞黏附分子 1［引自：Forsythe P. 2019. Mast cells in neuroimmune interactions［J］. Trends Neurosci，42（1）：43-55］

单一的神经递质释放可以影响免疫反应，但并不遵循经典的剂量效应。小鼠糖尿病模型中，低于正常水平的 P 物质可导致自身反应性 T 细胞增加和炎症反应，而在 P 物质正常水平或完全缺失神经肽时不会发生自身反应性 T 细胞增加和炎症反应。高浓度的 VIP 才具有诱导肥大细胞脱颗粒效应，而较低浓度的 VIP 在体内可以稳定肥大细胞。

抗原诱导的支气管收缩体现了胆碱能神经和肥大细胞功能单元的相互作用。有研究证实抗原诱导的小鼠气管收缩需要副交感神经元释放乙酰胆碱和气道肥大细胞释放 5-HT。推测可能的机制是，当副交感神经纤维低水平兴奋时，乙酰胆碱会占据气道平滑肌毒蕈碱 M3 受体，同时气道平滑肌的 5-HT 受体被激活，导致平滑肌收缩。研究发现，5-HT 受体定位于气道平滑肌和非胆碱能纤维上，5-HT 通过结合气道平滑肌上 5-HT 受体介导支气管收缩。用 5-HT 受体非特异性拮抗剂（methiothepin）和 5-HT2A 受体特异性拮抗剂阻断 5-HT2A 受体，则可抑制 DNP-IgE 诱导的支气管收缩。而 5-HT3 特异性拮抗剂（ondansetron）则不能抑制支气管收缩，说明 5-HT 介导气道平滑肌收缩的作用是通过 5-HT2A 及其受体实现的。另有一个可能的机制是，交感胆碱能神经元节前或节后末梢 5-HT2 受体被直接激活，导致乙酰胆碱释放增加，并通过毒蕈碱受体刺激收缩平滑肌。小鼠气道肥大细胞位于组织平滑肌中，沿上皮下紧邻副交感神经节后纤维分布。体外研究表明，通过抗原刺激小鼠和犬的气管环后平滑肌可检测到乙酰胆碱水平增加。

肥大细胞和神经元之间的关系，在外周和中枢神经系统调控防御、炎症和感染中起重要作用，副交感神经系统和肥大细胞之间的相互作用是很好的证据。然而，这些相互作用在何种程度上影响健康和疾病仍然不清楚，肥大细胞和 PNS 之间的关系还有很多尚未了解。

肥大细胞也存在于皮肤中的神经纤维附近，与神经元相互作用，调节毛囊生长，主要作用于毛囊的生长期和退行期。肥大细胞可分泌神经生长因子，诱导轴索反射，并产生神经肽降解蛋白激酶。在休止期和生长早期的皮肤，肥大细胞主要与 CGRP 阳性或 P 物质和 CGRP 双阳性的感觉神经纤维接触，在生长晚期，肥大细胞与肾上腺素能（酪氨酸羟化酶阳性）纤维接触比休止期明显增加；而肥大细胞与组氨酸 - 甲硫氨酸肽阳性或乙酰胆碱转移酶阳性神经纤维的接触在退行期达高峰。这些都揭示了肥大细胞 - 神经的相互作用在功能上与毛囊生长期和 / 或神经分布有关，并从其他方面支持毛发生长调控的神经机制。

鉴于肥大细胞固有的异质性和可塑性，肥大细胞亚型和局部组织微环境可能决定其特定的神经递质受体的表达，从而应答 PNS 信号。与健康者相比，皮炎患者皮肤肥大细胞烟碱受体表达有差异。某些细胞因子可能在调整微环境特异性肥大细胞应答神经元信号中起重要作用。Theoharides 等的研究表明，P 物质诱导人肥大细胞血管内皮生长因子的产生和分泌，这些反应会同时促进促炎细胞因子 IL-33 的表达。

三、肥大细胞与神经递质的相互作用

（一）经典神经递质

乙酰胆碱是副交感神经递质，其受体包括烟碱型和毒蕈碱型两种亚型，这两种受体又有多种亚类，为组织或细胞提供特异性的胆碱能功能。最早肥大细胞 - 胆碱能的研究是基于乙酰胆碱 - 毒蕈碱受体诱导肥大细胞脱颗粒。Mannaioni 等发现大鼠肥大细胞在纳摩尔乙酰胆碱浓度下可分泌组胺，而此效应可被阿托品竞争性阻断。然而，也有研究发现乙酰胆碱对大鼠肥大细胞脱颗粒无明显影响。这种异质性的结果引起了 Masini 等的注意。通过进一步研究，他们发现从大鼠浆膜分离的肥大细胞呈现出对纳摩尔浓度的乙酰胆碱缺乏敏感性和完全反应两种状态。当肥大细胞与 IgE 共同孵育时，乙酰胆碱诱导的组胺释放量与 IgE 浓度成比例，这表明肥大细胞对副交感神经的调节作用可根据局部组织环境和过敏状态而发生变化。Masini 等还发现，刺激副交感神经末梢或节前纤维，或选择性刺激迷走神经或节后纤维，均可导致乙酰胆碱释放量增加，同时释放组胺。虽不能确定组胺是否来源于组织中活化的肥大细胞，但事实上阿托品可竞争性地抑制副交感神经激活后的生理反应和组胺释放，而丝氨酸增强了刺激的生理作用并延长了组胺释放的持续时间，这均表明突触后毒蕈碱可调节组胺释放。

烟碱型乙酰胆碱受体（nAChR）是五聚体配体门控离子通道，可由多个不同的亚基组成。已鉴定的神经元亚型包括 α2 ～ α10 和 β2 ～ β4。据报道，α7 亚型受体可介导乙酰胆碱的抗炎效应，但其他的胆碱受体可能参与迷走神经的免疫调节。尽管迷走神经介导包括食物过敏在内的抗炎反应，但涉及肥大细胞 - 胆碱能抗炎途径的相关研究仍然有限。

迷走神经与肠黏膜肥大细胞存在解剖学的"接触"，刺激迷走神经可增加肠黏膜肥大细胞的组胺释放，已有研究表明，电刺激迷走神经可致肥大细胞脱颗粒。Thomas 等用电刺激大鼠双侧宫颈迷走神经，可引起中度甚至更明显的腹腔水肿，刺激组大鼠的空肠较对照组增加了 4 倍，且组织中组胺水平也升高了 4 倍。当测量刺激组血清中组胺水平时，发现与对照组相比未显示有统计学的差异，此现象表明刺激组中组织和血清组胺水平之间没有相关性。此外，有间接证据表明肥大细胞介导的胆碱能抗炎途径在肠梗阻手术模型中发挥重要作用。富含脂质的营养物和活化的胆囊收缩素（cholecystokinin，CCK）受体均可激活胆碱能抗炎途径，富含脂质的营养物可减少鼠肥大细胞蛋白酶 II（rat mast cell protease II，RMCP II）的释放，表明此过程可抑制肥大细胞脱颗粒。

虽然目前还没有直接证据表明迷走神经可抑制肥大细胞活化，但已有研究发现烟碱受体激动剂可减弱肥大细胞的部分功能，这可能解释了烟碱对食物过敏的治疗效果。mBMMC 可编码胆碱受体 α3、α7 和 β2 的 mRNA。另外，烟碱受体激动剂（包括 α7 特异性激动剂 GTS-21）能够以剂量依赖方式抑制抗原诱导的肥大细胞脱颗粒，此效应可被 α7 拮抗剂阻断。通过采用与 α- 银环蛇毒素结合、定量 PCR 和 PCR 产物测序方式，已证实大鼠肥大 / 嗜碱性粒细胞系 RBL-2H3 表达烟碱型乙酰胆碱受体 α7、α9 和 α10。纳摩尔水平烟碱与其受体结合可抑制白三烯 / 细胞因子产生，但不能抑制肥大细胞脱颗粒。烟碱受体的抑制作用可被 α7/α9-nAChRs 拮抗剂甲基牛扁碱和 α- 银环蛇毒素阻断，或通过小干扰 RNA 干扰 α7/α9 或 α10-nAChRs 方式阻断。这些研究表明，不同组织部位的肥大细胞对迷走神经的反应均基于乙酰胆碱受体。

那么，刺激迷走神经激活肥大细胞如何与烟碱受体抑制肥大细胞活性相平衡？对比上述研究发现，肥大细胞可能存在复杂的副交感神经调节，迷走神经的功能主要取决于肥大细胞表达的乙酰胆碱受体亚型。此外，用不同频率刺激副交感神经可能分泌不同的神经递质。例如，乙酰胆碱在较低频率下释放量较大，而神经肽在较高频率时释放量增加。Moffat 等的研究表明，在豚鼠的气道中，迷走神经仅在频率高于 4Hz 的情况下诱导气管 NANC 神经松弛。

（二）神经肽

1. P 物质

研究发现 P 物质和 / 或 CRH 也可介导肥大细胞脱颗粒，且该过程可能与应激诱发的炎症反应相关。P 物质是肥大细胞神经递质中研究较全面的神经肽，肥大细胞活化在神经源性炎症相关疾病中起主要作用。除引发脱颗粒外，P 物质还可在肥大细胞未脱颗粒的情况下诱导 TNF 和 IL-6 等细胞因子，以及脂质介质如前列腺素 D_2 和白三烯 C4 的产生和分泌。当然远低于诱导脱颗粒浓度作用于肥大细胞时（pmol 范围内），P 物质可以降低肥大细胞活化阈值。除通过经典的 NK-1 受体激活肥大细胞外，P 物质还可由表达于肥大细胞和感觉神经元的 G 蛋白偶联受体 Mas 相关基因 X2 受体（Mas-related gene X2 receptor，MrgprX2）激活肥大细胞。P 物质激活 MrgprX2 可诱发肥大细胞快速释放小球形颗粒，该过程与 IgE-FcεR I 介导的肥大细胞缓慢释放的大而不均匀颗粒的过程大相径庭。Gaudenzio 等研究发现，P 物质、补体成分 C3a 和 C5a 及内皮素 1 等均可诱导人肥大细胞迅速分泌小球形的颗粒结构，这一过程与单个颗粒的分泌一致。而 IgE-FcεR I 介导肥大细胞激活释放的大而不均匀的颗粒结构与持续的胞内钙离子内流密切相关。在 IgE 介导的肥大细胞刺激过程中，通过药物抑制 IKK-β 表达，可强烈地减弱信号转导和减少颗粒分泌，抑制 SNAP23/STX4 复合物形成，脱颗粒模式转换为类似于由 P 物质引起的脱颗粒过程。这表明肥大细胞内颗粒的分泌与不同的刺激物密切相关，说明肥大细胞介导的炎症反应具有独特的动态特征。值得注意的是，Mrg 受体表达可能是肥大细胞对神经肽表现出物种特异性差异反应的基础，如人类 MrgprX2 受体通常比小鼠直系同源物 MrgprB2 受体对 P 物质更敏感。某些天然存在的人 MrgprX2 错义变异体不会诱导肥大细胞脱颗粒，这表明表达这些变异体的个体可能具有抵抗神经源性炎症反应的功能。

2. 血管活性肠肽

血管活性肠肽（vasoactive intestinal peptide，VIP）是一种由 28 个氨基酸组成的神经多肽，通过与细胞 G 蛋白偶联受体 VPAC1 和 VPAC2 结合，参与调节胃肠蠕动、心脏舒张及维持昼夜节律等。MrgprX2 受体也可被 VIP 激活。早期研究发现，活化的肥大细胞可以产生 VIP，但也有研究发现 VIP 可以反过来引起肥大细胞脱颗粒，释放细胞因子和趋化因子（如 MCP-1、IP-10、IL-8），调节活化正常 T 细胞分泌与表达因子（RANTES）以及调节细胞膜受体 FcεRI 的表达。从犬肥大细胞瘤中提取的类胰蛋白酶和糜蛋白酶可以快速降解 VIP，说明肥大细胞释放的蛋白酶可以调节 VIP 的活性。在 6-羟基多巴胺氢溴酸盐注入纹状体所致的帕金森病大鼠模型中发现，以全身给药方式给予 VIP 可以减轻运动反应、神经细胞死亡和脱髓鞘病变等。VIP 在该模型中的保护作用至少部分可由脑内肥大细胞介导。电子显微镜下观察纹状体中的肥大细胞发现，VIP 可以零碎脱颗粒方式改变肥大细胞超微结构。肥大细胞经 VIP 预处理后，趋化因子分型素（fractalkine，FKN）对肥大细胞的趋化作用增强。FKN 是人气道平滑肌细胞分泌的，在哮喘患者中，FKN 和 VIP 在气道平滑肌中表达增加与平滑肌层肥大细胞浸润呈正相关。因此，VIP 和气道平滑肌源 FKN 可能共同促进哮喘患者肥大细胞的募集。

（三）气态神经递质

NO 是一种气态神经递质，可由抑制性 NANC 神经释放。已有研究表明 NO 是肥大细胞的潜在调控分子，但 NO 对肥大细胞的直接作用研究甚少。硝普钠作为 NO 供体可抑制 Compound 48/80 或钙离子载体 A23187 诱导的离体大鼠腹腔肥大细胞释放组胺。同时硝普钠也会显著降低 FcεRI 介导 BMMC 释放 β-己糖苷酶和 TNF。Coleman 等用 NO 供体预处理肥大细胞阻断了 IgE 介导的肥大细胞 IL-4、IL-6 和 TNF mRNA 的表达。NO 对肥大细胞功能的影响不仅局限于介质释放，对人肥大细胞系 HMC-1 的研究表明，NO 可通过抑制半胱氨酸蛋白酶、钙蛋白酶及整合素激活相关酶的活性有效地下调肥大细胞黏附与细胞外基质纤维连接蛋白的黏附。抑制 NO 合成可增加大鼠肠道通透性和大鼠肥大细胞蛋白酶 II 的释放。相反，NO 供体可通过抑制肠肥大细胞来预防霍乱毒素 A 介导的回肠氯化物的分泌，这表明在体内 NO 和肥大细胞存在相互作用。然而，刺激迷走神经可防止肠道通透性增加。目前，NO、副交感神经和肥大细胞间的相互作用尚未见报道。

四、肥大细胞与大脑

肥大细胞 - 神经相互作用不仅限于外周，也存在于中枢神经系统中，不过研究报道较少。肥大细胞的可塑性与中枢神经系统的独特环境有利于脑肥大细胞表型形成。IgE 高亲和力受体 FcεR I 和 SCF 受体 KIT 是外周肥大细胞的关键受体，正常人脑实质的肥大细胞不表达这两个受体，不表达 FcεR I 意味着 IgE 不会穿过血脑屏障且大脑不会发生过敏反应，而没有 KIT 则表明脑肥大细胞的发育和存活的调节与外周不同，是非 SCF 依赖的，可能依赖于其他因子如神经生长因子（nerve growth factor，NGF）。

传统认为，大脑肥大细胞定位于启动神经和血管的区域，如血脑屏障侧脑的脑膜和周围血管区域，且肥大细胞、脑膜传入神经和硬脑膜血管之间的相互作用被认为在偏头痛中起关键作用。研究表明，应激或激素水平变化等因素会导致三叉神经初级感觉核活化，从而使降钙素基因相关肽（calcitonin gene-related peptide，CGRP）、P 物质、神经激肽 A、神经激肽 B 及血红素激肽分泌，这些均可诱导肥大细胞活化。神经激肽 P 物质诱导的肥大细胞脱颗粒释放促炎介质可致敏和激活疼痛感受器，引起轴突反向释放其他神经肽。CGRP 与血管平滑肌细胞上的受体结合引起血管扩张和硬脑膜血管系统中的脑膜血流量增加，而 P 物质靶向内皮细胞上的 NK-1 受体，可破坏细胞膜并导致血浆蛋白渗漏。这种血管舒张反应与偏头痛的搏动性疼痛有关。这些神经肽还可进一步激活肥大细胞将颗粒内容物释放到硬脑膜血管中，进一步引起疼痛感受器血管舒张，从而使偏头痛持续存在。

在大多数物种中，肥大细胞通常位于第三脑室周围、丘脑 / 下丘脑区域、脉络丛的实质和髓质后区。在哺乳动物中，肥大细胞在丘脑背侧分布最为普遍，但并不是分布于全部背侧丘脑核。大脑肥大细胞定位发现，肥大细胞的迁移受某些趋化因子如性腺类固醇、促肾上腺皮质激素释放激素、CRH、NGF 和神经肽的调控。此外，大脑中的肥大细胞群并非静态，其数量、分布和活化状态会随着各种环境刺激引起的行为和生理状态的变化而发生变化。Kriegsfeld 等观察了雌性草原田鼠脑肥大细胞活化与发情诱导刺激之间的相互作用。与大鼠和小鼠自发性排卵者不同，雌性草原田鼠受同种属的雄鼠尿液中的化学刺激诱导进入发情期。研究发现，暴露于同种属雄鼠尿液的雌性草原田鼠与对照组相比，在嗅球和丘脑上部（内侧缰核）中的肥大细胞数量增加，但丘脑或中位隆起处并未发现肥大细胞数量的增加。有趣的是，内侧缰核似乎是肥大细胞的主要吸引核，伴随着各种生理、社会心理和药理学刺激引起人和动物行为改变。但在缰核中，是否存在肥大细胞 - 神经相互作用尚不清楚。总之，脑肥大细胞的区域定位及明显的分布与神经行为相关，表明脑肥大细胞具有特殊的作用。

除了已知的神经炎症作用外，脑肥大细胞也可发挥神经保护作用。虽然神经肽激活大脑肥大细胞释放组胺有助于改善神经炎症反应性疾病，如多发性硬化症和阿尔茨海默病等。但组胺也具有神经保护作用，如通过上调星形胶质细胞的谷氨酸转运蛋白 -1（glutamate transporter-1，GLT-1）降低细胞外谷氨酸水平，防止谷氨酸诱导的神经细胞死亡。肥大细胞合成和分泌的 NGF 和 TGF-β 的神经保护作用也被证实，肥大细胞来源的蛋白酶和蛋白聚糖，特别是肝素和硫酸软骨素可预防脑损伤后与炎症相关的神经变性。

　　动物实验表明，脑肥大细胞可以影响行为，如肥大细胞缺陷小鼠可表现出明显的焦虑样行为，这种效应可以在野生型小鼠中通过中央而非外周注射肥大细胞稳定剂色甘酸二钠得以复现。肥大细胞还与鸟类和啮齿动物的性行为有关，最近研究发现，视前区（preoptic area，POA）是雄性大鼠交配行为必不可少的大脑区域，该区域中的肥大细胞已被确定为脑主管性分化的重要介质。在发育期间，与雌性同窝大鼠相比，雄性大鼠在POA中存在更多活化的肥大细胞。外周肥大细胞也可能通过与体感系统整合而影响大脑功能和行为。例如，过敏原回避的学习，这种回避通过依赖于肥大细胞与过敏原暴露部位的感觉 C- 纤维相互作用，提高对过敏原应答的阈值，与炎症无关。肥大细胞可调节人类大脑功能，肥大细胞增多症是一组以皮肤和内脏器官肥大细胞过度积聚为特征的疾病，常伴随多种神经和精神症状，如焦虑、抑郁、情绪过度反应、记忆力改变、头晕、睡眠障碍、头痛和神经性疼痛等，故推测脑肥大细胞的功能异常可能导致神经退行性病变、神经发育和情绪障碍，如帕金森病、阿尔茨海默病、抑郁症和孤独症等。

　　肥大细胞与神经相互作用参与调节多种生理和病理反应（图 4-5）。虽然肥大细胞与各神经相互作用的研究已有数十年，但这种相互作用对健康和疾病的影响仍需深入探讨，如神经递质及其组合影响肥大细胞调节先天性和适应性免疫的机制。大脑中肥大细胞的数量较少，加之尚无选择性敲除或重建脑肥大细胞的手段和方法，限制了人类对脑肥大细胞定位和功能的了解。期盼不久的将来，人类能够认识中枢神经和外周神经与肥大细

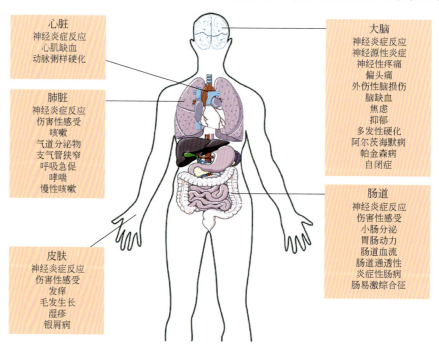

图 4-5　肥大细胞与神经的生理功能

肥大细胞 - 神经可调控一系列生理反应。神经肽活化肥大细胞有助于全身的神经炎症发生，而肥大细胞介质对痛觉感受器敏感，有利于诱发疼痛感。肥大细胞 - 神经相还有调节保护性作用，其病理性激活与过敏性疾病相关，如与咳嗽、支气管收缩、气道分泌物增加、胃肠道蠕动、肠道分泌及皮肤瘙痒等相关。在脑膜中，神经和肥大细胞对硬脑膜血管系统的联合作用可促进偏头痛。动物实验表明，脑实质中的肥大细胞可能会影响焦虑样行为，在多种神经发育、神经退行性疾病和情绪障碍中发挥重要作用［引自：Forsythe P. 2019. Mast cells in neuroimmune interactions［J］. Trends Neurosci，42（1）：43-55］

胞之间关系的本质。

五、肥大细胞与神经系统退行性疾病

神经退行性疾病或病变影响全世界数百万人，但目前尚无有效的治疗方法。由于神经退行性变相关疾病的风险随着年龄的增长而显著增加，随着人口老龄化意味着未来几十年将有更多的人身受困扰。神经系统的炎症称为"神经炎症"，已被认为与神经退行性疾病有关。早期研究主要集中在星形胶质细胞和小胶质细胞，而目前大脑和中枢神经系统驻留的肥大细胞受到越来越多的关注。肥大细胞可影响包括星形胶质细胞和小胶质细胞的微环境，参与神经元活化、神经炎症和神经变性。肥大细胞还可影响血脑屏障，促使毒素和免疫细胞进入大脑加剧炎症反应。在此，重点讨论肥大细胞在阿尔茨海默病、帕金森病、肌萎缩性脊髓侧索硬化症和亨廷顿病这四种常见的神经退行性疾病发生、发展中的作用。

1. 阿尔茨海默病

阿尔茨海默病（Alzheimer's disease，AD）是老年痴呆症的最常见原因，患者会经历进行性、致残性认知缺陷，以及学习能力、记忆力下降的过程。尽管细胞外 β- 淀粉样蛋白（amyloid β-protein，Aβ）沉积是其主要组织病理学特征，但 AD 的确切病因仍不清楚。越来越多的证据表明神经炎症在 AD 神经变性中的作用，如在小鼠 AD 脑标本 Aβ 斑块周围及淀粉样蛋白沉积处发现有较多小胶质细胞，且 Aβ 肽可调节小胶质细胞表型、诱导营养因子和突触毒性化合物产生及引发早期广泛的突触修剪（图 4-6）。

尸检发现 AD 患者淀粉样蛋白斑块周围的肥大细胞数高于对照组的相应脑区。AD 患者神经胶质细胞产生急性时相蛋白和肥大细胞趋化物，如血清淀粉样蛋白 A，有利于肥大细胞定位于淀粉样蛋白沉积部位。肥大细胞本身也可能是淀粉样蛋白的早期间接观察指标。实际上 Harcha 等在检测淀粉样蛋白之前，已发现 AD 小鼠模型的皮质和海马中肥大细胞数量的增加，还发现淀粉样蛋白可以活化肥大细胞膜泛连接蛋白 1（pannexin 1，PANX1）半通道导致肥大细胞脱颗粒，随后释放包括组胺和 PGD_2 在内的介质，加剧局部炎症反应，激活小胶质细胞。$Panx1^{-/-}$ 小鼠的肥大细胞或 PANX1 抑制剂均可减弱这些反应。

口服酪氨酸激酶抑制剂马赛替尼通过靶向 KIT 和 Lyn 信号通路抑制肥大细胞脱颗粒、分化和存活。一项针对轻中度 AD 患者的 2 期随机对照临床试验表明，给予马赛替尼辅助治疗 24 周以上的患者表现出认知能力下降的速度延缓。肥大细胞破坏血脑屏障（BBB）的完整性与 AD 的神经病理过程有关。马赛替尼是人源化 IgG 型抗体，不能透过 BBB，推测可能是通过抑制靠近 BBB 的肥大细胞释放损害 BBB 通透性的介质，降低局部促炎分子和促进肥大细胞迁移到大脑中而发挥作用的。目前，马赛替尼正处于 II 期和 III 期临床试验阶段。

2. 帕金森病

帕金森病（Parkinson's disease，PD）是以进行性僵硬、运动迟缓和静止性震颤等运动障碍及疾病后期的非运动缺陷为特征的一类疾病。小胶质细胞活化与 PD 发病机制密切相关。错误折叠的 α- 突触核蛋白可通过多种受体（如主要组织相容性复合物 II）激活小

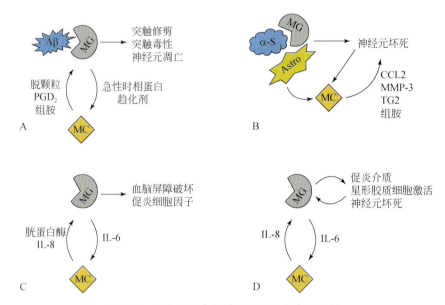

图 4-6 肥大细胞参与神经退行性疾病的机制

A. 在阿尔茨海默病中，小胶质细胞（MG）对 β- 淀粉样蛋白（Aβ）片段的吞噬作用可导致介质释放，从而导致肥大细胞（MC）脱颗粒。肥大细胞产物反过来可促进小胶质细胞介导的神经毒性。B. 在帕金森病中，错误折叠的 α-突触核蛋白（α-S）可能引发小胶质细胞介导的多巴胺能神经元死亡。星形胶质细胞（Astro）、小胶质细胞和垂死神经元都可能促进肥大细胞募集和释放介质，从而加剧神经元死亡。 C. 在肌萎缩性脊髓侧索硬化症中，小胶质细胞分泌的 TNF-α 和 IL-6 可驱动肥大细胞募集、激活和脱颗粒，释放的类胰蛋白酶和 IL-8 等介质可反过来激活小胶质细胞，加剧血脑屏障的破坏和促炎细胞因子的释放。D. 类似地，在亨廷顿病中，小胶质细胞和肥大细胞之间的相互作用可以促进炎症和神经毒性环境［引自：Jones M K，Nair A，Gupta M. 2019. Mast cells in neurodegenerative disease［J］. Front Cell Neurosci，13：1-9］

胶质细胞，促进其迁移、吞噬，淋巴细胞募集，释放 TNF-α、IL-6 和环氧合酶 -2（COX-2）等介质，加剧多巴胺能神经元死亡。

　　研究表明，BBB 功能障碍与 PD 的发病机制有关。虽然肥大细胞可影响 BBB 的通透性，但目前很少有直接证据支持肥大细胞在 PD 发病机制中起作用。最初认为肥大细胞可能通过介导神经细胞活化参与 PD 的进程。Kempuraj 等研究发现，多巴胺能毒素可激活人脐血来源肥大细胞和 BMMC 释放 CCL2 和 MMP-3，CCL2 和 MMP-3 在促进多巴胺能神经元凋亡中起重要作用。通过与胎鼠脑源性星形胶质细胞、神经元和 / 或混合的神经胶质 / 神经元共培养，将肥大细胞暴露于神经胶质激活因子时可使肥大细胞活化，释放特异性介质，而这些介质反过来也可活化星形胶质细胞并使神经胶质细胞释放 CCL2 和 MMP-3。这一结果表明肥大细胞与神经元和神经胶质细胞的相互作用可能在 PD 发病机制中起作用。Hong 等研究发现，在 PD 小鼠模型中小胶质细胞和星形胶质细胞释放的 CCL2 可促进肥大细胞募集到脑黑质中。募集的肥大细胞表达交联酶组织转谷氨酰胺酶 2（tissue transglutaminase 2，TG2），释放组胺、白三烯和 TNF-α，进而促进多巴胺能神经元死亡。与对照组相比，PD 患者血清中 TG2 表达增加。

　　这些动物和体外模型中的研究结果表明，肥大细胞参与 PD 发病，但这些结果并不能完全解释人类 PD 的病理机制。

3. 肌萎缩性脊髓侧索硬化症

肌萎缩性脊髓侧索硬化症（amyotrophic lateral sclerosis，ALS）是成人最常见的侵袭性运动神经元退行性病变，涉及上部和下部运动神经元，通常伴有认知和／或行为症状。ALS 具有异质性、进行性和致命性的疾病进展过程，目前该疾病的具体病因仍然不明，常见的病理特征是运动神经元中泛素化的细胞质蛋白包涵体积聚。在大多数情况下，这些包涵体由交叉反应 DNA 结合蛋白 43（transactive response DNA binding protein 43，TDP43）聚集组成。ALS 啮齿动物模型中发现超氧化物歧化酶 1（superoxide dismutase 1，SOD1）处于过表达状态，这在部分人类病例中也有报道。

在 SOD1 转基因小鼠、人尸检脑标本和 ALS 患者体内成像研究中均显示小胶质细胞处于活化状态。在 ALS 的大鼠模型中，当发生由去神经支配的运动无力时，神经肌肉接头处表现出脱颗粒的肥大细胞聚集。虽然没有采用敲除肥大细胞模型做对照，但使用肥大细胞信号通路抑制剂马赛替尼处理后可减少肥大细胞数量、延缓运动症状进展。

在 ALS 患者的血清和脑脊液中发现高水平的 IL-12 和 IL-15，脊髓中除高水平的 IL-17 外，高迁移率族蛋白 1（high mobility group protein 1，HMGP-1）和其他损伤相关的宿主生物分子也是升高的，它们可通过 TLR2/TLR4 通路促进炎症反应。Yang 等发现 IL-12 可以上调肥大细胞模式识别受体 TLR2/TLR4 的表达，尽管该研究是在体外小鼠肥大细胞瘤细胞系中进行的，但该结果佐证了肥大细胞自分泌信号在神经炎症中的潜在作用。在 ALS 患者的外周血中还发现高水平的 IL-6 和 IL-8。据此，Zhang 和 Franciosi 实验室进行了动物实验研究，在 PD 大鼠模型中发现，小胶质细胞分泌的 TNF-α 和 IL-6 可募集肥大细胞，刺激肥大细胞脱颗粒，而脱颗粒释放的类胰蛋白酶等介质又可反回来激活小胶质细胞，进而形成一个反馈回路。肥大细胞类胰蛋白酶还可激活小胶质细胞蛋白酶激活受体 PAR 进而影响野生型小鼠 BBB 通透性。研究发现，人肥大细胞系释放的 IL-8 可促进暴露于 Aβ 肽的小胶质细胞分泌促炎因子。总之，这些发现表明肥大细胞与小胶质细胞的相互作用参与 ALS 的神经炎症反应。

人和动物实验表明 ALS 中 BBB 和血 - 脊髓屏障（blood spinal cord barrier，BSCB）均有不同程度的损伤，肥大细胞预先合成的血管活性介质影响 BBB 和血 - 脊髓屏障的通透性和完整性。肥大细胞释放 TNF-α 可以下调紧密连接蛋白 occludin、claudin-5、ZO-1 和黏附连接 VE- 钙黏蛋白的表达进而影响 BBB。当与肥大细胞类胰蛋白酶一起孵育时，体外培养的脑内皮细胞 occludin 和 claudin-5 的表达降低，它们均可影响 BBB 的通透性。在 ALS 状态下，肥大细胞具有穿过血 - 脊髓屏障释放神经肽、蛋白酶、细胞因子和组胺的潜力，可通过脱颗粒作用致局部神经炎症和神经元失调。

4. 亨廷顿病

亨廷顿病（Huntington's disease，HD）是由 *HTT* 基因中 CAG 三联体的扩增导致亨廷顿蛋白（Huntington protein，HTT）突变引起的常染色体显性遗传病。突变的 HTT（mHTT）在纹状体和皮质的抑制性中型多棘神经元中引起兴奋性神经毒性，患者会出现无意识的抽搐、肌张力障碍、僵硬、认知和神经精神症状。

尽管肥大细胞在 HD 发病机制中的作用尚未明确，但已有大量证据表明神经元、小胶质细胞和星形胶质细胞的相互作用加速神经炎性反应。mHTT 在星形胶质细胞中的表达可下调神经生长因子的产生，而小胶质细胞中的 mHTT 表达可促进促炎细胞因子 IL-6、TNF-α 表达和毒性代谢产物增加。神经元过表达 mHTT 可引起神经变性，引发细胞自主凋亡和变性。以检测 AD 中 Aβ 的类似方式可检测到被小神经胶质细胞吞噬的死亡神经元成分，这些成分导致促炎介质进一步释放和星形胶质细胞的活化。在 HD 猪模型中发现小胶质细胞过度表达 IL-8 可驱动多种信号级联。与 ALS 中的发现相似，这可能是之前尚未发现的肥大细胞参与 HD 发病机制的证据，但仍需要在 HD 动物模型中进一步验证。

综上所述，肥大细胞与神经间的相互作用可以被视为是神经免疫通信的典范。肥大细胞被神经递质激活，调控天然和适应性免疫。相反，肥大细胞分泌的介质，直接或间接影响神经递质和神经营养因子的释放。这种关系参与生理甚至病理如神经退行性疾病的进程。虽然肥大细胞与神经相互作用的部分机制已得到证实，但其对健康和疾病的影响尚不十分清楚。深入研究肥大细胞与神经之间的关系可更好地理解免疫系统和神经系统如何协调机体稳态，并为免疫疾病和神经疾病提供可能的治疗靶点。

（梁玉婷　李　莉）

第四节　肥大细胞与肠道菌群

近年来随着生物技术的发展及对人体菌群研究的深入，生命科学研究者从综合视角出发，提出了把机体作为一个"超级生物体"看待的观点。越来越多的研究揭示了微生态与人体代谢、免疫功能的密切关系，以及菌群失调在肥胖、哮喘、炎症性肠病、糖尿病和自闭症等诸多慢性疾病中的作用。而肠道菌群在哮喘等 I 型过敏性疾病的发生发展过程中也扮演了重要角色。本节就菌群与 I 型过敏性疾病及肥大细胞的关系进行综述。

一、菌群与肥大细胞

（一）菌群介导的肥大细胞活化或抑制作用

过去 20 年中，一些报道证实部分细菌和真菌具有诱导肥大细胞活化的能力，如皮肤正常菌群（脂磷壁酸组分）可以通过刺激角质细胞分泌细胞生长因子促进肥大细胞成熟。金黄色葡萄球菌分泌的 δ- 毒素通过激活肥大细胞诱导皮肤过敏反应，细菌分泌的群体感应分子也可以直接作用于肥大细胞 G 蛋白偶联受体 MrgprB2 和 MrgprX2 引发肥大细胞脱颗粒，进而抑制细菌生长和细菌生物被膜的形成。目前已报道的通过接触能激活肥大细胞的细菌有大肠杆菌、肺炎链球菌、铜绿假单胞菌、肺炎支原体和结核分枝杆菌，但并不是所有细菌都能诱导肥大细胞脱颗粒，部分细菌反而抑制肥大细胞活化。Choi 等给野生型和肥大细胞缺陷型小鼠腹腔中注射鼠伤寒沙门菌 SL1433 后，检测腹腔灌洗液中的细菌载量、中性粒细胞募集及 β- 氨基己糖苷酶含量，结果表明鼠伤寒沙门菌通过分泌酪氨酸磷酸酶 SptP 显著抑制局部肥大细胞脱颗粒，导致有限的中性粒细胞募集并限制血管内容物流入感染部位，从而促进细菌扩散。他们将粉尘螨提取物和 2, 4- 二硝基氯苯（DNCB）重复涂抹于小鼠的耳朵，建立体内特异性皮炎模型，经口饲粪肠球菌 EF-2001 4 周后，测量耳厚度、肥大细胞浸润和血清免疫球蛋白含量。结果显示，口服热灭活的粪肠球菌可减少特异性皮炎小鼠肥大细胞浸润、降低血清 IgE 和炎症因子的水平，从而改善了特异性皮炎的症状。除了以上提到的两种细菌外，致病菌鼠疫耶尔森菌、共生菌副干酪乳酸杆菌、非致病的大肠杆菌、益生菌干酪乳杆菌、动物双歧杆菌及鼠李糖乳杆菌都具有抑制肥大细胞脱颗粒的功能。

（二）肥大细胞抵抗微生物活性机制

1. 吞噬作用

肥大细胞主要分布在与外界相接触的区域如皮肤和黏膜，多位于病原体的主要入口处，是病原体进入机体遇到的第一批具有吞噬功能的细胞，且吞噬功能是肥大细胞主要的抗菌机制。肥大细胞可通过不同的机制吞噬细菌，如通过质膜微囊结构内化大肠杆菌或通过富含胆固醇的膜质微区内化结核分枝杆菌，通过补体受体、免疫球蛋白 Fc 段受体识别并结合已被补体或抗体调理过的细菌，将其内化，并经 MHC- Ⅰ 类分子将细菌抗原提呈给 CD8$^+$T 细胞。肥大细胞的吞噬作用在细菌感染期间发挥重要作用，但吞噬的过程和具体参与吞噬的分子目前尚不明确。Wesolowski 利用小鼠骨髓来源肥大细胞和大鼠 RBL-2H3 肥大细胞细胞系经免疫荧光及共聚焦显微镜鉴定发现突触相关蛋白 SNAP29 定位于肥大细胞膜及内吞途径中，且 SNAP29 过表达显著增加大肠杆菌的内化和杀伤能力，却不影响肥大细胞释放炎症介质的胞吐作用，首次证实了 SNARE 家族成员 SNAP29 在肥大细胞吞噬作用中的新功能。

2. 肥大细胞胞外陷阱生成

除了吞噬功能外，肥大细胞抗菌活性还表现在产生细胞外陷阱上。肥大细胞外陷阱（mast cell extracellular trap，MCET）是肥大细胞受到外来微生物刺激时释放的主要由核 DNA、组蛋白、颗粒蛋白、类胰蛋白酶、β- 氨基己糖苷酶等构成的胞外网状结构。MCET 的产生依赖于 NADPH 氧化酶催化合成的活性氧（ROS）。除了肥大细胞外，中性粒细胞、嗜酸性 / 嗜碱性粒细胞遇细菌刺激后同样能够生成细胞外陷阱，发挥抗菌作用。

肥大细胞对胞内寄生菌李斯特菌表现出较弱的吞噬能力，Campillo-Navarro 等利用免疫荧光及硝基四氮唑蓝试验（NBT）检测了 HMC-1 受到李斯特菌感染后胞外 DNA 含量、组分及 ROS 的产生和对细菌生长的影响，结果证实肥大细胞在李斯特菌感染过程中，通过 NADPH 产生 ROS 介导核包膜和颗粒膜发生改变，使细胞膜发生破损而释放 MCET，从而抑制单核细胞增生性李斯特菌生长。而胞外菌如金黄色葡萄球菌、铜绿假单胞菌、白色念珠菌等在体外感染模型中，能以同样的机制诱导肥大细胞及中性粒细胞产生 MCET 而发挥抑菌及杀菌作用。

3. 炎性介质的释放

细菌诱导肥大细胞活化并释放 TNF-α、IL-1β、IL-6、IL-10、CCL3、CCL4 等预先合成及新合成的细胞因子、趋化因子，诱导中性粒细胞、嗜酸性粒细胞募集到炎症部位，增强机体对细菌的清除能力。其中，肥大细胞颗粒内丰富的 β- 氨基己糖苷酶对革兰氏阳性杆菌具有显著的杀菌活性。Fukuishi 等在表皮葡萄球菌感染模型试验发现肥大细胞缺陷的小鼠和 β- 氨基己糖苷酶基因缺陷鼠其症状的严重程度和死亡频率明显高于对照组，且通过电镜及 N- 乙酰葡糖胺浓度检测证实 β- 氨基己糖苷酶主要通过降解细胞壁肽聚糖杀伤革兰氏阳性杆菌。

肥大细胞糜蛋白酶在 B 群链球菌（group B *Streptococcus*，GBS）感染过程中同样起着保护作用。Gendrin 将蛋白酶缺陷小鼠的肥大细胞与野生型小鼠腹腔来源的肥大细胞（PCMC）经 GBS 刺激后检测上清及细胞中糜蛋白酶的活性，证实 GBS 触发 PCMC 释放一种具有糜蛋白酶活性的蛋白酶，即 MCPT4。通过进一步检测纤维连接蛋白及其片段、GBS- 纤维连接蛋白相互结合作用及细菌的存活情况证实，MCPT4 对机体的保护作用并不是对细菌直接产生杀伤作用，而是通过介导纤维连接蛋白降解及下调 GBS 与细胞外基质的相互作用，减少 GBS 的黏附，从而抵御 GBS 的传播和感染。

二、肥大细胞 - 菌群失调在疾病中的作用机制

（一）过敏性疾病

由于社会的进步和卫生条件的改善，哮喘等过敏性疾病病例越来越多。为此科学家也提出了各种假设来解释这种现象，如从最开始的卫生假说（hygiene hypothesis），到随后的微生物剥夺假说（microbial deprivation hypotheses）再到生物多样性假说（biodiversity hypothesis）。卫生假说认为：随着卫生条件的改善和消毒剂、抗生素等的使用，人们接触微生物的机会降低，没有微生物的刺激，上皮细胞的完整性和耐受性降低，使抗感染的 Th1 型免疫应答优势转为 Th2 型免疫应答优势，从而导致患过敏性疾病的概率增加。有研究显示，随着卫生条件的改善，人体胃肠道幽门螺杆菌的数量急剧下降乃至被彻底清除，但与此同时，儿童哮喘的患病率增加。

皮肤过敏反应与局部细菌定植关系密切。皮肤正常菌群的脂磷壁酸组分可以通过刺激角质细胞分泌干细胞生长因子促进肥大细胞的成熟。金黄色葡萄球菌分泌的 δ 毒素可以通过激活肥大细胞诱导皮肤发生过敏反应。Ilkka Hanski 等研究发现，与正常人相比较，过敏人群居住的家中生物多样性显著低于健康人群，而且他们皮肤表面 γ 变形菌纲的细菌多样性较健康人群也显著降低。在体外实验中，属于 γ 变形菌纲的革兰氏阴性菌可以显著刺激抗炎症因子和关键免疫耐受因子 IL-10 的表达，据此提出了"生物多样性假说"。最近的研究显示，给予小鼠高脂饮食会改变小鼠肠道菌群特征，进而可促进机体对食物的过敏反应。黏膜免疫与过敏关系密切，当黏膜发育不完整或遭到破坏时，会增加过敏发生风险。新生小鼠皮肤定植的表皮葡萄球菌可以使 Treg 流入皮肤，进而建立对共生菌的免疫耐受。这种生命早期的微生物暴露对特应性皮炎的保护作用获得了广泛的认同。在哺乳动物发育早期，暴露于微生物可以刺激免疫系统发育，增强免疫调节能力，避免黏膜部位产生 IgE，从而使 IgE 保持在较低的基础水平，缓解抗原诱导口腔过敏反应的症状。肠道菌群与黏膜免疫又通过免疫调节细胞而相互作用，TGF-β+Treg 可以用防御三硝基苯磺酸诱导的结肠炎，而该 Treg 的发育需

要正常菌群及其诱导产生的 TLR2。连环蛋白 β_1（catenin β_1，CTNNB1）家族成员基因编码的 β 连接蛋白将 α 连接蛋白、肌动蛋白丝、钙黏蛋白连接在一起，组成黏附连接（adherins junction，AJ）复合体。其中的肌动蛋白再与细胞骨架蛋白连接这种直接黏附连接，能将转导信息传递给细胞骨架肌动蛋白，控制上皮平衡，调控细胞生长及细胞间的黏附、迁移和上皮细胞增殖，对上皮细胞层的构建与维持起重要作用。有研究发现，含有正常菌的小鼠肠道上皮紧密连接分子 CTNNB1、钙黏蛋白 1（CDH1）和黏附分子的表达显著高于无菌小鼠肠道。无菌小鼠或菌群多样性低的小鼠的生命早期，血清 IgE 水平较高，说明机体菌群与过敏密切相关。

肥大细胞－菌群在过敏反应中的主要作用机制在于菌群失衡通常影响上皮细胞屏障的完整性，上皮细胞释放 IL-33、TSLP 和 IL-25 并直接作用于肥大细胞，使之释放 PGD_2 作用于 ILC2 上的 CRTH2 受体，活化 ILC2，表达 IL-9、MHC-Ⅱ和 IL-13，诱导 Th0 向 Th2 分化，辅助 B 细胞合成并分泌 IgE，进而加速过敏反应。越来越多的研究报道表明，通过恢复人体菌群的平衡，增强上皮细胞屏障的完整性和保持免疫稳态，是预防和改善过敏的有效方式。另外，使用益生菌可恢复人体菌群平衡，刺激机体免疫平衡进而缓解和改善过敏体质。例如，罗伊乳杆菌可诱导 Treg 增加，保护小鼠免受气道变应原刺激引发的过敏反应。其他文献曾报道使用益生菌可预防 IgE 相关湿疹，减轻儿童哮喘和变应性鼻炎的症状。总之，过敏性疾病与机体菌群关系密切，从微生物与机体免疫相互作用的角度，进一步探索其中的分子生物学机制，进而设计出预防和干预的方法，是未来研究方向之一。

（二）炎症性肠病

人体内存在细菌、真菌等微生物，它们与宿主的组织及免疫系统紧密联系。近年来，研究表明胃肠道疾病的发生往往伴随着肠道菌群失调，即菌群种类发生改变。例如，在炎症性肠病（IBD）患者胃肠道中发现变形菌门的丰度相对增加，厚壁菌门相对减少，整个菌群多样性变低。肠道中菌群组分的改变可进一步影响肥大细胞的功能，导致肠道稳态发生改变。

Marco De Zuani 在其综述中提到了肥大细胞及菌群在炎症性肠病中的作用机制。他总结到，在健康状态下，肥大细胞、局部微生物群（细菌和真菌）和肠细胞之间的相互作用确保了肠屏障和神经系统的功能正常，使肠道维持在稳态。而当肠道菌群因某种原因出现异常后，肥大细胞可通过预先合成的和新合成的介质迅速响应，促进局部炎症的发生。例如，肥大细胞释放的类胰蛋白酶和金属蛋白酶 MMP-9 促进黏膜通透性增加；促炎细胞因子 IL-1β、IL-6 和 TNF-α 维持炎症环境，促进肥大细胞积聚及组胺、类胰蛋白酶向肠神经元发出信号，维持神经兴奋。最终由于肠道炎症及神经刺激持续存在，导致 IBD 患者疼痛感增加，肠蠕动异常。肥大细胞在肠易激综合征中也扮演着非常重要的角色，一些微生物可以诱导肥大细胞脱颗粒引起胃肠道过敏症状，如白色假丝酵母菌细胞壁多聚糖可以诱导肠道中肥大细胞脱颗粒，无菌小鼠或缺失肠道菌群中特定细菌的小鼠表现出对牛乳高度易感。也有一些微生物可以抑制肥大细胞脱颗粒，如益生菌干酪乳杆菌（*Lactobacillus casei*）、动物双歧杆菌及鼠李糖乳杆菌可以通过直接接触抑制肥大细胞脱颗粒。牙龈卟啉单胞菌（*Porphyromonas gingivalis*）的脂多糖 LPS1690 可以抑制由上皮细胞或中性粒细胞分泌的宿主防御肽（host defense peptide，HDP）LL-37 通过 MrgpgX2 激活肥大细胞脱颗粒。

肥大细胞稳定剂抑制肥大细胞病理性活化来治疗胃肠道疾病的效果目前尚不明确，但诸多文献已表明，益生菌在调节肥大细胞反应的过程中可通过减少屏障通透性和对感觉神经的激活而有效缓解肠易激综合征（IBS）患者和 IBD 患者症状。Ganda Mall 的研究发现，食用酿酒酵母来源的 β- 葡聚糖能够通过抑制肥大细胞脱颗粒和减少 TNF-α 的产生，降低克罗恩病患者肠道高通透性，具有保护肠屏障的作用，提示特定细菌或真菌菌株选择性调节肥大细胞活化的能力，促使将微生物用于治疗肥大细胞相关疾病。

（三）神经退行性疾病

中枢神经系统的肥大细胞主要分布在脑膜层，其次在神经组织中。Patkai 等通过建立神经损伤的新生儿小鼠模型来模拟人脑瘫，经免疫组织化学及蛋白质印迹法检测肥大细胞蛋白酶含量，发现脑肥大细胞募集和组胺释放增强加速了新生儿神经兴奋毒性导致的脑损伤恶化。此外，Hendrix 及 Taiwo 等的研究证实了脑肥大细胞脱颗粒作用还能增强血管活性和提高免疫细胞、分子对损伤的反应性。

近年来，诸多报道显示肥大细胞的数量及活性与阿尔茨海默病、半乳糖神经病变、多发性硬化等神经系统疾病相关。而受神经退行性疾病影响的患者可能同时还伴有肠道菌群失调和有害细菌感染。Girolamo 在其综述中描述：肠道菌群紊乱、有害细菌增殖、血液中细菌代谢产物的水平升高，使得定位于脑膜的肥大细胞被激活，肥大细胞通过将组胺、肝素、5-HT、NO 等介质释放入中枢神经系统微血管进而损伤血脑屏障，并释放 TNF-α 诱导 ICAM-1 过度表达，破坏内皮细胞的紧密连接，同时中枢神经系统中的其他免疫细胞不断被募集，促进肥大细胞积聚，触发中枢神经系统炎症的发生。同时，肥大细胞上的几种跨膜受体介导肥大细胞与星形角质细胞、小胶质细胞间的通信，引起星形胶质细胞反应性增高和 M1 小胶质细胞发生移位。最终，菌群介导肥大细胞触发持续炎症反应，导致对神经元的不断刺激而损伤神经元。研究人员推测菌群介导肥大细胞活化的机制或许也是造成神经退行性疾病的原因之一。因此，对肥大细胞进行靶向治疗和 / 或通过个性化饮食调节肠道微生物群、补充益生菌或许对预防神经退行性疾病的发生或减轻疾病的严重程度和进展有潜在的治疗前景。

除了以上提到的疾病外，肥大细胞与菌群也参与糖尿病、自闭症等多种其他疾病的发生和发展。关于肥大细胞与菌群的相关研究日益增多，时刻关注该领域的动态，全面了解肥大细胞与菌群的相互作用及其在疾病中的参与方式将有助于对疾病的预防和治疗提供新的看法与见解。

（戈伊芹　崔泽林）

参 考 文 献

李莉，徐银海，吴萍等 . 2004. 食物过敏原特异性 IgG 检测的临床意义探讨［J］. 第二军医大学学报，
　25（12）：1347-1348.

彭洁雅，杨小华，孙宝清．2014. 2种方法检测常见过敏原特异性IgE的比对分析［J］. . 国际检验医学杂志，（12）：1649-1650.

王蒙，张汆，贾小丽，等．2008. 食物中常见过敏原及其过敏特性［J］. 中国食物与营养，（11）：62-64.

张迎俊．2008. 常见过敏原的种类和检测［J］. 中国临床医生杂志，36（12）：15-17.

Ali H. 2010. Regulation of human mast cell and basophil function by anaphylatoxins C3a and C5a［J］. Immunol Lett，128（1）：36-45.

Al-Nedawi K，Szemraj J，Cierniewski C S. 2005. Mast cell-derived exosomes activate endothelial cells to secrete plasminogen activator inhibitor type 1［J］. Arterioscler Thromb Vasc Biol，25（8）：1744-1749.

Bankl H C，Valent P. 2002. Mast cells，thrombosis，and fibrinolysis：the emerging concept［J］. Thromb Res，105（4）：359-365.

Bender L，Weidmann H，Rose-John S，et al. 2017. Factor XII -driven inflammatory reactions with implications for anaphylaxis［J］. Front Immunol，8：1115.

Bischoff S C，Sellge G. 2002. Mast cell hyperplasia：role of cytokines［J］. Int Arch Allergy Immunol，127（2）：118-122.

Bischoff S C. 2007. Role of mast cells in allergic and non-allergic immune responses：comparison of human and murine data［J］. Nat Rev Immunol，7（2）：93-104.

Bot I，de Jager S C，Zernecke A，et al. 2007. Perivascular mast cells promote atherogenesis and induce plaque destabilization in apolipoprotein E-deficient mice［J］. Circulation，115（19）：2516-2525.

Buyukyilmaz G，Soyer O U，Buyuktiryaki B，et al. 2014. Platelet aggregation，secretion，and coagulation changes in children with asthma［J］. Blood Coagul Fibrinolysis，25（7）：738-744.

Carvalhosa A B，Aouba A，Damaj G，et al. 2015. A french national survey on clotting disorders in mastocytosis［J］. Medicine（Baltimore），94（40）：e1414.

Coleman J W，Holliday M R，Kimber I，et al. 1993. Regulation of mouse peritoneal mast cell secretory function by stem cell factor，IL-3 or IL-4［J］. J Immunol，150（2）：556-562.

Conti P，Carinci F，Caraffa A，et al. 2017. Link between mast cells and bacteria：Antimicrobial defense，function and regulation by cytokines［J］. Med Hypotheses，106：10-14.

Cooper B. 1979. Diminished platelet adenylate cyclase activation by prostaglandin D2 in acute thrombosis［J］. Blood，54（3）：684-693.

Douaiher J，Succar J，Lancerotto L，et al. 2014. Development of mast cells and importance of their tryptase and chymase serine proteases in inflammation and wound healing［J］. Adv Immunol，122：211-252.

Engen J R，Wales T E，Hochrein J M，et al. 2008. Structure and dynamic regulation of Src-family kinases［J］. Cell Mol Life Sci，65（19）：3058-3073.

Genovese A，Borgia G，Bouvet J P，et al. 2004. Protein Fv produced during viral hepatitis is an endogenous immunoglobulin superantigen activating human heart mast cells［J］. Int Arch Allergy Immunol，132（132）：336-345.

Gomez G，Gonzalez-Espinosa C，Odom S，et al. 2005. Impaired FcepsilonRI-dependent gene expression and defective eicosanoid and cytokine production as a consequence of Fyn deficiency in mast cells［J］. J Immunol，175（11）：7602-7610.

Gomez-Lopez N，StLouis D，Lehr M A，et al. 2014. Immune cells in term and preterm labor［J］. Cell Mol

Immunol, 11（6）: 571-581.

Goutagny N, Estornes Y, Hasan U, et al. 2012. Targeting pattern recognition receptors in cancer immunotherapy［J］. Target Oncol, 7（1）: 29-54.

Guilarte M, Sala-Cunill A, Luengo O, et al. 2017. The mast cell, contact, and coagulation system connection in Anaphylaxis［J］. Front Immunol, 8: 846.

Hundley T R, Gilfillan A M, Tkaczyk C, et al. 2004. Kit and FcepsilonRI mediate unique and convergent signals for release of inflammatory mediators from human mast cells［J］. Blood, 104（8）: 2410-2417.

Kalesnikoff J, Galli S J. 2008. New developments in mast cell biology［J］. Nat Immunol, 9（11）: 1215-1223.

Kambe M, Kambe N, Oskeritzian C, et al. 2001. IL-6 attenuates apoptosis, while neither IL-6 nor IL-10 affect the numbers or protease phenotype of fetal liver-derived human mast cells［J］. Clinical & Experimental Allergy, 31（7）: 1077-1085.

Kovanen P T. 2007. Mast cells: multipotent local effector cells in atherothrombosis［J］. Immunol Rev, 217: 105-122.

Kulka M, Sheen C H, Tancowny B P, et al. 2008. Neuropeptides activate human mast cell degranulation and chemokine production［J］. Immunol, 123（3）: 398-410.

Lewis A, Wan J, Baothman B, et al. 2013, Heterogeneity in the responses of human lung mast cells to stem cell factor［J］. Clin Exp Allergy, 43（1）: 50-59.

Maaninka K, Nguyen S D, Mayranpaa M I, et al. 2018. Human mast cell neutral proteases generate modified LDL particles with increased proteoglycan binding［J］. Atherosclerosis, 275: 390-399.

Marshall J S. 2004. Mast-cell responses to pathogens［J］. Nat Rev Immunol, 4（10）: 787-799.

Menzies F M, Shepherd M C, Nibbs R J, et al. 2011. The role of mast cells and their mediators in reproduction, pregnancy and labour［J］. Hum Reprod Update, 17（3）: 383-396.

Mukai K, Tsai M, Starkl P, et al. 2016. IgE and mast cells in host defense against parasites and venoms［J］. Semi Immunopathol, 38（5）: 581-603.

Nilsson G, Butterfield J H, Nilsson K, et al. 1994. Stem cell factor is a chemotactic factor for human mast cells［J］. J Immunol, 153（8）: 3717-3723.

Okayama Y, Saito H, and Ra C. 2008. Targeting human mast cells expressing G-protein-coupled receptors in Allergic diseases［J］. Allergol Int, 57（3）: 197-203.

Pomerance A. 1958. Peri-arterial mast cells in coronary atheroma and thrombosis［J］. J Pathol Bacteriol, 76（1）: 55-70.

Prieto-Garcia A, Castells M C, Hansbro P M, et al. 2014. Mast cell-restricted tetramer-forming tryptases and their beneficial roles in hemostasis and blood coagulation［J］. Immunol Allergy Clin North Am, 34（2）: 263-281.

Prieto-García A, Zheng D, Adachi R, et al. 2012. Mast cell restricted mouse and human tryptase•heparin complexes hinder thrombin-induced coagulation of plasma and the generation of fibrin by proteolytically destroying fibrinogen［J］. J Biol Chem, 287（11）: 7834-7844.

Redegeld F A, van der Heijden M W, Kool M, et al. 2002. Immunoglobulin-free light chains elicit immediate hypersensitivity-like responses［J］. J Allergy Clin Immunol, 109（1）: 694-701.

Rodrigues S F, Granger D N. 2015. Blood cells and endothelial barrier function［J］. Tissue Barriers, 3（1-2）:

e978720.

Roy A，Ganesh G，Sippola H，et al. 2014. Mast cell chymase degrades the alarmins heat shock protein 70，biglycan，HMGB1，and interleukin-33（IL-33）and limits danger-induced inflammation［J］. J Biol Chem，289（1）：237-250.

Sanchez-Miranda E，Ibarra-Sanchez A，Gonzalez-Espinosa C. 2010. Fyn kinase controls FcεRI receptor-operated calcium entry necessary for full degranulation in mast cells［J］. Biocheml Biophys Res Commun，391（4）：1714.

Shubin N J，Glukhova V A，Clauson M，et al. 2017. Proteome analysis of mast cell releasates reveals a role for chymase in the regulation of coagulation factor XIIIA levels via proteolytic degradation［J］. J Allergy Clin Immunol，139（1）：323-334.

Sillaber C，Baghestanian M，Bevec D，et al. 1999. The mast cell as site of tissue-type plasminogen activator expression and fibrinolysis［J］. J Immunol，162（2）：1032-1041.

Silver R B，Reid A C，Mackins C J，et al. 2014. Mast cells：a unique source of renin［J］. Proc Natl Acad Sci USA，101（37）：13607-13612.

Stack M S，Johnson D A. 1994. Human mast cell tryptase activates single-chain urinary-type plasminogen activator（pro-urokinase）［J］. J Biol Chem，269（13）：9416-9419.

Strbian D，Karjalainen-Lindsberg M L，Kovanen P T，et al. 2007. Mast cell stabilization reduces hemorrhage formation and mortality after administration of thrombolytics in experimental ischemic stroke［J］. Circulation，116（4）：411-418.

Sucker C，Mansmann G，Steiner S，et al. 2008. Fatal bleeding due to a heparin-like anticoagulant in a 37-year-old woman suffering from systemic mastocytosis［J］. Clin Appl Thromb Hemost，14（3）：360-364.

Sun J，Sukhova G K，Wolters P J，et al. 2007. Mast cells promote atherosclerosis by releasing proinflammatory cytokines［J］. Nat Med，13（6）：719-724.

Sundberg M. 1955. On the mast cells in the human vascular wall：a quantitative study on changes at different ages［J］. Acta Pathol Microbiol Scand Suppl，（Suppl 107）：1-81.

Truong H T，Browning R M. 2015. Anaphylaxis-induced hyperfibrinolysis in pregnancy［J］. Int J Obstet Anesth，24（2）：180-184.

Vadas P，Gold M，Perelman B，et al. 2008. Platelet-activating factor，PAF acetylhydrolase，and severe anaphylaxis［J］. N Engl J Med，358（1）：28-35.

Valent P，Baghestanian M，Bankl H C，et al. 2002. New aspects in thrombosis research：possible role of mast cells as profibrinolytic and antithrombotic cells［J］. Thromb Haemost，87（5）：786-790.

Veerappan A，O'Connor N J，Brazin J，et al. 2013. Mast cells：a pivotal role in pulmonary fibrosis［J］. DNA Cell Biol，32（4）：206-218.

Wimazal F，Sperr W R，Horny H P，et al. 1999. Hyperfibrinolysis in a case of myelodysplastic syndrome with leukemic spread of mast cells［J］. Am J Hematol，61（1）：66-77.

Woidacki K，Zenclussen A C，Siebenhaar F. 2014，Mast cell-mediated and associated disorders in pregnancy：a risky game with an uncertain outcome［J］. Front Immunol，5：231.

Wojta J，Huber K，Valent P. 2003. New aspects in thrombotic research：complement induced switch in mast cells from a profibrinolytic to a prothrombotic phenotype［J］. Pathophysiol Haemost Thromb，33（5-6）：

438-441.

Wojta J，Kaun C，Zorn G，et al. 2002. C5a stimulates production of plasminogen activator inhibitor-1 in human mast cells and basophils ［ J ］. Blood，100（2）：517-523.

Woolhiser M R，Brockow K，Metcalfe D D. 2004，Activation of human mast cells by aggregated IgG through FcγRI：additive effects of C3a ［ J ］. Clin Immunol，110（2）：172.

Yu Y，Blokhuis B R，Garssen J，et al. 2016. Non-IgE mediated mast cell activation ［ J ］. Eur J Pharmacol，778：33-43.

Zhu H，Liang B，Li R，et al. 2013. Activation of coagulation，anti-coagulation，fibrinolysis and the complement system in patients with urticaria ［ J ］. Asian Pac J Allergy Immunol，31（1）：43-50.

第五章　肥大细胞与呼吸系统疾病

肥大细胞在过敏性疾病中的作用是其参与病理反应最典型的代表。而呼吸系统过敏是临床最常见的过敏性疾病，与吸入性过敏原关系密切。吸入性过敏原、病原体、冷热空气、粉尘等经鼻吸入至气管、支气管再到肺。而存在于呼吸道黏膜的肥大细胞不仅参与速发相变态反应，引起喷嚏、流涕、气喘、咳嗽等症状，还在后续的迟发相过敏性炎症中持续发挥作用。黏膜损伤合并感染导致鼻炎、气管炎和肺炎，二者交替发作，引起组织损伤修复和重塑，作为炎症反应和免疫调节细胞，肥大细胞自始至终参与其中，特别是参与后期的阻塞性肺部病变和鼻息肉的形成。本章主要讨论肥大细胞在呼吸系统疾病中的作用及其相关机制的研究进展。

第一节　肥大细胞与变应性鼻炎

变应性鼻炎（allergic rhinitis，AR）是一种常见的慢性炎症性疾病，影响世界近30%的人口，其特征在于鼻黏膜局部产生的由各种过敏原引起的超敏反应炎症，典型症状包括打喷嚏、流鼻涕、鼻塞和鼻痒，严重影响患者的生活质量和工作。本节从变应性鼻炎的发病机制出发，阐述肥大细胞的免疫作用、脱颗粒及其对神经和内分泌系统的调控在变应性鼻炎发生、发展中的作用。

一、变应性鼻炎的病因

鼻腔由鼻中隔分开，鼻中隔由骨和软骨组成。上、中、下鼻甲位于侧面，内衬假复层柱状上皮。鼻黏膜调节吸入的空气温度，湿润并清洁吸入的空气。健康的鼻气道上皮包括纤毛细胞、分泌黏液的杯状细胞和基底细胞，形成外环境和宿主防御系统之间的屏障。鼻黏膜下层包括浆液性和黏液性腺体、广泛分布的血管和神经网络，以及细胞和细胞外基质成分。

鼻黏液作为抵抗外部病原体的屏障，具有抗氧化、抗蛋白酶和抗菌特性。鼻涕的主要成分是具有抗菌和消炎防御作用的黏蛋白。纤毛上皮将异物捕获在薄层表面黏液中，该黏液向鼻后部移动。在炎症期间，黏膜纤毛清除功能受损，杯状细胞化生，引起黏液分泌旺盛和过度收集，表现为前鼻和/或后鼻鼻涕增加。炎症导致血管通透性增加和毛细血管扩张，引起显著的鼻充血。副交感胆碱能神经刺激引起鼻气道腺体产生黏液，这也导致鼻腔排出受阻和充血。

二、变应性鼻炎的发病机制

变应性鼻炎是一种由 IgE 介导的慢性炎症性疾病，主要由于遗传易感个体暴露于环境过敏原而引起，部分是由于免疫系统的改变，常见过敏原主要是在空气中传播的颗粒中的蛋白质和糖蛋白。在世界不同地区过敏原有所不同，如在英国草花粉最常见；在北美洲豚草占主导地位；在地中海地区以墙草为主导。尘螨粪便颗粒和蟑螂残余物是常见的常年性过敏原，它们可能在温和的气候条件下一年四季引起间歇性或持续的症状。吸入之后，变应原颗粒沉积在鼻腔上皮细胞表面，随后转变为可溶性变应原并扩散到鼻黏膜中。

在变应性鼻炎的初始致敏过程中，多种常见的空气过敏原通过其蛋白酶活性可以切割气道上皮中的紧密连接和激活上皮细胞，从而促进过敏原快速进入体内并被 APC 摄取。对哮喘支气管上皮的研究表明，活化/受损的鼻上皮细胞分泌 TSLP、IL-33、IL-25 及其他细胞因子和趋化因子，这些细胞因子可直接作用于 Ⅱ 型固有淋巴样细胞（type-2 innate lymphoid cell，ILC2）和 Th2，也可以通过与位于鼻上皮的 APC 相互作用，间接地作用于 ILC2 和 Th2（图 5-1）。此外，最近的研究表明，这些上皮细胞因子对于缺乏 T 细胞受

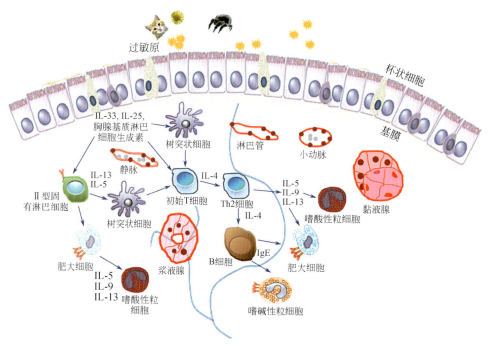

图 5-1 变应性鼻炎的发病机制示意图

活化或受损的上皮细胞分泌的 TSLP 和 IL-33 直接或通过捕获抗原的 ILC2 激活树突状细胞，树突状细胞迁移至引流淋巴结并提呈抗原诱导幼稚 T 细胞分化为效应 Th2 细胞。局部淋巴结中的 Th2 细胞分泌 IL-4，促进 B 细胞类别转换为 IgE。再次暴露于过敏原后，过敏原交联树突状细胞、肥大细胞和嗜碱性粒细胞上的 IgE-FcεR I 复合物，激活这些细胞释放引起典型过敏反应的炎症介质。其他 Th2 细胞因子如 IL-5、IL-9 和 IL-13 负责增殖和维持晚期过敏性炎症 [引自：Eifan A O，Durham S R. 2016. Pathogenesis of rhinitis[J]. Clin Exp Allergy，46（9）：1139-1151]

体并且不表达 T 细胞或其他细胞谱系标志物的 ILC2 的激活是十分重要的。ILC2 细胞表达 CRTH2、IL-7 受体（CD127）和 IL-33 受体 ST2。它们优先分泌 Th2 细胞因子，特别是 IL-5 和 IL-13，并且具有增加局部 Th2 驱动的过敏性炎症的潜力。未成熟的树突状细胞（表达 CD1a 和 CD11c）和巨噬细胞作为 APC，在捕获过敏原之后，成熟并迁移至引流淋巴结，在那里它们将抗原提呈给幼稚 T 细胞，从而诱导其向 Th2 分化。最近的相关研究显示，ILC2 也可通过分泌 IL-13 的方式调节幼稚 T 细胞向 Th2 分化，而 IL-13 正是树突状细胞迁移至淋巴结并且诱导 Th2 分化所必需的。在过敏性炎症期间活化的 T 细胞增殖成为效应记忆过敏原特异性 Th2，并释放 IL-4、IL-5、IL-9 和 IL-13。APC 还可以通过 Th2 诱导细胞因子如 TSLP，"优先"将幼稚 T 细胞诱导分化为 Th2 的表型。过敏原激活的 Th2 分泌 IL-4，可维持 Th2 谱系，并将更多的 Th 细胞募集到该谱系中。Th2 还分泌 IL-13 并表达 CD40 配体（CD40L），与 IL-4 一起促进 B 细胞中的重链类别转换，有利于 IgE 产生（图 5-1）。IgE 抗体由浆细胞释放后与肥大细胞、嗜碱性粒细胞和 APC 表面的受体（FcεRⅠ/Ⅱ）结合，并使这些细胞致敏。当过敏原再次暴露时，APC 上的 IgE-FcεRⅠ/Ⅱ复合物的交联促进 APC 对过敏原摄取、加工和提呈，而肥大细胞和具有过敏原的嗜碱性粒细胞的 IgE-FcεRⅠ/Ⅱ相互作用诱导经典的早期相反应（early-phase response，EPR），随后发展为晚期相反应（late-phase response，LPR）。

1. 早期相反应

被 IgE 致敏的个体用过敏原攻击几分钟后就会产生早期症状，如打喷嚏和瘙痒，随后是鼻涕和鼻塞，在 1h 内趋于消退。这种反应源于致敏 IgE 与 FcεRⅠ在肥大细胞和嗜碱性粒细胞表面的变应原交联复合物，导致脱颗粒和预先形成的介质如组胺和类胰蛋白酶的释放，以及从膜脂质中重新合成的介质如半胱氨酰白三烯和前列腺素分泌。组胺通过作用于感觉神经末梢的 H1R 引发瘙痒，导致全身性反射如喷嚏。白三烯、前列腺素和血管内皮生长因子导致血管通透性增加、血浆渗漏及黏液腺分泌增加，所有这些都可能有助于鼻塞的发生。

2. 晚期相反应

主要的晚期症状是鼻塞和较小程度的流鼻涕。根据患者易感性和过敏原剂量，过敏个体继续发展成为晚期相反应。与肺的过敏反应症状相反，鼻晚期过敏反应主要表现为连续症状，并在 4～12h 出现鼻吸气峰流量下降。上述 EPR 过程中释放的介质主要是组胺、PDG_2 和白三烯（图 5-2），它们诱导各种炎症细胞的内流和激活，导致过敏症状持续。通过上调血管细胞黏附分子 1、E- 选择素和细胞间黏附分子 1 的表达来促进循环嗜酸性粒细胞黏附于内皮细胞，进而促进炎性细胞向鼻黏膜的趋化。化学引诱物和细胞因子如 IL-5 促进嗜酸性粒细胞、嗜碱性粒细胞和 T 细胞的自体循环，使其转移到鼻腔黏膜下层。最近的研究显示，与健康受试者相比，过敏性鼻炎患者的循环 ILC2 在鼻过敏原激发后和过敏性鼻炎中的季节性过敏原暴露期间增加。除肥大细胞、嗜碱性粒细胞和 T 细胞外，ILC2 是产生 Th2 细胞因子的后续细胞，可能导致持续的鼻过敏性炎症。

变应性鼻炎患者在变应原攻击后 6h 或自然暴露后，鼻甲组织免疫组织化学显示淋巴细胞趋化因子受体 CCR3 和 CCR4 表达增加，嗜酸性粒细胞浸润增加，表达 IL-4 和 IL-5 mRNA 的细胞数量增加。此外，草花粉鼻过敏原激发后诱导的鼻炎研究发现，在 6h 时外周血嗜碱性粒细胞、浆细胞样树突状细胞和记忆性 T 细胞上表达的活化标志物增加，这表明过敏原不仅诱导了体内 Th2 活化的局部反应，也引发了全身应答。嗜碱性粒细胞、肥大细胞和 Th2 释放的细胞因子如 IL-4、IL-5、IL-9 和 IL-13 在晚期相反应中起重要作用（图 5-2）。IL-5 和 IL-4 均参与了嗜酸性粒细胞募集和活化，导致带正电荷的蛋白质（主要是碱性蛋白质）、嗜酸性粒细胞阳离子蛋白和嗜酸性粒细胞过氧化物酶的释放。这些阳离子蛋白对呼吸道上皮有毒性，促进氧化应激，导致上皮和组织损伤。这反过来又导致上皮衍生的趋化因子、细胞因子和生长因子促进晚期反应与持续的过敏性炎症。IL-13 与 IL-4 有共同的受体亚基 IL-4R α 链。IL-13 由肥大细胞、嗜碱性粒细胞和 ILC2 释放并促进 B 细胞 IgE 的合成。总的来说，各种效应细胞的动员有助于晚期炎症反应的维持。

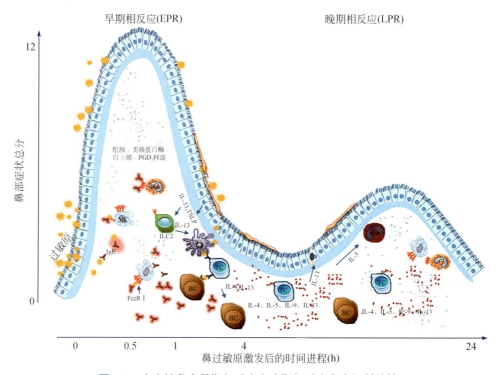

图 5-2　变应性鼻炎早期相反应和晚期相反应发病机制总结

在早期相反应期间释放的介质如组胺、PDG$_2$ 和白三烯（蓝色和棕色圆点）诱导炎症细胞的流入和活化。在 EPR 期间由效应细胞释放的化学诱导物、组胺受体和细胞因子（如 IL-5）促进嗜酸性粒细胞、嗜碱性粒细胞和 T 细胞从体循环渗入鼻黏膜下层。嗜碱性粒细胞、肥大细胞和 Th2 细胞释放的细胞因子如 IL-4、IL-5、IL-9 和 IL-13 在晚期相反应中起重要作用。Eos. 嗜酸性粒细胞；Bas. 嗜碱性粒细胞；MC. 肥大细胞 .DC. 树突状细胞；TC.T 细胞；BC.B 细胞；ILC2.2 型固有淋巴样细胞；PGD$_2$. 前列腺素 2 释放酶 [引自：Eifan A O，Durham S R. 2016. Pathogenesis of rhinitis[J]. Clin Exp Allergy，46（9）：1139-1151]

三、变应性鼻炎中肥大细胞脱颗粒的神经调控机制

　　肥大细胞与神经末梢在解剖结构上紧密相邻，当受到神经肽 P 物质刺激时可以诱发脱颗粒，具体机制为：感觉神经末梢受到刺激及经由"轴索反射"再次放大后的刺激有助于神经末梢释放 P 物质等神经肽，后者可借助速激肽受体（neurokinin-1 receptor，NK1-R）作用于嗜酸性粒细胞，诱导其大量释放肾上腺皮质激素释放激素（corticotrophin-releasing hormone，CRH），CRH 作用于肥大细胞表面相应的 CRH 受体诱发脱颗粒，或

直接作用于肥大细胞，使其表面的 IgE 受体 FcεRⅠ 的表达水平发生变化，进而调控肥大细胞脱颗粒。

近年的研究提示，变应性鼻炎时变应原刺激鼻黏膜的同时还可通过 P 物质等神经肽将此种刺激经由感觉神经传递至中枢，引起中枢致敏。中枢致敏的直接后果是通过传出神经释放更多的神经肽等物质，进一步加重鼻黏膜局部炎性反应，从而形成变应原刺激、中枢致敏、神经反应性增强和靶器官炎症加重的"恶性循环"。翼管神经切断术"单侧手术、双侧受益"的治疗模式也是这一理论的重要佐证之一。

四、变应性鼻炎中肥大细胞脱颗粒的其他调控机制

变应性鼻炎的临床症状具有昼夜节律性，表现为鼻痒、喷嚏、流涕、鼻塞这些症状在凌晨有加重的趋势。有研究指出，小鼠肥大细胞脱颗粒也呈现出昼夜变化的规律：其中，小鼠骨髓来源肥大细胞、小鼠空肠肥大细胞和人肠道肥大细胞可周期性地表达 *Per1*（period 1）、*Per2*（period 2）等生物钟基因，并在 IgE 诱导下周期性地释放组胺和白三烯等炎性介质。*Per1* 的蛋白质产物 PER1 等可通过修饰染色质 FcεRⅠβ 亚基周围的启动子区域进而促进 FcεRⅠ 的 β 亚单位表达。肥大细胞表面的 IgE 受体 FcεRⅠ 以 α、β、γ2 的四聚体形式存在，β 亚基具有放大功能，可增强 FcεRⅠ 在细胞表面的表达。肥大细胞通过生物钟基因周期性地增强 FcεRⅠβ 亚基的表达，进而增加 FcεRⅠ 的表达，这不仅加强了肥大细胞与特异性 IgE 的偶联能力，而且促进了肥大细胞脱颗粒的效能。

近来有研究发现糖皮质激素可以借助受体，促进肥大细胞生物钟基因 *Per1* mRNA 表达，提示变应性鼻炎的昼夜节律性与肥大细胞脱颗粒的昼夜节律性密切相关。

为了进一步验证肥大细胞脱颗粒的昼夜节律性，研究者专门设计了两种经典的免疫试验，即被动皮肤变态反应（passive cutaneous anaphylactic，PCA）和被动系统性变态反应（passive systemic anaphylactic，PSA）。PCA 和 PSA 分别通过向小鼠皮下和静脉注射特异性 IgE 致敏，当小鼠致敏 24h 后，再次静脉注射牛血清白蛋白偶联二硝基苯（DNP-BSA）激发局部皮肤或全身系统变态反应，并用 0.5% 伊文蓝染色，分别观察注射部位血管通透性变化及局部蓝斑着色情况（主要为 IgE- 肥大细胞特异性反应）。结果发现，野生型小鼠的肥大细胞 -IgE 脱颗粒反应呈现昼夜节律性，而经过预先机械性损伤视交叉上核（suprachiasmatic nucleus，SCN）或提前行肾上腺切除术的小鼠则无此种节律变化。以上研究表明，下丘脑前部 SCN 担负着昼夜节律的中枢起搏点作用，是中枢性"母钟"，负责调控生物体整体的生物节律。SCN 可能通过影响下丘脑 - 垂体 - 肾上腺轴（hypothalamus-pituitarium-adrenal gland axis，HPA）分泌糖皮质激素的方式，在"同步"体内包括肥大细胞在内的外周性"子钟"基因装置中起关键作用，即外周组织中肥大细胞脱颗粒的昼夜节律受到高级昼夜节律中枢 SCN 的调控。生物钟调控的具体机制为：SCN 这一中枢性"母钟"受到来自视网膜的光照等信号刺激后，通过对 HPA "发号施令"，借助内分泌途径（如体内糖皮质激素等）联系外周组织中的肥大细胞"子钟"，进而通过调控肥大细胞生物钟基因 *Per1* 及其蛋白质产物，使肥大细胞呈现明显的周期性脱颗粒。

随着变应性鼻炎中肥大细胞脱颗粒昼夜节律研究的不断深入，很多研究开始设计新

的治疗策略。一方面，让受肥大细胞生物钟基因调控的 FcεRIβ 亚基的合成信号及其与肥大细胞表面 IgE 的结合发生"脱节"或错时转导，从而切断"母钟-子钟"的联系，以避免变应性鼻炎在凌晨加重，使炎性状态维持在较低水平，而不产生明显的临床症状，进而达到有效控制变应性鼻炎的目的。另一方面，重置肥大细胞生物钟以抑制 IgE 介导的变态反应：借助一种化学合成物或肾上腺糖皮质激素，抑制某种生物钟基因（转录和翻译）中的关键成分，使生物钟基因的转录及其翻译过程恰巧处于 FcεRI 信号转导减弱之时，即通过重置生物钟的方法，把相关生物钟基因蛋白转录和翻译的时相前移或延后，以便干扰正常情况下的 FcεRI 信号转导时相。有研究结果显示，重置生物钟确实可以有效减弱变态反应，这一研究在动物模型和变应性鼻炎患者中都得到了印证。

　　涉及生物钟与肥大细胞脱颗粒的关系研究为变态反应研究打开了一扇新的窗，无论对揭示 AR 的发病机制还是临床治疗都将带来新的视角。

（李　佳　丁　爽）

第二节　肥大细胞与哮喘

　　肥大细胞存在于各类脊椎动物，是组胺的主要来源细胞。在健康状况下，肥大细胞存在于全身黏膜和上皮组织中，在啮齿类动物中，肥大细胞也存在于腹膜和胸腔。除中枢神经系统和视网膜外，所有血管组织中都有肥大细胞。它们形成一个异质性的细胞群，在发育、介质含量、超微结构和功能及所在环境相互作用的能力方面有明显的差异。肥大细胞储存和分泌大量生物活性物质，包括经典的活性介质如组胺、PGD_2、LTC4、蛋白酶和细胞因子等。越来越多的证据表明，肥大细胞充当着周围环境的传感器，能够迅速感知组织的损伤，并启动协调炎症与修复程序，在感染、肾脏损伤、毒液螫入和肿瘤进展等方面对机体起保护作用。但是当组织反复或持续受损，肥大细胞释放的介质可能损伤机体，因此肥大细胞与哮喘和过敏、自身免疫性疾病、动脉粥样硬化和纤维化性疾病（如硬皮病、特发性肺纤维化）等许多疾病的病理生理学变化有关。人们首先在哮喘和过敏性疾病中注意到，作为对变应原与肥大细胞表面结合 IgE 相互作用的应答，肥大细胞能够释放一系列促炎介质。近几十年的研究显示，肥大细胞很可能在哮喘病理生理中起着关键性作用，其机制远远超出了与 IgE 的相互作用。

一、肥大细胞与支气管哮喘

　　支气管哮喘是具有慢性炎症和气道高反应性的异质性呼吸道疾病，临床上表现为与可逆性气流受限相关的喘息、咳嗽、呼吸困难和胸闷等症状。各种生物、物理和化学刺激可以导致不同哮喘个体的临床症状持续，或促发严重哮喘急性发作。导致哮喘患者气流受限的主要原因是在气道高反应的状态下出现气道平滑肌收缩，气道黏液分泌过多，血管通透性增加导致的黏膜水肿，气道炎症和气道的结构改变，即气道重构。气道壁的重构特征包括上皮层脱落、杯状细胞和黏液腺增生和肥大、上皮下纤维化、胞外基质沉积异常、血管增生和气道平滑肌增生。气道炎症类型对临床表型影响的确切机制尚不清楚。以往认为肥大细胞是变应原暴露后急性气道炎症反应的效应细胞，随着研究的深入，已认识到肥大细胞在哮喘的气道炎症过程中具有重要作用，并可能在复杂的哮喘病理生理变化过程中发挥突出作用。

（一）在哮喘中存在肥大细胞激活的证据

1. 急性变应原诱发的哮喘

在哮喘的病理生理过程中变应原暴露起着触发剂的作用，是哮喘发生的众多刺激因素之一。在生命早期，尘螨暴露是哮喘发生的最强危险因素，一般而言，在30岁以下的哮喘患者中，90%为变应性哮喘，其中绝大多数与屋尘螨和粉尘螨致敏有关。而在40岁以后发生哮喘的患者中，其过敏的发生率与普通群体相似，变应性哮喘的比例仅占50%左右。而某些花粉过敏的哮喘患者，仅在花粉季节才出现相应症状，部分花粉过敏者，可因雷暴后空气中形成的花粉微颗粒和真菌孢子微颗粒而导致哮喘急性发作。同时，人源化抗IgE单克隆抗体奥马珠单抗在严重变应性哮喘患者中的临床有效性及有效降低气道炎症的作用，确定了IgE在哮喘发病过程中的重要作用。但是临床上奥马珠单抗并不能治愈哮喘，虽然用药后患者的临床症状可能较轻，但症状往往持续存在。而且，在已患有变应性哮喘的个体中，变应原回避的临床获益有限，因此哮喘的疾病过程似乎是"自我永存"的。以职业性哮喘为例，如果不在疾病的早期采取相应变应原回避的有效预防措施，即便以后不再接触该变应原，患者的哮喘仍然持续存在。

现有证据表明，至少部分哮喘是IgE依赖的。在实验研究中，几乎所有变应性哮喘和许多非哮喘的特应症患者在支气管变应原激发后10～20min，迅速出现肺功能下降，如第1秒用力呼气容积（forced expiratory volume in one second，FEV_1）下降，并在随后2h内逐渐恢复，此反应过程被称为速发型哮喘反应（immediate asthmatic reaction，IAR）。大约50%的患者，在激发后的4～6h可有FEV_1的进一步下降，即迟发型哮喘反应（late asthmatic reaction，LAR）。部分患者的LAR可能持续至12h以上，有些患者可能在随后的数天甚至数周中仍有反复气道阻塞，屋尘螨变应原较草本变应原激发后发生的LAR更严重。变应原触发的IAR与迅速释放的多种血管活性物质和导致气道痉挛的介质有关，其中包括组胺、PGD_2和LTC4等。这些介质的释放导致血管扩张、通透性增加、平滑肌痉挛和腺体分泌增加，表现为黏膜水肿、支气管痉挛和黏液高分泌。在体外，人肺肥大细胞释放介质的相对速率依次为组胺＞PGD_2＞LTC4，半数最大释放量分别为2min、5min和10min，这与体内研究的结果相似。在局部支气管变应原激发后，支气管肺泡灌洗液（BALF）中介质的恢复时间是5～10min。研究表明，体内介质产生的浓度与在体外实验中需要产生支气管收缩所需的浓度相似。使用介质或选择性受体拮抗剂阻断组胺和LTC4的研究，获得了更多可以显著减弱IAR和PGD_2强度的直接证据。体内IgE依赖性介质释放的动力学和体外纯化的肥大细胞动力学研究结果都证明IAR存在肥大细胞的活化，说明肥大细胞参与过敏性哮喘的发病。在支气管局部变应原激发试验中，激发后数分钟就可以在回收的支气管肺泡灌洗液中发现肥大细胞中预先形成的特异性蛋白酶——类胰蛋白酶的浓度迅速上升。在体外，肾上腺能受体激动剂如沙丁胺醇等，可以抑制急性应激时肥大细胞脱颗粒，可以几乎完全消除 IAR 和相应的血浆组胺水平的增加；给予奥马珠单抗治疗可以显著减弱哮喘患者的 IAR，提示 IgE 依赖性信号通路是至关重要的。

相对于早期过敏反应特征性地由急性介质导致的支气管收缩和黏膜肿胀，LAR 则与局部炎性细胞聚集和激活的关系更密切。这种迟发的炎症反应被认为与迟发哮喘气道阻塞和气道反应性增高有关。LAR 的这些特征在很大程度上被认为与慢性哮喘的病理表现相似。由于在迟发哮喘反应期有包括嗜酸性粒细胞、CD4$^+$T、巨噬细胞和少量嗜碱性粒细胞在内的众多细胞的聚集和活化，因此很难确定肥大细胞介质在众多支气管收缩性介质中的意义。同时，LAR 也显示有组胺、PGD$_2$ 和 LTC4 水平上升，但是不同介质的比例与 IAR 不同。这表明，除肥大细胞外，其他细胞如巨噬细胞和嗜酸粒性细胞也可能是这些介质的来源。同时，由于在 LAR 中类胰蛋白酶的水平是下降的，因此肥大细胞在此期的作用受到质疑。实际上，在不同情况下细胞产生的介质不同，如抗原激发后肥大细胞释放 GM-CSF，抑制未成熟肥大细胞类胰蛋白酶的表达，但是并不降低组胺的释放量，并可能增强 IgE 依赖性组胺释放。肥大细胞脱颗粒后的恢复过程也可以解释在 LAR 中肥大细胞介质释放的差异。对啮齿动物的研究显示，肥大细胞激活和分泌介质后，如蛋白酶编码因子 mRNA 转录维持低水平，提示肥大细胞的颗粒再形成是一个缓慢的过程。奥马珠单抗治疗可以显著降低 LAR，表明在 IAR 中肥大细胞的活化过程产生的效应可持续至 LAR，因此抗原激发后肥大细胞分泌的介质和细胞因子与 LAR 的病理生理变化和症状的发生相关。

2. 肥大细胞与持续过敏性哮喘

哮喘是一种慢性异质性疾病，其症状随时间而不同。在由常见气传性或吸入性变应原致敏的过敏性哮喘的"稳定期"，用电子显微镜评价肥大细胞的形态时，发现在上皮细胞、固有层和平滑肌束中有持续性肥大细胞脱颗粒。许多研究发现，与健康对照组相比，稳定期哮喘患者的 BALF 中肥大细胞的数量增加，组胺和 / 或类胰蛋白酶水平增加。在有症状哮喘患者 BALF 中的肥大细胞显示出比健康者 BALF 中肥大细胞具有更强的组胺释放能力。与无症状哮喘患者的情况不同，有症状的哮喘患者 IgE 依赖的肥大细胞活化的组胺释放并不会在已经增高的背景下再显著增加，说明有症状哮喘的组胺高水平与 IgE 依赖性的肥大细胞活化有关。与非过敏的个体相比，过敏性哮喘患者 BALF 中肥大细胞 IgE 依赖性的组胺释放量也增加。而且在研究中已经观察到气道高反应性的严重程度与肥大细胞的数量、组胺浓度和 BALF 中组胺自身释放量密切相关。已经证实，在过敏性哮喘患者黏膜中的肥大细胞处于高度活化状态，表达 IL-4、IL-5、IL-6、IL-13、TNF-α、TSLP 和双调蛋白等细胞因子的 mRNA 和 / 或蛋白质，免疫组织化学显示这些哮喘患者肺组织中嗜酸性粒细胞数量的增加与肥大细胞 IL-4、IL-5 和 TNF-α 的密度增加密切相关，表明肥大细胞释放的细胞因子在哮喘的病理生理过程中起重要作用。

因此，肥大细胞可能通过"自分泌"和 IgE 依赖的活化，导致介质释放增加，肥大细胞的持续活化状态是过敏性哮喘持续的重要原因。流行病学资料显示，抗原暴露导致哮喘发作、奥马珠单抗治疗有效，这些均证明过敏性哮喘的表型至少部分与常见过敏原、IgE 和高度活化的肥大细胞间的相互作用有关。

3. 肥大细胞与非过敏性哮喘

大多数成人期发病的哮喘并不是由常见气传性变应原所致，以往将这些患者称为"内源性"哮喘，现都归类于非过敏性哮喘。这些哮喘患者的病情相对比较严重，并且症状持续，多伴有鼻息肉和阿司匹林过敏。但是除了临床表型不同外，其气道炎症状况几乎与过敏性哮喘一致。这表明，在这些不同的哮喘表型中，疾病的发生和发展存在共同机制。近期研究获得的证据支持此假设，并提出了肥大细胞在其中的作用。首先，虽然在健康人、过敏性哮喘患者和非过敏性哮喘患者三组中肥大细胞的总数相近，但是无论过敏性哮喘患者还是非过敏性哮喘患者其肥大细胞都主要是 $FceRI^+$ 细胞，哮喘患者的肥大细胞中 $FceRI$ 的密度明显提高；其次，与过敏性哮喘相似，在非过敏性哮喘中 Th2 相关性细胞因子 IL-4 和 IL-5 的 mRNA 和蛋白质的表达及表达这两种细胞因子的细胞都有增加，再次表明非过敏性哮喘中同样存在肥大细胞活化及其细胞因子分泌增加。IL-4 和 IgE 是肥大细胞表达 $FceRI$ 的强力触发因素，而且 IL-4 还是 IgE 合成过程中的关键细胞因子。在过敏性哮喘患者和非过敏性哮喘患者的支气管黏膜中，都有胚系基因和成熟的重链 RNA^+B 细胞的增加，表明有局部 IgE 合成，与支气管激发后 24h BALF 中 IgE 浓度增加一致。因此，极有可能在非过敏性哮喘中，支气管黏膜局部产生 IgE，进而促进 $FceRI$ 表达增加，也可以解释此时血浆中 IgE 水平并无明显增加的原因。鼻部肥大细胞可以通过 IL-4 和 IL-13 诱导 B 细胞产生 IgE，下呼吸道的肥大细胞也可能参与局部 IgE 合成的过程。如果事实确实如此，奥马珠单抗应该对非过敏性哮喘同样有效。

4. 职业性哮喘

职业性哮喘可以定义为在接触特殊工作环境后发生的哮喘或哮喘加重，并除外任何非特异性刺激导致的支气管收缩。职业性哮喘的患病率差异很大，但是在某些地区职业性哮喘可占成人哮喘的 15% ~ 20%。至少有 300 多种物质被认为与职业性哮喘有关，其中最常见的是吸入性物质，大致可以分为 3 组：①与特异性 IgE 产生有关的物质，这些物质包括直接免疫原性蛋白如高分子量酶，或与人体蛋白结合或作为半抗原的低分子量的化合物如酸酐和复杂的卤代铂盐等；②被认为通过未明免疫机制引起免疫反应的物质，通常不产生特异性 IgE 抗体，包括低分子化合物，如北美乔柏粉尘中的大侧柏酸和异氰酸酯；③刺激性气体、烟雾或化学物质，在一次大剂量暴露后可以产生反应性气道功能障碍综合征或刺激性哮喘。除促发哮喘的刺激物不同外，其他职业性哮喘，包括那些非 IgE 依赖性职业性哮喘的病理学，很大程度上与过敏性哮喘和非过敏性哮喘的表现相似。研究发现，与健康对照组相比，甲苯二异氰酸酯（toluene-2，4-diisocyanate，TDI）哮喘患者支气管上皮中肥大细胞的数量明显增加，电子显微镜下，大多数肥大细胞有脱颗粒现象，长期接触（22 年）TDI 后发生职业性哮喘的患者比短期（2 年）接触 TDI 后发病个体的气道黏膜中有更多的肥大细胞。用大侧柏酸激发北美乔柏哮喘（WRCA）患者支气管可以导致组胺快速释放入气道，但是健康者并无此反应。体外研究证实，大侧柏酸可促使取自 WRCA 患者的 BALF 中的肥大细胞和支气管黏膜活检的肥大细胞通过一种尚未确定的非 IgE 依赖性机制释放组胺，与 WRCA 患者通常并无大侧柏酸特异性 IgE 的临床发现相一致。

总之，肥大细胞通过与过敏性哮喘和非过敏性哮喘相似的方式，在职业性哮喘的病理生理中起着同样重要的作用。

5. 运动诱发性哮喘

运动诱发性哮喘被定义为运动后的一过性支气管收缩，有观点认为应该将其考虑为疾病未得到适当控制的一种临床表现，而不是一种独立的疾病。运动诱发性哮喘可通过干冷空气过度通气所激发。在广泛使用吸入性糖皮质激素（inhaled corticosteroids，ICS）治疗之前，运动诱发性哮喘患者几乎占哮喘患者的80%，典型患者的支气管收缩发生在运动后 $5 \sim 10min$，通常在30min内缓解。半数患者在运动后1h出现耐受期，此时即便再运动，也不会表现出进一步的支气管收缩。运动诱发性哮喘很可能是由于气道失温和液体丧失，使肥大细胞和嗜碱性粒细胞在高渗环境中释放组胺所致。色甘酸钠可以减少此类组胺释放，提示气道渗透压的变化与支气管收缩之间的关系。有研究发现，哮喘患者运动后循环中组胺的浓度增加，同时，在运动后诱导的痰液中也发现组胺、半胱氨酰白三烯和类胰蛋白酶的浓度上升，表明存在肥大细胞活化。临床上使用特非那丁、氯马斯汀、H1R 拮抗剂、氟比洛芬、强效环氧合酶抑制剂和 LTD4 受体拮抗剂均可明显减轻运动诱发的支气管收缩，提示肥大细胞活化是导致运动诱发性支气管收缩的重要因素。

6. 非甾体抗炎药诱导性哮喘

使用阿司匹林和其他非甾体抗炎药（NSAID）可以导致 $5\% \sim 10\%$ 的患者哮喘发作，更多见于患有迟发型哮喘的女性，而且一般病情较重。哮喘症状多发生在服药后 $1 \sim 2h$，严重发作时可以危及生命。花生四烯酸代谢的变化是其发病的重要原因，由非选择性 NSAID 诱导的环氧化酶 -2（cyclooxygenase 2，COX-2）的构象变化，可能通过脂氧合酶途径促进羟基甘碳四烯酸 HETE 和白三烯合成，导致支气管痉挛、黏液分泌增加和气道肿胀。阿司匹林哮喘患者摄入阿司匹林后鼻腔分泌物和尿中 LTC4 上升，使用白三烯受体拮抗剂具有很好的预防作用。阿司匹林激发后的研究或稳定期介质释放的研究均发现在这类哮喘中存在组胺、类胰蛋白酶和 PGD_2，提示有肥大细胞参与。体外研究证实阿司匹林诱导小鼠嗜碱性粒细胞性白血病细胞系 RBL-2H3 释放介质和赖氨酸，阿司匹林诱导人脐血肥大细胞 Ca^{2+} 内流和 PGD_2 释放。NSAID 过敏患者的气道中肥大细胞数量增加、表达 COX-2 细胞的比例也增加，患者气道中主要细胞表达 LTC4 合酶，这些发现进一步说明肥大细胞参与 NSAID 过敏性哮喘。

（二）哮喘急性发作中肥大细胞的作用

哮喘急性发作是导致哮喘疾病负担加重和哮喘患者死亡的主要原因，患者肺功能恶化可通过肥大细胞依赖的机制由变应原触发，但是大多数哮喘急性发作可能要经过数日才发生。这些患者大多伴有鼻病毒等呼吸道病毒感染，鼻部受到病毒感染后，在出现症状的最初数日内可见肥大细胞集聚在鼻腔的固有层。与之相反，在实验性感染鼻病毒后的第4天至第6周，下气道固有层的肥大细胞数量却是下降的，同期上皮肥大细胞数也无明显上升趋势。但是在哮喘患者中，疾病初始期气道固有层肥大细胞数量越高，感染后 FEV_1 的下降越明显。人肥大细胞对 TLR3 通路的应答是产生干扰素和半胱氨酰白三烯，并且通过 TLR3 和 $Fc\varepsilon RI$ 的双重刺激，进一步促进半胱氨酰白三烯的释放，以及诱导 IL-1bβ、TNF-α 和 IL-5 的产生与分泌。在哮喘急性发作过程中，首先，致敏和暴露于常见气传变应原的哮喘患者较之未暴露变应原的致敏者，在感染病毒后导致的哮喘急性发作更严重，提示病毒与变应原间存在重要的相互作用。其次，实验研究发现，鼻腔接种鼻病毒 16 型

（rhinovirus16，RhVRV 16）后，可以增加吸入变应原激发的迟发型哮喘反应的频度，而且在局部支气管变应原激发后进入血液和 BALF 中的组胺量显著增加，随之出现嗜酸性粒细胞在气道募集。而抗 IgE 治疗可以显著降低过敏性哮喘患者的严重哮喘急性发作的频率。以上这些证据都提示在过敏性哮喘中，肥大细胞直接影响病毒诱发性急性哮喘发作的过程。

　　无论是否过敏，病毒感染都可以导致病毒特异性 IgE 产生，抗体反应强度与急性感染时气道功能的变化相关。动物研究显示，呼吸道合胞病毒（respiratory syncytial virus，RSV）感染可以通过病毒与特异性 IgE 相互作用于肥大细胞，导致其脱颗粒，并伴有气道高反应性加重。新生小鼠实验显示，RSV 感染后，产生的 RSV 特异性 IgE 可以通过肥大细胞依赖性通路，促进气道高反应和 Th2 型炎症应答。病毒也能够间接通过非 IgE 依赖机制促进人肥大细胞介质的释放。总之，在呼吸道病毒感染时，体内可能存在通过 IgE 依赖性、TLR 依赖性及其他的未明机制活化肥大细胞，加重了哮喘症状，增加了发作频率。

　　细菌对哮喘的急性发作也有影响，并可能在一定程度上与病毒相互作用。细菌也可能通过 TLR、分泌毒素和细菌特异性 IgE 或超抗原途径产生的抗体，与肥大细胞相互作用。在一些研究中已检测到金黄色葡萄球菌、流感嗜血杆菌、肺炎球菌、肺炎支原体和衣原体的特异性 IgE，这些 IgE 与哮喘发作频率或哮喘的严重程度相关。再感染时，TLR、其他细菌特异性受体和 FcεR I 导致肥大细胞的协同激活，引起肺组织周围细胞的促炎信号进一步放大。在哮喘死亡患者的病理研究中也获得了更多的有关肥大细胞直接参与哮喘急性发作的证据。

（三）空气污染和肥大细胞与哮喘

　　室外污染空气暴露与哮喘危险度和哮喘急性发作频率增加有关，尤其是室外污染的微小颗粒物（particulate matter，PM）、臭氧、二氧化氮（NO_2）和二氧化硫（SO_2）等。当暴露在 PM_{10} 时，肥大细胞可以释放 GM-CSF、IL-1β、IL-6、CCL3、CCL4 和 CXCL8 等促炎细胞因子和趋化因子。当 HMC-1 细胞与肺癌上皮细胞 A549 和 / 或 THP-1 细胞共同培养时，可见 PM_{10} 依赖性细胞因子释放的协同增强作用。而且，当鼻腔暴露于变应原和柴油机排气微粒时，鼻部肥大细胞 IL-4 迅速上调，柴油机排气微粒还可促进变应原诱导的组胺释放。健康个体暴露于 NO_2 或 SO_2 可以增加 BALF 中肥大细胞的数量。在一组未使用激素的轻度哮喘患者中，虽然在变应原激发后，嗜酸性粒细胞向组织浸润增加，但是臭氧并未导致鼻部急性肥大细胞介质释放。而哮喘控制不良者暴露于臭氧可增加变应原激发时肥大细胞依赖性早期反应，伴有痰液中组胺和类胰蛋白酶水平增加。在需要使用激素吸入控制症状的哮喘患者中，臭氧可以导致支气管黏膜肥大细胞数量增加，而在健康者中臭氧暴露并无此效应。这些观察提供了环境污染可激活气道肥大细胞的证据。

二、肥大细胞在哮喘发病中的作用机制

　　肥大细胞存在于所有健康的人体组织中，在健康气道中，肥大细胞位于血管和整个

固有层附近。虽然不同研究结果存在差异，但是总体上，在未用激素的哮喘患者气道中肥大细胞数量与健康对照组是相似的。研究证明，肥大细胞广泛分布在哮喘患者的气道，提示在结构细胞功能异常和气道重构中肥大细胞具有重要意义。但是，单纯评估肥大细胞数量是片面的，关键是要了解在哮喘的发病过程中肥大细胞所在的位置和活化状态。在哮喘患者中肥大细胞浸润上皮、黏液腺和平滑肌这三个不同的部位，这种微解剖结构上肥大细胞的再分布，是肥大细胞在这些气道异常的关键部位发挥作用的基础，也表明肥大细胞介质的局部递送可能是气道生理功能紊乱的关键。

（一）哮喘患者气道平滑肌肥大细胞浸润是哮喘的关键特征

哮喘与嗜酸性粒细胞性支气管炎（eosinophilic bronchitis，EB）的比较研究提示，平滑肌肥大细胞浸润是导致哮喘气道生理功能紊乱的关键因素。哮喘和嗜酸性粒细胞性支气管炎患者不仅在支气管黏膜炎症细胞浸润、IL-4 和 IL-5 表达及基底膜胶原沉积程度等组织病理学改变相同，而且 BALF 和诱导痰液中组胺、PGD_2 等介质的水平及表达 IL-4 的 T 细胞数量也是相似的。因此，有学者提出，在哮喘发病机制中，长期以来被认为起关键作用的 Th2 可能在气流受限、气道高反应性和气道壁重构的过程中并不如以往认为的那么重要。平滑肌功能异常是哮喘的特征，但是以往的许多支气管黏膜免疫病理学研究却忽略了平滑肌功能与哮喘的关系。多项活检研究都证实，在哮喘患者平滑肌中肥大细胞的数量高于健康个体和嗜酸性粒细胞性支气管炎患者，因此哮喘和嗜酸性粒细胞性支气管炎最显著的病理学差异在平滑肌，平滑肌中肥大细胞浸润可能在气道高反应性和不同程度气流阻塞的发生中起作用。部分研究发现，平滑肌肥大细胞的数量与气道反应性密切相关，而且在稳定期哮喘患者中找到了肥大细胞激活的超微结构的证据。在哮喘死亡者中这些变化更明显，致死性哮喘患者的平滑肌中存在大量脱颗粒的肥大细胞，数量明显高于非致死性哮喘。平滑肌细胞中的大多数肥大细胞是 MC_{TC} 亚型，表达 IL-4 和 IL-13，但不表达 IL-5。对嗜酸性粒细胞性或非嗜酸性粒细胞性支气管炎的个体和不同程度哮喘患者的组织病理研究表明，肥大细胞在平滑肌浸润并不与过敏状态相关，因此，这似乎是跨越不同哮喘表型的一个与肥大细胞相关的共同特征。

哮喘的另外一个特点是深吸气时的支气管舒张反应。正常情况下，当一个人深吸气时，可以使支气管舒张，从而防止气道狭窄。但是在哮喘患者中，这种预防机制减弱或者缺乏。一项在深吸气后甲酰胆碱激发的研究发现，哮喘患者深吸气后呼气阻力下降的幅度显著低于健康对照组，此现象与平滑肌内肥大细胞密度相关。因此，平滑肌内肥大细胞的增加和活化与呼吸道生理性预防机制受损有关。以上结果提示，平滑肌中肥大细胞浸润是哮喘表型的关键确定因素。

（二）肥大细胞与气道平滑肌的相互作用

推测哮喘特异的平滑肌内肥大细胞的分布可能是通过可溶性因子和组织或细胞间黏附两条通路实现的。肥大细胞促进平滑肌功能异常、加重气道高反应性，而平滑肌则提供趋化信号，为肥大细胞的存活和活化提供适宜的环境，肥大细胞和平滑肌细胞间的特殊性相互作用，是导致双向通信与反馈调节的重要因素。近年的研究支持了此观点，肥大细胞在哮喘患者气道平滑肌中聚集，释放大量具有趋化活性的细胞因子和生长因子，如 CXCL11、CXCL8、CXCL10、CXCL12、CX3CL1、SCF 和 TGF-α 等，而且平滑肌细胞本身也可能为肥大细胞祖细胞和 / 或 MC_{TC} 募集提供微环境和场所。研究证实，CX-CR3-CXCL10 轴尤其重要，趋化因子受体 CXCR3 是 CXCL10 的受体，在哮喘患者的肺组织平滑肌肥大细胞中优势表达，提示 CXCR3 阳性细胞的高度募集。原代人平滑肌细胞具有 CXCL9、CXCL10 和 CXCL11 三种 CXCR3 配体，但是从哮喘患者中获取的平滑肌细胞在经 TNF-α、IFN-γ、IL-1 等细胞因子激活后，CXCL10 的分泌显著增多，说明与健康培养的平滑肌细胞相比，哮喘患者肺肥大细胞的趋化作用增强，也支持 CXCL10 与肥大细胞募集相关。肥大细胞迁移可以通过阻断肥大细胞中电导钙离子激活钾离子通道（KCa3.1）而得到抑制，提示此可能是有效的哮喘治疗策略。针对肥大细胞在哮喘平滑肌中募集的机制，可能是一种新的哮喘治疗思路。

（三）肥大细胞黏附至气道平滑肌细胞

细胞黏附是细胞间沟通的重要方式，通过直接接触和释放可溶性介质增强信号传递，黏附也可以使细胞留滞在局部。体外静息状态下，未激活的人肺肥大细胞与平滑肌细胞紧密黏附。由于在哮喘患者的平滑肌中并未见 T 细胞和嗜酸性粒细胞，除非被激活，肥大细胞黏附至平滑肌涉及 Ca^{2+} 依赖和非依赖两条途径，Ca^{2+} 依赖机制与 CADM1 有关。由于平滑肌细胞可少量表达 CADM1，肥大细胞 CADM1 依赖性平滑肌黏附很可能涉及嗜异性相互作用。肥大细胞黏附至平滑肌细胞的另一个 Ca^{2+} 依赖机制包括细胞表面受体与细胞外金属蛋白结合。

（四）平滑肌细胞在肥大细胞分化、存活和活化中的作用

人平滑肌细胞不仅可以募集肥大细胞，还可以促进肥大细胞的存活和活化。共培养研究发现，在缺乏外源性存活因子，如 SCF、IL-6 和血清的情况下，人平滑肌细胞可以促进人肺肥大细胞存活和增生。此过程是通过人肺肥大细胞表达的 CADM1、人平滑肌细胞表达的膜结合 SCF 和可溶性 IL-6 的共同作用完成的，而这两种类型的细胞又都可以产生这些细胞因子。人肺肥大细胞与人平滑肌细胞共培养可以使肥大细胞炎症介质释放增加，而不影响肥大细胞 FcεRI 介导的激活反应。这种平滑肌细胞依赖性人肺肥大细胞活化的现象可以解释哮喘患者的平滑肌中存在肥大细胞持续活化的原因。与固有层中的肥大细胞相比，哮喘患者平滑肌中的肥大细胞通常表达成纤维细胞标志物，这种成纤维样肥大细胞的数量与气道高反应性的严重程度密切相关。在体外，人肺肥大细胞和 HMC-1 细胞系加入连接蛋白或与人原代平滑肌细胞共培养后，可以获得典型的成纤维细胞的标志和形态，这种成纤维样表型的分化可能是由平滑肌细胞衍生的细胞外基质蛋白诱导的。成纤维样肥大细胞糜蛋白酶表达增加和组胺释放活性增强。

（五）肥大细胞与哮喘患者气道上皮

哮喘患者气道上皮肥大细胞的浸润在哮喘的发病中具有重要意义。首先，由于介于免疫系统和环境之间，处于表面，上皮内的肥大细胞易受外界的伤害性刺激和变应原激发，成为抗原提呈、Th0 细胞向 Th2 细胞分化、B 细胞向浆细胞分化和 IgE 合成等免疫反应的效应细胞；其次，肥大细胞可与上皮细胞相互作用，触发细胞因子释放。气道上皮肥大

细胞释放的类胰蛋白酶可以刺激上皮增生并上调 IL-8 和 ICAM1 的表达，促进炎症细胞的募集和黏附。然而，位于上皮的肥大细胞也可能抑制过敏性炎症，如肥大细胞被变应原激活后可以释放类胰蛋白酶，后者作为一种负反馈信号，可以降低呼吸道的变应原和 IgE 水平。研究发现，不同个体气道上皮肥大细胞效应有差异，未使用激素的轻度哮喘患者中，上皮内的肥大细胞主要为表达类胰蛋白酶而非糜蛋白酶的典型表型。哮喘患者气道上皮中肥大细胞数量增加，且与气道上皮 IL-4 蛋白的表达水平呈正相关，提示肥大细胞浸润受到 Th2 的调控。体外人肺肥大细胞与原代人上皮细胞共培养后可以产生众多细胞因子和趋化因子。

近年的研究发现，哮喘患者气道肥大细胞在气道血管重构和神经功能调节异常的发生和发展中同样起着重要作用，但是具体作用机制尚待确认。

总之，大量证据表明，肥大细胞是哮喘病理生理学中的核心细胞，开发抑制肥大细胞病理活性的治疗策略可能是哮喘治疗研究的一个方向。

（洪建国）

第三节　肥大细胞与肺纤维化

肺纤维化（pulmonary fibrosis，PF）是以肺实质炎症损伤、组织结构破坏和肺间质成纤维细胞增殖及大量细胞外基质聚集为病理特征的一大类肺疾病的终末期改变，也即正常的肺组织被损坏后经过异常修复导致结构异常——疤痕形成，由于病程的持续进展而致死的肺部疾病。绝大部分肺纤维化病因不明，故这组疾病也统称为特发性间质性肺炎（idiopathic interstitial pneumonia，IIP），是间质性肺病中的最大类别，包括 6 种类型。

特发性肺纤维化（idiopathic pulmonary fibrosis，IPF）是一种病因不明的、慢性进行性纤维化性间质性肺病，发病率和死亡率近年来逐年增加，病变局限在肺部，好发于中老年男性，主要表现为进行性加重的呼吸困难，伴限制性通气功能障碍和气体交换障碍、低氧血症，甚至呼吸衰竭，预后差，中位生存时间不足 5 年。肺组织学和胸部高分辨率 CT 多表现为普通型间质性肺炎（usual interstitial pneumonia，UIP）。病理特征主要为肺组织间质中细胞外基质（extracellular matrix，ECM）和胶原蛋白进行性聚积，逐步取代正常的肺间质组织，导致肺间质重塑，肺功能进行性下降，最终因呼吸衰竭而死亡。

肥大细胞被招募而激活，分泌炎症因子，调节血管通透性，调节平滑肌细胞收缩和成纤维细胞生长等，被认为与多种组织、器官的纤维化进程相关。近些年在肺纤维化患者和动物模型中发现，除了在超敏反应中扮演重要角色外，肥大细胞在肺纤维化中也起着重要作用。研究显示肥大细胞与心肌纤维化、肾纤维化及系统性硬化等疾病有关。

一、肺纤维化相关研究

（一）基于肺纤维化患者的研究

在肺纤维化的发生、发展过程中，肥大细胞的作用主要表现为肺组织切片中肥大细胞数量增加、活性增强，被激活的肥大细胞分泌多种调节因子，参与整个病理过程。肥大细胞数量的增加，在隐匿性机化性肺炎、二氧化硅沉着肺等多种肺纤维化疾病患者肺组织病理切片中均已证实。在 IPF 患者的肺组织中，增加的肥大细胞主要分布于血管和支气管周围，尤其在纤维化位点和 II 型肺泡细胞附近分布更多，并呈活化状态。随着肥大细胞数量的增加，患者肺功能损害加剧，肥大细胞数量越多的 IPF 患者，其最大肺活量或用力肺活量（forced vital capacity，FVC）下降速度越快。

IPF 患者肺组织和肺泡灌洗液中肥大细胞数量增加，肥大细胞糜蛋白酶水平增加，组氨酸分泌增加，进而激活肾素 - 血管紧张素系统，刺激成纤维细胞分泌胶原蛋白。肥大细胞的数量在非特异性间质性肺炎（non-specific interstitial pneumonia，NSIP）和普通型间质性肺炎中均明显增加。

将 IPF 患者肺肥大细胞与肺成纤维细胞（human lung fibroblast，HLF）共培养，肥大细胞被激活，类胰蛋白酶和 I 型胶原分泌增加，同时 HLF 增殖加速，此过程可能通过 PAR-2/PKC-α/Raf-1/p44/42 信号通路实现，肥大细胞的存活率和增殖能力也显著增强，这一作用与 KIT/SCF 信号通路有关。

（二）基于肺纤维化动物模型的研究

博来霉素诱导模型是目前最常见的大鼠、小鼠和仓鼠肺纤维化动物模型。肺纤维化大鼠可见渗透入肺组织中的肥大细胞数量增加，且主要定植于血管、支气管及肺泡组织纤维化病变周围，通过分泌组胺和肥大细胞特异蛋白酶及一系列细胞因子，促进成纤维细胞增殖和肺泡纤维化。

抗脂肪酸氧化的柚皮苷可减少迁移至肺组织的肥大细胞数量，延缓纤维化进程。二烯丙基硫醚（diallyl sulfide，DAS）是从大蒜提取的有机硫化合物，通过抑制活性氧类（ROS）诱导的肥大细胞增殖、激活，阻断 G 蛋白偶联受体超家族成员 PAR2 信号，减少细胞外基质和胶原蛋白合成，抑制肺泡上皮细胞凋亡而对博来霉素诱导的肺纤维化起保护作用。

糜蛋白酶抑制剂可下调糜蛋白酶表达，降低肺纤维化模型仓鼠肺组织纤维化评分，减少肺内肥大细胞数量，降低 TGF-β、MMP-2、胶原蛋白表达，减轻内皮素 -1 介导的肺动脉血管收缩。

肥大细胞特异的糜蛋白酶 -4（mast cell protease-4，MCPT4）是一种与人 *MCPT* 基因同源性最高的小鼠 *Mcpt* 基因。对 *Mcpt4* 基因缺陷小鼠 *Kit*$^{W-sh/W-sh}$ 的研究发现，MCPT4 参与了博来霉素诱导的肺早期炎症损伤，但野生型小鼠和基因缺陷型小鼠最终纤维化程度相当，单独使用糜蛋白酶抑制剂治疗肺纤维化的效果也不理想，提示糜蛋白酶不是博来霉素诱导的肺纤维化病程进展中唯一的信号分子。

二、肥大细胞参与肺纤维化进程的主要机制

肥大细胞可能通过多种机制参与纤维化进程。①Th2型炎症相关机制：如吸虫感染所致的纤维化，通常在虫卵肉芽肿组织周围有慢性炎症导致的细胞外基质异常沉积，可能是由Th2型炎症反应引发IL-4和IL-10过表达所致。②蛋白聚糖的作用：肥大细胞分泌透明质酸、硫酸软骨素等带负电荷的蛋白聚糖，一旦释放到组织间隙，即可促进成纤维细胞有丝分裂，增加细胞外基质的堆积，或者直接刺激相关细胞加速分泌细胞外基质，促进纤维化进程。③其他纤维化相关因子的作用：肥大细胞含诸多可直接诱导纤维化反应的因子，如TGF-β、PDGF、GM-CSF、糜蛋白酶和脂质分子等，其中糜蛋白酶是MC_{TC}分泌的一种重要的活性分子，与TGF-β、内皮素-1、血管紧张素Ⅱ、IL-11、IL-18、MMP-2、MMP-9等多种信号分子相互作用，通过调节成纤维细胞增殖、胶原蛋白合成、细胞外基质分泌参与纤维化进程。病理研究显示，肥大细胞聚集于营养丰富的疤痕周围，它们被认为是纤维化的关键刺激因子，推测肥大细胞与成纤维细胞之间的细胞缝隙连接在信号转导、细胞激活中至关重要，但此假说仍有待体内试验验证。

目前IPF的发病机制尚不十分清楚，其病理改变均以肺泡上皮损伤、成纤维细胞增殖和大量细胞外基质沉积为特征。肺结缔组织中存在大量成纤维细胞灶，主要为肺成纤维细胞和肌成纤维细胞，主要分泌Ⅰ、Ⅲ型胶原，是细胞外基质的主要成分和来源，肌成纤维细胞可发生表型转化，成为肺间质成纤维细胞的来源之一。了解肺成纤维细胞的生物学行为有助于发现肺纤维化的形成机制。

一项以大鼠肺成纤维细胞和腹腔肥大细胞通过接触与非接触共培养，观察肥大细胞对肺成纤维细胞增殖、转化及功能影响的研究发现，在IPF中细胞外基质沉积和平滑肌细胞/肌成纤维细胞增生的区域有大量肥大细胞聚集，接触共育、非接触共育，以及肥大细胞、成纤维细胞独立培养，各组肺成纤维细胞数量和细胞增殖在培养的第5天均达峰值，接触共育组成纤维细胞数量显著高于非接触共育组和对照组；接触共育组荧光标记的平滑肌肌动蛋白（α-SMA）表达和ELISA检测的Ⅰ型胶原含量增加，说明肥大细胞可能通过细胞间接触促进肺成纤维细胞的增殖、转化和胶原合成。

许多证据提示肥大细胞在各种纤维化中起重要作用，并发现一些肥大细胞合成和分泌的组胺、糜蛋白酶、类胰蛋白酶、肝素和细胞因子（如TGF-β1、TNF-α、FGF）等活性介质可以刺激成纤维细胞增生及细胞外基质过度积聚，参与组织纤维化的发生和进展。同时，通过两细胞间的缝隙连接通信，肥大细胞对成纤维细胞的生存和增殖有显著的促进作用，并能使其功能活跃，这一点在肥大细胞对眼眶成纤维细胞的作用研究中也得到证实。王红禄等的研究结果显示，肥大细胞稳定剂对重症急性胰腺炎肺损伤有保护作用。

综上所述，IPF是一类异质性的肺部病变，肥大细胞在某些类型的IPF中扮演着重要的角色。深入研究不同类型肺纤维化中肥大细胞的作用，有助于加深对IPF病因和病理发展过程的认识，促进IPF诊疗技术的发展。

（郭胤仕）

第四节　肥大细胞与慢性阻塞性肺疾病

慢性阻塞性肺疾病（chronic obstructive pulmonary disease，COPD）是一组以不完全可逆的气流受限为特征的呼吸系统疾病，患病人数多、死亡率高、社会经济负担重，已成为一个重要的公共卫生问题。气流受限常呈进行性加重，且多与肺部对有害颗粒或气体，如吸烟引起的异常炎症反应有关。COPD 的慢性炎症累及全部气道、肺泡壁和肺部血管，气道炎症是 COPD 病变及发病的主要原因。肥大细胞在呼吸系统中的作用包括介导过敏性和非过敏性炎症反应，调节免疫应答和呼吸道防御等。近年来的基础和体内外研究发现，肥大细胞在 COPD、呼吸道感染及肺纤维化的病理生理过程中发挥重要作用。本节主要阐述肥大细胞在 COPD 中的作用及相关机制。

一、COPD 的发病机制

吸烟和吸入有害气体和颗粒引起肺部炎症反应，导致了 COPD 典型的病理过程。除炎症外，蛋白酶 / 抗蛋白酶失衡和氧化应激在 COPD 的发病中也起重要作用，其发病机制主要体现在以下方面。

1. 炎症反应

COPD 的特点是肺内各个部分中性粒细胞、巨噬细胞、T 细胞（尤其是 CD8$^+$ 细胞）数量增加。部分患者有嗜酸性粒细胞增加，尤其在急性加重期。炎性细胞释放多种细胞因子和炎性介质，最重要的有 LTB4、IL-8、TNF-α，其炎症特点与哮喘明显不同。

2. 蛋白酶 / 抗蛋白酶失衡

蛋白酶 / 抗蛋白酶失衡是由于蛋白酶产量或活性增加或抗蛋白酶减少或失活所致。吸烟及其他危险因素和炎症本身均可引起氧化应激，一方面触发炎性细胞释放多种蛋白酶，另一方面通过氧化作用使抗蛋白酶活性降低或失活。COPD 发病过程中的蛋白酶主要有中性粒细胞产生的弹性蛋白酶、组织蛋白酶 G、蛋白酶 -3，以及巨噬细胞产生的组织蛋白酶 B、L、S 和各种基质金属蛋白酶，抗蛋白酶有 α1- 抗胰蛋白酶、分泌性白细胞蛋白酶抑制物和基质金属蛋白酶组织抑制因子。

3. 氧化应激

目前已在吸烟者和 COPD 患者的肺内、呼出气冷凝液和尿中检测出大量的不同种类的过氧化氢、一氧化氮等氧化应激反应产物。氧化应激通过多种途径促进 COPD 发病：氧化多种生物分子从而导致细胞功能障碍或坏死，破坏细胞外基质，使关键的抗氧化反应失活（或者激活蛋白酶），或者增强基因表达（通过激活转录因子如 NF-κB，或者通过促进组蛋白乙酰化）。

二、肥大细胞与 COPD

肥大细胞通常位于气道上皮、血管、神经、平滑肌细胞及产生黏液的腺体附近。研究发现，气道中的肥大细胞暴露于吸烟、环境等因素中而被激活，释放促炎介质到周围组织导致慢性炎症的发生。研究报道的相关变化体现在以下几个方面。

1. COPD 患者肥大细胞的数量变化

COPD 患者肥大细胞群存在显著的部位异质性，不同解剖部位和微环境的肥大细胞在形态、内含介质的种类与数量和功能上均存在差异。Andrea 等研究发现，中央型肺气肿患者的气道平滑肌中肥大细胞数量显著增加，且与气道高反应性和炎症程度明显相关；而小叶型肺气肿患者的肥大细胞数量与健康对照者比较无统计学差异。这一研究表明，在不同 COPD 病理类型中，肥大细胞可能具有不同的功能。Soltani 等将 32 名 COPD 患者和 15 名吸烟但肺功能正常者的支气管网状基底膜中肥大细胞密度与健康体检者对比，结果发现前者肥大细胞密度显著高于健康对照者支气管活检标本，血管周围肥大细胞密度与血管增多相关，但固有层肥大细胞密度只在 COPD 患者中增加。这一结果提示，肥大细胞可能参与了血管重塑。Lamb 等的研究发现，吸烟者与非吸烟者相比，细支气管上皮内肥大细胞数量增加但细胞内颗粒减少，可能与肥大细胞脱颗粒或成熟状态有关。Grashoff 等也发现，细支气管上皮内肥大细胞和巨噬细胞的数量在有气流受限的吸烟者中明显增加，提示肥大细胞可能参与 COPD 的病情进展。

2. 肥大细胞分泌的介质与 COPD 的关系

COPD 患者肺部肥大细胞并非通过 IgE 介导的途径被激活，而是通过肥大细胞表面的其他受体被激活，如 Fc γ 受体、SCF 受体 KIT、TLR 等。肥大细胞被不同的途径激活后可产生大量的效应分子，包括预先储存的介质（色胺、组胺和蛋白酶）、数分钟内释放的主动合成介质（前列腺素、白三烯）和激活数小时后释放的各种细胞因子和趋化因子，而这些介质在组织重塑中的作用尚无定论。研究发现 COPD 患者病情恶化期间，细菌代谢产物可通过结合 TLR 激活肥大细胞产生细胞因子和趋化因子等。肥大细胞产生 TNF-α、IL-8 导致 COPD 患者气道中性粒细胞炎症，引发更严重的气流受限；同时 TNF-α 和 IFN- γ 可通过 STAT-1、NF-κB 增强人气道平滑肌中 CXCL-10 的转录激活，CXCL-10 可促进肥大细胞迁移至气道平滑肌中。肥大细胞产生的 IL-4、IL-13 影响 T 细胞反应、黏液腺增生、平滑肌增生。肥大细胞产生类胰蛋白酶和糜蛋白酶，通过水解过敏原和神经肽起到抗炎等宿主防疫作用；通过释放趋化因子招募中性粒细胞，也能分泌类胰蛋白酶、糜蛋白酶及弹性蛋白酶，加重组织损伤，糜蛋白酶的促分泌作用导致黏液腺分泌增加。Louis 等研究发现，COPD 患者的痰中类胰蛋白酶水平显著高于哮喘患者和健康对照者，他们认为痰液和血清中类胰蛋白酶含量可能和气流受限严重程度相关，并可作为急性加重的标志物。肺部血管生成是组织重塑的另一个重要特征，而肥大细胞则是血管生成因子如 VEGF 的主要来源。肥大细胞介质如组胺、白三烯可激活肺巨噬细胞产生 NO、溶酶体酶和促炎细胞因子，这些都说明肥大细胞及其活化与 COPD 发病机制密切相关。

三、肥大细胞的亚型和 COPD

1. 肺部肥大细胞亚型的分布

肥大细胞分为类胰蛋白酶和糜蛋白酶表达阳性 MC_{TC} 及类胰蛋白酶表达阳性 MC_T 两种亚型，其中 MC_T 在气道组织中更常见。支气管上皮细胞、细支气管内壁及肺泡壁的肥大细胞均以 MC_T 为主，支气管上皮下 MC_T 和 MC_{TC} 的比例为 3.4 : 1，另有少量 MC_{TC} 分布在呼吸道支气管和小动、静脉外膜。MC_{TC} 和 MC_T 的 IgE 受体、IL-9 受体、肾素、组氨酸脱羧酶、血管内皮生长因子、成纤维细胞生长因子、5-脂氧合酶及白三烯 C4 合酶颗粒等有部位特异性，如支气管 MC_T 比肺泡 MC_T 含有更多的组氨酸脱羧酶，血管周围 MC_{TC} 的肾素含量比其他部位多。这些结构差异说明肺肥大细胞存在复杂的异质性，而且不同亚型在不同的组织微环境中所起的作用也不尽相同。

2. COPD 患者肺部肥大细胞亚型的改变

Andersson 等研究发现，严重的 COPD 患者小气道壁和肺泡隔组织 MC_{TC} 密度显著升高，肺血管 MC_T 和 MC_{TC} 密度显著下降，其中小气道、小气道上皮、肺血管及肺泡隔组织中 MC_{TC} 的比例都成倍增加；严重的 COPD 患者的大气道包含黏液腺中 MC_{TC} 亚型可增至 95%。仅小气道而言，MC_T 和 MC_{TC} 两种亚型肥大细胞在内皮层比例显著增加，而在平滑肌和外膜层均减少。Andersson 等的研究还发现，肥大细胞的数量与 COPD 患者的肺功能具有相关性，肥大细胞的总数和 MC_T 的减少与肺功能的下降呈正相关。除了肥大细胞的数量发生变化外，肥大细胞相关分子，如 CD88、TGF-β 和肾素等的表达也发生了改变。COPD 患者肺部所有部位的 MC_T 和 MC_{TC} 表面的 CD88 表达均增加，表达 TGF-β 的肥大细胞比例增加，但肾素表达显著下降。小气道和肺实质内 MC_{TC} 密度增加与肺功能下降具有相关性。

肥大细胞在 COPD 的发生发展中起到一定的作用，但其精确功能及其在 COPD 的具体病理生理机制，包括肥大细胞与 COPD 急性加重期的病原微生物识别与清除的机制等均需要进一步研究加以明确。

（王 娟 叶 熊）

参 考 文 献

彭敏，蔡柏蔷 . 2005. 美国胸科协会和欧洲呼吸协会对慢性阻塞性肺疾病诊治指南的修订 [J]. 中华内科杂志，5：394-397.

Andersson C K，Mori M，Bjermer L，et al. 2009. Novel site-specific mast cell subpopulations in the human lung[J]. Thorax，64（4）：297-305.

Andersson C K，Mori M，Bjermer L，et al. 2010. Alterations in lung mast cell populations in patients with chronic obstructive pulmonary disease[J]. Amer J Respir Criti Care Medi，181（3）：206-217.

Arthur G，Bradding P. 2016. New developments in mast cell biology: clinical implications[J]. Chest，150（3）：680-693.

Ballarin A，Bazzan E，Zenteno R H，et al. 2012. Mast cell infiltration discriminates between histopathological phenotypes of chronic obstructive pulmonary disease[J]. Am JRespir Criti Care Med, 186（3）：233-239.

Bradding P, Walls A F, Holgate S T. 2006. The role of the mast cell in the pathophysiology of asthma[J]. J Allergy Clin Immunol, 117（6）：1277-1284.

Bradding P. 2009. Human lung mast cell heterogeneity[J]. Thorax, 64（4）：278-280.

Burke S M, Issekutz T B, Mohan K, et al. 2008. Human mast cell activation with virus-associated stimuli leads to the selective chemotaxis of natural killer cells by a CXCL8-dependent mechanism[J]. Blood, 111（12）：5467-5476.

Caramori G, Casolari P, Barczyk A, et al. 2016. COPD immunopathology[J]. Sem Semin immunopathol, 38（4）：497-515.

Caughey G H. 2007. Mast cell tryptases and chymases in inflammation and host defense[J]. Immunol Rev, 217：141-154.

Cruse G, Bradding P. 2016. Mast cells in airway diseases and interstitial lung disease[J]. Eur J Pharmacol, 778：125-138.

Douaiher J, Succar J, Lancerotto L, et al. 2014. Development of mast cells and importance of their tryptase and chymase serine proteases in inflammation and wound healing[J]. Adv Immunol, 22：211-252.

Eapen M S, Myers S, Walters E H, et al. 2017. Airway inflammation in chronic obstructive pulmonary disease（COPD）：a true paradox[J]. Expert Rev Respir Med, 11（10）：827-839.

Erjefalt J S. 2014. Mast cells in human airways：the culprit[J]. Eur Respir Rev, 23（133）：299-307.

Gosman M M, Postma D S, Vonk J M, et al. 2008. Association of mast cells with lung function in chronic obstructive pulmonary disease[J]. Respir Res, 9：64.

Grashoff W F, Sont J K, Sterk P J, et al. 1997. Chronic obstructive pulmonary disease：role of bronchiolar mast cells and macrophages[J]. Am J Pathol, 151（6）：1785-1790.

Huang C, De Sanctis G T, O'Brien P J, et al. 2001. Evaluation of the substrate specificity of human mast cell tryptase beta I and demonstration of its importance in bacterial infections of the lung[J]. J Biolo Chem, 276（28）：26276-26284.

Irani A A, Schechter N M, Craig S S, et al. 1986. Two types of human mast cells that have distinct neutral protease compositions[J]. Pro Nat Acad Scie U S A, 83（12）：4464-4468.

Krystel-Whittemore M, Dileepan K N, Wood J G. 2015. Mast cell：a multi-functional master cell[J]. Front Immunol, 6：620.

Lamb D, Lumsden A. 1982. Intra-epithelial mast cells in human airway epithelium：evidence for smoking-induced changes in their frequency[J]. Thorax, 37（5）：334-342.

Li J, Lin LH, Wang J, et al. 2014. Interleukin-4 and interleukin-13 pathway genetics allet disease susceptibility, serum immunoglobulin E levels, and gene expression in asthma. Ann Allergy Asthma Immunol, 113（2）：173-179.

Liesker J J, Ten Hacken N H, Rutgers S R, et al. 2007. Mast cell numbers in airway smooth muscle and PC20AMP in asthma and COPD[J]. Respir Med, 101（5）：882-887.

Louis R E, Cataldo D, Buckley M G, et al. 2002. Evidence of mast-cell activation in a subset of patients with eosinophilic chronic obstructive pulmonary disease[J]. Eur Respir J, 20（2）：325-331.

Marshall J S. 2004. Mast-cell responses to pathogens[J]. Immunol, 4（10）：787-799.

Mortaz E，Folkerts G，Redegeld F. 2011. Mast cells and COPD[J]. Pulm Pharmacol Ther，24（4）：367-372.

Noli C，Miolo A. 2001. The mast cell in wound healing[J]. Vet Dermatol，12（6）：303-313.

Pawankar R. 2005. Mast cells in allergic airway disease and chronic rhinosinusitis[J]. Chem Immunol Allergy，87：111-129.

Peachell P. 2005. Targeting the mast cell in asthma[J]. Current Opinion in Pharmacology，5（3）：251-256.

Peng Q M C，Euen A R，Benyon R C，et al. 2003. The heterogeneity of mast cell tryptase from human lung and skin[J]. Eur J Biochem，270（2）：270-283.

Peng X，Liang Y，Li J，et al. 2020. Preventive effects of "ovalbumin-conjugated celastrol-loaded nanomicells" in a mouse model of ovalbumin-induced allergic airway inflammation. Eur J pharm Sci，15（143）：105172.

Portales-Cervantes L，Haidl I D，Lee P W，et al. 2017. Virus-infected human mast cells enhance natural killer cell functions[J]. J Innate Immun，9（1）：94-108.

Reber L L，Fahy J V. 2016. Mast cells in asthma：biomarker and therapeutic target[J]. Euro Respir J，47（4）：1040-1042.

Robinson D S. 2004. The role of the mast cell in asthma：induction of airway hyperresponsiveness by interaction with smooth muscle[J]. J Allergy Clin Immunol，114（1）：58-65.

Schwartz L B，Bradford T R，Irani A M，et al. 1987. The major enzymes of human mast cell secretory granules[J]. Am Rev Respir Dis，135（5）：1186-1189.

Soltani A，Ewe Y P，Lim Z S，et al. 2012. Mast cells in COPD airways：relationship to bronchodilator responsiveness and angiogenesis[J]. Eur Respir J，39（6）：1361-1367.

Virk H，Arthur G，Bradding P. 2016. Mast cells and their activation in lung disease[J]. Transl Res，174：60-76.

Welle M. 1997. Development，significance，and heterogeneity of mast cells with particular regard to the mast cell-specific proteases chymase and tryptase[J]. J Leuko Biol，61（3）：233-245.

Zhu J，Bandi V，Qiu S，et al. 2012. Cysteinyl leukotriene 1 receptor expression associated with bronchial inflammation in severe exacerbations of COPD[J]. Chest，142（2）：347-357.

第六章　肥大细胞与皮肤相关疾病

皮肤作为机体的保护层，与外界直接接触，作为机体第一道防线抵抗外界温度、湿度变化，抵御外来病原体、异物的侵袭。正因为如此，各种局部的和全身的刺激与伤害可引起皮肤和免疫系统的应答，甚至疾病的发生。肥大细胞是定居于皮肤屏障的免疫细胞，发挥免疫调节、免疫效应，维护皮肤屏障的完整和功能正常，同时也导致不同程度的损伤。皮肤疾病大多与免疫相关，肥大细胞也参与其中，已经认识到肥大细胞不仅参与过敏性皮肤疾病如过敏性皮炎、湿疹等，一些自身免疫性皮肤损伤如特应性皮炎、银屑病等也与肥大细胞相关。

第一节　肥大细胞与特应性皮炎

一、特应性皮炎的概念

特应性皮炎（atopic dermatitis，AD）又称遗传性过敏性湿疹或皮炎、异位性皮炎、异位性湿疹等，是一种慢性、瘙痒性、复发性、炎症性皮肤病，以皮肤瘙痒为常见症状，多与遗传因素有关。其特征为患者本人或其家族中可见明显的"特应性"特点。特应性一词的含义是：①有家族遗传性，易患哮喘、过敏性鼻炎、湿疹；②对异种蛋白过敏；③血清总 IgE 增高；④血液嗜酸性粒细胞增多；⑤有皮肤屏障功能障碍。一般而言，幼年时患有 AD，且病情迁延者，在环境抗原的诱发下，产生 IgE 抗体反应，机体处于高致敏状态，易进展为哮喘、过敏性鼻炎等其他变应性疾病。作为一种慢性炎症性皮肤病，AD 影响世界 15% ~ 30% 的儿童和 2% ~ 10% 的成人。临床研究发现，大约 80% 的 AD 患者血清总 IgE 水平升高，同时在慢性炎症皮损中可以观察到淋巴细胞和肥大细胞聚集在血管周围。目前几乎没有研究对皮损炎症初期，包括 IgE 产生前的相关免疫反应做出合理解释。但专家的基本共识是 IgE 及其 FcεRⅠ 和皮肤组织存在的肥大细胞是炎症信号的首要应答者。通过对肥大细胞在 AD 发病过程和异常免疫应答作用的探讨，可以进一步揭示特应性皮炎的细胞学基础，为 AD 的临床治疗提供新靶点。

二、AD 的临床表现

（一）AD 的分期

根据不同年龄阶段的不同特点，AD 通常分为三个阶段：婴儿期、儿童期、青年期及成人期。

（1）婴儿期：也称婴儿湿疹，多数在出生后 2 个月至 1 岁内起病。皮损多见于额、面颊、耳郭和头皮，四肢和躯干也可发生。初为红斑，后出现针头大的丘疹、丘疱疹及水疱，可密集成片，境界不清。皮损呈多形性，瘙痒显著。挠抓重者可见渗出及显露鲜红色糜烂面，干后结痂。病情时轻时重，某些食物和环境因素可加重病情，一般在 2 岁内逐渐痊愈。

（2）儿童期：多数患者在婴儿期后缓解 1～2 年，4 岁左右开始发病，少数自婴儿期延续至儿童期。皮损常累及四肢伸侧或屈侧，常限于腘窝及肘窝，也可累及眼睑、颜面部。丘疹暗红，渗出较轻，可有抓痕，可见皮疹肥厚呈苔藓样变。

（3）青年期及成人期：指 12 岁以后青少年及成人阶段的遗传性过敏性皮炎。皮损常为苔藓样变或呈亚急性湿疹样损害，好发于肘窝、腘窝、四肢及躯干。

（二）AD 的特殊皮肤表现

AD 患者可伴有一系列特征性皮肤改变，包括干皮症、耳根裂纹、鱼鳞病、掌纹症、毛周角化症、皮肤感染（特别是金黄色葡萄球菌和单纯疱疹病毒感染）倾向、非特异性手足皮炎、乳头湿疹、唇炎、复发性结膜炎、旦尼 - 莫根（Dennie-Morgan）眶下褶痕、眶周黑晕、苍白脸、白色糠疹、颈前皱褶、白色划痕 / 延迟发白，可作为 AD 的辅助诊断。

三、AD 的发病机制

（一）皮肤屏障功能障碍

皮肤屏障是指由角质层、脂质及天然保湿因子（natural moisturizing factor，NMF）等构成的天然防御系统，可以有效地阻止外界理化因素的侵袭和水分的丢失，以维持皮肤健康。此外，皮肤屏障还参与对树突状细胞等免疫活性细胞的调控，进而阻断后续 T 细胞介导的炎症反应。

AD 患者皮肤干燥与高敏感性及表皮屏障功能减退有关。大量研究表明，神经酰胺含量减少、中间丝相关蛋白基因突变、必需氨基酸代谢异常和水通道蛋白功能异常等与 AD 患者皮肤屏障破坏相关。其中，丝聚合蛋白（filaggrin，FLG）基因突变是 AD 重要的遗传因素。FLG 表达减少，导致角质屏障结构障碍、角质层脆性增加，并引起 NMF 生成减少，抗菌肽的表达降低，AD 患者皮肤干燥和感染风险增加。表皮屏障缺陷同时也引发皮肤对低分子、水溶性物质渗透性增加，皮肤对刺激和半抗原的炎症反应阈值降低、致敏性增强。此外，因为抗菌肽的分泌减少，表皮菌群失调，金黄色葡萄球菌定植增加，进一步促进了 AD 的急性加重和慢性迁延。

（二）异常免疫应答的产生

皮肤屏障功能受损增加了外源性抗原进入皮肤的机会，在引起免疫耐受的同时，也导致机体对非特异性抗原的高反应性。AD 患者的皮肤炎症主要表现为连续性、渐进性的炎细胞浸润，尤其是 CD4[+]T 细胞，其皮损形成由急性期和慢性期炎症反应共同参与完成。在急性期，Th2 细胞活化，表达高水平的 IL-4、IL-5、IL-13、IL-31 等细胞因子，并诱导 B 细胞分化产生更多的 IgE，以及肥大细胞、嗜碱性粒细胞的脱颗粒，使机体处于特异性致敏状态。同时，这些细胞因子还可以刺激嗜酸性粒细胞分泌 IL-25，进一步增加 Th2 细胞的活化。肥大细胞脱颗粒产生的趋化因子募集炎细胞和成熟 T 细胞至炎症部位，并促进 Th2 细胞和表皮树突状细胞浸润。另外，有研究发现，AD 患者急性期皮损中 IL-17 高表达，IL-17 可能通过增强 Th2 记忆细胞功能，促进角质形成细胞免疫活性和诱导 TGF-1、IL-12、IL-6 等炎症因子的表达，参与 AD 发病，加重病情。随后，嗜酸性粒细胞、真皮树突状细胞、炎症性树突状表皮细胞分泌 IL-12，诱导 Th1 细胞极化，使 AD 由急性期转为慢性期。在慢性期，炎细胞浸润更为广泛，同时 Th1、Th2、Th17 和 Th22 细胞也表达高水平的 IFN-γ、IL-12、IL-18 和 GM-CSF，参与皮肤炎症反应，并抑制 Th2 细胞调节 IgE 的产生。Th17 和 Th22 细胞能够协同胸腺基质淋巴细胞生成素（thymic stromal lymphopoietin，TSLP）促进组织的重塑和纤维化。此时，肥大细胞产生的细胞因子，以及 Th1 细胞分泌的 IFN-γ、各种蛋白酶和自由基共同参与表皮细胞的破坏、组织的修复及纤维化。此外，在 AD 的非皮损区同样存在上述免疫活性细胞浸润的亚临床炎症表现。

综上所述，AD 是表皮屏障功能障碍和免疫失调相互作用的结果，其发病机制复杂，与多种免疫细胞、炎性介质和感染等有关。而表皮屏障的破坏和异常免疫应答的产生之间形成恶性循环，表皮屏障的破坏刺激，加重炎症反应，异常免疫应答的产生又进一步加重了皮肤屏障功能的破坏。

（三）肥大细胞在 AD 异常免疫应答中的作用

通过分泌细胞因子、趋化因子和生长因子，肥大细胞参与调节皮肤炎症相关细胞的募集、运输和活化，从而在 AD 异常免疫应答中发挥效应，促进 AD 的发生和发展。研究表明，通过分泌 TNF-α、IL-4 和 IL-13，肥大细胞能够诱导内皮细胞黏附分子参与白细胞募集；此外，肥大细胞还可以调节 Th0 向 Th2 亚群的分化并增强 T 细胞活化，通过直接产生趋化因子或间接诱导内皮细胞黏附分子表达，诱导 T 细胞向病变部位趋化、募集。同时，肥大细胞能够调节原始 B 细胞的发育和刺激 B 细胞合成 IgE。肥大细胞能够影响角质细胞（keratinocyte，KC）和树突状细胞的功能：通过释放组胺，肥大细胞诱导角质细胞合成及分泌黏附分子、促炎因子、趋化因子和生长因子；在 TNF-α 的刺激下，肥大细胞诱导树突状细胞表达整合素，并迁移到局部淋巴结；肥大细胞可以作用于树突状细胞并影响 Th1/Th2 对抗原应答的极化；通过抑制树突状细胞产生 IL-12，以及在 PGD₂ 的刺激下，肥大细胞促进 Th0 向 Th2 分化。最终，肥大细胞也能如抗原提呈细胞一样，直接将抗原提呈给 T 细胞。

1. AD 皮损中肥大细胞数量增多、活化增强

研究发现，AD 患者皮损和非皮损处肥大细胞数量均显著高于非 AD 对照组皮肤组织。在 AD 急性病变中，肥大细胞的数量正常但显示其脱颗粒增加。然而，在慢性病变中，肥大细胞的数量明显增多，尤其是在真皮乳头淋巴细胞浸润区域。目前尚不清楚 AD 皮损处肥大细胞数量增加的机制，可能与其他部位肥大细胞的募集，原位肥大细胞的增殖、凋亡减少，以及肥大细胞前体细胞产生增多等有关。另外，研究发现肥大细胞与皮损处内皮细胞密切相关，并可能通过释放促血管生成因子来刺激血管的增殖。因此，肥大细胞可能通过促进炎症部位的血管生成直接促进炎症。

目前有许多关于 AD 与肥大细胞基因多态性的研究。例如，编码高亲和力 IgE 受体 FcεRⅠβ 链的基因多态性与 AD 密切相关。基因多态性引起 FcεRⅠ 在细胞膜表达增加并增强了细胞内信号转导，继而引起更高水平的 IgE 依赖的细胞活化。AD 与肥大细胞糜蛋白酶的遗传变异也存在联系，这可能与 AD 的发病机制有关，这种酶在 AD 皮肤中是增加的。

2. 肥大细胞活化参与 AD 炎症应答

在 AD 炎性皮损中可以观察到在肥大细胞募集的过程中存在大量脱颗粒现象。研究发现肥大细胞脱颗粒与 AD 的严重程度一致，这表明肥大细胞可能作为 AD 严重程度的标志。肥大细胞活化与 AD 的相关性也通过研究肥大细胞产物得到支持。AD 患者的皮肤和血浆中含有较高浓度的组胺、IL-4 和 IL-13，66% 和 20% 的肥大细胞分别表达 IL-4 和 IL-13。而 IL-4 和 IL-13 是 Th2 型细胞免疫应答的关键细胞因子，并且已知 IL-4 在 AD 发病中起关键作用，所以 AD 患者皮肤中的肥大细胞可能通过这些细胞因子来促进 Th2 极化。

据报道，内源性蛋白酶激活受体 -2 激动剂——类胰蛋白酶在 AD 患者中增高 4 倍以上。已发现，与银屑病、皮肤红斑狼疮和正常人相比，趋化因子 CCL1 在 AD 患者的血清中特异性上调，而 CCL1 主要由肥大细胞、树突状细胞和真皮内皮细胞分泌。CCL1、CCR8 受体在 T 细胞亚群、树突状细胞和单核细胞表达增加，表明肥大细胞引起了这些细胞类型向 AD 损伤部位募集。

肥大细胞受体变化研究发现，在 AD 的病变皮损中 G 蛋白偶联受体血管活性肠肽受体 2 亚型（vasoactive intestinal peptide receptor 2，VPAC2）下调。由于血管活性肠肽（VIP）可能抑制肥大细胞 cAMP 介导的脱颗粒，所以认为下调的 VPAC2 导致 VIP 的保护和稳定作用减弱，从而引起 AD 中肥大细胞的激活。有文献报道，肥大细胞是 AD 皮肤中表达 CD30L 的主要细胞类型；在未脱颗粒的情况下，肥大细胞可被 CD30-Fc 融合蛋白激活并分泌 MIP 和 IL-8。这些研究证明，肥大细胞被 CD30L 激活后，作为趋化因子的来源，继而促进白细胞迁移至病变皮肤局部。

3. AD 抗炎治疗抑制肥大细胞活化

目前，对于 AD 尚无以肥大细胞／嗜碱性粒细胞为靶点的药物。但是，发现抑制药物和其他细胞或因子抑制剂可下调肥大细胞或嗜碱性粒细胞的数量或抑制其活化。糖皮质激素具有显著的抗炎作用，广泛用于 AD 的治疗。尽管这些药物不抑制人肥大细胞中组胺的释放，但它们可减少肥大细胞的细胞因子水平。最近的一项研究表明，外用糖皮质激素如地塞米松，可以抑制 AD 中上调的肥大细胞 FcεRI 介导的趋化因子 CCL2、CCL7、CXCL3 和 CXCL8 的水平，进而减轻 AD 的皮肤炎症和瘙痒症状。钙调磷酸酶抑制剂他克莫司和吡美莫司等，已被 FDA 批准用于治疗中度和重度 AD。这些药物阻断活化的 T 细胞核因子（nuclear factor of activated T cell，NFAT）移位至细胞核并抑制肥大细胞、嗜碱性粒细胞和 T 细胞的功能等。抑制剂的作用可能是降低肥大细胞活化，因为治疗不会减少 AD 病变皮肤中肥大细胞的数量。最近的研究发现，钙调磷酸酶抑制剂（FK506）阻断肥大细胞中 FcεRI 介导的 CCL1、CCL3、CCL4 和 CCL18 上调；地塞米松和 FK506 几乎完全抑制了肥大细胞中趋化因子的合成，这些药物作用结果间接支持了肥大细胞在 AD 皮损发展中的作用。

（四）IgE 在 AD 发病机制中的作用

80% 以上的 AD 患者血清总 IgE 水平升高，某些变应原特异性 IgE 滴度增加，并且有报道 IgE 单克隆抗体治疗 AD 具有较为明显的疗效。IgE 升高的程度与特应性皮炎积分（scoring atopic dermatitis index，SCORAD）呈正相关，这提示 IgE 在 AD 发病机制中扮演重要角色。IgE 最明确的功能是与肥大细胞膜受体 FcεRⅠ 结合，介导肥大细胞激活，并使其释放预先形成的介质如组胺和促进 Th2 激活 T 细胞应答的细胞因子，如 IL-4 和 IL-13 等。因此，IgE 可能在各种变应原的诱导下通过介导皮肤中肥大细胞的活化促进 AD 的发展。

具有 IgE 受体并且可以促成 IgE 介导的免疫应答的另一个重要的皮肤细胞是抗原提呈细胞，包括朗格汉斯细胞和炎症性树突状表皮细胞。这些细胞表达低亲和力型 IgE 受体（FcεRⅡ），而这种表达可以被 IgE 上调。与正常对照相比，AD 个体中皮肤朗格汉斯细胞和炎症性树突状表皮细胞的 FcεRⅡ 表达水平显著升高。通过某些过敏原特异性 IgE 与受体结合，使这些细胞致敏，摄取和处理过敏原的能力增强，并将处理后的过敏原提呈给 T 细胞，引起 Th0 向 Th2 分化并产生 Th2 型细胞因子，参与炎症反应；激活肥大细胞，诱导 B 细胞使合成免疫球蛋白向 IgE 方向进行。在 AD 中，这一机制可能适用于能够穿透表皮的气体过敏原的提呈。

虽然 IgE 并非 AD 发生发展所必需的，但大量的研究表明特应性致敏与 AD 的严重程度和预后相关。通过特应性斑贴试验向皮肤施加过敏原可以诱发湿疹样皮损。已有文献报道，采取过敏原回避，能够改善 AD 患者湿疹样皮损。临床研究发现，对粉尘螨过敏的 AD 患者，避免屋尘螨过敏原接触能够改善症状。同样，对真菌过敏原特异性 IgE 阳性的 AD 患者采用口服抗真菌药物治疗，可以获得明显的临床改善。但是现阶段仍然缺乏直接证据证明特异性 IgE 参与 AD 病情的发展，上述结果也可能是由于免疫和炎症因素导致而并非 IgE 所引起。

抗人 IgE 的人源化单克隆抗体奥马珠单抗已用于治疗 IgE 介导的变应性疾病，如治疗中至重度或严重的过敏性哮喘。这种单克隆抗体能够有效地中和循环中的 IgE，并抑制 IgE 与不同细胞表达的 IgE 高亲和力受体 FcεRⅠ 和低亲和力受体 FcεRⅡ 的结合，通过结合到细胞表面 IgE 受体识别位点的邻近位点，干扰细胞对 IgE 的识别和结合，从而抑制这些细胞的活化，尤其是抑制表达 FcεRⅠ 的肥大细胞和嗜碱性粒细胞的活化。研究发现，接受药物治疗后患者皮肤中肥大细胞的 FcεRⅠ 表达水平显著降低。通过中和 IgE 和抑制 FcεRⅠ 水平的联合作用，这种药物能够有效地抑制 IgE 介导的超敏反应。目前也有许多关于奥马珠单抗用于治疗 AD 等的研究，结果也表明抗 IgE 治疗是有效的，这些结果也间接支持了 IgE 在 AD 发病中的作用。在用奥马珠单抗治疗中，IgE 抗体与循环 IgE 形成复合物，并且这些复合物仍然保持循环。因此，总 IgE 的水平在这些个体中明显增高，而目前市售的检测试剂不能区分游离 IgE 和抗 IgE-IgE 复合的 IgE，所以无法对游离 IgE 定量。

（五）肥大细胞在 AD 瘙痒形成中的作用

瘙痒是 AD 最突出的临床特点之一，严重影响了患者的日常生活。瘙痒—挠抓的恶性循环也会通过损伤皮肤屏障加重瘙痒症状和皮肤炎症损伤。通过 AD 小鼠模型研究发现，NC / Nga 小鼠的皮炎可以通过修剪脚趾甲而得到缓解，而指甲完好的小鼠则表现为持续性皮炎；在表皮免疫小鼠中，搔抓可以诱导 Th2 型免疫应答向 Th1 型免疫应答转换；血蓝蛋白（keyhole limpet hemocyanin，KLH）表皮致敏的小鼠表现出局部皮肤以 IgE 和 IL-13 表达增高的 Th2 为主的免疫反应，而用钢丝在腹部皮肤搔抓则诱导了诸如以迟发性变态反应和皮肤 IgG2a、IgG2b、IFN-γ 水平升高为特点的 Th1 型炎症应答。这表明搔抓及其随后的感染是以由 Th2 细胞为主的炎症急性期向以 Th1 细胞为特点的慢性期转变的关键因素。然而，尽管肥大细胞对包括 IgE 和抗原、神经肽、细菌组分和物理刺激在内的各种与 AD 相关的因素有反应，但肥大细胞对 AD 相关瘙痒发作的作用机制尚不明确。

作为肥大细胞主要致敏介质的组胺，在作为抗瘙痒治疗的靶点时其效果并不如意。研究发现，非镇静类抗组胺剂对湿疹相关瘙痒效果甚微，而镇静类抗组胺剂在人 AD 和小鼠 AD 中疗效较好，这提示肥大细胞可能通过神经源性相关机制参与 AD 瘙痒发作。

肥大细胞与正常组织和炎症组织中的传入神经末梢紧密相邻，与神经纤维之间存在复杂的功能联系。类胰蛋白酶是肥大细胞产生的主要蛋白酶，它可以水解并激活表达在初级感觉神经和角质形成细胞上的蛋白酶激活受体 -2（protease activated receptor 2，PAR-2），从而刺激神经细胞分泌神经肽 P 物质和神经激肽 A，引发瘙痒。在 AD 皮肤病变中，可待因诱导的类胰蛋白酶的释放显著增加，在特应性病变中诱导的瘙痒却不被抗组胺药所抑制。向健康志愿者腹腔注射类胰蛋白酶引起的皮肤瘙痒，可以被 PAR-2 中和抗体和 PAR-2 拮抗剂缓解。此外，在健康受试者皮内注射一种可以激活 PAR-2 的多肽后，能够引起疼痛，随后出现短暂瘙痒，并可激发 AD 皮损部位更加强烈的瘙痒。这些结果意味着在 AD 患者皮肤中涉及类胰蛋白酶 /PAR-2 通路并且被激活。

在 AD 中已经证实包含神经肽的神经纤维的改变。与正常对照组相比，AD 患者皮损部位血管活性肠肽的组织浓度降低而 P 物质浓度增加。研究发现，皮肤中肥大细胞相关神经主要是 P 物质阳性的。皮下注射 P 物质，可通过神经激肽受体 -1（neurokinin-1，NK1）活化肥大细胞释放组胺，从而诱导瘙痒。同时，释放的 TNF-α 能够激活 TNF 受体刺激神经元末梢进一步释放 P 物质，P 物质还能进一步诱发各种其他瘙痒因子的释放，如刺激内皮细胞释放内皮素、角质细胞释放 NO。但是，这些相关通路在 AD 中的作用与机制大部分仍然未知。

通过丙酮和乙醚诱导的干性皮肤小鼠模型，表现出搔抓增加、伴有经皮水分损失和电容的降低。在这个模型中，诱导皮肤干燥 5 天后，总肥大细胞数量和脱颗粒的肥大细胞数量未发生变化。与野生型同窝小鼠相比，肥大细胞缺陷的 $Kit^{W/W-v}$ 小鼠在搔抓行为上没有差异。阿片类受体拮抗剂能够抑制搔抓。另外，尽管对野生型和 $Kit^{Sl/Sl-d}$ 小鼠的组织病理学研究均发现它们表皮增厚、炎细胞显著浸润和 IgE 大量增加，但在 AD 的重复半抗原治疗模型中，肥大细胞缺陷的 $Kit^{Sl/Sl-d}$ 小鼠在搔抓行为上并没有比媒介物处理的小鼠增加。这些发现均表明肥大细胞依赖和肥大细胞非依赖机制都参与了 AD 相关瘙痒的发生。在 AD 的瘙痒机制中，肥大细胞的作用及其与神经系统的相互作用仍需要广泛的探索加以明确。

既往对 AD 发病机制的研究热点主要集中在 Th1/Th2、Th17、Th22、皮肤屏障功能障碍、皮肤菌群及基因等方面，而针对肥大细胞的免疫学研究多集中在 I 型超敏反应。近年来，大量研究表明，肥大细胞在感染、肿瘤、血管生成、组织修复中发挥重要作用。而肥大细胞在天然免疫和获得性免疫中的作用也越来越受到重视。肥大细胞的分布特点及在 AD 患者皮肤中的分布和活化增加、IgE 途径介导的免疫极化和应答等都提示肥大细胞参与

AD 的发病，但尚未有直接证据予以证明。同时，对于肥大细胞在 AD 中的研究缺乏连续性观察和系统性分析，肥大细胞在 AD 病情发展变化中的作用机制也尚不明确。目前，AD 小鼠模型较为完善，可通过肥大细胞基因敲除小鼠进行肥大细胞与 AD 的相关研究。而对肥大细胞与皮肤菌群、天然 IgE 的产生、ILC 的活化及致病性 Th2 细胞的产生等 AD 相关领域的探索或将成为未来 AD 发病机制研究的新方向。

（李　巍）

第二节　肥大细胞与银屑病

银屑病是一种常见的慢性炎症性皮肤病，典型皮损表现为界限清楚的银白色鳞屑性红斑、斑块，存在特征性的表皮过度增生和慢性炎症。本病病因尚未明确，目前认为是遗传因素与环境因素等多因素相互作用的结果。近年来肥大细胞在银屑病发病中的关键作用逐渐受到重视。银屑病皮损处肥大细胞数量明显增多，且细胞密度与皮损增生程度密切相关。肥大细胞在疾病发生早期即被激活，随后在真皮浅层浸润的数量增多，并伴随多种细胞因子的表达升高及神经肽等分子的增加。

一、肥大细胞在银屑病中的作用概述

在银屑病发生初期，肥大细胞可迅速释放 TNF-α、IL-8、SCF、VEGF 生长因子等活性介质，诱导角质形成细胞表达和分泌 IL-8 及活化调节正常 T 细胞表达和分泌因子（RANTES）即 CCL5，促进角质细胞、内皮细胞和树突状细胞表达 ICAM-1、ELAM-1 和 VACM-1 等黏附分子，趋化 T 细胞游走及其细胞因子的再分泌；同时引起血管扩张，导致新生血管的形成；通过自分泌和旁分泌机制，加速和完善肥大细胞的自身成熟，促使新的炎症介质及细胞因子合成和分泌，影响炎症反应的进程。这种肥大细胞 - 细胞因子级联效应可能是银屑病的重要致病机制之一。

在银屑病皮损真皮浅层，MC_{TC} 数量增多，在银屑病皮损发生早期可以观察到特征性的肥大细胞脱颗粒现象。有研究者发现在疾病复发过程中，最早出现的变化是内皮细胞肿胀，继而在毛细血管后微静脉周围出现脱颗粒的肥大细胞。在急性点滴型银屑病发病早期的皮损组织切片中存在不同类型的肥大细胞脱颗粒现象，且这种特征在进展期仍持续存在。同形反应现象（Koebner phenomenon）是皮肤性病学中的一个名词，是指正常皮肤在受到非特异性损伤，如创伤、抓伤、手术切口、日晒、接种，或有些皮肤病等后，可诱发与已存在的某一皮肤病相同的皮损变化。同形反应可能属于自身免疫现象，由于外伤及皮肤炎症等刺激，引起表皮和真皮的某种破坏而产生自身抗原，使得体内发生一系列免疫学反应，从而导致皮肤的病理变化。最具特征性的同形反应见于银屑病，也见于扁平苔藓、湿疹的急性期等，白癜风患者也常有同形反应。在外观正常的银屑病患者皮肤上诱发同形反应，数天后可观察到皮损部位肥大细胞数量逐渐增多。以上表明常驻

于真皮的肥大细胞是在疾病初始阶段最早发生活化的细胞之一。

银屑病中肥大细胞数量增多的机制尚不明确。SCF 是一种已知的维持人肥大细胞生长、迁移和活化的关键因子，肥大细胞本身也能产生 SCF。皮下注射 SCF 可诱导局部真皮肥大细胞活化和脱颗粒，继而募集多种炎症细胞如中性粒细胞、嗜酸性粒细胞和嗜碱性粒细胞浸润。人皮肤中分离的成熟肥大细胞可在含有 SCF 的无血清培养基中体外生长和增殖，且维持其蛋白酶活性。SCF 的受体 KIT 是一种跨膜酪氨酸激酶受体，高表达于真皮肥大细胞和表皮黑素细胞。在皮肤炎症小鼠模型中，KIT 可显著募集肥大细胞，进一步证实了 SCF、KIT 间的相互作用在皮肤炎症中的重要性。银屑病皮损区肥大细胞上 KIT 的表达远高于非皮损区，但在下肢慢性溃疡和普通伤口愈合晚期也可见肥大细胞上 KIT 高表达。由此可见，SCF、KIT 间的相互作用是导致包括银屑病一类的慢性皮肤炎症中肥大细胞数量增多的因素之一。

肥大细胞数量增多的另外一种解释是，由于生存基因表达增加或肥大细胞和造血祖细胞从循环中募集，使得静息和活化状态的肥大细胞生存力增强。另外，肥大细胞表达的多种细胞因子和趋化因子受体，如 SCF、TGF-β、CCL5 和基质细胞衍生因子 1（stromal-derived factor 1，SDF-1，又称 CXCL-12）等可体外诱导肥大细胞的迁移，这些均可导致肥大细胞在组织局部浸润增多。除 SCF 外，其他一些细胞因子如 IL-3、IL-4、IL-5、IL-6、IL-9、血小板生成因子、神经生长因子及内皮细胞等也参与调节肥大细胞的生长和发育。

目前认为 Th 细胞介导的免疫反应是银屑病发病机制的核心。肥大细胞与 T 细胞之间关系密切，肥大细胞可表达多种可溶性介质、细胞表面分子和共刺激分子，活化和诱导 T 细胞向不同方向分化。肥大细胞诱导的 T 细胞活性增强依赖于可溶性 TNF 的分泌和肥大细胞上 OX40L 与 T 细胞表面 OX40 受体的直接相互作用。除通过 MHC-Ⅰ类或 MHC-Ⅱ类分子发挥抗原提呈作用激活 T 细胞外，肥大细胞还表达 CD80、CD86 等共刺激分子引起 T 细胞的活化。肥大细胞表面黏附分子 ICAM-1 也能参与激活 T 细胞，与此同时，活化的 T 细胞能够通过细胞间相互接触反过来活化肥大细胞，引起其脱颗粒、迁移及对细胞外基质和内皮细胞配体的黏附。银屑病患者表皮中的中性粒细胞是主要的 IL-17A 阳性细胞，而肥大细胞是真皮中表达 IL-17A 的关键细胞，且几乎所有肥大细胞均呈 IL-17A 阳性。对小鼠的研究发现，肥大细胞及其分泌的 TNF 可增强气道中抗原和 Th17 细胞依赖的中性粒细胞为主的炎症反应，提示肥大细胞在人体内可能促进免疫反应向 Th17 方向极化。越来越多的证据表明，肥大细胞在 Th17 型免疫应答中可作为连接固有免疫与适应性免疫的桥梁。近年来的研究还发现，在银屑病斑块中肥大细胞是 IL-22 的主要来源，IL-22 可能导致表皮角化不全和棘层增厚。除 T 细胞外，肥大细胞还可募集免疫系统中其他细胞如中性粒细胞和嗜酸性粒细胞至进展期皮损处，刺激朗格汉斯细胞的成熟和迁移，通过调节树突状细胞的成熟和活化来促进 Th1 和 Th17 型免疫反应。肥大细胞本身也能迁移至引流淋巴结，或通过产生的细胞外囊泡携带的活性分子，影响远处免疫细胞。

某些治疗银屑病的药物通过影响肥大细胞的活性和 / 或数量发挥作用。早期研究发现，低浓度蒽林治疗可使银屑病斑块中的肥大细胞减少。0.05% 丙酸氯倍他索乳膏能减轻过敏引起的皮肤风团，显著减少皮肤中的肥大细胞数量。糖皮质激素可能通过抑制真皮中 SCF 的产生，从而使肥大细胞存活率降低。然而，有研究发现，在银屑病皮损局部应用丙酸氯倍他索或 PUVA 照射治疗 3 ～ 4 周后，肥大细胞数量并未减少。对于慢性斑块皮损，需要更长的治疗周期来减弱肥大细胞的过度增殖。这种肥大细胞对外用激素抵抗的现象可能是由于银屑病皮损中 SCF 明显增多所导致。维 A 酸类药物广泛用于银屑病的治疗，体外研究证实它也可以抑制肥大细胞的发育，但在正常皮肤中并不能改变成熟肥大细胞的数量。环孢素 A 是一种主要作用于 T 细胞的免疫抑制剂，具有抑制皮肤肥大细胞释放组胺、LTC4 或 PGD$_2$ 的作用，也能减少 SCF 诱导的组胺释放和肥大细胞中某些趋化因子基因表达，抑制肥大细胞活性，从而发挥抗银屑病作用。

二、肥大细胞相关蛋白酶的调节

肥大细胞颗粒中的主要蛋白酶是类胰蛋白酶，分泌类胰蛋白酶和糜蛋白酶的 MC$_{TC}$ 是正常皮肤中的主要肥大细胞类型，此型肥大细胞在银屑病皮损真皮浅层数量增多。在银屑病皮损发展过程中，类胰蛋白酶保持原有活性或活性增强，而真皮上部的糜蛋白酶活性却明显降低。

肥大细胞含有大量预先合成的 β- 类胰蛋白酶和 α- 糜蛋白酶，在炎症中发挥重要作用。类胰蛋白酶可诱导内皮细胞参与血管形成，还能刺激内皮细胞分泌 MCP-1、IL-8 及趋化因子，引起中性粒细胞和其他免疫细胞向炎症部位聚集。此外，类胰蛋白酶能通过激活蛋白酶激活受体 -2（PAR-2）活化外周血单个核细胞，分泌更多的 TNF-α、IL-6 和 IL-1β，刺激中性粒细胞产生 IL-8，激活 T 细胞分泌 IL-6。人皮肤肥大细胞也表达 PAR-2，可被类胰蛋白酶和 PAR-2 激动剂活化。有研究发现，在银屑病皮损中具有 PAR-2 免疫活性的肥大细胞数量增多，提示肥大细胞释放的类胰蛋白酶能通过自分泌或旁分泌方式引起自身活化，从而增强肥大细胞介导的炎症反应。类胰蛋白酶除具有促炎作用外，还在一定程度上参与调控细胞募集。由于银屑病皮损中数量增多的类胰蛋白酶阳性的肥大细胞位于近表皮侧，基底膜和基底部的角质细胞也会受到类胰蛋白酶影响。在基底膜带，类胰蛋白酶可降解纤连蛋白，活化基质金属蛋白酶如 MMP-3 和 MMP-9 等，具有Ⅳ型胶原酶活性，直接或间接地修饰细胞外基质和基底膜，以利于 T 细胞和中性粒细胞向表皮迁移。体外研究发现，类胰蛋白酶还可通过细胞表面 PAR-2 的活化直接影响和激活角质细胞，增强其吞噬功能，增加 ICAM-1 的表达和 IL-8 的释放。

糜蛋白酶也参与银屑病的发病，但其酶活性的实现依赖于富含蛋白酶抑制剂的环境。糜蛋白酶能刺激单核细胞、中性粒细胞趋化及淋巴细胞迁移，激活 IL-1 家族前体 pro-IL-1β 和 pro-IL-18 转化为相应的活性形式；产生含 31 个氨基酸的内皮素 -1，参与中性粒细胞和单核细胞趋化，间接发挥促炎作用。另外，糜蛋白酶也可导致基质细胞 SCF 无法与细胞膜结合，促使具有生物活性的可溶性 SCF 释放，从而影响肥大细胞的活性和生长，间接参与炎症反应。此外，糜蛋白酶可降解 IL-6、IL-13、IL-5、TNF-α 及嗜酸性粒细胞趋化因子，但不影响 GM-CSF、RANTES、MCP-1 或 IL-8，从而调节炎症过程。由于糜蛋白酶会引起表皮角质细胞的损伤和凋亡，其在蛋白酶抑制剂的调控下才能发挥正常的生物学作用。

三、肥大细胞与感觉神经

神经 - 精神因素在银屑病的发病中起到重要作用。心理压力刺激下丘脑 - 垂体 - 肾上腺轴活化，导致应激激素如肾上腺皮质激素释放激素、促肾上腺皮质激素和肾上腺糖皮质激素等活性增加，与此同时，多种神经内分泌因子参与激活和调节人肥大细胞。神经肽 P 物质和 VIP 有效活化皮肤中的肥大细胞，使之迅速释放组胺，产生促炎介质如 MCP-1、IL-8、RANTES、TNF-α、IL-3 和 GM-CSF。正常皮肤中神经肽的数量不足以诱导肥大细胞发生明显活化，但在银屑病皮损慢性炎症中，见有 P 物质阳性神经纤维增多及组织中 P 物质和 VIP 表达水平的增加。临床上已报道十余例银屑病患者在神经损伤后皮损消失或显著改善，而当皮肤感觉神经恢复后皮损会再发。银屑病皮损中存在神经细胞与肥大细胞间的相互作用，进展期和稳定期皮损处的免疫组织化学分析显示，神经微丝阳性感觉神经纤维和类胰蛋白酶阳性肥大细胞间的形态学接触相比于非皮损区、正常人皮肤和扁平苔藓皮损区更为常见。

银屑病中神经系统与肥大细胞间的调控相当复杂。研究发现，皮损部位组胺基础浓度增加，但外用利多卡因 - 丙胺卡因乳膏后局部组胺水平反而更高，同时伴有血液中组胺水平降低，有观点认为银屑病慢性期可能存在神经系统的耗竭。某些蛋白酶也可通过降解神经肽来调节其作用，如中性内肽酶可阻止 P 物质诱导的皮肤炎症，基质溶素可降解 P 物质，而基质溶素前体可被肥大细胞分泌的类胰蛋白酶活化。类胰蛋白酶还能裂解和灭活 VIP 和 CGRP，但对 P 物质和神经激肽无直接作用，而糜蛋白酶能同时降解 P 物质和 VIP。除调节神经肽介导的炎症外，类胰蛋白酶还可能通过活化神经纤维上的 PAR-2、引起 P 物质和 CGRP 释放，促进神经源性炎症反应。

组胺是经典的轴突反射 - 致神经源性潮红和皮肤瘙痒介质，对皮肤神经和潮红的作用受局部麻醉药的调节。肥大细胞释放的类胰蛋白酶和组胺均可协同刺激周围神经，引起神经源性炎症，但导致皮肤慢性炎症的机制仍未明确。

除神经肽外，神经营养因子如 NGF 及其高亲和力受体酪氨酸激酶（tyrosine kinase A，TrkA）在银屑病特别是伴有瘙痒的患者中也发挥一定作用。肥大细胞表达 NGF 和 TrkA，被激活后可释放 NGF，可能与银屑病皮损区的神经生长有关。α- 黑素细胞刺激素是一种具有抗炎和免疫调节活性的神经肽，能在极低浓度下激活皮肤肥大细胞释放组胺，可能在银屑病炎症中发挥一定的调节作用。

（姚　煦）

第三节　肥大细胞与荨麻疹

一、背景

荨麻疹是由于皮肤、黏膜小血管扩张及渗透性增加出现的一种局限性水肿反应，是一种常见的全身性变态反应性皮肤病。荨麻疹由中心肿胀、大小可变、周围反应性红斑及瘙痒或灼烧感等典型特征组成。临床表现为风团和 / 或血管性水肿，发作形式多样，风团的大小和形态不一，多伴有瘙痒。通常几小时内消退，且总是在 24h 内消失。病情严重的急性荨麻疹患者还可伴有发热、恶心、呕吐、腹痛、腹泻、胸闷及喉梗阻等全身症状。按照发病模式，结合临床表现，可将荨麻疹进行临床分类。不同类型荨麻疹的临床表现有一定差异。慢性荨麻疹（chronic urticaria，CU）是指每天或几乎每天发作，病程超过6周的荨麻疹。根据有无明确的诱发因素，慢性荨麻疹又可分为慢性诱导性荨麻疹（chronic inducible urticaria，CINDU）和慢性自发性荨麻疹（chronic spontaneous urticaria，CSU）两大类，其中 CSU 最为常见，占 CU 的 90% 以上。

荨麻疹的病因较为复杂，依据来源不同通常分为外源性和内源性。外源性原因多为一过性，如物理因素、食物（包括腐败食物和食品添加剂）、药物、植物等。内源性原因多为持续性，包括细菌、真菌、病毒、寄生虫等慢性隐匿性感染，劳累，维生素 D 缺乏或精神紧张，针对 IgE 或高亲和力 IgE 受体的自身免疫反应，慢性疾病如风湿热、系统性红斑狼疮、甲状腺疾病、淋巴瘤、白血病、炎症性肠病等。通常急性荨麻疹常可找到病因，而慢性荨麻疹的病因多难以明确，且很少由变应原介导的 I 型变态反应所致。

肥大细胞是一种重要的免疫细胞，也是与 IgE 有关的免疫调节细胞。肥大细胞可分为 2 个亚群：只含有类胰蛋白酶的 MC_T 和同时含有类胰蛋白酶和糜蛋白酶的 MC_{TC}。MC_T 为 T 细胞依赖性，通常存在于肠、肺、鼻等黏膜组织中，分泌大部分 IL-5、IL-6，其数量增加通常与过敏性疾病相关。相反，MC_{TC} 为非淋巴细胞依赖性，主要位于皮肤和胃肠黏膜下层，以分泌 IL-4 为主。肥大细胞的主要功能是通过释放免疫反应颗粒，在变态反应过程中发挥重要的生理作用。肥大细胞脱颗粒可以通过多种方式被诱导，IgE 依赖的免疫学机制是其主要方式。

二、荨麻疹与肥大细胞

荨麻疹病因多种多样，发病机制比较复杂，尤其是慢性荨麻疹。目前尚未有研究证实荨麻疹确切的发病机制。2018 年出版的《欧洲荨麻疹诊疗指南》指出，不管是哪种类型的荨麻疹，肥大细胞都是其发病的核心环节。早期研究显示，CSU 的水疱形成可能与单核细胞的积累及肥大细胞脱颗粒有关。研究证据表明，CSU 可能有免疫基础，某些CSU 患者再次注射自体血清，即自体血清皮肤试验（autologous serum skin test，ASST）后病情好转。有研究显示，IgG 抗体拮抗者自身的 IgE 或 FcεRI 受体有助于缓解肥大细胞脱粒及其引起的水疱（图 6-1）。

肥大细胞是荨麻疹发病中关键的效应细胞，可被多种因素激活（图 6-1）。在荨麻疹的发生过程中，体内产生大量 IgE 与肥大细胞的 IgE 受体结合，且游离的 Fab、Fc 臂互相合抱在一起，使 IgE 作用明显加强。肥大细胞膜表面发生一系列变化，如细胞磷酸酯甲基化、钙离子内流等，促使肥大细胞脱颗粒，进一步导致组胺、多种炎症因子如 TNF-α和 IL-2、IL-3、IL-5、IL-13，以及白三烯 C4、D4 和 E4 等的产生，影响荨麻疹发生、发展、预后和治疗效果。另外，肥大细胞膜含有 IgG 受体、IgM 受体和 IgA 受体等多种受体，从而产生各种免疫反应。

荨麻疹发病主要通过非免疫介导和免疫介导。非免疫介导包括肥大细胞上存在的许多受体如 TLR、补体受体、雄激素受体和雌激素受体等与相应配体结合诱导肥大细胞脱颗粒。免疫介导以 T 细胞、B 细胞和补体为主。

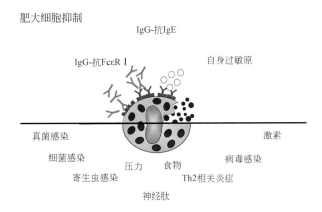

图 6-1 荨麻疹患者肥大细胞活化的机制

（一）非免疫介导的荨麻疹

非免疫性荨麻疹是指所有不经获得性免疫效应介导的荨麻疹。肥大细胞膜表面有许多受体可以与其相应的配体结合而被激活，主要有：①神经递质、神经激素和神经肽受体。这些受体可以解释精神紧张和物理因素引起荨麻疹的原因。研究表明荨麻疹患者心理负担加重，可使病情加重。②补体受体。荨麻疹患者的血清可诱导肥大细胞释放组胺，该过程依赖于补体的参与。另外，大多数嗜碱性粒细胞是由自身抗体 IgG 通过 FcεR I 被激活的，而 IgG 发挥作用需要补体系统的协助，当补体 C2 或 C5 缺乏时，则不能诱导组胺释放。③TLR。由于 TLR 可与微生物结合，细菌、病毒可通过 TLR 激活肥大细胞。此时，肥大细胞可在不脱颗粒的条件下产生如 TNF-α 等诸多细胞因子。④细胞因子和趋化因子受体。一些细胞因子和趋化因子通过其受体作用于肥大细胞，并使之脱颗粒。药物引起的荨麻疹/血管性水肿是非免疫性荨麻疹的代表。欧洲变态反应与临床免疫学会（European Academy of Allergy and Clinical Immunology，EAACI）、全球变态反应和哮喘欧洲协作组（Global Allergy and Asthma European Network，GA²LEN）、欧洲皮肤病学论坛（European Dermatology Forum，EDF）和世界过敏组织（World Allergy Organization，WAO）2018 年联合发布的《欧洲荨麻疹诊疗指南》认为，由 IgE 介导的 I 型变态反应只见于少数慢性荨麻疹患者，持续性、每天发生的自发性荨麻疹很少与 I 型变态反应相关，而间接性发作的荨麻疹与 I 型变态反应相关。

（二）免疫介导的荨麻疹

1. B 细胞参与的荨麻疹

（1）IgE 介导的荨麻疹。研究表明，由 IgE 介导的 I 型变态反应只见于少数急性荨麻疹。抗原进入机体后，可选择性诱导特异性 B 细胞产生 IgE 抗体。急性荨麻疹患者致敏后产生特异性 IgE，与肥大细胞膜表面高亲和力 IgE 受体 FcεR I 结合，使肥大细胞致敏。抗原再次进入机体后通过与 IgE 抗体特异性结合，使肥大细胞表面两个或两个以上相邻的膜表面 FcεR I 交联活化，活化的受体通过 C 端 ITAM 的磷酸化作用，激活酪氨酸激酶 Syk 和 Fyn，从而活化肥大细胞，并开始脱颗粒。IgE 介导的荨麻疹病因较常见，如某些药物、食物或接触乳胶手套等。多伴有呼吸道和胃肠道症状，甚至过敏性休克。如果没有全身的系统性表现，则很少是由 IgE 所致的荨麻疹。但是，该类荨麻疹较为少见，故 Ⅰ 型变态反应在荨麻疹发病中的作用是有限的。

（2）IgG 介导的荨麻疹。35%～40% 的荨麻疹患者有 IgG 自身抗体，这些自身抗体包括抗特异性 IgE 抗体、体外组胺释放试验阴性无免疫活性的 FcεRⅠ 抗体，以及一些其他自身抗体，如抗甲状腺球蛋白抗体、抗核抗体等。这些自身抗体可单独或同时与细胞表面低亲和力 IgG 受体 FcγRⅢ、FcεRⅠ 或 FcεRⅠ-IgE 复合物结合，导致肥大细胞、嗜碱性粒细胞脱颗粒，释放多种介质，引起荨麻疹。血清被动转移试验 ASST、体外组胺释放试验及免疫印迹试验和酶联免疫吸附试验都证实了这一点。自身抗体介导的肥大细胞活化需要补体经典途径的参与，因为把抗 FcεRⅠ 的自身抗体加入到补体 C2 或 C5 缺乏者的血清中并不能激活嗜碱性粒细胞。由 IgG 介导的荨麻疹多为自身免疫性荨麻疹，其临床表现多无特殊性。

（3）抗 CD20 单克隆抗体介导的荨麻疹。抗 CD20 单克隆抗体可能通过干扰 B 细胞的数量和功能而达到免疫调节的作用，从而缓解荨麻疹症状。目前认为，大约 45% 的 CSU 患者有自身免疫基础，最密切相关的应该是自身抗 FcRⅠα IgG 型抗体。抗 CD20 单克隆抗体可能作用于产生 IgG 自身抗体的 B 细胞，减少体内自身抗体，下调荨麻疹的自身免疫强度。但抗 CD20 单克隆抗体细胞毒性较大，临床主要用于治疗非霍奇金淋巴瘤，新一代 CD20 单抗适应证也在扩大，也用于治疗重症慢性荨麻疹、多发性硬化症和免疫性血小板减少症等。

2. 补体系统与荨麻疹

从患者血清中分离的自身抗体尚不能直接激活肥大细胞，还需要补体参与。诱导组胺释放的抗 FcεRⅠα 自身抗体主要是 IgG1 和 IgG3，可有效地活化补体。将人的表皮肥大细胞分别与分离纯化的患者 IgG、灭活补体的患者血清及患者的全血清一起孵育，结果患者的血清能激活肥大细胞释放组胺，而纯化的 IgG 则不能激活肥大细胞。将 IgG 加入正常人血清中，其激活肥大细胞的能力可恢复，而加入缺乏补体 C2 或 C5 的血清中则不能恢复，灭活补体的患者血清也不能引起组胺释放。肥大细胞释放组胺依赖 C5a 的聚集，用 C5a 类似物封闭 C5a 受体可以抑制释放组胺。因此，可以说肥大细胞被自身抗体激活释放组胺至少可以被补体活化扩大。补体系统作为原发或继发因素被激活并参与荨麻疹发病。

3. T 细胞介导的荨麻疹

一些研究提示，T 细胞可以介导荨麻疹。T 细胞在协调适应性免疫反应过程中主要是通过分泌细胞因子和 / 或招募靶细胞，细胞因子促进荨麻疹发病过程中的自身免疫。T 细胞可分化为 Th1、Th2、Th17 及 Treg 等多种亚型。CSU 患者外周血中的 IL-2 和 IFN-γ 降低，IL-4、IL-10 升高，而 IL-2、IFN-γ 可促进 Th0 向 Th1 分化，IL-4 促进 Th0 向 Th2 分化，IL-10 抑制 Th1 分化。Th1/Th2 平衡的破坏，可导致多种免疫性疾病。Th17 是一种在免疫反应中起关键效应的细胞，而 Treg 主要协调整体免疫反应。临床研究证实，慢性荨麻疹患者外周血中 Th17 表达下降，Treg 表达水平较正常人明显增高。但 Th17 与 Treg 的数量改变作用机制尚不明确。另外，针对 T 细胞的药物如环孢素、H1 受体拮抗剂对治疗抵抗的荨麻疹有效，反映了荨麻疹发病机制与 T 细胞相关。T 细胞可以直接或借助黏附分子间接激活肥大细胞。

三、肥大细胞高反应性和活化后事件与荨麻疹

（一）肥大细胞高反应性

荨麻疹患者的肥大细胞比非荨麻疹者对各种刺激更加敏感。一些原本不会引起肥大细胞活化的外界刺激，如物理因素、食物中的组胺释放因子、激素、神经介质、药物等，均可以激活荨麻疹患者的肥大细胞，而发生风团样皮肤损害。IgE 可使肥大细胞和嗜碱性粒细胞表面 FcεRⅠ 受体表达增加，反过来使得这些细胞对各种抗原刺激更为敏感，释放各种介质的能力增强。然而，造成这种现象的始动因素目前尚不清楚。

（二）肥大细胞活化后事件

1. 脱颗粒

肥大细胞脱颗粒立即释放出预形成颗粒内的组胺、TNF-α、蛋白酶、蛋白聚糖等，这些介质直接或间接导致血管扩张、真皮水肿，临床出现风团样皮肤损害。

2. 细胞因子和趋化因子合成

活化的肥大细胞在 6～24h 内产生大量的细胞因子和趋化因子，在荨麻疹的维持过程，即迟发相中起作用。IL-1 和 TNF-α 是炎症初期产生的细胞因子，可以活化内皮细胞，趋化白细胞，使其他细胞产生更多的细胞因子。

3. 白三烯和前列腺素的合成

肥大细胞活化数小时内，中性脂类炎症介质如花生四烯酸分别通过脂氧合酶途径和环氧化酶途径合成白三烯和前列腺素。越来越多的研究发现了白三烯 B4 在白细胞趋化中的强大效应。部分荨麻疹患者使用抗白三烯药和非甾体抗炎药可延长缓解期。

在不同的刺激条件下，肥大细胞活化之后可同时发生上述预形成颗粒介质释放、细胞因子和趋化因子合成与分泌、中性脂类介质合成与释放三种效应或其中一至两种效应。由此不难看出，肥大细胞可以不脱颗粒而释放各种细胞因子和炎症介质，引发风团样皮肤损害，一些治疗的实例也支持这一假说。首先，高水平 IL-6 的荨麻疹患者对 H1 受体拮抗剂治疗抵抗；其次，尽管 H1 受体拮抗剂对大多数荨麻疹患者有效，但部分患者需联用非甾体抗炎药或抗白三烯药治疗才能起效；再者，一些 H1 受体拮抗剂治疗抵抗的患者还需使用免疫抑制剂如环孢素抑制细胞因子的合成。

四、荨麻疹治疗

（一）一般治疗

治疗方法应以消除或避免病因或触发因素 / 刺激为基础，避免可能加重病情的物理与化学因素，如过热、压力刺激、药物、饮酒及辛辣腥膻等食物性过敏原。

（二）药物治疗

1. 抗组胺药

组胺拮抗剂能够可逆性地拮抗组胺 H1R，发挥抗过敏作用。第一代抗组胺药有异丙嗪、

苯海拉明、羟嗪、酮替芬和赛庚啶等；第二代抗组胺药有左西替利嗪、西替利嗪、地氯雷他定、氯雷他定、咪唑斯汀、依巴斯汀和非索非那定等。荨麻疹一线治疗首选第二代非镇静抗组胺药，治疗有效后逐渐减少剂量，以达到有效控制风团发作为标准，以最小的剂量维持治疗。第一代抗组胺药治疗荨麻疹的疗效确切，但中枢镇静、抗胆碱能作用等不良反应限制了其临床应用，因此不作为一线选择。第二代抗组胺药常规剂量使用 1～2 周后不能有效控制症状时，考虑到不同个体或荨麻疹类型对治疗反应的差异，可更换抗组胺药，或联合其他第二代抗组胺药以提高抗炎作用，或联合第一代抗组胺药睡前服用以延长患者睡眠时间，或在获得患者知情同意情况下将原抗组胺药增加 2～4 倍剂量。当抗组胺药失效时，可用小剂量的糖皮质激素。

2. 免疫疗法

荨麻疹发病与自身免疫密切相关，患者血清中含有自身抗体，因此给予免疫调节剂 / 抑制剂可取得较好的疗效。例如，环孢素可下调 Th1 活性及 T 细胞依赖的抗体生成，并抑制 IgE 抗体介导的肥大细胞颗粒释放。环孢素因其不良反应发生率高，只用于严重的、对任何剂量抗组胺药均无效的患者。

另外，荨麻疹治疗的最新药物为抗 IgE 的奥马珠单抗。临床应用已经证实奥马珠单抗治疗难治性 CSU 的有效性和安全性，欧洲医药局推荐其作为标准剂量及 4 倍标准剂量第二代 H1 抗组胺药物治疗无效的 CSU 患者的三线治疗用药。其机制为降低血清游离 IgE 的浓度，间接下调肥大细胞 / 嗜碱性粒细胞表面 $FceRI$ 的数量；从而减少其活化，调节 T 细胞和嗜碱性粒细胞功能。另外，奥马珠单抗 -IgE 免疫复合物能捕获抗原分子，阻断抗原与肥大细胞上特异性 IgE 的结合；减少记忆 B 细胞和浆细胞的水平，从而使外周血中 IgE 减少。IgE 能促进肥大细胞分泌细胞因子，如 TNF-α、IL-6、IL-4、IL-13 等，奥马珠单抗能通过降低 IgE 水平间接减少炎症介质，从而减少 T 细胞、巨噬细胞、嗜酸性粒细胞等炎症细胞的募集。

临床治疗用药表明，肥大细胞的免疫效应及其胞内活性物质是荨麻疹的主要发病原因，参与荨麻疹的发病。

（赵作涛）

第四节　肥大细胞与过敏性紫癜

一、概述

过敏性紫癜（anaphylactoid purpura）又称 Henoch-Schonlein 紫癜（Henoch-Schonlein purpura，HSp），是一种侵犯皮肤和其他器官细小动脉及毛细血管的过敏性血管炎，可能的发病原因是病原体感染、药物作用或过敏引起的 IgA 或 IgG 类循环免疫复合物沉积于真皮上层毛细血管引起血管炎。主要表现为紫癜、腹痛、关节痛和肾损害，而血小板不受影响。本病好发于儿童和青年人，20 岁以前的发病率占本病发病率的 80% 以上。

二、发病机制

至今，HSp 的发病机制尚不完全清楚，可能涉及感染、遗传、药物、疫苗及某些食物等诱发因素。大量临床观察表明，细菌、病毒和原生动物是 HSp 的潜在触发因素。

HSp 发病还存在遗传倾向，不同种族及人种间有差异，白种人的发病率显著高于黑种人。近年来有关 HSp 遗传学的研究日益增多，涉及的基因主要有 *HLA* 基因、*IL* 基因、内皮功能调节相关基因等，目前已研究的与 HSp 相关的基因见表 6-1。

表 6-1　HSp 患儿的易感基因

基因类型	基因名称	研究人群
HLA 基因家族	*HLA-DRB1*01*	西班牙西北部
	*HLA-DRB1*11*	土耳其
	*HLA-DRB1*13*	土耳其
	*HLA-A*26*（*2601*），*HLA-B*35*（*3503*），*HLA-B*52*	中国内蒙古汉族居民
	*HLA-B*35*（*3503*）	西班牙西北部
	HLA-A2，*HLA-A11*，*HLA-B35*	土耳其
参与炎症及抗炎蛋白合成的基因	*MEFV*	以色列、土耳其、中国、伊朗
	IL-8（白细胞介素 8 基因中的多态性等位基因 A）	西班牙西北部
	IL-8（白细胞介素 8 基因中的 2767 A / G 多态性）	土耳其
	IL1RN[白细胞介素 1-β 受体拮抗剂基因中的多态性等位基因 2（ILRN * 2）]	西班牙西北部
	IL-1β 基因中 $-511\,C / T$ 多态性	西班牙西北部
	转化生长因子 -β 启动子基因中 C-509T 多态性的 TT 基因型	中国
与内皮功能调节相关基因	*ACE*（血管紧张素转换酶基因内含子 16 中的 D / I 多态性）	日本
	AGT（血管紧张素原基因中的 M235T 突变）	土耳其
	NOS2A（一氧化氮合酶启动子基因中的 CCTTT*n* 多态性等位基因）	西班牙西北部
	VEGF（血管内皮生长因子基因中 $-1154\,G > A$ 和 $-634\,G > C$ 多态性）	西班牙西北部
参与抗氧化蛋白合成的补体基因家族基因	*C4B*（*C4B* 基因中的 *C4B*Q0* 等位基因）	冰岛
	PON1（对氧磷酯酶 1 基因 Q / R192 多态性的 QQ 基因型）	土耳其

引自：Rigante D，Castellazzi L，Bosco A，et al. 2013.Is there a crossroad between infections，genetics，and Henoch-Schonlein purpura[J]. Autoimmun Rev，12（10）：1016-1021。

除了病原体感染和遗传因素外，体液免疫异常也与 HSp 密切相关。细胞免疫、大量炎性因子及凝血系统异常等可能共同参与 HSp 的发病。

研究表明，HSp 患者 B 细胞多克隆活化，血清 IgA 水平增高，IgA 及 IgA 免疫复合物沉积于小血管，造成皮肤等血管内皮损伤。欧洲抗风湿病联盟会议已将活检皮肤或肾小球基底膜上 IgA 类免疫复合物沉积作为 HSp 的主要诊断标准之一。此外，Th1/Th2 细胞失衡、Th2 细胞过度活化、Treg 减少也是 HSp 的致病因素之一。多种炎症介质也是诱发 HSp 的重要因素：① 细胞因子（IL-6、IL-4、TNF-α）；② 可溶性黏附分子 -1（sICAM-1）

和可溶性血管细胞黏附分子 -1（sVCAM-1），两者与 HSp 肾脏病变密切相关；③ 导致内皮损伤的一氧化氮（NO）和对血管有保护作用的硫化氢（H_2S）调节失衡；④ 补体（C3、C5、C6、C7、C8、C9）沉积。

最新研究表明，HSp 患者还存在凝血、抗凝血及纤溶间的动态平衡失调。在 HSp 早期，IgA 和 IgG 沉积使内皮细胞及血管内皮损伤，血小板激活，并释放多种活性物质，从而使血液黏度升高，进而导致微血栓形成及局部坏死性小血管炎。

三、肥大细胞与 HSp

研究发现，HSp 患者血清 IgE 水平普遍升高，因此认为 HSp 的发病与变态反应有关，这提示 HSp 与肥大细胞存在一定关系。IgE 介导的免疫复合物沉积，或 IgE 介导的肥大细胞炎症介质释放，引起毛细血管、周围组织及小血管壁炎症性损伤，血管壁通透性升高，进而产生紫癜和全身症状或各种局部症状。这是 IgE 及肥大细胞参与 HSp 的可能机制。

此外，近年来有研究表明，肥大细胞与 HSp 肾病密切相关。陈瑜等分析了 46 例 HSp 肾炎患儿肾组织中肥大细胞的数量和分布，及其与肾脏病变程度之间的关系。结果显示 HSp 肾炎患儿肾间质中浸润肥大细胞数目较健康对照者显著增多，且随着肾脏病变损害程度加重而更加明显，这些结果说明肥大细胞在 HSp 肾炎的发生和发展中发挥重要作用。由于肥大细胞及其分泌的类胰蛋白酶和 TGF-β1 与肾间质纤维化密切相关。章高平等探讨了肥大细胞在 HSp 肾炎患儿间质纤维化中的作用，研究结果显示，类胰蛋白酶阳性细胞率、TGF-β1 水平与患儿 HSp 的肾病病理积分及肾间质纤维化评分之间均呈明显正相关。这是因为类胰蛋白酶能促进成纤维细胞有丝分裂、增殖而使 I 型胶原合成增加，且类胰蛋白酶能促进 TGF-β1 合成，后者能通过提高整联蛋白介导的细胞对胶原的黏附和 α 平滑肌抗体的表达刺激胶原产生成纤维细胞的基质重建，进而通过肾小管间质胶原基质的重建促进肾间质纤维化。

（彭　霞　丁　爽）

第五节　肥大细胞与结膜炎

一、概述

全球变应性疾病患者数量日益增多，占世界人口的 10%～20%，约 1/3 的患者有眼部过敏症状，其中以过敏性结膜炎（allergic conjunctivitis，AC）最常见。据统计，在眼科门诊中，约 1/5 的患者曾患过敏性眼病，过敏性结膜炎占其中的 50% 左右。根据患者的临床表现、病程及预后，将过敏性结膜炎分为 5 种类型：季节性过敏性结膜炎（seasonal allergic conjunctivitis，SAC）、常年性过敏性结膜炎（perennial allergic conjunctivitis，PAC）、巨乳头性结膜炎（giant papillary conjunctivitis，GPC）、春季角结膜炎（vernal keratoconjunctivitis，VKC）和特应性角结膜炎（atopic keratoconjunctivitis，AKC）。前 3 种类型预后良好，而后 2 种类型常因合并角膜炎症而威胁视力。过敏性结膜炎又称变态反应性结膜炎，由结膜接触过敏原引起的超敏反应所致。主要的过敏原为春秋夏季花粉、室内尘土和尘螨，其他过敏原还有多价昆虫、蟑螂、狗毛、大籽蒿、臭椿、法国梧桐等，但也有报道化妆品过敏已居所有过敏原首位，而传统认为的过敏原所占比例比较低。具有特异性抗原遗传素质者或易感者，在接触这类抗原时可导致速发型或迟发型（即 I 型或 IV 型）超敏反应性结膜炎，常伴有过敏性鼻炎等。

过敏性结膜因发病率高、病程长、反复发作、主观症状明显而严重影响学习和生活。临床主要症状以眼痒为主，可伴有分泌物和眼泪增多，畏光，异物感，睑、球结膜充血、水肿，结膜乳头滤泡增生，角膜缘改变，球周水肿等，严重病例可致视力下降和角膜损伤。我国过敏性结膜炎好发于中青年，以常年性过敏性结膜炎和季节性过敏性结膜炎为主要类型，春季角结膜炎在儿童中患病比例较高，与性别无关，中部地区发生比例最高。目前多用局部眼药治疗，疗效有限，不能预防复发，长期用药还会引起严重并发症。因此，要改变过敏性结膜炎的治疗只能控制过敏症状、很难彻底治愈的现状任重而道远。

二、过敏性结膜炎的发病机制

过敏性结膜炎的发病是由变应原特异性 IgE 介导的 I 型超敏反应引起的，但同时可与 IV 型变态反应合并发生，如春季角结膜炎。当抗原与机体接触时，它可与致敏的肥大细胞及嗜酸性粒细胞表面抗原 IgE 特异性结合，引起肥大细胞脱颗粒释放组胺，还可促使白三烯、PGD_2 和血小板活化因子等新介质合成。组胺引起眼部刺痒、充血、水肿和流泪等症状，新合成的因子如 PGD_2 加重黏膜水肿，促进分泌物分泌及嗜酸性粒细胞浸润，在整个超敏反应过程中起着非常重要的作用。早在 20 世纪 60 年代已经证明，结膜肥大细胞参与眼部过敏性疾病，不仅参与过敏性结膜炎早期相反应，还参与晚期相反应（图 6-2）。

过敏性结膜炎的早期相反应（EPR）主要由致敏的肥大细胞脱颗粒所介导。位于结膜下的肥大细胞表面结合着 IgE 抗体，一旦有致敏原进入，将引起 IgE 受体交联，导致肥大细胞脱颗粒，随后肥大细胞膜上多种信号分子被激活，释放组胺、5-羟色胺、趋化因子、蛋白酶、血小板活化因子、白三烯、前列腺素等活化介质，快速出现初期症状。释放的趋化因子通过诱导局部活化的血管内皮细胞表达新的黏附分子，启动晚期相反应（LPR）。EPR 的主要特征是血管舒张、血管壁通透性增加、瘙痒，持续时间为 20 ～ 30min。4 ～ 6h 后 LPR 发生，其特征是多种炎细胞浸润，尤其是嗜酸性粒细胞，此外还有中性粒细胞、嗜碱性粒细胞、T 细胞。抗原特异性 T 细胞启动嗜酸性粒细胞向结膜浸润，进而损伤组织。结膜和角膜的上皮细胞及成纤维细胞通过诱导细胞因子、趋化因子、黏附分子等分泌和表达，促进炎症发生、损伤修复和组织重建。

肥大细胞是 SAC 发病机制中的主要细胞，不到 50% 的有症状 SAC 患者患病部位还发现中性粒细胞和嗜酸性粒细胞，却少见甚至未见 T 细胞。正常结膜基质中大约有 5000 万个肥大细胞，随着过敏反应严重程度的增加，其数量增加并不断向结膜表面移行。移行过程中，过敏原激活肥大细胞，诱发预先合成或新合成的促炎和过敏介质通过胞吐释

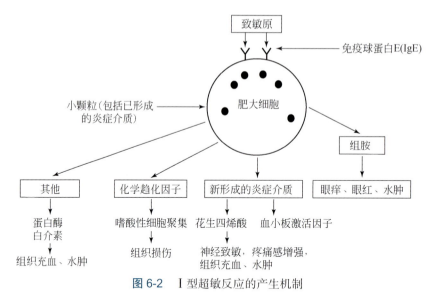

图 6-2　Ⅰ型超敏反应的产生机制

[引自：Rigante D，Castellazzi L，Bosco A，et al. 2013.Is there a crossroad between infections，genetics，and Henoch-Schonlein purpura[J]. Autoimmun Rev，12（10）：1016-1021]

放到组织。肥大细胞脱颗粒产生的前炎症介质 IL-4 和 TNF-α 在过敏性结膜炎中具有促进和维持过敏反应的作用。IL-4 增加 B 细胞产生 IgE 和促进 T 细胞分化成 Th2；TNF-α 促进嗜酸性粒细胞、中性粒细胞和巨噬细胞趋化并增加细胞毒性，促进肥大细胞介质释放，从而加重过敏性结膜炎症状。稳定肥大细胞防止其脱颗粒可以阻止组胺和其他过敏介质的释放，从而缓解和预防过敏性结膜炎。

　　在慢性结膜炎中，肥大细胞以外的其他类型细胞也发挥着重要作用。在 AKC 中主要细胞类型是 T 细胞、嗜酸性粒细胞和中性粒细胞，还有肥大细胞及其他浸润结膜上皮和基质的细胞。PAC 中肥大细胞的作用很有限，而中性粒细胞和 T 细胞是主要细胞类型。肥大细胞分泌的 IL-4、IL-13 可激活结膜成纤维细胞，促使其分泌嗜酸性粒细胞趋化因子、胸腺激活调节趋化因子（thymus activation regulation chemokine，TARC）。前者吸引嗜酸性粒细胞至间质，后者吸引 Th2 至间质。Th2 分泌的 IL-3、IL-5 激活间质中的嗜酸性粒细胞。此外，肥大细胞脱颗粒诱导激活血管内皮细胞并促进细胞因子和黏附分子的分泌与表达。

三、过敏性结膜炎的诊断

　　过敏性结膜炎几乎均可引起眼痒和结膜充血等症状，但眼痒和结膜充血并不是过敏性结膜炎特有的症状与体征，其他常见的眼部慢性炎性反应如干眼症、睑缘炎等也可引起眼痒和结膜充血。因此，过敏性结膜炎的诊断和鉴别必须依据病史、临床检查及必要的实验室检查。询问病史主要包括家族史及个人过敏史、用药史、角膜接触镜配戴史，发病的季节性、时间规律、病程和临床表现等。详细询问病史能帮助区分不同亚型过敏性结膜炎，如季节性过敏性结膜炎或常年性过敏性结膜炎，询问病史也能为选择治疗方案提供思路和方向。季节性过敏性结膜炎常发生在中青年，呈季节性发作，春季多发，起病迅速，于接触致敏原时发作，脱离致敏原后症状迅速缓解或消失。而常年性过敏性结膜炎与季节性过敏性结膜炎的主要区别在于其过敏症状常年存在。此外，该两种类型过敏性结膜炎常合并有其他过敏性疾病，如过敏性鼻炎、哮喘及过敏性皮炎等。

实验室检查：主要包括结膜病理活检或结膜刮片做细胞学检查。细胞学检查将结膜刮片标本置于载玻片上，经固定后染色，观察各种炎性细胞和结膜上皮细胞的变化。一般情况下，过敏性结膜炎、春季卡他性结膜炎等，结膜刮片中可查到嗜酸性粒细胞，嗜酸性粒细胞可能存在于结膜的深部或表层组织，不一定出现在结膜刮片中，因此结膜刮片中嗜酸性粒细胞检测阴性不影响过敏性眼科疾病的诊断。此外，可做血清或泪液的 IgE 含量测定。VKC 患者泪液中，黑麦草花粉和豚草花粉特异性 IgE 和 IgG 抗体水平都升高。也可以检测肥大细胞活动度，通过测定与肥大细胞活化有关的生化指标，间接反映肥大细胞的活化程度。由于变态反应具有时相性，因此这类指标可因所处时相的不同而有明显变化。

四、过敏性结膜炎的治疗

过敏性结膜炎治疗的目的是减轻临床症状和避免后遗症，同时应注意避免发生医源性并发症。脱离变应原是最理想、有效的治疗手段，应尽量避免接触可能的变应原，如清除房间的破布及毛毯，注意床上卫生，清除房间的虫螨，在花粉传播季节避免接触草地和树花等，停戴或更换优质的角膜接触镜和更换护理液。眼睑冷敷可以暂时缓解症状。目前，过敏性结膜炎的治疗主要有药物治疗、手术治疗、特异性免疫治疗等。

（一）药物治疗

（1）抗组胺药：通常局部使用抗组胺药，常用的滴眼液有 0.1% 的依美斯汀、0.05% 的左卡巴司汀、0.1% 的富马酸卢帕他定及 0.5% 的酮咯酸。如果有眼外症状，可以口服使用，口服效果不如局部使用。常用口服药物有苯海拉明、氯苯那敏、异丙嗪等。抗组胺药与血管收缩剂联合使用，可以取得更好的疗效。

（2）肥大细胞稳定剂：通过抑制细胞膜钙通道，阻止抗原与肥大细胞膜上 IgE 结合引起炎症介质释放而发挥作用，常用的有色甘酸二钠及奈多罗米等。肥大细胞稳定剂的总体治疗效果虽不及抗组胺药，但对抑制流泪效果明显，最好在接触过敏原之前使用。

（3）非甾体抗炎药：在过敏性疾病发作的急性阶段和间歇阶段均可使用，对缓解眼痒、结膜充血、流泪等眼部症状及体征均有一定的疗效，还可以减少激素的使用剂量，常用的有吲哚美辛（双氯芬酸钠）、阿司匹林等。

（4）血管收缩剂：局部常用肾上腺素萘甲唑林、羟甲唑林、四氢唑林等，可改善眼部不适，减轻眼表充血，但不宜长期使用。

（5）糖皮质激素：常用的有地塞米松、倍他米松及氟米龙等，主要是抑制肥大细胞介质释放，阻断炎症细胞趋化性，抑制磷脂酶 A2 活性，降低花生四烯酸及其代谢产物产生。通常对严重的、其他药物无效的过敏性结膜炎才考虑使用，使用时间不宜太长，以免引起白内障、青光眼、单纯疱疹病毒或真菌感染及角膜上皮愈合延迟等并发症。

（6）免疫抑制剂：主要有环孢霉素及他克莫司。对于一些严重的需要使用激素的春季角结膜炎病例，局部用 2% 的环孢霉素软膏可以较快控制局部炎症并减少激素用量。但是易在停药 2～4 个月后复发。

（7）其他免疫治疗方法：研究发现，黏附分子 VCAM-1 与嗜酸性粒细胞表达的 VLT-4 结合，促使嗜酸性粒细胞向炎性反应区迁移。因此，阻断 VCAM-1 与 VLT-4 间的相互作用可以减轻过敏性结膜炎症状。豚草花粉致敏的小鼠经 VLT-4-Ab 或 VCAM-1-Ab 处理后不再对豚草花粉过敏。

（二）手术治疗

手术治疗主要是针对春季角结膜炎因角膜溃疡而形成的角膜斑翳和保守治疗、药物治疗无反应的患者。刮除角膜斑翳并行组织学免疫学检查，刮除面以羊膜移植（AMT）覆盖，即类似治疗性接触镜，可取得不错的疗效。

（三）脱敏治疗

脱敏治疗又称特异性免疫治疗（SIT），是针对变应性疾病的病因治疗，能有效防止哮喘的发作，也可防止过敏性结膜炎和过敏性鼻炎进一步发展成哮喘。1998 年 WHO 明确，使用标准化变应原对变应性疾病做脱敏治疗有效，并指出 SIT 是针对病因的、唯一影响变应性疾病自然进程的治疗方法，而药物仅能控制过敏的症状。目前主要使用皮下脱敏治疗。

（魏继福）

参 考 文 献

贺学荣 . 2014. 肥大细胞激活机制与变态反应性疾病关系的研究进展 [J]. 重庆医学，43（9）：1139-1141.

李巍 . 2015. 慢性荨麻疹的发病机制与临床的联系 [J]. 皮肤病与性病，37（1）：13.

杨婧，梁碧华，李润祥，等 . 2012. 慢性自发性荨麻疹发病机制的研究进展 [J]. 皮肤性病诊疗学杂志，（6）：393-395.

中华医学会皮肤性病学分会荨麻疹研究中心 . 2019. 中国荨麻疹诊疗指南（2018 版）[J]. 中华皮肤科杂志，52（1）：1-5.

Basavaraj K H，Navya M A，Rashmi R. 2011. Stress and quality of life in psoriasis：an update[J]. Int J Dermatol，50（7）：783-792.

Boehncke W H，Brembilla N C. 2017. Unmet needs in the field of psoriasis：pathogenesis and treatment[J]. Clin Rev Allergy Immunol，（3 Pt 2）：1-17.

Brembilla N C，Stalder R，Senra L，et al. 2017. IL-17A localizes in the exocytic compartment of mast cells in psoriatic skin[J]. Br J Dermatol，177（5）：1458-1460.

Cho K A，Park M，Kim Y H，et al. 2017. Th17 cell-mediated immune responses promote mast cell proliferation by triggering stem cell factor in keratinocytes[J]. Biochem Biophys Res Commun，487（4）：856-861.

Church M K，Kolkhir P，Metz M，et al. 2018. The role and relevance of mast cells in urticaria[J]. Immunol Rev，282（1）：232-247.

Dudeck A，Suender C A，Kostka S L，et al. 2011. Mast cells promote Th1 and Th17 responses by modulating dendritic cell maturation and function[J]. Eur J Immunol，41（7）：1883-1893.

Gibbs B F，Wierecky J，Welker P，et al. 2001. Human skin mast cells rapidly release preformed and newly generated TNF-alpha and IL-8 following stimulation with anti-IgE and other secretagogues [J]. Exp Dermatol，10（5）：312-320.

Grattan C. 2012. The urticarias：pathophysiology and management[J]. Clin Med，12（2）：164-167.

Harvima I T，Nilsson G，Suttle M M，et al. 2008. Is there a role for mast cells in psoriasis[J]. Arch Dermatol Res. 300（9）：461-478.

Harvima I T，Nilsson G. 2011. Mast cells as regulators of skin inflammation and immunity [J]. Acta Derm Venered，91（6）：644-650.

Harvima I T，Nilsson G. 2012. Stress，the neuroendocrine system and mast cells：current understanding of their role in psoriasis[J]. Exp Rev Clin Immunol，8（3）：235-241.

Iddamalgoda A，Le Q T，Ito K，et al. 2008. Mast cell tryptase and photoaging：possible involvement in the degradation of extra cellular matrix and basement membrane proteins[J]. Arch Dermatol Res，300（1）：69-76.

Littman D R，Rudensky A Y . 2010. Th17 and regulatory T cells in mediating and restraining inflammation[J]. Cell，140（6）：850-858.

Mashiko S，Bouguermouh S，Rubio M，et al. 2015. Human mast cells are major IL-22 producers in patients with psoriasis and atopic dermatitis[J]. J Allergy Clin Immunol，136（2）：351-359.

Metz M，Ohanyan T，Church M K，et al. 2014. Omalizumab is an effective and rapidly acting therapy in difficult-to-treat chronic urticaria：a retrospective clinical analysis[J]. J Dermatol Sci，73（1）：57-62.

Młynek A，Maurer M，Zalewska A . 2008. Update on chronic urticaria：focusing on mechanisms[J]. Curr Opin Allergy Clin Immunol，8（5）：433.

Senra L，Stalder R，Martinez D A，et al. 2016. Keratinocyte-derived IL-17E contributes to inflammation in psoriasis[J]. J Invest Dermatol，136（10）：1970-1980.

Suttle M，Harvima I T. 2016. Mast cell chymase in experimentally induced psoriasis[J]. J Dermatol，43（6）：693-696.

Zhu T H，Nakamura M，Farahnik B，et al. 2016. The role of the nervous system in the pathophysiology of psoriasis：a review of cases of psoriasis remission or improvement following denervation injury[J]. Ame J Clin Dermatol，17（3）：257-263.

Zuberbier T，Aberer W，Asero R，et al. 2014. The EAACI/GA（2）LEN/EDF/WAO Guideline for the definition，classification，diagnosis，and management of urticaria：the 2013 revision and update[J]. Allergy，69（7）：868-887.

第七章　肥大细胞与全身过敏反应

血清过敏反应是肥大细胞相关的全身反应，易致严重过敏反应和过敏性休克，重症或抢救不及时可致死亡。引起全身过敏反应的因素多为毒素、药物，多由毒素和药物直接入血而引发。除此之外，还与肥大细胞数量和肥大细胞的激活状态相关，肥大细胞增多症或肥大细胞白血病患者极易发生全身过敏反应。过敏反应在局部发生还是全身发生机制迄今未明。本章仅讨论毒素引发的全身过敏反应和严重过敏反应。

第一节　肥大细胞与蛇咬伤

每年在世界各地约有数百万人被蛇咬伤。无毒的蛇咬后，伤口如针眼大小，治疗较为简单。被毒蛇咬伤后，症状的严重程度主要由受伤者形体的大小、咬伤的部位、蛇毒注入的量、蛇毒进入患者血液循环的速度及被咬后至应用特异性抗蛇毒血清间隔时间的长短而定。蛇咬伤致死病例很少见，但是一些并发症如持续性出血、神经损伤、截肢等屡见不鲜。

一、蛇毒分类

蛇毒主要归纳为三类：①神经毒素，先使伤处麻木，并向近心侧蔓延而引起头晕、视物模糊、上睑下垂、语言不清、肢体软瘫、吞咽和呼吸困难等，最后可导致呼吸循环衰竭。②血液循环毒素，可使伤处肿痛，并向近心侧蔓延，引流淋巴结也有肿痛；引起恶寒、发热、心律失常、烦躁不安或谵妄，伴有皮肤紫斑、血尿和尿少、黄疸等；最后可导致心、肾、脑等功能衰竭。③混合毒素，兼有神经毒素和血液循环毒素的作用，如眼镜蛇和蝮蛇的混合毒素，对神经和血液循环的作用各有偏重。

一旦被蛇咬伤，务必紧急处理：①现场立即用条带绑紧咬伤处近侧肢体，如足部咬伤者在踝部和小腿绑扎两道，松紧以阻止静脉血和淋巴回流为度。将伤处浸入凉水中，逆行挤压使部分毒液排出。在运送途中，仍用凉水湿敷伤口，绑扎应每20min松开2～3min，以免肢端血流阻断时间过长而发生缺血坏死。②到达医疗单位后，先用0.05%高锰酸钾液或3%过氧化氢冲洗伤口；拔出残留的毒蛇牙；伤口较深者切开真皮层少许，或在肿胀处以三棱针平刺皮肤层，接着用拔罐法或吸乳器抽吸，促使部分毒液排出；胰蛋白酶有直接解蛇毒的作用，可取2000～6000U加入0.05%普鲁卡因或注射用水10～20ml中，封闭伤口外周或近侧，必要时可间隔12～24h重复使用。③使用抗蛇毒血清治疗。

二、肥大细胞在蛇咬伤中的作用

（一）肥大细胞参与蛇咬伤的病理性损伤

肥大细胞是涉及过敏反应的主要免疫细胞，以前认为许多蛇毒成分可诱导哺乳动物肥大细胞释放生物活性介质，如羧肽酶 A（CPA）。这些肥大细胞诱导释放的生物活性介质可以反过来促进血管通透性增加、局部炎症、凝血和纤维蛋白溶解系统异常甚至过敏性休克。因此，一致公认蛇毒组织肥大细胞的活化可以损伤局部组织，对毒液组分的全身分布和死亡也有重要的促进作用。

（二）肥大细胞在蛇咬伤中的保护作用

最近在 *Science* 的一篇文章提出了不同的观点。此文表明，肥大细胞可以防止毒素的吸收而非促进毒素吸收。研究发现，肥大细胞所释放的蛋白酶和一些其他的物质可以中和蛇或蜂毒的主要毒素，或者以其他方式减少毒素对身体产生的有害效应。因此，蛇咬伤和蜂蜇伤中肥大细胞具有保护机体的有利作用。肥大细胞在蛇咬伤和蜂毒等方面的研究也越来越多。

（三）与肥大细胞相关的参与蛇咬伤的分子的作用

1. IgE 的作用

肥大细胞可以结合 IgE 并且识别过敏原，导致组胺、白三烯等过敏介质释放，因此它们在过敏和哮喘中有着非常重要的作用。

2. Toll 样受体的作用

Malaviya 和 Echtenacher 在小鼠体内的研究发现，肥大细胞可以作为先天的细菌清除介质阻止细菌的入侵。随后发现，这种先天免疫作用与肥大细胞表达固有免疫家族的模式识别受体 Toll 样受体（TLR）有关。有研究者认为肥大细胞是可以扩增适应性免疫应答的先天免疫细胞，并且可以放大适应性免疫反应。这样的双重作用，以及由于它们位于人体的第一道防线皮肤和黏膜组织中，都表明肥大细胞可能在机体监视和保护中具有非常重要的作用。

3. 内皮素的作用

Maurer 等对肥大细胞和内皮素 -1（endothelin-1，ET-1）之间的关系进行了研究，认为肥大细胞具有免疫监视作用。ET-1 是具有强力血管收缩活性的内源肽。根据之前的研究，ET-1 涉及与脓毒症相关的血管变化，然而，它在病理环境中的作用尚未获得深入研究。经研究发现，ET-1 可以结合肥大细胞上的 ET_A 受体（图 7-1），充当有效的肥大细胞激活剂并导致肥大细胞脱颗粒和炎症介质释放。Maurer 及其同事通过活体实验发现，肥大细胞通过释放细胞内储存颗粒中的蛋白酶降解 ET-1，减少其含量和减轻 ET-1 所导致的病理过程，从而有助于增加急性细菌性腹膜炎的存活率。所有这些提示，肥大细胞可以通过限制蛇毒的毒性，调节机体的平衡。

进一步研究发现 ET-1 和角蝰毒素具有高度同源性（＞ 70%），角蝰毒素是以色列摩尔毒蛇毒液中毒性最强的成分。这种同源性结果的发现提示肥大细胞也可能是防止毒素摄入的重要因素。Metz 等首先发现，肥大细胞缺陷的 *Kit*^{W}/*Kit*$^{W-v}$ 小鼠对注射角蝰毒素或者完整的以色列摩尔毒蛇毒液敏感度很高，并造成很高的死亡率，而过继输入 *Kit*$^{+/+}$ 肥大细胞后的 *Kit*^{W}/*Kit*$^{W-v}$ 小鼠死亡率明显降低，正常小鼠的死亡率也远低于 *Kit*^{W}/*Kit*$^{W-v}$ 肥大细胞缺陷小鼠。同时，在 *Kit*$^{+/+}$ 小鼠和过继输入 *Kit*$^{+/+}$ 肥大细胞后的 *Kit*^{W}/*Kit*$^{W-v}$ 小鼠的腹腔内几乎检测不到毒素，而在 *Kit*^{W}/*Kit*$^{W-v}$ 小鼠的腹膜腔内则检测到了较高水平的毒素。这些结果表明肥大细胞可以通过降低毒素的水平达到保护机体的目的。

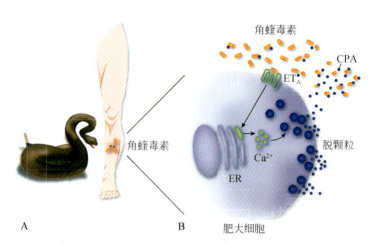

图 7-1　肥大细胞对蛇毒伤的保护作用机制示意图

ER. 内质网；CPA. 羧肽酶 A；ET$_A$. 内皮素 -1 受体 [引自：Rivera J. 2006.Snake bites and bee stings：the mast cell strikes back. Nat Med，12（9）：999-1000]

4. 羧肽酶 A 的作用

研究发现 CPA 是肥大细胞颗粒内的蛋白酶，是降低角蝰毒素水平的关键。使用 CPA 抑制剂的小鼠或肥大细胞缺陷小鼠对角蝰毒素或完整的以色列摩尔毒蛇毒液高度敏感，并且都在注射后的 1h 内死亡，这些小鼠体内的角蝰毒素的含量明显升高。肥大细胞的保护作用（图 7-1）也被发现存在于蜜蜂毒液及西部菱纹背响尾蛇和南部铜头蛇这两种北美洲虎蛇的毒液中。药理学证据证实 CPA 具有对抗蛇毒的作用，但 CPA 是否是针对蜜蜂毒液的主要抗毒剂仍有待确定。

事实上，虽然小鼠和人的肥大细胞都可以产生 CPA，但是小鼠肥大细胞产生的蛋白酶和人肥大细胞产生的蛋白酶种类不同。因此，人类肥大细胞在蛇毒和蜂毒损伤中是否能够发挥相同的保护作用目前尚不清楚。

肥大细胞的活化和脱颗粒直接效应是过敏反应，但脱颗粒过程本身是抗蛇毒应答。毒液进入血液循环会在少数个体中引起过敏性休克，可能与易感个体在适量的毒液进入人体时识别蛇毒素组分的 IgE 抗体引发肥大细胞快速和广泛激活有关。也有研究发现，许多被蛇咬后不发生过敏反应的个体也存在 IgE 抗体，故推测在这些罕见病例中，其他的遗传因素，如抑制肥大细胞反应性的调节分子的表达降低也可能参与其中。

尽管高剂量的蛋白酶如 CPA，可能引起严重的组织损伤，但是低剂量与常规的抗蛇毒策略组合可能更有效，特别是在被剧毒的蛇咬伤后。这些研究证实，颗粒含量饱满的肥大细胞可以作为抗蛇毒的免疫储库。

由以上结果可知，肥大细胞并不如之前想象的那样会加重蛇咬伤的症状。根据肥大细胞对蛇咬伤有益的结果推测，未来一定会有更多对肥大细胞在蛇咬伤中作用的研究。肥大细胞或许能成为治疗蛇咬伤的关键因素。

第二节 肥大细胞与蜂毒

蜜蜂、黄蜂和蚂蚁等膜翅目昆虫咬伤在临床常见。蜜蜂在蜇人时，毒刺与毒液囊一起从蜜蜂的腹部被拉出并扎入人皮肤。毒液囊可能含有高达 300g 的毒液，平均每个毒刺含有 $50 \sim 140\mu g$ 的毒液。在蜜蜂的毒液递送系统中观察到三个主要过程：首先毒刺嵌入人体；而后毒液抽吸达 1min 以到达更敏感的组织部位；最终释放交互式警报信息素如庚酮、乙酸异戊酯。蜂毒（apitoxin）是生物活性成分，包含各种蛋白质、酶和生物胺。昆虫毒刺对宿主的效应分为局部的和系统的。局部效应是由于毒液中的毒素而产生，被蜂蜇伤后轻度的局部反应仅表现为蜇伤局部红肿、疼痛、瘙痒，少数有水疱或皮肤坏死。一般来说，数小时后症状即可消失、自愈，严重的效应是过敏原导致的相关全身反应。系统效应为蜂毒进入人体后，与体内的免疫球蛋白结合，产生的一系列反应，包括血管扩张、通透性增加、血浆外渗、血压下降等，重者在被蜇伤后可立即出现荨麻疹、喉头水肿、哮喘，甚至支气管痉挛，甚者可因过敏性休克、窒息而死亡。

一、蜂毒过敏原

研究认为蜂毒、小分子肽、酶和生物胺等的混合物具有致敏作用，能够引发严重的免疫反应。毒液通过皮肤内的抗原提呈细胞提呈给 T 细胞，随后这些 Th2 型细胞释放 IL-4 和 IL-13 等炎症介质，并且使 B 细胞转换为效应 B 细胞，产生 IgE 抗体。肥大细胞表面毒液特异性的 IgE 交联 FcεRI，使致敏个体发生过敏反应。因此，过敏个体在被毒针刺激后可能产生严重的甚至是致命的过敏反应。蜂毒的特异性 IgE 是把双刃剑，因为它是触发过敏反应的罪魁祸首，但同样可以通过 IgE 对毒液过敏者做出诊断。蜂毒的许多酶，包括磷脂酶 A2 在免疫应答的启动和发展中的潜在作用也已经在许多研究中进行了探索。毫无疑问，对蜂毒成分与天然特异性免疫细胞之间的免疫学相互作用的深入了解，将有助于特异性和基于表位的特别是膜翅目毒液过敏免疫治疗策略的发展。

已在蜂毒中发现的主要过敏原有 Api m 1 ～ Api m 12。Blank 等确定并报道了卵黄链霉菌和寻常螨的毒液中属于卵黄蛋白家族中的分子量高达 200kDa 的过敏原。蜜蜂毒液的主要变应原包括磷脂酶 A2 和 A1、透明质酸酶抗原 5 等。两种主要的蜂王浆蛋白（major royal jelly protein，MRJP）8 和 9，与蜜蜂过敏原 Api m 11 是同种型和新的泛变应原，即卵黄蛋白原蛋白 12 和 Ves v 6。

二、肥大细胞与蜂毒过敏

膜翅目昆虫刺激引起的过敏反应是由肥大细胞和嗜碱性粒细胞表面受体 FcεRⅠ 结合了 IgE 与蜂毒过敏原复合物引起的 IgE 介导的超敏反应。在蜂毒进入人体后，过敏个体 10min 内即出现广泛的超敏反应：血管通透性增加、水肿，出现皮肤瘙痒、荨麻疹和血压下降，低血压可导致意识丧失；肠道平滑肌痉挛、黏液分泌增加，表现为恶心、呕吐、腹痛、腹泻；过敏性结膜炎，结膜充血、瘙痒；支气管平滑肌痉挛，喘息，出现哮鸣音。

一些非洲蜜蜂蜂种蜇人后可以触发包括正常的局部反应、大局部反应、全身性过敏反应、全身毒性反应和不寻常反应在内的五类速发型过敏反应或迟发型毒性反应，严重者可导致死亡，其中大局部反应和全身性过敏反应最常见。大局部反应定义为，肿块直径超过 10cm，持续时间超过 24h。一些患者的皮肤和体外测试显示，过敏与 IgE 介导、细胞介导或两种机制联合作用相关。全身性过敏反应多是 IgE 介导的，也见有短期致敏 IgG 抗体或 IgG- 毒液复合物通过补体激活肥大细胞所致。在肥大细胞增多症患者中所做的膜翅目毒液过敏研究为揭示蜂毒过敏机制提供了参考和依据。肥大细胞增多症的特征在于皮肤、骨髓、脾、肝、淋巴结、肠和 / 或内脏器官活组织肥大细胞数量增加。肥大细胞通过表面受体 KIT（CD117）结合其配体 SCF 维持生长、发育和增殖。成人系统性肥大细胞增多症是由 *Kit* 基因第 816 密码子中缬氨酸代替天冬氨酸（D816V）变异所致，KIT 的 D816V 在缺乏 SCF 的情况下同样可以自身活化，持续增殖。KIT-SCF 也具有激活肥大细胞脱颗粒作用，因此肥大细胞增多症患者一般有高水平血清类胰蛋白酶、组胺、前列腺素 D_2 和白细胞三烯 C4。

膜翅目毒液一旦进入肥大细胞增多症患者体内，即可触发严重过敏性反应，甚至危及生命。患者在接受毒液免疫治疗（venom immunotherapy，VIT）时严重副作用的发生率很高，往往被迫中止治疗。而血清类胰蛋白酶升高的肥大细胞增多症患者，即使皮肤测试也可引起全身性反应。

三、蜂毒过敏诊断和前景

蜂毒中过敏原蛋白含量高、种类少，因此纯的过敏原获得并不困难，但蜂毒毒液中蛋白质的糖基化修饰多，如蜂毒抗交叉反应性糖类决定簇（cross-reactive carbohydrate determinant，CCD）标志 α1，3- 连接的核心岩藻糖残基、蜜蜂毒液中变应原之间多重反应性和纯度低都会影响天然变应原的特异性。目前重组技术已经成功解决了这些问题。Seismann 及其课题组于 2010 年通过重组技术利用杆状病毒感染昆虫粉纹夜蛾和草地贪夜蛾细胞系，获得了高特异性过敏原基因重组蜂毒抗原全长表达蛋白 Api m 2、Ves v 2a 和 Ves v 2b，避开了糖基化修饰。研究人员对过敏原交叉反应性的详细研究，强调了重组过敏原在改进过敏诊断和治疗策略方面具有潜力。未来具有 CCD 活性的重组过敏原也许能区分临床上的真正过敏和交叉过敏，有益于临床相关过敏原的识别、正确的过敏诊断和设计适当的干预治疗。

除此之外，蜂毒毒液中的蛋白质成分还需要进一步研究。例如，蜂毒毒液中含有的肥大细胞脱颗粒肽（mast cell degranulating peptide，MCDP），又称为肽 401，通过增加

游离细胞质 Ca^{2+} 浓度来介导肥大细胞脱颗粒，导致含组胺颗粒的胞吐作用。然而，肥大细胞上的肽 401 特异性受体却是未知的。还有一些关于肥大细胞增多和海门菌毒液过敏之间具有挑战性的问题尚未解决。研究者将逐步在分子和细胞水平探究，了解关于蜂毒起作用的免疫学过程，为进一步开发免疫治疗和过敏诊断新方法提供帮助。

目前，膜翅目毒液过敏的诊断依靠昆虫蜇咬史，临床表现和症状，皮肤试验，包括皮肤点刺试验（skin prick test，SPT）和皮内试验，毒液特异性 IgE 抗体检测及嗜碱性粒细胞脱颗粒试验。血清毒液特异性 IgE（specific IgE，sIgE）检测的敏感性低于皮内测试。sIgE 作用过敏原可以是毒液提取物，也可以是重组过敏原，前者敏感度高，但纯度低和抗原交叉反应而致特异性不高；后者特异性高，但抗原的表位构象影响其敏感度。皮肤试验包括 SPT 和皮内试验，SPT 的灵敏度低于皮内测试，通常用 1.0～100μg/ml 的浓度递增测试，初始浓度应控制在 0.001～0.01μg/ml。当皮内测试结果为阴性而 sIgE 测试为阳性时，嗜碱性粒细胞脱颗粒试验有助于确认是否过敏。此外，体内、体外和细胞试验结合能够提高诊断的准确性，但是诊断的特异性并不高，50% 以上的患者会出现一种以上毒液阳性，皮肤试验有激发过敏的风险。

肥大细胞在蜂毒过敏中起着非常重要的作用，对肥大细胞的研究将有助于对蜂毒过敏治疗的探索；反之，对蜂毒过敏机制的深入研究，也将加深对肥大细胞功能的认识。期待随着肥大细胞研究的深入，将探索出蜂毒过敏治疗的新方法。

第三节　肥大细胞与严重过敏反应

严重过敏反应（anaphylaxis）是过敏反应的严重类型，表现为局部或全身严重过敏反应和过敏性休克，是外界某些抗原物质进入已致敏的机体后，在短时间内触发的局部或全身性过敏反应，严重者可致休克甚至危及生命。多突然发生且严重而剧烈，若不及时处理，常可危及生命。昆虫刺伤和服用某些药物（特别是含青霉素的药物）是最常见原因，某些食物（如花生、贝类、蛋和牛奶）也会引起严重过敏反应。过敏性休克的表现与严重程度因机体反应性、抗原进入量及途径等不同而有很大差别。大都突然发生，半数以上患者在接受过敏原如青霉素注射等 5min 内发作，仅 10% 的患者于 30min 后出现症状，极少数患者在连续用药的过程中出现症状。

一、严重过敏反应

严重过敏反应是指快速发作的、致死性严重全身性过敏反应，发病率呈逐年上升趋势。有研究显示，美国严重过敏反应在个体生命周期中的发生率为 0.05%～2%，欧洲国家约为 0.3%，0～4 岁儿童发病率最高。尹佳等对中国人群的研究显示，中国严重过敏反应成人发病多于儿童和青少年，婴幼儿发病少见。

严重过敏反应的主要诱因包括食物、药物和昆虫叮咬等，因患者的生活环境和遗传因素差异呈现不同模式。食物为最常见的诱因，尤其在儿童。美国与欧洲的研究显示，坚果如花生是儿童最常见的致敏食物，而贝类是成人严重过敏反应最常见的致敏食物。在意大利，水果、蔬菜是成人严重过敏反应最常见的诱因；而在部分亚洲国家，小麦和荞麦是严重过敏反应常见的致敏食物。2016年，北京协和医院尹佳等发表了对中国人群1952次严重过敏反应的回顾性研究，显示小麦是首位诱发严重过敏反应的食物，其次是水果、蔬菜。此外，药物作为过敏的主要诱因常见于急诊和住院患者，抗生素和非甾体抗炎药是最主要的致敏药物。在中欧的变态反应门诊患者中，昆虫叮咬为严重过敏反应最常见的诱因。

严重过敏反应常表现为多系统症状，包括皮肤、呼吸系统、消化系统及心血管系统等，皮肤表现最常见。严重过敏反应的临床诊断标准参考2006年美国国家过敏及感染性疾病研究院制定的标准（表7-1），以及2011年《WAO严重过敏反应诊疗指南》。根据严重程度不同，可将严重过敏反应的临床表现分为轻度、中度和重度3级。

表 7-1　严重过敏反应的临床诊断标准

临床表现中符合下列3条中的1条即可诊断为严重过敏反应

1. 急性起病（数分钟到数小时）

皮肤或/和黏膜组织症状：全身瘙痒、风团或红斑，口唇、上腭水肿。同时至少伴有一项以下症状：

①突然发作的呼吸系统症状和体征：气短、喘息、咳嗽、喘鸣、血氧饱和度降低；

②突然发作的血压下降及低血容量症状

2. 接触可疑变应原后数分钟至数小时出现下列症状中的两项及以上：

①突然出现的皮肤或黏膜症状：全身风团、瘙痒、红斑，唇、舌、上腭肿胀等；

②突发呼吸系统症状和体征：气短、喘息、咳嗽、喘鸣及低氧血症；

③突发血压下降或者器官衰竭症状：晕厥、意识丧失等；

④突发胃肠道症状：胃肠痉挛性胃痛、腹痛、呕吐、腹泻

3. 暴露于已知变应原后几分钟至几小时内出现低血压

①婴幼儿和儿童：收缩压降低（因年龄而异）或收缩压降低超过30%；

②成人：收缩压低于90mmHg或降低超过患者基础血压的30%

严重过敏反应初始治疗时首先应尽可能去除激发因素，如立即停止静脉输入可能引起过敏的药物。同时迅速向患者大腿中部前外侧肌内注射1∶1000（1mg/ml）肾上腺素，0.01mg/kg，成人最大剂量不超过0.5mg，儿童最大剂量为0.3mg；记录注射的时间，必要时5～15min后重复注射，多数患者需注射1～2次。肾上腺素是严重过敏反应的一线用药，应及时应用。治疗时密切观察患者血压、心率、心功能、呼吸状况和血氧饱和度。后续应给患者配备肾上腺素笔，明确导致严重过敏反应的诱发因素以避免再次发作。国外严重过敏反应患者如果由昆虫叮咬导致，可采用免疫治疗预防发作。

二、过敏性休克

绝大多数的过敏性休克是由Ⅰ型变态反应导致，参与其中的细胞主要是肥大细胞。外界的抗原性物质（某些药物是半抗原，进入人体后与蛋白质结合成为全抗原）进入机体能刺激免疫系统产生相应的IgE抗体，IgE产生的水平个体差异较大。这些特异性IgE有较强的肥大细胞亲合性，能与皮肤、支气管、血管壁等部位的肥大细胞结合，使之致敏。

此后，当同一抗原物质再次与已致敏的机体接触时，迅速引起肥大细胞脱颗粒，其中各种炎性细胞释放的组胺、血小板激活因子等是造成组织器官水肿、渗出的主要生物活性介质，激发广泛的Ⅰ型变态反应，当引起全身性的过敏症状时，则会出现过敏性休克。绝大多数过敏性休克事件，是由全身性肥大细胞脱颗粒所致，所以肥大细胞的研究对于过敏性休克的诊治极其重要。一般情况下这种脱颗粒过程是由IgE介导的，但是在大量发作的病例中，也有独立于IgE之外的直接的肥大细胞脱颗粒现象。人G蛋白偶联受体MRGPRX2可能是许多能够直接引起肥大细胞脱颗粒和过敏的药物及阳离子蛋白的受体，使用酪氨酸激酶抑制剂治疗过敏性休克已有很大的进展。

Dybendal等利用荧光免疫测定（FEIA）的方法检测了18名过敏性休克患者体内肥大细胞类胰蛋白酶含量和血清IgE抗体，其中有9例血清在过敏性休克症状发生后立即收集，7例在症状发生1h内收集，2例在症状发生后12h后收集。患者的类胰蛋白酶水平升高大于13.5mg/L，铵离子、胆碱、吗啡、地塞米松、硫代戊糖和乳胶的特异性IgE检测中，铵离子、吗啡和地塞米松特异性IgE也升高。18名患者中有10名MCT升高，2名患者MCT升高但特异性IgE不升高，3例患者的IgE升高但MCT水平正常；另有3名患者的特异性IgE和MCT都未升高。可见18名患者中有15名MCT或特异性IgE升高，证明肥大细胞在过敏性休克中起到非常重要的作用。

对肥大细胞和过敏性休克关系的体内研究认为，当肥大细胞脱颗粒时，细胞质内的介质类胰蛋白酶和糜蛋白酶随之释放到细胞外，并参与过敏性休克的发生。王昌亮等用免疫组织化学方法对过敏性休克豚鼠肺组织中类胰蛋白酶和糜蛋白酶表达的研究结果显示，过敏性休克豚鼠的类胰蛋白酶和糜蛋白酶都明显增加。此外，国外Nishio等也通过比较8例明确诊断为过敏性休克死亡者与104例非过敏性休克死亡者血清中糜蛋白酶的含量，发现过敏性休克死亡者血清糜蛋白酶水平显著高于非过敏死亡者，说明糜蛋白酶对过敏性休克的诊断有一定帮助，同时也证明了肥大细胞在过敏性休克中的重要地位。

对肥大细胞在过敏性休克中作用的研究，以及肥大细胞所释放的类胰蛋白酶和糜蛋白酶的研究，将有助于从肥大细胞角度解除过敏性休克对生命的威胁。

（魏继福　王宇杰　季春梅）

参 考 文 献

Bilò M B，Pravettoni V，Bignardi D，et al. 2005. Diagnosis of hymenoptera venom allergy：management of children and adults in clinical practice[J]. J Allergy，60（11）：1339-1349.

Blank S，Seismann H，Bockisch B，et al. 2010. Identification，recombinant expression，and characterization of the 100kDa high molecular weight hymenoptera venom allergens Api m 5 and Ves v 3[J]. J Immunol，184（9）：5403-5413.

Blank S，Seismann H，Intyre M，et al. 2013. Vitellogenins are new high molecular weight components and allergens（Api m 12 and Ves v 6）of *Apis mellifera* and *Vespula vulgaris* venom[J]. PLoS One，8（4）：e62009.

Blank U，Rivera J. 2004. The ins and outs of IgE-dependent mast-cell exocytosis[J]. Trends Immunol，25（5）：266-273.

Danforth B N，Sipes S，Fang J，et al. 2006. The history of early bee diversification based on five genes plus morphology[J]. Proc Natl Acad Sci USA，103（41）：15118-15123.

Danneels E L，Van Vaerenbergh M，Debyser G，et al. 2015. Honeybee venom proteome profile of queens and winter bees as determined by a mass spectrometric approach[J]. Toxins（Basel），7（11）：4468-4483.

de Graaf D C，Aerts M，Danneels E，et al. 2009. Bee，wasp and ant venomics pave the way for a component-resolved diagnosis of sting allergy[J]. J Proteome，72（2）：145-154.

Dybendal T，Guttormsen A B，Elsayed S，et al. 2003. Screening for mast cell tryptase and serum IgE antibodies in 18 patients with anaphylactic shock during general anaesthesia[J]. Acta Anaesthesiol Scand，47：1211-1218.

Echtenacher B，Männel D N，Hültner L. 1996. Critical protective role of mast cells in a model of acute septic peritonitis[J]. Nature，381（6577）：75-77.

Fitzgerald K T，Flood A A. 2006. Hymenoptera stings[J]. J Clin Tech Small Anim Pract，21（4）：194-204.

Golden D B，Marsh D G，Kagey-Sobotka A，et al. 1989. Epidemiology of insect venom sensitivity[J]. JAMA，262（2）：240-244.

Kloog Y，Ambar I，Sokolovsky M，et al. 1988. Sarafotoxin，a novel vasoconstrictor peptide：phosphoinositide hydrolysis in rat heart and brain[J]. Science，242（4876）：268-270.

Lee D M，Friend D S，Gurish M F，et al. 2002. Mast cells：a cellular link between autoantibodies and inflammatory arthritis[J]. Science，297（5587）：1689-1692.

Ludman S W，Boyle R J. 2015. Stinging insect allergy：current perspectives on venom immunotherapy[J]. J Asthma Allergy，8：75-86.

Malaviya R，Ikeda T，Ross E，et al. 1996. Mast cell modulation of neutrophil influx and bacterial clearance at sites of infection through TNF-alpha[J]. Nature，381（6577）：77-80.

Marshall J S. 2004. Mast-cell responses to pathogens[J]. Nat Rev Immunol，4（10）：787-799.

Maurer M，Wedemeyer J，Metz M，et al. 2004. Mast cells promote homeostasis by limiting endothelin-1-induced toxicity[J]. Nature，432（7016）：512-516.

McNamee D. 2001. Tackling venomous snake bites worldwide[J]. Lancet，357（9269）：1680-1680.

Metz M，Piliponsky A M，Chen C C，et al. 2006. Mast cells can enhance resistance to snake and honeybee venoms[J]. Science，313（5786）：526-530.

Muller U R. 1993. Epidemiology of insect sting allergy[J]. Monogr Allergy，31：131-146.

Nishio H，Takai S，Miyazaki M，et al. 2005. Usefulness of serum mast cell-specific chymase levels for postmortem diagnosis of anaphylaxis[J]. Int J Legal Med，119：331-334.

Nitecka-Buchta A，Buchta P，Tabeńska-Bosakowska E，et al. 2014. Myorelaxant effect of bee venom topical skin application in patients with RDC/TMD Ia and RDC/TMD Ib：a randomized，double blinded study[J]. Biomed Res Int，DOI：296053.

Ollert M，Blank S. 2015. Anaphylaxis to insect venom allergens：role of molecular diagnostics[J]. Curr Allergy Asthma Rep，15（5）：26-36.

Peiren N，Vanrobaeys F，de Graaf D C，et al. 2005. The protein composition of honeybee venom reconsidered by a proteomic approach[J]. J Biochim Biophys Acta，1752（1）：1-5.

Secor V H，Secor W E，Gutekunst C A，et al. 2000. Mast cells are essential for early onset and severe disease in a murine model of multiple sclerosis[J]. J Exp Med, 191 (5): 813-822.

Seismann H, Blank S, Braren I, et al. 2010. Dissecting cross-reactivity in hymenoptera venom allergy by circumvention of alpha-1, 3-core fucosylation[J]. Mol Immunol, 47 (4): 799-808.

Šelb J, Kogovšek R, Šilar M, et al. 2016. Improved recombinant Api m 1- and Ves v 5- based IgE testing to dissect bee and yellow jacket allergy and their correlation with the severity of the sting reaction[J]. Clin Exp Allergy, 46 (4): 621-630.

Sicherer S H, Leung D Y. 2012. Advances in allergic skin disease, anaphylaxis, and hypersensitivity reactions to foods, drugs, and insects in 2011[J]. J Allergy Clin Immunol, 129 (1): 76-85.

Stone S F, Isbister G K, Shahmy S, et al. 2013. Immune response to snake envenoming and treatment with antivenom: complement activation, cytokine production and mast cell degranulation[J]. PLoS Negl Trop Dis, 7 (7): e2326.

Wang Z, Qu Y, Dong S, et al. 2016. Honey bees modulate their olfactory learning in the presence of hornet predators and alarm component[J]. PLoS One, 11 (2): e0150399.

第八章　肥大细胞与血液系统疾病

肥大细胞与造血起源细胞关系密切，其形态特征、细胞质成分和生物学活性与嗜碱性粒细胞有很多相似之处。除了肥大细胞增多症外，肥大细胞与血液系统疾病有着各种联系，通过将生物活性介质释放入血和局部作用影响血细胞代谢、生长、增殖、迁移和局部定居。近年来肥大细胞与血液系统疾病的研究日渐增多，主要是肥大细胞良性、恶性增生性疾病，肥大细胞缺陷病尚未见报道。

第一节　肥大细胞增多症

肥大细胞是免疫系统中的关键成员之一，沿着全身皮下和黏膜血管分布，是过敏反应中的主要效应细胞，也在炎症反应中发挥重要作用。在肥大细胞增多症（mastocytosis，MC）中，促炎症介质和血管活性物质过度释放可能引起相应的临床表现，甚至是危及生命的严重过敏反应。

肥大细胞增多症是一种肥大细胞祖细胞的增殖性疾病，导致肥大细胞在一个或多个器官如皮肤、骨髓、胃肠道、肝脏和脾增殖并聚集。肥大细胞的分化与存活需要 SCF 的作用，SCF 通过与其细胞表面受体 KIT（CD117）结合，激活 KIT 的蛋白酪氨酸激酶，传递信号至细胞内，启动和维持细胞的生长、分化和增殖。肥大细胞表面表达 CD34 和 CD117，随着细胞的分化成熟 CD34 表达逐渐下调，但 CD117 持续表达。*Kit* 基因的获得性突变引起 KIT 的过表达，从而刺激肥大细胞过度增殖。系统性肥大细胞增殖异常患者中最常见的点突变是 816 位密码子中天冬氨酸替换为缬氨酸（D816V），80% 以上的系统性肥大细胞增多症（systemic mastocytosis，SM）患者携带 D816V 突变，但许多儿童的皮肤性肥大细胞增多症（cutaneous mastocytosis，CM）没有类似的突变。

肥大细胞增多症患者的临床表现如瘙痒、潮红、胃肠道不适、血流动力学不稳定等与肥大细胞内活性介质的大量释放和肥大细胞在组织内浸润有关。

一、分类与诊断标准

（一）分类

根据 2019 年版《NCCN 肿瘤学临床实践指南》中沿用的 2017 年 WHO 肥大细胞增多症的定义与分类标准，将肥大细胞增多症分为皮肤性、系统性与实体肿瘤三大类，其中各类还有若干亚型（表 8-1）。皮肤性肥大细胞增多症通常发生在儿童，典型临床表现包括色素性荨麻疹（urticaria pigmentosa，UP）、弥漫性皮肤肥大细胞增多症（diffuse cutaneous mastocytosis）和持久性发疹性斑状毛细血管扩张症（telangiectasia macularis eruptiva perstans，TMEP），预后一般较好，通常在青春期前后自行缓解。系统性肥大细胞增多症通常发生于成年人，临床表现个体差异较大。儿童大多只是皮肤受累（CM），而成年人中其他器官也常受累，SM 也较多见。

表 8-1 肥大细胞增多症的分类

疾病中文名称	疾病英文名称及缩写
皮肤性肥大细胞增多症	cutaneous mastocytosis，CM
系统性肥大细胞增多症	systemic mastocytosis，SM
惰性系统性肥大细胞增多症	indolent systemic mastocytosis，ISM
血液相关性系统性肥大细胞增多症	systemic mastocytosis with an associated hematologic，SMAH
伴相关血液性非肥大细胞系疾病的系统性肥大细胞增多症	systemic mastocytosis with an associated hematologic non-mast cell lineage disorder，SM-AHNMD
侵袭性系统性肥大细胞增多症	aggressive systemic mastocytosis，ASM
冒烟型系统性肥大细胞增多症	smoldering systemic mastocytosis，SSM
肥大细胞白血病	mast cell leukemia，MCL
肥大细胞肉瘤	mast cell sarcoma，MCS

　　SM 可根据侵袭性与预后分为不同的临床亚型。惰性 SM（ISM）是最常见的类型，占所有肥大细胞增多症患者的 90% ～ 95%。罕见的进展类型是合并有相关的非肥大细胞的造血细胞疾病的 SM、侵袭性系统性肥大细胞增多症（ASM）和肥大细胞白血病（表 8-1）。Alvarez-Twose 团队比较了 ISM 不同亚型的人口统计学、临床、组织病理学、生物学和分子生物学特征，发现成人 ISM 中有一种无皮肤病变的临床亚型，与有皮肤病变的肥大细胞增多症（MC in the skin，MIS）患者相比较，多有昆虫叮咬导致严重过敏反应的病史，这类 ISM 以男性为主，以少见骨髓中肥大细胞聚集和少见肥大细胞相关的临床症状为特征。由于骨髓中免疫表型正常和异常的肥大细胞共存且 *Kit* 突变仅出现在肥大细胞，加上肥大细胞含量少，这类 ISM 需要使用敏感和特异性的诊断技术对骨髓肥大细胞进行免疫表型和分子水平分析以确认疾病的性质。

　　此外，在 SM 患者中，有严重过敏反应的患者携带 *Kit* D816V 突变的克隆肥大细胞，但不完全符合肥大细胞增多症的诊断标准。这种情况已被命名为单克隆肥大细胞激活综合征（monoclonal mast cell activation syndrome，MMCAS）。

（二）诊断标准

　　依据 2019 年版《NCCN 肿瘤学临床实践指南》中沿用的 2017 年 WHO 系统性肥大细胞的诊断标准，SM 诊断需满足 1 条主要标准 +1 条次要标准，或者至少 3 条次要标准（表 8-2）。

表 8-2 SM 的诊断标准

主要标准
骨髓或其他皮肤外器官检测到 15 个以上肥大细胞多灶性致密聚集体
次要标准
骨髓涂片、骨髓病理或其他皮肤外器官组织标本中发现 > 25% 的肥大细胞为非典型形态或梭形
骨髓、血液或皮肤外器官中发现 *Kit* 基因 816 密码子突变（D816V 最常见）
骨髓、血液或皮肤外器官中肥大细胞表达 CD2 和 / 或 CD25
血清总类胰蛋白酶浓度始终 > 20ng/ml（除非合并有相关髓系肿瘤，这时该标准无效）

二、流行病学

1. 肥大细胞增多症的患病率

据报道在全部成人肥大细胞增多症中，SM 总患病率达 95% 以上，SM 所有亚型发病率为每年 0.89/10 万。据统计，1997 年在皮肤病门诊 1000 ~ 8000 名新患者中可能就有 1 名患有某种类型的肥大细胞增多症。最近的研究发现，ISM 的患病率为（9.6 ~ 13）/10 万，ISM 患者疾病进展的累积率较低，约为 10 年 1.7%，该病不影响患者寿命。

2. 肥大细胞增多症患者的过敏患病率

几个小样本研究报道，肥大细胞增多症患者特应性疾病的患病率与普通人群类似。此外，在肥大细胞增多症患者中 IgE 介导的过敏患病率与普通人群相比无显著差异。

3. 一般人群中严重过敏反应的患病率

过敏反应的总患病率仅能通过来自不同研究的数据估计。一项基于随机选择的 1000 名美国公民的研究显示，一生中发生全身性严重过敏反应的风险大于 1.6%，也有统计显示，累积终生患病率为 0.3%，发病率为每年 5/10 万。成人肥大细胞增多症合并严重过敏反应的累积终身患病率可能为 0.002% ~ 0.006%。

4. 肥大细胞增多症中严重过敏反应的患病率

据报道儿童肥大细胞增多症患者中，发生严重过敏反应的比例为 6% ~ 9%，而成年患者中，严重过敏反应的累积患病率则高得多，在不同研究人群中为 22% ~ 49%，约为一般人群的 100 倍。与局限于皮肤的肥大细胞增多症患者相比，SM 患者中出现严重过敏反应的风险显著升高。过敏反应似乎更常发生于无皮肤受累的 ISM 患者，因为在大部分无皮肤受累的患者中，SM 诊断的主要表现就是严重过敏反应，而皮肤病变是 ISM 患者的主要表现，且 ISM 患者严重过敏反应的患病率低于 50%。

三、肥大细胞增多症与严重过敏反应

（一）肥大细胞增多症患者发生严重过敏反应的危险因素

在一项儿童肥大细胞的研究中，最常见的全身症状是腹泻和腹痛，而严重过敏反应仅占 1.5%。除了皮损数量外，瘙痒、发疱、潮红等皮肤表现数量也是全身症状的重要预测因子，二者呈线性相关。皮肤病变的程度、密度及高血清类胰蛋白酶数值被确定为儿童过敏反应的危险因素（表 8-3）。CM 的最严重类型弥漫性 CM 是发生更严重过敏反应的危险因素。

一项在 111 名 MIS 患儿中进行的、旨在探寻类似严重过敏反应等重度肥大细胞激活事件预测因素的研究发现，12 名症状严重而需要住院治疗的患儿都有广泛的皮肤疾病，超过 90% 的体表面积受累，这些患儿的血清类胰蛋白酶水平显著高于症状较轻的患儿，疱疹发作也是导致这些患儿住院治疗的原因。因此，满足严重过敏反应诊断标准的 MIS 儿童，严重全身性症状通常都伴有皮肤受累、疱疹发作、高血清类胰蛋白酶和弥漫性 CM，而在其他患者中的发生率则较低。

表 8-3　肥大细胞增多症患者发生严重过敏反应可能的危险因素

患者	危险因素	结果	研究来源
儿童	皮损范围与密度	范围＞45% 和密度＞15%	Brockow et al.，2008
	血清类胰蛋白酶	显著上升	Brockow et al.，2008
		与严重程度相关	Alvarez-Twose et al.，2012
	受累皮肤＞90%	住院的危险因素	Alvarez-Twose et al.，2012
	水疱	住院的危险因素	Brockow et al.，2012
	弥漫性 CM	住院的危险因素	Alvarez-Twose et al.，2012
成人	皮损的范围与密度	不明显	Brockow et al.，2008；Gulen et al.，2014
	血清类胰蛋白酶	上升	Brockow et al.，2008
	SM 的形成	大部分在 ISM 患者	Gulen et al.，2014
	D816V	无差异	Broesby-Olsen et al.，2013

成人的严重过敏反应更常发生于 SM 患者中而非 CM 患者中。在 SM 和 MIS 患者中，皮肤病变的程度和密度与高风险的严重过敏反应无关。据报道，出现严重过敏反应患者的血清类胰蛋白酶基线水平高于无严重过敏反应患者，但二者间有较大重叠。严重过敏反应如果出现于男性，类胰蛋白酶水平大于 25ng/ml、有心血管症状但无荨麻疹或血管型水肿表现（如头晕、晕厥等），或膜翅目昆虫毒液所致严重过敏反应，高度提示患有肥大细胞增多症。严重过敏反应的风险与血清类胰蛋白酶水平之间并非线性相关。

ISM 患者的严重过敏反应风险在所有 SM 类型中最高，但并无证据表明严重过敏反应更常见于恶性程度更高的 SM 类型，如肥大细胞白血病、侵袭性 SM。肥大细胞增多症患者 *Kit* D816V 突变的等位基因拷贝数与成年患者是否发生严重过敏反应无关。

（二）肥大细胞增多症发生严重过敏反应的病理生理学机制

蛋白酪氨酸激酶受体 KIT 及其配体 SCF 控制肥大细胞的分化与增殖，在肥大细胞增多症中，肥大细胞携带 *Kit* 激活的 D816V 突变是致病基础。推测这种突变导致酪氨酸激酶受体 KIT 不依赖配体而激活，导致肥大细胞过度增殖。有人推测这些突变的细胞可能还对外源性变应原高度敏感，从而降低对过敏原应答的阈值。由于肥大细胞数量增多，导致发生过敏的效应细胞增多，释放更多的炎性介质，导致更严重的过敏反应症状（图 8-1）。

（三）肥大细胞增多症的临床表现

肥大细胞增多症患者的严重过敏反应症状和表现与非肥大细胞增多症者的过敏反应表现类似。不过，一些心血管症状如心动过速、低血压、头晕、晕厥等，在肥大细胞增多症患者的严重过敏反应中更为常见，相反，皮肤反应、呼吸道症状和胃肠道反应则相对少见。Koterba 等研究发现，与特发性严重过敏反应的患者相比，ISM 患者发生严重过敏反应时更常出现不伴荨麻疹的低血压。Brockow 等的研究中将肥大细胞增多症的 48% 患者归为严重类型，其中 38% 的患者出现了意识丧失，而 Gulen 的研究中出现意识丧失的肥大细胞增多症的严重过敏反应患者比例为 72%。

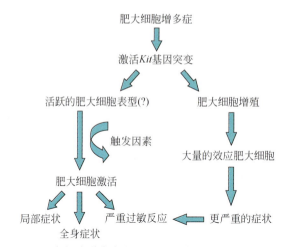

图 8-1　肥大细胞增多症发生严重过敏反应的发病机制模型

（四）肥大细胞增多症患者发生严重过敏反应的诱因

成人肥大细胞增多症患者发生严重过敏反应的诱因中，最常见的为膜翅目昆虫叮咬，食物与药物诱发的过敏相对少见。可引起肥大细胞激活的因素还包括冷或热的物理刺激、快速温度变化、皮肤病损受到摩擦（Darier 征）、压力或焦虑等。Darier 征（Darier sign）由 Darier 医生于 1989 年发现并命名，皮肤经钝器轻轻摩擦或受到撞击后产生风团样高起的皮损：数分钟内发生，全身弥散性分布，呈黄或褐色、红色或棕色的局限性红斑、风团、瘙痒，1h 内消退，其内含大量肥大细胞，色素性荨麻疹常见。

1. 膜翅目昆虫毒液

膜翅目昆虫毒液是肥大细胞增多症所致严重过敏反应最常见的诱因。5% ～ 15% 的患者可见基线类胰蛋白酶水平升高或色素性荨麻疹，二者均提示可能有肥大细胞基础疾病，如 SM。肥大细胞增多症已经被视为膜翅目昆虫毒液致严重过敏反应的一个危险因素，因此对于肥大细胞增多症患者，正确诊断和治疗膜翅目昆虫毒液所致严重过敏反应非常重要。肥大细胞增多症患者的总 sIgE 水平通常较低，相同种情况下的 sIgE 检测和皮肤测试通常为阴性。因此，针对这些患者，为了正确诊断膜翅目昆虫毒液所致严重过敏反应，需要用重组过敏原（Ves v1/5 和 Api m1-4/10）做皮内或皮下试验，检测 sIgE 时采用较低的诊断截断值（cut-off 值，＜ 0.1kU/L）。嗜碱性粒细胞活化试验有助于确认过敏状态并鉴别致病昆虫种类。

2. 食物

成人肥大细胞增多症患者出现严重过敏反应的诱因常常是食物，但真正得到确认的病例很少。近期一些病例报道建议，食物过敏应被纳入肥大细胞增多症过敏原管理中。有报道，一例 ISM 患者在食用猪肉后出现了超过 10 次的过敏发作，该患者猪肉激发试验表现为延迟的严重过敏反应，而其体内针对肉类的 sIgE 和半乳糖 -α-1，3- 半乳糖水平都较低。也有 IgE 介导的鱼类和甲壳类食物致严重过敏反应，随后检测发现患者都有 ISM。

3. 药物过敏

药物引起肥大细胞增多症患者严重过敏反应较为少见。少有的报道中涉及的药物过敏多与全身麻醉相关，其次还有非甾体抗炎药、阿片类药物、造影剂、β-内酰胺类药物等。全身麻醉过程中的严重过敏反应是人们关注的焦点。Matito 等发现，在接受各类麻醉的肥大细胞增多症患者中，2% 的成人和 4% 的患儿出现了与肥大细胞激活相关的围手术期症状，导致 0.4% 的成人和 1/40 的患儿出现严重过敏反应。成人的主要症状包括低血压、心跳和呼吸暂停、凝血障碍、全身荨麻疹及意识丧失；儿童的主要症状为支气管痉挛与全身红疹。

（五）肥大细胞增多症与特发性严重过敏反应的鉴别诊断

特发性严重过敏反应（idiopathic anaphylaxis，IA）是指在进行完善的诊断评估之后出现的、无明显诱因的严重过敏反应，是在明确其他致病原因之后的排他性诊断。在诊断 IA 之前，必须排除所有的潜在诱因，如食物、药物、运动、昆虫叮咬、C1 酯酶抑制物缺乏与肥大细胞增多症等。在所有儿童严重过敏反应中约 67%、成人病例中约 13% 无触发因素。IA 在肥大细胞增多症患者中是常见的，因此，诊断 IA 前，需与肥大细胞增多症等疾病鉴别。

IA 的病理生理机制尚未完全阐明，但在患者中发现尿组胺及其代谢产物、甲基咪唑乙酸、血浆组胺和血清类胰蛋白酶浓度的升高与肥大细胞激活一致。发病机制的第一种假说认为，未明确的变应原如调料、芹菜、香菜、胡荽、茴香等，含气源性致敏原如含蜜蜂花粉的食物，含尘螨过敏原的粉末及标记不当的食物过敏原如鸡蛋卷中的花生等都可能导致超敏反应。但这些少见的过敏原有时难以被识别，而且可能无法解释每一位 IA 患者的发病机制。第二种假说涉及肥大细胞介质的释放，某些细胞因子可能刺激肥大细胞，使其对变应原更加敏感，释放出的介质造成严重过敏反应。Reed 等研究发现，受到变应原刺激后，IA 患者体内 Th2 型细胞因子 IL-4、IL-5、IL-6、IL-9、IL-10 和 IL-13 水平显著升高，而这些细胞因子能够促进肥大细胞脱颗粒。还有一种理论认为 IA 与患者体内活化的 T 细胞和 B 细胞数量升高有关。有研究证明 IA 患者在急性发作期，血液中的活化 T 细胞的比例升高，而基线水平无明显变化。且 IA 患者在急性发作期和基线期体内活化 B 细胞的数量明显高于慢性特发性荨麻疹患者和正常对照人群。不过这些细胞数量的变化是因为疾病的急性发作还是病理过程所致尚需阐明。

部分患者的 IA 可能并非"特发性"。Akin 等对 12 例"特发性"严重过敏反应患者的分析发现，这些患者没有色素性荨麻疹等皮肤表现，骨髓穿刺也未发现肥大细胞聚集的特征，但其中 5 例满足 1 条以上肥大细胞增多症的次要诊断标准，3 例发现有 *Kit* D816V 突变。一项对 30 名没有 CM 的不明原因严重过敏反应的研究发现，47% 的患者最后诊断为克隆性肥大细胞疾病，包括肥大细胞增多症和单克隆肥大细胞激活综合征。故建议，不明原因的严重过敏反应患者，如果血清基线类胰蛋白酶水平 ≥ 11.4ng/ml，并出现晕厥等心血管病症状，应考虑克隆性肥大细胞疾病的可能。

对原因不明的严重过敏反应患者的 IA 诊断是一种排他性诊断，诊断步骤及其意义列于表 8-4。广泛评估是诊断的关键，包括全面的病史、查体与实验室检查；病史中需要特别注意排除潜在的过敏原与症状发作、接触乳胶、昆虫叮咬、食物或药物的摄入、运动尤其是餐后运动等的关系。有色素性病变的患者需行皮肤和骨髓活检以明确是否有肥大细胞增多症。罕见的病例，需行消化道内镜检查，排除肥大细胞瘤。血清类胰蛋白酶在过敏反应发生后 60 ～ 90min 达峰值，通常在 6h 内恢复正常，是诊断 IA 有价值的指征。但也有患者急性血清类胰蛋白酶水平和严重过敏反应之间的相关性较弱。在急性发作期和平稳期血清类胰蛋白酶水平高的患者应评估肥大细胞增多症或其他克隆性肥大细胞病。

表 8-4　对原因不明的严重过敏反应的诊断步骤及其意义

诊断步骤	意义
抗核抗体、红细胞沉降率、类风湿因子	协助鉴别胶原血管病
尿组胺	协助确认肥大细胞活化以明确诊断
血清类胰蛋白酶	如果升高则支持诊断
食物的皮肤试验	有助于确认或排除食物过敏
调味品的皮肤试验	确认或排除相关的调味品
青霉素的皮肤试验	确认青霉素导致严重过敏反应
乳胶的皮肤试验	可表现为特发性或食物诱发严重过敏反应
非甾体抗炎药增量试验	证明或排除是否为可能的诱因
药物 / 食品添加剂增量试验	证明或排除是否为严重过敏反应的原因
补体测定	确认或排除 C1 酯酶抑制物缺乏 / 功能障碍 C4、CH50
骨髓活检、皮肤活检、骨扫描、肝扫描	排除或确认系统性肥大细胞增多症或色素性荨麻疹
2 ～ 3 个月泼尼松诊断性治疗试验	激素治疗有效

（六）肥大细胞增多症急性期管理

肥大细胞增多症患者比非肥大细胞增多症患者出现严重过敏反应的概率更高、症状更严重，因此急救非常重要。一线药物是肾上腺素，一次性肌内注射，成人用量 0.3 ～ 0.5mg，儿童 0.01mg/kg，必要时每 5 ～ 15min 重复注射一次。在严重低血压或心搏骤停的情况下，推荐在心电监护下静脉注射（1 ～ 10μg/min）。辅助支持措施包括高流量吸氧、卧位、容量替代治疗。支气管痉挛患者对吸入性 β 受体激动剂的反应较好。其他治疗还包括 H1R 与 H2R 拮抗剂、类固醇激素，但起效缓慢，多用于预防持续过敏反应。

（七）肥大细胞增多症慢性期管理

1. 应急准备

肥大细胞增多症的成年患者和广泛皮肤受累或血清类胰蛋白酶水平高的儿童发生严重过敏反应的风险更高。因此，建议患者随身携带肾上腺素自助注射器。在德国，患者急救包中还包括一种口服速效 H1 抗组胺药如二甲茚定或西替利嗪和一种糖皮质激素如倍他米松。医生应为患者提供必需的急救药物使用指导和严重过敏反应相关的宣教，确保患者及其周围人群能识别严重过敏反应，能正确使用肾上腺素自动注射器，必要时能迅速寻求专业救助。国外的肥大细胞增多症患者还会得到一张包括急救处理的知识、医嘱指导下的紧急药物治疗，以及在医疗监测下需避免的药物或可使用的药物的信息卡。

2. 肥大细胞增多症中的毒液免疫治疗

所有膜翅目昆虫毒液过敏患者和有全身荨麻疹、血管性水肿或严重过敏反应症状的肥大细胞增多症患者均推荐毒液免疫治疗（venom immunotherapy，VIT）。VIT 对肥大细胞增多症患者的副作用比对膜翅目昆虫毒液严重过敏患者更常见，尤其是对胡蜂毒液过敏的患者。接受 VIT 治疗的 SM 患者 18% ~ 24% 可能出现针对 VIT 的全身反应，而 CM 患者通常可耐受 VIT 而无任何副作用。在 VIT 的第一年，肥大细胞增多症患者因蚊虫叮咬刺激而出现全身反应的可能性比其他接受该疗法的患者更高，因此 VIT 疗效在肥大细胞增多症患者中会减弱，将维持量增加到 150μg 或 200μg 可以对大多数这类患者起到保护作用。SM 患者若在正常 VIT 后中断治疗，一旦再次被致病昆虫叮咬，可能会出现致命的严重过敏反应。这样的病例曾在胡蜂和蜜蜂毒液过敏中出现过。总之，对毒液过敏患者和 SM 患者都强烈推荐 VIT。为了达到更理想的疗效，可以通过叮咬刺激来控制疗效，或者增加维持量至 200μg，且治疗过程最好持续终身。

3. 严重的复发性严重过敏反应的治疗前景

最近有研究表明，VIT 过程中使用奥马珠单抗能够预防如荨麻疹及胃肠不适、低血压等症状，有助于减少 VIT 的不良事件。该疗法在 IA 和肥大细胞增多症中也证明是有效的。

对因肥大细胞激活和肥大细胞负荷过重而出现反复发作危及生命的严重过敏反应的患者，可以考虑细胞减灭术。研究表明，克拉屈滨治疗有助于降低该类事件的发生率。酪氨酸激酶抑制剂是靶向肥大细胞生长因子受体 KIT 的药物，研究表明多激酶抑制剂米哚妥林能够有效治疗进展型 SM，减少器官损伤与疾病进展。然而，尚无足够的数据支持这种方法治疗严重过敏反应的有效性。开发封闭抗体直接拮抗肥大细胞表面抗原如 CD25、CD30、CD33 或 CD52 的表达有望成为治疗选择。

（孙劲旅）

第二节　肥大细胞白血病

自从 1878 年 Ehrlich 第一次提出肥大细胞的概念，人们就发现它存在于人类及啮齿动物的肿瘤组织边缘，并且在肿瘤微环境中起到一定的作用。肥大细胞在肿瘤生长和肿瘤生长相关血管生成中发挥作用，它通过释放肿瘤基质细胞因子和肿瘤生长因子而促进肿瘤细胞的扩增。此外，肥大细胞也可以合成和储存一些血管生成因子（如 MMP），这些因子可以促进肿瘤组织内的血管生成，增加肿瘤细胞的侵袭力。肥大细胞分泌的部分细胞因子和化学因子对肿瘤的生长也有抑制作用，如肝素能改变肿瘤细胞的黏附性，干扰肿瘤细胞的分裂，也可以抑制新生血管的形成；组胺也具有抑制肿瘤生长的作用，促进肿瘤细胞退行性变。肥大细胞在血液肿瘤的发生、发展中也起着重要的作用，肥大细胞过度增殖可引起肥大细胞白血病，肥大细胞的激活对淋巴增殖性疾病及骨髓瘤患者的疾病进展和预后也有着重要作用。

1906 年，Joachim 首次提出肥大细胞白血病（mast cell leukemia，MCL）的概念。肥

大细胞白血病又称为组织嗜碱细胞白血病，是一种肥大细胞恶性增生所致的克隆性疾病。肥大细胞白血病的发病率较低，约占肥大细胞肿瘤的15%，男性多于女性，属于特殊类型的侵袭性系统性肥大细胞增多症。肥大细胞增多症患者中肥大细胞白血病占侵袭性肥大细胞增多症的0.5%。临床上，肥大细胞白血病可分为原发性和继发性两种。一些病例先有系统性肥大细胞增多症，之后转变为白血病，称为继发性肥大细胞白血病；一些开始即以肥大细胞白血病发病，即为原发性肥大细胞白血病。Lim等统计了342名成人系统性肥大细胞综合征患者，约有6%发生转化，其中86%转化为急性髓系白血病，13%转化为肥大细胞白血病。高龄、近期体重明显减轻、贫血、血小板减少、低蛋白血症等是肥大细胞增多症恶性转化的特征。4%～5%的SM患者发展成肥大细胞白血病，一旦进入白血病期，疾病进展迅速，病程大大缩短，预后差，生存期为3～9个月。肥大细胞白血病是肥大细胞在体内恶性增殖的晚期表现，有着独特的肥大细胞过度激活表现，颗粒内组胺、肝素、TNF-α等的释放，引起一系列的症状。例如，患者中60%面色潮红、52%发热、28%腹泻、约20%出现心动过速，其他少见症状如尿频占7%、神经系统症状占6%、骨质疏松占6%；许多患者可表现出非特异性临床表现，78%的患者乏力，约38%的患者短期体重减轻超过10%，20%的患者食欲下降等。如果肥大细胞释放的肝素过多，可引发出血倾向。

除此之外，肥大细胞白血病还可有以下临床表现：①皮肤症候群，如瘙痒、荨麻疹、皮肤划痕症。浸润皮肤是肥大细胞白血病的一大特点，典型的皮损为色素性荨麻疹，呈棕色色素斑疹或丘疹，可有结节，皮肤划痕试验阳性。②肌肉、骨骼症状和体征，如骨痛、骨折、关节痛、肌痛。骨活检可见骨皮质增生及纤维化而呈骨性改变，与肥大细胞分泌的透明质酸酶、血清素和肥大细胞促进网状纤维形成有关。也可见溶骨性病变，可被误诊为骨转移癌，与肥大细胞长期浸润压迫有关，大部分患者症状轻微，但也可出现严重表现，甚至危及生命，尤其是在高度侵袭阶段。

肥大细胞白血病同样具有急性白血病的临床特点，如贫血、血小板减少，以及不同器官浸润引起的表现，如胃肠道浸润时可有腹痛、恶心、呕吐、腹泻、消化性溃疡和消化道出血，肝、脾、淋巴结浸润时常有相应部位肿大表现。

皮肤症候群在继发性肥大细胞白血病中较为常见，主要为既往的系统性肥大细胞增多症所致的临床表现；而一些其他的临床表现，如肝、脾、淋巴结肿大及胃肠道反应在原发性和继发性两类肥大细胞白血病中的发生率有明显差别。对41例肥大细胞白血病患者的研究发现，继发性肥大细胞白血病患者无一例发生胃十二指肠溃疡，但是在原发性肥大细胞白血病患者中有38%的发生率；由于病态肥大细胞释放过量组胺引起胃十二指肠溃疡，故Lavialle等推测原发性肥大细胞白血病患者体内存在的病态肥大细胞具有更强的侵袭、增殖及浸润组织器官的能力，具有更强的脱颗粒和释放大量组胺的能力，从而引起消化道溃疡。

虽然目前肥大细胞白血病病因未明，有些研究表明可能与Kit基因突变有关。肥大细胞增多症患者的Kit基因蛋白酪氨酸激酶区可有D816V、V560G、D815K等多个突变位点，其中以D816V最常见，占80%～85%。一些肥大细胞过度激活的临床表现，如面色潮红、发热等症状，在有Kit D816V突变的患者中发生率（85%）明显高于没有此突变的患者（61%），进一步提示该病的发生可能与Kit基因突变有关。

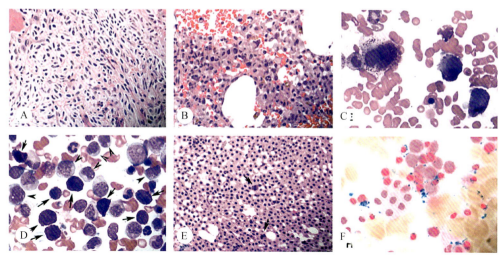

图 8-2　肥大细胞白血病组织病理学特征

A ～ C. 白细胞减少型肥大细胞白血病伴 / 不伴相关血液肿瘤。A. 苏木精－伊红染色在骨髓中可见纺锤形肥大细胞；B.Wright-Giemsa 染色骨髓涂片中可见不成型的大肥大细胞；C.B 图放大 1000 倍的细节图。D. 白细胞减少型肥大细胞白血病伴有慢性单核细胞白血病患者骨髓组织可见肥大细胞内有大量融合颗粒。E、F. 白细胞减少型肥大细胞白血病伴难治性贫血患者骨髓涂片。E.骨髓活检，箭头所示肥大细胞和发育异常的巨核细胞；F.铁染色显示环形铁粒幼细胞 [引自：Jain P，Wang S，Patel K P，et al. 2017.Mast cell leukemia（MCL）：clinico-pathologic and molecular features and survival outcome. Leuk Res，59：105-109]

　　在肥大细胞白血病中的肥大细胞不仅有肥大细胞的形态特点，并且有一些独特形态。例如，梭形肥大细胞表现为偏心椭圆核、细胞质内的低级别颗粒及大的融合颗粒等（图 8-2）。恶性肥大细胞表达 CD9、CD33、CD44 和 CD117，但不表达单核细胞相关抗原 CD14、CD15，以及嗜碱性粒细胞相关抗原 CD116、CDw17、CD123/IL-3RCK，同样也缺乏 CD16（CM-CSm）和皮肤肥大细胞标志抗原 CD88。HLA-D、DR、CD1、Cm、CD4、CD7、CD10、CD19 和 TdT 均阴性，肥大细胞 G-35 对肥大细胞颗粒有较高特异性，培养后的肥大细胞 G-35 呈强阳性。

第三节　肥大细胞与淋巴瘤

　　淋巴瘤是一组原发于淋巴结或其他器官淋巴造血组织的恶性肿瘤，占全部恶性肿瘤的 3% ～ 5%，可发生在身体的任何部位，通常以实体瘤形式生长，属于常见肿瘤之一。临床以无痛性、进行性淋巴结肿大最为典型，发热、肝脾肿大也常见，晚期有恶病质。1955 年，Gall 根据组织学特点将淋巴瘤分为霍奇金淋巴瘤（Hodgkin lymphoma，HL）和非霍奇金淋巴瘤（non-Hodgkin lymphoma，NHL）两大类，二者在发病率、肿瘤细胞特征、起病方式、淋巴结外组织器官的累及率、病程进展、治疗策略和对治疗的反应等诸方面差异显著。近 20 年来，全球 NHL 的发病率逐年上升，特别是经济发达地区，而 HL 的发病率则显著下降，我国的情况也基本类似。我国淋巴瘤的类型构成与欧美不同，欧美以预后较好的 HL 和惰性 NHL 为主，而我国则以较难治疗的侵袭性、高度侵袭性 NHL 为主。

近年来随着免疫学、分子生物学的进展，对淋巴瘤的免疫表型及各类基因的作用有了较深入的了解，促进了对淋巴瘤本质的认识，并为病理分类、临床诊治的改进提供了依据。事实上，由于新药、新疗法的不断出现，以及综合治疗的合理应用，相当一部分淋巴瘤已可治愈。

已经有相关研究表明肥大细胞的促血管生成作用对淋巴增殖性疾病患者预后的影响，这一点在不同类型的淋巴瘤中均有证明。肿瘤新生血管生成增加在啮齿动物肿瘤侵犯的淋巴结中较正常淋巴结中更明显，同样，在人皮肤淋巴瘤的小鼠模型中肿瘤的增长速度也明显快于无肥大细胞的小鼠模型。在典型 HL 的结节硬化型中，淋巴结中有大量肥大细胞浸润者预后较差。Fukushima 等对比了 HL 和 NHL 患者的 VEGF、FGF-2 表达水平与肥大细胞含量、血管形成水平之间的差异。发现在 B 细胞 HL 中，血管的数量与肥大细胞的数量，以及表达 VEGF 的细胞数量显著相关。然而，Glimelius 等的研究表明，在 HL 中肥大细胞数与受累淋巴结中的微血管数之间没有明显的相关性。Taslinen 等发现，在滤泡淋巴瘤中，肥大细胞数量增加与其不良预后有关，也与肿瘤新生血管的生成有关。Tropodo 等发现，在血管免疫母细胞性 T 细胞淋巴瘤中，肥大细胞与分泌 IL-17 的 Th17 细胞共同参与构成肿瘤微环境。此外，脾边缘区淋巴瘤由于表达 CD40 配体的肥大细胞在骨髓中聚集，引起骨髓基质细胞高表达 CD40，并与该病的不良预后相关。

Domenico 等比较了化疗敏感和耐药的弥漫性大 B 细胞淋巴瘤患者体内 CD68 和类胰蛋白酶的表达量与微血管生成量之间的关系。结果发现，化疗耐药的患者 CD68 与类胰蛋白酶的表达量及微血管的生成均比化疗敏感患者有所增加，其中类胰蛋白酶的表达量与微血管的生成量呈正相关，这一发现支持肥大细胞在弥漫性大 B 细胞淋巴瘤中的血管生成作用。他们的研究还显示，有大包块的弥漫性大 B 细胞淋巴瘤 CD3 的表达量显著高于无大包块的弥漫性大 B 细胞淋巴瘤的 CD3 表达量。多元回归分析表明，CD3 的表达与类胰蛋白酶和微血管形成呈正相关，并且 CD3 及类胰蛋白酶的表达决定了微血管的生成数量。说明在弥漫性大 B 细胞淋巴瘤患者肿瘤血管生成中肥大细胞与各种不同种类细胞之间复杂的关系。

肥大细胞在淋巴瘤中作用的研究有许多，目前较为认可的观点是肥大细胞增多具有促进肿瘤新生血管形成的作用，从而引起肿瘤侵袭性增加，易致耐药发生，预后不良。

第四节　肥大细胞与多发性骨髓瘤

多发性骨髓瘤（multiple myeloma，MM）是浆细胞克隆性增殖的恶性肿瘤。骨髓内浆细胞的克隆性增殖，引起溶骨性骨骼破坏。血清中出现单克隆免疫球蛋白，正常的多克隆免疫球蛋白合成受抑，轻链合成过多或与重链组合后有剩余，经肾小球滤过，超过肾小管重吸收能力，沉积在肾小管，导致肾小管损伤，尿内出现本－周蛋白，最后导致贫血和肾功能损害。

Devetzoglou 等分析研究了 86 例初诊的多发性骨髓瘤患者的骨髓、20 例健康人中肥大细胞的数量与一些可以反映肿瘤负荷的常见指标，结果发现，多发性骨髓瘤患者血清 C

反应蛋白、β_2-微球蛋白、IL-6 及肥大细胞密度均高于健康对照者，并且肥大细胞密度与这些预后标志之间有着明显的相关性，提示肥大细胞可能通过促进血管生成，影响多发性骨髓瘤的进展及预后。Pappa 等为了了解多发性骨髓瘤中肥大细胞与浆细胞的增殖活性的关系，分析了 42 例活动性多发性骨髓瘤患者骨髓穿刺标本中肥大细胞密度（mast cell density，MCD）、微血管密度（microvascular density，MVD）和 Ki-67 增殖指数（proliferation index，PI），免疫组织化学检测了骨髓细胞类胰蛋白酶、CD31 和 Ki-67 的表达。结果表明，MCD 与 Ki-67 PI 显著相关（$P < 0.001$）。肥大细胞是多发性骨髓瘤生物学特性和生长的重要参与者，肥大细胞通过增加血管生成、产生对骨髓瘤细胞生长具有促进作用的细胞因子，进而改变骨髓微环境。Pappa 认为肥大细胞可能是多发性骨髓瘤治疗干预的有价值的靶标。

Ribatt 及其同事对多发性骨髓瘤患者骨髓的免疫组织化学、细胞化学和超微结构的研究显示，24 例活动性多发性骨髓瘤患者骨髓的血管生成和肥大细胞数量明显多于 34 例非活动性多发性骨髓瘤和 22 例意义未明单克隆性丙种球蛋白病（monoclonal gammopathy of undetermined significance，MGUS）患者骨髓中的血管生成和肥大细胞数量。肥大细胞数量与多发性骨髓瘤患者骨髓的血管生成高度相关，血管生成与多发性骨髓瘤的病程平行进展，活动性多发性骨髓瘤表明浆细胞肿瘤处于"血管期"，而非活性多发性骨髓瘤和MGUS 则代表肿瘤处于"血管前期"。血管形成促进非活动多发性骨髓瘤和 MGUS 进展为活动性多发性骨髓瘤，而这种进展中的开关由肿瘤性浆细胞、炎症细胞和肥大细胞通过分泌 IL-1、IL-6、TNF-α、M-CSF、TGF-β 等血管生成因子实现。肥大细胞通过分泌颗粒中的血管生成因子参与诱导肿瘤的血管生成。

（魏继福）

参 考 文 献

陶仲为 . 1997. 系统性肥大细胞增多症［J］. 中国实用内科杂志，17（10）：629-630.

Bilò M B，Pravettoni V，Bignardi D，et al，2005. Diagnosis of hymenoptera venom allergy：management of children and adults in clinical practice［J］. J Allergy，60（11）：1339-1349.

Blank S，Seismann H，Bockisch B，et al. 2010. Identification，recombinant expression，and characterization of the 100kDa high molecular weight hymenoptera venom allergens Api m 5 and Ves v 3［J］. J Immunol，184（9）：5403–5413.

Blank S，Seismann H，Intyre MC，et al. 2013. Vitellogenins are new high molecular weight components and allergens （Api m 12 and Ves v 6） of Apis mellifera and Vespula Vulgaris venom［J］. PLoS One，8（4）：e62009.

Costopoulos M，Uzunov M，Bories D，et al. 2018，Acute mast cell leukemia：a rare but highly aggressive hematopoietic neoplasm［J］. Diagn Cytopathol，46（7）：639-641.

Danforth B N，Sipes S，Fang J，et al.2006. The history of early bee diversification based on five genes plus morphology［J］. J Proc Natl Acad Sci USA，103（41）：15118-15123.

Danneels E L，van Vaerenbergh M，Debyser G，et al. 2015. Honeybee venom proteome profile of queens and winter bees as determined by a mass spectrometric approach［J］. Toxins，7（11）：4468-4483.

de Graaf D C，Aerts M，Danneels E，et al. 2009. Bee，wasp and ant venomics pave the way for a component-resolved diagnosis of sting allergy[J]. J Proteome，72（2）：145-154.

Du S，Rashidi H H，Le D T，et al. 2010.Systemic mastocytosis in association with chronic lymphocytic leukemia and plasma cell myeloma[J]. Int J Clin Exp pathol，3（4）：448-457.

Fitzgerald K T，Flood A A. 2006. Hymenoptera stings[J]. J Clin Tech Small Anim Pract，21（4）：194-204.

Iqbal M F，Soriano P M K，Nagendra S，et al. 2017.Systemic mastocytosis in association with small lymphocytic lymphoma[J]. Am J Case Rep.18：1053-1057.

Jain P，Wang S，Patel K P，et al. 2017, Mast cell leukemia（MCL）：clinico-pathologic and molecular features and survival outcome[J]. Leukemia Res，59：105-109.

Lim K H，Tefferi A，Lasho T L，et al. 2009, Systemic mastocytosis in 342 consecutive adults：survival studies and prognostic factors[J]. Blood，113（23）：5727-5736.

Ludman S W，Boyle R J. 2015. Stinging insect allergy：current perspectives on venom immunotherapy[J]. J Asthma Allergy，8：75-86.

Meyer K M，Geissinger E，Landthaler M，et al. 2013. Systemic mastocytosis associated with cutaneous B-cell lymphoma[J]. Bri J Dermatol，169（5）：1165-1167.

Mohamad J，Juliana S，Manja M，et al. 2017.The clinical and molecular diversity of mast cell leukemia with of without associated hematologic neoplasm[J]. Haematologica，102：1035-1043.

Muller U R. Epidemiology of insect sting allergy[J]. Monogr Allergy，1993，31：131-146.

Pappa C A，et al. 2015. Mast cells influence the proliferation rate of myeloma plasma cells[J]. Cancer Invest，33（4）：137-141.

Patnaik M M，Rangit V，Lasho T L，et al. 2018.A comparison of clinical and molecular characteristics of patients with systemic mastocytosis with chronic myelomonocytic leukemia to CMML alone[J]. Leukemia，32（8）：1850-1856.

Peiren N，Vanrobaeys F，de Graaf D C，et al. 2005. The protein composition of honeybee venom reconsidered by a proteomic approach[J]. J Biochim Biophys Acta，1752（1）：1-5.

Prabahran A A，Juneja S K.2018.Systemic mastocytosis with concurrent multiple myeloma[J]. Blood，131（13）：1494.

Seismann H，Blank S，Braren I，et al. 2010. Dissecting cross-reactivity in Hymenoptera venom allergy by circumvention of alpha-1，3-core fucosylation[J]. Mol Immunol，47（4）：799-808.

Šelb J，Kogovšek R，Šilar M，et al. 2016. Improved recombinant Api m 1- and Ves v 5- based IgE testing to dissect bee and yellow jacket allergy and their correlation with the severity of the sting reaction[J]. Clin Exp Allergy，46（4）：621-630.

Sicherer S H，Leung D Y. 2012. Advances in allergic skin disease，anaphylaxis，and hypersensitivity reactions to foods，drugs，and insects in 2011[J]. J Allergy Clin Immunol，129（1）：76-85.

Spillner E，Blank S，Jakob T，2014. Hymenoptera allergens：from venom to "venome"[J]. Front Immunol，5：77.

Wang Z，Qu Y，Dong S，et al. 2016. Honey bees modulate their olfactory learning in the presence of hornet predators and alarm component[J]. PLoS One，11（2）：e0150399.

Nitecka-Buchta A，Buchta P，Tabe ń ska-Bosakowska E，et al. 2014. Myorelaxant effect of bee venom topical skin application in patients with RDC/TMD Ia and RDC/TMD Ib：a randomized，double blinded study［J］. Biomed Res Int，65（3）：217-223.

Yang J，Gabali A. 2019.Mast cell leukemia and hemophagocytosis in a patient with myelodysplastic syndrome［J］. Blood，133（20）：2243-2244.

第九章　肥大细胞与其他疾病

肥大细胞广泛定居于组织、器官的皮下、黏膜，沿血管、淋巴管和神经元分布，与各器官、系统的功能和疾病密切相关。肥大细胞不仅在过敏性疾病中起决定作用，越来越多的研究发现肥大细胞与消化和泌尿等系统的疾病也密切相关，还参与内分泌代谢病、自身免疫性疾病、器官移植排斥反应的发生和发展，在肿瘤的发生、转移中也发挥重要作用，只是我们对肥大细胞在免疫相关疾病中的作用认识有限，机制还未完全阐明。

第一节　肥大细胞与胃肠道疾病

肥大细胞广泛分布于胃肠道，在调节胃肠道免疫功能，维持胃肠道微环境平衡中发挥重要作用。肥大细胞与肠神经系统关系密切，受精神压力、感染、食物等多种因素的影响而活化，活化后释放组胺、类胰蛋白酶、白三烯及细胞因子等多种生物活性物质，这些物质导致血管通透性增加、黏液分泌、平滑肌收缩，还可吸引炎症细胞聚集和刺激感觉神经等，造成局部失血、组织水肿、吸收不良，以及腹痛、腹泻等症状。肥大细胞的数量和功能异常与多种胃肠道疾病密切相关，尤其在炎症性肠病和肠易激综合征中的作用备受关注，阐明其作用机制将有助于这些疾病的诊断和治疗。

一、肥大细胞与肠易激综合征

肠易激综合征（irritable bowel syndrome，IBS）是一种常见的功能性肠道激惹症候群，以腹痛或腹部不适为主要症状，排便后可改善，常伴有排便习惯改变，缺乏可解释症状的形态学改变和生化异常。肠易激综合征的诊断与分型主要依据其临床症状，分为腹泻型、便秘型、混合型三型，病因和发病机制尚不十分清楚。目前认为肠道动力和内脏敏感性异常为肠易激综合征的病理生理基础，多与脑－肠轴调节异常、肠道菌群失调等有关。近年发现，肥大细胞在肠道局部免疫和肠易激综合征的发病过程中起重要作用。

精神压力、细菌、病毒或寄生虫感染和食物过敏等多种因素均可导致肥大细胞活化脱颗粒，释放类胰蛋白酶、组胺、5-羟色胺等活性物质。在肠易激综合征患者中，60%的患者存在焦虑、抑郁等精神心理问题，10%～25%的急性细菌性胃肠炎患者在急性感染恢复后半年内会出现胃肠功能紊乱，约50%的患者在饮食后诱发或加重，研究发现这些均可能与肥大细胞活化有关。人类胃的肥大细胞出现于胚胎发育的13～16周，主要分布于胃黏膜固有层近黏膜肌层处，数量随黏膜层胃底腺及黏膜肌等结构的发育而增加。肠道肥大细胞主要位于黏膜固有层中，与神经突触、淋巴细胞等密切接触。肠易激综合征患者回肠末端、回盲部、升结肠黏膜固有层肥大细胞密度明显增加，在同一结肠部位腹泻型患者肥大细胞密度高于便秘型患者，并且肥大细胞体积增大、核质比显著降低，异型性增加。肥大细胞参与肠易激综合征的机制可能涉及脑-肠轴、肠道敏感性和胃肠动力等多个环节。

神经网络-肠神经系统与中枢神经系统、自主神经系统共同调控胃肠道消化、吸收、运动和分泌功能。人消化道正常黏膜靠近神经纤维的肥大细胞比例高达 47.1% ～ 77.7%。电子显微镜观察显示，肥大细胞与邻近神经纤维的轴突样突起间存在细胞膜-细胞膜接触。在炎症、感染、过敏、功能性胃肠病等状态下，肥大细胞与神经间的联系显著增强。肠易激综合征患者末端回肠和直肠乙状结肠交界处肥大细胞数量较正常对照组增多，P 物质、5-羟色胺阳性神经纤维在肥大细胞周围成簇分布。肥大细胞活化后释放的组胺作用于黏膜下神经丛和肌间神经丛神经元突触后 H3R，促进肠道运动和上皮细胞大量分泌水、电解质，激发机体的清除效应，将外来抗原或有毒有害物质排出体外，同时伴随腹痛和腹泻等肠易激症状。

肥大细胞与肠道高敏感性密切相关。研究发现，肠易激综合征患者肠道与神经细胞距离小于 5μm 处的肥大细胞数量明显增加，并且腹痛的频率和严重程度与肥大细胞和神经细胞距离的接近程度呈正相关。此外，在儿童患者的研究中也发现回肠和右结肠邻近神经纤维处的肥大细胞数量增加，且与疼痛频次相关，每周疼痛多于 3 次的患者比疼痛次数少的患者肥大细胞数量显著增加。提示沿神经纤维分布的肥大细胞数量变化与肠易激综合征发病密切相关。

二、肥大细胞与炎症性肠病

炎症性肠病（inflammatory bowel disease，IBD）是一种原因不明的慢性非特异性肠道炎症，包括溃疡性结肠炎（ulcerative colitis，UC）和克罗恩病（Crohn's disease，CD），发病机制至今未明，目前认为主要与免疫、遗传、感染、应激等多种因素有关。近年来的研究发现，肥大细胞在炎症性肠病的发病中发挥相当重要的作用。

在炎症性肠病的发生、发展中伴随着肥大细胞数量的改变。克罗恩病患者病变组织中的黏膜层、黏膜下层肥大细胞数量明显增加。1980 年，Dvorak 等发现克罗恩病患者回肠末端炎性区域中肥大细胞的数量显著增加。克罗恩病患者中狭窄部位过度增生及纤维化的黏膜肌层可以看到大量的肥大细胞，计数结果发现，病变组织 81.3 个肥大细胞 /mm^2，而正常组织约 1.5 个肥大细胞 /mm^2。Nolte 等发现，溃疡性结肠炎患者的结肠组织中肥大细胞数量也比正常人多。定量分析结果显示，溃疡性结肠炎活动期炎性区域的肥大细胞数量是正常组织的 6.3 倍。这些发现均提示肥大细胞参与炎症性肠病的病理过程。

肥大细胞能通过多种生物活性物质介导肠道炎症，其中包括组胺、类胰蛋白酶、TNF-α 及其他各种细胞因子。组胺作为促炎介质，位于肥大细胞及嗜酸性粒细胞的颗粒中，被激活时从细胞内释放。与正常人肠道组织相比，克罗恩病和溃疡性结肠炎患者肠道中组胺分泌显著增多。目前已发现 4 种组胺受体，包括 H1R、H2R、H3R 和 H4R。前三种受体在人体肠道中都存在，表明组胺可能通过肠道细胞的 H1R、H2R 和 H3R 参与肠道病理生理过程。肥大细胞激活后，组胺可以刺激肠道上皮组织的离子跨膜转运，打开离子通道，产生浓度依赖性的离子瞬时回流，这可能与组胺和 H1R 结合后引起上皮内 Na^+ 和 Cl^- 分泌有关。另有研究发现，H1R 拮抗剂比拉明（pyrilamine）可抑制 IgE 引起的组胺释放和离子转运，由此进一步证明，组胺在炎症性肠病和过敏性肠炎所引起的腹泻中发挥作用。类胰蛋白酶是一种以四聚体形式存在的丝氨酸蛋白酶，占人肥大细胞蛋白总量的20%，以酶原的形式存在于肥大细胞的分泌颗粒中。类胰蛋白酶具有增加血管通透性、招募腹膜内炎性细胞向炎症部位聚集及刺激上皮细胞释放 IL-8 的作用。研究发现，在溃疡性结肠炎肠道中类胰蛋白酶分泌相对增多，提示该蛋白酶在溃疡性结肠炎的发病中发挥作用。此外，肠道上皮细胞还高表达类胰蛋白酶受体——蛋白水解酶激活受体（PAR-2），通过肠道给予 PAR-2 拮抗剂可以上调 PAR-2 的表达，引起粒细胞浸润，肠道黏膜水肿和损伤，增加肠道黏膜的细胞旁通透性；PAR-2 还可以刺激肠道电解质的分泌，进而引起腹泻。

炎症性肠病的发病还与各种细胞因子密切相关。肠道肥大细胞分泌的最主要的细胞因子是 TNF-α，细菌和 IgE 抗体可以刺激肥大细胞分泌更多的 TNF-α。TNF-α 和肥大细胞释放的其他生物活性介质协同刺激肠道上皮水和电解质的转运。

（李 飞 尹 悦 孔令令）

第二节 肥大细胞与泌尿生殖系统疾病

肥大细胞存在于结缔组织和许多器官中，包括皮肤、胃肠道和呼吸道的黏膜及子宫内膜。子宫内膜中的肥大细胞在接受 IgE 免疫刺激应答后，可于月经前释放活性介质，与子宫内膜异位症的发生相关。在妊娠期，肥大细胞释放的活性介质可诱导子宫收缩。国内外研究表明，肥大细胞在不同动物的发情周期及胚胎着床、正常分娩和自然流产等过程中具有重要作用。在男性生殖系统中，肥大细胞存在于曲细精管固有层、睾丸的间质及附睾和输精管中，释放的活性介质可以抑制精子运动活性，肥大细胞增多可以导致精子活力降低，但这种抑制作用是可逆的。

一、肥大细胞与生殖系统

肥大细胞存在于女性子宫中，主要分布于子宫肌层，参与女性正常生理过程，包括月经周期、生殖、妊娠、分娩的生理过程，以及子宫肌腺症、子宫息肉和宫颈癌等病理过程。

（一）肥大细胞与女性生殖

1. 正常子宫中的肥大细胞

肥大细胞存在于女性子宫中，但在子宫壁中的分布情况和密度不一致。大量肥大细胞存在于子宫肌层，尤其存在于其内半部，通过调节平滑肌细胞进而影响子宫肌的收缩功能。众多研究表明，肥大细胞介质对子宫肌层收缩力有影响，子宫收缩的盆腔疼痛与过敏反应中活化的肥大细胞脱颗粒相关。子宫内膜中肥大细胞数量较少且局限于基底层，有研究发现，在子宫内膜增殖期和分泌期，肥大细胞数量没有明显差别，但是在经前期和经期，激活的肥大细胞数量显著上升。在排卵、黄体生成期或经前阶段整个月经周期，子宫内膜肥大细胞数量无显著差异，但在经前阶段子宫内膜肥大细胞脱颗粒增加，提示肥大细胞活化增加。月经前期活化的肥大细胞能促进螺旋动脉缺血性痉挛，并刺激子宫内膜基底细胞产生基质金属蛋白，促进子宫内膜脱落。月经后，子宫内膜肥大细胞可能通过合成肝素和其他黏多糖等基质成分参与子宫内膜修复和再生。

2. 肥大细胞与子宫内膜息肉

与正常子宫内膜相比，子宫内膜息肉中活化的肥大细胞数量增加了 7 倍。子宫息肉中有高密度活化的肥大细胞，这与对直肠息肉和鼻息肉中肥大细胞的研究发现相一致，说明肥大细胞增加可能是息肉的共同特征。尽管目前肥大细胞在息肉中的作用不十分清楚，但发现其分泌的类胰蛋白酶能促进某些上皮细胞的生长。这些肥大细胞不能被正常子宫内膜识别，意味着肥大细胞在息肉生物学中可能发挥作用。子宫肌腺症病灶的内膜间质中，活化和脱颗粒的肥大细胞较正常子宫内膜显著增加，说明肥大细胞促成了异位囊肿及异位病灶的纤维形成和粘连。

3. 肥大细胞与子宫内膜肌腺症

小鼠和人体研究都已经证实，肥大细胞在子宫内膜肌腺症（旧称子宫内膜异位症）的发病中发挥重要作用。近期 Lin 等研究了肥大细胞在雌激素介导的大鼠实验性子宫内膜肌腺症的发病机制中的作用。给予大鼠雌激素并将子宫片段移植到自体腹壁，建立子宫内膜肌腺症模型。雌激素治疗组子宫内膜异位病变程度明显高于对照组，这可能与活化的肥大细胞相关。由于肥大细胞表达雌激素受体，被雌激素激活后释放 TNF-α 和 NGF，后者能促进子宫内膜异位病变的生长。在大鼠子宫肌腺症模型中，产前和产后暴露于柴油机尾气，其可通过增加活化肥大细胞数量，促进子宫内膜异位病变的持续存在。子宫内膜肌腺症患者的病变部位肥大细胞的数量和活化程度明显高于正常组织，且患者腹腔积液中 SCF 水平也明显增高，深部浸润性病变组织和神经纤维附近肥大细胞数量增加更明显。

多项研究表明，肥大细胞在多种病理状态导致的慢性疼痛和神经性疼痛的发病机制中起重要作用，如偏头痛、原发性肥大细胞疾病、间质性膀胱炎/膀胱疼痛综合征、慢性前列腺炎相关性骨盆疼痛综合征、外阴痛、慢性盆腔疼痛、子宫内膜肌腺症、肠易激综合征、复杂区域疼痛综合征、毒液诱导的痛觉过敏、纤维肌痛、自伤行为相关疼痛、癌症相关疼痛和镰状细胞病疼痛等。

肥大细胞也可促成子宫内膜肌腺症相关的慢性和神经性疼痛，这可能与肥大细胞和神经元等的相互作用有关。肥大细胞活化后释放的组胺、TNF-α、类胰蛋白酶、PGD$_2$、5-HT、IL-1、NGF 等能致敏或激活并伤害感受神经元。而神经传导物质如 P 物质或 NGF 能诱导肥大细胞脱颗粒并促进肥大细胞的趋化作用。此外，肥大细胞还能通过招募中性粒细胞和巨噬细胞，间接促进疼痛发作。深部浸润型子宫内膜肌腺症中，异位的子宫内膜沉积物中肥大细胞数量显著增加且与神经紧密相连。

在动物疾病模型中，采用肥大细胞稳定剂色甘酸钠能够减少中性粒细胞和单核细胞向受损神经的募集并防止痛觉过敏的发生。采用组胺受体拮抗剂能抑制神经损伤后痛觉过敏的发展。调节肥大细胞活性的药物棕榈酰乙醇酰胺和白藜芦醇苷联合应用已被用于改善子宫内膜肌腺症患者疼痛控制的临床研究中。

虽然肥大细胞在伤害性信号转导调节中的作用需要进一步探索，但可以推断，子宫内膜肌腺症中肥大细胞释放的产物可以通过对神经元的直接作用促进疼痛和痛觉过敏的发展。因此，肥大细胞可能成为子宫内膜肌腺症疼痛治疗的新靶点。表 9-1 总结了肥大细胞释放的炎症介质对人子宫肌层的影响。

表 9-1　肥大细胞介质对人子宫肌层的影响

介质	对子宫肌层的作用
预先合成的介质	
组胺	通过 H1R 以浓度依赖性方式诱导子宫肌层收缩，妊娠的子宫肌层比非妊娠的子宫肌层更敏感
5-HT	以浓度依赖方式诱导子宫肌层收缩，增强组胺对子宫肌层的收缩，妊娠的子宫肌层比非妊娠的子宫肌层更敏感，更有效地诱导静息组织的收缩，诱导子宫肌层平滑肌细胞产生胶原酶
肝素	抑制体外培养的子宫肌层平滑肌细胞增殖，但诱导其分化
类胰蛋白酶	无直接研究证据，但提示能降解子宫内细胞外基质成分
糜蛋白酶	无直接研究证据，但提示能调节子宫血管张力和血管通透性
新合成介质	
TNF-α	诱导收缩
PGF$_{2a}$	诱发弱的和一过性收缩，增加组织对组胺和 5-HT 的敏感性
白三烯	对子宫肌层收缩力无影响
IL-4、IL-6	IL-4 抑制子宫肌层组织分泌催乳素，而 IL-6 对催乳素分泌无影响
CXCL8/IL-8	子宫肌层组织的机械拉伸能促进其分泌；可诱导中性粒细胞进入子宫肌层，可能在宫颈成熟中发挥作用

引自：Menzies F M，Shepherd M C，Nibbs R J，et al. 2011.The role of mast cells and their mediators in reproduction, pregnancy and labour.Hum Reprod Update，17（3）：383-396。

总之，在人体和动物模型的研究中都已经证实，子宫内膜肌腺症病变中存在肥大细胞的浸润和活化，这些肥大细胞参与疾病的发生并与疼痛相关。

4. 肥大细胞与月经周期

Maria 等检测了覆盖月经周期每一天的 107 例子宫内膜标本中肥大细胞的分布，结果显示月经周期所有阶段子宫内膜都能鉴定出肥大细胞，但子宫内膜（功能层和基底层）、肌层和子宫内膜 / 子宫肌层界面肥大细胞数量相对较少。功能层肥大细胞不含糜蛋白酶，含有类胰蛋白酶，为 MC$_T$；而基底层和肌层肥大细胞糜蛋白酶阳性，提示为 MC$_{TC}$ 型。MC$_T$ 和 MC$_{TC}$ 在基底层和肌层的比例大约为 4：1 和 1：1，整个月经周期基本都保持该比例。

图 9-1 分析了 14 例跨整个月经周期的内膜标本中每平方毫米基质组织肥大细胞和基质细胞的数量。对于大部分标本而言，平均每平方毫米肥大细胞与基质细胞的比例为 1：100。这些数据提示在不同月经周期肥大细胞数量不会发生明显改变。

尽管肥大细胞数量相对稳定，但不同阶段肥大细胞的形态和活化 / 脱颗粒状态存在差异。在早期增生阶段，肥大细胞较小且完整、无胞外类胰蛋白酶；在中期增生阶段和中期分泌阶段，肥大细胞有活化。肥大细胞活化主要出现在月经前期和月经期，这与基质结缔组织变化密切相关，如水肿和月经期间的组织结构破坏。

肥大细胞释放的介质包括组胺、肝素、蛋白酶类和细胞因子等与月经周期密切相关。类胰蛋白酶和糜蛋白酶均参与基质金属蛋白酶前体的活化，类胰蛋白酶能直接活化前基

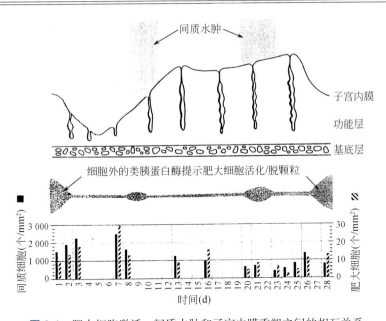

图 9-1 肥大细胞激活、间质水肿和子宫内膜重塑之间的相互关系

[引自：Jeziorska M，Salamonsen L A，Woolley D E.1995.Mast cell and eosinophil distribution and activation in human endometrium throughout the menstrual cycle.Biol Reprod, 53（2）: 312-320]

质溶素，糜蛋白酶能活化前基质溶素和前胶原酶。而基质溶素和胶原酶都参与月经相关的基质降解过程，在月经前和月经期间与蛋白酶协同促进蛋白质水解。

子宫内膜间质由 Ⅰ 型、Ⅲ 型、Ⅴ 型和Ⅵ型胶原蛋白及纤维连接蛋白组成的纤维状基质组成，而基底膜结构由层粘连蛋白、Ⅳ 型胶原和硫酸乙酰肝素蛋白聚糖组成。在月经周期这些基质成分发生变化，最为突出的是植入周期和水肿过程中Ⅵ型胶原消失，后者能通过细胞 - 黏附和胶原蛋白结合特性连接细胞外基质。肥大细胞类胰蛋白酶或胃促胰酶可有效降解Ⅵ型胶原蛋白，从而导致间质破坏和水肿。此外，肥大细胞分泌的细胞因子 TNF-α 能刺激子宫内膜基质细胞表达金属蛋白酶和 IL-1。组胺是引起血管通透性增加和水肿的主要炎症介质之一。肝素的抗凝作用与月经期间子宫内膜出血相关，肝素与生长因子的相互作用及其在血管生成中的作用可能对子宫内膜血管形成也很重要。

（二）肥大细胞和妊娠

1. 妊娠期肥大细胞的分布

在妊娠期，肌层肥大细胞数量增加，亚型的比例发生改变。作为不同类型肥大细胞的标志物，类胰蛋白酶在非妊娠期子宫肌层显著增多，并且可以在整个子宫肌层检测到单纯类胰蛋白酶阳性的 MC_T。研究发现，梅山猪孕期子宫肥大细胞在不同妊娠阶段呈现不同的特点。在孕期第 15 天，肥大细胞主要分布在子宫腺体、血管和子宫内膜深部基质附近，子宫肌层密度较低；在第 26 天，分布模式与第 15 天类似；在第 50 天，只有少量的肥大细胞在子宫内膜，子宫肌层肥大细胞数量显著增多，并主要位于血管周围。也有肥大细胞分布于子宫内膜和子宫肌层的交界处。这些结果表明子宫肥大细胞可能在猪的妊娠期发挥作用。肥大细胞数量在女性的月经期最少，此后逐渐增加，至月经中期蓄积达峰值，在孕早期阶段和孕中期持续大量增加。由此可见，子宫肥大细胞呈现独特的规律，即在月经中期逐渐积累，妊娠时扩增。

2. 肥大细胞参与胚胎植入和胎盘发育

免疫系统中的细胞和细胞因子在胚胎植入的早期阶段起关键作用，整合素 aVβ3 是绒毛外滋养细胞的关键标志物，组胺能增加 aVβ3 整合素在滋养层的表达。这些黏附分子的变化可能会导致子痫前期。在子痫前期，胎盘组胺水平和肥大细胞数量上升，增加的组胺和肥大细胞促进了滋养层细胞向绒毛外表型分化。近年来的研究表明，组胺可以通过结合 H1R，诱导滋养层细胞凋亡从而促进细胞更新。敲除 *c-kit* 基因而建立的肥大细胞缺陷模型 $Kit^{W-sh/W-sh}$ 小鼠，呈现严重的胚胎植入受损，通过野生型鼠骨髓中肥大细胞的过继输入补充或肥大细胞局部的植入可以纠正胚胎植入受损状态。局部植入肥大细胞可促进螺旋动脉重构，并促进肥大细胞蛋白酶的表达、TGF-β 和结缔组织生长因子（connective tissue growth factor，CTGF）的转换。肥大细胞促成滋养层细胞生长，并分泌蛋白质半乳糖凝集素 -1（galectin-1，Gal-1）促进胎盘和胎儿生长。这项研究揭示了肥大细胞在母胎之间连接的无法替代作用，对生殖医学有重要的影响。

3. 肥大细胞与过敏和妊娠

动物研究表明，过敏原诱导肥大细胞激活，可以改变子宫肌层的功能。人体内肥大细胞被过敏原激活后将释放出肥大细胞特异性类胰蛋白酶和组胺。类胰蛋白酶通过其特异性受体蛋白酶激活受体 -2 激活相邻的肥大细胞，组胺则通过其 H1R 和 H2R 激活相邻的肥大细胞，从而产生肥大细胞脱颗粒的"瀑布效应"。应用 H1R 拮抗剂酮替芬治疗能防止过敏反应引起的早产。

（三）肥大细胞和分娩

肥大细胞与子宫局部的免疫调节有关。研究显示，肥大细胞及其产物不仅参与胎盘的发育，还可释放组胺、5-HT、$PGF_{2\alpha}$ 等介质，直接或间接引发子宫收缩，参与分娩过程。孕期蜕膜和胎盘可产生趋化因子，促进子宫平滑肌伸展，适应胎儿不断生长的需求。此外，特定的趋化因子与分娩发动有关。肥大细胞的脱颗粒作用可以引起上述介质的释放，由肥大细胞释放的介质和细胞因子可刺激平滑肌细胞生长和促进血管生成，引起炎性反应，影响妊娠和分娩。例如，肥大细胞介质有助于孕期宫颈内血管的生成，进而促进宫颈在临产前成熟。药物引产的小鼠实验表明，药物利凡诺通过诱导肥大细胞脱颗粒而引起子宫收缩，迫使胎儿娩出。组胺可直接充当催产剂，诱导血管平滑肌松弛和气道平滑肌收缩，以此来调节分娩进程。体外研究表明，组胺可以通过 H1R 发出信号引起子宫肌层收缩，并通过诱导前列腺素特别是蜕膜细胞 $PGF_{2\alpha}$ 的产生间接调节子宫肌层的收缩。存在于妊娠妇女子宫肌层和子宫颈口表达糜酶蛋白酶和类胰蛋白酶的 MC_{TC} 并没有因为分娩而发生变化。然而，高水平的类胰蛋白酶通过促进纤维蛋白原溶解和组织重塑参与诱导自然流产，类胰蛋白酶也具有诱发炎性反应的作用，并参与子宫产后的重塑。肥大细胞介质 5-HT 是一种子宫收缩剂，可诱导子宫肌层收缩。催产素在分娩过程中帮助收缩，并抑制子宫肥大细胞，通过雌激素依赖性摄取血清素（即 5-HT），从而增加其生物利用度，并进一步影响子宫肌层平滑肌的收缩。雌激素的功能性反应水平高于孕激素并占据主导地位，有高浓度雌激素存在时，肥大细胞对 Compound 48/80 反应增加，导致大量脱颗粒，释放组胺和血清素。分娩前激素环境支持肥大细胞介质的释放，进一步影响肌层平滑肌细胞的收缩性。肥大细胞影响生殖进程，特别是通过调整非免疫应答，如组织的重塑、血管的再生、最佳胎盘的形成和螺旋动脉的改变来影响妊娠和分娩。先天性和适应性免疫细胞平衡是妊娠维持所必需的，如果免疫细胞失去这种平衡则会导致早产，肥大细胞介质的过度分泌也会导致早产。

肥大细胞在流产中也发挥了一定的作用，肥大细胞可以作为子宫免疫细胞的指标。正常妊娠子宫切片可见肥大细胞主要分布在肌层平滑肌纤维间的结缔组织内，多呈圆形或椭圆形，也有些为不规则形，细胞核呈淡蓝色，核周布满紫红色的颗粒。自然流产的子宫切片上肥大细胞的形态与正常妊娠时无明显差异，但脱颗粒显著增多，且自然流产组子宫肥大细胞数明显多于同期正常妊娠子宫的肥大细胞数。胚胎作为一种半异体移植物之所以能与母体建立联系并正常发育而不被母体排斥，有赖于子宫局部细胞免疫的平衡，而自然流产的发生机制与子宫内细胞免疫水平的升高有关。

有研究对不明原因早期自然流产患者的绒毛组织的分析发现，肥大细胞在绒毛中散在分布、数量较多，且自然流产组显著多于正常妊娠组，免疫组织化学结果显示，绒毛内血管内皮和部分散在的小细胞呈 $CD34^+$，$TNF-\alpha$ 阳性细胞主要见于绒毛中央细胞滋养层细胞，二者在自然流产组显著多于正常妊娠组，可见肥大细胞的数量与 $CD34^+$ 和 $TNF-\alpha$ 的表达呈显著正相关，并提示肥大细胞数量增多与早期自然流产过程关系密切。原因可能是由于母胎接触面的免疫细胞如巨噬细胞、肥大细胞等被激活，炎症介质分泌增多，引起 $TNF-\alpha$ 表达水平升高，而 $TNF-\alpha$ 增多又可使更多的肥大细胞激活，或能通过局部诱导 $CD34^+$ 造血干细胞分化为肥大细胞，而使肥大细胞数量增多，如此形成恶性循环，从而导致滋养细胞凋亡，并抑制滋养层细胞的生长发育，引起母体对胚胎的免疫应答反应，使蜕膜内免疫活性细胞产生不利于妊娠的细胞因子而使胚胎发育受阻、胎儿死亡。袁学军等研究发现，大鼠自然流产可能与子宫肥大细胞合成并释放 $TNF-\alpha$ 有关。肥大细胞可产生 IL-4、IL-5、IL-10、IL-13、IL-2、IFN-γ、$TNF-\alpha$ 和 $TNF-\beta$ 等多种细胞因子，IL-4、IL-5、IL-10 和 IL-13 有利于妊娠，而 IL-2、IFN-γ、$TNF-\alpha$ 和 $TNF-\beta$ 则不利于妊娠。对复发性流产模型小鼠子宫及胎盘组织中肥大细胞数量和 IL-33/ST2 表达的变化研究发现，IL-33/ST2 表达水平与肥大细胞数量变化一致，说明 IL-33 可能在肥大细胞的发育成熟过程中起重要作用，肥大细胞和 IL-33/ST2 可能参与复发性流产中 Th1/Th2 的调节，有助于妊娠的维持，但是其具体的作用机制及其信号通路还有待进一步研究。

二、肥大细胞和男性生殖

男性生殖方面，肥大细胞首先被发现存在于曲细精管的固有层中，后来发现也存在于人类睾丸的间质隔、附睾、输精管和精液中，MC_T 是主要的亚型。曲细精管邻近的睾丸肥大细胞增加提示肥大细胞增殖和血睾屏障功能有关。激活的肥大细胞不仅参与器官纤维化，而且能够导致男性睾丸中免疫细胞数量增加，因此也和睾丸炎性疾病的发生相关。另外，肥大细胞产生的类胰蛋白酶可损害睾丸外部精子活力，影响男性的生育能力，也可能导致慢性骨盆疼痛综合征。肥大细胞在男性精液中的存在和对精子功能的影响还需要进一步深入研究。

（一）男性不育

当前育龄人群生育力呈现整体下降趋势，不孕不育与肿瘤、心血管疾病并列成为当今影响人类健康的三大疾病，其病因 40%～50% 源自男方。除下丘脑－垂体疾病外，睾丸相关疾病如附睾功能障碍、隐睾、睾丸损伤、精索静脉曲张或睾丸肿瘤等多种因素可导致男性不育。在临床有 10%～15% 的男性不育患者存在生殖道感染或炎症，局部或全身性感染引起的睾丸炎、附睾炎与非感染性因素一样，都是男性不育的重要原因。

众所周知，精子发生是精原细胞增殖分化为精母细胞，经减数分裂形成精子的过程，该过程在被血睾屏障紧密包围起来的生精微环境内完成（图 9-2）。睾丸活检病理研究表明，受损的睾丸组织间质中白细胞数量增加，炎症反应中睾丸微环境能招募组织特异性的 T 细胞等产生自身抗体，使生殖细胞发生不同程度的退化，精子发生紊乱，精子数量、质量不可逆性下降，最终可能导致无精症。自 1981 年有学者发现原发不育男性患者中存在肥大细胞增多现象后，肥大细胞在生精过程中的重要作用逐渐被证实，探索肥大细胞导致男性不育的机制，成为揭示精子发生障碍机制的新视角。

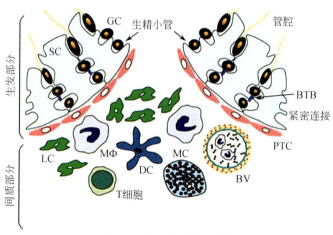

图 9-2　睾丸微环境模式图

SC. 支持细胞；GC. 生精细胞；PTC. 小管细胞；BTB. 血睾屏障；LC. 睾丸间质细胞；MΦ. 巨噬细胞；DC. 树突状细胞；MC. 肥大细胞；BV. 血管 [引自：Fijak M，Meinhardt A.2006.The testis in immune privilege[J]. Immunol Rev，213：66-81]

（二）男性生殖道中的肥大细胞

1. 睾丸中的肥大细胞

鼠、犬、猫、鹿等哺乳动物的睾丸肥大细胞通常伴血管排列，或靠近白膜位置。人类睾丸肥大细胞广泛分布于间质组织与白膜内侧，其数量在婴儿期最多、儿童期减少，于青春期再次增加，此时的肥大细胞增加可能与间质结缔组织发育有关。尽管如此，正常人睾丸中肥大细胞数量并不多。有研究表明，原发性不育患者睾丸中肥大细胞数量增多，由此提出了肥大细胞在男性生育力调控中具有潜在作用的假设。动物模型与人类水平上的研究结果表明，除淋巴细胞和巨噬细胞外，肥大细胞也与睾丸和睾丸后炎症性疾病相关。

　　MC_TC 和 MC_T 这两类肥大细胞均被发现存在于睾丸和附睾中（图 9-3）。在阻塞性无精子症、特发性无精子症和精索静脉曲张中，睾丸肥大细胞表型发生了改变，由 MC_T 亚型占优势转换为 MC_TC 亚型占优势。MC_TC 亚群的这种选择性扩增可能影响成熟过程中的精子功能，导致功能失调，并且通过肥大细胞激活成纤维细胞和促进胶原合成，导致睾丸纤维化。肥大细胞类胰蛋白酶作为一种 PAR2 激动剂可发挥促炎作用，参与纤维化和血管生成。睾丸中肥大细胞释放的类胰蛋白酶与不育患者精子发生过程中的纤维重构相关。严重不育患者生精小管固有层纤维化，管壁增厚，活化肥大细胞数量增加。同样，生精阻滞患者和唯支持细胞综合征（sertoli cell only syndrome, SCOS）患者睾丸肥大细胞也增加，后者的肥大细胞数量更多，提示肥大细胞参与精子发生过程，通过复杂调控与精细调节局部微环境在睾丸功能失调病理过程中发挥作用。Jezek 等学者在早期报道中，通过对不育患者生精小管切片电子显微镜观察，发现两类形态相异的肥大细胞，一类是在睾丸间质观察到的球形肥大细胞，一类是在管周组织与固有层内观察到的伸长的、分支状的肥大细胞，推测睾丸肥大细胞具有功能异质性。同时，不育男性睾丸活检组织中的硫酸软骨素阳性肥大细胞与 MC_TC 数量增加的研究结果也进一步支持该假设（图 9-4）。

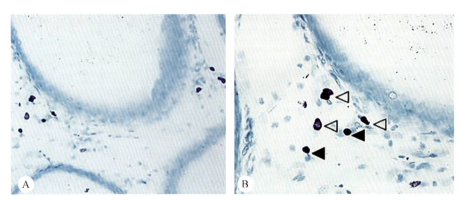

图 9-3　生精小管附近肥大细胞甲苯胺蓝染色 [引自：Artur M.2013.Human testicular peritubular cells：more than meets the eye[J].Reproduction，145（5）：R107-R116]

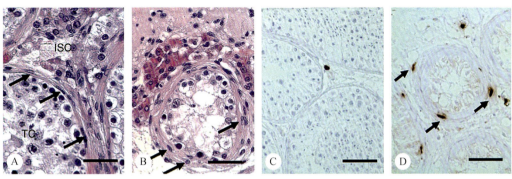

图 9-4　成年正常人和不育患者睾丸及其管状壁的形态和组成（正常精子发生）

A. 正常的睾丸管状壁（箭头所指）通常显示不明显的腔室，在苏木精和伊红（HE）染色后，偶尔在管状壁周围能看到几个细胞核。管状壁与含有睾丸支持细胞、生殖细胞的管状隔室（TC）及带有间质细胞的间质隔室（ISC）紧密相邻（比例尺：30μm）。B. 不育症患者样本中，管状壁常肿大，可见细胞外基质（ECM）沉积，管壁增厚，可见伸长和圆形的管周细胞核（HE 染色；比例尺：30μm）。免疫组织化学标记在正常睾丸（C）和不育患者的睾丸（D）活检组织中显示含有类胰蛋白酶的肥大细胞的存在。在正常人睾丸间质隔室（C）中仅有一个肥大细胞，而在不育症患者的切片中可见到较多肥大细胞积聚在生精小管的壁中（D 中箭头所示；比例尺：60μm）

尽管人类肥大细胞能够分泌多种炎症介质，但迄今为止人类睾丸肥大细胞中只发现类胰蛋白酶与胃促胰酶。有研究证实，在生育障碍患者精浆中肥大细胞分泌的类胰蛋白酶水平显著提高，通过激活 PAR-2/MAPK/ ERK1/2 通路抑制精子活力。因此，有学者尝试通过精子洗涤或抗类胰蛋白酶抗体逆转这种抑制作用。然而，考虑到男性生殖道结构和睾丸中原始管腔液体的体积，推测精液类胰蛋白酶浓度升高也可能是位于下游的附睾及精浆中的肥大细胞分泌产生的，男性生殖道中的类胰蛋白酶来源还需进一步确认。此外，睾丸中肥大细胞是否能够释放组胺，带有组胺受体的靶细胞是否存在于人类睾丸中尚不得而知。有研究表明，睾丸肥大细胞是组胺受体 H1R 与 H2R 的潜在来源，但这些受体不存在于正常睾丸中，携带 H1R/H2R 细胞的类型及特性有待进一步研究。组胺在过敏性炎症反应和组织纤维化过程中起关键作用，不育男性睾丸中活化的肥大细胞不仅参与纤维化过程，同时与免疫细胞的浸润有关，参与睾丸炎症过程的病理应答。环氧合酶 2 是前列腺素合成过程中关键酶的诱导形式，有研究表明人类肥大细胞上调了环氧合酶 2，这进一步表明肥大细胞与睾丸炎性反应有关。

除此之外，肥大细胞还是 IL-6 的来源，可通过与慢性炎症睾丸中增多的 Th17 细胞、CD68+ 巨噬细胞及 CD11c+ 树突状细胞相互作用参与睾丸炎症过程的发生、发展。CD68+ 巨噬细胞分泌的 IL-23、CD11c+DC 和 Th17 细胞因子如 TGF-β1、IL-6、IL-21 与 IL-22 等，同样可能由肥大细胞分泌。

2. 前列腺和精囊中的肥大细胞

很早之前就已经在大鼠与人类前列腺和精囊中鉴别出肥大细胞，但对病理条件下附属性腺中肥大细胞的表型与功能却关注很少。早期研究显示，新生大鼠接受雌激素处理后，睾丸肥大细胞的数量增多，然而在前列腺与附睾中缺乏显著差异。有学者研究发现，前列腺增生时前列腺中肥大细胞数量增加，并可能是引起慢性前列腺炎与慢性骨盆疼痛综合征（chronic pelvic pain syndrome，CP/CPPS）的重要因素。Bankl 等学者用病理组织 HE 染色、免疫电镜等手段对前列腺单侧静脉丛血栓患者的前列腺及其周围静脉丛中的肥大细胞数量、分布和表型进行了分析鉴定，发现前列腺周围静脉丛肥大细胞数量增加，类胰蛋白酶、胃促胰酶高表达，组织型纤溶酶原激活物（tPA）和尿激酶受体（uPAR/CD87）阳性，但不表达可检测的尿激酶（uPA）或纤溶酶原激活物抑制剂（PAI-1/PAI-2），说明肥大细胞及其分泌的介质参与了前列腺单侧静脉丛血栓疾病的内源性纤维化过程。慢性炎症时肥大细胞数量增加，这一事实支持了肥大细胞启动和 / 或促进了其他白细胞如中性粒细胞、巨噬细胞和 T 细胞募集这一推测。有报道显示，乙醇可增加大鼠前列腺与附睾中肥大细胞的总数，导致肥大细胞脱颗粒，但这些效应并没有引起睾丸肥大细胞数量的显著改变。

3. 精液中的肥大细胞

精液中肥大细胞的功能尚未明确，正常与不育男性精液中肥大细胞对精子功能的正负影响尚无统一定论，需要更细致深入的研究予以揭示。Karaksy 等通过甲苯胺蓝 - 焦宁染色发现，精索静脉曲张或原发性弱精子症患者，包括年龄大于 40 岁或吸烟的男性精液中肥大细胞数量显著增加。然而随后 Allam 等通过 KIT（CD117）标记、流式细胞仪检测精液中的肥大细胞，并未确定精液中肥大细胞数量增加与精液基础参数间的相关性，造成这种互相矛盾结果的原因可能是测定肥大细胞的方法不同。另外，体外研究发现在新鲜精液中添加类胰蛋白酶 10 ～ 30min 后，精子活力明显下降，且不依赖于 Ca^{2+}，进一步分析发现，其机制是通过 PAR-2 激活 ERK1/2 MAPK 信号通路。然而，在精浆中检测到的类胰蛋白酶浓度远远低于能够在体外降低精子活力的浓度，该研究者同时发现类胰蛋白酶不仅在精浆中水平升高，在卵泡液中同样水平较高，并同样存在于输卵管壁中。精子在雌性生殖道迁移的过程中，类胰蛋白酶能够直接与精子作用，但生殖道肥大细胞及其产物对人类生育力的影响与机制研究仍相对不足。

（三）肥大细胞阻断剂治疗

最近的研究已经明确了以肥大细胞为靶向的多种治疗策略，主要通过改变肥大细胞数量、下调或抑制肥大细胞活化、抑制其信号转导和改变调控途径等实现。多个研究发现，使用肥大细胞阻断剂治疗少、弱精子症，能够改善患者的精液参数。研究最多的是肥大细胞阻断剂酮替芬，早在 1986 年的研究就显示，使用酮替芬治疗后，患者精液参数得到了改善。在这项研究中，17 名患有原发性少精子症的患者及 22 名患有原发性弱精子症的患者，每 2 天接受 1mg 酮替芬治疗，3 个月后这些患者精子浓度与活力得到显著改善，受孕率达到了自然受孕的范围。在一项开放、不设对照的研究中，使用酮替芬治疗 50 名患有精液白细胞增多症和不明原因不育的男性，4 周后患者精液白细胞数量急剧减少，精子活力得到了显著改善。经过 8 周治疗后精子形态得到了显著改善，并且这些改善在治疗结束后维持了至少 4 周。一项对接受精索静脉结扎术的患者使用酮替芬治疗的研究，治疗组 52 名患者接受酮替芬（1mg，2 天一次）治疗，对照组不接受酮替芬治疗，3 个月后评估生育力，治疗组患者的精液参数得到了显著改善。在手术后 9 个月，治疗组的累积怀孕率相对于对照组有了显著提高（41% vs. 21%）。

有报道进一步证实了一种肥大细胞阻断剂治疗 3 个月后，一名无精子症患者精液中出现了精子。一项安慰剂对照的前瞻性随机单盲临床研究中，50 名血清促性腺激素浓度正常，精子数量小于 $5 \times 10^6/ml$ 的患者，使用肥大细胞阻断剂曲尼司特治疗，每天 300mg 剂量持续 3 个月后结果显示，相对于安慰剂组，处理组患者精液的精子浓度、活力及总活动精子数显著提高。此外，治疗组的妊娠率为 28.6%，而对照组为 0。随后另外一项研究同样发现，使用曲尼司特治疗可提高精子浓度。可能原因之一为曲尼司特阻断了肥大细胞化学物质的释放，减少纤维化发生。同样，15 名原发性少精子症患者接受另外一种肥大细胞阻断剂依巴斯汀治疗后，精液中精子数量增加。然而，睾丸活检组织 MC_T 数量增加的患者给予肥大细胞阻断剂非索非那定，按每天 180mg 治疗 4 ～ 9 个月后无精子症或少精子症不育男性并未出现精子数量好转。

对部分患有生育力失调的男性来说，肥大细胞阻断剂或许是一种有希望的治疗手段，然而，患者治疗指征仍有待确定。特别是精液中肥大细胞数量、类胰蛋白酶、胃促胰酶水平等，与使用肥大细胞阻断剂治疗结果之间的相关性需要更充分的大样本研究。已报道的肥大细胞阻断剂疗效判断主要依据炎症症状的改善，后续的研究应当同时注意精液炎症标志物如精液白细胞数量、IL-6 或 TNF-α 等炎症因子的水平。此外，同样需要明确在精液中检测到的肥大细胞来源，是来自于附睾管上皮等生殖道肥大细胞脱落还是从其他部位迁移而来。男性生殖道中肥大细胞的来源与功能状态的鉴别是一项重要而复杂的工作，需要对病理类型恰当分组，设置足够对照才能得出客观正确的结论。

近年来对肥大细胞在男性疾病中发挥的功能及作用机制的研究仍相对缺乏。现在普遍认为免疫系统、精子发生和睾丸功能是由错综复杂的网络连接在一起相互作用的，需要微妙平衡，以避免因感染激活的免疫反应而导致自身生殖细胞受到攻击。免疫学因素占特发性不孕不育相当部分比例，病因远未揭示。进一步研究其复杂的调控作用体系将开启以免疫学为基础的男性不育治疗新篇章。

（李　铮　薛云婧　杨海伟　韩　杰　袁文博　王敬梓　郭　苗）

第三节　肥大细胞与内分泌代谢性疾病

内分泌系统由内分泌腺和存在于靶器官中的内分泌组织和细胞所组成，在神经系统支配与物质代谢反馈基础上释放激素，内分泌、神经、免疫三大系统形成互相联系、互相反馈和调节的精密网络，在人体的生长、发育、代谢、生殖、运动、疾病、情绪和衰老等生命过程中发挥重要作用，维持人体内环境的相对稳定。人体主要内分泌腺包括，下丘脑、垂体、甲状腺、甲状旁腺、肾上腺、胰岛和性腺等。内分泌系统疾病的发生是由于内分泌腺及其功能的病理改变所致，许多疾病通过代谢紊乱也可以影响内分泌系统的结构和功能。肥大细胞存在于中枢内分泌器官，更多见于外周内分泌腺组织周围和神经系统，参与神经－内分泌－免疫系统的代谢、防御和生理功能，也通过免疫调节、生物介质介导疾病的发生、发展。

一、内分泌代谢与免疫系统

免疫系统和内分泌系统之间存在着双向调节作用，再加上神经系统构成了人体的"三位一体"防御系统，这是一个庞大的复杂网络，相互关联、相互作用。彼此之间通过细胞因子、内分泌激素和神经递质传递细胞发出的信息，调控制机体生长、衰老和死亡。三个系统各自以自身特有的方式在内环境稳态的维持中发挥作用，它们之间相互关联，缺一不可。

肥大细胞作为防御病原体的固有免疫细胞，除了主要分布在与外界相通的血管及管腔周围外，在下丘脑、松果体、垂体、卵巢、胰腺和子宫等神经内分泌器官中也广泛存在。作为连接神经－内分泌－免疫系统的关键调节分子（图9-5），肥大细胞能够合成大部分神经激素，同时肥大细胞表面也存在诸多激素、神经递质和神经肽受体，细胞之间通过内分泌、旁分泌和自分泌途径产生内分泌激素、神经递质和细胞因子，与相应受体结合作用于肥大细胞，选择性调节肥大细胞功能，共同参与神经内分泌疾病的病理过程。下面简述几种神经内分泌激素与肥大细胞之间的相互联系。

（一）肥大细胞与下丘脑激素

1. 促肾上腺皮质激素释放激素

促肾上腺皮质激素释放激素（corticotropin releasing hormone，CRH）是最常见的下丘脑应激激素，通常在感知压力的条件下，从下丘脑分泌并激活下丘脑－垂体－肾上腺轴

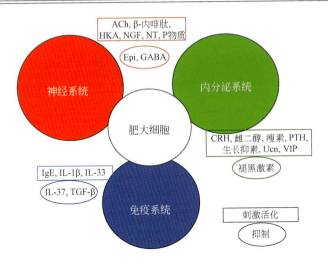

图 9-5 神经－内分泌－免疫系统中肥大细胞的活化与抑制信号

肥大细胞作为连接神经－内分泌－免疫系统的关键调节分子，合成大部分神经激素、同时细胞表面存在诸多激素、神经递质和神经肽受体，能够被神经递质、神经肽、ACh、β- 内啡肽、HKA（血红素激肽 -A）、NGF（神经生长因子）、NT（神经降压素）、P 物质、激素 [CRH（促肾上腺皮质激素释放激素）、雌二醇、瘦素、PTH（甲状旁腺素）、Ucn（尿皮质激素）、VIP（血管活性肠肽）] 刺激活化，同时也能够被细胞因子 IL-1β、IL-33 及 IgE 刺激活化。而肥大细胞的负调控因子包括神经激素 Epi（肾上腺素）、GABA（氨基丁酸）、细胞因子 IL-37、TGF-β（转化生长因子 β）及内分泌激素褪黑素 [引自：Theoharis C T.2017. Neuroendocrinology of mast cells：Challenges and controversies[J].Exp Dermatol，27（9）：751-759]

（hypothalamic–pituitary–adrenal axis，HPA 或 HTPA），诱导糖皮质激素分泌，从而抑制免疫应答，致力于维持机体稳态的维持。然而 CRH 不仅可以从神经末梢释放到大脑外，也可以由皮肤细胞、免疫细胞和肥大细胞自主合成并分泌。

有证据表明 CRH 除了作为有效的中枢应激介质外，其与肥大细胞的相互作用也参与诸多病理过程。Theoharides 等报道，在急性应激相关的色素性荨麻疹患者皮肤和系统性肥大细胞增多症患者骨髓活检免疫组织化学中显示，有大量活化的肥大细胞高表达促肾上腺皮质激素释放激素受体 -1（CRHR-1），且血清 CRH 水平显著增高。已知压力具有加剧过敏、哮喘、心血管疾病和多发性硬化症等疾病进展的作用。在急性应激情况下，下丘脑或皮肤细胞自行合成的 CRH 可通过激活肥大细胞脱颗粒，增加血管通透性，促进炎症，加剧肥大细胞相关疾病的严重程度。除了人皮肤肥大细胞以外，HMC-1、人脐带血培养的肥大细胞和啮齿类动物肥大细胞同样表达 CRHR-1，合成和分泌 CRH 并通过释放细胞因子和其他促炎介质对 CRHR 刺激做出响应。

在啮齿类动物中，肥大细胞和外周 CRH 是应激诱导的肠道通透性升高的关键因素。心理因素如溺水应激、束缚应激和拥挤应激时，CRH 介导肥大细胞活化致使鼠肠道通透性过高，并导致炎症反应发生。类似的发现在 Vanuytsel 课题组的研究中得到了验证，Vanuytsel 团队招募了 23 名健康大学生，分组给予压力测试，其间检测受试者压力状态、激素水平，并通过乳果糖 / 甘露醇值（LMR）评估肠渗透性。结果发现，进行公开演讲的受试者其皮质醇水平与 LMR 显著增加，而用肥大细胞稳定剂色甘酸二钠（DSCG）预处理后 LMR 显著下降，并有效阻断了应激诱导的肠道高通透性。由此推测，下丘脑释放 CRH 足以激发 HPA 轴并以肥大细胞依赖方式致使肠道通透性升高。

有趣的是，CRH 还具有刺激肥大细胞生成的作用。Natsuho 等经免疫荧光检测到的毛囊结缔组织鞘中表达 KIT 细胞的数量远远高于传统组织化学检测的甲苯胺蓝染色阳性的肥大细胞数量，提示正常人头皮毛囊的结缔组织鞘中含有大量肥大细胞祖细胞。经 10^{-7}mol/L CRH 处理后，表达类胰蛋白酶和 KIT 的肥大细胞数量显著上调，由此表明，在没有造血干细胞来源的情况下，人皮肤作为肥大细胞祖细胞重要的髓外来源，可从毛囊间充质驻留的祖细胞中产生肥大细胞，并依靠神经内分泌激素 CRH 调节其成熟。

2. 促性腺激素释放激素

Silverman 等研究表明，在鸽子求偶期间促性腺激素释放激素（gonadotropin-releasing hormone，GRH）的释放使得具有免疫活性的肥大细胞数量增加。Yasemin 课题组利用免疫组织化学在大鼠整个发情周期中测定脑、卵巢和子宫中的肥大细胞颗粒含量并测量组织中的组胺水平和血浆促卵泡激素（FSH）浓度，结果发现，发情周期各个阶段肥大细胞数量及颗粒含量存在差异，发情前期和发情后期大鼠卵巢组胺浓度显著升高，脑的组胺浓度则在发情前期显著增高，而大鼠子宫的组胺浓度在发情周期中没有显著变化，血浆 FSH 浓度在发情周期未改变。肥大细胞可以通过改变其数量、活性和颗粒含量，影响卵巢、子宫和大脑的某些功能。

（二）肥大细胞与性激素

人肥大细胞表达雌二醇、促卵泡激素、黄体酮等雌激素受体，与相应的激素配体结合参与调节肥大细胞功能。Jaiswal 等用促黄体生成激素、促卵泡激素或雌二醇分别处理小鼠，发现小鼠卵巢中脱颗粒的肥大细胞数量明显增加，可见部分雌激素具有诱导肥大细胞活化并脱颗粒的作用。Vasiadi 等的研究发现 100nmol/L 的黄体酮能够抑制经免疫途径或通过 P 物质刺激的腹膜肥大细胞释放组胺，由此猜测在怀孕期间某些部位炎症减轻可能与机体产生的黄体酮参与调节肥大细胞的分泌过程有关。

雄激素受体在人肥大细胞表面高表达，近来 GuhI 团队提出肥大细胞来源的细胞因子的产生易受雄激素水平的影响。他们用二氢睾酮（dihydrotestosterone，DHT）预处理女性乳腺皮肤来源的肥大细胞后，经免疫途径致敏激发 24h，利用 ELISA 检测细胞因子的产生，结果发现与对照相比，经 DHT 处理过的肥大细胞 IL-6 产生减少，而 IL-8 和 TNF-α 的水平没有显著差异。已知肥大细胞来源的 IL-6 具有防止脓毒症和肿瘤生长的重要功能，因此在特定的病理条件下利用雄激素水平影响肥大细胞 IL-6 的产生具有抗感染意义。

（三）肥大细胞与神经递质

肥大细胞具有摄取、储存及分泌所有已知神经递质如多巴胺、5- 羟色胺等的能力。相应地，神经递质通过作用于肥大细胞，调节其生理功能。例如，肾上腺素可以抑制 TNF 释放，10^{-12}mol/L 的乙酰胆碱可刺激皮肤肥大细胞活化并脱颗粒。Elyse 等则发现将人皮肤来源的肥大细胞经 100nmol/L 沙美特罗（长效）、沙丁胺醇或异丙肾上腺素（短效）等 β- 受体激动剂预处理 2h 能抑制经 IgE 途径的组胺和 TNF-α 释放。此外，β- 受体激动剂以剂量依赖方式抑制肥大细胞对 TNF-α 敏感细胞系 WEHI-164 的细胞毒性。因此，β-受体激动剂的抗炎活性在治疗过敏性疾病中有潜在的作用。

二、肥大细胞与内分泌代谢疾病

广泛分布于接近外界环境的皮肤、黏膜下微血管周围的肥大细胞是免疫调节的重要成员，对周围环境的变化能做出迅速反应，通过快速脱颗粒，调控机体的内分泌代谢和神经系统的平衡，也参与内分泌和神经系统相关疾病的发生、发展。常见的内分泌代谢疾病主要有垂体功能减退症、甲状腺疾病、肾上腺皮质疾病、糖尿病、肥胖症、痛风和骨质疏松症等。

（一）肥大细胞与甲状腺疾病

1. 肥大细胞与甲状腺

甲状腺是人体中最大的内分泌腺，负责合成和储存甲状腺激素，调节机体代谢。据文献报道，肥大细胞不仅可以合成和储存促甲状腺激素（TSH）和甲状腺激素（T_3），在肥大细胞膜上还表达 T_3 受体和 TSH 受体，可对 TSH 和 T_3 刺激直接做出响应（图 9-6）。下丘脑通过释放 TSH 刺激肥大细胞，使肥大细胞合成的 T_3 含量升高，合成的 T_3 与组胺可一同储存在肥大细胞颗粒中或被降解为 3- 碘甲状腺氨酸（3-iodothyronine，T1AM）和 / 或 3- 碘甲基乙酸（3-iodomethylacetic acid，TA1）。来自循环系统或肥大细胞自身合成的 T1AM 和 / 或 TA1 激发肥大细胞活化脱颗粒释放 T_3 和组胺，从而参与介导疼痛、瘙痒和神经保护 / 神经炎症等过程。

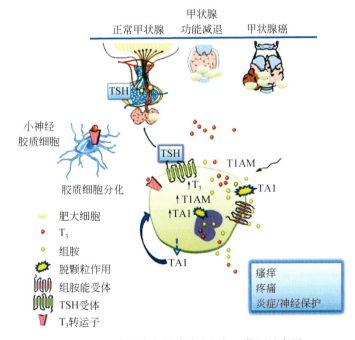

图 9-6 肥大细胞与甲状腺之间相互作用示意图

下丘脑在整个 TSH 释放过程中刺激肥大细胞，促使 T_3 含量增加。T_3 与组胺共储存在肥大细胞颗粒中，或降解为 T1AM 和 / 或 TA1。肥大细胞产生的或来源于循环的 T1AM 和 TA1，可触发肥大细胞脱颗粒释放 T_3 和组胺，介导疼痛、瘙痒和神经保护 / 神经炎症等中枢效应。TSH. 甲状腺刺激激素；TSHR. 甲状腺刺激激素受体；T_3、T_4. 甲状腺激素；T1AM.3- 碘甲状腺氨酸；TA1.3- 碘甲基乙酸；MAO. 单胺氧化酶［引自：Elisa L，Annunziatina L，Lorenzo C.2019. Thyroid hormone，thyroid hormone metabolites and mast cells：A less explored issue［J］.Front Cell Neurosci，13：79-86］

2. 肥大细胞与甲状腺的相互作用在疾病中的体现

肥大细胞与甲状腺之间的作用是双向的，一方面甲状腺激素可能影响肥大细胞的功能，另一方面肥大细胞脱颗粒对甲状腺功能也有一定的影响。

（1）慢性荨麻疹和自身免疫性甲状腺疾病。据报道，慢性荨麻疹患者经常伴有自身免疫损伤，尤其是自身免疫性甲状腺炎，如桥本甲状腺炎。而荨麻疹作为一种常见病症，其特征是发痒的风团和/或血管性水肿。这些症状是由皮肤肥大细胞活化及其随后释放的组胺和其他促炎介质引起的。相应地，甲状腺疾病的临床表现也常常涉及荨麻疹、脱发、特异性皮炎等肥大细胞参与引起的皮肤症状。此外，在患有慢性荨麻疹和血管神经性水肿的患者中，通常具有甲状腺自身免疫病的血清学证据，提示这两种疾病之间存在密切的联系。例如，Leznoff 等在 140 例慢性荨麻疹病例中检测出 12%（17 名）的患者体内含有抗甲状腺微粒体抗体（anti thyroid microsomal antibody，TMA），其血清滴度大于或等于 1 ∶ 1600，而健康对照组为 5.6%。在这 17 名患者中 8 名患有甲状腺肿或甲状腺功能障碍，均有血管神经性水肿。1999 年，Bar Sela 及其同事首次在慢性特发性荨麻疹和桥本甲状腺炎的女性患者血清中检出了抗甲状腺髓过氧化物酶（TPO）IgE 型自身抗体，提示这类自身抗体可能参与荨麻疹的发病。近来 Altrichter 等通过建立 IgE 位点定向捕获 ELISA 法在 54.2% 的慢性荨麻疹患者中检测出抗 TPO 的 IgE 型自身抗体。以上抗 TPO-IgE 阳性患者同时表现出高水平的抗 TPO-IgG 和降低的 C4 补体水平。这些 IgE 型抗 TPO 抗体可以通过结合肥大细胞表面的 IgE 受体，直接激活肥大细胞，从而在慢性荨麻疹的发病机制中发挥重要作用。

一些报道指出，左旋甲状腺素 L-T$_4$ 可有效改善荨麻疹患者的皮肤症状，且荨麻疹症状改善与血清甲状腺自身抗体减少之间存在相关性。因此，有学者假设两种疾病之间的关系可能是促甲状腺激素介导抗甲状腺抗体的产生，并促进淋巴细胞、单核细胞及肥大细胞合成炎症介质，从而维持炎症状态，最终导致荨麻疹发生。而 L-T$_4$ 治疗则可通过降低血清 TSH 和甲状腺自身抗体水平来减少细胞因子的产生、抑制抗 TPO 和/或抗甲状腺球蛋白抗体（TgAb）介导的补体激活，从而改善皮肤症状。

（2）Graves 眼病。肥大细胞在 Graves 眼病相关的并发症中也起着重要的作用。Graves 眼病（Graves ophthalmopathy，GO）是 Graves 病（Graves disease，GD）的甲状腺外并发症，导致约 50% 的 GD 患者出现眼眶症状和体征。目前认为，眼眶成纤维细胞活化是 GO 中眼眶组织扩张和眼球突出的决定因素。眼眶成纤维细胞活化的结果是 IL-6、透明质酸产生增加和细胞增殖。Steensel 等通过免疫组织化学方法在 GO 患者中检测到眼眶组织中的肥大细胞数量增加且与 PDGF 共定位。经 PDGF 同型异构体处理，眼眶成纤维细胞活化并释放 IL-6，透明质酸含量增加，细胞增殖程度增加，提示肥大细胞能够通过 PDGF 途径激活眼眶成纤维细胞从而导致眼病。由此提示，肥大细胞不仅是成纤维细胞活化的调节剂，而且还可能是潜在的治疗靶标。

（3）甲状腺癌。甲状腺癌（thyroid cancer，TC）是最常见的内分泌恶性肿瘤，包括分化良好的滤泡和乳头状甲状腺癌（follicular papillary thyroid carcinoma，FVPTC）、低分化甲状腺癌（poorly differentiated thyroid cancer，PDTC）和未分化甲状腺癌（anaplastic thyroid cancer，ATC）。甲状腺癌微环境中富含不同的免疫细胞，包括巨噬细胞、淋巴细胞和肥大细胞。肥大细胞通过快速释放预先合成或新合成的可溶性介质参与先天性和适应性免疫应答，并涉及多种病理状况。尽管肥大细胞在癌症中的作用还远未被了解，但诸多研究表明肥大细胞影响肿瘤生成的多个方面，如血管生成及通过释放细胞因子和蛋白酶对细胞外基质的破坏作用。

Melillo 团队比较了乳头状甲状腺癌（PTC）与健康人甲状腺组织中类胰蛋白酶阳性肥大细胞的密度，发现人乳头状甲状腺癌组织中肥大细胞浸润明显增加，其密度与肿瘤侵袭呈正相关。事实上，肥大细胞在 ATC、PDTC 中也很丰富，其密度与肿瘤的预后不良相关。

Melillo 检测了甲状腺癌细胞 8505-C 的培养上清对人肥大细胞系 HMC-1 和 LAD2 体外趋化性及介质释放的影响，证实甲状腺癌细胞可通过释放血管内皮生长因子 -A（VEGF-A）吸引肥大细胞，并诱导人肥大细胞中的组胺和细胞因子合成与释放。而肥大细胞培养上清与甲状腺癌细胞共培养的体外实验则表明，肥大细胞释放的介质增强甲状腺癌细胞增殖、存活和侵袭能力，促进肿瘤形成。混合接种人肥大细胞和甲状腺癌细胞的裸鼠，在不同时间点对切除的肿瘤组织的组织化学染色可见，肿瘤边缘肥大细胞数量随着时间推移逐渐增多，同时 Ki-67$^+$ 细胞百分比增加。由此可知，在甲状腺癌中肥大细胞被甲状腺癌细胞募集到肿瘤部位，通过释放介质进一步调控肿瘤生长，发挥其促肿瘤的作用。因此，靶向肥大细胞或其介质的抗癌策略对治疗恶性甲状腺疾病提供了新的研究方向。

越来越多的证据表明，人肿瘤干细胞具有促进肿瘤生长、转移、耐药和复发的作用。文献报道，未分化的甲状腺癌干细胞含量高，由此开发针对肿瘤内癌症干细胞的分子靶向药物对改善肿瘤治疗效果有一定的临床意义。Visciano 等证实肥大细胞来源的 IL-8 是甲状腺癌细胞产生上皮间质转化（epithelial mesenchymal transformation，EMT）的关键细胞因子。IL-8 不仅参与先天性免疫和适应性免疫，与肿瘤生成也密切相关。肥大细胞来源的 IL-8 主要通过 AKT-Slug 途径诱导甲状腺癌细胞发生 EMT，产生具有干细胞特性的肿瘤干细胞，增强致肿瘤性。

（4）非甲状腺疾病（non-thyroidal illness，NTI）。非甲状腺疾病是甲状腺本身没有病变但受下丘脑 - 垂体 - 甲状腺轴调节的影响而发生功能改变，最后导致疾病发生，如细菌感染、烧伤、心肌梗死、呼吸窘迫综合征、肝硬化、终末期肾病、精神病和饥饿等。这些临床病症可能表现为 T_3 和 / 或 T_4 水平降低（由于结合能力降低和 / 或血清载体蛋白与 T_4 亲和力降低）、TSH 水平正常或低水平等甲状腺功能改变。

散布在皮肤和黏膜中的肥大细胞通过 TLR 和 Fc 受体对环境做出响应，它们能够向血液中释放大量细胞因子、趋化因子、脂质介质和颗粒相关介质。在 NTI 的小鼠模型中发现了肥大细胞和细菌感染诱导的甲状腺功能减退症之间的特定关系。Rocchi 等给不同的小鼠模型注射结核分枝杆菌提取物或大肠杆菌 LPS 后发现，野生型小鼠出现下丘脑和甲状腺功能障碍，而在缺乏 TLR 或 Fc 受体途径关键组分的肥大细胞缺陷小鼠中并没有出现甲状腺功能减退的症状，但经来自野生型供体骨髓注射重建肥大细胞后，甲状腺功能减退症状得以恢复。该研究提示 TLR 和 Fc 受体信号转导与甲状腺功能之间有联系，揭示了肥大细胞在小鼠 NTI 中的作用，也确定了肥大细胞作为控制下丘脑 - 垂体 - 甲状腺轴稳态反应的传感器功能。

（5）骨代谢。软骨内骨形成需要生长板软骨细胞协调增殖和分化，依赖于软骨基质的合成及降解的动态平衡及对随后血管侵入的严密调节。甲状腺激素 T_3 在软骨内骨化中起关键作用，T_3 能够直接作用于表达 T_3 受体的软骨细胞调节其生长，也可通过间接作用于软骨基质使分泌的软骨基质异常降解，进一步改变骨形成导致骨骼发育异常。

肥大细胞定位于骨髓中靠近骨骺板的位置，它们能够合成、储存和释放糜蛋白酶、类胰蛋白酶等基质降解酶和肝素，作为正常软骨内骨形成和骨骼发育所必需的关键信号分子，位于骨骺板附近的骨髓中的肥大细胞能够与成骨细胞、软骨细胞相互作用，参与改变软骨基质并影响矿化的过程，提示甲状腺功能与肥大细胞之间在骨代谢中密切相关。

Siebler 等将正常大鼠与甲状腺切除大鼠分别用生理盐水和 T_4 治疗 6 周，将其分为正常组、甲状腺功能亢进组、甲状腺功能减退组、甲状腺功能减退症 -T_4 组四组，并获取胫骨进行肥大细胞计数与定位，发现胫骨肥大细胞在甲状腺状态不同的大鼠中分布不同。肥大细胞分布于甲状腺功能正常组、甲状腺功能亢进组和甲状腺功能减退症 -T_4 组大鼠的整个骨髓腔内且细胞分布不受甲状腺功能状态的影响，但骨骺端的肥大细胞少见，而在甲状腺功能减退组中，大量肥大细胞定位于紧邻骺板的骨骺海绵体中。由此可知，骨髓来源的肥大细胞的数量和分布受甲状腺状态的影响。经免疫组织化学及免疫荧光鉴定发现，所有骨髓肥大细胞均表达 TRα1、TRα2 和 TRβ1 三种甲状腺激素 T_3 受体，与组胺共定位于肥大细胞胞质中。

甲状腺功能减退症大鼠模型在邻近骺板部位肥大细胞数量增加并重新分布，说明甲状腺激素影响骨髓中表达甲状腺激素受体的肥大细胞数量和定位，也提示甲状腺激素与肥大细胞协调作用共同破坏软骨内骨化。据报道，小鼠甲状腺和大鼠新生儿脑中的肥大细胞数量也随着甲状腺状态的改变而改变，为甲状腺与肥大细胞之间的相互作用提供了更多的依据。

综上所述，肥大细胞与甲状腺联系紧密，两者共同参与调控机体生理及病理状态。另外，越来越多的文献表明肥大细胞在甲状腺疾病中起着至关重要的作用，参与该类疾病的发病，由此不仅丰富了我们对肥大细胞功能的认识，同时也为靶向治疗甲状腺疾病提供了理论依据和研究新方向。

（二）肥大细胞与肥胖

随着物质生活水平的提高，肥胖作为全球范围的健康问题，发生率大幅度上升。据WHO 最新统计，全球大约 22 亿人超重，占全球人口的 1/3，全球约 10% 的人口肥胖，预计未来这一数字会进一步上升。此外，中国的超重和肥胖人口比例也越来越高，中国肥胖率已经高达 12%。

肥胖是高血压、2 型糖尿病、脂肪肝、冠心病和卒中等多种疾病的主要诱发因素，严重危害着人类的健康。根据 WHO 的报道，目前每年至少有 280 万成年人死于肥胖所致的糖尿病、高血压、心血管疾病和癌症。

脂肪组织具有免疫、内分泌、再生、物理保护和产热等生理功能，在肥胖过程中最主要的病理变化是脂肪组织的扩张，其中最主要的功能是通过储存和释放脂肪来应对机体的能量负荷。伴随着脂肪细胞的肥大，大量的炎性细胞募集到脂肪组织中，同时产生多种促炎细胞因子，因此肥胖是一种慢性炎性过程。在这种轻度炎症过程中巨噬细胞发挥关键作用，募集到脂肪组织的巨噬细胞由具有抗炎活性的 M2 型大量转变为促炎活性的 M1 型。此外，中性粒细胞、肥大细胞、B 细胞、CD8[+] 和 CD4[+]T 细胞等也会大量聚集、增殖和活化（图9-7）。Hellman 等早在 1963 年就发现肥胖小鼠的附睾脂肪组织（epididymal adipose tissue，EAT）中肥大细胞数量显著升高，但这种聚集的原因和在肥胖中的作用尚不清楚。直到 2009 年，Liu 等利用饮食诱导小鼠肥胖，肥胖的小鼠与消瘦的小鼠相比，其脂肪组织中积聚更多的肥大细胞且体重比同样喂食条件下肥大细胞缺陷小鼠 $Kit^{W-sh/W-sh}$ 更重。经肥大细胞稳定剂（DSCG）日常腹腔注射后，肥胖小鼠体重明显减轻，同时血清和脂肪组织中炎症细胞因子、趋化因子和蛋白酶的水平降低。此外，用 DSCG 治疗肥胖及糖尿病小鼠，可轻微改善小鼠体重及葡萄糖耐量。由此可见，肥胖脂肪组织中聚集的肥大细胞可以直接调控肥胖及其相关糖尿病的发生。

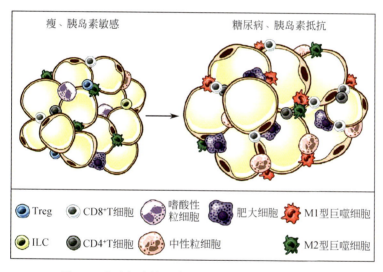

图 9-7　免疫细胞是肥胖和肥胖症中重要的组成部分

瘦的、胰岛素敏感的脂肪库的免疫细胞类型主要由常驻 M2 型巨噬细胞、嗜酸性粒细胞、CD4[+]T 细胞、ILC（固有淋巴样细胞）和 Treg（调节性 T 细胞）组成。在营养过剩的情况下，除常驻细胞外促炎细胞增加并积聚。这些促炎细胞有 M1 型巨噬细胞、肥大细胞、中性粒细胞和 CD8[+]T 细胞等［引自：Rosen E D，Spiegelman B M.2014. What we talk about when we talk about fat［J］. Cell，156（1-2）：20-44］

　　肥大细胞在肥胖个体、饮食诱导肥胖小鼠、基因遗传肥胖小鼠（ob/ob）的脂肪组织中大量聚集，然而在不同的脂肪组织中肥大细胞分布的密度和在肥胖进程中的变化趋势却并不相同。肥大细胞在瘦的小鼠皮下脂肪组织中的密度大于在内脏脂肪组织中的密度；在肥胖的发展过程中，皮下脂肪组织中的肥大细胞数量略减少或基本不变；而内脏脂肪组织尤其是在 EAT 中肥大细胞大量聚集。肥大细胞在同一个脂肪组织中的分布密度也是不一致的，在肥胖进程中，EAT 尖端（远离睾丸的一端）的肥大细胞数量最多，并且数量增加最为迅速，EAT 末端（与睾丸相连的一端）则相反。Altintas 等报道，高脂饮食 20 周小鼠 EAT 中的肥大细胞密度显著高于 Liu 等报道的高脂饮食 12 周的小鼠。在肥胖的人和小鼠脂肪组织中肥大细胞的数量显著增加，而 $Kit^{W-sh/W-sh}$ 和 $Kit^{W/W-v}$ 肥大细胞缺失的小鼠则表现出能有效抵抗高脂饮食诱导的肥胖及其相关胰岛素抵抗的发生。

尽管 $Kit^{W-sh/W-sh}$ 和 $Kit^{W/W-v}$ 小鼠广泛用于肥大细胞的研究，但是它们除了肥大细胞缺失外，也严重改变了整个免疫系统的状态，所以这种模型鼠抵抗高脂饮食诱导肥胖及其相关的胰岛素抵抗的产生不能仅归因于肥大细胞的缺失。Gutierrez 等则认为是 Kit 基因的缺失而非肥大细胞影响了肥胖和相关的胰岛素抵抗，他们使用羧肽酶3（carboxypeptidase 3，CPA3）基因敲除作为新的肥大细胞缺失模型，在这种肥大细胞缺失的模型中肥胖和胰岛素抵抗并未得到改善。然而这种小鼠模型也存在其局限性，在缺失 CPA3 后不仅肥大细胞缺失，其他免疫细胞如 T 细胞也发生了减少或缺失。目前在肥胖和肥大细胞关联的研究领域，并不存在一种绝对完美的动物模型，可能需要几种模型才能得出较为明确或可信的结果。

用于临床治疗哮喘和过敏的肥大细胞稳定剂色甘酸钠和酮替芬不仅能使野生型小鼠抵抗高脂饮食诱导的肥胖及其相关的胰岛素抵抗的发生，而且能降低已经形成肥胖的小鼠的体重，同时改善胰岛素抵抗。$Kit^{W-sh/W-sh}$ 和 $Kit^{W/W-v}$ 小鼠经尾静脉过继注射正常肥大细胞可以逆转 $Kit^{W-sh/W-sh}$ 和 $Kit^{W/W-v}$ 小鼠对高脂饮食诱导的肥胖抵抗。最近的研究发现，在肥胖过程中肥大细胞可能存在着不同的亚型。Zhou 等报道，肥大细胞存在着瘦素缺失的抗炎性亚型和瘦素表达的促炎性亚型，这为研究肥大细胞与肥胖的关系提供了一种新的思路。以上研究结果表明，肥大细胞参与了高脂饮食诱导肥胖及其相关的胰岛素抵抗形成的调控过程。

（三）肥大细胞与糖尿病

糖尿病是一组以葡萄糖和脂肪代谢紊乱、血中葡萄糖水平升高为特征的内分泌代谢性疾病，多由胰岛素绝对或相对分泌不足和胰高血糖素活性增高所致。糖尿病大致分为 1 型和 2 型，1 型糖尿病一般由于个体自身免疫或者遗传因素造成胰岛素分泌绝对不足，2 型糖尿病多由胰岛素抵抗和胰岛素代偿性分泌反应不足共同作用。

肥大细胞被认为是自身免疫性疾病，如 1 型糖尿病的重要起始因子，在疾病的发展中起重要作用。Martino 等发现，1 型糖尿病患者胰岛中有大量肥大细胞浸润。但 Gutierrez 等对此提出了质疑，他们的研究发现，在 $Cpa3^{Cre/+}$ 和 $Kit^{W-sh/W-sh}$ 两种肥大细胞缺失模型小鼠中肥大细胞与 1 型糖尿病的发生并没有直接关联。因而，关于肥大细胞与 1 型糖尿病之间的具体关系还需进一步探讨。

肥大细胞在 2 型糖尿病的研究主要集中在肥胖所致 2 型糖尿病。肥胖引起的轻度炎症降低了胰岛素的敏感性，从而使体内胰岛素分泌量相对不足，造成胰岛素抵抗。脂肪组织作为肥胖导致的轻度炎症的发源地，随着肥胖进展，大量肥大细胞不断聚集在脂肪组织。Liu 等发现，肥大细胞在肥胖脂肪组织的大量聚集直接调控肥胖及其相关的 2 型糖尿病，在药物稳定肥大细胞或肥大细胞缺失情况下，小鼠体重和胰岛素抵抗均得到改善。给肥大细胞 $Kit^{W-sh/W-sh}$ 基因缺失小鼠尾静脉过继回输正常肥大细胞后，小鼠的胰岛素抵抗再度发生。然而在另一种肥大细胞缺失 $Cpa3^{Cre/+}$ 小鼠的研究中，却并未发现肥大细胞对胰岛素抵抗的作用。这种矛盾的结论一方面可能是因为 Kit 缺失和 Cpa 缺失对免疫系统的不同影响所致。在 Kit 缺失和 Cpa 缺失后不仅肥大细胞发生了变化，其他免疫细胞也发生了一定程度的变化。另一方面，两种诱导肥胖胰岛素抵抗的饮食也存在着差异。Liu 等是通过西方饮食诱导肥胖和胰岛素抵抗，而 Gutierrez 等用的是常规的高脂饮食，两种饮食在营养成分上的差异也可能是导致不同结果的重要原因。

肥大细胞作为炎症起始的重要细胞，在 1 型和 2 型糖尿病的炎症部位都有大量的募集，与糖尿病的发展存在的内在联系还需要进一步研究。

（四）肥大细胞与痛风

痛风是由单钠尿酸盐（monosodium urate，MSU）沉积所致的晶体相关性关节病，与嘌呤代谢紊乱或尿酸排泄减少所致的高尿酸血症直接相关，特指急性特征性关节炎和慢性痛风石疾病，主要包括急性发作性关节炎、痛风石形成、痛风石性慢性关节炎、尿酸盐肾病和尿酸性尿路结石，重者可出现关节残疾和肾功能不全。痛风常伴腹型肥胖、高脂血症、高血压、2 型糖尿病及心血管疾病等。

痛风最重要的生化基础是高尿酸血症。正常成人每日约产生尿酸 750mg，其中 80% 为内源性尿酸，20% 为外源性尿酸，这些尿酸进入尿酸代谢池（约为 1200mg），每日代谢池中约有 60% 的尿酸进行代谢，其中约 1/3 经肠道分解代谢，约 2/3 经肾脏排泄，以维持体内尿酸水平的稳定，这其中任何环节出现问题均可影响或导致高尿酸血症。

研究表明，肥大细胞在痛风性关节炎部位大量浸润，Reber 等发现肥大细胞分泌的 IL-1 在发病早期对痛风性关节炎的发展起重要作用。给痛风模型大鼠注射肥大细胞稳定剂酮替芬，可通过下调诸如 IL-1、IL-6 等炎症因子的分泌，显著减轻痛风的炎症反应。

肥大细胞在痛风炎症部位活化并聚集的具体作用机制目前尚不清楚。

（五）肥大细胞与骨质疏松症

骨质疏松症是因骨质流失导致的以骨量减少、骨组织破坏、骨的微观结构退化为特征的脆性增加及易发骨折的一种全身性骨骼疾病。

人类认识到肥大细胞与骨质疏松相关已有约半个世纪。肥大细胞具有加速骨质更新的能力，肥大细胞缺失时，破骨细胞数量减少，骨质疏松症状得到缓解。在缺失肥大细胞糜蛋白酶后，小鼠的骨量增加，骨质疏松改善。组胺作为肥大细胞的主要产物之一，在骨质的重构中发挥重要作用，缺失组胺，大鼠骨质重构和骨质疏松得到缓解。在药物阻断组胺吸收后，破骨细胞的活化程度大大降低。因此，认为肥大细胞及其分泌物是骨质疏松的潜在致病因素之一，然而，肥大细胞对骨质疏松的作用在人体中的报道并不多，抑制肥大细胞能否改善骨质疏松还有待进一步确定。

内分泌系统释放的大量激素与其相应受体结合发挥作用。内分泌代谢紊乱，激素分泌不足或过多，一旦超越正常范围就会导致疾病。肥大细胞作为免疫细胞的重要参与者，发挥着与嗜碱性粒细胞类似的作用，在病变部位激活后可释放多种生物活性介质，这些活性介质与相应的受体结合后会引起各种生理和病理变化，并募集其他各种免疫细胞参与炎症的发生过程，且肥大细胞通过脱颗粒释放大量介质，加速免疫应答和免疫损伤。因此，肥大细胞与内分泌代谢病之间有着不可分割的必然联系，往往起着潜在致病和炎症信号放大作用。抑制肥大细胞活化及其胞内介质的释放成为治疗众多慢性内分泌代谢疾病的重要手段。目前对肥大细胞在病理状态下释放何种介质，以及在内分泌代谢疾病中的作用及其机制尚未明了，相信随着研究的深入，肥大细胞与代谢内分泌疾病关系的谜底终将被揭开。

（刘　　健　戈伊芹）

第四节　肥大细胞与自身免疫性疾病

免疫系统由体液免疫和细胞免疫两大部分组成，二者协调，与神经－内分泌系统形成网络，与组织、细胞和细胞外基质广泛联系，发挥免疫防御、免疫调节和免疫效应作用，抵御外来抗原，清除体内退变、衰老和死亡的细胞，维持机体稳态。然而免疫系统的组成结构、比例和功能异常又可以引起一系列疾病。自身免疫是免疫系统针对自身抗原产生自身抗体或自身反应性淋巴细胞以维持机体自稳态的免疫反应。免疫耐受、免疫调控异常，自身组织成分的改变或外来抗原模拟了自身组织的结构，使得免疫系统将自身成分误认外来抗原作为异己识别，通过体液免疫或细胞免疫而持续攻击，超出生理限度，造成细胞破坏或组织损伤引起的疾病即为自身免疫性疾病（autoimmune disease，AID）。根据受累器官的不同将 AID 分为器官特异性和器官非特异性：疾病只累及一个器官或系统，称为器官特异性 AID；累及两个或两个以上器官或系统，称为器官非特异性 AID。自身抗体对 AID 具有重要的辅助诊断价值。

肥大细胞是 I 型超敏反应的经典效应细胞，也是抗寄生虫感染，抵抗外来病原体、毒素等其他环境物质侵袭的重要的固有免疫应答细胞。近年来研究发现，肥大细胞数量增加或活化异常在 AID 早期扮演重要角色，尤其是包含自身抗体的 AID，如类风湿关节炎、多发性硬化（multiple sclerosis，MS）等。本节针对目前关于肥大细胞与 AID 相关研究进展作一总结。首先概述 AID 中引起肥大细胞活化的相关因素，进而聚焦肥大细胞参与 AID 的可能致病机制，最后举例阐明肥大细胞在常见 AID 中的作用。

一、AID 中引起肥大细胞活化的相关因素

临床发现，一方面一部分 AID 患者存在自身免疫损伤机制不能解释的、类似过敏的症状和体征，如皮肤潮红、瘙痒、水疱、风团等；另一方面，一些过敏患者始终查不出过敏原，血清总 IgE 也不高。理论上，凡可致肥大细胞膜表面相邻 FcεR I 桥联的物质均可活化肥大细胞，引起脱颗粒。如图 9-8 所示，FcεR I 抗体、IgE 抗体，抑或是 IgG 抗体及其免疫复合物或配体－受体复合物都可能直接或间接桥联肥大细胞膜相邻 FcεR I 受体，进而激活肥大细胞，由此可能解释上述的症状和体征。

（一）肥大细胞活化相关 IgG 型自身抗体

大多数 AID 患者体内存在高效价的 IgG 型抗 IgE 的自身抗体，早在 1972 年，Williams 首次描述了抗 IgE 的自身抗体的存在。1986 年，Grattan 报道了慢性荨麻疹（chronic urticaria，CU）患者血清中含有可在自体血清皮肤试验（autologous serum skin test，ASST）中导致风疹的因子。1988 年，Gruber 发现 CU 患者血清存在 IgG 型或 IgM 型 IgE

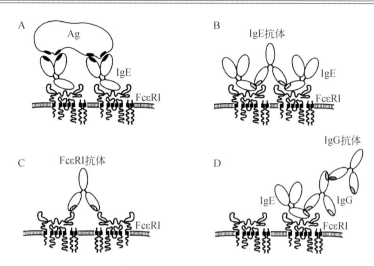

图 9-8　肥大细胞活化途径示意

A. 经典途径，多价抗原与致敏肥大细胞表面 IgE 结合，桥联 FcεRⅠ；B.IgE 抗体激活途径，IgE 抗体与致敏肥大细胞表面 IgE 结合，桥联 FcεRⅠ；C.FcεRⅠ抗体激活途径，FcεRⅠ抗体与肥大细胞表面 FcεRⅠ结合，桥联 FcεRⅠ；D. 免疫复合物途径，IgG 抗体与肥大细胞表面 IgG 型 IgE 抗体–IgE 复合物结合，桥联 FcεRⅠ［引自：Marone G，Spadaro G，Palumbo C.1999.The anti-IgE/anti-FcεRIα autoantibody network in allergic and autoimmune diseases［J］.Clin Exp Allergy，29（1）：17-27］

抗体。1991 年，研究发现部分 IgE 抗体具有活化肥大细胞脱颗粒的功能特性。1993 年 Hide 在 CU 患者中发现了 FcεRⅠ抗体，它们特异性结合受体 α 链。1998 年，Sabroe 通过体外嗜碱性粒细胞和真皮肥大细胞组胺释放试验，验证了 CU 患者血清中 FcεRⅠ抗体或 IgE 抗体分别直接或间接桥联相邻 FcεRⅠ受体活化肥大细胞。研究发现，与不存在自身抗体的 CU 患者相比，具有组胺释放功能自身抗体的 CU 患者病情更加严重，且存在着组胺拮抗剂治疗的抵抗。其实不仅是 CU 患者，类风湿关节炎、支气管哮喘等患者血清中也存在 IgE 抗体。系统性红斑狼疮（SLE）、皮肌炎、大疱性类天疱疮、寻常性天疱疮等患者血清中存在抗 FcεRⅠ的自身抗体。在 CU 患者中，FcεRⅠ抗体主要是 IgG1 和 IgG3 亚型，而其他 AID 患者中主要是 IgG2 和 IgG4 亚型。

（二）针对自身抗原的 IgE 型自身抗体

临床上，很多症状明显的 AID 患者体内检测不到常规的 IgG、IgM 或 IgA 型自身抗体。其实早在 IgE 发现后不久，便有学者使用免疫荧光技术在 SLE 肾病（lupus nephropathy，LN）患者的肾小球和 Graves 病患者的甲状腺中观察到 IgE 抗体的沉积，由此引发科学家们进一步探讨 IgE 与 AID 关系的热情。1973 年，首次在 SLE 患者血清中发现了 IgE 型抗核抗体（IgE type antinuclear antibody，IgE-ANA），接着 IgE-ANA 相继在类风湿关节炎、银屑病等其他 AID 中被报道。作为 IgE 型自身抗体，和其他类型的自身抗体一样，识别的是自身组织成分。研究发现，部分大疱性类天疱疮患者血清和活检标本中能检测到自身抗原 BP180 蛋白特异性的 IgE 型自身抗体。与 BP180 蛋白共同孵育可致 BP 患者外周血嗜碱性粒细胞脱颗粒。此外，研究报道 SLE 患者血清中含有 IgE 型 dsDNA 抗体，抗体水平与疾病严重程度呈正相关。IgE 型 dsDNA 抗体可激活浆细胞样树突状细胞，引起

IFN-α 大量分泌，加剧自身免疫反应。在其他 AID，如类风湿关节炎、甲状腺炎、多发性硬化症等疾病中也发现了针对自身抗原的 IgE 型自身抗体，但它们的致病机制尚未揭晓。目前，人源化 IgE 抗体奥马珠单抗已获批用于治疗大疱性类天疱疮和 CU，可显著改善患者的临床症状。奥马珠单抗用于 SLE 的治疗作用研究也处于 I 期临床试验阶段，间接证实了 IgE 型自身抗体在 AID 中的致病作用。

二、肥大细胞在 AID 中可能的致病机制

研究发现肥大细胞缺陷小鼠发生 AID 的概率和严重程度低于野生型小鼠。新近研究指出，血清总 IgE 水平升高也可见于多种 AID。然而，肥大细胞如何影响自身免疫反应至今仍未知。由于 AID 和过敏性疾病具有很多共同特性，二者都是针对本身无害的抗原产生"超敏"免疫反应。因此，肥大细胞参与超敏反应的炎症损伤机制有助于理解肥大细胞与自身免疫损伤的关系。

（一）肥大细胞与自身免疫病中的超敏反应现象

肥大细胞是 I 型超敏反应的主要效应细胞，IgE 升高是 I 型超敏反应的重要特征。前文提及的 IgE 型自身抗体，可能以类似于过敏原特异性 IgE 抗体的方式经自身抗原桥联 FcεR I，引起肥大细胞脱颗粒，释放致炎介质，促进 AID 患者的器官及组织损伤，颗粒中血管活性胺的释放可导致血管渗透性增加，增强免疫复合物沉积，加重 AID 病情。但是 II、III、IV 型超敏反应也有肥大细胞依赖的组分。在 II 型超敏反应中，IgG 型抗体和活化的补体片段可通过 C3a 和 C5a 补体受体活化肥大细胞，释放促炎介质，影响 T 细胞应答和 B 细胞类别转换。在 BP 小鼠模型中，IgG 型抗 BP20 和 BP180 的自身抗体可致肥大细胞脱颗粒，进而导致中性粒细胞浸润造成皮肤水疱，肥大细胞缺陷小鼠则不发病，但局部注射正常小鼠骨髓肥大细胞可重新发生水疱。Graves 眼病也属于 II 型超敏反应，研究发现，患者眼眶组织有肥大细胞浸润，且循环中针对促甲状腺激素释放激素受体的 IgE 型自身抗体水平增加。可溶性抗原抗体复合物是引起 III 型超敏反应免疫损伤的主要原因。免疫复合物可与肥大细胞表面 IgG 受体——FcγR II 和 FcγR III 结合，活化肥大细胞释放白三烯 B4（LTB4）和 TNF-α，趋化中性粒细胞。在 Arthus 反应小鼠模型中，与野生型小鼠相比，肥大细胞缺陷鼠的水肿、中性粒细胞浸润和出血现象明显减轻。IV 型超敏反应即迟发型超敏反应，是由抗原特异性 CD4+ T 细胞介导的。研究发现，在小鼠模型中肥大细胞参与了接触性皮炎的病理过程，提示它们可能在 T 细胞依赖的疾病中发挥作用。

（二）肥大细胞与免疫耐受

在 AID 中，体内防止产生大量自身反应性 T 细胞的两个重要机制失活。第一个机制是 T 细胞在胸腺发育过程中的中枢耐受，或称阴性选择。第二个是外周耐受，即成熟的 T 细胞遇到内源性抗原时不产生免疫应答，或被 CD4+CD25+ Foxp3+ 调节性 T 细胞抑制。虽然胸腺中有肥大细胞定居，提示它们可能在中枢耐受中发挥作用，但是至今没有直接证据证实它们参与其中。研究报道，肥大细胞对维持 CD4+CD25+ Foxp3+Treg 依赖的外周免疫耐受至关重要。Treg 表型是通过 Foxp3 转录因子调控的，*Foxp3* 基因突变会引起免

疫系统超活化，引发器官非特异性 AID。在同种异体小鼠皮肤或心脏移植模型中，肥大细胞缺陷鼠不能产生免疫耐受，无法维持移植物存活。研究显示，Treg 分泌的 IL-9 是肥大细胞生长因子，募集肥大细胞进入移植组织。在同种异体移植物耐受模型中，局部或全身的肥大细胞脱颗粒会导致 Treg 离开移植物，其抑制活性短暂丢失，引起急性 T 细胞依赖的免疫排斥反应，因此长期维持肥大细胞稳定对移植受者是有益的。肥大细胞介质也参与调控外周耐受，释放与 Treg 相同的细胞因子 IL-10 和 TGF-β。组胺诱导 Treg 产生并抑制效应性 T 细胞反应；另外，PGE$_2$ 和 TNF-α 可影响树突状细胞功能。

（三）肥大细胞与免疫细胞间的相互作用

肥大细胞一直被认为是效应细胞，近年来的研究发现它们具有调节其他免疫细胞数量和功能的作用，与其他免疫细胞间存在多样的信息交流方式。肥大细胞通过 MHC-Ⅱ 直接促进 T 细胞增殖。Treg 抑制自身免疫性 T 细胞，因此 Treg 异常可导致 AID。研究发现肥大细胞和 Treg 通常邻近分布于二级淋巴器官和组织炎症部位。Treg 通过其表面的 Ox40 与肥大细胞表面的 Ox40L 结合直接下调 FcεRⅠ表达，抑制 FcεRⅠ依赖的肥大细胞脱颗粒，而肥大细胞也可抑制 Treg 活性。肥大细胞分泌的细胞因子还可影响初始 CD4$^+$ T 细胞的分化方向，调控促炎 Th17 细胞和 Treg 之间的平衡。例如，TGF-β、IL-6、IL-21 和 IL-23 促进初始 CD4$^+$ T 细胞分化为 Th17，促进自身免疫反应。树突状细胞可能是最早受肥大细胞影响的靶细胞，肥大细胞表面黏附分子及释放的组胺、IL-10 等介质可促进树突状细胞成熟和迁移。研究发现，肥大细胞通过释放外泌体在一定程度上诱导、调节树突状细胞的表型和功能。研究显示，树突状细胞来源外泌体可减少炎症损伤部位 Th17 比例，诱导 Treg 分化，对 AID 小鼠模型，如类风湿关节炎、重症肌无力、炎症性肠病和多发性硬化症有一定疗效。肥大细胞表面还表达许多 B 细胞调节分子和免疫球蛋白受体，表明两种细胞间存在密切联系。有文献指出，未受刺激的 BMMC 与 B 细胞共培养可活化 B 细胞，该现象可被肥大细胞稳定剂抑制。肥大细胞通过其表面的 CD40L 与 B 细胞表面的 CD40 结合，促进 B 细胞分化成 CD138$^+$ 浆细胞，并在 IL-4 作用下诱导 B 细胞产生 IgE。B 细胞表面具有组胺受体，在组胺的作用下促进 B 细胞增殖。综上，肥大细胞可与多种免疫细胞相互作用，以多种方式影响免疫功能。

三、肥大细胞与 AID

（一）肥大细胞与器官特异性 AID

1. 多发性硬化症

多发性硬化症（multiple sclerosis，MS）是以中枢神经系统白质炎性脱髓鞘病变为主的自身免疫病，最常累及脑室周围白质、视神经、脊髓、脑干和小脑，主要临床特点为中枢神经系统白质散在分布的多病灶与病程中呈现的缓解与复发交替，症状和体征的空间多发性和病程的时间多发性。患者有感觉异常、肢体瘫痪、膀胱功能障碍及精神异常等表现，病理特点是血脑屏障破坏、白质单个核细胞浸润和脱髓鞘。实验性自身免疫性脑脊髓炎（experimental autoimmune encephalomyelitis，EAE）是 MS 的小鼠模型，类似于 MS。EAE 模型动物可出现血脑屏障破坏，导致炎性细胞进入中枢神经系统，白质单个核细胞浸润和脱髓鞘，CD4$^+$T 细胞、Th1 细胞、Th17 细胞参与 EAE 发病，而肥大细胞在 MS 发病中的作用尚不明确。脑肥大细胞（brain mast cell，BMC）常位于软脑膜、脉络丛、丘脑、下丘脑及正中隆起，与结缔组织肥大细胞和黏膜肥大细胞相似，甲苯胺蓝染色阳性，且位于软脑膜、丘脑、下丘脑的 BMC 组胺染色和邻苯二甲醛染色阳性。与结缔组织肥大细胞和黏膜肥大细胞不同的是，BMC 苏丹黑染色常呈阳性，活性 BMC 的超微结构无典型的胞外分泌颗粒变化。研究发现，在 MS 患者的炎症性脱髓鞘部位 BMC 数量和脱颗粒增加，患者脑脊液中类胰蛋白酶含量升高，可激活外周血单核细胞分泌 TNF、IL-6 和 IL-1，激活蛋白酶激活受体（protease-activated receptor，PAR）信号通路导致微血管渗漏和炎症扩散，而肥大细胞稳定剂可明显改善病情。BMC 蛋白酶能够降解髓鞘蛋白，破坏神经元，而髓磷脂又能刺激肥大细胞脱颗粒，破坏血脑屏障，增加血管通透性，促使炎性细胞进入脑实质，介导免疫损伤。研究显示，缺乏肥大细胞的小鼠 EAE 发展较慢，病情较轻。肥大细胞缺陷减少了中枢神经系统炎性细胞的浸润，减轻了血脑屏障通透性。MS 病变组织的基因芯片分析发现，编码组胺受体 R1、FcεRⅠ、蛋白酶等的肥大细胞相关基因表达增加。

总之，BMC 通过多种途径参与 MS 发病。首先，BMC 释放细胞因子/趋化因子刺激 T 细胞/巨噬细胞。其次，BMC 可将髓鞘抗原提呈给 T 细胞，BMC 破坏血脑屏障，使活化的 T 细胞渗透到脑内，定位于髓鞘碱性蛋白。而且，肥大细胞损伤髓鞘，刺激类胰蛋白酶分泌，并可通过刺激 PAR2，进一步增强脱髓鞘，加重炎症反应。因此，肥大细胞是治疗 MS 可能的靶点。

2. 糖尿病

1 型糖尿病多发生在儿童和青少年，也可发生于各种年龄段。起病比较急剧，体内胰岛素绝对不足，容易发生酮症酸中毒，必须用胰岛素治疗才能获得满意疗效，否则将危及生命。确切的病因和发病机制尚不十分清楚，可能由遗传和环境因素共同参与，导致免疫介导的胰岛 B 细胞的选择性破坏。患者的血液中可查出多种自身抗体，如谷氨酸脱羧酶抗体（anti-glutamic acid decarboxylase antibody，GADA）、胰岛细胞抗体（islet cell antibody，ICA）等。这些异常的自身抗体可以损伤人体分泌胰岛素的胰岛 B 细胞，使之不能正常分泌胰岛素，导致高血糖。因此，1 型糖尿病被认为是器官特异性 AID。在疾病发展过程中，白细胞入侵胰岛引起胰腺炎，使胰腺 B 细胞破坏，导致高血糖。肥大细胞通常位于胰管内靠近胰岛细胞的位置。在小鼠 1 型糖尿病模型中，在炎性腺泡组织中肥大细胞数量显著增加，肥大细胞产生的 LTB4 增加，募集自身反应性 T 细胞。肥大细胞稳定剂色甘酸可显著延迟疾病发作，肥大细胞缺陷小鼠发病率显著降低；胰腺淋巴结中肥大细胞基因表达分析显示，肥大细胞活化和脱颗粒现象增加。但是肥大细胞在 1 型糖尿病中的具体作用尚未得到验证。

3. 自身免疫性肝病

自身免疫性肝病（autoimmune liver disease，AILD）是由环境、感染、遗传等多方面因素引起，以肝脏为主要免疫病理损伤部位的器官特异性 AID。主要包括自身免疫性肝炎（autoimmune hepatitis，AIH）、原发性胆汁性胆管炎（primary biliary cholangitis，PBC）和原发性硬化性胆管炎（primary sclerosing cholangitis，PSC），以及三种疾病中任何两者兼有的重叠综合征，常同时合并肝外免疫性疾病。其诊断主要依据特异性生化异常、自身抗体和肝脏组织病理学特征。肥大细胞与 AILD 的发生、发展有密切关系。

人体肝脏结构特殊，1.5L/min 血液经门静脉和肝动脉流经肝脏，丰富的血流在携带营养物质的同时，也带来肠道和体循环中的抗原、病原微生物和其他物质。因此，维持良好的免疫耐受和免疫防御功能是肝脏免疫系统的重要功能，而维持免疫耐受需依靠肝脏中免疫细胞、细胞因子及其配体等的共同作用。一旦肝脏免疫耐受被打破，AILD 也接踵而至。肝脏中肥大细胞的作用极其复杂，与各种肝实质细胞，尤其是胆管上皮细胞和免疫细胞有着错综复杂的联系。

肥大细胞处在固有免疫和适应性免疫的"十字路口"，起着沟通和调节人体固有免疫和适应性免疫的作用，在免疫耐受中的作用也日益受到重视。肥大细胞通过分泌 IL-1、IL-6、IL-8、IL-17 等促进炎症，也通过分泌 IL-10、TGF-β 等发挥免疫抑制作用，在免疫应答不同阶段，发挥不同作用。在炎症早期，肥大细胞膜趋化因子受体（CCR1）与其配体人巨噬细胞炎性蛋白 1α（MIP-1α/CCL3）结合，被募集到炎症部位，分泌 IL-6、TNF-α 和 TGF-β，TGF-β 促进树突状细胞诱导的抗原特异性 Treg 发育，而 Treg 抑制效应性 T 细胞的应答，对自身免疫耐受非常关键。在肝移植慢性排斥反应中，大量的肥大细胞聚集在发生炎症反应的胆管周围，导致胆管严重受损，类似现象在 PBC 和 PSC 中也可以见到。推测受损的胆管上皮细胞能募集和活化肥大细胞。肝脏中的肥大细胞与来自肝外的肥大细胞协同加重炎症反应及肝纤维化，此现象也在一些动物模型中见到。AILD 中肥大细胞促进自身免疫作用已逐渐得到证实，肥大细胞数量随 AIH 炎症反应程度加重而增加；PBC 中肝组织浸润的肥大细胞的数量与嗜酸性粒细胞的数量呈正相关，研究发现，活化肥大细胞分泌的活性介质促使嗜酸性粒细胞数量增加。

AILD 常与肠病相关，如 PBC 常伴有乳糜泻，AIH 和 PSC 常伴有 IBD，肥大细胞可能参与两者的发病。肠道中肥大细胞主要存在于黏膜固有层，募集其他免疫细胞，影响肠道黏膜通透性，参与肠道食物耐受和病原体免疫应答。PSC 病变早期，肥大细胞就大量渗入病变部位，类似现象在溃疡性结肠炎和克罗恩病中也可见到。克罗恩病中，IL-16 募集 CD4⁺T 细胞，肥大细胞分泌 IL-16，可能与 CD4⁺T 细胞募集有关。在 AILD 中，肥大细胞是否通过此方式募集 CD4⁺ T 细胞则不得而知。

肥大细胞还参与 AILD 促纤维化机制。据文献报道，小鼠胆管结扎（bile duct ligation，BDL）后，大量肥大细胞浸润至损伤的肝组织。肥大细胞缺失的 *Kit*^{w-sh} 小鼠 BDL 后，胆管上皮增生、肝细胞损伤和纤维化程度均较野生型小鼠轻。反之，把活化的肥大细胞注入 BDL 的 *Kit*^{w-sh} 小鼠体内，肝星形细胞活性和 TGF-β1 含量都增加，肝内胆管基质也增强，提示肥大细胞具有促纤维化作用。提取高纯度、富含颗粒物质、分泌组胺、表达和分泌多种膜受体和细胞因子的功能性成熟肥大细胞，将其培养上清液与胆管上皮细胞共培养，出现胆管上皮细胞增生，将这种细胞经肝动脉输入可导致肝纤维化，说明肝脏中成熟、活化的肥大细胞参与了调节胆汁淤积性肝损伤和纤维化。

纤维化是 AILD 发生、发展的重要环节，肥大细胞在这个过程中扮演了至关重要的角色。持续自身免疫介导的炎症反应和肝细胞及胆管上皮细胞等的损伤，激活并使肝星形细胞和肝门成纤维细胞分化成活化的肌成纤维细胞，这种肌成纤维细胞分泌大量胶原，使细胞外基质大量沉积，进而导致肝纤维化。此过程中，损伤坏死的肝细胞等募集大量炎症细胞，其中包括肥大细胞。肥大细胞在趋化因子等因素的作用下进入血液循环，通

过其表达的整合素 α4β1 与细胞因子激活表达其配体——血管细胞黏附分子 -1 的肝组织血管内皮细胞及肝窦内皮细胞相互作用，最后跨越血管内皮细胞，进入肝脏。肥大细胞通过其表面的整合素 α4β1，即非常晚期抗原 -4，与肝组织内大量沉积的配体纤维连接蛋白和 I 型与 III 型胶原的特异氨基酸序列牢固结合，最终定位于受损肝脏的汇管区和小叶间隔内。肝窦周间隙的肥大细胞常在细胞外基质大量沉积，分泌类胰蛋白酶等物质，加重胶原沉积，并通过分泌 TGF-β、TNF-α、VEGF 等物质与库普弗细胞、LCM 和肝星形细胞相互作用，参与其增殖分化为肌成纤维样细胞。肝纤维化过程中，肝窦内皮样细胞向"血管内皮样"转化，逐渐增厚并丧失原有功能。肥大细胞在肝窦内皮样细胞转化中起了关键作用，导致肝小叶的基本结构发生改变，细胞外基质在窦周间隙的大量沉积和肝小叶结构的改变，影响肝脏微循环，使肝功能不断恶化。

此外，在 AILD 中，肥大细胞的数量随着炎症反应和纤维化程度的加剧而增加，其分泌的细胞因子、趋化因子、组胺等活性物质也随之增加。在 PBC 中，结缔组织肥大细胞大量出现在小胆管损伤的部位，释放组胺和促纤维化因子。Farrell 等对 140 例 PBC 患者的肝组织活检研究结果表明，II 期、III 期及 IV 期 PBC 组的肥大细胞数量明显增加，尤其在 IV 期增加更明显，而且增加的数量与肝纤维化区域的面积成正比。在 PSC 患者中也观察到肥大细胞增加和血液中组胺含量增多的现象。PSC 病变早期，肥大细胞就大量渗入病变部位，损伤的胆管内皮细胞表达高水平 SCF，在汇管区 SCF 受体 KIT 阳性肥大细胞也大量聚集。随着肝纤维化程度的加重，肝巨噬细胞（包括库普弗细胞、肝被膜巨噬细胞）和肌成纤维细胞与肥大细胞的数量同步增加。

由于肥大细胞在 AILD 的发生、发展中扮演着重要角色，因此以肥大细胞功能抑制或信号通路抑制为切入点将为 AILD 治疗带来希望。

（二）肥大细胞与器官非特异性 AID

1. 系统性红斑狼疮

系统性红斑狼疮（SLE）是典型的器官非特异性 AID，患者体内存在大量自身抗体，全身多个器官均可受累，其病因尚不清楚。一般认为是凋亡细胞清除障碍导致机体产生自身抗体，形成免疫复合物沉积于组织内引发疾病。其病理结果为免疫复合物沉积所致血管炎，最常见的病变部位有皮肤、关节与肾脏等。临床上，SLE 皮肤表现各异，荨麻疹是相对常见的皮肤表现，提示肥大细胞可能参与其中。SLE 患者病理特征为组织免疫复合物沉积和肥大细胞在内皮细胞附近浸润，肥大细胞最有可能参与 SLE 自身抗体和免疫复合物引发的组织损伤。*Mrl/lpr* 小鼠是 SLE 小鼠模型，虽然可以观察到病灶皮肤真皮内有大量肥大细胞浸润，但是这些肥大细胞的具体作用不明。将 *Mrl/lpr* 小鼠与肥大细胞缺陷的 *C57bl/6J-Kit*$^{W-sh/W-sh}$ 小鼠交配获得肥大细胞缺陷的狼疮小鼠 *Mrl/lpr-Kit*$^{W-sh/W-sh}$。实验结果显示，*Mrl/lpr* 小鼠肥大细胞浸润数量显著增加，且与皮损严重程度成正比；*Mrl/lpr-Kit*$^{W-sh/W-sh}$ 小鼠皮损部位肥大细胞缺乏，却比 *Mrl/lpr* 小鼠更早发生狼疮皮损，且更严重，炎症细胞因子水平显著增高，血清 dsDNA 抗体、蛋白尿及生存率却显著降低。因此，肥大细胞在 *Mrl/lpr* 小鼠中不是 SLE 皮损产生的必需因素，但可能通过抑制炎性细胞因子而抑制 *Mrl/lpr* 小鼠狼疮样皮肤损伤，同时促进 SLE 表型（蛋白尿、抗 dsDNA 抗体）产生。

肾炎是 SLE 最重要的脏器损伤，与不良预后相关。在 SLE 继发肾小球肾炎患者的肾损伤部位也能找到肥大细胞浸润的证据。降植烷诱发的狼疮肾炎模型中，肥大细胞缺陷小鼠出现了与野生型小鼠相似的免疫复合物肾小球肾炎。在免疫复合物介导的肾小球肾炎模型中，肥大细胞似乎具有保护作用。但是，一项针对 69 名狼疮肾炎患者的肾脏病理与临床研究中未发现肥大细胞的表达与狼疮肾炎预后有关。形态学、电子显微镜和免疫荧光标记并有完整临床资料的 11 例狼疮膜性肾病（lupus membranous glomerulopathy，LMGN）、16 例原发性非狼疮膜性肾病（NLMGN）患者肾穿刺标本和 10 例因外伤而切除肾脏的标本为对照的研究表明，LMGN 患者肾间质胰蛋白酶阳性细胞、α- 平滑肌肌动蛋白（α-smooth muscle actin，α-SMA）表达、间质体积，以及 CD68[+]、CD45RB[+]、CD43[+]、CD20[+] 细胞的平均值均较 NLMGN 明显升高。LMGN 和 NLMGN 患者肾间质类胰蛋白酶阳性细胞与 α-SMA 的间质表达、间质体积、血清肌酐等呈显著正相关。因此，笔者建议，膜性肾小球病变间质有大量肥大细胞时，应考虑 SLE，即使在活检时没有临床资料支持。LMGN 和 NLMGN 间质肥大细胞计数与间质相对体积呈显著正相关，支持了肥大细胞在间质纤维化发展中的作用，但机制尚需进一步研究阐明。

2. 类风湿关节炎

类风湿关节炎（RA）是一种以关节滑膜炎为主要表现的全身性 AID，免疫损伤首先出现在关节滑膜，滑膜成纤维细胞发生广泛增生，形成"滑膜血管翳"，入侵并破坏软骨和骨骼，出现对称性指、腕等小关节肿痛、畸形等典型的关节病变，也常累及皮肤、肺、肾脏、眼等关节外器官。RA 患者滑膜腔肥大细胞数量增加，占滑膜细胞的 5%，称为肥大细胞增多或肥大细胞增生，是 AID 诊断标准之一。滑膜中细胞因子、趋化因子促进肥大细胞募集、增殖，同时，肥大细胞释放的炎性介质，如类胰蛋白酶与肝素形成复合物可上调中性粒细胞趋化因子的水平。类胰蛋白酶还可活化滑膜细胞 PAR-2 导致血管通透性增加，并抑制 Fas 介导的成纤维细胞凋亡，导致成纤维细胞增生与关节损伤。肥大细胞产生的细胞因子，尤其是 TNF 和 IL-17 与 RA 密切相关，过表达 IL-17 可诱导健康小鼠膝关节 RA。滑膜成纤维细胞产生的 IL-33 也能直接活化肥大细胞释放炎性介质，募集中性粒细胞。近年来，肥大细胞在 RA 中的作用争议不断，源于不同动物模型的实验结果迥异，如 Kit[w/w-v] 小鼠可以明显减轻 K/BxN 血清诱发性关节炎，提示肥大细胞在关节炎发展中至关重要；而胶原诱导关节炎并未受到肥大细胞缺乏的影响。因此，动物实验研究结果表明，在关节炎早期免疫驱动过程中，肥大细胞作为免疫调节细胞发挥重要的、复杂的作用，而在后期效应阶段，肥大细胞作用似乎可有可无。

RA 动物模型提供的证据也表明，肥大细胞在 RA 早期和晚期作用不同，RA 患者体外实验显示，肥大细胞在 RA 发病机制中起促炎症作用，包括 ACPA 抗体免疫复合物在内的 IgG 免疫复合物，可以体外激活肥大细胞，产生促炎症介质，并通过与 TLR 配体共刺激进一步增强炎症反应。同样，RA 滑膜组织中的肥大细胞激活与多种促炎细胞因子有关，RA 患者的滑膜液中存在大量肥大细胞介质，抑制 RA 滑膜成纤维细胞的凋亡。KIT 信号通路酪氨酸激酶抑制剂伊马替尼已经用于治疗关节炎，而抑制 JAK 信号是一种有前景的抑制肥大细胞激活的方法。JAK 抑制剂已在多个国家被批准用于治疗 RA，其作用机制包括抑制肥大细胞激活。

总的来说，这些观察结果进一步支持肥大细胞参与 RA。然而，由于没有一种疗法完全是肥大细胞特异性的，因此不能用这些研究结果推断肥大细胞在 RA 中的临床意义。总之，大量证据表明，肥大细胞可能在 RA 的发病中起着复杂且多面的作用。

AID 发病原因不明，反复发作、慢性迁延，严重影响患者生活质量。越来越多的证据显示肥大细胞促进 AID 的免疫损伤。除了上述疾病外，肥大细胞活化也参与了其他 AID，包括吉兰 - 巴雷综合征、Graves 眼病和干燥综合征等。虽然肥大细胞在 AID 中的具体作用机制还不清楚，但维持肥大细胞数量及功能的稳定是 AID 研究的重点领域。在多种 AID 动物模型中，使用肥大细胞稳定剂或消除动物自身肥大细胞，能达到减轻疾病的作用。了解肥大细胞活化途径及胞内介质不仅有助于理解肥大细胞致病机制，而且对识别合适的生物干预新靶标也很重要。希望这些新研究能够为全面理解肥大细胞活化在 AID 中的作用机制提供一个更加清晰的认识，从而为 AID 的治疗提供新的策略，解决目前 AID 治疗的难题。

（刘　斌）

第五节　肥大细胞与器官移植

肥大细胞起源于造血干细胞，迁移到周围组织中完成其成熟过程。与来源于同一细胞系的单核细胞系具有共同的免疫学表型。最近研究发现，肥大细胞的功能不仅限于在过敏反应中的主导作用，在器官移植排斥反应中的作用也日益受到重视。肥大细胞是多向分化的细胞，所处环境变化影响其表型特征。SCF 是肥大细胞生存和发育所依赖的主要细胞因子，其他生长因子、趋化因子等细胞因子也会影响肥大细胞的数量和表型。在哺乳动物和其他脊椎动物体内，肥大细胞主要分布在直接与外界环境相接触的部位，如皮肤、消化道、呼吸道及血管、淋巴管等周围组织，与树突状细胞同样作为免疫系统的一线细胞与环境中的变应原和其他入侵抗原发生相互作用而发挥免疫学功能。

除 IgE 和某些特殊的抗原之外，很多其他刺激也会激活肥大细胞释放一系列的生物活性介质，包括 IL-4、IL-6、IL-10、IL-13、INF-γ、bFGF、TNF-α、TGF-β、SCF、神经生长因子、血小板源性生长因子、血管内皮生长因子、粒细胞 - 巨噬细胞集落刺激因子、P-选择素、血清素、组胺、肝素和前列腺素等。肥大细胞主要储存并释放的蛋白酶如类胰蛋白酶、糜蛋白酶、组织蛋白酶 -G、羧基肽酶 -A 等可以通过直接或间接的方式作用于免疫系统，参与固有免疫和适应性免疫反应。在固有免疫中，肥大细胞通过 Toll 样受体识别抗原，快速释放预先合成的活性介质，导致炎症的发生和中性粒细胞等其他免疫细胞趋化。近年来对肥大细胞参与适应性免疫反应有许多研究报道，一方面可通过 Toll 样受体与树突状细胞、T 细胞相互作用，调控 Th1/Th2 的应答；另一方面可通过 MHC- Ⅰ和 MHC- Ⅱ分子途径处理并向 T 细胞提呈抗原，参与适应性免疫调节。此外，肥大细胞还可以通过 IgE 受体和其他 Ig 相关受体来实现其效应细胞的功能。由此可见，肥大细胞从多方面参与启动和调节免疫反应，这吸引研究者关注肥大细胞在移植免疫中发挥的作用。

一、肥大细胞在急性排斥反应中的作用

许多学者关注了肥大细胞对不同器官移植急性排斥反应（acute rejection，AR）的影响。早在 1974 年 Colvin 等就用免疫组织化学方法分析了 23 例肾移植患者的 26 份不同时期的活检标本，以探讨肥大细胞在急性排斥反应中的作用。虽未发现肥大细胞与急性排斥反应的直接关系，但发现在移植后 5 个月到 5 年间肥大细胞的数量增加了 10 倍。Li 等对 1 例原位心脏移植的研究发现，移植后 1 周的心内膜组织标本中肥大细胞浸润明显。Yousem 等通过研究发现，肥大细胞的数量与急性肺移植排斥反应的程度呈正相关。ElRefai 等也发现，肝移植重度急性排斥反应组织中，肥大细胞的数量明显增加。肥大细胞脱颗粒释放一系列炎症因子和蛋白酶，打破已形成的外周免疫耐受。Benet 等的研究发现，移植物内或全身肥大细胞脱颗粒可导致 Treg 功能一过性丧失，使肥大细胞和 Treg 迁移出移植物，最终导致 T 细胞依赖的急性排斥反应，但是其中的机制尚未明确。此外，还有研究表明肥大细胞脱颗粒会促使树突状细胞向引流淋巴结归巢，通过直接或间接识别的方式介导排斥反应的发生。

然而有些研究持不同的观点，Minami 等报道了原位肺移植时肺组织中肥大细胞释放的组胺增加，但肥大细胞数量并无明显增加，与排斥反应的关系也不明确。心脏移植和肝移植两项研究结果也表明，肥大细胞与排斥反应之间并无明显相关性。

上述研究只证实了移植后移植物中存在肥大细胞，但这种增加在急性排斥反应中的确切作用并不明确。新近的体内外研究发现，耐受的移植物和激活的 Treg 培养体系中肥大细胞相关基因过表达，肥大细胞缺陷小鼠体内难以诱导移植物免疫耐受体。输注正常骨髓来源的肥大细胞给肥大细胞缺陷小鼠重建肥大细胞后成功诱导了移植物耐受，这些研究结果表明，肥大细胞在移植免疫耐受中发挥重要的作用。心脏移植研究证实，在同样应用环孢素抑制排斥反应的条件下，肥大细胞缺陷小鼠移植物存活率明显低于肥大细胞正常小鼠，急性排斥反应程度更严重。很多研究提示，肥大细胞可能是通过直接和间接方式在器官移植中发挥免疫负调节功能。一方面，肥大细胞直接分泌某些免疫负调节因子，如 IL-4、TGF-β 等并激活代谢通路，产生类似于吲哚胺、2, 3- 双加氧酶的物质色氨酸羟化酶（TPH）。TPH 可分解色氨酸，形成缺乏色氨酸的环境，抑制 T 细胞增殖。另一方面，可能依赖与 Treg 的相互作用，其确切机制尚不明确。移植耐受的基础是中枢克隆清除耐受和外周免疫抑制耐受。Treg 在诱导外周免疫耐受中的重要作用已在实验和临床研究中得到证实。Treg 激活后可分泌 IL-9，促进肥大细胞的生长及趋化，IL-9 缺陷小鼠肥大细胞数量明显减少。耐受移植物中 IL-9 的产生有利于肥大细胞的聚集，IL-9 在外周血中还能抑制同种反应性 CD8$^+$T 细胞。Lu 等的研究发现，用 IL-9 抗体中和 IL-9 后可导致移植物失活，推测 Treg 和肥大细胞可能是通过 IL-9 发挥作用的。另外，Treg 可以稳定肥大细胞细胞膜，减轻 FcεRⅠ介导的脱颗粒。Gri 等的体内外研究也发现，Treg 可以通过 OX 与其配体 OXL 的相互作用上调 cAMP 水平、降低钙离子内流，从而使肥大细胞脱颗粒减少。关于肥大细胞对 Treg 作用的研究报道较少，最可能的机制是通过其分泌的免疫负调节因子 IL-4 和 TGF-β 等来激活 Treg，放大免疫负调节功能。此外还有研究表明，肥大细胞和 Treg 是作为功能复合体参与免疫耐受诱导的，但具体作用机制尚待深入研究。

二、肥大细胞在慢性排斥反应和移植物纤维化中的作用

虽然研究结果表明肥大细胞在急性排斥反应中可能起某种保护作用，但在慢性排斥反应中肥大细胞的作用却是不利的，可能主要通过形成纤维化而导致移植物器官功能的慢性衰竭。肥大细胞可与成纤维细胞相互作用而维持结缔组织的正常结构和功能。肥大细胞分泌的组胺、碱性成纤维细胞生长因子（basic fibroblast growth factor，bFGF）、TGF-β、类糜蛋白酶、组织蛋白酶 G 等调节因子参与成纤维细胞的激活和胶原的形成。在移植物种植过程中，肥大细胞产生的细胞因子可能会促使移植物纤维化和移植物慢性衰竭。在不同的器官移植如肾移植和小肠移植中都发现在慢性排斥反应中肥大细胞数量增加。Miler 等在心脏移植的研究中发现，肥大细胞数量的增加与内膜增厚有明显的相关性，这些肥大细胞大都表达成纤维细胞生长因子，导致移植物血管病的发生。肝纤维化是许多肝脏疾病共同的病理过程，也是导致肝移植慢性排斥反应的重要原因。已证实，肥大细胞在原发性硬化性胆管炎和胆汁淤积性肝硬化的发生中起作用，这种疾病与慢性肝移植排斥反应的某些病理改变相似，因此肥大细胞在移植肝纤维化中可能也发挥作用。Kefe 等也发现，发生慢性肝移植排斥反应的移植肝中肥大细胞的数量明显增加，肥大细胞主要浸润于损伤的胆管和肝门束周围，表明肥大细胞是介导胆管损伤和炎症的重要效应细胞。虽然上述研究结果表明，肥大细胞是导致移植物纤维化的主要原因，但是肥大细胞缺陷小鼠也会发生移植物纤维化，导致慢性排斥反应，说明在慢性排斥反应中肥大细胞并不是导致纤维化的必要因素，具体机制尚待深入研究。

三、肥大细胞与肾移植

近年来随着对肥大细胞研究的深入，发现肥大细胞分泌的活性介质如生长因子、蛋白酶类、类花生酸、细胞因子和趋化因子等参与了肾移植的排斥反应。肥大细胞通过脱颗粒释放多种细胞因子和趋化因子，作用于肾脏组织中的上皮细胞、成纤维细胞，也可以作用于其他再循环细胞如粒细胞、单核 - 巨噬细胞、淋巴细胞等，同时这些细胞也会释放肥大细胞激活所需因子，从而形成一个具有放大效应和推进作用的网络，但具体机制错综复杂。肥大细胞不存在于血液中，常规组织化学染色也不容易检测到，因此肥大细胞在肾移植损伤中的作用还不完全清楚。

TGF-β 和 bFGF 是肥大细胞最强的趋化因子，也都是肥大细胞释放的细胞因子。SCF 是肥大细胞的分化和激活因子，也是肥大细胞产生和分泌的主要细胞因子。PDGF 可由肥大细胞分泌，同时它又能趋化和激活巨噬细胞和粒细胞。巨噬细胞趋化蛋白可以趋化单核 - 巨噬细胞，但同时也能募集肥大细胞。肾中肥大细胞数量和 T 细胞、粒细胞、巨噬细胞浸润程度呈正相关，这些细胞和炎性介质又作用于肾脏固有细胞，如肌成纤维细胞、成纤维细胞及小管上皮细胞等，这些都说明肥大细胞分泌的细胞因子、趋化因子和生长因子是炎症和纤维化正反馈环的启动者，肥大细胞释放的炎性介质作用于其他细胞，从而构成可相互促进、相互激活的自身循环、自身加强的促纤维化的网络体系，为肥大细胞引起肾移植排斥反应的进展提供了新的治疗靶点和新思路。

四、肥大细胞与肝移植

目前，肝移植已经成为治疗各种终末期肝病的有效措施，而急性排斥反应则是肝移植术后最常见的并发症之一，其组织病理学主要表现为汇管区混合炎症细胞浸润、胆管炎和血管内皮炎。肝移植后急性排斥是一种以细胞免疫为主、体液免疫为辅的特异性免疫反应，但肝脏由于自身解剖和生理学因素及一些非实质细胞的影响，在发生急性排斥时具有与其他移植器官不同的特点。在肝移植急性排斥过程中，肥大细胞主要位于汇管区小血管及胆管周围，许多研究已证明，肥大细胞与肝纤维化密切相关，但对于肥大细胞在肝移植排斥反应中的作用，相关报道较少。最近，Ahmed 和 Burt 发现，在肝移植急性排斥反应中，肝内肥大细胞的数量明显增加，并与排斥反应的严重程度相关。但对于肥大细胞作为一种效应细胞在急性排斥反应中的具体作用机制尚需进一步研究。

虽然已有不少文献探讨了肥大细胞在器官移植中所扮演的角色，但肥大细胞在移植免疫中的作用仍存在大量未解决的问题。例如，肥大细胞脱颗粒在肝脏缺血 - 再灌注损伤中的作用、调控供肝肥大细胞脱颗粒对移植物生存的影响及其机制，移植后调控受者肥大细胞对急性排斥反应的影响等都是悬而未决的问题。

（一）肥大细胞脱颗粒对肝脏缺血 - 再灌注损伤的作用

缺血 - 再灌注损伤是器官缺血后随之恢复器官血供，引起器官继续损伤而出现的一组综合征。大量研究表明，肥大细胞参与了许多器官的缺血 - 再灌注损伤，如小肠、心脏、肺、大脑和骨骼肌等。器官移植、休克、外科手术中为控制出血所采取的步骤等都可导致缺血 - 再灌注损伤。肥大细胞在缺血 - 再灌注损伤中的作用复杂，除可以通过新合成的化合物如血小板活化因子等以外，主要是通过肥大细胞脱颗粒释放预存在颗粒内的化学物质起作用的。这些化学物质包括组胺及肥大细胞类胰蛋白酶、糜蛋白酶等，它们在缺血 - 再灌注过程中，引起组织血管渗漏和白细胞浸润增加等病理改变，从而促进组织损伤。缺血 - 再灌注后的早期，肥大细胞释放很多物质能够引起靶器官的损伤。

（二）肥大细胞对肝移植急性排斥反应的影响

肥大细胞在获得性免疫中的作用逐渐引起人们的关注。它们不仅参与了移植中的缺血 - 再灌注损伤、预处理供肝获得的前置状态减轻的移植排斥，也参与了受体的免疫反应。研究报道，通过药物注射诱导肥大细胞脱颗粒，可以使原本耐受的移植皮肤发生急性排斥反应，这个发现说明肥大细胞脱颗粒能够促进移植物的急性排斥反应。但是这个发现对临床意义不大，原因是临床上不可能用药物去诱发肥大细胞脱颗粒从而促进排斥反应。因此，问题是，在器官移植的受者体内是否存在促使肥大细胞脱颗粒的病理、生理因素？如果存在，那么这些因素能否诱发受者肥大细胞脱颗粒并促进急性排斥反应？除了研究最多的介导过敏反应中肥大细胞脱颗粒的 IgE 受体（FcεRⅠ）外，还有其他能激活并导致肥大细胞脱颗粒的受体，如 C3a 受体、C5a 受体、β_2- 肾上腺素受体等。这些受体是一类 G 蛋白偶联的受体，分布在肥大细胞表面，感受机体内的病理生理信息，从而介导肥大细胞激活。这些受体与其配体结合，启动细胞内效应，引起细胞内钙流等信号通路的变化，最终引起肥大细胞脱颗粒。有研究发现，在移植中可能与肥大细胞脱颗粒关系较为密切的是过敏毒素 C3a 和 C5a 及其受体。C3a、C5a 是补体系统激活后的产物，在器官移植过程中，不仅缺血－再灌注会导致移植肝损伤，而且近来颇受关注的抗体介导的急性排斥反应也有补体的激活。在补体激活后释放的过敏毒素中，C3a 的作用比 C5a 更强。而且同种异体抗原刺激的淋巴细胞、树突状细胞也能分泌 C5a。不仅如此，C5a 抗体联合抗排斥药物可以进一步减轻移植排斥反应。

五、肥大细胞与肺移植

过去的 15 年中，随着肺移植技术、供体保存和围手术期处理的逐渐成熟，肺移植（lung transplantation，LTS）的生存率已从过去的 70% 提高到 85%。肺移植手术越来越多，尽管手术效果良好，但是在所有实体器官移植中肺移植的长期生存率仍然不理想。公认肥大细胞在不同的疾病中发挥至关重要的作用，如肺的特发性纤维化、哮喘气道重塑、皮肤的慢性过敏性皮炎和肾纤维化。一些研究者已经证实心脏急性排斥反应的肥大细胞增多，在这样的背景下，肥大细胞通过细胞因子如 TNF-α 释放，调节适应性免疫应答，促进 T 细胞迁移至炎症部位，并增强对抗原的作用。急性排斥反应的保护作用与促纤维化的双重作用可能是表型不同的肥大细胞效用所致。

六、肥大细胞与心脏移植

在心脏移植后 2 个月可能会发生心肌纤维化，导致循环血流动力学和功能改变。在心脏移植排斥反应中肥大细胞在早期间质纤维化和炎症过程中扮演着重要的角色。肥大细胞通过脱颗粒产生、存储和释放细胞因子，以应对移植物免疫排斥反应。肥大细胞和心肌纤维化之间的关系已经在移植后患者的心脏和充血性心力衰竭过程中表现出来。肥大细胞通过产生的成纤维细胞生长因子等具有促纤维化功能的细胞因子，在慢性炎症和心脏移植动脉硬化中发挥重要的作用。肥大细胞对心脏移植产生的急性排斥反应的机制还有待进一步研究。

（魏继福　杨海伟　刘　健　戈伊芹　司淑慧）

第六节　肥大细胞与肿瘤

肥大细胞不仅作为免疫效应细胞参与炎症反应，同时也在先天性免疫和获得性免疫中发挥作用。肥大细胞存在于全身各个器官，但并不是均匀分布的，在皮肤、消化道、呼吸道、胸腺、脾脏和淋巴组织中的数量较多。肥大细胞在肿瘤中究竟是起促进作用还是起抑制作用很可能与其聚集的位置有关，以往大量的研究表明，肥大细胞在肠癌、胃癌等肿瘤组织周围聚集，其分泌的炎症介质和促血管生成因子前体等细胞活性物质促进了恶性肿瘤的发生、发展，且肿瘤组织内的肥大细胞聚集高度提示预后不良。然而有很多研究者认为，肥大细胞也可分泌肿瘤坏死因子、白介素等，或募集、活化其他抗肿瘤细胞而起到抑制恶性肿瘤的作用。

一、概述

肿瘤的生长和发展有赖于体内促肿瘤和抗肿瘤效应的平衡，除了与肿瘤细胞本身有关外，还与肿瘤细胞所处的微环境有关。肿瘤微环境是肿瘤在发生和发展过程中所处的一个复杂的内环境，除了细胞成分外，还包括细胞外基质、细胞因子和蛋白质等体液成分。肿瘤微环境中的细胞包括肿瘤细胞、内皮细胞、上皮细胞、成纤维细胞、脂肪细胞、神经胶质细胞等组织细胞，树突状细胞、T 细胞、B 细胞、巨噬细胞、白细胞及肥大细胞等免疫和炎症细胞。肿瘤微环境中的分子既有肿瘤细胞产生的，也有非肿瘤细胞产生的。肿瘤细胞与肿瘤微环境中其他成分之间的相互作用是肿瘤发展的决定因素，主导肿瘤转归，因此肿瘤微环境问题的探讨尤为重要。

肿瘤生长局部的炎症可以引起多种类型的细胞聚集，从而影响肿瘤生长的动力学。肿瘤局部的浸润细胞包括髓系细胞，如巨噬细胞、中性粒细胞、嗜酸性粒细胞、肥大细胞和树突状细胞等。现在越来越多的研究证明，骨髓起源的髓系细胞在肿瘤的发生、发展中起到了非常重要的作用。肥大细胞被认为是髓系起源细胞，是变态反应中的主要效应细胞，也参与了机体抵抗寄生虫和微生物感染的防御反应，目前关于肥大细胞在肿瘤中作用的研究相对较少，并且存在争议。

肿瘤的发生是一个多因素、多步骤的复杂事件，过去的十多年间，许多研究者致力于寻找肿瘤发生的基因改变，却忽略了肿瘤细胞所处的微环境，也就是 Paget 的种子和土壤学说中的土壤。但随着研究进展，较为认同肿瘤是其发生区域肿瘤细胞与其他不同类型细胞及肿瘤基质相互作用的产物。基因变异的细胞多发生在肿瘤细胞自身，也就是肿瘤的上皮实质，而周围的基质则提供了肿瘤组织的结缔组织框架，这个框架包括了细胞外基质即肿瘤基质，另外还包括成纤维细胞、免疫和炎症细胞、血管结构等细胞成分。多年前就发现肿瘤组织中存在肥大细胞，但关于其在肿瘤中的作用研究并未获得一致性结论。

肿瘤中关于肥大细胞功能的数据主要来自于小鼠肿瘤模型的研究，也有少部分得到临床研究的补充，因此要注意区分人和鼠肥大细胞亚群功能的不同。在鼠体内，肥大细胞根据居留部位、内含蛋白酶的种类和生长所需刺激因子三种情况分为黏膜肥大细胞和结缔组织肥大细胞。而人肥大细胞通常分为含类胰蛋白酶和糜蛋白酶的肥大细胞及仅含类胰蛋白酶的肥大细胞两种。虽然肥大细胞可通过这些标准来分类，但多项研究表明，组织中的肥大细胞具有很强的可塑性，因此肿瘤中的肥大细胞的分类不是一成不变的，而是随着微环境的变化而发生转变。同肥大细胞分类一样，人和鼠肥大细胞前体所需生长因子也存在差别，IL-3 可刺激鼠肥大细胞成熟分化，而人肥大细胞则需要 IL-3 和 IL-6 的共同作用。在分泌生物活性介质方面，鼠肥大细胞分泌的 TNF-α 多于人肥大细胞，而人肥大细胞分泌的 IL-5 多于鼠肥大细胞。关于肥大细胞与肿瘤关系的研究中，基于鼠肥大细胞的研究数据用于人时要考虑上述差异。巨噬细胞和肥大细胞由肿瘤细胞通过旁分泌机制招募和激活，进而通过分泌相同因子或不同因子共同促进肿瘤血管生成。实验性肿瘤显示在肿瘤血管形成之前，肿瘤周围就有大量的肥大细胞聚集，而肥大细胞缺陷小鼠实验中，肿瘤的血管生成和转移能力均明显减弱。

　　肿瘤细胞的培养上清液可以趋化肥大细胞，非肿瘤细胞的培养上清液却不能使肥大细胞发生迁移，这提示肿瘤中的内在因子是引起肥大细胞募集的主要原因。最近的研究表明，肿瘤细胞产生的 SCF 可以募集肥大细胞到肿瘤的周边，SCF 表达量增加，肥大细胞在肿瘤周边聚集的数量也会增加；相反，如果阻断 SCF 的表达，肿瘤中肥大细胞的数量及血管生成量减少。肥大细胞除了存在向着肿瘤组织特异性的归巢外，还存在肥大细胞前体到达黏膜组织局部的组成性归巢。在寄生虫感染、伤口愈合、过敏性哮喘的炎症局部均存在肥大细胞的聚集，这些情况下，肥大细胞归巢的机制可能与肿瘤中的情况不同。大多数研究表明，肿瘤中肥大细胞主要聚集在肿瘤周边与正常组织交界的部位，通常这些细胞围绕在血管周围，因此肥大细胞被认为在肿瘤中有促血管生成作用。虽然有学者认为，肿瘤中心部位缺乏肥大细胞是因为肥大细胞脱颗粒后引起的组织学染色假象引起的，但当前证明肥大细胞存在的方法除甲苯胺蓝染色外，还有氯乙酸酯酶染色、免疫荧光染色等多种方法，因此组织学染色假象的可能性似乎不大。肥大细胞的外周定位表明，肿瘤中肥大细胞来源于定居在周围正常组织中的肥大细胞，或者通过正常组织血管迁移来的肥大细胞前体，或者两者兼有。关于肿瘤形成过程中肥大细胞的来源问题仍未阐明，这方面的研究结果将对肿瘤的治疗起到积极的推动作用。

　　当前，研究肥大细胞在肿瘤中的作用相对困难，原因是在浸润至肿瘤中的免疫细胞中识别出肥大细胞有一定难度，并且其数量也较少。最近有报道称在肠腺癌侵袭正常组织的前沿有不成熟的髓样细胞浸润，这种细胞表达 CD34、CCR1、MMP2、MMP9，所有这些标志物在肥大细胞不同发育阶段均表达。另外，肥大细胞表达的 CD45、KIT、Sca1、CD11b^{low} 分子也可在其他肿瘤浸润细胞表达，这使得探讨肥大细胞在肿瘤发展中作用的研究进展缓慢。

　　近期有研究者采用两种动物模型和两种策略证明了肥大细胞在肿瘤的发展过程中，从最初的抑制肿瘤生长的特性转变成促进肿瘤生长的功能。这加深了我们对肥大细胞这一古老免疫细胞的理解和重视，也回答了研究者关于肥大细胞在肿瘤中究竟起何种作用这一争论不休的话题。

　　对肥大细胞迁移到肿瘤组织的时间的研究发现，小鼠肝癌细胞系 H22（2×10^5 个）肌肉接种 6h 后，即发现了明显的肥大细胞浸润，而且这种浸润随着肿瘤的发展一直持续下去，至 10～14 天达峰值，以后数量增加的趋势不明显。接种 10～14 天，肥大细胞多呈圆形，较为规则，而在这之后，不规则的肥大细胞明显增多。表明肿瘤组织中的肥大细胞在 H22 细胞接种 10～14 天以后的微环境中发生了变化，提示在肿瘤发展的不同阶段肥大细胞可能发挥不同作用。另外，在 H22 接种的前 2 天，持续使用肥大细胞膜稳定剂色甘酸二钠（sodium cromoglycate，SCG）阻断肥大细胞的分泌，到接种后的第 8 天，结果发现肿瘤生长加快，说明在肿瘤发展初期，肥大细胞脱颗粒可以抑制肿瘤生长。这一现象同样在 BALB/c 小鼠乳腺癌模型中得到了验证。

　　国内有研究对肥大细胞在肿瘤初期抑制肿瘤生长的作用机制进行了初步探讨。研究者把体外培养的肥大细胞产生的上清液与 H22 细胞共培养，发现对肿瘤细胞的生长无影响，因此推测肥大细胞对肿瘤的作用可能是间接的，它本身分泌的分子可能不会直接对

H22 细胞的生长产生影响。由于肥大细胞胞内含有多种生物活性介质，这些介质可以趋化和调节多种免疫细胞从而参与体内多种生物学过程。因此，研究者在肿瘤发展的初期使用 SCG 阻断肥大细胞功能后，检测 CD4$^+$、CD8$^+$T 细胞和 Treg 的变化。结果表明，在肿瘤发展的初期，阻断肥大细胞功能后，CD8$^+$T 细胞的浸润明显减少，此阶段并未检测到 Treg。CD8$^+$T 细胞可直接杀伤肿瘤细胞而在抗肿瘤免疫中起重要作用已获认同，肿瘤发展的早期，阻断肥大细胞的功能，CD8$^+$T 细胞的比例降低，可能正是 CD8$^+$T 细胞的减少，加速了早期肿瘤的生长。但现在有研究表明，肿瘤中的 CD8$^+$T 细胞在肿瘤局部是无功能的，原因之一是存在 Treg 对其功能的抑制，得出这种结论的研究使用的模型都是较为晚期的肿瘤，局部确实存在大量免疫抑制细胞。

进一步探讨肥大细胞在肿瘤后期的作用，采用 H22 肌肉接种形成 1cm×1cm 大小的肿瘤动物模型，借鉴前期的研究基础，研究者们把这种模型作为研究起点。对这种肿瘤后期模型，使用 SCG 阻断肥大细胞功能后，肿瘤的生长速率减慢，提示肥大细胞在这种微环境中的功能是促进肿瘤生长，这种观点也在多项研究中得到验证。肿瘤后期的肥大细胞产生了与其在肿瘤初期中截然相反的作用特点，究其原因，是肥大细胞所处的肿瘤内环境发生了变化。肿瘤在发展过程中，因为不断增殖超出了机体的营养供应能力后，肿瘤细胞发生坏死，这种坏死会随着肿瘤的不断进展而增加，细胞坏死后会释放出内源性损伤相关分子模式（damage associated molecular pattern，DAMP）分子，而在肿瘤的初期，这种 DAMP 分子相对较少。前期研究即发现，肿瘤直径越大释放到组织中的 DAMP 分子越多。DAMP 分子可被 TLR 所识别，而表达 TLR 的肥大细胞很可能就是受到 DAMP 分子的影响而发生了功能变化，从而改变了其在肿瘤中的作用。研究者把体外培养的 BMMC 使用高浓度坏死肿瘤细胞释放物（molecule from necrotic tumor cell，NTC-M）处理 48h 后再与 H22 共接种，可以清楚地看到 BMMC 发挥了明显的促肿瘤生长作用，由于这种高浓度 NTC-M 可以模拟体内肿瘤细胞坏死的内环境，这也从另一个角度说明肥大细胞正是受到这种 DAMP 分子的影响，发生了从抑制肿瘤生长到促进肿瘤生长的功能改变。

Soucek 和 Gounaris 等均使用 SCG 作为肥大细胞的特异性膜稳定剂，并且也证明肥大细胞在肿瘤的生长中是必要的促进成分，Soucek 在研究中还证实使用肥大细胞缺陷型小鼠代替 SCG 也得到了一致的结果。由于肥大细胞参与了肿瘤血管生成，而肿瘤细胞的存活与肿瘤血管密切相关，在将肥大细胞功能阻断后，对肿瘤组织中细胞早期凋亡情况的检测结果发现，SCG 组肿瘤细胞早期凋亡明显增加，这也间接说明了此时的肥大细胞可以促进肿瘤生长。

当肿瘤进一步发展到肿瘤后期时，肥大细胞转变为具有促进肿瘤生长的功能。因此，肥大细胞在肿瘤中的作用具有双面性，准确把握肥大细胞这种特性对深刻理解这一古老而又年轻的免疫细胞意义重大，为以肥大细胞为靶点的抗肿瘤治疗提供了科学依据。

二、肥大细胞在肿瘤中的作用机制

（一）肥大细胞促进血管生成

血管形成既可发生于生理情况，也可发生于病理状态，前者如胚胎发育过程，后者如肿瘤和慢性炎症。血管形成与肿瘤的发展转移密切相关，肿瘤血管的形成包括两种类型：一种叫出芽式血管形成，特点是在无血管区内皮细胞增生和迁移；另一种叫非出芽或扩大性微血管生长，特点是通过跨内皮桥裂解已存在的血管系统。早在 100 多年前就发现肿瘤周围有血管生长，肿瘤本身具有生成血管的能力，它的生长、侵袭和转移都依赖于血管的生长。血管生成对于肿瘤的发展必不可少，它提供细胞生长的营养物质。此外，血管生成还是实体瘤远端部位转移的必要步骤，肿瘤必须诱导产生出新的血管，它的直径才能超过 1～2mm 及发生远处器官转移。处于静止期的肿瘤一旦诱生出新的血管，将呈现指数式生长。当前针对肿瘤血管的治疗是临床抗肿瘤研究的热点之一。

体内肥大细胞主要聚集在血管周围，这一点已为大家所熟知。肥大细胞在局部可以合成多种促血管生长分子，如 VEGF、bFGF、TNF-α、ANG-1、肝素、组胺等。体外研究表明，在大鼠的肠系膜中，肥大细胞的掺入可以启动新生血管生成，这表明形成血管需要肥大细胞颗粒成分的存在。有报道称，SCF 可以募集肥大细胞到肿瘤微环境中而增加其 VEGF、bFGF 的产生和释放。Coussens 等在研究中发现，肥大细胞迁移到一个正在生长的肿瘤中，在初期启动了血管生成，而在后期，肿瘤细胞控制了血管生长从而调控肿瘤生长，肿瘤生长呈现为肥大细胞非依赖性。多年前就发现体内的肥大细胞主要聚居在血管周围，产生多种促血管生成物质，多项研究证实了肥大细胞在肿瘤血管生成中的作用。近年的研究发现，肥大细胞在肿瘤生长中具有“血管开关”的功能。在肿瘤中血管损伤部位出现强烈的血管生成时，肥大细胞密度增高，但在肿瘤中心部位并无肥大细胞聚集。聚居在肿瘤区域的肥大细胞表达 mMCP-4 和 mMCP-6，仅 mMCP-4 就足以刺激血管生成，而 mMCP-6 在组织重塑中起重要作用，许多研究已证实肥大细胞可以诱导血管新生。结缔组织中的肥大细胞与局部解剖小血管密切相关。依赖于血管新生的疾病，如类风湿关节炎、创伤愈合、血管瘤及肿瘤部位也发现有大量的肥大细胞聚集。肥大细胞释放的类胰蛋白酶可降解组织基质，为血管新生提供空间；释放的组胺、胃促胰液素、VEGF 和 bFGF 具有调节血管内皮细胞增殖和功能的作用，有利于血管形成。VEGF、bFGF 和 PDGF 还能诱导更多的肥大细胞向血管新生部位迁移。有研究发现，在肠道息肉中既存在黏膜肥大细胞也存在结缔组织肥大细胞。与周围正常组织相比，息肉中的肥大细胞密度高许多。在小鼠肠道息肉模型中，CD34$^+$ 的肥大细胞以 T 细胞和 B 细胞非依赖性方式募集到正在形成的息肉中。有意义的是，在新形成的息肉中，以黏膜肥大细胞聚集为主，而在息肉后期已进入恶性阶段时，聚集的肥大细胞又以结缔组织肥大细胞为主，表明在肿瘤的发展过程中，存在肥大细胞的型别转换。即使息肉已开始形成，用 TNF-α 抗体干预依然可以使息肉数量减少、生长延缓，同时肥大细胞浸润减少。如果机体缺乏 CD34 和 CD43，肥大细胞的局部浸润大大削弱，并且息肉的生长也将减缓。因此，初期的肿瘤生长需要肥大细胞前体从骨髓到达组织局部并起到维持和促进进用。在初期肿瘤生成中，TNF-α 对肥大细胞功能具有重要影响。当肥大细胞的迁移和功能被阻止时，肿瘤生长将减慢甚至出现退化。巨噬细胞产生的 TNF-α 可以直接促进肿瘤的生长。因此，阻断 TNF-α 作用可以直接抑制肥大细胞激活和肿瘤生长。Soucek 等的研究表明，肿瘤组织中可以检测到诸如 CCL2、CCL5 等多种趋化因子的表达，其中 CCL5 可以募集肥大细胞到胰腺癌组织外周，因此 CCL5 可以作为肥大细胞的趋化因子。癌基因 *Myc* 的激活可以导致肥大细胞快速募集到肿瘤周边，但并未进入肿瘤中心区域。肥大细胞缺陷小鼠模型证明，肿瘤的发展是肥大细胞依赖性的，肥大细胞功能缺失可以减慢肿瘤的生长，增加肿瘤细胞凋亡，并且肿瘤组织会出现缺氧的代谢变化。肥大细胞的存在与广泛的血管生成相关，其持续脱颗粒也是维持肿瘤生长所必需的，因此，肥大细胞在肿瘤治疗中可作为一个重要靶点，针对肥大细胞的治疗可以导致肿瘤退化，也可以导致肿瘤生长。Nakayama 等证明，肥大细胞起源的血管生成素 -1（angiopoietin-1，Ang-1）在小鼠多发性骨髓瘤中具有有效促进血管生成从而有利于肿瘤生长的作用。这些研究表明在肿瘤微环境中，肥大细胞不是无辜的旁观者，有研究认为针对肥大细胞的处理可以有效干预血管生成和增加肿瘤细胞凋亡，减少肿瘤生长和远处转移。

对非小细胞肺癌（NSCLC）的研究发现，随着肿瘤的进展，NSCLC 间质中肿瘤相关巨噬细胞（tumor-associataed macrophage，TAM）和肥大细胞的增多呈现出明显的一致性，提示其可能协同促进肿瘤血管生成。同时，如何看待其作为免疫炎性细胞而未能表现出应有的抑瘤效果呢？国外研究表明，大多数实体瘤中浸润的肥大细胞等炎性细胞远较正常组织细胞多，从其对肿瘤的长远影响来看，在积极促进肿瘤血管生成的同时，也体现出局部非特异性免疫功能的改变和抑制，甚至向有利于肿瘤微环境构建的方面转化。一方面，局部肥大细胞等炎性细胞在顺序募集的过程中可以刺激和分泌多种血管生成促进因子，诱导肿瘤血管生成，使肿瘤得以生长和转移。同时，炎性细胞能够分泌各种水解酶，处理凋亡和坏死的肿瘤细胞，促进基质纤维化，为肿瘤生长提供良好的内部微环境。另一方面，由于肥大细胞都存在着不同程度的异质性，使得不同器官和组织内及同一器官和组织内的不同时期存在着不同表达与不同功能的肥大细胞亚群，它们激活的途径和执行的功能不尽相同，因而产生不同的免疫活性。此外，目前的研究大多在体外进行，对于特定的肿瘤组织来说，"大量"炎性细胞可能不具有代表意义，因为肿瘤细胞的增殖特性和速度远超过炎性细胞趋化的速度和浸润的数量。因此，肥大细胞计数及其与肿瘤细胞的比例可能难以反映肿瘤免疫环境的真实情况和阶段性变化，而更多地体现出促肿瘤血管生成的临床意义。深入研究间质炎性细胞的激活状态和功能的阶段性变化，以及对肿瘤作用的双向性特点，将有助于揭示肿瘤的产生、发展和成功地实现免疫逃逸的机制。

（二）肥大细胞与组织重塑

除了产生促血管生成因子外，肥大细胞还是蛋白酶的主要来源。蛋白酶作用于细胞外基质，在伤口愈合、自身免疫性关节炎的组织重塑中起到重要作用。肿瘤在发展过程中，肥大细胞组织重塑的能力被削弱，破坏了周围的细胞外基质，促进了肿瘤细胞的迁移。局部细胞外基质的破裂除了为肿瘤蔓延提供空间外，还可以增加细胞外基质结合的 SCF、FGF-2 等因子的释放，因此增加了内皮细胞的迁移和增生，促进了血管生成，导致肿瘤转移和生长。Coussen 等的研究表明，肥大细胞释放的 mMCP-4 和 mMCP-6 均在组织重塑中起着重要作用，mMCP-6 可以刺激皮肤的成纤维细胞，诱使静止细胞的 DNA 合成，增加体内肥大细胞富含 α-1 胶原的产生。此外，mMCP-6 可以激活肿瘤组织中的 MMP 9，从而导致细胞外基质的重塑，继而，mMCP-4 和 MMP9 的活性导致促血管因子从细胞外基质释放，因此组织重塑与血管生成密切相关。

最近的研究证明，肿瘤起源的 SCF 募集肥大细胞到肿瘤区域后将其激活。SCF 缺失的肿瘤模型呈现肿瘤生长缓慢及肿瘤局部肥大细胞浸润减少，表明 SCF 是肥大细胞的趋化因子。但将外源性肥大细胞直接注射到肿瘤局部却并未完全恢复肿瘤生长。在肿瘤微环境中，SCF 刺激肥大细胞释放的有活性的 MMP9 进入局部组织，继而裂解细胞外基质，导致基质结合的 SCF 进一步释放，这样形成一个正反馈环促进肥大细胞进一步激活。在体外实验中，高水平的 SCF 可以刺激肥大细胞促炎因子 IL-6、TNF-α、VEGF 等表达上调，这一效应可被 KIT 的抗体所阻断。此外，肥大细胞的存在导致肿瘤中 IL-10 表达增加，Treg 数量上升，从而抑制 T 和 NK 细胞的活性。因此，肥大细胞的组织重塑功能除了有利于伤口愈合外，在肿瘤微环境中肥大细胞参与组织重塑、血管形成及免疫调节等，并促进肿瘤的生长和转移。

（三）肥大细胞和肿瘤免疫激活或抑制

在肿瘤微环境中，肥大细胞的作用不是孤立的，存在与其他的免疫细胞的相互作用，在其他疾病模型的研究较多，但在肿瘤微环境的相关研究数据甚少。肥大细胞可以募集嗜酸性粒细胞和中性粒细胞，激活适应性 T、B 细胞反应。此外，肥大细胞表达抗原提呈分子，启动适应性免疫，从而调控肿瘤排斥反应。在体外，肥大细胞一旦被激活，可以表达抗原提呈分子及协同刺激分子，从而激活 T 细胞。但体内是否存在类似功能尚存争议，在病原微生物和寄生虫感染中，肥大细胞往往出现在理想的位置，是第一线的免疫细胞，是免疫反应的启动细胞。同样在肿瘤中，肥大细胞出现在肿瘤组织边缘是否也存在启动免疫应答，激活 T、NK 细胞的免疫学反应呢？多项研究表明，肥大细胞的存在促进了肿瘤发生的启动。皮肤遭受紫外线照射时，其内的肥大细胞脱颗粒，表明紫外线照射与皮肤癌之间有潜在的联系。肥大细胞的脱颗粒导致局部中性粒细胞募集，弹力纤维变性，以及局部的免疫抑制。伴随着紫外线的照射，顺式尿苷酸（*cis*-UCA）和 NGF 刺激感觉神经释放神经肽，后者反过来可诱使肥大细胞脱颗粒，肥大细胞释放的 TNF-α 和组胺激活局部角质化细胞释放 PGE$_2$，最后 PGE$_2$ 触发 DC 释放 IL-10，从而起到免疫抑制作用。这些发现证明，紫外线照射导致了许多肥大细胞介导的效应，包括免疫细胞募集、抑制及促进肿瘤发生。在紫外线照射时，干扰肥大细胞脱颗粒可以转变初期肿瘤发生的免疫抑制，并且促进有效的抗肿瘤免疫发生。除了作为抗原提呈细胞，肥大细胞还可以募集和激活不同的免疫细胞，如嗜酸性粒细胞。近来陆续有报道，嗜酸性粒细胞在肿瘤排斥反应中有积极的作用，黑色素瘤转移模型中，即使在 Th2 极化条件下，渗透到肿瘤中的嗜酸性粒细胞也可以脱颗粒排斥肿瘤。此外，嗜酸性粒细胞可以进入实体瘤的中心，存在于肿瘤的坏死区，推测嗜酸性粒细胞可能有直接杀伤肿瘤细胞的作用。另外，肥大细胞来源的 IL-5 可以维持嗜酸性粒细胞的存活，并引起肿瘤周边嗜酸性粒细胞数量增多。近来也有报道称在寄生虫感染中，肥大细胞产生的 mMCP-6 对募集嗜酸性粒细胞非常关键。嗜酸性粒细胞的调控免疫细胞募集、提呈抗原等功能与肥大细胞具有某些相似性。因此，在肿瘤发展中，肥大细胞可以募集嗜酸性粒细胞并且调控其杀伤肿瘤的能力。所以，肥大细胞在肿瘤中的作用不仅与肥大细胞的直接作用有关，也可能与肥大细胞介导的免疫调控的下游效应有关。除了与嗜酸性粒细胞相互作用外，肥大细胞还可以激活和调控 T 细胞功能。在免疫反应中，肥大细胞来源的淋巴毒素引起淋巴结肿大，而肥大细胞产生的 TNF-α 具有促进引流淋巴结增生和调控树突状细胞迁移的作用。另外，体外多项研究证明，肥大细胞可以通过诸如 OX40L-OX40 等协同刺激分子及分泌 TNF-α 调节 T 细胞功能来发挥效应。很多非肿瘤研究证据表明，肥大细胞具有较广泛的免疫调节作用，可以同多种髓系来源的细胞相互作用。这些研究提示，在肿瘤微环境中，肥大细胞不仅可以作为免疫反应的效应者，而且可以作为免疫反应的调控者。正是因为这种复杂的相互作用，才出现了肥大细胞既有促进肿瘤发生也有抑制肿瘤发生的研究结果。

三、肥大细胞与消化系统肿瘤

（一）肥大细胞与食管癌

国际癌症研究机构发布的全球癌症流行病学数据库（GLOBOCAN 2018）的数据显示，2018 年全球新增食管癌病例 57.2 万，占全球恶性肿瘤总发病数的 3.2%，发病率位居第七；死亡病例 50.90 万，占全球恶性肿瘤总死亡数的 5.3%，病死率位居第六，蒙古国和中国的发病率居全球排名前 5 位。2015 年我国肿瘤估测资料显示，全国食管癌发病率占恶性肿瘤发病率的 11.14%，位居第三；死亡占恶性肿瘤死亡的 13.33%，病死率位居第四。流行病学调查显示，反流性食管炎、饮食中亚硝胺类化合物的摄入、黄曲霉毒素和遗传因素是诱发食管癌的重要原因。手术是治疗食管癌的主要手段，但由于食管癌位置特殊，难以进行广泛切除，近年来国内外新兴的新辅助化疗，即术前化疗对提高患者术后生存时间有重要帮助。但由于在诊断时往往已经处于晚期，导致食管癌术后 5 年生存率没有明显提高。寻找新的预测食管癌患者预后的生物学标志物可为临床治疗提供早期诊断新的标志物。

在食管癌中，对肥大细胞作用的研究不是很多，肥大细胞与食管癌的关系目前并不明确。肿瘤生长可刺激宿主发生一系列复杂的间质反应，后者被认为是宿主抗肿瘤作用的表现，作为间质结缔组织的一种细胞成分——肥大细胞似乎也参与这一反应。新乡医学院病理教研室曾分析了 284 例食管癌切除标本中肥大细胞的分布及其与癌的浸润深度、分化程度、生长方式之间的关系。结果显示，在癌巢与正常组织之间，肥大细胞大量成行排列，起到了限制癌组织扩散的组织屏障作用。因此，推测在食管癌的生长过程中，肥大细胞有规律的分布是宿主抵抗肿瘤的一种形态学表现，可为判断食管癌的预后提供部分依据。此外，人肥大细胞根据分泌颗粒中蛋白酶的差异，分为三种亚型，即仅含类胰蛋白酶的 MC_T 型，同时含类胰蛋白酶和糜蛋白酶的 MC_{TC} 型，仅含糜蛋白酶的 MC_C 型。黄阗等观察和分析了人体食管癌组织内特定区域中的肥大细胞，结果支持肥大细胞通过直接或间接途径抑制肿瘤生长和转移的推测。食管癌中肥大细胞有 MC_T 型和 MC_{TC} 型数量的变化，此两种亚型肥大细胞的表达与食管癌浸润深度及转移呈负相关，而 MC_C 型肥大细胞的表达与癌组织浸润深度及转移无关，癌间质内 MC_T 型和 MC_{TC} 型肥大细胞的浸润具有抑制食管癌生长、转移的作用，这提示全面了解食管癌组织中肥大细胞的分布和亚型，对预测食管癌的发展和转移有一定意义。还有相关研究认为，在食管癌组织原位，IL-17 主要由 MC_{TC} 表达，肌层组织浸润的 $IL-17^+MC_{TC}$ 可作为食管癌患者预后判断的独立指标。以上结果提示，肿瘤组织中浸润的肥大细胞可根据其所在的特定区域而呈现出独特的表型和不同的临床意义，选择性调节浸润肥大细胞的功能与表型可望为临床肿瘤干预提供新的思路。

（二）肥大细胞与胃癌

GLOBOCAN 2008 数据库数据显示，2018 年全球新增胃癌病例 103.37 万，占恶性肿瘤总发病数的 5.7%，发病率位居第五，仅次于肺癌、乳腺癌（两者发病率并列第一）、前列腺癌、结肠癌和皮肤非黑色素瘤；死亡病例 78.27 万，占恶性肿瘤总死亡数的 8.2%，病死率位居第二，仅次于肺癌，男性发病率比女性高 2 倍，东亚国家的发病率明显上升。据 2016 年的统计，我国 2015 年新增 67.91 万胃癌患者（男性：47.77 万；女性：20.14 万），占全国所有癌症的 15.82%；该年胃癌死亡人数为 49.8 万（男性：33.93 万；女性：15.87 万），占全年国内癌症死亡人数的 17.70%。胃癌是一个多步骤进行性发展的疾病，长期感染或其他因素导致慢性炎症形成以腺体消失为特点的慢性萎缩性胃炎，随着病情进展，部分患者发展为伴有肠化生或异型增生的癌前病变，而高达 85% 患者的非典型增生发展成胃癌。手术是治疗胃癌的主要手段，但胃癌术后易于发生扩散转移，严重影响了患者的生存质量和预后。有效地预测胃癌术后复发或死亡的高危患者，并对其实施辅助化疗、生物治疗等干预措施对改善患者术后生存具有显著意义。

在胃癌中，对肥大细胞作用的研究历史较短，并存在很多争议。有研究回顾性分析了 59 例胃癌、40 例胃癌前病变、39 例胃良性病变患者的临床病理及随访资料，研究了胃癌、胃癌前病变及胃良性病变组织中肥大细胞数量分布，发现胃癌前病变组织中肥大细胞数量多于胃癌和胃良性病变组织，说明肥大细胞与肿瘤早期形成有关，尤其是幽门螺杆菌（*Helicobactor pylori*，*Hp*）感染诱发的肿瘤。因此，肥大细胞可能成为肿瘤早期诊断治疗干预的新靶点。同时肥大细胞与肿瘤患者的生存期无相关性，因而不能作为独立的肿瘤预后指标。当然，由于该研究样本量较少，结论有一定的局限性。另有一项研究通过对 74 例胃癌组织内的肥大细胞显色、分类和定量计数，得出如下结论：癌间质内肥大细胞的浸润具有抑制胃癌生长、转移的作用，可能与成熟型肥大细胞释放肝素及其他生物活性介质有关，癌旁交界区肥大细胞的数量可作为判断预后的指标之一。还有研究表明，胃癌分化程度与癌间质肥大细胞计数无显著性差异，但 T3、T4 期癌及出现淋巴结癌转移者，肥大细胞计数明显低于 T1 和 T2 期或无转移组。研究其与细胞凋亡指数的关系表明，肥大细胞与凋亡指数呈正相关，提示肥大细胞的增多可能与诱导癌细胞凋亡有关。

早有研究发现，在肿瘤血管增生时常伴有肥大细胞数量的增加，提示肿瘤中的肥大细胞可能促进肿瘤血管生成。肥大细胞分泌的多种血管生成因子包括 VEGF、bFGF、肝素、组胺、TNF-α、Ang-1 等均是强有力的促血管生成因子。多篇文献报道，IL-7 能通过促进靶细胞分泌 IL-8、VEGF、TNF-α 等细胞因子，促进血管内皮细胞增殖，促进血管生成。有研究报道，IL-17 介导的旁分泌网络系统可以帮助肿瘤抵抗血管生成治疗。另有研究发现，胃癌组织内浸润的 IL-7 主要来源于肥大细胞，肥大细胞来源的 IL-7 与胃癌患者预后呈负相关。胃癌组织内浸润的 TGF-β 和 IL-6 作用于肥大细胞的 ROR-γt 转录因子，诱导肥大细胞分泌 IL-7，IL-7 通过促进靶细胞分泌多种促血管生成因子，以及直接作用于血管内皮细胞，促进肿瘤血管生成。研究还发现，敲除 SCF 的肿瘤细胞失去了募集肥大细胞的能力，另外，使用 KIT 抗体也能抑制肥大细胞募集。这说明 SCF 是肿瘤细胞分泌的一种肥大细胞募集因子，而 KIT 是其受体。在肿瘤细胞高分泌 SCF 时，不仅肥大细胞的数量上升，其分泌的重要的上述促血管生成因子均显著上调。在胃癌中，肥大细胞和血管生成的关系很早就引起了学者的关注。Ribatt 等通过对 30 例胃癌患者的标本分析发现，在胃癌组织中肥大细胞的数量和血管密度成正比，而与患者的预后成反比。这不仅说明了肥大细胞在血管生成中的作用，同时也为肥大细胞影响胃癌患者的预后提供了新的依据。而肥大细胞分泌的重要促血管生成物质 VEGF 也被证明与胃癌的预后相关。这也为肥大细胞对胃癌预后的影响提供了可能的机制。武汉大学张友元等还发现，肥大细胞密度（mast cell density，MCD）与微血管密度（micro vascular density，MVD）呈正相关，提示肥大细胞对胃癌的作用具有双重性：一方面肥大细胞可能通过释放某种物质产生抗肿瘤作用；另一方面肥大细胞可能通过刺激血管增生，促进肿瘤生长和转移。他们还发现肥大细胞抑制肿瘤的生长，部分可能是通过限制癌细胞雌激素（ER）的合成来实现的。此外，在胃癌的骨转移研究中，Leporini 等发现胃癌细胞的骨转移与血管生成相关，而类胰蛋白酶阳性的肥大细胞可以参与调控胃癌组织中的新生血管生成，因此胃癌组织中浸润的肥大细胞可以促进肿瘤细胞的骨转移。类胰蛋白酶抑制剂甲磺酸加贝酯、甲磺酸萘莫司他可以抑制新生血管形成，进而影响胃癌细胞的骨转移。

从以上研究可以看出，目前对于肥大细胞促进肿瘤组织血管生成，包括人类胃癌组织血管生成的作用已经有了较为肯定的答案。同时也有许多研究证实，抑制血管生成能显著抑制肿瘤的生长及转移，在胃癌的治疗实验中已初步显示出良好的应用前景。肥大细胞在胃癌中的作用及其完整的作用机制，对肿瘤血管生成的机制及其临床应用，是值得关注和深入研究的课题。

胃癌实体瘤的细胞组成除了胃癌细胞外，还包括肿瘤微环境中固有的及迁移到肿瘤微环境中的各种非癌性免疫细胞。胃癌肿瘤微环境可以重塑各种免疫细胞的表型，而后者又可以在微环境中改变其相关功能反作用于胃癌肿瘤细胞，通过调控炎症相关反应及通路等作用，最终造成免疫抑制胃癌肿瘤微环境，促进胃癌进展。有研究分析了胃癌患者与正常人外周血和胃癌患者不同类型组织中肥大细胞的分布情况，研究了肥大细胞在胃癌微环境中的免疫抑制表型及对肿瘤细胞促炎的抑制作用。结果发现，肥大细胞在胃癌微环境中特异性浸润增加，能够抑制胃癌细胞分泌促炎症因子 TNF-α，提示可能具有抑制胃癌肿瘤细胞炎症反应的功能。Mukherjee 等利用免疫组织化学染色，统计分析比较了不同分化程度的胃癌和胃溃疡经内镜活检标本中肥大细胞的数量。结果发现，相对于胃溃疡患者，肥大细胞的浸润增加与胃癌患者的机体免疫反应性增高密切相关；在高度分化胃癌患者组，癌巢中的肥大细胞密度增加与机体免疫反应增强、肿瘤组织内血管新生及肿瘤进展密切相关；而在低分化胃癌患者组，肥大细胞的浸润程度无明显临床相关性，进一步提示肥大细胞在肿瘤的不同进展阶段，其效应作用及潜在临床意义不尽相同。

作为一个抗原提呈细胞，肥大细胞能够募集和激活多种免疫细胞，嗜酸性粒细胞就是其中一种重要的细胞。肥大细胞能够释放 IL-5 以募集嗜酸性粒细胞并且促进其存活。体外实验已经证明，嗜酸性粒细胞对多种肿瘤细胞具有杀伤作用。嗜酸性粒细胞对肿瘤的杀伤作用在几年前已经引起了许多学者的兴趣，并且做了较为详细的总结。但是，Piazuelo 等却根据自身的研究提出了不同的看法，他们收集了 117 例患者的胃镜活检标本，根据胃癌危险因素将标本分为高风险组和低风险组，并观察肥大细胞和嗜酸性粒细胞的数量及其与癌症发生率的关系。结果发现，肥大细胞导致的嗜酸性粒细胞的增多对胃癌的发病起到了两种不同的结果。在低风险组，嗜酸性粒细胞的数量与胃癌的发生率成反比；而在高风险组，嗜酸性粒细胞的数量与胃癌的发生率成正比。此外，Huang 等研究了肥大细胞对多种肿瘤细胞系的影响，包括人胃癌细胞系，他们通过静脉注射将肥大细胞过继给肥大细胞基因敲除的小鼠，以检测肥大细胞在体内的功能。结果表明，肥大细胞能够产生免疫抑制功能，其中免疫抑制相关因子 IL-10、TGF-β 和 Foxp3 的表达显著升高，而免疫促进因子 IL-2 的表达却下降，并伴随 TGF-β 和 Foxp3 的上调，Treg 在 T 细胞中所占的比例也有了显著升高。另外，NK 细胞的数量及其产物 IFN-γ 的含量也显著下降。该研究的结果表明，肥大细胞能够通过抑制 T 细胞和 NK 细胞这两种主要的细胞毒性细胞来实现其免疫抑制功能。陈娜等的研究发现，胃癌组织中肥大细胞显著低表达人类白细胞 DR 抗原（HLA-DR），并可以抑制胃癌细胞分泌 TNF-α，进而发挥免疫抑制作用。

众所周知，Hp 不仅是慢性胃炎和消化性溃疡的主要病原菌，也是引起胃癌的危险因子，Hp 感染引起的慢性胃炎是最强的致胃癌危险因素。世界卫生组织国际癌症研究机构已将 Hp 纳入第一类致癌原。有研究证明肥大细胞及其脱颗粒过程参与 Hp 感染的病理损伤，但其确切机制尚未明了。相关研究发现 Hp 感染患者体内存在着高滴度 Hp-IgE 抗体，推测 IgE 可能在 Hp 致病中起到某种作用，即 Hp 感染后产生 IgE 使肥大细胞致敏，激活的肥大细胞在 Hp 抗原的再次刺激作用下，引起黏膜肥大细胞脱颗粒，从而释放组胺和一系列生物活性介质，引起黏膜血管扩张及黏膜病变。此外，Hp 还可通过释放空泡细胞毒素（vacuolating cytotoxin A，VacA）作用于肥大细胞，后者释放一系列促炎因子，其中钙依赖性炎性细胞因子如 TNF-α 诱发肥大细胞内钙离子水平快速改变，导致其脱颗粒，释放更多生物活性介质，使局部微环境发生改变。IL-1、IL-4、IL-5、IL-7 及白三烯等均有较强的化学趋化性，能刺激白细胞游走、黏附、迁移至感染部位，其中中性粒细胞的浸润是 Hp 致病的重要机制之一，其释放大量细胞内蛋白酶、溶酶体酶、氧自由基、花生四烯酸代谢产物等可导致胃黏膜受损；肥大细胞脱颗粒释放大量炎性介质参与免疫调节，释放的组胺可与胃黏膜壁细胞受体结合，刺激胃酸分泌，加重胃黏膜损伤。在胃癌癌前病变、胃癌组织中，Hp 阳性部位肥大细胞数量均显著高于阴性部位，提示肥大细胞可能参与 Hp 感染过程，或与 Hp 感染诱发的胃癌及癌前病变关系密切。

总之，肥大细胞在肿瘤的发生、发展过程中，尤其是在人体胃癌的发病过程中究竟扮演着怎样的免疫学角色，目前尚无定论。而且肥大细胞本身可以合成释放多种细胞因子，这些细胞因子是否也参与了胃癌微环境中的免疫应答反应及其在胃癌中的具体作用和机制是怎样的，都有待进一步研究。迄今为止，对肥大细胞的功能和机制的研究多数是在动物实验和细胞实验层面，因此在人类胃癌中，肥大细胞的免疫学作用及机制都需要更多基于人类组织的实验加以证实。但是，可以肯定的是，肥大细胞早已超越了传统意义上的免疫效应细胞的范围，充分展现了其免疫调节细胞的作用。因此，深入全面地研究肥大细胞在胃癌免疫中的作用及其机制，是采取相关免疫手段防治胃癌的基础。

如前所述，肥大细胞除了与肿瘤血管生成和免疫调节有关外，肥大细胞与肿瘤组织重塑之间也存在关系。Huang 等通过较为完善的体外多个肿瘤细胞系和动物体内实验，得出如下结论：SCF 能够募集和激活肥大细胞，而肥大细胞活化后自身也能产生 SCF，由此形成一个循环。他们将其称为"肥大细胞三角循环"，即肥大细胞破坏细胞外基质，促进肿瘤生长，这可以使细胞外基质和肿瘤细胞都释放出更多的 SCF，而 SCF 又能够进一步募集和激活肥大细胞。从目前的研究来看，这个循环对肿瘤的生长起着一定的促进作用。上述研究部分是基于人类胃癌细胞株，虽然这个循环尚未在人体胃癌组织中得到明确证实，但是可以推测，在人类胃癌的进展过程中完全有可能存在上述循环。此外，柳雅玲等探讨了肥大细胞对胃癌组织生长的影响机制及与增殖细胞核抗原（proliferating cell nuclear antigen，PCNA）、bcl-2 基因的关系，从形态学上证实了肥大细胞可通过干扰邻近癌组织 PCNA 及 Bcl-2 的表达阻止肿瘤细胞的分裂增生，抑制肿瘤细胞的抗凋亡作用而实现抗肿瘤效应。成熟型肥大细胞释放的肝素在此过程中可能起着重要作用。

（三）肥大细胞与大肠癌

GLOBOCAN2018 数据库数据显示，2018 年全球新增结直肠癌病例 180 万，占恶性肿瘤总发病人数的 10%，发病率位居第三，仅次于肺癌和乳腺癌；结直肠癌死亡病例 88.10 万例，占恶性肿瘤总死亡人数的 9%，病死率位居第二。在我国，根据 2015 年估测，有 37.63 万结直肠癌患者（男性：21.57 万；女性：16.06 万），占全国所有癌症新增人数的 8.77%，发病率在全国所有癌症中位列第五；该年因结直肠癌死亡的人数有 19.10 万（男性：11.11 万，女性：8.00 万），占当年全国所有癌症死亡人数的 6.79%，死亡率在全国所有癌症中排名第五。在我国结直肠癌的发病和死亡构成比中，以结肠癌和直肠癌为主，结肠癌略高于直肠癌，肛门癌占少数。同胃癌相似，大肠癌也属于一种慢性疾病，通常先发生腺瘤、息肉等良性肿瘤，经过多年病变过程进展为恶性肿瘤。影响结直肠癌发生的可能因素主要包括肠道慢性炎症、高脂饮食、饮酒、寄生虫感染和遗传因素等，与炎症相关并且预后差，炎性肠病、肠息肉与结直肠癌的发病密切相关。目前研究表明，病变早期肥大细胞以免疫防御性细胞发挥抵御、清除和局限化病变的作用。通过释放组胺，促使局部血管壁通透性增强，炎症细胞易于进入肿瘤局部；还能刺激成纤维细胞产生胶原纤维及基底膜有关物质，包绕癌细胞，阻止其扩散。另外，肥大细胞的细胞毒作用可直接对抗肿瘤细胞。在结肠癌的发生、发展中，除伴随数量上的扩增外，无论是在时间顺序上还是在空间定位上，作为结肠癌炎性微环境细胞成分之一的肥大细胞可能更具有特异性。首先，在时间顺序上，从针对或突变诱发息肉的小鼠模型发现，在肠息肉形成的最早期，肥大细胞便先于其他炎性细胞开始聚集于损伤部位并伴随疾病发展始终；而且，此种息肉的发生是淋巴细胞非依赖性的，提示肥大细胞与结肠癌干细胞在结肠癌中的作用时间点具有重合性，并可能具有一定的特异性。其次，在空间定位上，对比其他炎性细胞，作为生理条件下黏膜主要定居的免疫细胞肥大细胞本身对浸润肠道组织具有先天生存优势。在肠道息肉中既存在黏膜肥大细胞也存在结缔组织肥大细胞。与周围正常组织相比，息肉中的肥大细胞密度要高许多，在小鼠肠道息肉模型中，$CD34^+$ 的肥大细胞以 T 和 B 细胞非依赖性方式募集到正在形成的息肉中。在新形成的息肉中，以黏膜肥大细胞聚居为主，而在息肉后期已进入恶性阶段时，聚居的肥大细胞又以结缔组织肥大细胞为主，表明在肿瘤的发展过程中，存在肥大细胞的类型转换。即使息肉已开始形成，用 TNF-α 抗体干预也可以导致息肉数量减少、生成减慢及肥大细胞浸润减少。如果机体缺乏 CD34 和 CD43 的表达，肥大细胞的局部浸润将大大削弱，并且息肉的生长也将减弱，因此初期的肿瘤生长需要肥大细胞前体从骨髓到达组织局部给予维持和促进。Rigoni 等在结肠炎与结肠癌的研究中发现，用右旋糖酐硫酸酯钠（dextran sodium sulfate，DSS）诱导的小鼠结肠炎模型中，肥大细胞可以通过降解损伤部位分泌的 IL-33，进而修复局部损伤的肠黏膜，而在毗邻发生转化的肠上皮细胞，肥大细胞可以发挥促瘤作用。肥大细胞与肠上皮细胞间的关系与炎症分期有关，在炎症早期，肥大细胞可以修复炎症损伤；而在炎症后期，发生上皮间质化后，肥大细胞则促进肿瘤进程。因此，把握合适的时机对肥大细胞进行干预至关重要。

有研究分析了 41 例大肠癌临床标本，包括癌周及癌间质中肥大细胞的形态、分布和数量，以探讨肥大细胞与肿瘤生长的关系。结果发现，癌周组织肥大细胞比正常组明显增多，呈"围墙"式包围着癌组织，推测肥大细胞很可能具有抑制肿瘤生长的作用。武汉大学范彦等采用免疫组织化学方法检测了 60 例大肠癌根治术手术标本中的肥大细胞，并探讨了 MC_{TC} 型和 MC_T 型与大肠癌的组织学类型、浸润深度、淋巴结转移及生存率之间的关系。结果发现：①大肠癌组织肥大细胞的 MC_{TC} 型和 MC_T 型数量较正常组织均明显增加（$P < 0.05$），但大肠癌组织与正常组织 MC_{TC} 型和 MC_T 型之间比例的差异无显著性（$P > 0.05$）；② MC_{TC} 型和 CM_T 型高计数组的肿瘤浸润深度（$P < 0.01$）、癌淋巴结转移发生率（$P < 0.05$）及肿瘤远处转移发生率（$P < 0.05$）均明显低于低计数组；③ MC_{TC} 型和 MC_T 型高计数 5 年生存率分别为 65.5% 和 59.3%，均明显高于低计数组的 25.8% 和 33.3%（$P < 0.01$）。大肠癌组织中肥大细胞数量明显增加，但亚型构成比的变化不明显；肥大细胞浸润的数量与大肠癌的生物学行为有关，对大肠癌患者预后评估有较大的参考价值。进一步分析发现：肥大细胞高计数组的肿瘤淋巴结、远处转移发生率及肿瘤浸润程度均低于低计数组，且患者 5 年生存率明显高于低计数组，表明大肠癌手术后生存率与浸润程度有关，浸润数量多者术后生存率高，预后相对好，这与 Ueda 等的研究结果一致。分析原因可能为肥大细胞能分泌针对肿瘤细胞，尤其是对 TNF-α 敏感的肿瘤细胞的细胞毒因子，如 TNF-α、IL-4、IL-6 等。TNF-α 通过抑制内皮细胞增殖而阻止血管生长，阻止由纤维细胞生长因子引起的内皮细胞的增殖，从而引起肿瘤组织坏死、消退和阻止恶性肿瘤的转移。此外，TNF-α 还可激活内皮细胞表面的黏附分子受体，包括细胞内黏附分子 -1 和内皮细胞－白细胞黏附分子 -1，吸引中性粒细胞、淋巴细胞等使其黏附在微血管的内壁，从而监视血流中的肿瘤细胞。肥大细胞还能分泌杀肿瘤物质，如肝素。肝素能改变细胞的黏性，干扰细胞分裂时染色质周围的基质变成凝胶状态的转变过程，从而干扰细胞分裂。Folkman 等在进行肝素和鱼精蛋白对鸡胚绒毛尿囊膜血管生长作用的研究中发现，肝素和固醇类激素结合后可阻止血管生长，还可抑制肿瘤引起的兔角膜血管新生，使肿瘤减小并阻止肿瘤转移。它可能是通过诱导基底膜的降解导致毛细血管萎缩抑制肿瘤血管形成，或者通过两者结合改变肿瘤细胞刺激宿主形成肿瘤血管的能力来抑制血管形成。董岩等通过对 57 例直肠癌肥大细胞反应的观察、计数及综合分析后认为，直肠癌间质肥大细胞数量与患者生存率关系密切，肥大细胞数量多则患者预后好。肥大细胞与淋巴细胞、嗜酸性粒细胞及其他免疫细胞协同参与抗肿瘤免疫反应，故可能是机体抗肿瘤的细胞之一。在综合分析中证实，生物学行为好、病程早、机体反应能力强的个体，肿瘤间质肥大细胞数量多，直肠癌中肥大细胞反应为机体与肿瘤相互作用的结果。但张艳红等通过研究却发现，在分化程度差、临床分期高的肿瘤中，肥大细胞的量要多于分化程度好、临床分期低的肿瘤，差异有统计学意义，说明肥大细

胞数量增多与临床预后差相关。Ammendola 等对 87 例结直肠癌患者的研究发现：MVD和 MCD 存在明显的相关性，且具有较低水平 MVD 和 MCD 的患者有较高的生存率，这可能成为评价结直肠癌患者预后的新指标。此外，在转移瘤中也有类似的结论，Suzuki等根据肿瘤中肥大细胞浸润程度的高低对 135 例结肠癌肝转移患者分组并跟踪随访，发现肥大细胞高浸润组患者 5 年生存率及总生存期显著低于低浸润组。以上都提示肿瘤中浸润的肥大细胞数量是判断结直肠癌患者生存率的生物指标。

此外，山西医科大学的池濴等还探究了 180 例结直肠癌患者血清癌胚抗原和癌巢肥大细胞，以评估结直肠癌的病程和预后，结果发现肥大细胞在癌组织中的浸润密度与患者的肿瘤分化程度有关。在肿瘤低分化患者中，肥大细胞大量浸润密度显著高于少量浸润密度（63.0% 与 37.0%）；T3 ~ T4 期中，肥大细胞大量浸润密度也显著高于少量浸润密度（68.7% 与 31.3%）。在癌组织中肥大细胞的浸润密度与淋巴结转移有关，有淋巴结转移的患者肥大细胞大量浸润密度显著高于少量浸润密度（67.1% 与 32.9%）。在癌巢内，肥大细胞浸润密度与患者肿瘤 pTNM 分期有关，分期越高，肥大细胞大量浸润例数越多。Ⅲ期、Ⅳ期患者癌组织中肥大细胞大量浸润密度也显著高于少量浸润密度（69.2%与 30.8%）。而肿瘤的浸润深度 T1 ~ T2、高中分化、无淋巴结转移，以及 Ⅰ、Ⅱ 期患者在癌组织中肥大细胞的浸润密度之间差异无统计学意义。然而，相关研究却发现，毗邻结直肠癌肿瘤区域的黏膜层中肥大细胞数高于肿瘤间质，局部引流淋巴结的肥大细胞数量高于淋巴结转移黏膜层及周围组织中的数量；但是，转移的淋巴结的黏膜层和邻近转移淋巴结的淋巴组织中肥大细胞的数量则无明显差异；而且肥大细胞的浸润程度与结直肠癌患者 5 年生存率并无明显的相关性。由此可见，不同研究团队关于肥大细胞影响结肠癌患者预后的结论不尽相同，也是对探讨肥大细胞在结肠癌中的确切效应的挑战。

糜蛋白酶可刺激肿瘤细胞外基质的降解并促进肿瘤周围新生血管形成。MC_T 型分泌的类胰蛋白酶是一种中性丝氨酸蛋白酶，与糜蛋白酶一样，类胰蛋白酶也能促进肿瘤细胞周围血管的增生和细胞外基质降解，人类肥大细胞以 β- 类胰蛋白酶为主。已发现在人结肠腺癌侵袭过程中有大量的活性肥大细胞脱颗粒。类胰蛋白酶通过激活 DLD-1 结肠癌细胞系的 PAR-2 引发相应效应的研究发现，类胰蛋白酶和 PAR-2-AP 引起的 DLD-1 增殖反应与 MAP 和 MEK 激酶的磷酸化有关，从而促进细胞增殖。

肥大细胞在结直肠癌中究竟是起促进作用还是抑制作用很可能与其聚集的位置有关。研究者发现，癌周肥大细胞数量增多的程度明显高于癌内，而癌内肥大细胞中所含的颗粒数量要少于癌周，说明癌肿内部的肥大细胞分泌作用可能更强。因此，如同肥大细胞既可以招募抑制肿瘤生长的 M1 型巨噬细胞，也可以招募促进肿瘤发展的 M2 型巨噬细胞一样，癌周肥大细胞与癌内肥大细胞的生物学特性很可能截然相反。

（四）肥大细胞与肝癌

GLOBOCAN2018 数据库数据显示，2018 年全球新增肝癌病例 84.12 万，占恶性肿瘤总发病数的 4.7%，发病率位居第六；死亡病例 78.16 万，占恶性肿瘤总死亡数的 8.2%，病死率位居第三，仅次于肺癌和胃癌，男性发病率和死亡率比女性高 2 ~ 3 倍。在我国，2015 年估计有 46.60 万人罹患肝癌（男性：34.37 万；女性：12.23 万），占全国所有癌症发病人数的 10.86%，在国内所有癌症中排名第四；约 42.21 万人死于肝癌（男性：

31.06 万；女性：11.15 万），占癌症总死亡人数的 19.33%，死亡率在全国所有癌症中排名第三。肝癌恶性程度非常高，极易发生肝内播散和以双肺转移为主的肝外转移。大量病因学研究表明，HBV 和 / 或 HCV 感染、黄曲霉毒素、吸烟、酒精性肝硬化和遗传因素是肝癌发生的主要原因。虽然肝癌的治疗手段比较多，包括手术、放化疗、肝移植、生物治疗及综合治疗等，但是高复发率仍然是导致肝癌患者高病死率的重要因素。因此，加深理解肝癌发生和发展的细胞及分子机制，可为临床研究新型防治手段提供理论基础。

　　肝癌是肝脏的原发性肿瘤，通常情况下，肝癌发现时已是晚期。越来越多的研究认为，肥大细胞在肝癌中同样发挥重要作用。通过观察从大鼠腹腔分离纯化的肥大细胞对体外生长肝癌 CBRH7919 细胞系的影响，证明在不加任何刺激物的前提下，大鼠腹腔肥大细胞对肝癌细胞有明显的毒性作用。电子显微镜观察发现，虽有肥大细胞与肝癌细胞的相互接触，但两者之间没有明显的细胞连接形成，接触处癌细胞膜结构完整，提示肥大细胞可能是通过释放某些细胞毒作用的因子发挥抑癌效应。该研究结果还表明，肥大细胞的抗肿瘤作用可能与其释放的 TNF-α 和非 TNF 样细胞毒作用的物质有关。肥大细胞能抑制肝癌细胞 c-myc 基因表达，c-myc 基因的编码产物与 DNA 结合，从而促进 DNA 复制。因此，癌基因 c-myc 的活化和表达与癌细胞分裂增殖密切相关。肥大细胞对肝癌细胞 c-myc 基因表达的抑制现象，说明肥大细胞能从分子水平引起肝癌细胞生物学特性的转变。同济医科大学许翔等曾用组织化学、免疫组织化学、电子显微镜及形态测量等方法研究了二乙基亚硝胺（diethylnitrosamine，DEN）诱发大鼠肝肿瘤过程中肥大细胞对肝细胞生化代谢、细胞核及核仁组成区的影响，结果表明肥大细胞对肝癌形成可能起到某种抑制作用，且对肝细胞增殖速度的影响在癌肿形成前就已开始。此外，肥大细胞在肝组织中的数量随着诱癌时间的延长而增加。诱癌早期，肥大细胞除数量较少外，还处于未被激活状态，推测诱癌早期肥大细胞数量增加可能仅为一种非特异性反应性增生。随着诱癌时间延长，特别是在肝纤维化后，肝组织局部微环境的变化刺激肥大细胞产生一些物质对肝细胞代谢产生影响。此外，还有研究表明葡萄糖 -6- 磷酸酶和 α- 抗胰蛋白酶在肝细胞内的活性在肝肿瘤诱发过程分别呈现降低 / 消失和增强现象，反映了肝细胞的损伤及其生化代谢的异常改变，这种异常改变的肝细胞最终将发生恶性变。TGF-β 是目前所知最强的肥大细胞趋化因子，癌周肥大细胞数量的增加不仅与肥大细胞的分化、增殖有关，同时也与肥大细胞向局部迁移有关。肥大细胞的迁移离不开细胞因子的趋化作用，如 TGF-β 能趋化培养状态下的小鼠肥大细胞发生迁移，在 25fmol/L 即可达到最大迁移率；TGF-β 也能趋化新分离的大鼠腹腔肥大细胞。郑美蓉等应用光学显微镜、电子显微镜、免疫组织化学及细胞图像分析等技术，观察了二乙基亚硝胺诱发的大鼠肝癌模型中肝癌细胞 TGF-β 表达与癌周肥大细胞数量之间的关系。研究结果提示，肝癌细胞可通过释放 TGF-β 并激活原癌基因 c-fos，以旁分泌或癌基因产物的形式影响癌周肥大细胞数量，TGF-β 在癌周肥大细胞的迁移、聚集中发挥了重要作用。

　　国外学者发现，癌组织内及其间质浸润的肥大细胞经活化后具有强烈的促血管生成作用，且分泌的一些生物活性介质通过影响癌组织微环境能促进癌细胞增殖、增强癌细胞侵袭能力，从而影响恶性肿瘤的预后。近年来多项对恶性肿瘤组织中微血管（MV）数的大量研究证实，在许多恶性肿瘤组织中 MV 计数都显著增加，并发现 MV 计数高者易发生转移和复发，高 MV 计数者往往与恶性肿瘤差的预后相关，是一个仅次于淋巴结转移的独立预后评估因子。陈建等应用免疫组织化学 ABC 法计数了 50 例原发性肝癌手术切除标本常规石蜡包埋的 MV 检测，结果发现肝癌癌组织中的 MV 计数显著高于癌旁组织，两者有高度显著性差异（$P < 0.01$）；同时发现转移组病例癌组织的 MV 计数明显高于无转移组（$P < 0.05$），与国内外文献的报道较一致，说明肿瘤血管生成在肝癌的发生和发展中有重要作用，MV 计数高的肝癌侵袭力强，容易发生转移。另外，还发现术前 α-岩藻糖苷酶（α-fucosidase，AFU）$< 10\mu g/ml$ 病例癌组织中的 MV 计数显著高于 AFU $> 10\mu g/ml$ 者（$P < 0.05$），说明血清 AFU 的活性可能与肝癌的预后有关，这与国外类似报道相符。马小鹏等也探讨了肥大细胞与肝细胞性恶性肿瘤 MV 密度（MVD）的关系，通过对肥大细胞和 MV 的染色研究发现，肝细胞肝癌高侵袭转移组的肥大细胞计数（MCC）与 MVD 均显著高于低侵袭转移组，MCC 与 MVD 呈正相关。研究表明，肥大细胞对肝细胞肝癌具有双重作用。除抑制作用外，还可能刺激肿瘤的血管新生，并可能对肝细胞肝癌的转移有促进作用。有学者认为在肝细胞癌组织中肥大细胞分泌活性介质使肝窦内皮细胞毛细血管化，基底膜增厚，形成新生血管，导致肿瘤组织血供增加，促进癌细胞增殖，增强癌细胞侵袭能力。但也有学者持完全相反的观点，他们认为肥大细胞通过释放细胞毒性产物，或增强肿瘤周围嗜酸性细胞、巨噬细胞的细胞毒作用，或提高机体免疫防御机制等起抗肿瘤作用；而肥大细胞释放的脂蛋白复合物有抑制透明质酸酶的作用，可防止肿瘤细胞的浸润扩散。还有学者认为，肥大细胞在肿瘤形成中具有双向作用，并与多种细胞相互作用，在肿瘤不同时期发挥抑癌或促癌作用。一项应用组织芯片技术和免疫组织化学技术对随机选取的 298 例肝癌切除石蜡标本中癌旁巨噬细胞和肥大细胞的分布与患者生存情况的分析研究，结果提示，癌旁巨噬细胞数量与肝癌患者的总体生存率呈负相关，而肥大细胞则促进肝癌的复发转移，两者在促进肿瘤进展时具有协同作用。因此，癌旁巨噬细胞和肥大细胞的联合分析有望成为预测肝癌患者预后的指标。

用甲苯胺蓝和免疫组织化学染色，对 130 例人肝组织中肥大细胞的密度和分布特征的观察，结果显示，肝细胞癌组织中肥大细胞的密度明显高于慢性肝炎组织，而与肝硬化组织无明显差异，且肥大细胞多分布于癌巢周围结缔组织丰富区域，有些病例癌巢内也可见较多肥大细胞分布，提示肥大细胞可能具有促进肝细胞癌发生和发展的作用。47 例原发性肝癌切除标本研究显示，癌组织中 MCC 均值显著高于其相应癌旁肝组织及正常肝组织（$P < 0.01$）；伴肝硬化、有肝内外转移、门静脉癌栓及癌旁重度不典型病例中 MCC 均值均明显高于无或轻度肝硬化、无转移、无癌栓及癌旁肝组织不典型增生组织中 MCC 均值（$P < 0.05$ 或 $P < 0.01$）。提示原发性肝癌组织中浸润的肥大细胞能通过影响癌组织微环境而影响原发性肝癌生物学行为和预后，可以作为评估原发性肝癌生物学行为和预后的重要参考。Ju 等对 207 名肝癌患者组织中肥大细胞的免疫组织化学研究证实，癌旁组织中肥大细胞的高数量与临床预后不良相关，与肝癌 5 年复发率特别是 2 年内早期复发率的增高相关。癌旁组织中肥大细胞的浸润与血清中肝脏实质炎症损伤的标志物丙氨酸转氨酶活性增高呈正相关，Treg 与肥大细胞的浸润也密切相关，提示肝癌癌旁肥大细胞可作为评价肝癌炎性应答的预后参数，肥大细胞和 Treg 的共同作用很可能是导致肝癌患者预后较差的因素之一。

（五）肥大细胞与其他消化道肿瘤

胰腺癌是一种较常见的恶性肿瘤，近年来胰腺癌的发病率在全球范围内呈逐年上升趋势。据 WHO 公布的资料 GLOBOCAN 2018，2018 年全世界新增胰腺癌病例数 45.9 万，其中死亡人数 43.2 万，是全球男性和女性第七大癌症死亡原因之一。胰腺癌的发病率在我国也逐年上升，根据 2015 年估测有 9.01 万（男性：5.22 万；女性：3.79 万）新增胰腺癌患者，占全国所有癌症发病人数的 2.10%，排名第九；因其死亡的人数为 7.94 万（男性：4.56 万；女性：3.38 万），占全国所有癌症死亡人数的 2.82%，排名第六。约 95% 的胰腺癌为导管细胞腺癌，具有恶性度高、早诊率低、疗效和预后差等特点，病死率接近 100%，总体 5 年生存率小于 5%。手术切除是目前唯一有希望的治疗方法，但即使根治性切除肿瘤，患者术后 5 年生存率也仅有 15% ～ 25%。

近年利用甲苯胺蓝和免疫组织化学染色对良、恶性胰腺疾病组织中肥大细胞浸润情况及其意义的研究发现，MCC 高的恶性肿瘤多分化差、易发生转移、侵袭能力强和预后差，认为与浸润的肥大细胞具有强烈促血管生成效应及诱导癌细胞和癌间质细胞分泌一些效应物质有关。黄生福等研究发现，胰腺癌 MCC 明显高于慢性胰腺炎，且低分化和转移病例 MCC 又明显高于高分化和未转移病例，组织中 MVC 与 MCC 呈高度一致性变化。提示 MCC 与胰腺癌临床病理特征和转移密切相关，机制可能与肥大细胞和癌细胞本身生物学特征及其相互作用有关，胰腺癌组织中肥大细胞浸润可能参与了胰腺癌组织血管生成。通过抑制癌组织中肥大细胞浸润而间接抑制血管生成可能是肿瘤生物治疗的方向。杨竹林等对 51 例胰腺癌组织进行 MCC，用 ABC 法免疫组织化学染色观察趋化因子的表达情况，结果提示，MCC 和 IL-8、MCP-1、MIP-1α 的表达可能是反映胰腺癌进展、转移和预后的重要标志物，这三种趋化因子可能具有促进肥大细胞肿瘤内浸润的作用，或肥大细胞促进癌细胞三种趋化因子的表达。他们还研究了胰腺癌组织中细胞外基质金属蛋白酶诱导因子（EMMPRIN）、基质金属蛋白酶 1（MMP1）、基质金属蛋白酶 9（MMP9）和金属蛋白酶组织抑制因子 1（TIMP1）的表达及 MCC，并探讨了相关的病理学意义。在胰腺癌组织中 EMMPRIN、MMP1、MMP9 和 TIMP1 表达阳性率分别为 56.9%、54.9%、60.8% 和 49.0%，其评分值分别为（2.5±1.5）分、（2.3±1.9）分、（2.4±1.6）分和（1.9±1.6）分。高分化腺癌和无转移癌的前三项指标的阳性率及其评分值明显低于低分化腺癌和转移癌，中分化腺癌（除 MCC 及 MMP9 评分值外）上述指标也明显低于低分化癌，而 TIMP1 则相反，差异均有统计学意义（$P < 0.05$、$P < 0.01$）。胰腺癌组织中 MCC 平均值为（16.1±6.8）个 /Hp，高分化腺癌和无转移癌的 MCC 明显低于低分化腺癌和转移癌（$P < 0.01$）。EMMPRIN、MMP1 和 MMP9 阳性病例及 TIMP1 阴性病例的 MCC 明显高于 EMMPRIN、MMP1、MMP9 阴性病例及 TIMP1 阳性病例（$P < 0.01$）。MCC 与 EMMPRIN、MMP1 和 MMP9 评分值呈正相关，与 TIMP1 评分值呈负相关；EMMPRIN、MMP1 和 MMP9 评分值之间均呈正相关，但与 TIMP1 评分值之间均呈负相关。说明 EMMPRIN、MMP1、MMP9 和 TIMP1 的表达可反映胰腺癌分化程度及转移发生状况，前三项指标表达阳性者多分化差和易发生转移，提示预后可能较差；TIMP1 表达阳性者多分化好和不易发生转移，提示预后可能较好。MCC 高者分化差和易发生转移，其预后可能较差；EMMPRIN、MMP1 和 MMP9 可能诱导癌组织中肥大细胞浸润，而 TIMP1 可

能抑制其浸润，或者浸润的肥大细胞可能诱导癌细胞 EMMPRIN、MMP1 和 MMP9 的表达而抑制 TIMP1 的表达，其确切作用机制尚不清楚，有待深入研究。胰腺癌中这些分子之间的相互作用及其机制、与肥大细胞的相互作用及其机制有待深入研究。

胆管癌是起源于胆管黏膜上皮细胞的恶性肿瘤，约占所有消化道肿瘤的 3%，其发病峰值年龄为 70 岁，男性略多于女性。根据病灶的解剖部位可分为肝内胆管细胞癌（intrahepatic cholangiocellular carcinoma，ICC）和肝外胆管癌。ICC 占胆管癌的 10%，发病率和死亡率在西方国家呈上升趋势，恶性程度高、发病隐匿、预后差。肝外胆管癌包括肝门部胆管癌和胆总管中下段胆管癌两种。其中肝门部胆管癌占胆管癌的 40% ～ 67%，又称为 Klatskin 瘤。ICC 和肝外胆管癌存在不同的流行病学特征。肥大细胞作为胆管细胞肿瘤微环境中的重要成分之一，可以通过释放组胺促进胆管细胞癌的进展和新生血管产生。Johnson 等发现胆管细胞癌可以分泌 SCF，将外周肥大细胞向肿瘤组织募集并使其激活，进而肥大细胞通过分泌 SCF、炎症介质和趋化因子等促进肿瘤进展、上皮间质转化（epithelial-mesenchymal transition，EMT），降解细胞外基质，使肿瘤更易发生转移。因此，通过抑制 SCF 产生，干预肥大细胞向肿瘤的募集，阻断肥大细胞 /EMT/ECM 通路，是延缓胆管细胞癌进展的有效策略。

总而言之，虽然肥大细胞在消化道肿瘤中的重要性已经引起了人们的关注，但是目前仅仅揭开了冰山一角，探索的空间很大。例如，人和动物实验之间的差别，肥大细胞功能适用的典型动物模型具体的作用及其深层的机制，包括肥大细胞在消化道肿瘤微环境中所产生的不同影响及其机制都值得进一步探索。

四、肥大细胞与肺部肿瘤

肺癌是发病率和病死率增长最快的癌症，占每年新发癌症的 17%，严重危害人类健康和生命。根据国际癌症研究机构的统计，GLOBOCAN 2018 数据显示，2018 年新增肺癌病例 210 万例，死亡 180 万例，占癌症死亡人数的近 1/5（18.4%）。目前的研究表明，炎症和免疫反应在癌症的发展和预防中起着重要的作用，希望新的方法能够为未来的治疗提供更多的选择。肥大细胞是重要的效应细胞和免疫细胞，分布于整个黏膜和结缔组织，广泛存在于机体与外界相通的部位，如皮肤、消化道、呼吸道等。肥大细胞广泛分布于呼吸道，释放介质参与呼吸生理活动，并在各种呼吸道炎症与免疫病理反应中起着重要作用。在人及实验动物诱发的一些肿瘤中，可见肥大细胞的数量变化，但是肥大细胞在肺癌形成中的作用，观点不一。

（一）肥大细胞与非小细胞肺癌

非小细胞肺癌（non-small cell lung cancer，NSCLC）是人类主要的恶性肿瘤之一，具有较高的侵袭性和较差的预后，肥大细胞对肺癌细胞的直接作用是通过吞噬和接触后释放杀伤因子导致其溶解、破坏。也有研究表明，支气管癌患者中支气管肺泡灌洗液肥大细胞计数增高，肥大细胞密度和血管内皮生长因子（VEGF）表达增加，导致 NSCLC 预后较差。但是，肥大细胞在 NSCLC 中发挥促肿瘤的作用还是抗肿瘤的作用与多种因素有关：①肥大细胞在肿瘤中精确的微定位。肺肥大细胞数量在吸烟者的上皮中增高，尤其是小气道。中性粒细胞和肥大细胞在整个支气管树是非均匀分布的，它们在小气道黏膜固有层比在大气道的黏膜固有层多。肿瘤岛和间质肥大细胞的比例与肿瘤的预后相关。②蛋白酶作用的主要类型（MC_{TC} 和 MC_T）。③肿瘤细胞与宿主细胞的相互作用。但是，目前对肥大细胞研究的方法学尚无统一标准，因此 Callaghan 等指出研究肥大细胞与 NSCLC 之间关系的方法应加以定量。

肥大细胞释放的介质对肺癌的作用有以下几种。

（1）组胺。组胺通过 H1 和 H2 受体发挥血管生成作用，在肿瘤血管生成中增加微血管的通透性，使血浆蛋白渗漏和纤维蛋白沉积。肥大细胞数量增加的小细胞肺癌侵袭性高，小细胞肺癌组氨酸脱羧酶是肥大细胞存在或激活的标志。但 Stoyanov 等的研究表明，在小鼠体内肥大细胞是癌症发展的负调节剂，而在体外肥大细胞和组胺促进体外培养的 NSCL 或肺癌荷瘤小鼠模型 LLCX 增殖，因此肥大细胞和抗组胺的靶向治疗或具有双重作用。

（2）肥大细胞产生的生长因子类。依赖于肥大细胞的激活部位及在不同肿瘤中释放不同的介质，其中 TNF-α 对肿瘤有双向作用。有研究显示 TNF-α 具有抗肿瘤效应，TNF-α 主要由巨噬细胞及肥大细胞分泌，肿瘤岛 TNF-α 密度增高是有益的预后因素，而间质 TNF-α 密度增高是降低生存期的独立预后因素，但是最终的结果与分泌 TNF-α 的细胞类型密切相关。前列腺素（PGD）是肥大细胞分泌的作用复杂的介质，发挥促炎作用还是抗炎作用取决于靶细胞和刺激物，可以作为肥大细胞来源的抗血管生成因子抑制实体瘤的扩张，通过减少血管通透性和对 TNF-α 产生的反应来调节肿瘤的微环境。

（3）酶类。通过类胰蛋白酶鉴定证实，在肺腺癌中肥大细胞的密度和表面 CD34 的表达与肿瘤生长、血管发生和预后不良有关。糜蛋白酶阳性肥大细胞的数量增高导致支气管肺泡癌和肺腺癌预后不良。同时肥大细胞作为肿瘤血管生成的开关，对肿瘤的主要作用是释放有效的前血管生成因子和类胰蛋白酶刺激人血管内皮细胞增生，刺激血管生成，分解结缔组织基质，为新生血管的生长提供空间。类胰蛋白酶同时激活基质金属蛋白酶和纤溶酶原激活物，降解细胞外结缔组织，并在基质结合的部位释放 VEGF 和 FGF2。肥大细胞自身合成和分泌的糜蛋白酶降解细胞外基质成分，MMP9、组胺和肝素刺激内皮细胞增生和诱导新生血管的形成。但是也有部分学者认为，在肿瘤发生、发展的过程中，刺激血管新生不是一个简单的过程，肥大细胞涉及血管生成的过程，刺激肿瘤生成和转移是通过诱导血管生成实现的。有研究表明，肺癌中的前血管生成因子（如 VEGF）和碱性成纤维细胞生长因子是肿瘤自身或间质细胞分泌的，肥大细胞与血管发生在 NSCLC 并没有明显的关联。

恶性肿瘤发展、浸润和转移的一个重要前提是新生血管生成。血管生成伴随着肿瘤发生、发展的整个演变过程，一旦肿瘤启动血管生成开关进入新生血管生成期，就能获得加速生长的能力，导致局部浸润和远处转移，NSCLC 也是如此。肿瘤组织微血管密度（MVD）或肿瘤微血管计数（MVC）能较好地反映肿瘤的供血状况和生长能力，与肿瘤的发展、转移、复发及预后相关。有报道 NSCLC 肺组织肥大细胞计数值均高于正常肺组织，差异显著。NSCLC 组织中微血管（MV）与肥大细胞密度（MCD）和肿瘤相关巨噬细胞（tumor-associated macrophage，TAM）浸润程度之间均呈正相关。

闫庆娜等对 40 例 NSCLC 患者的研究发现，NSCLC 组织 MVC 明显高于正常对照组，并随着原发肿瘤 TNM 分期的增加、淋巴结和远处转移的出现、生存时间的缩短而相应增多,表明肺癌新血管的生成是肺癌发生、发展和转移的同步事件,以 MVC 为代表的肿瘤血管生成伴随着 NSCLC 的发生、发展和转移,MVC 高者预后不佳,是一项较为可靠的 NSCLC 生物学行为评估指标。长久以来,人们发现在肿瘤的局部存在着种类众多、数量巨大的间质细胞,主要包括间质炎性细胞和成纤维细胞。研究发现,肥大细胞等间质炎性细胞经各种条件激活后可以诱导和产生大量的炎性因子和趋化因子,包括 TNF、IL-8、单核细胞趋化蛋白 -1(MCP-1)、巨噬细胞炎性蛋白 -1(MIP-1)等,其中许多因子具有促进或调节血管生成的作用,活化的肥大细胞还能诱导分泌多种蛋白酶类,降解细胞外基质,利于内皮细胞、肿瘤细胞和其他间质细胞向血管生成部位移动,肥大细胞释放的某些趋化因子可吸引和激活更多的单核 - 巨噬细胞及其他炎性细胞向肿瘤局部汇集,或刺激其他肿瘤结构细胞如内皮细胞、成纤维细胞分泌相关的细胞因子,提示肥大细胞的活性可经自分泌或旁分泌的调节而级联扩大,从而对肿瘤生长产生重要的影响。

间质的肥大细胞计数也与癌组织的 MVC 密切相关,NSCLC 间质内肥大细胞数与 NSCLC 的血管生成相互依赖,继而通过血管生成这一中心环节影响肿瘤的发展、侵袭、转移乃至预后。

闫庆娜的研究发现,各型肺癌间质内的肥大细胞数量并不相同,其中鳞癌间质内的肥大细胞数量比正常肺间质明显增多,腺癌与小细胞肺癌则未见增加。从癌组织的分化程度来看,肥大细胞在分化程度低的肺癌中有减少的趋势。因此,肥大细胞的数量与肺癌的组织分化程度和预后的关系值得关注。各型肺癌间质中,淋巴细胞浸润程度也不一致,约 52% 的鳞癌淋巴细胞浸润程度高,形成的淋巴小结多,39% 的腺癌和 38% 的小细胞肺癌淋巴细胞浸润较多并形成淋巴小结,反映出鳞癌有较强的间质反应。肥大细胞与淋巴细胞的浸润呈明显正相关,不管何种类型的肺癌,淋巴细胞浸润程度高者,肥大细胞数量均显著增多。电子显微镜下可见肥大细胞、淋巴细胞及浆细胞紧密相邻。这些细胞均表现为功能活跃状态,肥大细胞有明显脱颗粒现象,淋巴细胞则伸出伪足或直接接触癌细胞,被结合的癌细胞有破坏和退化现象。现认为,肿瘤间质浸润的淋巴细胞是一类新型的抗癌效应细胞,其浸润的程度与肿瘤的恶性度密切相关。有报道称,鳞癌中淋巴小结反应较多的肿瘤患者,存活率明显较高。在正常结缔组织中,肥大细胞、淋巴细胞、浆细胞及成纤维细胞等同时存在,它们在功能上有协作关系,因而考虑在肿瘤组织中,这些细胞也是协同在宿主防御肿瘤机制中起着积极作用。肥大细胞释放的组胺等可增加血管通透性,并促进淋巴细胞至癌细胞区,致敏的 T 细胞直接攻击癌细胞,其细胞毒性物质可使癌细胞溶解,致敏的 B 细胞分化为浆细胞,产生相应的抗肿瘤抗体参与攻击肿瘤细胞。有研究观察到肿瘤细胞侧有肥大细胞、成纤维细胞与癌细胞相邻时,间质内胶原纤维增多,癌细胞下的基底膜较完整,未见这些细胞的部位,基底膜则不完整或消失。已知癌细胞的生长可破坏基底膜向周围间质扩散,然后侵入血管、淋巴管,从而进入血液循环和其原发部位的引流区。故维护基底膜的完整性可阻止肿瘤细胞的侵袭,局限癌瘤的发展。一方面,肥大细胞对基底膜损伤后暴露出来的基底膜成分如层粘连蛋白有趋化性,并能合成基底膜成分中的层粘连蛋白和 V 型胶原,同时释放的组胺等物质又刺激成纤维细胞增殖,产生较多的胶原,有助于基底膜修复,胶原纤维又能够包围癌细胞,防止其扩展,降低其侵袭性。肿瘤组织中的肥大细胞可能与成纤维细胞协同作用,参与受损基底膜的修复，维护肿瘤细胞基底膜的完整性，从而阻止肿瘤细胞向间质浸润，使肿瘤的发展局限化。另一方面，肥大细胞释放的组胺等介质可增加血管通透性，促使淋巴细胞向癌细胞区转移，活化的肥大细胞和致敏的淋巴细胞释放的细胞毒性物质，如肿瘤坏死因子，可直接溶解、杀伤肿瘤细胞，释放的淋巴因子如 IL-3、IL-4 又刺激肥大细胞的增殖。以上研究结果说明，在抗肿瘤机制中，并不只是一种细胞在起作用，而是局部组织中的大部分细胞，特别是淋巴细胞和肥大细胞等协同发挥着抗肿瘤效应。

（二）肥大细胞与肺鳞癌

已证实肥大细胞主要分布在正常人肺的小支气管周围、黏膜下层及小血管周围，肺泡间隔也有少量分布，组织化学染色中只可见到 Alcian 蓝染色阳性的颗粒，电子显微镜下也只见呈卷发样的颗粒，说明在正常肺组织中的肥大细胞均为同一种类型，没有其他亚型。Heard 等认为，用 TB 染肺的肥大细胞，7 天长染比短染显示得要好。将两种方法的长染与短染进行比较发现，在长染中，肥大细胞数量虽略有增加，但无统计学差异，故认为短染仍不失为一种较简便的显示肥大细胞的方法。

光学显微镜和电子显微镜观察肺鳞癌切片标本，并与正常肺组织相比较。在肺鳞癌见肥大细胞明显增多，脱颗粒也明显增加。同时，在电子显微镜观察中发现肥大细胞颗粒的超微结构也有所不同。正常肺中肥大细胞颗粒以卷发样为主，而肺癌中以细颗粒为主，并有明显的脱颗粒现象。文献报道，组织微环境的不同，可使肥大细胞的表型发生变化。因而提示，在肺组织癌变过程中，可能由于微环境的改变，导致肥大细胞表型的变化。

肺鳞癌间质中肥大细胞明显增多，有活跃的脱颗粒现象，并与淋巴细胞、浆细胞及成纤维细胞紧密相邻，关系密切。

五、肥大细胞与妇科肿瘤

肥大细胞是一种多功能细胞，活化后能分泌多种生物活性物质，促进血管生成和肿瘤生长，参与免疫和炎症反应。目前已有的研究尚不能确切定义肥大细胞对肿瘤生长的影响，近年来的许多研究发现肿瘤组织中浸润的肥大细胞数量和亚型与肿瘤的发病机制、分化、转移及预后密切相关。随着对肥大细胞在妇科肿瘤中作用认识的深入，进一步研究肥大细胞在妇科肿瘤中的作用，有助于进一步阐述这些肿瘤的发病机制，为诊治提供新的思路。

（一）肥大细胞与乳腺癌

乳腺癌的发病率逐年增高，已成为现代女性健康的主要威胁之一，除手术、化疗、放疗等造成的身体创伤外，女性性征的缺失导致的心理创伤同样值得关注。然而肥大细胞与乳腺癌的关系目前尚不明确，相关研究结果也大相径庭。

有研究报道肥大细胞能促进肿瘤前哨淋巴结中的血管生成，从而影响肿瘤的生长及转移。Ashish 等对 4444 例浸润性乳腺癌患者的研究显示，肿瘤组织基质肥大细胞浸润是一个独立的、预后良好的指标。乳腺癌 MCD 与 MVD 呈正相关，且两者密度低者 5 年生存率较高。另有研究发现，乳腺癌组织中肥大细胞数量与肿瘤相关巨噬细胞数量呈正相关，且以 ER 阴性、肿块最大径 ≥ 2cm、组织学分级 Ⅲ 级、有区域淋巴结转移患者的肥大细胞和肿瘤相关巨噬细胞数量较 ER 阳性、肿块最大径＜ 2cm、组织学分级Ⅰ级、无区域淋巴结转移者为多。肥大细胞在肿瘤组织的浸润数量目前有不同的发现。有研究发现，浸润性乳腺癌中的 MCD 高于乳腺纤维腺瘤组织，同时分化较差、预后不良的乳腺硬癌的 MCD 显著多于分化较好、预后良好的管状癌和乳头状癌。浸润性导管癌中肥大细胞数量明显高于良性病变组织，且肥大细胞数量随肿瘤分级上升而增多，提示肥大细胞数量可能与乳腺癌的组织类型及激素受体表达相关。肥大细胞可能在调节乳腺癌周围血液凝固和乳腺癌内细胞低氧中发挥了作用。Zhao 在对 40 例乳腺癌及 45 例正常和良性乳腺疾病中肥大细胞的表达研究时发现，良性病变组织中的肥大细胞数量明显高于乳腺癌组织中，且癌组织周边肥大细胞计数高于癌组织内部，特别是有腋窝淋巴结转移者的乳腺癌组织肥大细胞数量明显高于无淋巴结转移者。Naik 等对乳腺癌患者腋窝淋巴结的研究则显示，腋窝淋巴结转移较多者组织内肥大细胞数量反而较少。乳腺癌组织中肥大细胞内的 HLA-G 特异性受体 KIR2DL4（killer cell Ig-like receptor 2DL4，即 CD158d）表达升高，发生淋巴结转移的概率也相应升高，提示肥大细胞与乳腺癌的关系可能并非简单的浸润密度关系，这一点值得关注。

针对肥大细胞分泌的类胰蛋白酶与肿瘤关系的研究发现，类胰蛋白酶在体外能促进乳腺癌细胞系侵袭和转移，类胰蛋白酶阳性的肥大细胞可能促进乳腺癌前哨淋巴结中的血管生成。乳腺癌组织中类胰蛋白酶活性细胞随肿瘤恶性程度和转移灶的增加而明显增强，其中恶性程度较高的乳腺小叶浸润癌、浸润性导管癌与恶性程度较低的黏液腺癌、髓样癌和良性的纤维腺瘤相比，类胰蛋白酶活性呈递减趋势。类胰蛋白酶通过促进乳腺癌组织血管生成及影响细胞外基质的成分促进乳腺癌的发生与发展。乳腺癌组织中 MCD 较乳腺纤维腺瘤组织中明显增多，且聚集的肥大细胞中仅含类胰蛋白酶的肥大细胞增加 2 ～ 3 倍，而既含类胰蛋白酶又含糜蛋白酶的肥大细胞则无明显差异。因此，肥大细胞在乳腺恶性肿瘤的发生、发展中发挥着怎样的作用仍然有待进一步研究。值得关注的是，Rovere 等观察到肥大细胞经过血液循环接近乳腺癌细胞后伸出伪足将其包裹并吞噬，癌细胞也可被肥大细胞释放出的细胞毒性物质溶解，逐渐丧失其内稳态并最终完全坏死，而吞噬完成的肥大细胞继续吞噬其他癌细胞直至饱和。这一现象的发现或许能为揭开肥大细胞与乳腺癌的关系提供新的研究方向。

病理学研究表明，肥大细胞在体内结缔组织中常沿血管、淋巴管分布，在皮肤、消化道和呼吸道黏膜、乳腺中较为常见。早已明确肥大细胞胞质中具有异染性颗粒，通常含有多种酸性黏多糖物质（如肝素）、组胺、SIT、多肽和许多种蛋白酶类等。用阿尔新蓝－藏红（Alcian blue-Safranine，AB-S）组织化学染色，肥大细胞胞质颗粒常可呈现红蓝两种颜色，分别称为红色肥大细胞和蓝色肥大细胞，有时还有混合型肥大细胞。在乳腺癌组织中，不论哪一型癌肥大细胞数量均比正常乳腺组织明显增多，而且更具多型性，组织化学染色确定，几乎全部是 AB 阳性的蓝色肥大细胞而见不到 S 阳性的红色肥大细胞。癌组织中肥大细胞脱颗粒现象也比较多见。在癌旁组织中上述变化则更为显著，还可以见到细胞质空泡化。由此推测，乳癌与癌旁组织中肥大细胞颗粒的化学性质与正常乳腺组织中的不同，前者糖胺多糖硫酸化程度低，是未成熟的肥大细胞，与 Hartveit 的报道相一致。对不同病理类型乳腺癌组织和癌旁组织中的肥大细胞定量计数，发现不同类型乳癌之间，肥大细胞数略有差异。癌组织中，以导管内癌肥大细胞数最多，单纯癌最少。

而癌旁组织中，浸润性导管癌边缘组织肥大细胞数最多，导管内癌边缘最少，但各型乳癌之间肥大细胞数的差异无统计学意义。癌组织肥大细胞数比癌旁组织和正常乳腺组织的肥大细胞数显著增加（$P < 0.05$ 和 $P < 0.01$）。表明肿瘤的浸润与肥大细胞增多有一定的平行关系。也有对比研究发现，乳腺癌病灶内并无明显肥大细胞增生，许多良、恶性肿瘤中肥大细胞的数量也增多。例如，血管瘤、皮肤纤维瘤中肥大细胞增多，这些增加的肥大细胞可能与血管内皮的增生有关。但也有相反的报道，Eduardo 发现在毛细血管瘤中肥大细胞数与正常皮肤无差异。

雌、孕激素受体阳性的浸润性乳腺癌组织中肥大细胞数量较雌、孕激素受体阴性者明显增多，癌周肥大细胞的数量显著高于雌、孕激素受体低表达的浸润型乳腺导管癌组织。因为雌、孕激素受体高表达组有较好的预后，提示乳腺癌周肥大细胞数量增多是好的预后因素。体外研究观察到，肥大细胞吞噬肿瘤细胞的过程，是先伸出伪足将肿瘤细胞卷入其胞内，然后通过细胞质脱颗粒和分泌毒性基团等化学作用，被吞噬的肿瘤细胞渐渐失去染色质结构，直到细胞核退化、固缩，直至消失。

Rajpu 等发现，间质中的肥大细胞是独立于年龄、肿瘤分级和大小、淋巴结、雌激素受体和 EGFR2 的预后良好的标志，也进一步提示炎症反应在乳腺癌侵袭中的关键作用。肥大细胞在乳腺癌的血管生成中起了一定作用，推测类胰蛋白抑制剂如加贝酯和萘莫司可以作为抗血管生成药物用于乳腺癌治疗。

（二）肥大细胞与卵巢癌

肥大细胞在卵巢癌中的研究仅见于 Chan 等的报道，他们为了证实肥大细胞、血管新生和血液凝固与晚期卵巢癌生存率之间的关系，对 44 例 I～III 期卵巢上皮肿瘤切除标本，利用免疫组织化学染色发现，肥大细胞浸润少的晚期癌症患者 5 年平均生存期为 40.6 个月，而肥大细胞浸润多的晚期癌症患者 5 年平均生存期为 57.7 个月。平均血管密度高和癌周肥大细胞浸润多的患者平均生存期（80.3 个月）明显高于平均血管密度低和癌周肥大细胞浸润少的患者（37.8 个月）。这些结果表明，晚期卵巢上皮癌中较高的平均血管密度和高癌周肥大细胞浸润提示较好的预后。

（三）肥大细胞与宫颈癌

Benítez-Bribiesca 等采用阿尔辛蓝－番红染色和免疫组织化学方法证明肥大细胞在宫颈癌的发生、发展中促进了血管的生成。Cabanillas-Saez 在研究正常宫颈组织和宫颈癌组织中肥大细胞时发现，正常的宫颈组织和宫颈癌组织中，肥大细胞类胰蛋白酶和糜蛋白酶都有表达。在 I～III 级宫颈上皮内瘤变组织中肥大细胞数量无明显差异，而在宫颈浸润癌中肥大细胞数量较正常宫颈组织有明显增加。同时发现，在宫颈浸润癌中，增多的肥大细胞以类胰蛋白酶阳性细胞为主，而糜蛋白酶阳性的肥大细胞则无明显增加，提示有促进血管生成作用的类胰蛋白酶阳性的肥大细胞可能为宫颈癌的增殖和播散创造了血管生成的微环境。

Naik 等选择 50 例患者的宫颈癌组织和 50 例患者的非宫颈癌组织，研究发现深度浸润的宫颈癌中肥大细胞的数量低于微浸润宫颈癌。在慢性炎症的发展过程中，肥大细胞数量逐渐增加，而在宫颈癌中肥大细胞的数量则是减少或者缺失的，因此认为肥大细胞的数量与细胞退行性变程度和有丝分裂象负相关。

Rudolph 等通过建立体外 HPV 阳性的宫颈癌细胞株（SW756）和肥大细胞同源性细胞株（LAD2）发现，宫颈癌细胞株和肥大细胞同源性细胞株有协同作用，肥大细胞同源性细胞株可以促进宫颈癌细胞株的迁移，而宫颈癌细胞株可以促进 LAD2 的脱颗粒使肥大细胞活化。肥大细胞对宫颈癌细胞株的迁移作用可以被 H1R 的拮抗剂吡拉明、大麻素激动剂 2-AG、WIN55 和 212-2 所抑制，提示肥大细胞可能通过释放组胺和大麻素类物质来促进宫颈癌的侵袭和转移。因此，针对调节肥大细胞释放物质的方法可能为宫颈癌的治疗提供了新方向。

（四）肥大细胞与子宫内膜癌

D'Souza 等收集了 140 例子宫内膜疾病病例，其中子宫内膜息肉 128 例、子宫内膜不典型增生 7 例、子宫内膜癌 5 例，并以 36 例正常周期变化的子宫内膜作为对照。结果发现在正常周期变化的子宫内膜中，分泌期的肥大细胞数量增加；子宫内膜不典型增生的组织中，肥大细胞的数量较正常子宫内膜显著减少；而肥大细胞在子宫内膜癌中缺失。进一步研究发现，随着肿瘤浸润深度的加深，微血管的数量和肥大细胞的数量逐渐增加。因此，子宫内膜癌中，血管的发生是随着肿瘤浸润程度而增加的，而肥大细胞可能诱导了这种作用。推测类胰蛋白酶的拮抗剂可以作为抗血管生成药物治疗子宫内膜癌。

Cinel 等为了研究肥大细胞的密度和子宫内膜癌中子宫肌层的浸润情况，选取 35 例未行子宫全切术的子宫内膜腺癌患者活检标本，计数毗邻癌组织的子宫肌层中 KIT 阳性的肥大细胞。结果发现，所有病例中有 54% 为高肥大细胞密度（每个高倍视野下肥大细胞数量 ≥ 16 个），其中高肥大细胞密度病例中 94% 有肌层浸润。这些结果表明，在子宫内膜癌中，肥大细胞密度和肌层的浸润有明显的联系，提示针对肥大细胞为靶向治疗模式可能改善子宫内膜癌的预后。

（五）肥大细胞与子宫平滑肌肿瘤

肥大细胞的数量是鉴别诊断子宫平滑肌肉瘤和富于细胞型、奇异型平滑肌瘤的特异及敏感的指标。子宫平滑肌瘤中肥大细胞数量的增加，主要是由于肥大细胞向肿瘤局部募集所致，而不是局部肥大细胞增殖所致。肥大细胞的局部募集与平滑肌瘤细胞分泌的趋化因子 RANTES 和嗜酸细胞趋化因子 eotaxin 有关，而与 TGF-β 和 MCP-1 无关。促性腺激素释放激素激动剂 GnRH-a 治疗子宫肌瘤的作用部分被增加的肥大细胞及其分泌的胰岛素样生长因子 -1 所阻滞，肥大细胞分泌的胰岛素样生长因子 -1 越多，GnRH-a 缩小子宫肌瘤体积的疗效就越差。

六、肥大细胞与泌尿系统肿瘤

（一）肥大细胞与前列腺癌

在欧美国家，前列腺癌（prostate cancer，PCA）是男性生殖系统中最常见的恶性肿瘤，其发病率随年龄的增长而增加，居男性癌症死亡的第二位，仅次于肺癌。前列腺癌发病率呈逐年上升趋势，GLOBOCAN 2018 数据显示，2018 年全球新增近 130 万例前列腺癌病例和 35.9 万例相关死亡病例，成为第二大最常见癌症和第五大男性癌症死亡原因。在世界上 185 个国家中有 105 个国家前列腺癌是男性最多发的癌症。在我国随着人口老龄化的加重、饮食结构的变化，其发病率呈逐年上升趋势。前列腺癌的病因复杂，发病确切机制目前尚不清楚，可能与生活方式、年龄、种族、环境、遗传、性激素等因素有关。

近年来越来越多的研究分别从流行病学、病理、分子生物学等不同角度提示前列腺慢性炎症可能是前列腺癌发生与进展的重要相关因素。前列腺癌组织中除肿瘤细胞外还存在多种大量炎性细胞，如肥大细胞、巨噬细胞、中性粒细胞等，这些炎性细胞可分泌多种细胞因子，促进炎性细胞聚集，而大量炎性细胞聚集后也可分泌蛋白溶解酶和细胞因子，这些细胞因子通过多种信号通路可刺激前列腺癌细胞生长、血管和淋巴管生成及肿瘤的浸润转移。研究表明，当发生持久性炎症反应时，肥大细胞可通过 SCF/KIT 通路导致核因子（NF-κB）通路、磷脂酰肌醇 3- 激酶 / 苏氨酸激酶通路（PI3K/Akt 信号通路）、丝裂原活化蛋白激酶 / 信号调节蛋白激酶（MAPK/ERK）通路和 Hedgehog 信号通路等多种信号通路持续激活，进而使靶基因异常表达，这些基因的异常表达可能与前列腺癌的发生密切相关。

在几种不同的肿瘤动物模型中肥大细胞可以刺激肿瘤的生长，但其在前列腺癌中的作用尚未达成共识。19 世纪发现了肥大细胞浸润于原发肿瘤和正常组织的边缘，分化较好的前列腺癌周围存在大量肥大细胞，而且肥大细胞所分泌的多种因子，如类胰蛋白酶、KIT、成纤维生长因子 -2（FGF-2），与前列腺癌的侵袭转移有关。SCF 可刺激多种细胞增殖，其受体 KIT、FGF-2 与前列腺癌细胞增殖、分化的信号通路有密切关系。体外实验发现，SCF/KIT 可以介导肥大细胞向前列腺癌部位趋化，促进肿瘤细胞的迁移和增殖，并且这种作用可以被 KIT 中和抗体阻滞。

另有许多实验发现，肥大细胞能够通过不同途径直接或间接抑制肿瘤的生长和转移。Farram 等通过体外实验发现，肥大细胞是纤维肉瘤的毒性细胞。肥大细胞同巨噬细胞、T 细胞、B 细胞一样，能合成和分泌对肿瘤细胞具有直接杀伤作用的 TNF-α，但巨噬细胞、淋巴细胞只有被激活后才能合成和分泌 TNF-α，而静止的肥大细胞却含有预先合成的 TNF-α 并储存在颗粒中，其储存量相当于激活巨噬细胞合成 TNF-α 的 2 倍。因此，肥大细胞一旦被激活，便可立即释放储存的 TNF-α，并又继续合成，发挥直接抑制肿瘤细胞的作用。另外，肥大细胞能激活淋巴细胞、白细胞等其他免疫细胞，从而间接发挥抗肿瘤作用。肿瘤组织内淋巴细胞的浸润越多患者预后越好。组胺是肥大细胞产生的主要介质，越来越多的资料表明，组胺可使局部血管壁的通透性增加，淋巴细胞活性增强，促进淋巴细胞进入癌组织，产生抗肿瘤效应。临床研究显示，癌周肥大细胞数量与患者存活明显相关，癌周组织肥大细胞浸润多者，存活时间明显长于肥大细胞少者。提示前列腺癌旁间质肥大细胞数量可作为前列腺癌的预后参考指标，即前列腺癌旁间质肥大细胞越多，患者预后越好。分化程度高的前列腺癌旁间质肥大细胞多于分化程度低的前列腺癌旁间质中肥大细胞，提示前列腺癌旁间质中肥大细胞的数量可能作为判断患者预后的指标。

另有研究提示，肥大细胞可以作为激素抵抗性前列腺癌独立的预后指标。一项 2300 例患者的研究发现，肿瘤内肥大细胞计数与前列腺癌 Gleason 评分、肿瘤分期、复发风险呈负相关，提示肥大细胞聚集可能提供了抗肿瘤的保护作用，然而具体机制仍不清楚。前列腺细针穿刺活检标本也发现，肥大细胞浓度高的肿瘤其细胞形态往往较好，预后也更好，其具体机制仍有待研究。

（二）肥大细胞与膀胱癌

膀胱癌是泌尿系统最常见的肿瘤，在我国的发病率居泌尿系统恶性肿瘤的首位，且发病率逐年升高。在欧洲，膀胱癌是第六大常见恶性肿瘤，是泌尿系肿瘤患者的第二大死亡原因。在美国，膀胱癌发病率居全身恶性肿瘤第四位，2016 年新发膀胱癌患者为 76 960 例，死亡 16 390 例。膀胱癌分为非肌层浸润性膀胱癌（non-muscle-invasive bladder cancer，NMIBC）和肌层浸润性膀胱癌（muscle-invasive bladder cancer，MIBC）。约 75% 的患者初诊时为非肌层浸润性膀胱癌，复发率高达 50% ～ 70%。此外，在复发的膀胱癌中，有 15% 的患者可能进展为肌层浸润性膀胱癌。非肌层浸润性膀胱癌患者的 5 年生存率接近 90%，然而，肌层浸润性膀胱癌患者的 5 年生存率只有 60%。此外，有淋巴结转移的患者在初诊后 5 年内的死亡率约为 80%。虽然膀胱癌在治疗上已经有很大进展，包括手术技术的改进和辅助化疗的应用，但膀胱癌仍然是高死亡率的疾病。膀胱组织中肥大细胞与浸润的淋巴细胞提示，浸润在肿瘤内的肥大细胞在 Fc 受体介导下通过 IgE 与肿瘤抗原结合，触发肥大细胞脱颗粒，释放血管活性介质，导致血管扩张，使肿瘤内淋巴细胞、巨噬细胞和促血管活性细胞物质增加，增强机体抗肿瘤作用。肥大细胞与淋巴细胞在抗肿瘤生长的防御机制中有协同作用，膀胱癌间质肥大细胞的计数与癌恶性程度和预后关系密切。因此，以膀胱癌间质肥大细胞计数作为判断患者预后的参考依据，具有一定的临床意义。

（三）肥大细胞与肾细胞癌

肾细胞癌（renal cell carcinoma，RCC）简称肾癌，是泌尿系统常见的恶性肿瘤，GLOBOCAN 2018 数据显示，2018 年全球新增肾癌病例 40.33 万，占全球恶性肿瘤总发病数的 2.2%；死亡病例 17.51 万，占全球恶性肿瘤总死亡数的 1.8%。占成人恶性肿瘤的 2% ～ 3%，肾癌的年发病率及年死亡率分别为 64.0/10 000 及 14.4/10 000，均位于泌尿男性生殖系统肿瘤的第二位。手术切除是目前治疗肾癌有效的方法，但仍有近 1/3 的肾癌患者在确诊时已发生远处转移，20% ～ 40% 的患者手术后出现复发并发展为转移性肾癌，中位总生存期不到 2 年。

临床多依其分期、大小、癌细胞类型及组织学分级等因素来评估患者的预后，缺乏客观量化指标。文献报道在人体及实验诱发动物的一些肿瘤中，肥大细胞活化、增殖是宿主抑制肿瘤生长的防御反应，肥大细胞数量的变化反映机体对肿瘤的抑制能力。肾癌间质肥大细胞数量与淋巴细胞反应程度可作为临床判断其恶性程度和预后的一种简单易行的客观量化指标。肥大细胞数量多的肾癌患者预后好，生存时间长；相反，近期发生转移或死亡者肥大细胞明显少，提示肥大细胞数量变化具有判断肾癌恶性度及预后的价值。癌与正常肾组织交界区肥大细胞计数明显高于癌中心，说明肥大细胞的增殖活化主要发生在肿瘤对周围组织的浸润区。交界区是肿瘤与机体相互作用的区域，因而观察交界区肥大细胞数量变化更能了解机体抗肿瘤的能力。

关于肥大细胞抑制肿瘤生长的机制目前尚不清楚。动物实验证明，肥大细胞释放的物质如组胺、5- 羟色胺等可抑制肿瘤生长或致敏 B 细胞分化为浆细胞产生抗肿瘤抗体。

人肥大细胞对肿瘤的作用可能是由肥大细胞释放促纤维细胞生长因子，使肿瘤浸润区成纤维细胞增殖并产生胶原，防止其扩展，降低其侵袭性。肿瘤间质淋巴细胞浸润程度被认为是机体局部免疫力的表现，是机体以细胞免疫反应的方式抑制肿瘤生长、杀伤肿瘤细胞的一种标志。研究发现，淋巴细胞反应强弱与肥大细胞数量呈明显正相关，淋巴细胞反应程度高者肥大细胞数量亦高，二者在抗肿瘤作用中呈积极的协同作用。

国内外关于肥大细胞和其他泌尿系肿瘤的研究极少，有报道肥大细胞与睾丸癌的预后可能相关。

（魏继福　钱嘉怡　王晓朦　张晓磊　孙善文　史青林　房文通）

参 考 文 献

Abonia J P，Austen K F，Rollins B J，et al. 2005. Constitutive homing of mast cell progenitors to the intestine depends on autologous expression of the chemokine receptor CXCR2[J]. Blood，105（11）：4308-4313.

Abraham S N，Malaviya R. 1997. Mast cells in infection and immunity[J]. Infect Immun，65（9）：3501-3508.

Abraham S N，St John A L. 2010. Mast cell orchestrated immunity to pathogens[J]. Nat Rev Immunol，10（6）：440-452.

Altrichter S，Peter H J，Pisarevskaja D，et al. 2011. IgE mediated autoallergy against thyroid peroxidase—a novel pathomechanism of chronic spontaneous urticarial[J]. PLoS One，6（4）：e14794.

Aydin Y，Tunçel N，Gürer F，et al. 1998. Ovarian，uterine and brain mast cells in female rats：cyclic changes and contribution to tissue histamine[J]. Comp Biochem Physiol A Mol Integr Physiol，120（2）：255-262.

Banovac K，De Forteza R. 1992. The effect of mast cell chymase on extracellular matrix：studies in autoimmune thyroiditis and in cultured thyroid cells[J]. Int Arch Allergy Immunol，99（1）：141-149.

Bar-Sela S，Reshef T，Mekori Y A. 1999. IgE antithyroid microsomal antibodies in a patient with chronic urticaria[J]. J Allergy Clin Immunol，103（6）：1216-1217.

Behrendt H，Hilscher B，Passia D，et al. 1981. The occurrence of mast cells in the human testis[J]. Acta Anat，111：14-16.

Benoist C，Mathis D. 2002. Mast cells in autoimmune disease[J]. Nature，420（6917）：875-878.

Bissonnette E Y，Befus A D. 1997. Anti-inflammatory effect of beta 2-agonists：inhibition of TNF-alpha release from human mast cells[J]. J Allergy Clin Immunol，100（6 Pt 1）：825-831.

Damazo A，Paul-Clark M，Straus A，et al. 2004. Analysis of annexin 1 expression in rat trachea：study of the mast cell heterogeneity[J]. Annexins，1：12-18.

De Jonge F，Van Nassauw L，Van Meir F，et al. 2002. Temporal distribution of distinct mast cell phenotypes during intestinal schistosomiasis in mice[J]. Parasite Immunol，24（5）：225-231.

Dohle G R，Colpi G M，Hargreave T B，et al. 2005. EAU guidelines on male infertility[J]. Eur Urol，48（5）：703-711.

Enerback L. 1997. The differentiation and maturation of inflammatory cells involved in the allergic response：

mast cells and basophils[J]. Allergy, 52（1）: 4-10.

Fijak M, Meinhardt A. 2006. The testis in immune privilege[J]. Immunol Rev, 213: 66-81.

Frungieri M B, Calandra R S, Lustig L, et al. 2002. Number, distribution pattern, and identification of macrophages in the testes of infertile men[J]. Fertil Steril, 78（2）: 298-306.

Galli S J, Tsai M. 2010. Mast cells in allergy and infection: versatile effector and regulatory cells in innate and adaptive immunity[J]. Eur J Immunol, 40（7）: 1843-1851.

Guhl S, Metin A, Torsten Z, et al. 2012. Testosterone exerts selective anti-inflammatory effects on human skin mast cells in a cell subset dependent manner[J]. Exp Dermatol, 21（11）: 878-880.

Hermo L, Lalli M. 1978. Monocytes and mast cells in the limiting membrane of human seminiferous tubules[J]. Biol Reprod, 19（1）: 92-100.

Hogan A D, Schwartz L B. 1997. Markers of mast cell degranulation[J]. Methods, 13（1）: 43-52.

Ito N, Sugawara K, Bodó E, et al. 2010. Corticotropin-releasing hormone stimulates the *in situ* generation of mast cells from precursors in the human hair follicle mesenchyme[J]. J Invest Dermatol, 130（4）: 995-1004.

Jaiswal K, Krishna A. 1996. Effects of hormones on the number, distribution and degranulation of mast cells in the ovarian complex of mice[J]. Acta Physiologica Hungarica, 84（2）: 183-190.

Kawakubo K, Akiba Y, Adelson D, et al. 2005. Role of gastric mast cells in the regulation of central TRH analog-induced hyperemia in rats[J]. Peptides, 26（9）: 1580-1589.

Kriegsfeld L J, Hotchkiss A K, Demas G E, et al. 2003. Brain mast cells are influenced by chemosensory cues associated with estrus induction in female prairie voles（*Microtus ochrogaster*）[J]. Horm Behav, 44（5）: 377-384.

Landucci E, Laurino A, Clinci L, et al. 2019. Thyroid hormone, thyroid hormone metabolites and mast cells: a less explored issue[J]. Front.Cell Neunosa, 13: 79.

Leznoff A, Josse R G, Denburg J, et al. 1983. Association of chronic urticaria and angioedema with thyroid autoimmunity[J]. Arch Dermatol, 119（8）: 636-640.

Malaviya R, Georges A. 2002. Regulation of mast cell-mediated innate immunity during early response to bacterial infection[J]. Clin Rev Allergy Immunol, 22（2）: 189-204.

Maseki Y, Miyake K, Mitsuya H, et al. 1981. Mastocytosis occurring in the testes from patients with idiopathic male infertility[J]. Fertil Steril, 36（6）: 814-817.

Mekori Y A, Metcalfe D D. 2000. Mast cells in innate immunity[J]. Immunol Rev, 173: 131-140.

Melillo R M, et al. 2010. Mast cells have a protumorigenic role in human thyroid cancer[J]. Oncogene, 29（47）: 6203-6215.

Metz M, Grimbaldeston M A, Nakae S, et al. 2007. Mast cells in the promotion and limitation of chronic inflammation[J]. Immunol Rev, 217: 304-3282.

Metz M, Maurer M. 2007. Mast cells-key effector cells in immune responses[J]. Trends Immunol, 28（5）: 234-241.

Moon T C, St Laurent C D, Morris K E, et al. 2010. Advances in mast cell biology: new understanding of heterogeneity and function[J]. Mucosal Immunol, 3（2）: 111-128.

Nakae S, Suto H, Berry G J, et al. 2007. Mast cell-derived TNF can promote Th17 cell-dependent neutrophil recruitment in ovalbumin-challenged OTII mice[J]. Blood，109（9）：3640-3648.

Nistal M，Santamaria L，Paniagua R. 1984. Mast cells in the human testis and epididymis from birth to adulthood[J]. Acta Anat，119（3）：155-160.

Oliveira S H，Lukacs N W. 2001. Stem cell factor and IgE-stimulated murine mast cells produce chemokines （CCL2，CCL17，CCL22）and express chemokine receptors[J]. Inflamm Res，50（3）：168-174.

Pejler G，Abrink M，Ringvall M，et al. 2007. Mast cell proteases[J]. Adv Immunol，95：167-255.

Pejler G，Ronnberg E，Waern I，et al. 2010. Mast cell proteases：multifaceted regulators of inflammatory disease[J]. Blood，115（24）：4981-4990.

Rocchi R，Kimura H，Tzou S C，et al. 2007. Toll-like receptor-MyD88 and Fc receptor pathways of mast cells mediate the thyroid dysfunctions observed during nonthyroidal illness[J]. Proc Nat Acad Sci USA，104（14）：6019-6024.

Rodewald H R，Dessing M，Dvorak A M，et al. 1996. Identification of a committed precursor for the mast cell lineage[J]. Science，271（5250）：818-822.

Ruggeri R M，Imbesi S，Saitta S，et al. 2013. Chronic idiopathic urticaria and Graves' disease[J]. J Endocrinol Invest，36（7）：531-536.

Siebler T，Robson H，Bromley M，et al. 2002. Thyroid status affects number and localization of thyroid hormone receptor expressing mast cells in bone marrow[J]. Bone，30（1）：

Theoharides T C. 2009. Urticaria pigmentosa associated with acute stress and lesional skin mast-cell expression of CRF-R1[J]. Clini Exp Dermatol，34（5）：E163-E166.

Theoharides T C. 2017. Neuroendocrinology of mast cells：challenges and controversies[J]. Expe Dermatol，26（9）：751-759.

Tuttelmann F，Nieschlag E. 2009. Classifcation of andrological disorders// Nieschlag E，Behre H M，Nieschlag S. Andrology：Male Reproductive Health and Dysfunction[M]. NewYork：Springer，90-96.

van Steensel L，Paridaens D，Van Merus M，et al. 2012. Orbit-infiltrating mast cells，monocytes，and macrophages produce PDGF isoforms that orchestrate orbital fibroblast activation in Graves' ophthalmopathy[J]. J Clin Endo crind Metab，97（3）：E400-E408.

Vanuytsel T，van Wanrooy S，Vanheel H，et al. 2014. Psychological stress and corticotropin-releasing hormone increase intestinal permeability in humans by a mast cell-dependent mechanism[J]. Gut，63（8）：1293-1299.

Vasiadi M，Kempuraj D，Boucher W，et al. 2006. Progesterone inhibits mast cell secretion[J]. Int J Immunopathol Pharmacol，19（4）：787-794.

Visciano C，Liotti F，Prevete N，et al. 2015. Mast cells induce epithelial-to-mesenchymal transition and stem cell features in human thyroid cancer cells through an IL-8-Akt-Slug pathway[J]. Oncogene，34（40）：5175-5186.

Xiao H，Ceoilia L，Ganesh S，et al. 2014. Mast cell exosomes promote lung adenocarcinoma cell proliferation role of KIT-stem cell factor signaling. Cell Commun Signal[J].12（1）：64-68.

Yamanaka K，Fujisawa M，Tanaka H，et al. 2000. Signifcance of human testicular mast cells and their subtypes in male infertility[J]. Hum Reprod，15（7）：1543-1547.

第十章　肥大细胞相关疾病的治疗药物

由于肥大细胞胞质颗粒内富含生物活性物质、膜表面表达 IgE 受体并且特异性结合过敏原的特性，导致肥大细胞成为过敏反应的主要效应细胞。又由于过敏反应显著的临床症状和发生快速并且可致过敏性休克甚至死亡的特点，使得过敏性疾病的治疗方法多以肥大细胞为中心，并且发展出多种类的药物及其不同剂型和多种使用方法。最经典、最早出现也是最常用的药物是以抗组胺为代表的肥大细胞介质抑制剂。之后以色甘酸钠为代表的肥大细胞膜稳定剂几经升级，以其疗效好、副作用小为解除过敏患者的痛苦做出了贡献。随着对肥大细胞活化机制认识的深入，各种小分子信号通路分子阻滞剂也不断出现，得益于生物学、免疫学技术的发展，靶向肥大细胞活化关键分子 IgE 及其受体的抗体药也在研发中，其中最成功的是 2003 年经 FDA 批准在美国上市，2018 年 CFDA 批准进入中国的 IgE 单克隆抗体奥马珠单抗。这些药物针对适应证有口服、注射、吸入、滴鼻和皮肤涂抹等不同的剂型。抗过敏药物作用机制各不相同，在治疗的同时也有各种各样的副作用，其中以中枢抑制和抗胆碱作用最明显。本章以上述机制为代表阐述肥大细胞相关疾病的治疗药物。

第一节　肥大细胞介质抑制剂

肥大细胞释放的炎性介质主要有组胺、缓激肽、中性蛋白酶（糜蛋白酶、类胰蛋白酶、变性蛋白酶）、白三烯（LTC4、LTB4）、前列腺素 D_2 和细胞因子等。阻止介质释放和 / 或中和释放的介质是肥大细胞相关性疾病治疗药物的基本原理之一（图 10-1）。本节主要概述组胺受体拮抗剂、前列腺素 D_2 抑制剂、抗白三烯药物、蛋白酶抑制剂、白介素及其抑制剂和肿瘤坏死因子抑制剂在治疗肥大细胞相关性疾病中的作用及其机制。

一、组胺受体拮抗剂——抗组胺药物

1. 抗组胺药的发展

组胺是肥大细胞释放的最重要的过敏介质，因此长期以来一直是过敏治疗的重要靶标。组胺的四种受体 1 ～ 4（H1R ～ H4R）中 H1R 是导致过敏症状的主要受体，因此临床应用最广泛的非特异性抗过敏药主要是 H1R 拮抗剂。首个 H1R 拮抗剂诞生于 1937 年，但是由于对 H1R 的选择性差，能引起多巴胺能、类胆碱能反应和血清素激活等相关症状，最终未用于临床，但它为抗过敏药物的研发展现了重要的方向和前景。1942 年用于治疗过敏的药物芬苯扎胺问世，随后马来酸美吡拉敏、苯海拉明、曲吡那敏相继进入临床，

并使用至今。随后一系列抗组胺药相继上市，新一代药物副作用越来越少，缓解过敏症状、抑制血管渗出、减少组织水肿和抑制非血管平滑肌收缩的疗效确切，一直是抗过敏的首选药物。左西替利嗪等三代抗组胺药还可用于孕妇、哺乳期和婴幼儿过敏患者。

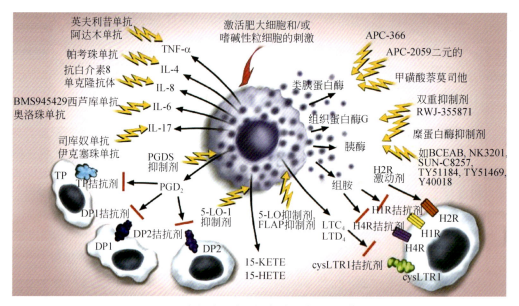

图 10-1　肥大细胞释放活性介质的拮抗剂和作用靶点

针对存储在肥大细胞颗粒中的类胰蛋白酶、组胺等，以及活化后新合成的脂质介质和细胞因子而设计的药物，是治疗肥大细胞相关疾病的重要方式。TNF-α. 肿瘤坏死因子 α；IL-4. 白介素 4；IL-8. 白介素 8；IL-6. 白介素 6；IL-17. 白介素 17；PGDS. 前列腺素 D 合成酶；PGD₂. 前列腺素 D₂；TP. 血栓素受体［引自：Harvima I T, Levi-Schaffer F, Draber P, et al.2014. Molecular targets on mast cells and basophils for novel therapies. J Allergy Clin Immunol，134（3）：530-544］

　　根据是否具有镇静作用，将抗组胺药物分为：第一代抗组胺药，又称为传统或镇静类抗组胺药，是一类含有芳香环和烃基取代基的亲脂性小分子化合物，能够迅速透过血脑屏障作用于中枢 H1R 而产生明显的镇静作用。代表性药物有氯苯那敏（扑尔敏）、苯海拉明、羟嗪、异丙嗪、赛庚啶和酮替芬等。第二代抗组胺药，也称为非镇静类抗组胺药，由于不易透过血脑屏障，嗜睡副作用较第一代明显减弱或消失。代表性药物有氯雷他定、西替利嗪、咪唑斯汀、特非那丁和阿斯咪唑等。新型第二代 / 第三代抗组胺药物，多为第二代抗组胺药物的活性代谢产物，但界定标准尚存争议。一般认为该类药物具有明确的抗炎效能，无中枢镇静及心脏毒性作用，代谢不依赖细胞色素 P450 酶。代表性药物有氯雷他定、左西替利嗪、非索非那定等。目前主要用于治疗荨麻疹、特应性皮炎、过敏性鼻炎、结膜炎和哮喘。

2. 抗组胺药的作用机制

　　长期以来人们认为抗组胺药即 H1R 拮抗剂的作用机制是低浓度时与组胺竞争性结合 H1R 并抑制组胺的活性，有些第二代 H1R 拮抗剂在高浓度时还表现出非竞争性抑制作用。随着分子药理学和电生理学的发展，提出了抗组胺药反向激动剂的理论，即组胺受体存在非活化和活化两种状态，二者处于动态平衡；在组胺存在的情况下，受体向活化状态转化，而当 H1R 拮抗类抗组胺药存在的情况下，受体由活化状态向非活化状态转变，从而下调受体的活性，即抗组胺药物成为反向激动剂。反向激动剂理论的提出意义重大，第一，反向激动剂与中性拮抗剂不同，它可降低信号至基础水平以下，产生与激动剂相反的效应。第二，尽管在静态系统中反向激动剂和中性拮抗剂效应均为零，但反向激动剂不仅具有拮抗激动剂的作用，也可抑制受体自发活性，而中性拮抗剂则不能抑制受体的自发活性。第三，组胺受体为 G 蛋白偶联受体（GPCR），可通过细胞内一系列信号通路影响核因子 NF-κB 的活性，后者是炎症介质产生的关键调节因子；抗组胺药通过与组胺受体相互作用后，降低 GPCR 的活性，并可低至基础水平以下，从而发挥其抗炎活性。第四，传统意义的受体占有率似乎决定了药物的活性，忽视了机体本身的受体活性调控，而反向激动作用是依赖于药物本身和药物所作用的系统，显然该理论更全面地解释了抗组胺药的药理作用机制。

此外，组胺也通过 H1R 调节免疫相关细胞从而发挥多种效应，包括树突状细胞诱导 Th1 和 Th2 转化及其平衡。研究表明，树突状细胞数量增加和 IL-12 含量降低是导致过敏性鼻炎发病的重要原因，氯雷他定能减少大鼠过敏性鼻炎模型鼻黏膜中树突状细胞数量，升高血清中 IL-12 水平，表明 H1R 拮抗剂对树突状细胞具有一定的调节作用。

二、前列腺素 D_2 抑制剂

前列腺素 D_2 是另外一种可溶于脂质的介质，由肥大细胞、Th2 细胞、巨噬细胞、树突状细胞合成并分泌。前列腺素 D_2 是一种促炎因子，可引起强烈的支气管收缩，使患者气道呈现高反应性，血管通透性增加、促进过敏性炎症反应，在哮喘的发病中起着重要作用。

前列腺素 D_2 主要通过 DP1 受体、CRTH2 受体和 TP 受体发挥作用。目前也针对这些受体开发了相应的特异性拮抗剂，并且一些已经进入临床试验。例如，DP2 拮抗剂 OC000459 在鼻炎、哮喘和嗜酸性粒细胞性食管炎患者的 Ⅱ 期临床研究中表现出很好的疗效。但是，DP1-DP2 双拮抗剂 AMG 853 在治疗中重度哮喘患者中效果并不理想。同样，DP1 拮抗剂拉罗匹仑（MK-0524）在治疗哮喘和过敏性鼻炎患者的 Ⅱ 期临床试验中效果也并不理想。

三、抗白三烯药物

（一）白三烯的生物合成与功能

cysLT 是白三烯（leukotriene，LT）主要的活性成分。LTB4 具有中性粒细胞和嗜酸性粒细胞趋化活性，能够促进溶酶体酶释放，增加超氧阴离子产生，过氧化氢甘碳四烯酸 5-HETE 也具有趋化作用及诱导脱颗粒功能，但其作用弱于 LT。LTB4 能够通过募集效应 T 细胞、未成熟肥大细胞和肥大细胞祖细胞增强免疫反应。LT 能够延长皮肤风团潮红反应，引起支气管收缩，血管渗透脆性增强，促进支气管黏膜分泌，动脉、小动脉血管平滑肌和肠道平滑肌收缩，嗜酸性粒细胞趋化和气道重塑。体外实验还发现 LT 能够通过与外源性促分裂原，如表皮生长因子、IL-3、TGF-β 协同作用，促进人支气管平滑肌细胞和肠上皮细胞增殖。

（二）白三烯受体

白三烯受体的分类是根据它们的配体结构、人体分布、氨基酸的数量和受体的染色体定位。人体细胞表面有四种已知的白三烯受体，即两种 LTB4 受体（BLT1 和 BLT2）和两种 cysLT 受体（cysLT1 和 cysLT2）。

（三）抗白三烯药的分类

抗白三烯药物主要包括 5-LOX 活性抑制剂和 LT 受体拮抗剂。前者通过花生四烯酸的 5-LOX 途径而抑制 LT 的合成，后者则直接与位于支气管平滑肌等部位的受体选择性结合，竞争性地阻断 cysLT 的作用，进而阻断器官对 LT 的反应。

1. 抑制酶活性的白三烯合成抑制剂

（1）5-LOX 抑制剂：直接作用于 5-LOX 的活性位点，抑制 5-LOX 的活性，阻断 LTA4 合成。例如，齐留通（zileuton）抑制 70% ～ 90% 白三烯的合成，是目前唯一应用于临床的 5-LOX 抑制剂。对冷空气、高通气或运动诱发的支气管哮喘有较好的疗效。

（2）5-LOX 激活蛋白（5-lipoxygenase-active protein，FLAP）抑制剂：与 FLAP 结合，抑制 5-LOX 的易位和 5-LOX 活性，间接阻断 LTA4 合成，如 licofelone、GSK-2190915/AM803、AM103 和 veliflapon（DG-031）等均处在不同的研发阶段。

2. 白三烯受体拮抗剂

（1）LTB4 受体拮抗剂，如 BIIL 284、CP-195543、LY293111 等。

（2）cysLT 受体拮抗剂，如孟鲁司特、扎鲁司特、普鲁司特。

（四）抑制酶活性的白三烯合成抑制剂

1. 齐留通

齐留通是第一个也是目前唯一应用于临床的 5-LOX 抑制剂，在体内和体外的药理作用均与白三烯的形成有关，剂量依赖性地抑制 5-LOX 所催化的生物合成，属于抗炎性平喘药。可能是由于烷基化和对谷胱甘肽巯基转移酶 M1（glutathione S-transferase M1，GSTM-1）的不可逆抑制故具有肝毒性，半衰期短也是其缺点之一。给药前需检查肝功能，应用中也需要调整剂量。

2. 阿曲留通（via-2291）

via-2291 属于 N- 羟基脲衍生物，目前已完成对心血管疾病和血管炎疗效的 II 期临床研究。在心脏病患者中进行的一项治疗动脉粥样硬化的 II 期临床研究中已证实 via-2291 能强效减少急性冠脉综合征后白三烯的产生，并能减少动脉粥样硬化斑块形成。

3. 氨基二唑取代的香豆素 setileuton（MK-0633）

MK-0633 是强有力的 5-LOX 抑制剂，对哮喘、慢性阻塞性肺疾病和动脉粥样硬化的 II 期临床试验已完成。然而，在哮喘的研究中，效益风险比不支持 MK-0633 的临床应用。虽然 100mg 的 MK-0633 已经明显比安慰剂有效，但是检测发现血清天冬氨酸转氨酶（AST）与丙氨酸转氨酶（ALT）水平升高，表明此药可能有肝脏损伤作用。虽然在慢性阻塞性肺疾病研究中 AST 和 ALT 水平没有升高，但 MK-0633 并未显示出比安慰剂有效。临床无效的原因可能是由于在 CYP450 作用下 MK-0633 被代谢成了无活性的二唑开环产物。针对该原因，进一步开发了代谢更稳定的化合物 MK-4413，但是其临床疗效有待评估。

4. 利克飞龙（licofelon，ML3000）

利克飞龙是最新的 5- 脂氧合酶活化蛋白 FLAP 抑制剂，对微粒体前列腺素 E 合成酶（mPGES-1）也有较弱的作用。利克飞龙治疗膝关节骨性关节炎已进入Ⅲ期临床，有几项研究已顺利完成。与其他非甾体类抗炎药相比，在健康志愿者中，利克飞龙胃的耐受性明显提高，溃疡发生率较低。

5. 吲哚化合物 AM803（GSK2190915）

AM803 目前正在进行临床研究，并且已完成哮喘患者的Ⅱ期临床试验。其衍生物 AM103 顺利完成第一阶段的临床安全性和耐受性试验，确定了药效学和药代动力学。

6. FLAP 抑制剂 veliflapon（DG-031/BAYX1005）

veliflapon 已通过治疗心肌梗死的第二阶段临床试验，并进入预防心脏病发作和卒中的Ⅲ期临床试验。

（五）白三烯受体拮抗剂

1. LY293111

LY293111 是一种新型的二芳醚羧酸衍生物，具有强效、选择性拮抗体外 LTB4 受体的作用，是二芳醚羧酸类 BLT 抑制剂中第一个进入临床试验的化合物。LY293111 对人中性粒细胞的影响包括抑制 LTB4 诱导的趋化、聚集和钙动员及上调 CD11b/CD18 等黏附分子表达。在微摩尔浓度，LY293111 即可抑制 LTB4 和血栓素 B2 的产生。此外，在该浓度，能够抑制人中性粒细胞胞质部分的钙离子载体 A23187 激活和花生四烯酸转化为 LTB4。这些试验表明，LY293111 是一个强有力的具有抗炎作用的 LTB4 拮抗剂。

2. BIIL 284

BIIL 284 是一个新的 LTB4 受体拮抗剂，是一种前药，对 LTB4 受体的结合作用可以忽略不计。然而，无处不在的酯酶将 BIIL 284 代谢成具有活性的产物 BIIL 260 和 BILL 315。这两种代谢产物在分离的人中性粒细胞细胞膜上与 LTB4 受体的亲和力很高。BIIL 260 和 BIIL 315 通过一种饱和的、可逆的、竞争的方式结合 LTB4 受体。BIIL 260 及其葡糖苷酸 BIIL 315 也能有效抑制 LTB4 诱导的人中性粒细胞内钙离子释放，IC_{50} 值分别是 0.82nmol/L 和 0.75nmol/L。

3. 孟鲁司特（montelukast）

孟鲁司特是《国际疾病治疗指南》（GINA- 全球哮喘防治创议）首选的控制哮喘一线非激素类抗炎药和过敏性鼻炎治疗药物。适用于 15 岁及以上成人哮喘的预防和长期治疗，包括预防白天和夜间的哮喘症状，治疗对阿司匹林敏感的哮喘患者及预防运动诱发的支气管收缩。个别咀嚼剂型适用于 2 岁及 2 岁以上儿童和成人哮喘的预防和长期治疗，治疗阿司匹林敏感的哮喘及预防运动诱发的支气管收缩。也适用于减轻 2 岁及 2 岁以上儿童和成人季节性过敏性鼻炎引起的症状。

在目前的研究中，发现孟鲁司特显著降低 ox-LDL 诱导的单核细胞黏附于人脐静脉内皮细胞，可能与孟鲁司特抑制黏附分子 VCAM-1 和 E- 选择素等的表达有关。ERK5 具有介导转录因子 KLF2 表达参与孟鲁司特对抗 ox-LDL 诱导的内皮细胞炎症的作用。

血液透析者皮肤瘙痒治疗的效果观察显示，孟鲁司特可用于尿毒症皮肤瘙痒的治疗，也可能用作抑制术后瘢痕形成的治疗。

4. 扎鲁司特（zafirlukast）

在哮喘发病的病理生理学中，白三烯代谢产物与其受体结合后产生的作用包括平滑肌收缩、气道水肿和炎性细胞活性改变（如嗜酸性粒细胞肺浸润）均与哮喘的症状和体征有关。扎鲁司特作为一种抗炎药，能减少这些炎性介质的作用。扎鲁司特作为一种强效的白三烯 LTC4、LTD4 和 LTE4 受体拮抗剂，属于竞争性抑制剂，具有高选择的特点。体外研究显示，扎鲁司特能够拮抗 LTC4、LTD4 和 LTE4 的气道平滑肌收缩活性，并且程度相同。动物实验显示其作用机制主要是：①有效预防因半胱氨酸白三烯所致的血管通透性增加而导致的气道水肿；②抑制半胱氨酸白三烯产生的气道嗜酸性粒细胞的浸润。临床研究也证实扎鲁司特的特异性，即仅作用于白三烯受体，不影响前列腺素、血栓素、胆碱能和组胺受体。经临床验证，5 天剂量的扎鲁司特能降低气道因抗原刺激引起的细胞和非细胞性炎性物质的水平。安慰剂对照研究发现抗原激发 48h 后的支气管肺泡灌洗液（BALF）中，扎鲁司特能减少嗜酸性粒细胞、淋巴细胞和组织细胞数量，减少因肺泡巨噬细胞刺激产生的过氧化物，抑制抗原激发的气道高反应和 PAF 引起的支气管痉挛。

5. 普鲁司特（pranlukast）

普鲁司特对 LTC4、LTD4 和 LTE4 均有显著抑制，特别是对引起人体气管平滑肌收缩的主要成分 LTD4 的作用更明显。普鲁司特可减轻支气管黏膜的淋巴细胞浸润，在吸入 LTD4 前 2h 从胃管灌入普鲁司特，不但使 BALF 中细胞数减少，也使 LTD4 所致 BALF 中嗜酸性粒细胞比例增多的作用减少 60%。此外，普鲁司特还可降低支气管的高反应性，但强度稍逊于氟替卡松。普鲁司特还可预防高剂量吸入糖皮质激素减量时哮喘的恶化。

四、蛋白酶抑制剂

蛋白酶特别是中性蛋白酶如类胰蛋白酶、糜蛋白酶、羧肽酶 A3 等都是肥大细胞颗粒内重要的炎症介质，在肥大细胞活化所致的病理生理过程中起着重要的作用。20 世纪 90 年代以来，针对肥大细胞蛋白酶的药物在疾病治疗中的研究和应用逐渐增多。以下总结了已经在临床应用和处于研究阶段的相关药物。

（一）类胰蛋白酶抑制剂

近年来人们发现，类胰蛋白酶抑制剂（tryptase inhibitor，TPI）可以抑制人皮肤、扁桃体和滑膜中的肥大细胞释放组胺。目前，已知正在研究的类胰蛋白酶抑制剂种类很多，其分类方法也有多种，有人根据其所含基团不同把类胰蛋白酶抑制剂分为含脒基类化合物、含胍基类化合物、非脒基非胍基类化合物和天然抑制剂四类，也可以依据其作用机制分为针对酶活性中心的类胰蛋白酶抑制剂和拮抗肝素作用的类胰蛋白酶抑制剂两大类。以下将按照后一种分类方法进行叙述。

1. 针对酶活性中心的类胰蛋白酶抑制剂

这类抑制剂包括 APC366、APC2059、APC1390、MOL6131、BMS-262084、BMS-363131 等。

（1）APC366。APC366属于针对酶活性部位的抑制剂，其化学名称为N-（1-羟基-2-萘酰）-L-精氨酰基-L-脯氨酰胺。APC366是分子量低、定向活性中心、不可逆性地竞争性类胰蛋白酶。APC366使类胰蛋白酶失活的作用机制是，APC366分子中的胍基引导抑制剂进入类胰蛋白酶的P1位点，并与类胰蛋白酶的天冬氨酸残基形成盐桥，羟基萘酰基受类胰蛋白酶氨基酸侧链的亲核攻击，生成共价加成化合物从而使类胰蛋白酶失活。羟氨、氨或谷胱甘肽的亲核基团能够与APC366的活性中心结合，在羟氨、氨或谷胱甘肽存在时，APC366对类胰蛋白酶的抑制作用明显下降。实验表明，特应性哮喘患者吸入APC366后，抗原诱导的迟发型哮喘反应明显减弱。

在羊过敏模型中，APC366能够减弱或抑制过敏原诱导的早期反应、迟发相反应并降低气道高反应性和炎症，对皮内注射抗原引起的速发型皮肤反应也有抑制作用。在人类，APC366对哮喘患者激发试验的早期反应和支气管反应没有抑制作用，但能抑制抗原诱导的迟发期哮喘反应。这可能与APC366能抑制IgE依赖性肥大细胞激活和类胰蛋白酶诱导的有核细胞浸润有关。APC366的Ⅱ期临床试验结果说明，类胰蛋白酶与哮喘和一些其他的炎症疾病的作用机制有关。

（2）APC2059。APC2059是新开发的第二代小分子肥大细胞类胰蛋白酶抑制剂，是一种非肽类化合物，不能口服，对类胰蛋白酶的选择性是APC366的10 000倍。APC2059被选择作为治疗银屑病（局部用霜剂）和炎症性肠病（皮下注射剂型）的开发药物，并已经成功地完成Ⅰa期临床试验，显示出最佳的药物代谢动力学和安全性。在羊哮喘模型中，可抑制气道高反应性和迟发期气道阻塞。一项在慢性活动性溃疡性结肠炎患者中进行的多中心Ⅱ期临床试验表明，在接受了一个疗程（28天）每日两次20mg APC2059的皮下给药后，9%的患者完全康复，29%有显著改善，49%有改善。证明类胰蛋白酶抑制剂APC2059对治疗活动性溃疡性结肠炎是安全有效的。

（3）APC1390。APC1390是以"紧密结合"方式抑制类胰蛋白酶的制剂，机制为APC1390的一个胍基引导抑制剂进入类胰蛋白酶活性中心的P1位点并与天冬氨酸残基结合，而第2个胍基与活性中心远端的氨基酸残基结合。

（4）MOL6131。MOL6131属于强效的低分子量类胰蛋白酶抑制剂，目前正在临床前研究阶段。该抑制剂的苯胺环能够与类胰蛋白酶两个相邻的活性中心结合，从而高度选择性地抑制类胰蛋白酶的活性。MOL6131能够减少OVA致敏小鼠气道组织和支气管肺泡灌洗液中的嗜酸性粒细胞数量，抑制黏液分泌及支气管周围水肿，并且可以抑制杯状细胞增生，降低支气管肺泡灌洗液中IL-13和IL-4的水平。

（5）BMS-262084。BMS-262084是一种强力、竞争性类胰蛋白酶抑制剂，在OVA激活的豚鼠气管内给药，可降低过敏原诱导的支气管收缩和炎性细胞浸润，目前正在临床前研究阶段。

（6）BMS-363131。MS-363131对类胰蛋白酶有特殊的选择性，经过在BMS-262084结构的C-3位上的修饰增强了亲水性，能够降低肺炎豚鼠模型肺组织炎症细胞的数量。目前处在生物学试验阶段。

（7）萘莫司他甲磺酸盐。萘莫司他甲磺酸盐以前被称为FUT-175，对人类类胰蛋白酶展现出非常有效的非特异性抑制作用。它可以抑制过敏性哮喘小鼠模型的气道嗜酸性粒细胞性炎症和气道上皮重建。1986年上市，现已被广泛用于治疗过敏性炎症，以及急性胰腺炎、牙周炎和弥散性血管内凝血（DIC）。

2. 拮抗肝素作用的类胰蛋白酶抑制剂

肝素对于类胰蛋白酶四聚体结构的稳定和形成起着不可或缺的作用。因此，针对肝素的类胰蛋白酶抑制剂也是研究的热点。

乳铁蛋白是阳离子结合蛋白，它的作用机制是通过与肝素结合，分离类胰蛋白酶的四聚体结构而抑制类胰蛋白酶活性。乳铁蛋白可以显著抑制致敏绵羊的支气管收缩和气道高反应性，但是在体外，该蛋白质对重组小鼠肥大细胞类胰蛋白酶和人肺类胰蛋白酶的抑制作用不如 APC366。

（二）糜蛋白酶抑制剂

近年发现糜蛋白酶抑制剂也可抑制人皮肤、肺和关节滑膜肥大细胞组胺的释放，而肠道 70% 以上的肥大细胞是含糜蛋白酶的 MC_{TC} 型。谢华等发现糜蛋白酶抑制剂 Z- 异亮氨酸 - 谷氨酸 - 脯氨酸 - 苯丙氨酸甲酯（ZIGPFM）、N- 甲苯磺酰 -L- 苯氨基丙酸氯甲基化酮（TPCK）和 α_1- 抗胰蛋白酶可以抑制人结肠肥大细胞 IgE 依赖性和 IgE 非依赖性组胺释放，可以剂量依赖方式抑制 IgE 抗体诱导的组胺释放，最大浓度的 ZIGPFM、TPCK 和 α_1- 抗类胰蛋白酶可分别抑制 37%、26% 和 36.8% 的组胺释放。另外，比较糜蛋白酶抑制剂对不同的组织引起的肥大细胞最大释放抑制率，结果发现其按皮肤（82%）>肺（80%）>滑膜（69%）>结肠（37%）的顺序依次递减。尽管在研究中所用的抑制剂在酶活性测定中均可抑制 95% 以上的糜蛋白酶活性，但不能完全抑制组胺的释放，提示肥大细胞脱颗粒除糜蛋白酶途径外还存在其他途径。

（三）磷脂酶抑制剂

1. 磷酸二酯酶抑制剂

磷酸二酯酶（phosphodiesterase，PDE）是细胞内重要的磷脂酶，作用是水解细胞内环腺苷和鸟苷酸单磷酸（cAMP 和 cGMP），有 11 个主要家族成员（PDE1 ～ 11），其中 4 型磷酸二酯酶（PDE4）是存在于局部气道平滑肌细胞、肥大细胞等免疫和炎细胞中的 cAMP 特异性酶。选择性 PDE4 抑制剂具有调节炎症反应和免疫活性细胞的功能，是炎症和免疫相关疾病的潜在新兴治疗药物，主要有咯利普兰、西洛司特、罗氟司特、西潘茶碱和其他开发中的化合物。

咯利普兰研发之初用于治疗抑郁症，在哮喘中的抗炎作用也得到研究，但由于 CNS 和心血管副作用而被迫中止。西洛司特是哮喘和慢性阻塞性肺病治疗有潜力的药物，临床研究显示能显著改善患者健康状况，安全性和耐受性均很好。罗氟司特能够抑制过敏原激发的实验性支气管哮喘反应和有效控制过敏性关节炎症状。西潘茶碱选择性抑制剂 PDE4，可用于治疗特应性皮炎。mesopram 结构类似于咯利普兰，用于治疗复发缓解型多发性硬化症，目前在 II 期临床试验阶段。

以上药物有各种副作用，因此很多致力于减少副作用的化学药物正在研发中。例如，1, 4- 取代环己烷、2- 苯替吗啉衍生物有很强的 PDE4 抑制作用，同时也能抑制 TNF-α 的产生，有望用于治疗或预防哮喘、皮炎等过敏和自身免疫性炎症。PDE4 和 TNF-α 抑制剂喹啉衍生物如 N- 氧化物［如 8- 甲氧基 -2- 三氟甲基喹啉 -5- 羧酸（3，5- 二甲基 -1- 氧基

吡啶 -4- 氧）酰胺〕，于 2000 年开始用于治疗炎性疾病。新的 8- 芳基喹啉衍生物显示出对人重组 PDE4A 酶的抑制作用，能明显减少嗜酸性粒细胞和肥大细胞数量。

2. 磷脂酶 A2 抑制剂

磷脂酶 A2（PLA2）催化膜磷脂的水解，产生游离脂肪酸、花生四烯酸、溶血磷脂，这些都是重要的炎性介质前体。因此，抑制 PLA2 的活性在理论上具有抗炎作用。LY311727 是研发中的 PLA2 特异性抑制剂，在纳摩尔浓度下就能与磷脂酶结合，导致酶变构而失活。LY315920 是 LY311727 的类似物，抑制 PLA2 的作用更强。前列腺素低聚物 PCBx 和脂肪酸聚合物 PX-52 也显示出抑制 PLA2 的活性和抑制花生四烯酸释放的活性。

五、白介素及其抑制剂

（一）白介素

白介素（interleukin，IL）在过敏性疾病中的作用受到广泛重视，研究认为肥大细胞可释放 IL-4、IL-5、IL-6 等介质，这些细胞因子都直接地或间接地促进过敏和炎症的发生与发展。IL-4 在调节 IgE 的合成、上调血管细胞黏附分子 -1、募集 T 细胞和嗜酸性粒细胞中有着举足轻重的作用。除此之外，IL-4 还能诱导巨噬细胞上 IgE 低亲和性受体 CD23 表达。而 IL-5 则是一个生长和分化因子，是嗜酸性粒细胞的激活剂和化学诱导物，因此 IL-5 被认为是在过敏和寄生虫介导的嗜酸性粒细胞反应中的重要细胞因子。IL-6 则参与 T 细胞活化、B 细胞成熟和产生免疫球蛋白等过程。

（二）白介素抑制剂

药物抑制白介素释放可能的机制：①与白介素直接作用改变其受体结合特性；②受体拮抗剂干扰白介素的结合或改变白介素结合后受体的功能；③可能通过干扰由白介素激活的细胞内途径来阻断其功能。

1. 槲皮素

黄酮类是植物中含有的多酚类化合物，槲皮素是多酚黄酮的一种，黄酮有抗炎、抗过敏和抑制肥大细胞释放组胺等多种生物活性。研究显示槲皮素能减少肥大细胞 IL-1β、IL-6 和 IL-8 的产生，因此槲皮素具有治疗过敏性炎症的潜能。

2. 非瑟酮

非瑟酮也是黄酮类物质，有很强的抗氧化特性，可用作多种自由基介导疾病的潜在治疗剂。有研究发现非瑟酮可以减少人肥大细胞释放 IL-4、TNF-α、IL-1β、IL-6 和 IL-8 等促炎细胞因子，具有预防和治疗肥大细胞介导的炎性疾病的作用。比较发现黄酮类单体抑制促炎细胞因子释放的效果依次为槲皮素＞堪非醇＞杨梅酮＞桑色素。

3. 桃叶珊瑚苷

桃叶珊瑚苷化学名 β-D- 吡喃葡糖苷，为环烯醚萜苷类化合物，是植物的次生代谢产物。研究发现桃叶珊瑚苷能够抑制抗原刺激的肥大细胞 NF-κB 的 p65 亚基由细胞质向细胞核内移位，并通过阻止 IκBa 的磷酸化和降解，使细胞质内 IκBa 浓度升高，进而抑制 NF-κB 活性，下调 TNF-α 和 IL-6 的合成与表达，具有抑制肥大细胞活性的作用。

4. 没食子酸

没食子酸也称 3, 4, 5- 三羟基苯甲酸，化学式为 $C_6H_2(OH)_3COOH$，是水解性单宁的一部分，属于酚酸，存在于加仑核桃、漆树、金缕梅、茶叶和橡树皮等植物中。没食子酸基通常以二聚体如鞣花酸的形式存在。没食子酸及其衍生物是多元酸，大量存在于加工过的饮料中，如红酒、绿茶。具有广泛的生物学活性，包括抗氧化、抗炎、抗微生物和抗癌，能下调炎性过敏反应中 TNF-α 和 IL-6 的产生。有报道称没食子酸能减少肥大细胞释放组胺、抑制巨噬细胞促炎性细胞因子的生成。这些结果提示没食子酸在体内、体外过敏模型中都有作用。

5. 东莨菪亭

东莨菪亭又称甲基七叶苷，是一种羟基香豆素甲苷，它有香豆素的基本结构，与黄酮类结构也有相似之处。体外实验研究发现，东莨菪亭不影响人肥大细胞释放组胺，但可以特异性地抑制人肥大细胞中 TNF-α、IL-6 和 IL-8 等炎性细胞因子的释放，展示出良好的治疗慢性炎性疾病的作用。

六、肿瘤坏死因子 -α 及其抑制剂

（一）肿瘤坏死因子 -α 概述

肿瘤坏死因子 -α（tumor necrosis factor α，TNF-α）是在急性和慢性炎症、抗肿瘤反应及抗感染中起关键作用的多功能细胞因子，可以诱导其他促炎性细胞因子，如 IL-1 和一些趋化因子产生。除影响正常细胞和肿瘤细胞外，TNF-α 也与类风湿关节炎、银屑病和炎症性肠病的发展相关。滑膜中异常的 TNF-α 表达不仅促进类风湿关节炎的进展，并且可能直接介导该过程并通过其他细胞因子的表达而起作用。在小鼠模型研究发现，过度表达 TNF-α 的小鼠在关节处自发地出现类似于类风湿关节炎的损害并伴随进行性炎症、细胞增殖和骨破坏。此外，单独过表达 TNF 受体的小鼠也会出现肝脏、胰腺和肾脏的明显炎症。

（二）TNF-α 抑制剂

TNF-α 抑制剂分为大分子抑制剂和活性小分子抑制剂，大分子抑制剂主要由单克隆抗体类和其他蛋白质类组成。然而，目前可注射的蛋白质治疗有一定的风险和局限性。因此，能够调节 TNF-α 生物活性的、可口服的小分子药物是更好的选择。

1. PDE4 抑制剂

选择性抑制磷酸二酯酶 4（phosphodiesterase，PDE4）可以间接减少 TNF-α 的产生。通常 cAMP 可通过 PDE4 的激活转变为 AMP，然而，当 PDE4 抑制剂存在时，cAMP 维持高水平，导致蛋白激酶 A（PKA）的激活，从而阻止转录因子 NF-κB 促进 TNF-α 基因的转录，最终导致 TNF-α 的合成减少。在 PDE 同工酶的七个家族中，PDE4 是主要形式，选择性抑制 PDE4 可以起到抗炎作用。选择性 PDE4 抑制剂可以分为儿茶酚酯（咯利普兰）、双环杂芳族化合物（硝喹宗）和黄嘌呤衍生物（登布茶碱）三个结构类别。PDE4 选择性抑制剂已经在许多炎性模型，包括哮喘和类风湿关节炎模型中显示出功效。

　　最初开发作为抗抑郁药的咯利普兰（rolipram），后来发现具有对 PDE4 选择性抑制作用，与早期通过抑制 PDE4 来调控 TNF-α 的尝试不谋而合。但是，咯利普兰和其他 PDE4 抑制剂一样，能够穿过血脑屏障而引起恶心，因此临床试验被迫停止。此外，Cell-Tech 的 CDP-840 的临床试验证明了其具有剂量限制性副作用，且 CDP-840 没有引起恶心。第二代口服活性 PDE4 抑制剂 SB207499（Ariflo）的副作用更低。

2. p38 丝裂原活化蛋白激酶抑制剂

　　p38 信号通路抑制剂可以在转录和翻译水平抑制 TNF-α 和 IL-1 的合成，还能阻断一氧化氮、环氧合酶 -2 和 IL-6 的产生。化合物 SB203580 和 SB220025 是 p38 的有效体外抑制剂，并在各种啮齿动物模型中展现出显著的抗炎作用。晶体衍射研究发现 SB203580 的晶体结构结合到 p38α 的无活性结构上，即结合在 ATP 结合口袋中，这是这类酶的共同特征。目前，这些早期候选药物还未被进一步开发。

　　VX-745 作为 p38 丝裂原活化蛋白激酶抑制剂能透过血脑屏障且在高剂量下对一些动物有毒性，因此在 2001 年被停止临床试验。但是，初步的临床试验数据表示它是一个调节 TNF-α 的合成和诱导类风湿关节炎的重要靶点。

　　VX-702（vertex pharmaceuticals）为第二代分子，临床试验中不会透过血脑屏障，能减少细胞因子的合成和缓解动物模型中关节炎的严重程度。

3. 肿瘤坏死因子转化酶抑制剂

　　TNF-α 被翻译成含有异常长序列的前体蛋白，锚定在细胞膜的外侧。在局部和全身炎症期间，膜结合的 TNF-α 可以通过特异性锌依赖性金属蛋白酶（TACE）在细胞外切割，产生可溶性的三聚体 TNF-α。最初认为 TNF-α 的切割是产生活性细胞因子的唯一途径，但随后的研究表明，膜结合的 TNF-α 在细胞 - 细胞接触期间也具有生物活性。这些研究表明，TACE 抑制剂的治疗效果有限。

　　目前，所有的 TACE 抑制剂都不是完全特异性地对 TNF-α 加工，同时还会影响其他金属蛋白酶的功能，并且可能导致异位胶原沉积和纤维化。作为 TACE 和基质金属蛋白酶抑制剂的马立马司他（marimastat）以抗癌剂进入临床试验，在对脓毒症和炎症鼠模型的研究中表明，尽管马立马司他几乎完全抑制 LPS 诱导的小鼠可溶性 TNF-α 的产生，但是对 LPS 诱导的致死率只有轻微的降低作用。

七、肝素

　　肝素能抑制免疫或非免疫因素诱导的肥大细胞活化。现普遍认为其机制是阻断内质网膜上的 1，4，5- 三磷酸肌醇受体，阻止内源性钙离子释放，从而抑制肥大细胞脱颗粒。

1. 肝素抑制肥大细胞介质的产生

　　有证据支持肝素可能是在基因表达水平抑制细胞因子的产生：①通过细胞表面特异的受体迅速进入细胞；②与许多细胞内成分结合，其中包括 mRNA；③广泛地影响细胞因子的产生，但在抗原刺激后 60min 再给予肝素则不影响细胞因子的产生，因为此时细胞因子的 mRNA 早已得到充分表达。

　　肝素类糖胺聚糖对哮喘的治疗作用大部分是基于肝素的抗炎作用，它们能通过抑制白介素的分泌、抑制白细胞向炎症部位的迁移，抑制肥大细胞脱颗粒和各种肥大细胞蛋白酶的活性发挥抗炎作用。另外，肝素还能降低呼吸道的高反应性，从而调节气道平滑肌的紧张状态，起到治疗哮喘的作用。

肝素可抑制白介素的分泌，在哮喘的病理过程中，Th0 向 Th2 优势分化，Th1/Th2 细胞应答失衡。Th2 的特点是能够产生特殊的细胞因子 IL-4、IL-5、IL-8 和 IL-13，它们分别在诱导 B 细胞产生 IgE，促使嗜酸性粒细胞释放炎症介质和趋化炎症细胞在气道黏膜聚集、浸润，诱导支气管平滑肌痉挛中发挥作用。Th2 细胞因子与哮喘密切相关，这是因为人类哮喘发病与 5q 染色体有关，5q 染色体中即包含 *IL-4*、*IL-5* 和 *IL-13* 基因。研究发现，低分子量肝素对 Th2 分泌 IL-4 和 IL-5 有抑制作用，且该抑制作用与寡糖的结构有关，其中寡糖经过氧化氢降解得到的分子量为 1142Da 的四糖对 IL-4 的分泌抑制作用较强，而寡糖经 β 消除降解得到的分子量为 1806Da 的六糖对 IL-5 的分泌抑制作用较强。低分子肝素对三硝基苯诱导的肠炎有治疗作用，为了探讨其分子机制，Xia 等在肝素给药 14 天后，用 ELISA 检测 IL-8 的含量，发现血清 IL-8 水平显著降低，而 P- 选择素和 TNF-α 则没有变化，证明肝素是通过抑制炎症因子 IL-8 的分泌减轻肠道炎症。

2. 肝素抑制肥大细胞脱颗粒及其蛋白酶活性

肥大细胞不仅能释放多种炎性介质，还能分泌多种细胞因子，参与哮喘发病过程。肝素可抑制免疫刺激和非免疫刺激引起的肥大细胞脱颗粒。肝素能阻断内质网上的 1, 4, 5- 三磷酸肌醇（IP3）分子与其受体结合，抑制细胞内 Ca^{2+} 的释放，从而阻断肥大细胞脱颗粒的信号转导。有研究证实，这一过程是因为肝素结构中带有负电荷的 N- 硫酸己糖胺残基，它与 IP3 分子结构相似，可竞争性地与 IP3 受体结合，从而干扰肥大细胞中刺激物与分泌物的结合。肝素对肥大细胞胃促胰酶也具有调节作用，胃促胰酶是一种存在于肥大细胞中的糜蛋白酶型丝氨酸蛋白酶，在 IgE 介导的肥大细胞脱颗粒之后，胃促胰酶开始参与炎症过程。肝素可以通过屏蔽胃促胰酶和酶结合物的阳性基团，降低胃促胰酶与带阳性电荷物质间的静电排斥力，激发胃促胰酶对胰酶的抑制。

3. 肝素抑制白细胞迁移

在炎症发生过程中，白细胞与内皮细胞的黏附和向炎症部位的聚集是其中一个重要的环节，肝素还可以抑制白细胞向炎症部位迁移。肝素可减少活性氧自由基（ROS）的形成，增加 NO 的生物利用度，促进血管舒张。ROS 在炎症中也能发挥作用，它们是白细胞的产物，释放到细胞外后能够增加内皮细胞、白细胞黏附因子及某些细胞因子的表达，从而影响炎症反应。可见肝素减少 ROS 的形成可以从两个途径抑制炎症的发生。

4. 肝素的结构与其抑制肥大细胞活性的关系

肝素及其衍生物的抗炎、抗哮喘作用主要依赖于其聚阴离子特性和结构的可变性，它们能通过离子结合力与体内带正电荷的蛋白质和细胞因子结合，或者与寡糖配体结合，发挥其抗炎和抑制气道高反应性的作用。脱硫酸化与多硫酸化肝素衍生物对肥大细胞脱颗粒影响的研究发现，肝素脱去 2-*O*- 位或 2-*N*- 位的硫酸基，仍然保持有较强的抑制活性，而脱去 6-*O*- 位硫酸基，抑制活性显著下降。这说明肝素对肥大细胞脱颗粒的抑制活性不仅仅与所带负电荷的多少有关，还与肝素结构上硫酸基部位有关，这可能由于脱去硫酸基后影响了肝素分子的构象，从而影响了其与 IL-4 或其他细胞因子的结合，而 6-*O*- 硫酸基对于维持肝素的构象作用较大，所以脱去 6-*O*- 硫酸基后，肝素与细胞因子的结合能力减弱，从而降低了肝素的抑制活性。

八、P 物质及 P 物质拮抗剂

P 物质是目前发现最早、分布广泛、活性较高的一种神经多肽，属于速激肽家族，由神经细胞和炎症细胞分泌。最早在 1931 年由 Eeuler 和 Gaddum 等从马脑和小肠的提取物中寻找乙酰胆碱时发现并分离获得。

P 物质通过抑制肥大细胞系 LAD2 TLR2 表达，增强对细菌感染的先天免疫反应。研究发现，P 物质还可以降低 LAD2 和 hPDMC 细胞的 FcεRⅠ 表达，从而在 IgE 和 IgG 介导的过敏性疾病中发挥调节作用。已明确，小鼠 P 物质活化肥大细胞是由 NK1R 介导的，但人类肥大细胞的 P 物质受体尚未见报道。P 物质与肥大细胞的相互作用主要有以下方面。

1. 皮肤中肥大细胞与神经肽 P 物质的相互作用

P 物质促进肥大细胞脱颗粒释放组胺，此效应已先后在小鼠、大鼠和人的皮肤肥大细胞上得到证实。人类皮肤中的 P 物质通过作用于 G 蛋白和蛋白激酶 C 刺激肥大细胞释放组胺等物质。微透析法研究人皮肤中 P 物质的作用时表明，P 物质浓度达到 1×10^{-5}mol/L 时肥大细胞组胺释放显著增加，且具有钙依赖性。P 物质的生物活性是由速激肽神经激肽（neurokinin，NK）介导的。速激肽受体主要有 NK1、NK2 和 NK3 三种类型，在许多组织中 P 物质不仅激活 NK1，也能激活 NK2 和 NK3。肥大细胞上有神经激肽受体 NK-1，与 P 物质结合后促使肥大细胞脱颗粒并释放组胺、血清素、一氧化氮等，使血管扩张和血浆渗漏。

皮肤的瘙痒和炎症反应与肥大细胞脱颗粒和 P 物质神经纤维密切相关。含 P 物质的感觉神经末梢具有双向传导功能，向中枢神经传递受刺激信息起递质作用，在局部释放 P 物质及其他肽类物质起调节作用，参与瘙痒和疼痛的启动过程。肥大细胞脱颗粒释放的组胺被认为是最主要的瘙痒介质，人皮肤内注射 P 物质引起皮肤局部红肿、瘙痒反应，已证实为刺激肥大细胞释放组胺、神经末梢释放缓激肽类物质和 PGE$_2$ 所引起。P 物质直接作用于微小血管，引起血管扩张，加之组胺的作用使渗出增加，炎细胞趋化，导致皮肤神经血管内环境平衡紊乱，局部酸性代谢产物增多，进一步加重瘙痒。P 物质可通过刺激皮肤中肥大细胞脱颗粒而诱导皮肤毛细血管内皮细胞表达 E- 选择素，E- 选择素能增强白细胞对血管壁的黏附作用，从而促进炎症的发生。同时，借肥大细胞脱颗粒而间接招募嗜酸性粒细胞，使其渗出游走，对炎症起推波助澜的作用。P 物质能够刺激肥大细胞脱颗粒，产生趋化因子，与银屑病和多种神经炎症疾病的发生有关。可见，皮肤中肥大细胞与神经肽 P 物质的相互作用贯穿于皮肤免疫反应和瘙痒炎症作用的整个过程。

2. P 物质拮抗剂

应用 P 物质受体拮抗剂阻断 P 物质的效应可产生多种治疗作用，目前 P 物质的受体拮抗剂主要有 sendide、spantide、CP-96345、CP-99994、RP67580、SR48968、CP-122721、MDL105 和 212A 等。Pothoulakis 等研究发现，P 物质拮抗剂 CP-96345 能极大地减轻大鼠鼓膜中层的炎症，也能减少肠上皮细胞的坏死，且能完全抑制肥大细胞释放蛋白酶Ⅱ。CP-96345 在 NK1 受体拮抗剂的研发上是一个突破，它是第一个非肽类速激肽受体拮抗剂。

NK1 拮抗剂的使用对其受体在疾病中的作用提供了新观点。在临床预试验中，SDZ NKT 34311 和 LY303 875 都能极大地减轻猪的痛觉过敏，SR140333 可减轻鼠大肠炎的严重程度。但是已有报道的 P 物质拮抗剂还有许多悬而未决的问题，如效价较低，与受体亲和力低，受体亚型选择性不高，所以仍不能用于临床。从非肽的化学结构中筛选 P 物质拮抗剂将可能开辟出新的更强、更专一的拮抗剂。

（许志强　倪伟伟　黄　雯）

第二节　肥大细胞稳定剂

肥大细胞稳定剂是过敏性疾病最常用的治疗药物，既可以是肥大细胞膜稳定剂，如肥大细胞表面受体的阻滞剂或内部信号转导阻滞剂，也可以是肥大细胞释放介质的拮抗剂。通过靶向细胞表面的抑制性和活化性受体的干预及治疗手段，可以阻断细胞外信号向肥大细胞内传递，避免外界信号在细胞内放大。已有多种药物正在进行临床试验，并且部分已应用于临床治疗，如奥马珠单抗等（图 10-2）。一些具有肥大细胞稳定作用的药物已在临床中用于治疗肥大细胞活化相关的疾病，如色甘酸钠、奈多罗米和洛度沙胺，以及组胺受体 H1 拮抗剂，如氮䓬斯汀、酮替芬、奥洛他啶、比拉斯汀、氯雷他定、卢帕他定和依匹斯汀等。本节重点介绍肥大细胞膜稳定剂。

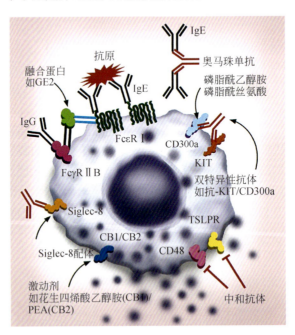

图 10-2　以肥大细胞膜受体作为治疗的靶点和药物

激活抑制性受体 CD300a、Fc300a 受体、Siglec-8（唾液酸结合性免疫球蛋白样凝集素 8）和大麻素受体，或抑制活化性受体 CD48 和 TSLPR 等，是治疗肥大细胞相关疾病的潜在靶点〔引自：Harvima I T，Levi-Schaffer F，Draber P，et al.2014. Molecular targets on mast cells and basophils for novel therapies〔J〕. J Allergy Clin Immunol，134（3）：530-544〕

一、钙离子通道阻滞剂

钙离子内流是肥大细胞脱颗粒的前提，过敏原 -IgE 结合激活肥大细胞，引起细胞膜上钙释放激活钙通道（calcium release-activated calcium channel，CRAC）开放，促使细胞外钙内流，导致细胞质内钙浓度升高。钙通道阻滞剂是过敏反应治疗药物长期研究的目标与重点，在临床应用中获得了很好的效果，高效、特异、低副作用的新型制剂一直在研发中。本节重点介绍临床常用的钙离子阻滞剂。

1. 色甘酸钠

色甘酸钠又名色甘酸二钠，其药理机制：一方面通过与肥大细胞膜外侧钙结合蛋白（Ca-binding protein，CBP）特异性结合，与钙离子形成三元复合物，从而阻止钙离子内流，起到稳定肥大细胞膜的作用；另一方面通过抑制细胞内环磷酸腺苷磷酸二酯酶，使细胞内环磷酸腺苷水平升高，进而阻止钙内流，抑制肥大细胞脱颗粒，减少组胺、白三烯等多种炎性介质的释放，这一作用有种属和器官选择性，对人肺肥大细胞最敏感。色甘酸钠还能抑制感觉神经末梢释放 P 物质、神经激肽 A、神经激肽 B 等诱导的气管平滑肌痉挛和黏膜水肿。临床上最早应用于治疗支气管哮喘，是比较有效的非甾体类固醇气道抗炎药，能够防止或减轻支气管平滑肌痉挛、血管渗透性增加和黏膜组织水肿等，对外源性哮喘特别是季节性哮喘发作的预防效果好。该药也可防治急、慢性过敏性角膜结膜炎及其他过敏性眼部疾病，还能通过抑制胃黏膜肥大细胞释放组胺，用于治疗胃肠道过敏，改善腹痛、腹泻并可预防和治疗食物过敏。色甘酸钠还是为数不多的被临床证明有效的外用抗变态反应药物。

2. 酮替芬

酮替芬类药物常用的是富马酸盐，属于肥大细胞或嗜碱性粒细胞过敏介质释放的抑制剂。在过敏原 -IgE 激活肥大细胞或嗜碱性粒细胞时，通过抑制细胞膜变构，减少过敏介质释放，故其也有肥大细胞膜保护剂之称，并有较强的组胺 H1R 拮抗作用，也可视为抗组胺药，兼具预防和治疗过敏反应的双重功效。酮替芬类药物 H1R 拮抗作用为氯苯那敏的 10 倍，且作用时间较长。此外，该药还能抑制白三烯的功能，故除对皮肤、胃肠、鼻部变态反应有效外，对支气管哮喘也有较好的作用。但该药有一定的中枢抑制作用及抗胆碱能作用。其抗过敏反应的功效是色甘酸钠的 6 倍，抑制变应原引起的气道阻塞的功能是色甘酸钠的 50 倍。酮替芬除对 IgE 介导的变态反应有抑制作用外，也能缓解抗原抗体复合物引起的 III 型变态反应的中性粒细胞浸润，故对血管炎和血管周围炎也有一定疗效。可广泛用于多种 IgE 介导的过敏反应性疾病，包括支气管哮喘、喘息性支气管炎、过敏性咳嗽、过敏性鼻炎、过敏性花粉症、过敏性结膜炎、急性或慢性荨麻疹、异位性皮炎、接触性皮炎、光敏性皮炎、食物变态反应、药物变态反应和昆虫变态反应等。对于由免疫复合物引起的血管炎性病变如过敏性紫癜等也有一定疗效。

3. 奈多罗米

奈多罗米主要通过抑制肥大细胞胞质内花生四烯酸脂氧合酶和环氧酶代谢途径，抑制支气管腔内黏膜的各种类型炎症介质的合成和释放，具有特异的抗炎作用，可有效减轻气道高反应性和支气管平滑肌痉挛。最近的研究表明，奈多罗米同色甘酸钠一样具有 GPR35 的激动剂活性。GPR35 在激动剂刺激后与各种效应物偶联，引起一系列下游事件，包括离子通道抑制和钙离子瞬态减少。奈多罗米的缺点是起效慢，用药1周后疗效才明显，但低浓度给药时保护作用优于色甘酸钠。奈多罗米主要用于各种气道阻塞性疾病如支气管哮喘、喘息样支气管炎等的预防性治疗。常见的不良反应有刺激性咳嗽、头痛和恶心，其发生率在3%～7%，症状多数较轻且可自行消失，吸入用药时口腔的异味感发生率约占13%。与其他治疗哮喘的药物如 β_2- 受体激动剂、茶碱类和皮质激素相比较，奈多罗米是不良反应最小、最安全的药物。

4. 洛度沙胺

洛度沙胺及其衍生物乙基洛度沙胺和氨丁三醇洛度沙胺都具有很强的抗过敏活性，可以减轻过敏引起的支气管痉挛和肺功能降低，抑制皮肤血管通透性增加。该药物主要通过降低钙离子内流而稳定肥大细胞和嗜酸性粒细胞膜，抑制各种原因导致的肥大细胞脱颗粒。

临床适应证涵盖大多数过敏性疾病。在过敏性结膜炎的治疗应用中较多，疗效是色甘酸钠的25（7～200）倍。注射洛度沙胺可以抑制 Compound48/80 诱导的低血压，对心血管疾病具有一定的治疗作用。

5. 色羟丙钠

色羟丙钠是色甘酸钠的异构体，通过抑制细胞内磷酸二酯酶，使细胞内 cAMP 浓度增加，阻止钙离子内流，从而稳定肥大细胞膜。临床上主要用于治疗变应性鼻炎。

6. 二氢吡啶类药物

二氢吡啶类药物是 L- 型钙通道阻滞剂，通常用于治疗高血压。肥大细胞具有二氢吡啶敏感的 L- 型钙离子通道（ITCCS），这可能是二氢吡啶可以稳定肥大细胞的机制。动物研究显示，该类化合物对肥大细胞相关疾病具有治疗效果，尤其在支气管痉挛和眼部过敏方面疗效显著。目前二氢吡啶类药物尚不是肥大细胞相关的疾病治疗的首选药物，仍有待进一步的临床研究。

二、IgE 高亲和力受体拮抗剂

奥马珠单抗是一种结合免疫球蛋白 E（IgE）的人源化 IgG1κ 单抗，是首个也是目前唯一获准用于严重持续性变应性哮喘治疗的单克隆抗体药物。2002 年 6 月，奥马珠单抗在澳大利亚首次获准用于治疗成人和青少年中重度过敏性哮喘。2003 年 6 月 23 日，奥马珠单抗获 FDA 批准在美国上市。2017 年 8 月，该药物获得中国食品药品监督管理总局（CFDA）批准，进入中国市场。

1. 奥马珠单抗抑制肥大细胞活化机制

奥马珠单抗能够与血液中游离的 IgE 结合，减少游离 IgE 水平，且已被奥马珠单抗结合的 IgE 不能再使肥大细胞致敏。图 10-3 显示了奥马珠单抗与 IgE 结合的立体结构图，其主要与 IgE 的 Cε3-4 结构域结合。当 1 个 IgE 结合 2 个奥马珠单抗时，IgE 不能与其低亲和力受体 CD23 或高亲和力受体 FcεR I 结合。这是因为与 IgE 受体结合相关的 IgE 残基被 2 个奥马珠单抗结合或阻断；当 1 个 IgE 结合 1 个奥马珠单抗时，由于奥马珠单抗与结合 IgE 的亲和力高于 IgE 与 CD23 的亲和力，因此第二个奥马珠单抗会与 CD23 竞争结合 IgE 的另一位点，导致 IgE 不能与 CD23 结合。IgE Cε2 结构域会出现直立或弯曲并填充其中一个 Cε3 结构域，这会阻断 FcεRⅠ与 IgE 的结合（图 10-4）。

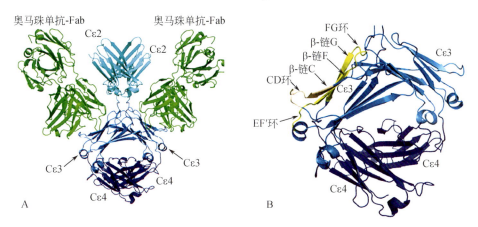

图 10-3　IgE-奥马珠单抗结合界面示意图

A.2 个奥马珠单抗（绿色）与 2 个 IgE Cε3-4 结构域（蓝色），此时 Cε2 结构域（青色）处于延伸构象；B.IgE Cε3 结构域奥马珠单抗结合位点（黄色）[引自：Wright J D，Chu H M，Huang C H.2015. Structural and physical basis for anti-IgE therapy [J]. Sci Rep，5：11581]

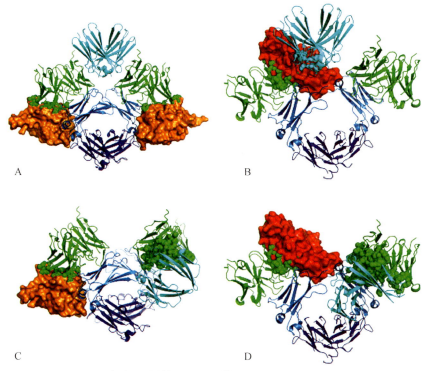

图 10-4　IgE 与奥马珠单抗、IgE 受体（FcεRⅠ、CD23）结合示意图

A. 奥马珠单抗结合 IgE 的 Cε3 结构域与 CD23 结合 IgE 的结构域重叠，CD23（土色）与奥马珠单抗（绿色）在 IgE 结合位点具有空间位阻，导致奥马珠单抗无法结合 IgE；B. 奥马珠单抗结合 IgE 的 Cε3 结构域与 FcεRⅠ结合 IgE 的结构域重叠，FcεRⅠ（猩红色）与延伸部位的 IgE Cε2（绿色）存在冲突，导致奥马珠单抗无法结合 IgE；C. 奥马珠单抗结合 IgE 的 Cε3 结构域与 CD23 结合 IgE 的结构域重叠，奥马珠单抗（绿色）与 CD23 或 Cε2 结构域冲突，IgE 仅结合奥马珠单抗；D. 奥马珠单抗结合 IgE 的 Cε3 结构域与 FcεRⅠ结合 IgE 的结构域重叠，奥马珠单抗与 FcεRⅠ存在冲突，IgE 仅结合奥马珠单抗[引自：Wright J D，Chu H M，Huang C H.2015. Structural and physical basis for anti-ige therapy [J]. Sci Rep，5：11581]

（1）奥马珠单抗不能与已结合受体 FcεR I 或 CD23 的 IgE 结合，因此避免了激活已致敏的肥大细胞。这是因为 IgE 与 CD23 结合后，IgE 上与奥马珠单抗结合的残基被 CD23 遮盖。CD23 是三聚体结构，可利用其中 2 条链与 IgE 的 Cε3-4 结构域结合。与 CD23 结合的 IgE Cε3 结构域中有 4 个氨基酸残基（Arg408、Ser411、Lys415 和 Glu452）位于 IgE- 奥马珠单抗接触面，2 个 CD23 分子与 IgE 的结合会掩盖奥马珠单抗结合表位 408RASGK415，且与 Glu452 的结合会导致 IgE 构象改变而影响其与奥马珠单抗的结合。与 CD23 不同，一个 FcεR I 可结合 2 个 IgE 分子，游离 IgE-Fc 存在大的弯曲，Cε2 结构域折回到一条链的 Cε3-4 结构域上，也可以翻转到另一个 Cε3-4 结构域上。含有折叠或延长 Cε2 构象的游离的 IgE-Fc 能结合 1 个奥马珠单抗，游离 IgE 中 Cε2 结构域必须从折叠构象中移走才能使第二个奥马珠单抗结合 IgE。而当游离 IgE 与 FcεR I 结合后 Cε2 和 Cε3 结构域之间的弯曲变得更急剧，因此 Cε2 可以阻止 IgE 与奥马珠单抗的结合（图 10-4）。

（2）奥马珠单抗与 B 细胞膜表面的 IgE 结合，导致表达膜 IgE 的 B 细胞发生凋亡，减少 IgE 的合成。

（3）由于未与 IgE 结合的 FcεR I 稳定性差，容易被细胞内吞并降解，因此奥马珠单抗还能间接地减少嗜碱性粒细胞和抗原提呈细胞表面 FcεR I 的密度，减少肥大细胞 / 嗜碱性粒细胞活化及抗原提呈作用。

（4）奥马珠单抗还能与 IgE 形成小的免疫复合物，其中 IgE 的抗原结合部位能与游离过敏原结合，作为抗原的"清扫兵"。

2. 临床应用

目前，奥马珠单抗用于治疗过敏性哮喘，适用于皮肤点刺试验阳性或常年吸入性过敏原检测阳性和吸入性皮质激素治疗症状控制不佳，有中度至严重持续性哮喘的成年和 12 岁及以上青少年，奥马珠单抗可降低这些患者重症哮喘的发生率。也用于治疗慢性特发性荨麻疹，适用于成年和 12 岁及以上青少年抗组胺 H1R 治疗症状无缓解的慢性特发性荨麻疹患者，但不适用于其他过敏症状或其他形式荨麻疹的治疗，不适用于急性支气管痉挛或哮喘持续状态的缓解，12 岁以下儿童均不适用。

由于体内 IgE 与血清可溶性 IgE 受体 sFcεR I 与膜受体的结合呈动态变化，患者体内可能存在有 IgE 抗体或 IgE 受体抗体及其与 IgE 或 FcεR I 的结合状态，因此，IgE 单克隆抗体进入体内也可能通过免疫复合物或配、受体复合物形式激活肥大细胞。奥马珠单抗在Ⅲ期和Ⅳ临床试验中曾有发生过敏反应的报告，支气管痉挛、低血压、晕厥、荨麻疹和 / 或喉或舌的血管性水肿和急性哮喘症状等，各种过敏症状均有报道，也有危及生命的严重不良事件发生，使用中应高度重视。奥马珠单抗不能明显减轻哮喘急性发作，因此不能治疗急性支气管痉挛或哮喘持续状态。发热、关节痛和荨麻疹或其他形式的皮疹等与类似血清病的症状和体征也有发生，虽然没有循环免疫复合物相关的证据，但根据其作用机制，这些副作用不能排除与Ⅲ型过敏反应相关。奥马珠单抗治疗中肿瘤发生率为 0.5%（20/4127 例）高于对照组发生率 0.2%（5/2236 例）。这间接提示 IgE 和肥大细胞具有抗肿瘤的作用，但具体机制有待深入研究。

（魏继福　彭　霞　曹梦妲）

第三节　肥大细胞信号通路阻滞剂

肥大细胞生存和活化由一系列信号通路介导，阻断其信号通路或抑制信号通路分子是肥大细胞相关疾病治疗领域研究的方向（图10-5）。大量肥大细胞信号通路阻滞剂的研究结果最终大多在肿瘤或自身免疫病治疗中取得了比较好的效果。由于肥大细胞信号通路不具有特异性，这些信号通路抑制剂在肥大细胞相关疾病治疗中的安全性还有待进一步评估，其临床应用任重道远。本节将介绍 KIT 信号通路和 FcεR I 信号通路阻滞剂的临床应用情况。

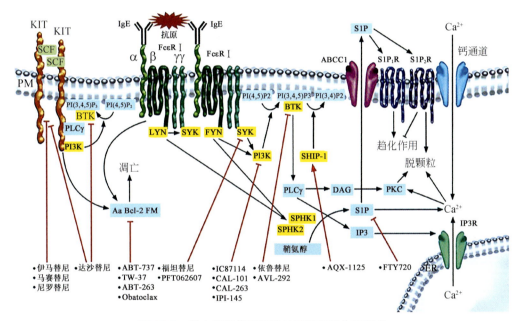

图 10-5　肥大细胞信号通路的阻滞剂和作用靶点

抗原 -IgE-FcεR I 复合物或干细胞因子激活途径启动信号通路，诱导肥大细胞脱颗粒。肥大细胞活化过程的信号通路蛋白质分子和其他效应蛋白（黄色和蓝色框）可以被各种药物抑制或增强（红色字体）。SCF. 干细胞因子；PI3K. 磷脂酰肌醇 3 激酶；BTK.Bruton 酪氨酸激酶；LYN/SYK/FYN. 含有 SH2 结构域的酪氨酸激酶；SHIP-1. 含有 SH2 结构域的 5′-肌醇磷酸酶 -1；SPHK. 鞘氨醇激酶；DAG. 二酰甘油；Aa Bcl-2 FM. 抗凋亡 Bcl-2 家族成员；ER. 内质网；IP3. 三磷酸肌醇；IP3R. 肌醇三磷酸受体；PKC. 蛋白激酶 C；PLC. 磷脂酶 C；PM. 质膜［引自：Harvima I T, Levi-Schaffer F, Draber P, et al.2014.Molecular targets on mast cells and basophils for novel therapies［J］. J Allergy Clin Immunol，134（3）：530-544］

一、KIT 信号通路阻滞剂

KIT 是具有酪氨酸激酶活性的干细胞因子受体，KIT 与 SCF 结合后，促进表达受体的细胞如肥大细胞活化、增殖、分化和存活。目前已开发出多种 KIT 抑制剂，升级或改造后的产品可能用于治疗哮喘、过敏反应或系统性肥大细胞增多症。

伊马替尼（imatinib）和尼罗替尼（nilotinib）是 KIT 通路酪氨酸激酶抑制剂，前者在治疗关节炎和肥大细胞增多症中疗效较好，后者具有抗过敏的效果，但两种药物均不

适合治疗携带 *KIT*（D816V）突变的肥大细胞增多症。马赛替尼（masitinib）是一种有效的酪氨酸激酶抑制剂，可抑制 KIT 和 Lyn/Fyn 激酶，能有效抑制肥大细胞的活性，有望用于治疗哮喘和系统性或皮肤肥大细胞增多症。一项 II 期临床研究结果显示，马赛替尼长期治疗可持续改善肥大细胞增多症或皮质类固醇依赖性哮喘患者症状。米哚妥林（midostaurin）可抑制 KIT 等多个酪氨酸激酶，体外研究已证实其在 D816V 突变的患者中也具有很好的功效。由于肥大细胞增多症患者通常携带 *KIT*（D816V）的获得性功能突变，且大多数 KIT 抑制剂不能充分阻断突变的 KIT，米哚妥林的开发为肥大细胞增多症患者带来了福音。

尽管已有众多的抑制剂可通过干预 KIT 信号通路改善肥大细胞相关疾病，但是这些抑制剂并不仅仅针对肥大细胞，因此应用于肥大细胞相关疾病的治疗还有很长的路要走。

二、肥大细胞活化信号通路阻滞剂

肥大细胞激活时，细胞内信号转导途径涉及一系列关键酶，抑制这些重要的酶可以干扰信号通路，从而稳定肥大细胞。

1. Src 家族激酶抑制剂

Src 家族激酶（SFK）是一类非受体型酪氨酸激酶，主要家族成员有 Fyn、Lyn、Hck、c-Yes、Blk、Fgr、Src 和 Lck 等，都具有酪氨酸蛋白激酶活性，参与肥大细胞脱颗粒的起始信号。在研究中发现了越来越多的靶向于 SFK 的药物，相关研究也日益深入。SFK 抑制剂可以作为过敏性疾病的潜在药物，为抗过敏药的开发提供了新的研究方向。

1）小分子 SFK 抑制剂。

（1）RO9012。RO9012（图 10-6）是新开发的一种 ATP 竞争性抑制剂。作为 Syk 抑制剂，RO9012 可阻断人单核细胞和人肥大细胞的 FcεR I 受体信号，抑制组胺释放，且呈浓度依赖性，其 IC_{50} 为（22.8±1.7）nmol/L，这为 RO9012 用于治疗过敏性疾病研究提供了很好的实验基础。RO9012 口服生物利用度好，目前临床主要用于治疗类风湿关节炎、多发性硬化症等。

（2）R112。R112 是新型研制的鼻内制剂（图 10-6）。Rossi 等研究发现 R112 可以通过抑制 Syk 激酶而抑制肥大细胞脱颗粒，防止脂质介质及细胞因子的产生，可以快速、彻底抑制 FcεR I 介导的人肥大细胞脱颗粒。由此推断，该化合物可能对多种过敏性疾病产生疗效。II 期临床试验结果显示，该药物对季节性过敏性鼻炎具有极好的疗效。

（3）塞卡替尼（saracatinib）。塞卡替尼（图 10-6）是一种高选择性的 Src/Abl 激酶双重抑制剂，对卵巢癌有较好的潜在治疗作用，目前正处于 II 期临床试验阶段。De Wispelaere 等研究发现，塞卡替尼能通过抑制 Fyn 激酶活性阻止登革病毒的复制从而发挥抗登革病毒感染的作用。由此推断，塞卡替尼作为 Fyn 抑制剂可能在抗过敏疾病中也有较好的作用。

（4）INNO-406。INNO-406 即巴氟替尼（图 10-6），是基于伊马替尼的化学结构修饰得到的化合物，是第二代酪氨酸激酶抑制剂。主要用于治疗慢性髓系白血病和费城染色体阳性的急性淋巴细胞白血病。INNO-406 既是 Abl 抑制剂，同时也是 Lyn 激酶抑制剂，目前作为慢性 B 细胞白血病和前列腺癌的治疗药物正在进行 II 期临床试验，抗过敏性的药理作用尚不清楚。

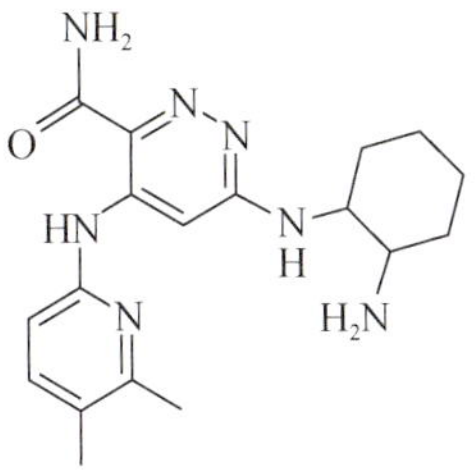

RO9021

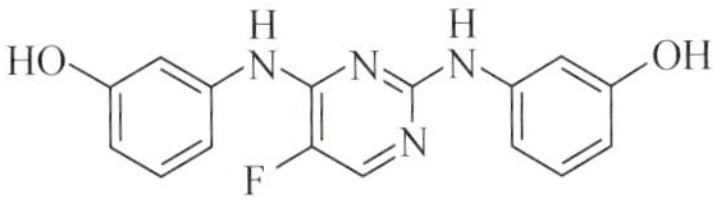

R112

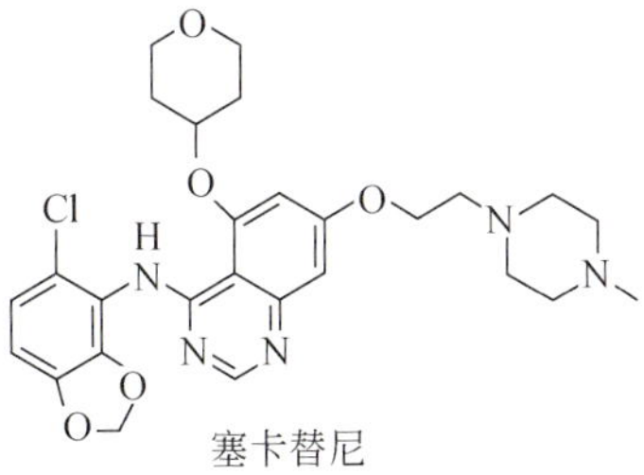

塞卡替尼

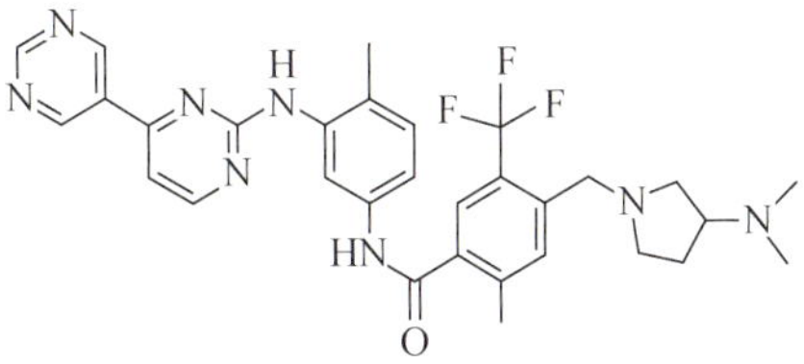

INNO-406

图 10-6 小分子 SFK 抑制剂

2）SFK 天然抑制剂。从中草药中寻找防治过敏性疾病的有效药物一直是研究者关注的领域。研究发现，中药中欧当归内酯 A、桑色素、白术内酯Ⅲ、白皮杉醇等具有抑制 SFK 的作用和抑制肥大细胞脱颗粒的作用，为从中药中开发抗过敏药物提供了新的方向。

2. JAK3 抑制剂

Janus 激酶 3（JAK3）是肥大细胞大量表达的蛋白酪氨酸激酶，在 FcεRⅠ介导的肥大细胞炎症反应中起重要作用。JAK3 在细胞因子刺激下被激活而发生磷酸化，激活核转录因子（STAT）途径，增强炎症相关基因的转录。一种 JAK3 的选择性抑制剂甲氧基喹唑啉 WHI131，能够抑制离子载体和免疫诱导的大鼠嗜碱性粒细胞 RBL-2H3 脱颗粒，防止脂质介质和促炎细胞因子的释放。另外，除具有抑制 JAK3 的作用外，WHI131 还可通过阻止抗原诱导的 Fyn 激活抑制 PI3K 通路，是一种具有潜在应用价值的抗过敏药。

3. 神经激肽（NK）受体拮抗剂

P 物质与皮肤肥大细胞上 NK1 的受体结合会诱导炎症应激反应。CP99994 是阻断 P 物质和 NK 受体组合的代表性药物。由此推测，NK 拮抗剂在治疗应激性炎症性皮肤疾病中可能具有潜在的应用前景。

4. 靶向磷酸肌醇 3- 激酶抑制剂

磷酸肌醇 3- 激酶（PI3K）参与了肥大细胞的激活，靶向 PI3K 的抑制剂是抗过敏反应药物的新靶点。这些 PI3K 参与磷脂酰肌醇 4, 5- 二磷酸的磷酸化。艾代拉里斯（idelalisib）是一个高效 PI3Kδ 抑制药物，最近被批准用于治疗慢性淋巴细胞白血病和非霍奇金淋巴瘤。它能可逆非共价结合 p110δ PI3K 的 ATP 酶结合位点，并竞争性抑制 ATP 与 ATP 酶的结合。Horak 在Ⅰ期临床研究中选择了 41 名过敏性鼻炎患者，先接受艾代拉里斯（每日两次 100mg）或安慰剂治疗 7 天，并在第 7 天给予变应原激发，在 2 周的清除期后，受试者接受替代治疗和重复的变应原激发。研究结果表明，与接受安慰剂的患者相比，接受艾代拉里斯治疗的患者在环境过敏原激发几次后过敏反应降低，鼻炎症状减轻、鼻气流和鼻分泌物量减少。在安全性评价中，对过敏性鼻炎患者以每天两次连续 7 天给予艾代拉里斯治疗时，患者耐受性良好，没有显著的副作用。

（周艳君　许志强　朱　伟）

参 考 文 献

贺学荣，何川．2014.肥大细胞激活机制与变态反应性疾病关系的研究进展［J］.重庆医学，43（9）：1139-11412.

钱菲，祝甜甜，凌霜，等．2015.肥大细胞的酪氨酸激酶与抗过敏药物的分子靶向［J］.中国药理学通报，31（4）：465-469.

Alvarez-Errico D，Yamashita Y，Suzuki R，et al. 2010. Functional analysis of Lyn kinase A and B isoforms reveals redundant and distinct roles roles in FcεR I -dependent mast cell activation［J］. J immunol，184（9）：5000-5008.

Barbosa J S，Almeida Paz F A，Braga S S. 2016. Montelukast medicines of today and tomorrow：from molecular pharmaceutics to technological formulations［J］. Drug Deliv，23（9）：3257-3265.

Bruno F，Spaziano G，Liparulo A，et al. 2018. Recent advances in the search for novel 5-lipoxygenase inhibitors for the treatment of asthma［J］. Eur J Med Chem，153（1）：65-72.

Gomez G，Gonzalez- Espinosa C，Odom S，et al. 2005. impaired FcεR I-dependent gene ezpression and defcctive eicosanoid and cytokine production as a consequence of Fyn deficiency in mast cells［J］. J Immunol，175（11）：7602-7610.

Harvima I T，Levi-Schaffer F，Draber P，et al. 2014. Molecular targets on mast cells and basophils for novel therapies［J］. J Allergy Clin Immunol，134（3）：530-544.

Hasday J D，Meltzer S S，Moore W C，et al. 2000. Anti-inflammatory effects of zileuton in a subpopulation of allergic asthmatics［J］. Am J Respir Crit Care Med，2000，161（4 Pt 1）：1229-1236.

Hong H，Kitaura J，Xiao W，et al. 2007. The Src family kinase Hck regulates mast cell activation by suppressing an inhibitor Src family kinase Lyn［J］. Blood，110（7）：2511-2519.

Kawauchi H，Yanai K，Wang D Y，et al. 2019. Antihistamines for allergic rhinitis treatment from the viewpoint of nonsedative properties［J］. Int J Mol Sci，20（1）：213-219.

Law M，Morales J L，Mottram L F，et al. 2011. Structural requirements for the inhibition of calcium mobilization and mast cell activation by the pyrazole derivative BTP 2［J］. Int J Biochem Cell Biol，43（8）：1228-1239.

Lee J H，Kim J W，Kim D K，et al. 2011. The Src family kinase Fgr is critical for activation of mast cells and IgE-mediated anaphylaxis in mice［J］. J Immunol，187（4）：1807-1815.

Lee S H，Shin H J，Kim D Y，et al. 2013. Streptochlorin suppresses allergic dermatitis and mast cell activation via regulation of Lyn/Fyn and Syk signaling pathways in cellular and mouse models［J］. PLoS One，8（9）：e74194.

Liao C，Hsu J，Kim Y，et al. 2013. Selective inhibition of spleen tyrosine kinase（SYK）with a novel orally bioavailable small molecule inhibitor，RO9021，impinges on various innate and adaptive immune responses：implications for SYK inhibitors in autoimmune disease therapy［J］. Arthritis Res Ther，15（5）：R146.

Lin W，Su F，Gautam R，et al. 2018. Raf kinase inhibitor protein negatively regulates FcεRI-mediated mast cell activation and allergic response［J］. Proc Natl Acad Sci USA，115（42）：E9859-E9868.

Liu K J，He J H，Su X D，et al. 2013. Saracatinib（AZD0530）is a potent modulator of ABCB1-mediated multidrug resistance *in vitro* and *in vivo*［J］. Internat J Cancer，132（1）：224-235.

Lu Y，Son J K，Chang H W. 2012. Saucerneol F，a new lignan isolated from *Saururus chinensis*，attenuates degranulation via phospholipase Cγ1 inhibition and eicosanoid generation by suppressing MAP kinases in mast cells［J］. Biomol Ther，20（6）：526-13.

Lusková P，Dráber P. 2004. Modulation of the Fc epsilon receptor I signaling by tyrosine kinase inhibitors：search for therapeutic targets of inflammatory and allergy diseases［J］. Curr Pharm Des，10（15）：1727-1737.

Molderings G J，Haenisch B，Brettner S，et al. 2016. Pharmacological treatment options for mast cell activation disease［J］. Naunyn Schmiedebergs Arch Pharmacol，389（7）：671-694.

Okayama Y，Kashiwakura J I，Matsuda A，et al. 2012. The interaction between LYN and FcεRIβ is indispensable for FcεRⅠ-mediated human mast cell activation［J］. Allergy，67（10）：1241-1249.

Rossi A B，Herlaar E，Braselmann S，et al. 2006. Identification of the Syk kinase inhibitor R112 by a human mast cell screen［J］. J Allergy Clin Immunol，118（3）：749-755.

Sanchez-Miranda E，Ibarra-Sanchez A，Gonzalez-Espinosa C. 2010. Fyn kinase controls FcεRⅠ receptor-operated calcium entry necessary for full degranulation in mast cells［J］. Biochem Biophys Res Commun，391（4）：1714-1720.

Sanderson M P，Wex E，Kono T，et al. 2010. Syk and Lyn mediate distinct Syk phosphorylation events in FcεRⅠ signal transduction：implications for regulation of IgE-mediated degranulation［J］. Mol Immunol，48（1）：171-178.

Santini G，Mores N，Malerba M，et al. 2016. Investigational prostaglandin D2 receptor antagonists for airway inflammation［J］. Expert Opin Investig Drugs，25（6）：639-652.

Wright J D，Chu H M，Huang C H. 2015. Structural and physical basis for anti-IgE therapy［J］. Sci Rep，5：11581-11594.

Yang Y，Lu J Y，Wu X，et al. 2010. G-protein-coupled receptor 35 is a target of the asthma drugs cromolyn disodium and nedocromil sodium［J］. Pharmacology，86（1）：1-5.

Zhang T，Finn D F，Barlow J W，et al. 2016. Mast cell stabilisers［J］. Eur J Pharmacol，77：158-168.

索　　引